Springer-Lehrbuch

Springer

*Berlin
Heidelberg
New York
Barcelona
Budapest
Hongkong
London
Mailand
Paris
Santa Clara
Singapur
Tokio*

Die Sorge, um den Kreislauf könne es schlecht bestellt sein, weil man keinen Puls tasten kann, ist beim Ungeübten meist unbegründet. Man sollte erst auf den Seiten 272-274 über das zweckmäßige Tasten des Radialis- und Ulnarispulses nachlesen und dann die Handstellung entsprechend korrigieren. (Lithographie von Honoré Daumier, 1808-1879)

Herbert Lippert

Anatomie am Krankenbett

Körperliche Untersuchung
und kleine Eingriffe

Zweite, vollständig überarbeitete Auflage
mit 210 Abbildungen, 30 Tabellen und 40 Protokollschemata

Unter Mitarbeit von
Désirée Herbold und Wunna Lippert-Burmester

Springer

Prof. Dr. med. Dr. phil. HERBERT LIPPERT
Schneeren, Am großen Horn 1
D-31535 Neustadt
oder
Abteilung für Funktionelle und Angewandte Anatomie
der Medizinischen Hochschule Hannover
D-30623 Hannover

Die 1. Auflage erschien unter dem Titel: Anatomie am Lebenden.

ISBN 3-540-62622-0 2. Auflage Springer-Verlag Berlin Heidelberg New York
ISBN 3-540-50713-2 Springer-Verlag Berlin Heidelberg New York

Die Deutsche Bibliothek – CIP-Einheitsaufnahme
Lippert, Herbert:
Anatomie am Krankenbett: körperliche Untersuchung und kleine
Eingriffe / Herbert Lippert. Unter Mitarb. von D. Herbold; W.
Lippert-Burmester. – 2., vollst. überarb. Aufl. – Berlin;
Heidelberg; New York; Barcelona; Budapest; Hongkong; London;
Mailand; Paris; Santa Clara; Singapur; Tokio: Springer, 1997
  (Springer-Lehrbuch)
  Früher u. d. T.: Lippert, Herbert: Anatomie am Lebenden
  ISBN 3-540-62622-0

Dieses Werk ist urheberrechtlich geschützt. Die dadurch begründeten Rechte, insbesondere die der Übersetzung, des Nachdrucks, des Vortrags, der Entnahme von Abbildungen und Tabellen, der Funksendung, der Mikroverfilmung oder der Vervielfältigung auf anderen Wegen und der Speicherung in Datenverarbeitungsanlagen, bleiben, auch bei nur auszugsweiser Verwertung, vorbehalten. Eine Vervielfältigung dieses Werkes oder von Teilen dieses Werkes ist auch im Einzelfall nur in den Grenzen der gesetzlichen Bestimmungen des Urheberrechtsgesetzes der Bundesrepublik Deutschland vom 9. September 1965 in der jeweils geltenden Fassung zulässig. Sie ist grundsätzlich vergütungspflichtig. Zuwiderhandlungen unterliegen den Strafbestimmungen des Urheberrechtsgesetzes.

© Springer-Verlag Berlin Heidelberg 1989, 1997
Printed in Germany

Die Wiedergabe von Gebrauchsnamen, Handelsnamen, Warenbezeichnungen usw. in diesem Werk berechtigt auch ohne besondere Kennzeichnung nicht zu der Annahme, daß solche Namen im Sinne der Warenzeichen- und Markenschutz-Gesetzgebung als frei zu betrachten wären und daher von jedermann benutzt werden dürften.

Produkthaftung: Für Angaben über Dosierungsanweisungen und Applikationsformen kann vom Verlag keine Gewähr übernommen werden. Derartige Angaben müssen vom jeweiligen Anwender im Einzelfall anhand anderer Literaturstellen auf ihre Richtigkeit überprüft werden.

Abbildungsnachweis: 148 Computergraphiken vom Verfasser, 61 Abbildungen wurden aus der 1. Auflage übernommen (seinerzeit nach Entwürfen des Verfassers umgezeichnet von Frau Antje Luhmann). Alle Bildrechte © beim Verfasser.
Umschlaggestaltung: unter Benutzung einer modernen Nachschöpfung von Tizians Venus von Urbino (1538, Galleria degli Uffizi, Florenz) von Tsing-Fang Chen: design & production, Heidelberg
Satz: Verfasser
SPIN: 10530845   15/3135- 4 3 2 1 0   Gedruckt auf säurefreiem Papier

Vorwort

Zum Reizwort "Anatomie" assoziieren nicht nur Laien sogleich "Leichen". Das Zergliedern der Leiche ist der klassische Zugang zum Verständnis des Körperbaus. Der Arzt kann aber dem Patienten nur nützen, wenn er die an der Leiche erworbenen Kenntnisse auf den lebenden Menschen überträgt. Die Anwendung des Wissens fällt erfahrungsgemäß den Studierenden sehr schwer. Dabei lassen sich mit dem vorklinischen anatomischen Wissen bereits ein wesentlicher Teil der körperlichen Untersuchung des Patienten und eine Vielzahl kleinerer Eingriffe sachgemäß ausführen.

In der Ausbildung des Arztes klafft häufig eine Lücke: In der Vorklinik präpariert er die Leiche, in der Klinik untersucht er den Kranken. Die natürliche Zwischenstufe müßte die Beschäftigung mit dem gesunden lebenden Menschen sein. Dafür bieten sich das Studium des eigenen Körpers und die gegenseitige Untersuchung der Studierenden an. Sie werden dann die Anatomie als etwas erleben, das nicht nur im Buch steht, sondern das man auch selbst hat.

Die 1. Auflage dieses Buches war als Kursanleitung für „Übungen zur Anatomie am Lebenden" gedacht, wie ich sie in einem Vierteljahrhundert Wirken an der Medizinischen Hochschule Hannover zusammen mit Reinhard Pabst immer weiter ausbauen konnte. Der Kurs erstreckte sich zuletzt über zwei Semester und mußte wegen des großen Interesses der Studierenden in zahlreichen Parallelgruppen angeboten werden. Das Buch hatte daher mehr den Charakter eines Skriptums und enthielt viele Protokollschemata für die einzelnen Übungen. Inzwischen werden ähnliche Kurse an vielen medizinischen Fakultäten regelmäßig angeboten, und die Aufnahme in die Approbationsordnung wird diskutiert. Das Buch hat mithin sein Ziel erreicht, den Gedanken der angewandten Anatomie zu verbreiten.

Die 2. Auflage mußte daher nicht länger aufzeigen, was in der Vorklinik als „Anatomie am Lebenden" möglich ist, sondern konnte, entsprechend dem neuen Untertitel des Buches, die „körperliche Untersuchung und kleine ärztliche Eingriffe" in den Mittelpunkt stellen. Der Akzent wechselte von der Anatomie zur Klinik. Die Grenze blieb der Körper des Patienten. Es werden nur solche Untersuchungsmethoden behandelt, die unmittelbar makroskopisch am Körper auszuführen sind, nicht aber mikroskopische und biochemische Untersuchungen an Körpersäften oder Gewebeproben, die nicht „am Krankenbett", sondern oft weit entfernt vom Patienten im Labor vorgenommen werden. Bei einigen „kleinen Eingriffen" darf man allerdings das „am Krankenbett" nicht zu wörtlich nehmen, denn die auch beschriebenen Gelenkpunktionen und Leitungsanästhesien sollten unter sterilen Bedingungen in gesonderten Räumen erfolgen.

Geblieben ist ein Grundgedanke der 1. Auflage, daß die Studierenden die körperliche Untersuchung so weit wie möglich am eigenen Körper und in gegenseitiger Untersuchung einüben sollten, bevor sie diese Kenntnisse am Kranken anwenden. Sie sollten am eigenen Körper erfahren, wie schmerzlich eine uneinfühlsame Untersuchung ist, und so humanen Umgang mit Patienten erlernen.

Bei der Neubearbeitung sollte das Buch ein handliches Format erhalten, damit der Student es bei der Famulatur oder im praktischen Jahr tatsächlich „am Krankenbett" in der Kitteltasche mitführen kann. Dazu war es nötig, es gründlich zu „entschlacken" und alles, was nur anatomisch, nicht aber klinisch interessant ist, zu streichen. Umgekehrt mußten neue Abschnitte aufgenommen werden, um ein möglichst umfassendes Bild der körperlichen Untersuchung und alltäglicher kleiner Eingriffe zu geben.

Ein Buch für Studierende, das zu Arbeiten in der ärztlichen Praxis anleiten soll, kann nicht ohne das Mitwirken von Studierenden und praktisch tätigen Ärzten gelingen. Deshalb haben Vertreter beider Gruppen an der 2. Auflage mitgearbeitet:
- Zwei in der Klinik tätige Ärztinnen begleiteten die 2. Auflage von der Konzeption der Neugestaltung an, verfaßten einzelne Abschnitte entsprechend ihren Fachgebieten, sichteten aber auch das Gesamtmanuskript. Frau Dr. Désirée Herbold, Fachärztin für Orthopädie, widmete sich vor allem dem Bewegungsapparat und beschrieb z.B. die Gelenkpunktionen. Frau Dr. Wunna Lippert-Burmester ist in der Anästhesiologie und Intensivmedizin tätig und gestaltete deshalb besonders die Abschnitte über Noteingriffe und Betäubungen. Beide hatten vor rund eineinhalb Jahrzehnten als Studentinnen an den Übungen zur Anatomie am Lebenden teilgenommen.
- Ein studentischer Beirat (Bilder am Ende des Buches) prüfte das Manuskript auf Verständlichkeit und gab wichtige Hinweise aus der Sicht der Benutzer.
- Die studentische Mitwirkung beschränkte sich nicht auf den Beirat. War die 1. Auflage schon aus im Kurs verteilten Skripten hervorgegangen, die von Jahrgang zu Jahrgang nach den Wünschen der Kursteilnehmer verändert wurden, so gingen in die 2. Auflage Meßwerte als Kursprotokollen ein. Die in den Protokollschemata unter „gesunde Studenten" wiedergegebenen Meßwerte sollen dem Vergleich mit eigenen Meßwerten beim Durcharbeiten des Buches dienen. Es handelt sich um typische, aus einer großen Zahl von Kursprotokollen ausgewählte Werte (statistisch am ehesten im Sinne des Dichtemittels zu verstehen).
- Im Untersuchungskurs vertreten die Studierenden auch die Gruppe der Patienten. Sie vergessen dabei allzu leicht, daß die überwiegende Zahl der Patienten keine Kenntnisse der medizinischen Fachsprache mitbringt. Körperliche Untersuchung und kleine Eingriffe werden humaner, wenn sie in das Gespräch mit dem Patienten eingebunden sind. Dieses wird für den Patienten nur verständlich, wenn deutsche Begriffe verwendet werden. Deshalb werden in diesem Buch neben den lateinischen auch deutsche Bezeichnungen gebraucht (obwohl dies manchen Studierenden mißfällt).

Die Unterschiede der 2. Auflage zur 1. sind im einzelnen:
- Der Text wurde neu geordnet und in allen Bereichen gestrafft. Klinisch weniger relevante Abschnitten wurden gestrichen.
- Die Zahl der Abbildungen ist zwar ungefähr gleich geblieben, doch wurden nur 30 % der Abbildungen aus der 1. Auflage unverändert übernommen. Den Hauptteil der Abbildungen bilden jetzt Computergraphiken des Verfassers.
- Die Mehrzahl der Protokollschemata, die hauptsächlich für den Kursgebrauch gedacht waren, konnte entfallen (von 180 auf 40 drastisch verringert).
- In der Übergangszeit zur neuen Rechtschreibung ergeben es zu kleinen Inkonsequenzen. Die Rechtschreibprüfung des verwendeten Textprogramms Winword Version 7.0 unterstützt die alte Rechtschreibung. Bei der manuellen Eingabe wurden jedoch bereits einige sinnvolle Neuerungen benutzt.

Dank schuldet der Verfasser allen, die durch Hinweise zur 1. Auflage halfen, das Konzept der 2. Auflage zu finden. Besonders verbunden fühlt er sich den Mitarbeitern des Springer Verlags, vor allem Frau Anne C. Repnow, Frau Rose-Marie Doyon und Herrn Markus Meuser, die das Entstehen der 2. Auflage auf vielfältige Weise förderten und verständnisvoll auf die Wünsche des Verfassers eingingen.

Eine didaktische Idee kann nur im Zwiegespräch von Schülern und Lehrern weiterentwickelt werden. Deshalb richte ich die herzliche Bitte an alle Benutzer dieses Buches: Schreiben Sie bitte, was Ihnen nicht gefällt oder was man besser machen könnte. Ich werde für jede Zuschrift dankbar sein und die Anregung bei einer evtl. Neuauflage berücksichtigen!

Hannover, im Juni 1997

Herbert Lippert

Inhalt

1 Einführung... 1
1.1 Anatomischer Untersuchungskurs... 1
#111 „Anatomie am Lebenden"... 1
#112 Gegenseitige Untersuchung... 2
#113 Übungen am Lebenden als Gegengewicht zu Übungen an der Leiche... 3
#114 Schamgefühl des Patienten... 4
#115 Instrumentarium... 5
#116 Exaktes Messen... 6

1.2 Allgemeines über Untersuchungsmethoden... 8
#121 Inspektion und Palpation... 8
#122 Untersuchung von Gelenken... 9
#123 Untersuchung von Muskeln... 11
#124 Untersuchung peripherer Nerven... 13
#125 Palpation von Lymphknoten... 15
#126 Perkussion... 16
#127 Auskultation... 17
#128 Apparative Untersuchungen... 19

1.3 Der Körper als Ganzes: Länge, Masse, Proportionen... 20
#131 Körperlänge... 20
#132 Körpermasse (Gewicht)... 21
#133 Körperoberfläche... 24
#134 Hauptproportionen des Körpers... 25
#135 Geschlechtsspezifische Körperform... 29

1.4 Haut... 31
#141 Elastizität... 31
#142 Farbe... 32
#143 Raumschwelle... 33
#144 Schweißsekretion... 33
#145 Effloreszenzen... 34
#146 Intra- und subkutane Injektion... 35
#147 Finger- und Zehennägel... 36

2 Rumpfwand... 37
2.1 Wirbelsäule... 37
#211 Haltung... 37
#212 Dornfortsätze beziffern... 38
#213 Seitliche Verkrümmungen... 40
#214 Inklination... 42
#215 Vorneigewinkel... 44
#216 Reklination... 45
#217 Lateralflexion... 46
#218 Rotation... 48
#219 Wirbelsäulenbewegungen in der Neutralnullmethode... 50

2.2 Wirbelkanal und Rückenmuskeln... 50
#221 Rückenmarkhäute... 50
#222 Segmente von Rückenmark und Wirbelsäule zuordnen... 52
#223 Lumbalpunktion... 52
#224 Spinalanästhesie... 54
#225 Periduralanästhesie... 55
#226 Muskelfunktionsprüfung... 55

2.3 Brustwand... 57
#231 Brustbein... 57
#232 Rippen... 60
#233 Befunddokumentation... 61
#234 Entwicklungsstörungen des Brustkorbs 63
#235 Atemexkursionen der Rumpfwand... 63
#236 Atem- und Hilfsatemmuskeln... 64
#237 Inspektion der Brustdrüse... 65
#238 Vorsorgeuntersuchung der Brustdrüse. 66

2.4 Beckengürtel... 68
#241 Kreuzbein und Steißbein... 68
#242 Darmbeinkamm... 68
#243 Sitzbein und Schambein... 70
#244 Beckenmessung... 71
#245 Kreuzbein-Darmbein-Gelenke... 73

2.5 Bauchwand... 74
#251 Oberflächenrelief... 74
#252 Befunddokumentation... 75
#253 Funktionsprüfung der Bauchmuskeln... 77
#254 Leistenkanal und Leistenbruch... 78
#255 Palpation des äußeren Leistenrings... 80
#256 Bauchhautnarben... 80
#257 Schambehaarung... 81

2.6 Gefäße und Nerven der vorderen Rumpfwand... 83
#261 Arterielle Kollateralwege... 83
#262 Venöse Kollateralwege... 84
#263 Regionäre Lymphknoten... 85
#264 Segmentale Innervation... 85
#265 Reflexe der Bauchwand... 86
#266 Übertragener Schmerz... 87

3 Brustorgane ... 89

3.1 Lunge ... 89
#311 Perkussion ... 89
#312 Atemverschieblichkeit der Unterränder der Lunge ... 91
#313 Projektion der Luftröhre und der großen Bronchen ... 92
#314 Projektion der Lappen- und Segmentgrenzen ... 92
#315 Auskultation ... 93
#316 Stimmfremitus ... 94
#317 Atemleistung ... 95
#318 Pleurapunktion ... 95
#319 Weitergehende Untersuchungen ... 96

3.2 Herz ... 97
#321 Sagittale Projektion des Herzens ... 97
#322 Projektion der herznahen Blutgefäße ... 99
#323 Perkussion, Herzspitzenstoß ... 101
#324 Auskultation ... 102
#325 Projektion des Erregungsleitungssystems und EKG ... 105
#326 Projektion des Herzens in transversaler und Schrägansicht ... 106
#327 Äußere Herzmassage ... 107

3.3 Speiseröhre ... 109
#331 Projektion der Speiseröhre ... 109

4 Bauchorgane ... 111

4.1 Allgemeines ... 111
#411 Allgemeiner Untersuchungsgang bei den Bauchorganen ... 111
#412 Inspektion, Auskultation und Perkussion des Bauches ... 112
#413 Lagern des Patienten zur Tastuntersuchung ... 113
#414 Palpation des Bauches ... 113
#415 Differentialdiagnose dicker Bauch ... 115

4.2 Magen und Darm ... 115
#421 Magen ... 115
#422 Duodenum ... 116
#423 Wurmfortsatz ... 116
#424 Dickdarm ... 119
#425 Gekrösewurzeln ... 120

4.3 Leber, Milz, Bauchspeicheldrüse ... 121
#431 Leber ... 121
#432 Gallenblase und Gallengänge ... 123
#433 Milz ... 124
#434 Bauchspeicheldrüse ... 124

4.4 Nieren und Harnwege ... 125
#441 Nieren ... 125
#442 Nebennieren, Nierenbecken und Harnleiter ... 126

4.5 Blutgefäße ... 128
#451 Bauchaorta ... 128
#452 Untere Hohlvene ... 128
#453 Pfortader ... 129

5 Beckenorgane ... 131

5.1 Beziehung zu Bauchwand und Dammgegend ... 131
#511 Beckeneingang und Beckengefäße ... 131
#512 Harnblase ... 132
#513 Mastdarm ... 133
#514 Projektion der inneren weiblichen Geschlechtsorgane ... 133
#515 Palpation der Dammgegend ... 135
#516 Leitungsbahnen der Dammgegend ... 136
#517 Pudendusanästhesie ... 137
#518 After ... 138
#519 Reflexe der Dammgegend ... 140

5.2 Gynäkologische Untersuchung ... 141
#521 Überblick und Lagerung der Patientin 141
#522 Inspektion der Schamgegend ... 142
#523 Inspektion der Scheide ... 144
#524 Palpation der Scheide ... 146
#525 Bimanuelle Palpation des Uterus ... 146
#526 Palpation der Adnexe (Eierstock und Eileiter) ... 148
#527 Rektovaginale und rektale Untersuchung ... 148
#528 Weibliche Harnröhre ... 149

5.3 Männliche Geschlechtsorgane ... 151
#531 Penis ... 151
#532 Männliche Harnröhre ... 152
#533 Hodensack ... 154
#534 Hoden und Nebenhoden ... 155
#535 Samenstrang ... 156
#536 Rektale Untersuchung ... 157

6 Kopf ... 161

6.1 Bewegungsapparat und Leitungsbahnen ... 161
#611 Schädeldach und Kopfschwarte ... 161
#612 Gesichtsschädel ... 162
#613 Kiefergelenk ... 164

#614 Arterienpulse tasten 166	**7 Hals..........................217**
#615 Innervationsgebiete 167	*7.1 Bewegungsapparat und Regionen 217*
#616 N. trigeminus 168	#711 Halswirbel 217
#617 N. facialis 169	#712 Muskelrelief 217
#618 Fehlinterpretation des Gesichtsausdrucks bei somatischen Störungen 171	#713 Halsregionen 219
6.2 Mundhöhle 174	*7.2 Blut- und Lymphbahnen 220*
#621 Lippen und Wangen 174	#721 A. carotis communis 220
#622 Spaltbildungen im Gesicht 175	#722 Karotissinus 221
#623 Zahnstatus 176	#723 A. vertebralis 222
#624 Okklusion und Artikulation 176	#724 V. jugularis externa 223
#625 Schmerzausschaltung an den Zähnen 177	#725 Lymphknoten 225
#626 Inspektion der Zunge 178	*7.3 Nerven 226*
#627 Geschmacksprüfung 179	#731 Plexus cervicalis 226
#628 Palpation von Zunge und Mundboden 180	#732 Plexus brachialis 227
#629 Gaumen und Gaumenmandeln 181	#733 Hirnnerven und Sympathikus 227
6.3 Nase und Nebenhöhlen 182	*7.4 Eingeweide 228*
#631 Luftdurchgängigkeit der Nasenhöhlen prüfen 182	#741 Zungenbein und Kehlkopfskelett 228
#632 Vordere Nasenspiegelung (Rhinoscopia anterior) 183	#742 Kehlkopfspiegelung 229
	#743 Intubation 231
#633 Hintere Nasenspiegelung (Rhinoscopia posterior) 184	#744 Koniotomie und Tracheotomie 232
#634 Riechprüfung 184	#745 Schilddrüse 233
#635 Stirn- und Kieferhöhlen 185	#746 Nebenschilddrüsen 235
6.4 Auge 186	**8 Arm 237**
#641 Augenlider 186	*8.1 Schultergürtel und Schultergelenk 237*
#642 Bindehaut und Tränenwege 188	#811 Schlüsselbein 237
#643 Lichtbrechende Medien 189	#812 Schulterblatt 237
#644 Iris und Pupille 191	#813 Schlüsselbeingelenke 238
#645 Funktionsprüfung der äußeren Augenmuskeln 194	#814 Palpation des Schultergelenks 239
#646 Gesichtsfeld 195	#815 Bewegungsumfang Schultergelenk ...240
#647 Sehschärfe und Farbensehen 196	#816 Punktion des Schultergelenks 241
#648 Ophthalmoskopie 199	#817 Rumpf-Schultergürtel-Muskeln 242
6.5 Ohr 204	#818 Rumpf-Arm-Muskeln 244
#651 Ohrmuschel 204	#819 Schultermuskeln 245
#652 Otoskopie 204	*8.2 Ellbogengelenk und Oberarm .247*
#653 Ohrtrompete 207	#821 Knochen im Ellbogenbereich 247
#654 Einfache Hörprüfung 207	#822 Bänder des Ellbogengelenks 248
#655 Luft- und Knochenleitung 208	#823 Bewegungsumfang des Ellbogengelenks und der Speichen-Ellen-Gelenke 249
#656 Bogengänge 209	#824 Gesamtkreiselung des Arms 250
6.6 Gehirn 211	#825 Optimale Position von Schulter- und Ellbogengelenk bei Ruhigstellung 250
#661 Großhirn 211	#826 Punktion des Ellbogengelenks 251
#662 Hirnhautarterien 212	#827 Oberarmmuskeln 251
#663 Hirnnerven 214	#828 Armumfänge 252
#664 Kleinhirn 214	#829 Armlänge 254

8.3 Knochen und Gelenke von Unterarm und Hand 255
#831 Handwurzelknochen und distale Abschnitte der Unterarmknochen 255
#832 Hauptgelenklinien der Handwurzel 257
#833 Bewegungsumfang der Handgelenke und des Daumensattelgelenks 258
#834 Palpation der Mittelhand- und Fingerknochen 259
#835 Bewegungsumfang der Fingergelenke (Winkel) 261
#836 Bewegungsumfang der Fingergelenke (Streckenmaße) 261
#837 Punktion der Hand- u. Fingergelenke 262

8.4 Muskeln von Unterarm und Hand 262
#841 Oberflächliche Sehnen am distalen Unterarm 262
#842 Sehnenscheiden 263
#843 Daumenballen, Kleinfingerballen und Intermetakarpalräume 265
#844 Muskelfunktionsprüfung 266
#845 Griffproben 267
#846 Händigkeit 268

8.5 Arterien 269
#851 A. subclavia 269
#852 A. axillaris 269
#853 A. brachialis 270
#854 Blutdruckmessung 271
#855 Arterienpulse an Unterarm und Hand 272
#856 Blutströmung prüfen 273
#857 Palmare Fingerarterien 274

8.6 Venen und Lymphwege 275
#861 Venenklappen am Unterarm 275
#862 Zentralen Venendruck schätzen 275
#863 Blutentnahme aus Unterarmvene 275
#864 Intravenöse Injektion 276
#865 Achsellymphknoten tasten 278

8.7 Nerven 279
#871 Palpation und Funktionsprüfung 279
#872 Nerven an der Hand tasten 281
#873 Entlastungs- und Dehnungsstellungen der großen Armnerven 282
#874 Sensibilitätsstörungen 283
#875 Armreflexe 286
#876 Stereognosie 287
#877 Cold-pressure-Test für Sympathikus .. 288
#878 Leitungsanästhesie Plexus brachialis 288
#879 Leitungsanästhesien an Unterarm und Hand 288

9 Bein 289
9.1 Hüftgelenk und Gesäßgegend 289
#911 Stellung des Hüftgelenks 289
#912 Zwangsstellung bei Hüftgelenkverrenkung 290
#913 Bewegungsumfang des Hüftgelenks .. 291
#914 Punktion des Hüftgelenks 292
#915 Gesäßmuskeln 292
#916 Kraft der Hüftmuskeln prüfen 294
#917 Nervenaustrittstellen Gesäßgegend ... 294
#918 Intragluteale Injektion 296

9.2 Oberschenkel und Kniegelenk 298
#921 Form der Beine 298
#922 Knochenpalpation im Kniebereich 299
#923 Bewegungsumfang des Kniegelenks . 300
#924 Menisken 301
#925 Bänder des Kniegelenks 301
#926 Punktion des Kniegelenks 303
#927 Oberflächliche Sehnen 304
#928 Beinumfänge 306
#929 Längenmessungen am Bein 307

9.3 Unterschenkel und Fuß 309
#931 Palpation von Knöchelgabel und Fußknochen 309
#932 Bewegungsumfang Sprunggelenke ... 311
#933 Bewegungsumfang Zehengrundgelenke und Großzehenendgelenk 313
#934 Punktion des oberen Sprunggelenks.. 314
#935 Fußform und Fußabdruck 314
#936 Sehnen im Knöchelbereich, Muskelfunktion 316
#937 Anspannen der Muskeln bei Zehenbewegungen 317

9.4 Blutgefäße und Lymphwege ... 318
#941 Arterienpulse am Bein 318
#942 Lagerungsprobe nach Ratschow 319
#943 Krampfadern, Venenklappen 320
#944 Leistenlymphknoten 321

9.5 Nerven 322
#951 Große Nerven am Bein 322
#952 Motorische Ausfälle 323
#953 Entlastungs- und Dehnungsstellungen der großen Beinnerven 324
#954 Sensibilitätsstörungen 324
#955 Reflexe am Bein 326
#957 Leitungsanästhesien am Bein 328

Sachverzeichnis 329

Abkürzungen und Zeichen

A.	Arteria
Aa.	Arteriae
Lig.	Ligamentum
Ligg.	Ligamenta
M.	Musculus
Mm.	Musculi
N.	Nervus
Nn.	Nervi
R.	Ramus
Rr.	Rami
V.	Vena
Vv.	Venae

#	Nummern der Abschnitte (verkürzte Schreibung der Dezimalklassifikation, z.B. #426 = 4.2.6, alle Abbildungen, Tabellen und Protokollschemata tragen die gleiche Ziffer wie die Abschnitte)
[]	Anatomische Bezeichnungen in eckigen Klammern sind offizielle Alternativen der Nomina anatomica (6. Auflage, 1989)
→	räumliche, zeitliche oder logische Folge
⇒	siehe (Verweis auf Abschnitt in diesem Buch)
≈	etwa, ungefähr
⌀	Durchmesser

Zum anatomischen Lehrwerk des Verfassers gehören folgende Teile:

1. *Lehrbuch Anatomie* (Urban & Schwarzenberg, 4. Auflage 1996): 814 Seiten, 869 Abbildungen, das auf Verständnis angelegte, an der ärztlichen Praxis orientierte Lehrbuch mit ausführlichen Erläuterungen der medizinischen Terminologie und Lesetexten zur Einführung in die klinische Medizin.
2. *Anatomie kompakt* (Springer, 1994): 480 Seiten, die gesamte Anatomie in Tabellen, das übersichtliche Nachschlagewerk mit vielen klinischen Bezügen.
3. *Anatomie am Krankenbett* (Springer, 1997): 347 Seiten, 210 Abbildungen, die hier vorliegende Anleitung zur körperlichen Untersuchung und zu kleinen ärztlichen Eingriffen.
4. *Repetitorium Anatomie* (Urban & Schwarzenberg, 2. Auflage 1996): 312 Seiten, 109 Abbildungen, das Wiederholungsbuch zum Lehrbuch mit 1180 Fragen und Antworten.
5. *Tafeln Leitungsbahnen des Menschen* (Urban & Schwarzenberg, 1993): 6 Farbposter (48 × 68 cm), Verzweigungsschemata aller benannten Arterien, Venen, Lymphbahnen und Nerven mit Versorgungsgebieten.
6. *Anatomie* (Urban & Schwarzenberg, 6. Auflage 1995): 597 Seiten, 1231 Abbildungen, Text und Atlas für Schüler(innen) der Pflegeberufe und medizinischen Assistenzberufe, Studierende der Tiermedizin, Pharmazie, Biologie, Sportwissenschaft und Psychologie, als Einführung für Medizinstudenten.
7. Wheater, P. R., H. G. Burkitt, V. G. Daniels: *Funktionelle Histologie* (Urban & Schwarzenberg, 2. Auflage 1987), deutsche Übersetzung von H. Lippert: 352 Seiten, 769 Abbildungen, Atlas der mikroskopischen Anatomie mit kurzen erläuternden Texten.

1 Einführung

1.1 Anatomischer Untersuchungskurs

#111 „Anatomie am Lebenden"

Noch zu keiner Zeit konnte man soviel anatomische Informationen vom lebenden Menschen gewinnen wie heute. Die letzten 150 Jahre brachten eine vorher auch in den kühnsten Phantasien nicht erwartete Entwicklung von Methoden zum Studium des Körperbaus des lebenden Menschen. Als Marksteine seien genannt:

- *Anästhesie* (Äthernarkose 1846): Sie ermöglicht, Operationen nahezu beliebig in Zeit und Raum auszudehnen. Alle Organe sind damit beim Lebenden zugänglich.
- *Endoskopie:* Als Helmholtz 1850 den Augenspiegel erfand, ahnte er wohl nicht, daß wir heute mit Hilfe biegsamer Glasfiberoptiken nahezu alle Hohlräume des Körpers direkt besichtigen können. Der mehrere Meter lange Verdauungskanal ist ebenso zugänglich wie die Gelenkräume der größeren Gelenke.
- *Radiologie:* Die Entdeckung der Röntgenstrahlen (1895) ließ zunächst alle Einzelheiten des Skeletts, bald aber mit Hilfe von Kontrastmethoden auch alle Blutgefäße und viele innere Organe im Bild sichtbar werden. Bisher letzter Höhepunkt ist die Computertomographie (CT), mit der man die Struktur nahezu beliebiger Scheiben aus dem Körper vom Computer errechnen und auf den Bildschirm projizieren lassen kann.
- *Magnetresonanztomographie* (Kernspinresonanztomographie, MRT, NMR): Schnittbilder ähnlich der Computertomographie kann man auch mit Hilfe riesiger Magneten erzeugen und dabei die Strahlenbelastung des Patienten vermeiden.
- *Biopsie:* Interessiert der Feinbau der inneren Organe, so sticht man eine weitlumige Hohlnadel durch die Leibeswand und saugt Gewebeteile zur mikroskopischen Untersuchung an (Sternalpunktion 1922, inzwischen gibt es sonographisch gesteuerte „Blindpunktionen" für die meisten parenchymatösen Organe). Mit dem Operationsendoskop können Gewebeproben entnommen, manchmal sogar verdächtige Gewebebezirke vollständig entfernt werden.
- *Sonographie:* Im letzten Jahrzehnt wurde die Ultraschalldiagnostik vor allem für die inneren Organe bedeutend. Ohne Strahlenbelastung können wir z.B. die Bewegung der Herzklappen beobachten oder die Größe der Frucht in der Gebärmutter messen.

Über die genannten Methoden hinaus gibt es zahlreiche weitere, die unmittelbar (Thermographie, Szintigraphie usw.) oder mittelbar (EKG, EEG usw.) anatomische Ausblicke eröffnen.

Die Faszination des Arztes durch die technischen Errungenschaften ist so groß, daß die einfachen Untersuchungsmethoden mit dem „unbewaffneten" Auge, der Hand und dem Ohr in Vergessenheit zu geraten drohen. Doch nach wie vor bilden die dem Menschen angeborenen Möglichkeiten zu sehen, zu tasten und zu hören die Grundlage jeglicher ärztlichen Diagnostik. Die vielen technischen Geräte einer „modernen" Arztpraxis verfeinern die Aussage, verursachen aber meist hohe Kosten und gefährden nicht selten den Patienten (z.B. Strahlenbelastung). Sie sollten daher gezielt nur nach den einfachen diagnostischen Verfahren eingesetzt werden. Die klassischen Untersuchungsmethoden sind

① **Inspektion**: das sorgfältige Besichtigen des entkleideten Patienten.

② **Palpation**: das Abtasten des Körpers zum Beurteilen der nicht sichtbaren Organe.

③ **Perkussion**: das Abklopfen des Rumpfes, um aus dem Klopfschall Schlüsse auf die inneren Organe zu ziehen (Auenbrugger 1761).

④ **Auskultation**: das Abhören der im Innern des Körpers spontan entstehenden Geräusche (Stethoskop: Laennec 1819).

⑤ **Funktionsprüfung**: z.B. Messen der Gelenkbeweglichkeit, Auslösen von Reflexen, Beurteilen der Kraft einzelner Muskeln, Bestimmen der Leistungsfähigkeit der Lungen und des Herzens usw.

Diese 5 „klassischen" Untersuchungsmethoden bilden die Grundlage des Kursprogramms dieses Buches.

■ **Abgrenzung gegen die Physiologie**: Die Grenzen zwischen Anatomie und Physiologie sind fließend. Wollte man alle Funktionsanalysen der Physiologie vorbehalten, so wäre funktionelle Anatomie nicht möglich. Anatomie und Physiologie haben sich erst in der Mitte des 19. Jahrhunderts mit dem Einrichten gesonderter Lehrstühle für die beiden Fächer getrennt. Die spezielle „Physiologie" des Bewegungsapparats (die Erklärung der Funktion der einzelnen Gelenke und Muskeln) blieb dabei traditionsgemäß immer bei der Anatomie.

Im folgenden Untersuchungsprogramm sind auch Methoden enthalten, die üblicherweise im physiologischen Kurs erlernt werden. Der Akzent ist jedoch verschieden. Bei der Blutdruckmessung interessiert den Physiologen in erster Linie der Kreislaufaspekt, den Anatomen die Topographie der Arterie. Physiologischer Kurs und Übungen zur Anatomie am Lebenden machen sich nicht gegenseitig überflüssig, sondern vermitteln verschiedene, einander ergänzende Einsichten.

#112 Gegenseitige Untersuchung

Die Approbationsordnung für Ärzte sieht für den ersten klinischen Studienabschnitt einen klinischen Untersuchungskurs vor. In ihm wird die Technik gelehrt, die zur Untersuchung des Patienten nötig ist. Die gegenseitige Untersuchung der Studenten ist dabei, wenn überhaupt, nur eine kurze Zwischenphase. Meist werden die Studenten auf die Patienten „losgelassen", bevor sie noch die Untersuchungstechnik aus gegenseitigen Übungen genügend beherrschen. Der Kranke wird dann zum Übungsobjekt, um die Grundlagen der Technik zu trainieren. Dies bedeutet eine erhebliche und zudem unnötige Belastung des Patienten.

• Die Studierenden sollten erst dann Kranke untersuchen dürfen, wenn sie die Technik schon beherrschen und die Untersuchung zum Erkennen des Pathologischen und nicht zum Erlernen des Handwerklichen vornehmen können. Der klinische Untersuchungskurs könnte sehr viel effizienter werden, wenn die Studierenden bereits in der Vorklinik die Technik in gegenseitigem Üben erlernten. Übungen zur Anatomie am Lebenden sollen dabei den klinischen Untersuchungskurs keinesfalls ersetzen, sondern lediglich bessere Voraussetzungen für ihn schaffen.

■ **Rollenverteilung**: Einen Teil der Untersuchungen kann man an sich selbst erlernen, z.B. das Tasten der Pulse aller großen Arterien. Bei der Mehrzahl der Übungen müssen ein „Untersucher" („Arzt") und ein „Untersuchter" („Patient") zusammenwirken. Bei einigen Übungen ist ein „Helfer" („Arzthelferin", „Pfleger") nötig, z.B. um den Untersuchten abzustützten. Der „Helfer" erleichtert aber auch sonst die Arbeit, wenn er z.B. das Protokoll führt, die abgelesenen Meßwerte überprüft usw.

Die ideale Arbeitsgruppe besteht mithin aus 3 Personen: **Untersucher, Untersuchter, Helfer**: Diese 3 werden aber nur dann „ideal" zusammenarbeiten, wenn sie sich ihrer Rollen bewußt sind und die Rollen regelmäßig tauschen. Keinesfalls sollten die Rollen fest verteilt sein. Es besteht sonst die Gefahr, daß sich die Rollen verselbständigen:
• Der Untersucher nimmt allmählich Chefarztallüren an, erlebt sich selbst als unfehlbar und wird deshalb ungenau in der Arbeit.
• Der Untersuchte sinkt immer weiter in Passivität, läßt alles über sich ergehen und denkt nicht mehr mit. Er wird dann nur noch wenig lernen.

- Der Helfer beginnt sich zunehmend zu langweilen, ist nicht mehr bei der Sache, füllt das Protokoll falsch aus und lernt ebenfalls wenig.

■ **Rollenwechsel**: Der optimale Wissensgewinn ist zu erzielen, wenn jede Übung dreimal durchlaufen wird, wobei jedes Mitglied der Dreiergruppe je einmal Untersucher, Untersuchter und Helfer ist. Dabei sollte im ersten Durchgang der Teilnehmer, der sich auf die Übung fachlich am besten vorbereitet hat, den Untersucher spielen, derjenige mit der geringsten Vorbereitung den Untersuchten. Die Teilnehmer sollten dabei ihre Rollen entsprechend den Verhältnissen in der ärztlichen Praxis einüben:
- Der **Untersucher** sollte immer daran denken, daß der spätere Patient im allgemeinen weder die ärztliche Wissenschaftssprache versteht noch den Gang der Untersuchung im einzelnen kennt. Der Arzt sollte daher rechtzeitig lernen, sich für den Laien verständlich auszudrücken.
- Der **Untersuchte** sollte zwar vorher die Übungsanweisung gelesen haben, sollte dann aber die Übung nicht automatisch ausführen, sondern den Anweisungen des Untersuchers folgen. Er sollte sich in die Rolle des Patienten versetzen, der im allgemeinen auch nicht weiß, wie er sich zu verhalten hat. Da dies einen höheren Zeitaufwand bedeutet, wird man bei knapper Zeit auf die strenge Rollenspiel verzichten und „wissend" kooperieren. Man sollte jedoch im Hinblick auf das Training des Untersuchers nicht ständig darauf verzichten. Die Rolle des Untersuchten ist bisweilen eine Übung in der Demut mit Unterdrücken der Neugier: Verfolgt der Untersuchte die Arbeit des Untersuchers mit zu großer Aufmerksamkeit, so stört er diese manchmal. Dreht der Untersuchte, z.B. beim Markieren der Dornfortsätze, immer wieder den Kopf zur Seite, um die Arbeit am Rücken zu verfolgen, so verschieben sich dabei die Haut und die Markierungskreuze. Oft muß der Untersuchte eine unbequeme Stellung längere Zeit einhalten, bis alle Messungen getätigt sind. Dies kommt dem Verständnis des späteren Patienten zugute.
- Der **Helfer** sollte nicht passiv abwarten, bis er „Aufträge" vom Untersucher erhält. Er sollte aktiv die Arbeit verfolgen und helfend eingreifen, wenn dies nötig erscheint. Er sollte als Außenstehender erkennen, wenn Untersucher oder Untersuchter ihre Rolle schlecht spielen. Er sollte Fehler und Ungenauigkeiten bei der Untersuchung aufzeigen, aber auf eine Art, daß er die anderen dabei nicht kränkt. Die Kunst des guten Assistenten besteht darin, mit seinem Chef auch über dessen Fehler sprechen zu können. Der schlechte Assistent schweigt dem Chef gegenüber, versucht ihn aber dafür bei anderen lächerlich zu machen.

#113 Übungen am Lebenden als Gegengewicht zu Übungen an der Leiche

In Übungen mit gegenseitiger Untersuchung erlernen Studierende humane ärztliche Verhaltensweisen. Sie erfahren in der Rolle des Untersuchten „am eigenen Leibe", wie schmerzlich (körperlich wie seelisch) rücksichtsloses Verhalten des Untersuchers sein kann. Sie müßten nach einigen Übungen verstanden haben, daß
- die Untersuchung jeweils durch das Gespräch mit dem Patienten vorzubereiten ist, um eine Vertrauensbasis zu schaffen. Vermutlich würde es sie selbst stören, wenn in den Übungen ein ihnen nicht näher bekannter Kommilitone, ohne ein Wort zu sagen, an ihnen herumzutasten begänne.
- in diesem Vorgespräch auf möglicherweise schmerzhafte Untersuchungen besonders einzugehen ist.
- der Untersucher während der ganzen Untersuchung seine volle Aufmerksamkeit dem Untersuchten zu widmen hat. Vermutlich hat es den „Patienten" gestört, wenn sein „Arzt" sich während der Untersuchung mit anderen Kommilitonen unterhielt oder gar wegging und ihn mangelhaft bekleidet stehen ließ. Geradezu angsterregend kann es sein, wenn der Untersucher mit Geräten über dem Gesicht des liegenden Untersuchten hantiert und dabei den Eindruck erweckt, nicht ganz bei der Sache zu sein.

- der Untersucher saubere Hände und keine Bier- oder Knoblauch-„Fahne" haben sollte.
- Arzt und Patient Partner sein und sich entsprechend verhalten sollten.

Das Einüben humaner ärztlicher Verhaltensweisen ist in der Vorklinik besonders wichtig, weil die Übungen an der Leiche eher dehumanisierend wirken. Bei der Arbeit an der Leiche gewöhnen sich Studenten nur zu leicht daran, daß dieser „Patient" keine Gefühle und Wünsche äußert und deshalb wie eine Sache zu behandeln ist. Man muß nicht erst sein Einverständnis gewinnen, sondern darf einfach darauflosschneiden. Man kann sich bei der Arbeit mit den Kollegen über das letzte Fußballspiel unterhalten. Man kann ohne Grund weggehen und ihn liegen lassen. Schmutzige Hände stören ihn nicht. Man kann insgesamt sorglos sein. Schlimmstenfalls muß man das Testat wiederholen.

Zweifellos benötigt der Arzt für besonnenes Handeln eine sachliche Einstellung gegenüber dem Untersuchungs- und Behandlungs-„Objekt" Patient. Die Arbeit an der Leiche ist hierfür eine wichtige Schule. Der Patient darf aber niemals „Nur-Objekt" werden. Er muß immer auch Partner bleiben. Bei alleiniger Ausbildung an der Leiche gerät in der Vorklinik die Partnerschaft zu leicht in Vergessenheit, und die Studenten treten dann in der Klinik an den Patienten mit der gleichen Einstellung heran wie an die Leiche.

#114 Schamgefühl des Patienten

Die ideale Bekleidung des Patienten bei der ärztlichen Untersuchung ist gar keine Bekleidung. Nur bei völliger Nacktheit kann ein umfassender Eindruck vom Körper des Patienten gewonnen werden. In der Praxis ist dieses Ideal kaum zu verwirklichen. Die beiden wichtigsten Hemmnisse sind
- das mitteleuropäische Klima,
- das Schamgefühl des Patienten.

Die Temperaturen in Innenräumen lassen ein längeres Unbekleidetsein nicht zu. Aber selbst wenn man die Räume auf Körpertemperatur heizen würde, wäre damit das Schamgefühl des Patienten noch nicht überwunden. Die Spielbreite der Einstellungen zum Schamgefühl in unserer Gesellschaft ist groß. Die einen halten es für eine der Grundlagen der abendländischen Kultur, die anderen sehen darin eine der Hauptursachen für die verspätete Diagnose vieler Krankheiten. Medizinstudenten sind zwar im allgemeinen recht liberal, wenn es um das Unbekleidetsein des anderen geht, haben selbst aber die gleichen Probleme wie der Durchschnittsbürger, wenn sie ihre Kleider ablegen sollen. Dies ist für einen Untersuchungskurs einerseits ein Hemmnis, andererseits aber auch eine Chance, bei Studenten aus dem eigenen Erleben heraus Verständnis für die Schamprobleme des Kranken zu wecken.

Der Umgang mit dem Schamgefühl des Patienten erfordert vom Arzt viel Takt. Eine vertrauensvolle Partnerschaft ist weder mit frivolen Reden noch mit einem herrischen „stellen Sie sich nicht so an!" zu gewinnen. Am ehesten überwindet man das Schamgefühl, wenn man stufenweise vorgeht. Man untersucht zunächst Regionen, die ohne Entkleidung zugänglich sind, z.B. Gesicht und Hände. Dann bittet man den Patienten, die als nächstes zu untersuchende Region freizumachen, während man selbst inzwischen die Befunde im Krankenblatt notiert. Völlig abwegig wäre es, den Patienten als erstes aufzufordern, sich völlig zu entkleiden, und dann erst mit dem nackten Patienten das Gespräch über die Vorgeschichte seiner Erkrankung zu beginnen.

In Übungen zur Anatomie am Lebenden verfahre man ähnlich. Schon wegen der Gefahr der Erkältung sollte sich von jeder Arbeitsgruppe jeweils nur der Untersuchte entkleiden und auch dieser nur so weit, als es für die Untersuchung nötig ist. Wenn es die Vorkenntnisse zulassen, wähle man für die ersten Kurstage Regionen, die nur wenig vom Schamgefühl geschützt sind, z.B. den Arm. Haben sich die Kursteilnehmer erst einmal von der sachlichen Atmosphäre der

Übungen überzeugt, so lassen sich auch stärker vom Schamgefühl geschützte Körperbereiche, wie Brust- und Bauchwand, im Kurs erarbeiten.

Grundsätzlich gilt die Empfehlung, für den Kurs „Badekleidung" mitzubringen. Den weiblichen Teilnehmern sind zweiteilige Badeanzüge (Bikini) zu empfehlen, da einteilige zu viel von Rücken, Brust- und Bauchwand verdecken.

#115 Instrumentarium

Das vorliegende Kursprogramm ist vom Ehrgeiz getragen, mit möglichst wenig Hilfsmitteln möglichst viel Verständnis für funktionelle Anatomie zu wecken. Für die meisten Übungen braucht man im Grunde nur Auge, Hand und Ohr sowie etwas Basiswissen der Anatomie. Will man sich in Unkosten stürzen, so sind zu empfehlen:
- **Schminkstifte** in verschiedenen Farben dienen zum Bemalen der Haut: Sie werden als Schauspielerbedarf in verschiedenen Stärken in Parfümerien angeboten. Man wähle möglichst dünne Stifte. Ein Satz von zwölf Farben kostet etwa 5 DM. Weniger zweckmäßig sind sog. Fettstifte. Sie sind schwer anzuspitzen, und die Zeichnung auf der Haut ist nur durch intensives Waschen mit Seife wieder zu entfernen. Auch kann man mit dem Holz die Haut anritzen. Ungeeignet sind Filzschreiber mit organischen Lösungsmitteln, z.B. Aceton. Die Farbe dringt in die oberflächlichen Hautschichten ein und ist nicht auszuwaschen.
- **Abschminke** erleichtert das Entfernen der Schminkezeichnung. Der Preis beträgt je nach Größe der Dose 2-5 DM. Zur Not geht auch eine beliebige Hautcreme (sie ist jedoch nicht billiger).
- Ein **Bandmaß** ermöglicht Längen- und Umfangmessungen. Es sollte mindestens 1-2 m lang sein. Preis in Kaufhäusern etwa 1-2 DM. Ein sich selbst aufrollendes Bandmaß kann man auch als **Lot** verwenden, wenn man das schwere Gehäuse am ausgezogenen Band baumeln läßt.

- Mit einem **Winkelmesser** bestimmt man die Bewegungsspielräume der Gelenke. Die in der ärztlichen Praxis üblicherweise verwendeten Winkelmesser mit beweglichen Schenkeln aus durchsichtigem Kunststoff sind im Fachhandel unverständlich teuer (20-30 DM). Man kann sich jedoch leicht einen Winkel mit zwei beweglichen Schenkeln selbst basteln und den alten Winkelmesser aus der Schulzeit als Skala benützen.
- Zwei schmale **Latten** aus Holz oder Kunststoff von etwa 80-100 cm Länge erleichtern das Anpeilen von Extremitätenachsen usw. bei der Bewegungsprüfung der Gelenke.
- Eine **Wasserwaage** hilft jenen, deren „Augenmaß" zur Beurteilung der Horizontalen wenig geübt ist (Winkelmessungen bei Gelenkbewegungen, gleicher Höhenstand der Darmbeinkämme und der Schultern usw.). Preis in Werkzeugläden 5-10 DM.
- Mit einer **Lupe** erkennt man Feinheiten der Haut, am Auge usw.
- Ein **Reflexhammer** erleichtert das Auslösen der Muskeleigenreflexe. Viele Reflexe lassen sich jedoch auch durch einen Schlag mit der ulnaren Handkante oder mit der Fingerkuppe prüfen. Ein Reflexhammer kostet je nach Zusatzausrüstung zur Sensibilitätsprüfung (Nadel und Pinsel aus dem Schaft ausschraubbar) 20-40 DM.
- Mit dem **Stethoskop** erspart man sich Verrenkungen beim Abhören der Brust- und Bauchorgane. Es ist hierfür aber nicht unbedingt nötig. Hingegen kommt man beim Blutdruckmessen mit konventionellen Geräten kaum ohne Stethoskop aus. Da man im klinischen Studium sowieso ein Stethoskop benötigt, sollte man die Anschaffung dieses „Statussymbols" für die Anatomie am Lebenden ernsthaft erwägen. Stethoskope werden im Fachhandel zu sehr unterschiedlichen Preisen (20-300 DM) angeboten. Ein Preisvergleich lohnt sich. Vielerorts bieten die Studentenfachschaften über Sammelbestellungen gute Stethoskope preisgünstig an (etwa 60 DM).
- Ein **Blutdruckmesser** gehört schon zur Luxusausstattung. Er wird im Übungsprogramm nur selten benötigt. Die billigsten Geräte kosten etwa 80 DM.

- Der **Beckenzirkel** ist viel zu teuer (etwa 150 DM). Mit etwas Phantasie kann man viele einschlägige Messungen, wenn auch nicht so bequem, mit Hilfe eines langen Lineals und zwei Dreiecken (aus dem Geometrieunterricht des Gymnasiums) vornehmen. Man legt die beiden Dreiecke mit einer Kathete dem Lineal an und benutzt das gegenüberliegende Eck als Tastpunkt.
- Eine **Stimmgabel** wird nur in wenigen Übungen benötigt. Man muß sie kaum eigens für den Kurs anschaffen, weil sie vermutlich einige Kursteilnehmer mitbringen können (Studenten, die ein Musikinstrument spielen, das sie selbst stimmen müssen).

In einigen Übungen werden darüber hinaus noch folgende Instrumente verwendet: Kehlkopfspiegel, Augenspiegel, Ohrtrichter, elektrisches Laryngo-, Ophthalmo- und Otoskop, Phantom und Tuben für Intubation usw. Die Anschaffungskosten für diese Instrumente liegen in der Regel über dem Etat eines Studenten. Können diese Instrumente nicht vom Kursveranstalter bereitgestellt oder von Studenten aus der elterlichen Praxis ausgeliehen werden, so sollte man auf die entsprechenden Übungen verzichten. Kehlkopf-, Augen- und Ohrenspiegelung werden sowieso noch in klinischen Kursen geübt.

Bei etwaigen „Investitionen" berücksichtige man als Student, daß man als späterer Arzt einen Blutdruckmesser auf der Krankenstation vorfindet, hingegen Reflexhammer und Stethoskop in der Regel selbst mitbringen muß.

#116 Exaktes Messen

In diesem Buch werden bei manchen Übungen Messungen vorgeschlagen. Es geht darin über die Gepflogenheiten in vielen ärztlichen Praxen hinaus. Dabei sollte man bedenken:
- Bei Laborbefunden erwarten wir möglichst genaue quantitative Angaben. Kein Arzt wäre mit „Blutzucker etwas erhöht" zufrieden. Die Aussage erschiene ihm zu subjektiv. Hingegen begnügen sich viele Ärzte mit der Formel: „Beweglichkeit des Handgelenks etwas eingeschränkt", obwohl man den Bewegungsumfang in Grad mit entsprechender Exaktheit wie den Blutzucker in mmol/l oder mg/dl angeben kann.
- Die Bequemlichkeit dürfte ausschlaggebend sein: Die Laborwerte bestimmt das Personal, die Bewegungsumfänge der Gelenke hingegen muß der Arzt selbst messen. Wenn es die eigene Zeit kostet, wird man großzügiger.

① **Erst nach Kochbuch, dann nach Augenmaß**: In einem Kochkurs werden die Zutaten gewogen, die erfahrene Hausfrau schätzt sie ab. Man sollte zunächst exaktes Messen erlernen. Stellt sich später in der Praxis heraus, daß man vieles aufgrund von Erfahrung hinreichend genau abschätzen kann, so darf man auf Messungen verzichten. Aber man sollte nicht von vornherein über den Daumen peilen, sondern Erfahrungen über exaktes Vorgehen sammeln. Dann kann die spätere Vereinfachung zumindest auf genaueren Erfahrungswerten aufbauen. Außerdem ist man bei Bedarf in der Lage, genaue Werte zu bestimmen.

② **Aber nicht pseudogenau!** Exaktes Messen bedeutet nicht, daß man versuchen sollte, auf Bruchteile von Millimetern und Winkelgraden an der Skala abzulesen. Es geht vielmehr darum, die Voraussetzungen für Quantifizierung möglichst eindeutig zu machen.
- Der mögliche Fehler beim Bestimmen des Bewegungsumfangs eines Gelenks liegt kaum in der etwaigen Ungenauigkeit des verwendeten Winkelmessers, sondern in der Schwierigkeit, die Achsen der bewegten Knochen auf der Körperoberfläche zum Messen darzustellen. Einen Fehler in der Größenordnung von mindestens $5°$ wird man dabei in Kauf nehmen müssen. Deshalb ist es sinnlos, im Protokoll etwa $116,5°$ zu notieren. Es genügen Sprünge von $5°$, also $115°$ oder $120°$.
- Also nicht den Winkelmesser irgendwie auflegen, dann aber minutiös ablesen, sondern umgekehrt: Möglichst sorgfältig die

1.1 Anatomischer Untersuchungskurs

Achsen einstellen, dann eher großzügig in 5°-Intervallen protokollieren.

③ **Kontrollmessungen**: In der klinischen Chemie ist es ein bewährtes Verfahren zur Qualitätskontrolle, Proben des gleichen Untersuchungsgutes an verschiedene Labors zu versenden und die Ergebnisse zu vergleichen. Ebenso muß man von Zeit zu Zeit im eigenen Labor das gleiche Untersuchungsgut mehrfach analysieren. Man kann danach die Fehlerbreite der Bestimmungsmethode beurteilen.
• Ähnlich sollte im Untersuchungskurs die gleiche Messung am gleichen Patienten von mehreren Untersuchern unabhängig voneinander vorgenommen werden. Dabei ist wichtig, daß die Ergebnisse der anderen nicht bekannt sind.
• Will man die eigene Fehlerbreite durch mehrfaches Messen bestimmen, so hat dies eigentlich nur Zweck, wenn man zwischendurch die vorhergehenden Meßergebnisse vergessen hat.

④ **Natürliche Maßstäbe**: Ist eine exakte Messung nicht möglich, verzichtet man in ärztlichen Befunden häufig auf die Angabe in metrischen Einheiten und greift auf primitivere Formulierungen, wie fingerbreit, handbreit usw. zurück, z.B. „Leber zwei Fingerbreit unter dem Rippenbogen". Da Finger unterschiedlich breit sind, können solche Angaben nur der groben Orientierung dienen. Sie reichen aber manchmal aus.
• In den angloamerikanischen Ländern werden solche von Körpermaßen abgeleitete Einheiten, wie inch (Zoll = Daumenbreite), foot (Fuß = Fußlänge), yard (englische Elle) heute noch verwendet. Sie wurden jedoch 1959 für England und die USA auf der Basis des metrischen Systems neu definiert: 1 inch (in) = 2,54 cm, 1 foot (ft) = 12 in = 30,48 cm, 1 yard (yd) = 3 ft = 91,44 cm. Daneben wird auch noch 1 hand = 4 in = 10,16 cm verwendet.

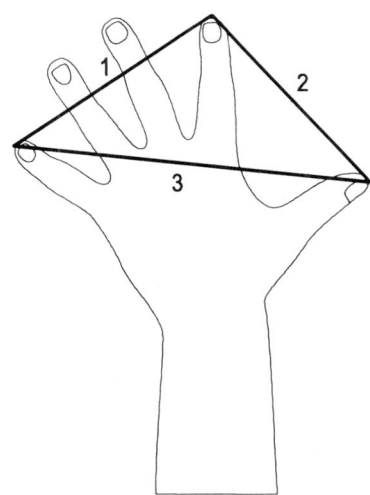

Abb. 116. Spannen: 1 vom Zeigefinger zum Kleinfinger, 2 vom Daumen zum Zeigefinger, 3 vom Daumen zum Kleinfinger = große Spanne

Protokoll 116. Natürliche Maßstäbe (cm)		
① Fingerbreite (Höhe der Grundgliedköpfe)		
	Links	Rechts
Daumen		
Zeigefinger		
Mittelfinger		
Ringfinger		
Kleinfinger		
② Handbreite (Höhe der Metakarpalköpfe II-V)		
Mit Daumen		
Ohne Daumen		
③ Spanne (Abstand der Fingerspitzen)		
Zeigefinger – Kleinfinger		
Daumen – Zeigefinger		
Daumen – Kleinfinger		

- Zur raschen Orientierung bei Untersuchungen sollte man als Mediziner die Breiten von Hand und Fingern sowie die Spannen (Abb. 116) von Daumen zum Zeigefinger und zum Kleinfinger sowie vom Zeigefinger zum kleinen Finger an der eigenen Hand kennen.
- Die Fingerbreiten mißt man am besten mit einer Schieblehre oder dem Beckenzirkel. Zur Not geht auch ein Bandmaß oder ein Lineal, dann ist jedoch auf das richtige Anvisieren (senkrecht zur Skala) zu achten.

1.2 Allgemeines über Untersuchungsmethoden

#121 Inspektion und Palpation

Die „einfachen" Untersuchungsmethoden bedürfen im Grunde der mehrjährigen Übung, bis man sie beherrscht. Der angehende Arzt muß „sehen" und „tasten" lernen. Dies klingt banal, aber schon Goethe meinte (Xenien aus dem Nachlaß):
„Was ist das Schwerste von allem,
was Dir das Leichteste dünket:
mit den Augen zu sehen,
was vor den Augen Dir liegt."

■ **Inspektion**: In unserer Zivilisation ist es üblich, Kindern beizubringen, andere nicht anzustarren oder deren Körper zu genau anzusehen, weil dies das Schamgefühl verletze. Der angehende Arzt muß lernen, den Körper des Patienten wieder unbefangen zu betrachten.
- Das Beobachten des Muskelspiels durch die Haut ist dabei eine wertvolle Übung. Das Oberflächenrelief ändert sich bei Bewegungen laufend. Dabei wechseln Licht und Schatten in feinen Nuancierungen. Ist erst dafür der Blick geschult, wird der Arzt auch schon leichte Schwellungen in Weichteilen erkennen können.
- Der Laie achtet bei der Hautfarbe vor allem auf den Grad der Pigmentierung und assoziiert zu braungebrannt gesund und Urlaub. Der Arzt muß viele Nuancen von der Blässe bis zur Blausucht (Zyanose) und zur Gelbsucht (Ikterus) differenzieren (#142).
- Bei der Inspektion sollte man immer beide Seiten vergleichen. Asymmetrien können zufällig sein, aber auch auf Erkrankungen hinweisen.

■ **Palpation**: Den anderen berühren zu dürfen, ist in unserer Zivilisation ein Vorrecht des eng Vertrauten. Aber auch da sind es meist mehr symbolische Gesten und kein sorgfältiges Abtasten mit der Absicht, Vorstellungen über Strukturen zu gewinnen. Der angehende Arzt hat daher meist große Schwierigkeiten, den Körper zu „begreifen".

1.2 Allgemeines über Untersuchungsmethoden

Aus Sorge, dem anderen Schmerzen zu bereiten, wird meist zu zaghaft zugegriffen. Dies soll keineswegs eine Aufforderung zu Brutalität sein. Man muß den Druck dosieren lernen.

① **Technik:** Eine gute Basisübung ist es, alle zugänglichen Teile des Skeletts zu tasten. Die Erfahrungen des Untersuchungskurses zeigen, daß dies nicht so einfach ist, wie es zunächst scheint.
• Günstig ist es, die Finger 2-4 mit den Tastballen der Endglieder aufzusetzen und in leicht kreisenden Bewegungen sanft in die Tiefe zu drücken.
• Es sollte überflüssig sein, darauf hinzuweisen, daß man die Fingernägel der tastenden Hand kurz halten muß und daß schmutzige Hände beim Betasten leicht Ekel erregen. Die Hände des Untersuchers sollten nicht kalt sein (evtl. vor dem Untersuchen in warmem Wasser waschen oder etwas aneinander reiben).
• Der Daumen ist viel plumper als Zeige- und Mittelfinger und daher weniger zum kritischen Tasten geeignet.

② **Palpieren von Weichteilen:**
• Man taste systematisch das Anspannen von Muskeln bei Bewegungen. Man wird dann schmerzhafte Muskelverspannungen beim Patienten besser bewerten können.
• Keine Gelegenheit sollte man verstreichen lassen, Arterienpulse zu tasten. Dabei muß man sich vergewissern, daß man nicht nur den Puls in den eigenen Fingerarterien registriert. Im Zweifelsfall sollte man die eigene Pulsfrequenz mit der des Untersuchten vergleichen.
• Das Tasten von Lymphknoten (#125) ist durch keine noch so aufwendige technische Methode zu ersetzen. Der Lymphknotenbefund entscheidet bei Krebskranken häufig über die einzuschlagende Behandlung und damit nicht selten über Leben und Tod.
• Bei den inneren Organen kommt man zum Teil mit dem bloßen Besichtigen und Betasten nicht weiter. Hier können Perkussion und Auskultation weiterhelfen (#126 + 127).

#122 Untersuchung von Gelenken

Bei vielen Gelenkerkrankungen werden durch Schrumpfen der Gelenkkapsel, Bildung von Knochenauswüchsen usw. die Bewegungsumfänge eingeschränkt. An der Änderung der Bewegungsumfänge kann man das Fortschreiten oder Bessern der Erkrankung messen. Die exakte Bestimmung der Bewegungsumfänge in den Hauptbewegungsrichtungen der Gelenke ist daher eine wichtige ärztliche Untersuchungsmethode.

① **Messen von Bewegungen:** Körperbewegungen lassen sich auf zwei Arten quantifizieren:
• als **Streckenmaße:** Man mißt hierbei die Abstände zweier genau definierter Punkte des Körpers vor und nach der Bewegung.
• als **Winkelmaße:** Man bestimmt den Winkel zwischen definierten Achsen zweier Knochen vor und nach der Bewegung. Die beiden Knochen müssen nicht unmittelbar durch Gelenke verbunden sein. Es kann auch eine ganze Gelenkkette (z.B. die Wirbelsäule) dazwischen liegen.

Abb. 122a. Aktive und passive Beweglichkeit

② **Aktive und passive Beweglichkeit**: Der Bewegungsspielraum eines Gelenks kann von den zugehörigen Muskeln häufig nicht voll genutzt werden. So kann man z.b. im Kniegelenk mit den Muskeln des Ober- und Unterschenkels bis etwa 110° beugen (aktive Beweglichkeit, Abb. 122a). Nimmt man die Hand zur Hilfe, so kommen 20-40° hinzu, und man erreicht 130-150° (passive Beweglichkeit). Die Verkürzungsgröße der Muskeln des Kniegelenks reicht für die vollständige Beugung nicht aus.

• Bei der Untersuchung von Gelenken interessiert primär der Bewegungsspielraum des Gelenks und nicht die Leistungsfähigkeit der Muskeln. Deshalb wird in Protokollen des Bewegungsumfangs von Gelenken immer die passive Beweglichkeit zugrunde gelegt.

③ **Protokollierung**: Um Befunde vergleichen zu können, muß das Protokoll eindeutig sein. Beispiel Ellbogengelenk:

• Man könnte Ober- und Unterarm als 2 Schenkel eines Winkels mit Drehpunkt im Ellbogengelenk betrachten, wonach die Streckstellung 180° und die Beugung bis auf etwa 30° möglich wäre. Die 0°-Stellung kann nie erreicht werden, weil dann Ober- und Unterarm ineinander liegen müßten.

• Man kann aber auch umgekehrt die Streckstellung als Ausgangsstellung 0° setzen und dann bis etwa 150° beugen.

• Damit man nicht bei jeder Messung den Nullpunkt neu definieren muß, hat man sich auf die **Neutralnullmethode** geeinigt. Bei ihr werden alle Bewegungsumfänge von der Neutralnullstellung (Abb. 122b) aus gemessen. Die Protokollierung ist standardisiert: Man schreibt zuerst den Umfang der vom Körper wegführenden Bewegung, dann die 0°, wenn die Nullgradstellung durchwandert wird, und schließlich das Ausmaß der zum Körper hinführenden Bewegung.

Beispiel Handgelenke:

• Aus der Streckstellung = 0° kann man auf etwa 80° palmarflektieren und auf 60° dorsalextendieren. Der Gesamtumfang beträgt 140°. Das Protokoll lautet 60° – 0° – 80°.

• Bei einer Polyarthritis der Handgelenke kann z.B. die Dorsalextension stark eingeschränkt sein und nur noch 10° betragen bei 50° Palmarflexion. Das Protokoll lautet dann 10° – 0° – 50°.

• Schreitet die Krankheit noch weiter fort, so daß nur ein Bewegungsspielraum zwischen 10° und 40° Palmarflexion bleibt, so bringt man durch die Schreibung 0° – 10° – 40° zum Ausdruck, daß die Nullstellung nicht mehr erreicht wird: Die Null steht im Protokoll nicht mehr in der Mitte.

• Ist schließlich das Handgelenk in 30° Palmarflexion versteift, so schreibt man 0° – 30° – 30°.

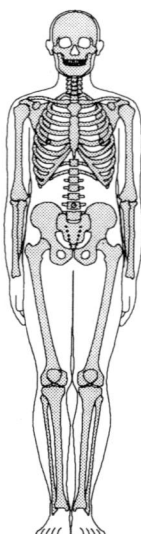

Abb. 122b. Neutralnullstellung: aufrechter Stand mit geschlossenen Füßen und angelegten Handflächen (mit Daumen nach vorn)

In der Bundesrepublik Deutschland sind in Gutachten alle Bewegungsumfänge nach der Neutralnullmethode anzugeben. Deshalb werden in diesem Buch bei allen Gelenken die Bewegungsumfänge nach dieser Methode protokolliert.

④ **Schnelltest zur groben Beweglichkeitsprüfung der großen Gelenke:** In der täglichen Praxis hat der Arzt meist nicht so viel Zeit, alle Gelenke so ausführlich zu untersuchen, wie dies in den speziellen Abschnitten dieses Buches beschrieben ist. Zur groben Orientierung genügt es dann, den Patienten 2 Stellungen einnehmen zu lassen:
- *Stellung A:* Der Patient steht mit gespreizten Beinen. Die Arme sind hinter dem Rücken in der Lendengegend verschränkt. Er neigt die Wirbelsäule so weit zurück, wie dies das Gleichgewicht zuläßt (der Arzt steht vorsorglich hinter dem Patienten, um ihn notfalls aufzufangen). Der Patient dreht das Gesicht nach oben, bis der Blick zur Decke geht.
- *Stellung B:* Der Patient geht in die tiefe Hocke (Abb. 122c). Er verschränkt die Arme hinter dem Kopf und neigt die Wirbelsäule maximal nach vorn. Das Gesicht kommt dabei zwischen die Knie (die medialen Epikondylen der Femora berühren die Jochbeine).

Abb. 122c. Tiefe Hocke (Stellung B) beim Schnelltest zur groben Beweglichkeitsprüfung

- Kann der Patient beide Stellungen mühelos einnehmen, so ist eine eingehende Untersuchung der Wirbelsäule und der großen Gelenke entbehrlich, sofern der Patient nicht einschlägige Beschwerden angibt. Ältere Patienten haben manchmal Schwierigkeiten, in die Hocke zu gehen und vor allem daraus wieder hochzukommen. Daß der Arzt dann helfend die Hand reicht, muß wohl nicht eigens gesagt werden.
- Man sollte den Schnelltest, wie auch die weiteren in diesem Buch beschriebenen Übungen selbst ausführen. Dies ist der beste Weg, mit den technischen und psychologischen Problemen der Untersuchung vertraut zu werden.

#123 Untersuchung von Muskeln

Das Muskelrelief ist bei dünnem Unterhautfettgewebe schon durch die Haut sichtbar. Es wird noch klarer, wenn die Muskeln arbeiten. Der Untersucher fordert den Patienten zu Bewegungen auf, an denen der jeweils interessierende Muskel beteiligt ist. Wird diese Bewegung gegen Widerstand ausgeführt, so treten die Muskeln noch deutlicher hervor. Manchmal hilft auch die entgegengesetzte Bewegung. Der Muskel wird dann gedehnt und wölbt die ebenfalls gespannte Haut vor. Die Erfahrung lehrt, welche Methode bei einem bestimmten Muskel am häufigsten zum Ziel führt.

Bei dickerem Unterhautfettgewebe sind die Muskeln manchmal trotz Anspannung nicht zu sehen. Hier hilft dann fast immer das Betasten. Man legt die Fingerspitzen des 2.-4. Fingers zunächst auf die Hautstelle auf, unter der man den Muskel vermutet und läßt den Muskel anspannen. Dann drückt man in leicht kreisenden Bewegungen mit den Tastballen der Fingerspitzen (keinesfalls mit den Fingernägeln!) in die Tiefe, bis man den angespannten Muskel fühlt. Diese Übung sollte man häufig und bei verschiedenen Patienten wiederholen, um so allmählich ein „ärztliches" Tastempfinden auszubilden. Nur so wird es möglich, Muskelverspannungen, unter denen viele Patienten leiden, zu erkennen und richtig zu behandeln. Bei fettsüchtigen Patienten kann allerdings das Betasten der Muskeln ausgesprochen schwierig werden.

① **Vorgehen:** Bei der Untersuchung von Muskeln geht man im einzelnen am besten folgendermaßen vor:
- *Ursprung und Ansatz der Muskeln sich klarmachen:* Dazu ist ein Skelett sehr hilfreich. Ursprünge und Ansätze sollte man nicht auswendig lernen, sondern am Skelett ansehen und visuell einprägen. Dann wird es nicht schwerfallen, diese Anschauung auf den lebenden Menschen zu übertragen!
- *Funktion des Muskels sich veranschaulichen:* Auch dies geht am einfachsten am Skelett. Muskelfunktionen aus dem Lehrbuch zu lernen, ist weitgehend sinnlos. Das Lehrbuch sollte nur zur Kontrolle dienen, daß man die Funktion richtig konstruiert und damit die Aufgabe des Muskels richtig verstanden hat. Nur so kann man sich die Muskeln sinnvoll auf Dauer einprägen.
- *Patienten den Muskel anspannen lassen:* Man sollte dabei die Bewegung, nicht den Muskel bezeichnen, also nicht: „Kontrahieren Sie den Musculus serratus anterior!", sondern „Heben Sie bitte den Arm so weit wie möglich nach oben!". Zur besseren Darstellung des Muskels läßt man die Bewegung gegen Widerstand ausführen, wobei der Untersucher Hilfe leistet, indem er etwa im gegebenen Beispiel den Arm nach unten zu ziehen sucht.

② **Bewertung:** Bei Erkrankungen des Bewegungsapparats und des Nervensystems ist die Kraft einzelner Muskeln bisweilen herabgesetzt. Für das Abgrenzen des befallenen Bereichs und mithin für das Stellen der Diagnose kann das Abschätzen der Kraft einzelner Muskeln hilfreich sein. Es erleichtert auch das Beurteilen des Fortschreitens der Krankheit bzw. der Besserung als Folge der Behandlung. Exakte Kraftmessungen einzelner Muskeln sind häufig nicht möglich und auch nicht nötig. Es genügt meist eine grobe Schätzung. Hierfür sind verschiedene Bewertungsmaßstäbe entwickelt worden. Den meisten liegt ein Sechsnotenschema zugrunde, das der Fortgeschrittene evtl. durch Zwischennoten noch weiter differenzieren kann. In diesem Buch wird die Kraftgradskala des Medical Research Council (MRC) verwendet (die zugefügten Prozentwerte sind mehr symbolisch als exakt mathematisch zu verstehen):
- *Kraftgrad 0* (0 %): keine Muskelkontraktion (weder zu sehen noch zu tasten).
- *Kraftgrad 1* (10%): eben sicht- oder tastbare Muskelkontraktion.
- *Kraftgrad 2* (25 %, „schwach"): Nach Ausgleich der Schwerkraft wird eine Bewegung möglich. Die Kraft reicht nicht aus, um eine Bewegung gegen die Schwerkraft auszuführen.
- *Kraftgrad 3* (50 %, „ausreichend"): Die Teststellung kann gegen die Schwerkraft eingehalten werden. Wegen dieser markanten Bewertungsmöglichkeit sind Muskelfunktionsprüfungen so weit wie möglich gegen die Schwerkraft auszuführen.
- *Kraftgrad 4* (75 %, „gut"): Die Teststellung kann auch gegen mäßigen Gegendruck des Untersuchers beibehalten werden.
- *Kraftgrad 5* (100 %, „normal"): Die Teststellung kann gegen starken Gegendruck des Untersuchers aufrechterhalten werden.

Man beachte, daß eine besonders hohe Kraft einzelner Muskeln infolge von sportlichem Training oder Bodybuilding nicht gesondert honoriert wird. In der Medizin interessieren nicht die Steigerungen über, sondern die Verminderungen unter das „normale" Maß der Leistung. Einige Leser werden geneigt sein, die Muskelprüfung als langweilig abzutun und überall einfach Kraftgrad 5 (100 %) eintragen zu wollen. Dies wäre schade, weil
- man Minderleistungen nur dann angemessen bewerten kann, wenn man eine sehr konkrete Vorstellung von der normalen Leistungsfähigkeit besitzt. Diese läßt sich schlecht aus Lehrbüchern ablesen. Man muß Erfahrungen über die Variationsbreite des Normalen gewinnen. Ideale Untersuchungsobjekte hierfür sind Studierende, bei denen man alle Typen vom Bücherwurm bis zur Hochleistungssportlerin vertreten findet.
- es durchaus nicht ausgemacht ist, daß ein anscheinend gesunder junger Erwachsener tatsächlich bei allen Muskeln die 100%-Leistung erzielt. Bei gewohnheitsmäßigem Tragen unzweckmäßiger Schuhe (zu hohe Absätze), leidet die Kraft der Zehenbeuger.

Andere häufig geschwächte Muskelgruppen sind die vorderen Bauchmuskeln, die Wirbelsäulenaufrichter im Brustbereich, der mittlere und untere Teil des Trapezmuskels und die Halsbeuger.
• Seitenunterschiede im Zusammenhang mit Rechts- und Linkshändigkeit bestehen. Beim Rechtshänder ist erwartungsgemäß die Kraft der meisten Muskeln der oberen Gliedmaße rechts größer als links. Allerdings ist dies nicht so ausgeprägt, wie man es bei flüchtiger Betrachtung annimmt. Die linke Hand muß schließlich das bisweilen schwere Werkstück halten, das mit der rechten Hand bearbeitet wird. Weniger leicht zu verstehen ist die Erfahrung, daß häufig folgende Muskelgruppen beim Rechtshänder geschwächt sind: linke seitliche Rumpfmuskeln, rechte Hüftabduktoren und -außenrotatoren, linke Zehenbeuger. Beim Linkshänder sind sinngemäß rechts und links vertauscht, doch ist die Schwächung meist nicht so ausgeprägt.

#124 Untersuchung peripherer Nerven

■ **Topologie**: Die neurologische Untersuchung ist zu einem wesentlichen Teil „ortsuchend" (topologisch, gr. tópos = Ort), d.h., sie versucht den anatomischen Sitz der Erkrankung zu lokalisieren. Ein Schmerz im Fuß kann auf verschiedene Weise entstehen:
• Erregung der Schmerzrezeptoren im Fuß, z.B. durch eine Eiterung.
• Entzündung des peripheren Nervs (Neuritis).
• Druck auf die Nervenwurzeln im Wirbelkanal: z.B. durch einen Bandscheibenvorfall = Nucleus-pulposus-Prolaps.
• Erkrankung der aufsteigenden Bahnen in Rückenmark oder Hirnstamm: z.B. lanzenstichartige Schmerzen bei Tabes dorsalis.
• Störung des Zwischenhirns (im Thalamus) oder des Großhirns.
• Das autonome Nervensystem kann Schmerzen im Fuß verursachen, wenn z.B. eine Übererregung der Gefäßnerven eine Verkrampfung der Muskeln der Arterienwände auslöst, die ihrerseits zu einem Sauerstoffmangel im Gewebe führt, worauf die Schmerzrezeptoren ansprechen.
Große Teile der nervenärztlichen Untersuchung sind aus der Kenntnis der normalen Anatomie zu verstehen.

■ **Prüfen efferenter und afferenter Nerven**:
① **Efferent**: Jeder motorische Nerv versorgt einen oder mehrere Muskeln. Sind diese Muskeln willkürlich beweglich, so ist die efferente Funktion des Nervs intakt. Die *Muskelfunktionsprüfung* (#123) ist also zugleich eine Untersuchung der zugehörigen Nerven. Störungen der Muskelfunktion (Schwäche = Parese, Lähmung = Paralyse oder Plegie) beruhen meist auf Störungen des Nervensystems. Primäre Muskelerkrankungen sind selten.
• Ist ein einziger Muskel gelähmt, so liegt nahe, daß der zugehörige periphere Nerv geschädigt ist.
• Ist hingegen eine ganze Körperseite gelähmt (Hemiplegie), so liegt der Schaden in der Regel nicht in den einzelnen peripheren Nerven, sondern im Zentralnervensystem (z.B. Schlaganfall).
• Die genauere Bestimmung der gelähmten oder geschwächten Muskeln kann manchmal für die Zuordnung der Erkrankung zu bestimmten Bereichen des peripheren oder zentralen Nervensystems sehr wichtig sein.
• Die Funktionsprüfung von Drüsen hingegen ist nur in Sonderfällen von Interesse.

② **Afferent**: Die Oberflächensensibilität prüft man mit Wattebausch, Pinsel und Stecknadel. Für jeden Patienten benötigt man eine neue Stecknadel, um nicht Infektionen zu übertragen!
• *Feines Berühren* erzielt man mit einem Wattebausch oder einem weichen Pinsel.
• *Schmerzreize* löst man mit der Stecknadel aus.
• Das *kritische Unterscheidungsvermögen* des Patienten erfaßt man mit wechselndem Aufsetzen der Nadelspitze und des Kopfes der Stecknadel. Der Patient soll jeweils „spitz" oder „stumpf" sagen.
• Die *Grenzen einer Sensibilitätsstörung* ermittelt man, indem man mit dem Pinsel

oder der Nadel über die Haut streicht und den Patienten auffordert anzugeben, wann die Berührung stärker oder schwächer wird.
- Die *Tiefensensibilität* prüft man mit passiven Finger- und Zehenbewegungen. Der Patient soll die Bewegung beschreiben, ohne hinzusehen.
- Die *Vibrationsempfindung* kontrolliert man mit der Stimmgabel: Diese wird abwechselnd schwingend und in Ruhe auf Hautstellen aufgesetzt, wo Knochen unbedeckt von Muskeln unter der Haut liegt. Der Patient soll angeben, wann und wo er Schwingungen oder Berührungen verspürt (ohne hinzusehen).

■ **Reflexprüfung**: Bei ihr werden gleichzeitig afferente und efferente Bahnen untersucht. Reflexe sind unwillkürlich ablaufende Reaktionen auf bestimmte Reize. In der ärztlichen Untersuchung interessieren vor allem 2 Arten von Reflexen:

① **Muskeleigenreflexe**: Wird ein Muskel ruckartig gedehnt, so reagiert er darauf mit einer Anspannung (gewissermaßen als Schutz gegen eine Zerreißung). Die afferente Bahn beginnt an den Muskelspindeln, die efferente Bahn endet an den motorischen Endplatten. Beide Bahnen liegen im gleichen peripheren Nerv.
- Jeder Muskel verfügt über einen Eigenreflex, aber nur wenige Muskeleigenreflexe sind für den Arzt diagnostisch interessant und leicht zu prüfen. Populärster Muskeleigenreflex ist der Kniesehnenreflex (Patellarreflex).
- Die Muskeleigenreflexe werden gewöhnlich mit einem *Reflexhammer* ausgelöst. Sein Vorteil besteht darin, daß man damit den Reiz standardisieren kann. Der Reflexhammer wird nicht gefaßt wie der Hammer, mit dem man Nägel einschlägt. Er wird vielmehr verhältnismäßig locker zwischen Daumen und Zeigefingermittelglied gehalten und soll dann mehr aufgrund des eigenen Gewichts fallen als mit der Hand aktiv geführt werden. Dann erfolgt der Schlag immer mit der gleichen Stärke, was für die Beurteilung der Lebhaftigkeit der Reflexe wichtig ist.

② **Fremdreflexe**: Bei ihnen beginnt die afferente Bahn nicht im Muskel, sondern an außerhalb des Muskels liegenden Rezeptoren, z.b. Sinnesorganen. Im Gegensatz zu den Muskeleigenreflexen ermüden Fremdreflexe rasch, wenn man sie mehrmals hintereinander prüft.
- Typisches Beispiel eines Fremdreflexes sind die Bauchhautreflexe: Streicht man mit einem Holzstäbchen (oder ähnlichem) über die Bauchhaut, so spannt sich darunter die Bauchmuskulatur an.

③ **Protokollierung**: Bei der eingehenden neurologischen Untersuchung bewertet man die Reflexe nicht einfach mit „vorhanden" oder „nicht vorhanden", sondern gewöhnlich in 5 Abstufungen (Tab. 124). Die Schreibweise der Symbole hierfür ist nicht international festgelegt. In der englischen Literatur findet man häufig die Schreibweise 0, 1+, 2+, 3+, 4+ oder die Stufen 0-5. Dies kann zu Mißverständnissen führen. In den Protokollen dieses Buches ist immer die volle Skala angegeben, um Zweifel auszuschließen.
- Der Anfänger wird mit Recht fragen, was man unter „normal" versteht. Dies läßt sich schwer beschreiben. Nur die Übung an einer größeren Zahl von Gesunden ergibt ein Bild des Durchschnittlichen. Die Reflexprüfung muß daher an möglichst vielen Personen geübt werden.

Tab. 124. Protokollierung der Reflexprüfung	
0	Der Reflex ist nicht auszulösen
(+)	Der Reflex ist schwach auslösbar
+	Der Reflex ist normal
++	Der Reflex ist lebhaft
+++	Der Reflex ist krankhaft gesteigert: Der Muskel spannt sich krampfartig an, oder es werden andere Muskeln mit in die Reaktion einbezogen

④ **Einflußfaktoren**: Die Lebhaftigkeit der Reflexe wird vom Zentralnervensystem über die Vorspannung der Muskelspindeln (Gammaaktivität) gesteuert. Höhere Zentren beeinflussen auf diese Weise einen Reflexbogen, der an sich nur im peripheren Nerv und im Rückenmark abläuft. Dies hat zwei praktische Konsequenzen:

- Aus der Lebhaftigkeit der Reflexe kann man auf die Arbeitsweise höherer Neuren schließen. Die Reflexprüfung dient also nicht nur der Untersuchung des peripheren, sondern auch des zentralen Nervensystems.
- Reflexe kann man bahnen: Muskelarbeit erhöht die Gammaaktivität und erleichtert das Auslösen des Reflexes. Dabei ist es nicht nötig, daß die am Reflex beteiligten Muskeln arbeiten. Es genügt, wenn irgendwo im Körper Skelettmuskeln eifrig tätig sind. Davon macht man Gebrauch, wenn bei einem Patienten Reflexe schlecht auszulösen sind. Man läßt ihn dann z.B. die Hände vor der Brust ineinander haken und kräftig ziehen (Jendrassik-Handgriff), wenn man die Beinreflexe prüft. Gleichzeitig mit dieser Reflexbahnung wird auch die Aufmerksamkeit des Patienten auf ein anderes Körpergebiet gelenkt, was ebenfalls die Reflexauslösung erleichtert (zu große Anteilnahme hemmt).

#125 Palpation von Lymphknoten

Von den großen Lymphknotenansammlungen des Körpers sind 3 für die Tastuntersuchung gut zugänglich: Hals-, Achsel- und Leistenlymphknoten. Sie sollten bei jeder eingehenden ärztlichen Untersuchung überprüft werden. Auf diese Weise kann unter Umständen eine bösartige Erkrankung in einem Stadium erkannt werden, in welchem sie noch keine Beschwerden verursacht.

■ **Vorgehen**: Oberflächliche Lymphknoten tastet man am besten mit leicht kreisenden Bewegungen der Fingerballen der flach aufgelegten Hand. Gesunde Lymphknoten sind so weich wie das umliegende Fettgewebe und daher von diesem nicht zu unterscheiden. Jeder tastbare Lymphknoten ist oder war erkrankt. Für jeden von ihnen sollte man folgende Fragen prüfen und in einem Protokoll festhalten:

① **Form und Größe**: Da man Lymphknoten schlecht direkt messen kann, begnügt man sich in Befunden mit dem Vergleich mit mehr oder weniger geläufigen Gegenständen des Alltags: hirsekorn-, weizenkorn-, linsen-, erbsen-, bohnen-, mandel-, kirsch-, pflaumen-, kastaniengroß usw.

② **Beschaffenheit**:
- Ein entzündeter Lymphknoten ist prallelastisch und etwas druckschmerzhaft.
- Nach einer abgeheilten Entzündung ist der Lymphknoten wegen vermehrter Einlagerung vom Bindegewebe (Vernarbung) derb, aber nicht hart.
- Ein von einer bösartigen Geschwulst befallener Lymphknoten ist entsprechend der dichten Lage der Krebszellen sehr hart.

③ **Verschieblichkeit**:
- Ein zwar tastbarer, aber ausgeheilter („alter") Lymphknoten ist in der Regel gut verschieblich.
- Entzündungen können auf den Lymphknoten beschränkt sein (verschieblich) oder auf die Umgebung übergreifen (schlecht verschieblich).
- Bei manchen Entzündungen, z.B. Tuberkulose, können ganze Lymphknotengruppen miteinander „verbacken".
- Ein Lymphknoten mit einer Krebsmetastase ist zunächst verschieblich, bis die Geschwulst die Kapsel des Lymphknotens durchbrochen hat und in die Umgebung einwächst.

④ **Genaue Lage**: Um bei Kontrolluntersuchungen die einzelnen Lymphknoten den früheren Befunden eindeutig zuordnen zu können, sollte man die Lage so exakt wie möglich beschreiben. Man kann z.B. den Abstand von markanten Knochenpunkten angeben. Dabei muß man die Körperhaltung des Patienten definieren, da Weichteile schließlich gedehnt und gestaucht werden können. Am besten trägt man die Maße auch in eine kleine Skizze ein.

■ **Praktische Bedeutung eines exakten Protokolls im Untersuchungskurs**: Etwa jeder dritte bis vierte Kursteilnehmer wird im Laufe seines Lebens an einem Krebs erkranken (und etwa jeder fünfte beim gegenwärtigen Stand der Medizin daran sterben). Im Hinblick auf fragliche Lymphknotenmetastasen kann dann ein Protokoll über „alte" Lymphknoten wichtige Entscheidungshilfen für die einzuschlagende Therapie geben.

#126 Perkussion

■ **Historisches**: Vom Wiener Arzt Leopold Auenbrugger (1722-1809) wird erzählt, daß er seinem Vater, einem Grazer Gastwirt, zusah, wie dieser Weinfässer abklopfte, um deren Füllung zu prüfen. Dies soll ihn auf die Idee gebracht haben, auch den menschlichen Körper abzuklopfen (zu perkutieren, lat. percutere = heftig schlagen), um luft- und flüssigkeitsgefüllte Abschnitte zu unterscheiden. 1761 veröffentlichte er das Ergebnis seiner systematischen Studien, „mit dem Abklopfen des Brustkorbs die Zeichen der inneren Brusterkrankungen zu erkennen". Wenn man auch schon vor Auenbrugger den Bauch beklopft hatte, um Blähungen zu ermitteln, so kann man trotzdem das Jahr 1761 die Geburtsstunde der modernen aktiven medizinischen Diagnostik nennen.

■ **Technik**: Bei der Perkussion werden Schwingungen der Körperwand und des darunter liegenden Gewebes erzeugt, die man hören, zum Teil auch fühlen kann. Dazu legt man einen Finger *(Plessimeterfinger)* der Leibeswand fest an und klopft mit dem Fingerendglied eines Finger der anderen Hand *(Plexorfinger)* kräftig auf den Bereich dessen Endgelenks. Dabei ist folgendes zu beachten:

① **Plessimeterfinger kräftig andrücken**: Die Erschütterung beim Klopfen muß auf den Brustkorb des Patienten übertragen werden. Besonders guter Kontakt zwischen Finger und Brustwand muß verständlicherweise in dem Bereich bestehen, der mit den Plexorfinger beklopft wird.

② **Bereich des Fingerendgelenks beklopfen**: Dieser eignet sich am besten, weil hier der größte Teil des Fingerquerschnitts von Knochen gebildet wird und dieser den Schlag am besten weiterleitet. Den Fingernagelbereich wird man nicht wählen, weil hier der Schlag schmerzt. Der Mittelbereich des Fingermittelglieds ist schlanker als die angrenzenden Gelenkbereiche und liegt daher der Brustwand nur lose an. Der Bereich des Fingermittelgelenks kommt fast nur beim Zeigefinger in Frage, weil meist nur bei diesem ein befriedigender Kontakt mit der Körperwand des Patienten erzielt wird.

③ **Locker aus dem Handgelenk schlagen**: Der Finger wird sofort wieder zurückgezogen, etwa wie beim Staccatoanschlag einer Taste am Klavier. Der Plexorfinger sollte möglichst kurz auf dem Plessimeterfinger verweilen, weil sonst die Schwingungen gedämpft werden. Der Unterarm muß daher ruhig bleiben. Schlägt man mit dem ganzen Arm, so erhöht man dadurch die Lautstärke nicht. Der Plexorfinger kann dann nicht schnell genug vom Plessimeterfinger gelöst werden.
• Das Fingerendglied des Plexorfingers wird etwa *rechtwinklig zur Körperoberfläche* des Patienten auf den Plessimeterfinger aufgeschlagen. Dabei wird man schnell merken, daß ein langer Fingernagel am Plexorfinger stört. Zumindest diesen Fingernagel muß man als Arzt kurz halten. Allerdings behindern lange Fingernägel auch an den übrigen Fingern die Palpation.

④ **Stärke des Schlags dosieren**: Je kräftiger man anklopft, desto tiefer dringt die Erschütterung über die Leibeswand in den Körper des Patienten ein und desto stärker wird der Klangcharakter des Perkussionsgeräusches von tieferen Geweben beinflußt.
• Oberflächennahe Strukturen perkutiert man leise.
• Tiefere Strukturen perkutiert man laut.
• Strukturen, die tiefer als 5 cm zur Haut liegen, sind in der Regel mit der Perkussion nicht zu erfassen.
• Mit der Stärke des Anschlags wächst die Oberflächenausdehnung des schwingenden Bereichs. Damit werden Grenzen verwischt. Will man Bereiche unterschiedlicher Klangqualitäten gegeneinander möglichst scharf abgrenzen, so darf man nicht zu laut anklopfen!

■ **An sich selbst üben:** Perkutieren sieht leichter aus, als es ist. Die richtige Technik kann nur durch eifriges Üben erlernt werden. Man sollte sich nicht entmutigen lassen, wenn die ersten Versuche nicht gleich befriedigen!
• Bevor man weiterliest, sollte man den eigenen Körper an verschiedenen Stellen beklopfen und versuchen, die Geräusche zu beschreiben, zu unterscheiden und zu ordnen.
• Wenn man auf dem Gebiet der Schallwahrnehmung begabt ist, wird man 3-4 Hauptqualitäten des Klopfschalls voneinander trennen können. Anderenfalls muß man sie sich durch eifriges Üben im Perkutieren bestimmter Körperstellen einprägen:

■ **Klangqualitäten:**
① **Sonorer Klopfschall = Lungenschall:** Etwa handbreit kopfwärts der Brustwarzen kann man beim Gesunden den typischen Lungenschall auslösen. Er ist *laut, tief und lang*. Im Englischen wird er meist mit „Resonanz" gekennzeichnet. Die feingekammerte Luft der Lunge schafft die Basis für starke und lang anhaltende Schwingungen des Brustkorbs.

② **Verkürzter Klopfschall = Schenkelschall:** Am Oberschenkel sind die Resonanzverhältnisse extrem von der Lunge verschieden: keine Luft, dafür viel weiche Muskeln. Der Klopfschall ist demgemäß *leise, hoch und kurz*. Der Oberschenkel oder andere Muskelregionen (Unterschenkel, Oberarm, Unterarm, Gesäß) werden in der ärztlichen Praxis normalerweise nicht perkutiert. Es geht in der Übungsphase nur darum, das Extrem des gedämpften Klopfschalls kennenzulernen.

③ **Gedämpfter Klopfschall:**
• *Leberschall:* Hat man sich in Lungen- und Schenkelschall „eingehört", so klopft man in der rechten mittleren Axillarlinie etwa 2-3 Fingerbreit kopfwärts vom unteren Rand des Brustkorbs an. Dort liegt meist die Leber dem Brustkorb an und dämpft dessen Schwingungen. Der Klopfschall ist daher leise, hoch und kurz, aber nicht so extrem wie beim Schenkelschall. Es schwingt der Brustkorb eben immer noch etwas stärker als die Muskeln. Sollte sich der erwartete gedämpfte Klopfschall an dieser Stelle nicht erzeugen lassen, so versuche man es etwas oberhalb und unterhalb dieser Stelle. Im Zweifelsfall gehe man von der Achselgrube schrittweise nach unten. Zunächst hört man sonoren Lungenschall, dem dann nach einem kurzen Übergangsbereich der gedämpfte Leberschall folgt.
• Den gedämpften Klopfschall hört man auch über dem unteren Bereich des Herzens, über der Milz, über den Schulterblättern usw.

④ **Tympanitischer Klopfschall:** Große Luftblasen führen zu Schallphänomenen, die einen trommelähnlichen (gr. týmpanon = Handtrommel) Charakter haben: *laut und musikalisch*. Große Luftblasen findet man regelmäßig im Magen und im Dickdarm, meist auch in großen Bereichen des Dünndarms.
• Beim Abklopfen der Bauchwand wird man daher über flüssigkeitsgefülltem Darm den gedämpften Klopfschall, über gasgefülltem den tympanitischen Klopfschall hören. Meist trifft man auf tympanitischen Klopfschall, wenn man aus dem Gebiet des Leberschalls nach unten geht. Man vergleiche mit dem Lungenschall, um sich die Unterschiede einzuprägen!
• Tympanitischer Klopfschall erzielt man auch, wenn man die Backen leicht aufbläst und dann auf die Wangen klopft.

Die speziellen Probleme der Perkussion werden in den entsprechenden Organkapiteln (Lunge, Herz, Leber, Milz) behandelt.

#127 Auskultation

■ **Historisches:** Vom Pariser Arzt René Théophile Hyacinthe Laennec (1781-1826) wird die Anekdote erzählt, er sei zu schüchtern gewesen, sein Ohr an die Brust einer Frau zu legen, um deren Herzschlag zu hören. Er habe daher ein Blatt Papier zusammengerollt und diese Papierrolle zwischen Brustwand und sein Ohr gehalten. Er wurde damit zum Erfinder des Stethoskops (gr. stéthos = Brust, skopeín = betrachten). Seine medizinhistorische Bedeutung liegt jedoch weniger im Erfinden des Hilfsmittels als in der systematischen Ausarbeitung der Technik des Abhörens (lat. auscultare = zuhören).

■ **Geräusche im Körper:** Bei den Lebensvorgängen entstehen vielerlei Schallphänomene, von denen vor allem 5 Gruppen ärztliche Bedeutung haben:
• *Atemgeräusche:* in der Lunge, den Luftwegen und am Brustfell.
• *Herzgeräusche:* die normalen Herztöne und abnorme Herzgeräusche bei Herzklappenfehlern und Kurzschlußverbindungen.
• *Darmgeräusche:* infolge von Flüssigkeits- und Gasbewegungen.
• *Gefäßgeräusche:* Strömungsgeräusche infolge Wirbelbildung bei der Kompression von Arterien (z. B. Blutdruckmessung) und Gefäßverengungen.
• *Gelenkgeräusche*: Knacken bei Kavitationsphänomenen, knirschende Geräusche bei Abnützungserscheinungen (Arthrosen).

■ **Stethoskop**: Es ist nicht die Voraussetzung des Abhörens, sondern nur eine Erleichterung hierfür. Die Mehrzahl der Geräusche ist auch bei direktem Anlegen des Ohrs an die Körperwand zu hören. Für den Arzt wäre es allerdings sehr unbequem, wenn er beim Blutdruckmessen sein Ohr direkt an die Ellenbeuge des Patienten anlegen wollte.

① **Vorteile des Schlauchstethoskops**: Es ermöglicht das Abhören von Geräuschen
• in entspannter Haltung von Untersucher und Untersuchtem,
• bei gleichzeitiger Betrachtung des abgehörten Gebiets,
• bei großer Zielgenauigkeit (weil man sieht, wo man das Stethoskop aufsetzt),
• bei Verstärkung des Geräusches durch die Membran des Stethoskops (leider werden damit auch Nebengeräusche verstärkt).

② **Vorteile des Holzstethoskops**: Das zunächst altmodisch wirkende Instrument ist noch nicht zu entbehren. Bei ihm wird der Schall zu einem wesentlichen Teil nicht durch die Luft im Hohlraum, sondern über den Holzkörper weitergeleitet. Es eignet sich besonders zum Abhören hochfrequenter und leiser Geräusche. So hört man mit dem Holzstethoskop die fetalen Herztöne an der Bauchwand der Mutter besser als mit dem Schlauchstethoskop.

③ **Mit und ohne Membran**: Der Schallaufnehmer („Fuß", „Kopf", „Bruststück") des Schlauchstethoskops bietet meist 2 Möglichkeiten des Abhörens:
• *„Membran"*: Ein Ansatz trägt gewöhnlich eine Metall- oder Kunststoffplatte. An die Haut des Patienten angepreßt, verstärkt sie die Schwingungen. Sie verfälscht sie aber auch, indem bestimmte Frequenzbereiche, vor allem tiefe, herausgefiltert werden. Hohe Frequenzen gehen bei der Luftleitung verloren, so daß vor allem mittlere Frequenzen übertragen werden.
• *„Glocke"*: Beim zweiten Ansatz fehlt die Membran, und der Schalltrichter endet offen (bei manchen Geräten kann man die Membran herausschrauben). Damit fällt die Verzerrung, aber auch die Verstärkung durch die Membran weg. Je stärker man die Glocke anpresst, desto eher kommt eine Art Membran durch die vom Schalltrichter umschlossene Haut zustande. Will man also tiefe Frequenzen besonders gut hören, darf man den Schalltrichter nicht zu fest anpressen.

④ **Größe des Schallaufnehmers**: Sie sollte der Größe des untersuchten Organs angemessen sein. Erwachsenenstethoskope haben oft Schallaufnehmer, deren Auflagefläche schon nahe an die Projektionsfläche des Herzens eines Neugeborenen herankommt. Dann ist kaum ein differenziertes Abhören der einzelnen Herzklappen möglich. Für das Abhören von Kleinkindern verwendet man daher kleinere Schallaufnehmer. Teure Stethoskope werden daher meist mit mindestens zwei Schallaufnehmern unterschiedli-

1.2 Allgemeines über Untersuchungsmethoden

cher Größe geliefert, die man nach Bedarf rasch austauschen kann.

⑤ **Probleme**:
- Störende Nebengeräusche entstehen beim Aufsetzen des Schallaufnehmers auf stark behaarter Haut. Man kann sie mindern, wenn man die Haut anfeuchtet. Notfalls muß man die Haare abrasieren.
- Hinderlich kann auch die vor Aufregung zitternde Hand des Untersuchers bei den ersten Abhörversuchen sein. Er wird meist rasch lernen, die Hand am Körper des Patienten so abzustützen, daß das Zittern verschwindet.
- Die speziellen Auskultationsprobleme werden in den entsprechenden Organkapiteln behandelt.

#128 Apparative morphologische Untersuchungen

Die in #121/127 behandelten Methoden bilden die Grundlage unseres Übungsprogramms einfacher Untersuchungsverfahren. Ihr Vorteil ist, ständig verfügbar zu sein und den Patienten nicht zu belasten. In der Klinik und z.T. auch in der Praxis wird man bei gegebenem Verdacht die Untersuchung durch apparative Methoden ergänzen. Man kann sie nach ihrer morphologischen Aussage in 3 Gruppen gliedern:

① **Geringer Bezug zur Anatomie**: Chemische, bakteriologische und immunologische Laboruntersuchungen liefern höchstens mittelbar Hinweise zum Körperbau. So ist z.B. ein hoher Bilirubinspiegel im Blutserum in Kombination mit einer Entfärbung des Stuhls ein Hinweis auf einen Verschluß der Gallenwege.

② **Mäßiger Bezug zur Anatomie**: Hierher gehören viele „physiologische" Untersuchungsmethoden, z.B. die Aufzeichnung elektrischer Ströme (EKG, EEG, EMG) und Druckabläufe (Blutdruck, Augeninnendruck, Harnblasendruck, Herzkatheter usw.) im Körper. Aus dem EKG kann man z.B. die Lage der Herzachse im Brustkorb ablesen. Die Blutdruckmessung setzt die Kenntnis der Topographie der großen Arterien voraus. Aus der Druckkurve der Speiseröhre kann man auf die Dicke der Muskelwand schließen usw.

③ **Hoher Bezug zur Anatomie**:
- Die sog. „bildgebenden Verfahren" (Röntgen, Ultraschall, Magnetresonanz, Szintigraphie) liefern Schnitt- oder Summationsbilder von Körperteilen.
- Mit Hilfe von Spiegeluntersuchungen (Endoskopien) kann man innere Körperoberflächen direkt besichtigen.
- Im Mikroskop kann man Zellen aus Körperflüssigkeiten oder Gewebeproben studieren.

Der Fortschritt in apparativen Untersuchungsmethoden hat allerdings seinen Preis im doppelten Sinne:
- Die Kosten der Apparate machen die Medizin immer teurer („Kostenexplosion im Gesundheitswesen").
- Die Risiken der Untersuchung werden deutlicher: Vor 150 Jahren konnte sich ein Patient bei der Untersuchung höchstens erkälten, wenn er zu lange unbekleidet blieb. Bei den heutigen „invasiven" Untersuchungsmethoden muß man stets die möglichen Zwischenfälle bedenken, die (wenn auch selten) bis zum Tod des Patienten reichen können.

■ **Dilemma**: Die moderne Diagnostik könnte an sich nahezu alles klären, aber es ist entweder zu teuer oder für den Patienten zu gefährlich. Damit treten die in diesem Buch beschriebenen einfachen Untersuchungsmethoden wieder in den Vordergrund. Von ihren Ergebnissen ausgehend, wird man gezielt apparative Methoden einsetzen.
- Die Zeiten sind vorbei, in denen man davon träumte, den Patienten ohne Befragung in einen Apparat zu stecken und ihn mit der fertigen Diagnose und Therapieempfehlungen zurückzuerhalten.
- Freilich droht auch das andere Extrem, daß man gebotene invasive Untersuchungen aus Kosten- und Risikogründen unterläßt.

1.3 Der Körper als Ganzes: Länge, Masse, Proportionen

#131 Körperlänge

① **Messen im Stehen mit Anthropometer:** Die Körperlänge (Körpergröße, Scheitelhöhe) bestimmt man am einfachsten mit einem „Anthropometer" (gr. ánthropos = Mensch, métron = Maß). Dies ist ein etwa zwei Meter langer Metallstab mit Millimetermarkierung, an dem ein Querbalken rechtwinklig dazu gleitet.
• In der Arztpraxis hat man ein ähnliches Gerät meist fest an der Wand oder an einer Körperwaage montiert.
• Ist das Gerät frei beweglich, so muß man es für das Messen der Körperlänge genau lotrecht halten. Dies gelingt am einfachsten, wenn man es an eine Wand anlehnt, am besten an den Rand eines Türrahmens usw. Der Patient zieht die Schuhe aus und stellt sich dann aufgerichtet mit dem Rücken zur Wand vor das Anthropometer.
• Man senkt nun den Querbalken des Anthropometers, bis er den Scheitel (Vertex) berührt. Dabei darf kein starker Druck ausgeübt werden, da der Patient sonst nachgibt, z.B. indem er die Knie leicht beugt.
• Der Patient soll den Kopf nicht an die Wand lehnen, weil dabei das Hinterhaupt gesenkt wird und der Meßpunkt vom Scheitel zur Stirn gleitet. Der Patient soll horizontal blicken. Man gibt ihm dazu am besten einen Fixierpunkt an. Die Kopfstellung ist dann richtig, wenn die Unterränder der Augenhöhlen und die Oberränder der äußeren Gehörgänge in einer Horizontalebene liegen (sog. „deutsche Horizontale").

② **Messen im Stehen ohne Anthropometer:**
• *Mit Wasserwaage:* Der Patient steht, wie beschrieben, vor der Wand. Der Untersucher legt die Wasserwaage auf den Scheitel des Patienten, so daß sie gleichzeitig die Wand berührt, und stellt sie genau in die Horizontale ein. Eine Hilfsperson markiert dann den Unterrand der Wasserwaage an der Wand. Schließlich wird der Abstand der Marke vom Boden mit einem Bandmaß oder Zollstock gemessen.
• *Mit großem Buch:* Eine Kante des Buches wird an die Wand angelegt, die Nachbarkante an den Scheitel des Patienten (Abb. 131). Da Bücher meist genau rechtwinklig beschnitten sind, kann man damit exakt vom Scheitel auf die Wand projizieren.

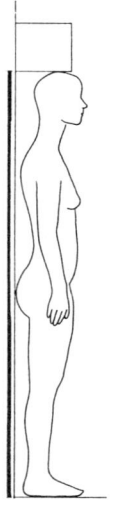

Abb. 131. Bestimmen der Körperlänge unter Zuhilfenahme eines Buches

③ **Einflußfaktoren auf das Meßergebnis:** Selbst bei bestem Instrumentarium werden mehrmalige Messungen des gleichen Patienten durch verschiedene Untersucher Streuungen im Bereich einiger Millimeter geben. Dies gilt besonders dann, wenn nicht unmittelbar hintereinander, sondern in Abständen von Stunden oder Tagen gemessen wird. Zu den Unterschieden der Untersucher kommen dann noch Unterschiede im Patienten, z.B. ob er ausgeruht oder ermüdet ist, hinzu. Die Schwankungen der Körperlänge hängen vor allem ab
• vom Quellungszustand der Knorpel (Zwischenwirbelscheiben und Gelenkknorpel),

- von der Höhe der Fußwölbung,
- vom Ausmaß der Krümmungen der Wirbelsäule.

Am Abend ist man deshalb meist einige Millimeter kleiner als morgens unmittelbar nach dem Aufstehen. Aber auch über das ganze Leben hinweg ändert sich die Körperlänge. Mit dem Ende des Längenwachstums wird bei der Frau um das 20., beim Mann um das 25. Lebensjahr die größte Körperlänge erreicht. Sie nimmt dann bis zum 40. Lebensjahr um etwa 1 mm, bis zum 60. Lebensjahr um 1 cm und in den folgenden Jahrzehnten um jeweils 1-2 cm ab.

④ **Messen im Liegen:** Dazu rückt man die Untersuchungsliege oder ersatzweise einen entsprechend langen Tisch mit der Schmalseite an eine Wand. Der Patient legt sich mit dem Rücken so auf die Liege, daß die Fußsohlen voll die Wand berühren. Dadurch sind die Füße wie beim Stehen rechtwinklig zur Körperlängsachse orientiert.
- Hat man ein bewegliches Anthropometer, so mißt man sinngemäß wie im Stehen: Man hält den Stab über der Längsachse des Körpers und stützt die Basis auf die Wand.
- Behilft man sich mit einer Wasserwaage, so stellt man deren Schmalseite auf die Liege und kontrolliert die genau lotrechte Einstellung. Man kann auch ein Lot oder ein großes Buch benutzen.

#132 Körpermasse (Gewicht)

■ **Wägen:** Die Körpermasse = Körpergewicht bestimmt man am besten morgens nüchtern, unbekleidet und nach Blasen- und Mastdarmentleerung. Da im Untersuchungskurs diese Idealbedingungen kaum erfüllbar sind, wird man regelmäßig ein zu hohes Gewicht ablesen, das man entsprechend korrigieren muß:
- Ein Bikini oder eine Turnhose wiegen etwa 100-200 g, eine Hose plus Bluse oder Hemd etwa 1 kg. Je nach Bekleidung und Nahrungsaufnahme wird man also 1-2 kg vom ermittelten Gewicht abziehen müssen.

Die Bekleidung ist nach dem Zweiten Weltkrieg durch die Einführung von Kunstfasern wesentlich leichter geworden: Vor 80 Jahren wurde noch empfohlen, beim Wiegen in Hauskleidung bei Mitteleuropäern das abgelesene Gewicht um 4-5 kg zu vermindern.
- *Exaktes Wägen:* Man muß sich überzeugen, daß die Skala vor Betreten der Waage auf Null steht. Andernfalls ist die Waage zuerst zu justieren. Der Patient muß die Mitte der Plattform betreten. Abgelesen wird erst, wenn der Zeiger zum Stillstand gekommen ist.

■ **Beurteilen:** Die Körpermasse ist über die Körperlänge zu beurteilen.

① **Normalgewicht nach Broca:**

Normalgewicht (kg) = Körperlänge (cm) – 100

Diese Faustregel ist wegen ihrer Einfachheit sehr beliebt. Aber wenn man die Zufälligkeit ihrer Voraussetzungen bedenkt, wird man an ihrer Richtigkeit zweifeln müssen: Sie beruht auf einem Zahlenspiel mit willkürlichen Einheiten. Sowohl das Meter als auch das Kilogramm sind keine natürlichen Einheiten, sondern lediglich durch internationale Übereinkunft definiert. In den USA, wo man immer noch in „feet" und „pounds" mißt, ist die Broca-Formel sinnlos. Sie kann auch nur in einem kleinen Bereich richtig sein, wie man an einem Grenzfall zeigen kann: Ein Mensch von 1 m Länge müßte 0 kg wiegen.
- Die Broca-Formel gilt im Bereich von etwa 155-165 cm Körperlänge, darunter gibt sie zu niedrige, darüber zu hohe Normalgewichte an. Man hat daher vorgeschlagen, bei 170 cm Länge 5 cm, bei 180 cm 10 cm usw. zusätzlich abzuziehen: also Normalgewicht bei 170 cm Länge = 170 – 105 = 65 kg, bei 180 cm = 180 – 110 = 70 kg usw. Diese Verbesserung wird allerdings kaum angewandt, weil damit das auch für den Laien leicht einzuprägende einfache Prinzip verloren geht.
- Der Begriff „Normalgewicht" krankt an grundlegenden Schwierigkeiten der Definition. Soll man darunter das Durchschnitts-

gewicht, das Gewicht mit der höchsten Lebenserwartung oder das Gewicht, bei dem man sich am wohlsten fühlt, verstehen?
- Die Durchschnittsgewichte sind abhängig vom Lebensalter: Zwischen dem 20. und 60. Lebensjahr steigt das Körpergewicht in Wohlstandsländern im Durchschnitt um 10 kg, danach fällt es meist wieder etwas ab. Es liegt bei Männern etwa 3 kg höher als bei gleich großen Frauen. Die Durchschnittsgewichte sind außerdem selbst in den Wohlstandsländern höchst verschieden: So liegen die Durchschnittsgewichte in den USA etwa 8 kg über denen in England.

② **Idealgewicht mit der höchsten Lebenserwartung**: Tab. 132 liegen Statistiken einer großen amerikanischen Lebensversicherungsgesellschaft zugrunde.

Tab. 132a. Körpergewichte mit der höchsten mittleren Lebenserwartung (nach der Statistik der Metropolitan Life Insurance Co. 1983) für 25-59jährige

Länge (cm)	Idealgewicht (kg) Frau	Mann	Länge (cm)	Idealgewicht (kg) Frau	Mann
146	48-54		172	60-67	64-69
149	48-54		174	62-68	65-70
151	50-56		177	63-69	66-72
154	51-57		179	64-71	68-73
156	52-59	57-62	182		69-75
159	54-60	58-63	185		70-77
162	55-61	59-64	187		72-78
164	56-63	60-65	190		73-80
167	58-64	61-66	192		75-83
169	59-65	62-68			

- Das Idealgewicht ist meist niedriger als das nach der Broca-Formel berechnete Normalgewicht.
- Gegen das „Idealgewicht" führt man statistische Bedenken an: Lebensversicherungsnehmer sind keine Durchschnittsbevölkerung, sondern stammen überwiegend aus wohlhabenden Kreisen. Anders als in Entwicklungsländern ist das durchschnittliche Körpergewicht in den hochindustrialisierten Ländern umgekehrt proportional der Höhe der sozialen Schicht.

③ **Körpermassenindex** (body mass index = BMI, Quételet-Index):

Körpermassenindex (body mass index = BMI)
BMI = Körpergewicht / (Körperlänge)^2 (kg/m^2)

- Die in Tab. 132b angegebene Bewertung ist nicht allgemein akzeptiert. Manche Autoren sehen bereits einen Körpermassenindex von mehr als 27,3 bei der Frau und 27,8 beim Mann als gesundheitlich bedenklich an. Über diesen Indexwerten liegt etwa 1/6 der erwachsenen Bevölkerung der westlichen Industrienationen.
- Man beachte, daß die Körperlänge in Meter und nicht in Zentimeter (wie bei der Broca-Formel) einzusetzen ist.
- Rein geometrisch betrachtet, müßte die Körpermasse (M) bei gleichen Körperproportionen der dritten Potenz der Körperlänge (L) proportional sein. Die auf der Basis des „Rohrer-Index" (M / L^3) oder des „ponderal index" ($\sqrt[3]{M} / L$) berechneten Tabellen haben sich jedoch nicht durchgesetzt, weil sie nicht den physiologischen Gegebenheiten entsprechen: Lebewesen mit konstanter Körpertemperatur müssen viel Energie aufwenden, um die meist gegenüber der Umwelt deutlich höhere Temperatur zu erhalten. Wärmeenergie geht hauptsächlich an der Körperoberfläche verloren. Viele Stoffwechselvorgänge sind daher stärker von der Körperoberfläche als von der Körpermasse abhängig. Bei einer Kugel wächst das Volumen mit der dritten, die Oberfläche mit der zweiten Potenz des Radius. Dementsprechend korreliert das Körpergewicht besser mit dem Quadrat als mit der dritten Potenz der Körperlänge.

④ **Einflüsse auf die Körpermasse**:
- *Konstitutionstyp*: Schmalwüchsige Menschen haben bei gleicher Körperlänge eine geringere Körpermasse als breitwüchsige. Indizes, die auch Umfangsmaße einbeziehen, konnten jedoch die einfacheren, die nur die Körperlänge benutzten, nicht verdrängen.
- *Tagesschwankungen*: durch Essen und Trinken, Ausscheidung von Harn und Stuhl sowie Schwitzen.

1.3 Der Körper als Ganzes: Länge, Masse, Proportionen

Tab. 132b. Körpermassenindex (BMI): < 20 Untergewicht, 20-25 wünschenswertes Gewicht, > 25 Übergewicht, > 30 behandlungsbedürftiges Übergewicht, > 40 extremes Übergewicht

cm	BMI						
	17,5	20	22,5	25	27,5	30	40
154	41,6	47,4	53,4	59,3	65,2	71,1	94,9
156	42,6	48,7	54,8	60,8	66,9	73,0	97,3
158	43,7	49,9	56,2	62,4	68,7	74,9	99,9
159	44,2	50,6	56,9	63,2	69,5	75,8	101,1
160	44,8	51,2	57,6	64,0	70,4	76,8	102,4
161	45,4	51,8	58,3	64,8	71,3	77,8	103,7
162	45,9	52,5	59,0	65,6	72,2	78,7	105,0
163	46,5	53,1	59,8	66,4	73,1	79,7	106,3
164	47,1	53,8	60,5	67,2	74,0	80,7	107,6
165	47,6	54,5	61,3	68,1	74,9	81,7	108,9
166	48,2	55,1	62,0	68,9	75,8	82,7	110,2
167	48,8	55,8	62,8	69,7	76,7	83,7	111,6
168	49,4	56,4	63,5	70,6	77,6	84,7	112,9
169	50,0	57,1	64,3	71,4	78,5	85,7	114,2
170	50,6	57,8	65,0	72,3	79,5	86,7	115,6
171	51,2	58,5	65,8	73,1	80,4	87,7	117,0
172	51,8	59,2	66,6	74,0	81,4	88,8	118,3
173	52,4	59,9	67,3	74,8	82,3	89,8	119,7
174	53,0	60,6	68,1	75,7	83,3	90,8	121,1
175	53,6	61,3	68,9	76,6	84,2	91,9	122,5
176	54,2	62,0	69,7	77,4	85,2	92,9	123,9
177	54,8	62,7	70,5	78,3	86,2	94,0	125,3
178	55,4	63,4	71,3	79,2	87,1	95,1	126,7
179	56,1	64,1	72,1	80,1	88,1	96,1	128,2
180	56,7	64,8	72,9	81,0	89,1	97,2	129,6
181	57,3	65,5	73,7	81,9	90,1	98,3	131,0
182	58,0	66,2	74,5	82,8	91,1	99,4	132,5
183	58,6	67,0	75,4	83,7	92,1	100,5	134,0
184	59,2	67,7	76,2	84,6	93,1	101,6	135,4
185	59,9	68,5	77,0	85,6	94,1	102,7	136,9
186	60,5	69,2	77,8	86,5	95,1	103,8	138,4
187	61,2	69,9	78,7	87,4	96,2	104,9	139,9
188	61,9	70,7	79,5	88,4	97,2	106,0	141,4
189	62,5	71,4	80,4	89,3	98,2	107,2	142,9
190	63,2	72,2	81,2	90,3	99,3	108,3	144,4
191	63,8	73,0	82,1	91,2	100,3	109,4	145,9
192	64,5	73,7	82,9	92,2	101,4	110,6	147,5
193	65,2	74,5	83,8	93,1	102,4	111,7	149,0
194	65,9	75,3	84,7	94,1	103,5	112,9	150,5
195	66,5	76,1	85,6	95,1	104,6	114,1	152,1
196	67,2	76,8	86,4	96,0	105,6	115,2	153,7
197	67,9	77,6	87,3	97,0	106,7	116,4	155,2
198	68,6	78,4	88,2	98,0	107,7	117,6	156,8
200	70,0	80,0	90,0	100,0	110,0	120,0	160,0
				Gewicht			

- *Schwankungen über mehrere Tage:* Ballaststoffreiche Nahrung hält vermehrt Wasser im Darm fest und erhöht damit das Körpergewicht. Wasser kann auch in den Körpergeweben (als Ödem) und in den serösen Höhlen (als Erguß) festgehalten werden, z.B. bei Herzmuskel- oder Niereninsuffizienz, Blut- und Lymphstauungen, Eiweißmangel (Hungerödem) usw. Bei therapeutischem Ausschwemmen des überschüssigen Wassers kann das Körpergewicht um einige Kilogramm fallen. Ähnlich führt die hormonelle Umstellung am Ende der Schwangerschaft zu einer Harnflut, ein Anzeichen der bevorstehenden Entbindung.
- *Schwankungen über längere Zeiträume:* Sie beruhen meist auf unterschiedlicher Fetteinlagerung, die vor allem vom Verhältnis von Energiezufuhr zu Energieverbrauch abhängt. Liegt der Quotient über 1, so steigt das Körpergewicht (Extrem: Fettsucht), liegt er unter 1, so fällt es (Extrem: Magersucht). Gewichtszu- und -abnahme kann man einigermaßen aus der Energiebilanz berechnen: Unverbrauchte Energie wird im Körper in Form von Fettgewebe gespeichert. Der Brennwert von Fett beträgt im Mittel 38,9 kJ/g (9,3 kcal/g). Ein Energieüberschuß von 40 000 kJ (~ 10 000 kcal) bedingt also eine Zunahme des Körperfetts um etwa 1 kg. Das Körpergewicht steigt jedoch um etwa 1¼ kg, da Fettgewebe zusätzlich auch noch Wasser bindet.
- Ein konkretes Beispiel mag dies erläutern: Ißt man täglich eine Tafel (100 g) Schokolade (etwa 2200 kJ ~ 520 kcal) über den Energiebedarf hinaus, so steigt das Körpergewicht innerhalb eines Monats um etwa 2 kg (30 Tage je 2200 kJ Überschuß = 66 000 kJ, dies entspricht 1,6 kg Fett, zusätzlich 0,4 kg Wasser).
- Die Gewichtsabnahme folgt dem gleichen Gesetz. Bei einem mittleren Energieumsatz von 9000 kJ (~ 2200 kcal) pro Tag bei leichter körperlicher Betätigung (z.B. Student ohne besonderes sportliches Training), könnte man bei völligem Nahrungsentzug („Nulldiät", ärztlich nicht zu empfehlen) pro Tag etwa 230 g Fett abbauen. Die maximale Gewichtsabnahme pro Woche betrüge danach etwa 2 kg (1,6 kg Fett + 0,4 kg Was-

ser). Auch „Wunderkuren" in Spezialsanatorien können an diesem Gesetz nicht vorbei. Allerdings kann man, um den Patienten zu beeindrucken, in der ersten Woche vermehrt Wasser entziehen (z.B. durch Steigern der Harnausscheidung). Dies gibt jedoch nur Scheinerfolge. Der ausgetrocknete Körper füllt nach der Wunderkur die Flüssigkeit schnell wieder auf.

• Die praktisch erreichbare Gewichtsabnahme bleibt meist hinter der Bilanzrechnung zurück: Im Hungerzustand läuft der Körper „auf Sparflamme". Er schränkt den Energieverbrauch ein, z.B. durch Minderung der körperlichen Aktivität.

• Einer „Abmagerungskur" ohne langfristige Änderung der Eßgewohnheiten kann kein Dauererfolg beschieden sein.

Protokoll 132. Körpermasse (Körpergewicht)		
L Körperlänge (im Stehen)	(cm)	
M Körpermasse (morgens nüchtern)	(kg)	
Normalgewicht nach Broca (L - 100)	(kg)	
Körpermassenindex BMI (M / L^2) (L in m!)	(kg/m^2)	
Idealgewicht (Bereich) nach Tabelle	(kg)	

#133 Körperoberfläche

① **Bezug zu Körperlänge und Körpermasse**: Geometrisch gesehen ist bei Körpern gleicher Form die Körperoberfläche der Zweidrittelpotenz der Körpermasse proportional. Kleinere Lebewesen haben eine relativ größere Oberfläche als größere und deshalb größere Wärmeverluste an der Haut. Deshalb haben Kinder abgesehen vom Aufbaustoffwechsel auch einen relativ höheren Betriebsstoffwechsel als Erwachsene.

• Viele Stoffwechselvorgänge sind stärker von der Körperoberfläche als von der Körpermasse abhängig. Medikamente, die im Körper verstoffwechselt werden, sollten daher nach der Körperoberfläche dosiert werden. Beim Erwachsenen macht man sich meist nicht diese Mühe (obwohl eine Einheitsdosierung von „3mal täglich 1 Tablette" unabhängig von Körpermasse und Körperoberfläche zumindest eine hohe therapeutische Breite des Medikaments voraussetzt). In der wissenschaftlich fundierten kinderärztlichen Praxis werden hochwirksame Medikamente jedoch nach der Körperoberfläche und nicht einfach nach dem Alter dosiert.

② **Berechnung**: Die Körperoberfläche (O) wird gewöhnlich aus der Körpermasse (M) und der Körperlänge (L) nach der Formel von DuBois berechnet:

$$O = 0{,}007184 \cdot M^{0{,}425} \cdot L^{0{,}725}$$

wobei O in m^2, M in kg und L in cm einzusetzen sind. Die Berechnung ist heute mit dem wissenschaftlichen Taschenrechner einfach. In der Praxis verwendet man meist ein Nomogramm oder Tabellen. Der Formel von DuBois liegen Messungen an nur 9 Individuen zugrunde. Eine statistisch sicherere Anpassung bietet die Formel von Gehan u. George aufgrund von 401 Fällen (Tab. 133):

$$O = 0{,}0235 \cdot M^{0{,}51456} \cdot L^{0{,}42246}$$
$$\ln O = -3{,}7508 + 0{,}51456 \ln M + 0{,}42246 \ln L$$

Tab. 133. Körperoberfläche (m^2) aus Körpergewicht (kg) und Körperlänge (cm) nach der Formel von Gehan u. George

kg	cm						
	160	165	170	175	180	185	190
46	1,44	1,46	1,48	1,49	1,51	1,53	1,55
50	1,50	1,52	1,54	1,56	1,58	1,60	1,62
54	1,56	1,58	1,60	1,62	1,64	1,66	1,68
58	1,62	1,64	1,66	1,68	1,70	1,72	1,74
62	1,68	1,70	1,72	1,74	1,76	1,78	1,80
66	1,73	1,75	1,78	1,80	1,82	1,84	1,86
70	1,78	1,81	1,83	1,85	1,88	1,90	1,92
74	1,84	1,86	1,88	1,91	1,93	1,95	1,97
78	1,89	1,91	1,94	1,96	1,98	2,00	2,03
82	1,94	1,96	1,99	2,01	2,03	2,05	2,08
86	1,98	2,01	2,04	2,06	2,09	2,11	2,13
90	2,03	2,06	2,08	2,11	2,13	2,15	2,18
94	2,08	2,10	2,13	2,16	2,18	2,20	2,23
98	2,12	2,15	2,18	2,20	2,23	2,25	2,28

1.3 Der Körper als Ganzes: Länge, Masse, Proportionen

- Die meisten Stoffwechseltabellen sind für eine „Standard-Körperoberfläche" von 1,73 m² berechnet. Man sollte daher wissen, um wieviel Prozent die eigene Körperoberfläche vom Standard abweicht.

③ **Neunerregel**: Bei ausgedehnten Verbrennungen ist es wichtig abzuschätzen, wieviel Prozent der Körperoberfläche jeweils in welchem Schweregrad verbrannt sind. Eine grobe Annäherung, die aber für die Praxis meist ausreicht, gibt folgende Verteilung (Abb. 133):
- Kopf und jeder Arm: je 9 %,
- Rumpfvorder- und -rückseite und jedes Bein: je 2 x 9 % (= 18 %),
- äußere Geschlechtsorgane: 1 %.
- Die Fläche kleinerer Verbrennungen schätzt man am einfachsten durch Vergleich mit der Handfläche: Sie macht etwa 1 % der Körperoberfläche (1,7 dm²) aus.

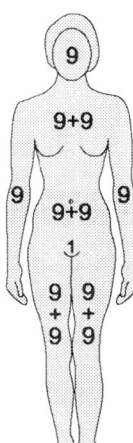

Abb. 133. Anteile (%) der einzelnen Körperabschnitte an der Körperoberfläche nach der Neunerregel

④ **Neunerregel beim Kind**: Das Kind hat einen relativ größeren Kopf und relativ kürzere Beine (Abb. 134a). Die Neunerregel ist altersabhängig zu korrigieren (grobe Anhaltspunkte, die Literaturangaben differieren etwas):
- Säugling: Kopf etwa 18 %, Bein 13,5 %,
- 2jähriges: Kopf etwa 16 %, Bein 14,5 %,
- 6jähriges: Kopf etwa 12 %, Bein 16 %.

#134 Hauptproportionen des Körpers

Die Längen der Hauptabschnitte des menschlichen Körpers stehen in keinem festen Verhältnis zur Körperlänge. Es gibt Menschen mit relativ langen oder relativ kurzen Armen und Beinen. Der Kopf kann klein oder groß sein („Großkopferte" = umgangssprachlich abwertend für einflußreiche Menschen). Dies bedingt die Vielfalt der menschlichen Erscheinungsformen (und verhindert die genormte Kleidung).

① **Historisches**: Die Längenverhältnisse der einzelnen Abschnitte des Körpers, die „Proportionen", haben ursprünglich vor allem die Künstler interessiert. So ist von *Albrecht Dürer* ein Werk erhalten: „Vier Bücher von menschlicher Proportion" (1528), in welchem er bereits drei Körperbautypen unterscheidet: den 7-Kopf-, 8-Kopf- und 10-Kopf-Typus, d.h. Menschen bei denen die Körperlänge sieben, acht oder zehn Kopfhöhen beträgt. Ihm fiel auch der relativ große Kopf des Kindes auf.

② **Proportionsänderungen im Lauf des Lebens**: Beim Neugeborenen macht die Kopfhöhe etwa ¼ der Körperlänge aus (Abb. 134a). Dafür sind die Gliedmaßen relativ kurz. Im Laufe des Wachstumsalters wird der Kopf relativ kleiner, dafür wachsen die Extremitäten um so schneller. Der Rumpf behält seine relative Länge in etwa bei. Ursache des großen Kopfes des Kleinkindes ist das Gehirn, das schon mit etwa drei Jahren seine Endgröße erreicht. Der Kopfumfang wächst nach dem 10. Lebensjahr nur um etwa 3 cm. Lange Menschen haben zwar, absolut gesehen, größere Köpfe als kleine Menschen, doch sind ihre Köpfe, bezogen auf die Körperlänge, relativ kleiner.

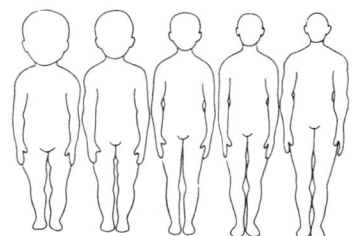

Abb. 134a. Änderung der Körperproportionen mit dem Alter

③ **Meßpunkte und Meßstrecken**: Zum Berechnen der Körperproportionen bestimmt man beim stehenden Patienten mit dem Anthropometer den Abstand folgender Meßpunkte vom Boden (steht kein Anthropometer zur Verfügung, so behilft man sich mit der Wasserwaage oder einem großen Buch, ⇒ #131):

• *Gnathion:* Unterrand des Unterkiefers (gr. gnáthos = Kiefer) in der Körpermittelebene: Dabei ist die Normstellung des Kopfes (in der deutschen Horizontalen) sorgfältig zu beachten. Schon kleinere Bewegungen können das Maß um einige Zentimeter verfälschen.

• *Suprasternale:* oberes Ende des Brustbeins (Sternum) in der Körpermittelebene (= tiefster Punkt der Incisura jugularis).

• *Symphysion:* Oberrand der Schambeinfuge (Symphysis pubica) in der Körpermittelebene: Um eine Berührung der Geschlechtsorgane durch den Untersucher zu vermeiden, tastet der Patient selbst. Er legt die rechte Hand flach auf den Bauch, drückt mit der Mittelfingerspitze die Bauchwand in der Körpermittelebene sanft ein und geht allmählich nach unten, bis er knöchernen Widerstand spürt. Dann wird der Querbalken des Anthropometers auf die Höhe des vom Patienten mit dem Finger markierten Meßpunktes geführt. Während des Meßvorgangs darf sich der Patient nicht nach vorn beugen um zuzusehen, da sonst der Meßwert zu klein ausfällt.

• *Akromiale:* Seitenrand des Acromion: Man tastet am Schlüsselbein oder an der Schulterblattgräte seitwärts, bis man den am weitesten nach lateral ausladenden Punkt findet. Der Patient darf dabei nicht den Kopf drehen um zuzusehen, da er sonst automatisch die entsprechende Schulter senkt. Der Abstand des Akromiale vom Boden wird auf beiden Seiten gemessen und verglichen. Unterschiede können rein zufällig sein (Änderung der Haltung des Patienten während des Messens), können aber auch auf

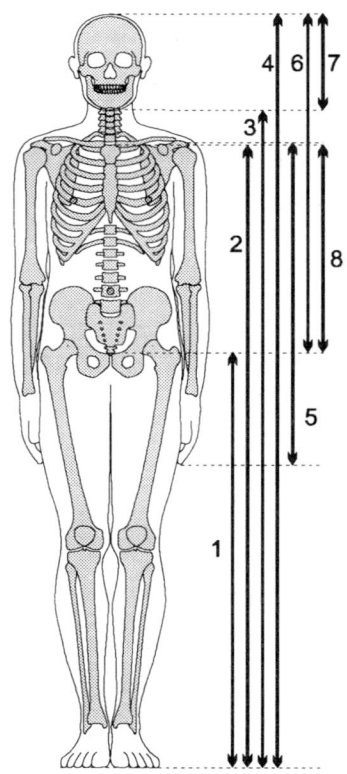

Abb. 134b. Meßstrecken zur Bestimmung der Körperproportionen: 1 Symphysenhöhe = mittlere Beinlänge, 2 Sternalhöhe, 3 Kinnhöhe, 4 Körperlänge, , 5 Armlänge, 6 Stammlänge, 7 Kopfhöhe, 8 Rumpflänge

eine seitliche Verkrümmung der Wirbelsäule hinweisen (#211).
• *Daktylion:* Spitze des Mittelfingers (gr. dáktylos = Finger) bei gestrecktem Arm.

Die Abstände der Meßpunkte vom Boden (Abb. 134b) nennt man
• Kinnhöhe = Gnathion → Boden,
• Sternalhöhe = Suprasternale → Boden,
• Symphysenhöhe = Symphysion → Boden,
• Schulterhöhe = Akromiale → Boden,
• Fingerspitzenhöhe = Daktylion → Boden.

④ **Abschnittlängen**: Aus diesen „Höhen" berechnet man die Längen der Hauptabschnitte des Körpers:
• Stammlänge = Körperlänge minus Symphysenhöhe,
• Rumpflänge = Sternalhöhe minus Symphysenhöhe,
• Kopfhöhe = Körperlänge minus Kinnhöhe,
• mittlere Beinlänge = Symphysenhöhe (#952),
• Armlänge = Schulterhöhe minus Fingerspitzenhöhe (#891).

Teilt man diese Maße durch die Körperlänge und multipliziert man mit 100, so erhält man die relativen Längen in Prozent. Beim Erwachsenen ist die Stammlänge etwa gleich der Beinlänge, beim Kind ist der Stamm deutlich länger als die Beine. Die hier gegebene Definition der Beinlänge als Symphysenhöhe ist nur eine von mehreren möglichen Definitionen. Sie unterscheidet nicht zwischen den beiden Beinen und dient hauptsächlich für Proportionsstudien. Kommt es auf den Vergleich der beiden Beine an, um z.B. eine Beinlängendifferenz als Ursache einer seitlichen Wirbelsäulenverkrümmung (#214) aufzuspüren, so bestimmt man die Beinlänge besser als Abstand des höchsten Punktes des Darmbeinkamms (Crista iliaca) vom Boden („Kristahöhe") oder als Abstand des Oberrandes des großen Rollhügels (Trochanter major) vom Boden („Trochanterhöhe").

Die mittlere Stammlänge im Stehen beträgt bei Mitteleuropäern etwa 48-50 %, die Rumpflänge 29-31 %, die Kopfhöhe 10-15 %, die Beinlänge (als Symphysenhöhe) 50-52 %, die Armlänge 43-45 % (Tab. 134) der Körperlänge. Die Spannweite der Arme ist im Durchschnitt nur geringfügig größer als die Körperlänge (Abb. 134c).

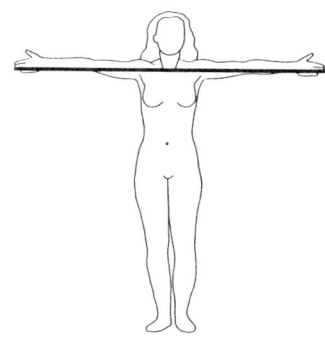

Abb. 134c. Die Spannweite der Arme (Klafter) mißt bei der Frau im Durchschnitt 103 %, beim Mann 106 % der Körperlänge.

⑤ **Stammlänge im Sitzen**: Unter praktischem Aspekt kann man den Körperstamm recht gut auch als den Bereich des Körpers definieren, der sich im Sitzen zwischen Scheitel und Sitzfläche befindet. Dieses Maß ist einfach zu messen: Der Patient sitzt aufgerichtet vor einer Wand. Man mißt dann mit dem Anthropometer oder ersatzweise mit Wasserwaage oder Buch und Zollstock oder Meßband die Scheitelhöhe und die Höhe der Sitzfläche und erhält als Differenz die Stammlänge.
• Die Stammlänge im Sitzen schwankt um einige Zentimeter, je nach den Krümmungen der Wirbelsäule und der Stellung des Beckens. Man kann sich aufrichten oder sich zusammensinken lassen. Der Untersucher muß daher den Patienten auffordern, „sich möglichst groß zu machen" und diese Stellung während des Meßvorgangs beizubehalten.

Protokoll 141. Körperproportionen im Stehen		
A Scheitelhöhe (Körperlänge) (cm)		
B Kinnhöhe (cm)		
C Sternalhöhe (cm)		
D Symphysenhöhe (cm)		
	Links	Rechts
E Schulterhöhe (cm)		
F Fingerspitzenhöhe (cm)		
	Absolut (cm)	Relativ (%) *
Stammlänge (A - D) (im Stehen)		
Stammlänge (Sitzhöhe) (im Sitzen)		
Rumpflänge (C - D)		
Kopfhöhe (A - B)		
Mittlere Beinlänge (D)		
Armlänge rechts (E - F)		
Armlänge links (E - F)		

* Prozent der Körperlänge

- Die so ermittelte Stammlänge entspricht etwa der „Scheitel-Steiß-Länge", dem wichtigsten Längenmaß in der Embryologie. In frühen Entwicklungsstadien sind die Extremitäten noch nicht angelegt, man kann dann gar keine „Scheitel-Fersen-Länge" bestimmen. Aber auch nach Auswachsen der Extremitätenknospen ist beim Embryo und beim jungen Fetus die Scheitel-Fersen-Länge kein sinnvolles Maß, weil die Hüftgelenke stark gebeugt und kaum zu strecken sind (Arme und Beine werden in der Gebärmutter dem Rumpf eng angeschmiegt, um möglichst wenig Platz zu beanspruchen). Bei allen Längenangaben bei Embryonen und Feten ist daher hinzuzufügen, ob es sich um Scheitel-Steiß-Länge (übliche Abkürzung SSL, englisch CR = crown-rump length) oder Scheitel-Fersen-Länge (SFL, englisch CH = crown-heel length) handelt.
- Die mittlere relative Stammlänge im Sitzen (Sitzhöhe) beträgt bei erwachsenen Mitteleuropäern etwa 51-54 % (Tab. 143), beim Neugeborenen um 68 %.

Tab. 134. Bewertung relativer Körpermaße (%)			
Maß	Bewertung	Frau	Mann
Relative Armlänge	Kurzarmig	< 43,5	< 44
	Mittelarmig	43,5-44,5	44-45
	Langarmig	> 44,5	> 45
Relative Stammlänge *	Kurzstämmig	< 52	< 51
	Mittelstämmig	52-54	51-53
	Langstämmig	> 54	> 53
* Sitzhöhe in % der Körperlänge			

⑥ **Proportionen im Liegen**: Die im Liegen bestimmten Längenmaße sind in der Regel größer als die im Stehen gemessenen. Nach großen Meßreihen beträgt die Differenz bei der Körperlänge und der Sternalhöhe im Durchschnitt 1,5 cm, bei der Symphysenhöhe 2 cm, bei der Schulterhöhe und der Fingerspitzenhöhe 5,5 cm. Der Körper wird also im Liegen gestreckt. Die Schultern stehen dabei höher, weil das Gewicht der Arme nicht an ihnen zieht.
- An diese Differenzen ist zu denken, wenn man Längenmessungen am liegenden Patienten oder an Leichen vornimmt, z.B. für ein Gerichtsgutachten. Bei allen Messungen sollte man daher die Körperhaltung des Patienten angeben.

⑦ **Abnorme Proportionen**: Die Körperproportionen sind bei manchen Erkrankungen (besonders der Hormondrüsen) im Wachstumsalter verschoben.
- Die Geschlechtshormone hemmen das Längenwachstum. Ausfall der Keimdrüsenhormone führt zum sog. eunuchoiden Riesenwuchs mit besonders langen Beinen. Gibt man Mädchen künstliche Geschlechtshormone (als „Pille"), so hört das Längenwachstum vorzeitig auf.
- Die Beine sind besonders kurz bei Erkrankungen der Epiphysenfugen, z.B. bei der Chondrodystrophie (dominant vererbt).

#135 Geschlechtsspezifische Körperform

■ **Ganzheitliche Betrachtung:** Auch ohne wissenschaftliches Studium kann ein durchschnittlich intelligenter Erwachsener zur Silhouette eines erwachsenen Menschen das Geschlecht zuordnen. Er wird dies allerdings kaum mit Einzelheiten begründen können. Er erfaßt die Gestalt ganzheitlich und vergleicht unbewußt mit (angeborenen?) Inbildern. Auch der Arzt wird den Patienten zunächst ganzheitlich betrachten. Dabei werden ihm Abweichungen vom typischen Bild auffallen.
• Weibliche Körperformen beim Mann oder männliche bei der Frau können auf Störungen der Hormondrüsen hinweisen und eingehende Diagnostik veranlassen.

■ **Gliederung der Geschlechtsunterschiede im Körperbau** (abgesehen von den Geschlechtsorganen):

① **Weitgehend konventionell:** Haartracht. In den letzten Jahrzehnten sind die traditionellen Formen, wie „man" das Haupthaar geschlechtsspezifisch zu tragen hat, ins Wanken gekommen. Bei den übrigen Körperhaaren ist der Mann hinsichtlich der Gestaltungsmöglichkeiten eindeutig bevorzugt. Er kann mit dem Rasierapparat wegnehmen, was ihm zu männlich erscheint. Die Frau müßte sich schon einer Hormonbehandlung unterziehen, um männliche Haarformen zu gewinnen (das Klimakterium bringt allerdings nicht selten eine meist höchst unerwünschte Vermännlichung der Körperbehaarung).

② **Anlagebedingt, aber beeinflußbar:** Fettverteilung und Muskelmasse.
• Traditionsgemäß steht in den Lehrbüchern, daß die Frau mehr Fettgewebe und der Mann mehr Muskulatur habe. In Zeiten ultraschlanker Mode und immer geringerer körperlicher Arbeit verwischen sich diese Unterschiede.
• Die Erfahrung der Übungen am Lebenden lehrt, daß man das Muskelspiel bei unterernährten Studentinnen wegen des dünnen Unterhautfettgewebes besser studieren kann als an kraftstrotzenden Studenten, deren Muskeln oft vom Unterhautfett verborgen werden.
• Trotzdem bleiben Unterschiede der Fettverteilung: Nimmt das Körpergewicht zu, so wird bei der Frau Fettgewebe bevorzugt in der Gesäßgegend vermehrt, beim Mann in der Bauchwand (im Bus mit schmalen Sitzplätzen sitzt man bequemer neben einem dicken Mann als neben einer dicken Frau).
• Zu den relativ leicht beeinflußbaren Geschlechtsunterschieden gehören auch die Brustdrüsen. Mangelernährung in der Pubertät verhindert die typisch weibliche Form beim Mädchen (die Ablehnung der weiblichen Rolle ist eine Ursache der Anorexia nervosa mit extremer Abmagerung beim Mädchen). Einnahme weiblicher Geschlechtshormone führt zur Entfaltung der Brustdrüsen in weiblicher Form beim Mann (eine meist unerwünschte Nebenwirkung der Hormonbehandlung des Prostatakrebses).

③ **Anlagebedingt, kaum beeinflußbar:** Körperlänge und -breite.
• Die Frau ist bei allen Rassen im Durchschnitt einige Zentimeter kleiner als der Mann (im Mittel 7 %). Daraus ergeben sich geringere Körpergewicht und niedrigere Organgewichte. Der Körper der Frau ist aber nicht proportional kleiner als der des Mannes, sondern in den Breiten bestehen spezifische Unterschiede:
• Das weibliche Becken ist entsprechend seiner Aufgabe als Gebärkanal breiter und weiter als das männliche. Dies wird besonders deutlich in den inneren Beckenmaßen. So ist der Beckenausgang bei der Frau im Durchschnitt 11 cm, beim Mann jedoch nur 9 cm breit (#244).
• Der Geschlechtsunterschied drückt sich auch in den leichter bestimmbaren äußeren Beckenmaßen aus. Er wird quantitativ leicht faßbar, wenn man Schulterbreite und Beckenbreite im sog. *Rumpfbreitenindex* in Beziehung setzt (s.u.).

■ **Geschlechtsspezifische Körpermaße:**
① **Rumpfbreitenindex:** Er ist definiert als Beckenbreite durch Schulterbreite mal 100.

Beckenbreite und Schulterbreite (Abb. 135a) mißt man am einfachsten mit dem Beckenzirkel:
- *Beckenbreite* (Iliokristalbreite) der geradlinige Abstand der beiden am weitesten nach lateral ausladenden Punkte der Darmbeinkämme (Cristae iliacae).
- *Schulterbreite* (Akromialbreite): der geradlinige Abstand der beiden am weitesten nach lateral ausladenden Punkte der Acromia bei aufgerichteter Haltung. Die Schultern dürfen hierbei nicht nach vorn genommen werden, weil der Abstand der Schulterecken dabei kleiner wird.
- Beim erwachsenen Mitteleuropäer beträgt die relative Schulterbreite (Schulterbreite / Körperlänge) im Durchschnitt 21-23 %, die relative Beckenbreite 16-19 %. Als „schmalbeckig" gilt eine Frau mit einer relativen Beckenbreite unter 17,5 % (Mann 16,5 %), als „breitbeckig" über 18,5 % (Mann 17,5 %).

- Der Rumpfbreitenindex beträgt bei der erwachsenen Frau etwa 80-85 %, beim erwachsenen Mann etwa 73-79 %. Beim 7jährigen Kind liegt er noch für beide Geschlechter bei 74 %. Dann steigt er ab dem 8. Lebensjahr beim Mädchen an. Beim athletischen Körperbautyp ist der Rumpfbreitenindex besonders niedrig.

Protokoll 135. Geschlechtsspezifische Körpermaße (w = weiblich, m = männlich)			
	Absolut (cm)	Relativ (%)	Gesunde Studenten
A Beckenbreite			w 17-19 % m 16-18 %
B Schulterbreite			w 21-23 % m 22-24 %
Rumpfbreitenindex 100(A / B)			w 80-85 m 73-79

② **Beinwinkel**: Wegen der größeren relativen Beckenbreite sind die beiden Hüftgelenke der Frau weiter voneinander entfernt. Die Oberschenkelknochen müssen daher stärker konvergieren, damit die Knie wieder in Kontakt sind. Der Winkel zwischen Femur und Tibia ist bei der Frau daher im Durchschnitt kleiner als beim Mann.

③ **Armwinkel**: Winkel zwischen Humerus und Ulna (Abb. 135b):
- Man stütze die gestreckten Arme stark supiniert auf einem Tisch so auf, daß die Finger die Tischkante umgreifen und sich die beiden Kleinfingerballen berühren. Bei der Frau haben dann die beiden Unterarme meist in ganzer Länge Kontakt, beim Mann klafft zum Ellbogen hin ein immer größerer Abstand. Der Armwinkel muß bei gestreckten Ellbogengelenken geprüft werden. Bei gebeugten Ellbogengelenken kann auch der Mann die Unterarme aneinander legen.
- Den Armwinkel kann man auch prüfen, indem man die gestreckten Arme horizontal nach vorn hebt, die Handflächen nach oben dreht (supiniert) und die Kleinfingerballen aneinander preßt. Die beiden Handflächen müssen dabei in einer Ebene liegen.

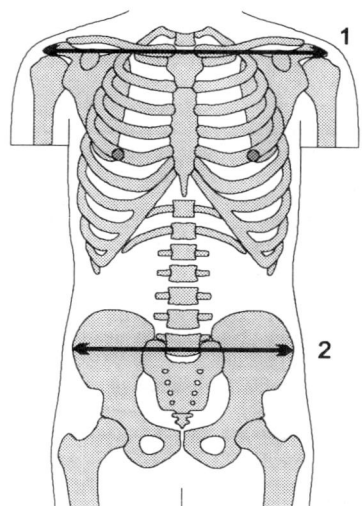

Abb. 135a. Beispiele für geschlechtsspezifische Körpermaße: 1 Schulterbreite, 2 Beckenbreite

- Statistiken zeigen jedoch eine nur geringe Differenz der Mittelwerte des Armwinkels bei Frau (168°) und Mann (170°). Es liegt folglich mehr an der größeren Schulterbreite als am Armwinkel, daß der Mann die Unterarme bei gestreckten Ellbogengelenken nicht aneinander legen kann.

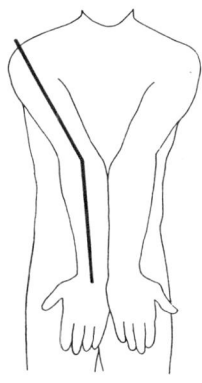

Abb. 135b. Armwinkel

1.4 Haut

#141 Elastizität

① **Hauttypen**:
- *Leistenhaut*: an der Hohlhand und an der Fußsohle. Die Papillen der Lederhaut sind in Reihen angeordnet. Sie wölben die Oberhaut in Form feiner Leisten vor. Die Leistenhaut ist unbehaart. Sie ist straff auf der Unterlage befestigt (Matratzenkonstruktion). Daher kann man nur schwer Hautfalten abheben.
- *Felderhaut*: an allen übrigen Bereichen der Körperoberfläche. Die Lederhautpapillen sind nicht regelmäßig angeordnet. 3-, 4- und mehreckige Felder sind von feinen Furchen umgeben, aus denen Haare entspringen. Die Felderhaut ist grob am Rücken und zart am Augenlid, an den kleinen Schamlippen und am Hodensack. Sie läßt sich gut in Falten abheben, die je nach der Mächtigkeit des Unterhautfettpolsters dicker oder dünner sind.

② **Elastizitätstest**: Hautfalten an verschiedenen Körperstellen abheben und die Zeitspanne messen, die nach dem Loslassen der Hautfalte bis zum völligen Einebnen verstreicht. Beim gesunden jungen Erwachsenen ist diese Zeitspanne so kurz, daß sie mit einfachen Hilfsmitteln nicht aufgezeichnet werden kann. Bleibt eine Hautfalte jedoch meßbar stehen, so kann dies mehrere Gründe haben:
- *Die Elastizität der elastischen Fasern der Lederhaut hat nachgelassen*: Dies ist beim älteren Menschen der Fall. Die Haut wird runzlig. Manche Menschen lassen dann Streifen aus der Haut herausschneiden („liften"), um die verbleibende Haut unter größere Spannung zu versetzen und damit eine höhere Elastizität vorzutäuschen.
- *Der Flüssigkeitsgehalt der Haut ist vermindert*: Die Gewebe entquellen und verlieren damit an Spannung. Beim Säugling ist dies ein Zeichen für eine dringliche Behandlung. Durch Brechdurchfall kann beim Säugling soviel Flüssigkeit verloren gehen, daß das Leben bedroht ist. Bleiben bei ihm abgehobene Hautfalten stehen, so muß unter

allen Umständen Wasser in den Körper gebracht werden, notfalls als Infusion.

An manchen Hautstellen läßt sich kaum eine Falte abheben:
• Normal: An der Hohlhand, an der Fußsohle und im Bereich des Haupthaars ist die Haut durch Retinacula cutis straff auf einer darunter liegenden Sehnenplatte befestigt.
• Pathologisch: Bei Ödemen ist der Flüssigkeitsgehalt der Haut vermehrt. Die Gewebe quellen auf. Auf Druck bilden sich Dellen, die nur langsam wieder verstreichen.

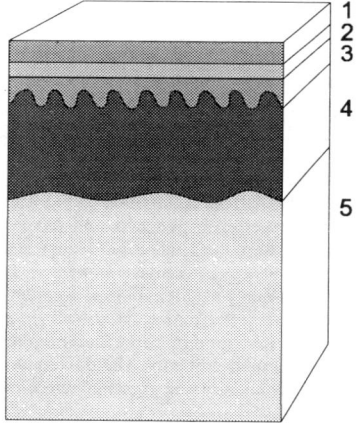

Abb. 141. *Schichten der Haut: 1-3 Epidermis, 1 Hornschicht, 2 verhornende Schicht, 3 Keimschicht, 4 Dermis [Corium], 5 Tela subcutanea, 1-4 Cutis*

#142 Farbe

Die Hautfarbe (Hautkolorit) hängt vor allem ab von:
• Grad der Pigmentierung: Aktivität der Melanozyten in der Epidermis.
• Stärke der Durchblutung: Weite der Kapillaren in Dermis und Subkutis.

• Sauerstoffsättigung des Blutes: Gasaustausch in der Lunge, Herzfehler.
• Bilirubin- und Carotinoidspiegel im Blut.

Man beachte: Das Pigment liegt in der Oberhaut und damit für den Betrachter vor den Blutgefäßen der Leder- und Unterhaut. Eine starke Pigmentierung kann damit eine Blässe verdecken. Deshalb ist eine Blässe am sichersten an unpigmentierten Hautbereichen (Lippen) und an Schleimhäuten (Bindehaut der Lider, Mundschleimhaut) zu erkennen.

■ **Ursachen abnormer Hautfärbung:**
① **Generalisierte Blässe:**
• Geringe Lichteinwirkung auf die Haut („Stubenhocker").
• Verminderte Fähigkeit zu Pigmentbildung (Rassenunterschied zwischen „Weißen" und „Schwarzen") bis zum Albinismus (die Pigmentbildung fällt auch in der Regenbogenhaut aus → „rote" Augen).
• Anämie (Blutarmut): bei vermindertem Hämoglobingehalt des Blutes.
• Verminderte Hautdurchblutung bei plötzlichem Blutdruckabfall, z.B. im Schock.

② **Örtliche (umschriebene) Blässe:**
• Vitiligo (Weißfleckenkrankheit): Fleckiger Untergang von Melanozyten ist eine häufige Hautkrankheit (etwa 1 % der Menschen).
• Nichtentzündliches Hautödem: Es kann die Blutfülle in der Tiefe verdecken, z.B. bei Nephrose.
• Örtliche Minderdurchblutung: z.B. bei Krampf der Muskeln der Arterienwand.

③ **Rötung:**
• Generalisierte Rötung bei vermehrter Hautdurchblutung zur Wärmeabgabe bei Arbeit und im Fieber oder durch arterioleneerweiternde Pharmaka, z.B. Ethylalkohol.
• Blaurote Hautfarbe bei erhöhtem Hämoglobingehalt im Blut, z.B. bei der (seltenen) Polyzythämie wegen des verlangsamten Blutflusses in den Kapillaren.
• Fleckige Rötung bei manchen Exanthemen, z.B. bei Arzneimittelüberempfindlichkeit, Masern, Röteln usw. Die Haut ist Aus-

1.4 Haut

tragungsort vieler Antigen-Antikörper-Reaktionen.
• Örtliche Rötung bei Entzündungen.

④ **Zyanose** (Blausucht):
• Verminderter Sauerstoffgehalt des Blutes, vor allem bei Herz- und Lungenkrankheiten.
• Abnorme, dunkel gefärbte Hämoglobinverbindungen, z.B. Methämoglobin, Sulfhämoglobin.

⑤ **Ikterus** (Gelbsucht):
• Grünlichgelb: Erhöhter Bilirubinspiegel im Blutserum bei vermehrtem Anfall von Gallenfarbstoffen aus dem Hämoglobinabbau (prähepatischer Ikterus, z.B. bei Sichelzellanämie), bei Störung der Gallenkapillaren in der Leber (hepatischer Ikterus bei Hepatitis) oder bei Abflußstörung der Galle in den Gallenwegen (posthepatischer Ikterus, z.B. bei Verschluß des Ductus choledochus durch einen Gallenstein).
• Gelborange: Erhöhter Carotinoidspiegel im Blutserum bei starkem Genuß von carotinoidreichen Gemüsen, vor allem Karotten. Beim „Karotinikterus" sind im Gegensatz zum Bilirubinikterus die Skleren und Schleimhäute nicht betroffen.

⑥ **Starke Bräunung**:
• Scharf begrenzt: lichtexponierte Stellen, evtl. nach Photosensibilisierung durch Teer, Porphyrine usw. Ähnlich wie Licht wirken auch ionisierende Strahlen (z.B. Bräunung der Bestrahlungsfelder bei Gammabestrahlung).
• Unscharf begrenzt: vermehrte Pigmentierung des Gesichts, der Brustwarzen, der Medianlinie am Unterbauch und des äußeren Genitales in der Schwangerschaft und bei gesteigerter Melanotropinbildung der Hypophyse (z.B. bei Enthemmung durch Nebennierenrindeninsuffizienz = Addison-Krankheit).
• Bronzefarben: bei der Hämochromatose (Eisenspeicherkrankheit), wenn der Körper ein Überangebot an Eisen nicht bewältigen kann, z.B. nach zahlreichen Bluttransfusionen.
• Generalisiert als Rasseneigentümlichkeit bei Schwarzen und Mischlingen.

#143 Raumschwelle an verschiedenen Hautstellen

Die Tastempfindung mit ihren einzelnen Qualitäten (Druck, Berührung, Vibration, Wärme, Kälte, Schmerz) ist nicht kontinuierlich, sondern punktförmig über die Haut verteilt. Sie ist jeweils an bestimmte Nervenendorgane gebunden. An manchen Hautstellen liegen diese dicht beisammen, an anderen weit getrennt. Demgemäß haben wir z.B. an den Fingerspitzen und an den Lippen eine sehr feines Tastempfinden, am Rücken hingegen ein grobes.

■ **Zweipunktdiskrimination**: Zwei nebeneinander gesetzte Reize können nur dann getrennt als zwei Reize wahrgenommen werden, wenn sie auf zwei unabhängige Nervenendorgane treffen. Entsprechend der unterschiedlichen Verteilung der Nervenendorgane sind die minimalen Abstände, in denen dies möglich ist (die Raumschwelle), verschieden. Dies kann man durch einen sehr einfachen Versuch veranschaulichen:
• Man berührt mit 2 Nadelspitzen gleichzeitig (!) die Haut und fragt den Patienten, ob er einen oder 2 Stiche verspüre. Um den Patienten zur kritischen Mitarbeit zu motivieren, schaltet man in wechselnder Reihenfolge Tests ein, in denen man nur mit einer Nadelspitze berührt.
• Man protokolliert den Abstand der Nadelspitzen, in dem der Patient in der Mehrzahl der Versuche die Einstiche getrennt erkennt.
• Der Versuch ist am einfachsten und genauesten mit einem Stechzirkel auszuführen, doch lassen sich auch mit 2 Stecknadeln brauchbare Ergebnisse erzielen.
• Im Untersuchungskurs bereitet dieser Test den Studierenden erfahrungsgemäß besonderes Vergnügen. Die Verblüffung ist meist groß, wenn man die Raumschwelle an den Fingerspitzen mit etwa 2 mm, an der Schulter aber mit 100-200 mm bestimmt.

#144 Schweißsekretion

Schweiß enthält nicht nur anorganische Salze, sondern auch geringe Mengen von Aminosäuren. Diese können mit Ninhydrin (Triketohydrindenhydrat), einem Reagens für Aminosäuren, nachgewiesen werden.

■ **Ninhydrintest:**
① **Vorgehen:**
• Der Patient wäscht die Hände und trocknet sie sorgfältig ab. Dann drückt er sie auf einen weißen Papierbogen ab, den vorher noch niemand berührt hat (mit Pinzette oder Gummihandschuh aus Papierpackung entnehmen). Die Konturen der Hände werden mit Bleistift umfahren, um später zu wissen, wo die rechte und wo die linke Hand abgedrückt wurden.
• Der Papierbogen wird sofort oder auch einige Stunden später mit Ninhydrinlösung eingesprüht oder getränkt und anschließend bei 110° C getrocknet. Die mit Schweiß benetzten Papierstellen färben sich blauviolett. Will man das Blatt aufheben, so sollte man es mit einer 1%igen Lösung von Kupfersulfat in Methanol fixieren.
• Der Ninhydrintest kann sinngemäß gleichartig auch an den Fußsohlen ausgeführt werden.

② **Bedeutung:** Die Schweißdrüsen werden vom Sympathikus innerviert. Der Nachweis der Schweißsekretion dient daher vor allem dem Nachweis der Sympathikusaktivität an Arm oder Bein.

#145 Effloreszenzen

Als Effloreszenz („Hautblüte") bezeichnet man eine umschriebene Hautveränderung. Jeder Mensch hat irgendwo auf der Haut eine vorübergehende (z.B. Quaddel nach Mückenstich) oder bleibende (z.B. Leberfleck) Veränderung. Das richtige Erkennen und Zuordnen von Effloreszenzen ist der grundlegende Schritt bei der Diagnose von Hautkrankheiten.

■ **Formen:** Die feinere Differenzierung der Effloreszenzen ist Aufgabe der Dermatologie. Doch können mit anatomischen Grundkenntnissen bereits die elementaren Effloreszenzen unterschieden werden (Abb. 145):

• *Fleck* (Macula): Hautverfärbung, z.B. durch Farbstoffe (Pigment, Hämoglobin und seine Abbauprodukte, Tätowierung usw.), Gefäßerweiterung (z.B. Schamröte) oder Gefäßverengung (z.B. bei Kälte).
• *Knötchen* (Papula): flach oder spitz die Haut überragende Gewebeverdickung (Oberhaut und/oder Lederhaut), die kleiner als eine Erbse ist.
• *Knoten* (Nodus): Gewebeverdickung, die größer als eine Erbse ist.
• *Bläschen* (Vesicula): mit Flüssigkeit gefüllter Hohlraum. Ein eitergefülltes Bläschen nennt man Pustel (Pustula).
• *Quaddel* (Urtica): Hautverdickung durch Ödem.
• *Geschwür* (Ulcus): Gewebeverlust, der bis in die Lederhaut oder Unterhaut reicht.

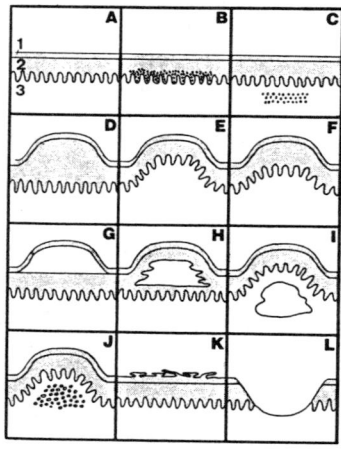

Abb. 145. Umschriebene Hautveränderungen (Effloreszenzen): A normale Haut 1 Hornschicht (Stratum corneum), 2 verhornende + Keimschicht, 1 + 2 Oberhaut (Epidermis), 3 Lederhaut (Dermis), B Pigmentfleck, C Tätowierung, D epidermales Knötchen, E dermales Knötchen, F gemischtes Knötchen, G subkorneales Bläschen, H intraepidermales Bläschen, I dermales Bläschen, J Quaddel, K Schuppen, L Geschwür

Im Untersuchungskurs findet man bei Studierenden als häufigste Effloreszenz Eiterbläschen im Gesicht und am Rücken, weil die Akne in diesem Alter eher die Regel als die Ausnahme ist.

#146 Intra- und subkutane Injektion

■ **Injektionen allgemein:**
① **Indikationen:** Pharmaka können parenteral (= unter Umgehung des Verdauungstrakts) in den Körper eingespritzt werden. Dies ist z.B. nötig, wenn das Arzneimittel
• im Verdauungskanal gespalten und dadurch unwirksam wird, z.B. Peptidhormone (Insulin), Immunglobuline (Antikörper bei passiven Impfungen).
• Magen und Darm reizt (und dann vor der Resorption durch Erbrechen oder Durchfall aus dem Körper befördert wird).
• rasch und sicher in den Kreislauf gebracht werden soll (die Resorption aus dem Verdauungskanal kann u.U. Stunden dauern).

② **Hauptinjektionswege:**
• *intravenös* (i.v.): in eine Vene, bevorzugt an Unterarm und Hand (#864).
• *intramuskulär* (i.m.): in einem Muskel, bevorzugt in den M. gluteus medius oder den M. vastus lateralis (#918).
• *subkutan* (s.c.): in das Unterhautfettgewebe.
Die Wahl des Injektionswegs ist nicht beliebig: Auf der Arzneimittelpackung ist angegeben, für welchen Weg das Medikament zugelassen ist.

③ **Seltener genutzte Injektionswege:**
• *intrakutan* (i.c.) = intradermal: in die Lederhaut.
• *intraartikulär:* in den Gelenkraum. Die Technik ist bei den jeweiligen Gelenken beschrieben.
• *intrathekal:* in den Liquorraum, über eine Lumbal- oder Subokzipitalpunktion, z.B. zur Spinalanästhesie (#224).
• *intraperitoneal:* in die Bauchfellhöhle, z.B. Spülflüssigkeit bei der Peritonealdialyse.
• *intraarteriell:* in eine Arterie, z.B. A. femoralis.
• *intrakardial:* in das Herz, nur bei Herzstillstand als letzter Versuch, das Herz wieder zum Schlagen zu bringen.

■ **Injektionen in die Haut:**
① **Subkutane Injektion:**
• *Injektionsort:* Grundsätzlich steht die gesamte Körperoberfläche zur Verfügung, doch wird man die Umgebung größerer Hautvenen und Hautnerven sowie Stellen mit dünnem Unterhautfettpolster vermeiden. Besonders beliebt für die subkutane Injektion ist die Bauchhaut und die Haut auf der Lateralseite des Oberschenkels.
• *Vorbereitung der Injektionsstelle:* Die Haut ist gründlich zu säubern und anschließend zu desinfizieren. Die Haut muß zum Zeitpunkt der Injektion wieder trocken sein, damit nicht Reinigungsmittel oder Antiseptikum in den Stichkanal gelangen.
• *Injektionstechnik:* Man hebt eine Hautfalte ab und sticht ruckartig so in die Falte, daß die Kanülenspitze sicher im Unterhautfettgewebe liegt und man der darunter liegenden Muskel nicht erreicht. Vor der Injektion muß man sich versichern, daß man nicht zufällig in eine Hautvene gelangt ist: Man zieht den Spritzenstempel zurück („aspirieren") und achtet dabei darauf, ob evtl. Blut in die Spritze angesaugt wird. In diesem Fall ist die Lage der Kanüle zu verändern und erneut zu aspirieren.

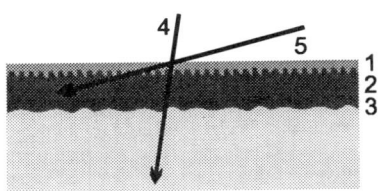

Abb. 146. Hautschichten und Injektionen: 1 Epidermis, 2 Dermis [Corium], 3 Tela subcutanea, 4 subkutane Injektion, 5 intrakutane Injektion

- *Vorteile:* Bei sauberer Arbeit und der Einspritzung nur hautverträglicher Arzneimittel ist die subkutane Injektion risikoarm. Auf tägliche Injektionen angewiesene Patienten, z.b. bei insulinpflichtigem Diabetes, können die Injektion erlernen.
- *Nachteil:* Die Aufnahme des injizierten Arzneimittels in die Blutbahn erfolgt etwas langsamer als bei der intravenösen oder intramuskulären Injektion.

② **Intrakutane (intradermale) Injektion:**
- *Indikationen:* Im Gegensatz zur subkutanen Injektion kann man in die derbe Lederhaut nur sehr kleine Flüssigkeitsmengen (Größenordnung 0,1 ml) einspritzen. Sie kommt daher im wesentlichen für Impfungen (z.B. BCG), Allergietestungen und zur Betäubung der feinen Nervenendungen in der Cutis (z.B. im Bereich von Reizpunkten = trigger points, „Quaddelung") infrage.
- *Vorbereitung:* Reinigung und Desinfektion wie bei der subkutanen Injektion.
- *Kanüle:* Für die intrakutane Injektion eignen sich nur feinste Kanülen!
- *Injektionstechnik:* Die Haut wird mit der einen Hand flach gespannt (also keine Falte abheben!), mit der anderen Hand wird die Spritze fast parallel zur Hautoberfläche (Winkel etwa 15°) in die Haut eingestochen und gegen erheblichen Widerstand einige Millimeter vorgeschoben. Bei der folgenden Injektion (ebenfalls gegen starken Widerstand) wölbt sich die Haut über der Kanülenspitze zu einer Quaddel vor, die längere Zeit bestehen bleibt.
- *Fehlermöglichkeit:* Die Lederhaut wird durchstoßen und die Kanülenspitze liegt in der Unterhaut. Man merkt dies am Nachlassen des Widerstands gegen das Vorschieben der Kanüle. Man muß dann die Kanüle zurückziehen und erneut einstechen. Es sollte nicht dazu kommen, daß die Injektion ohne nennenswerten Widerstand erfolgt und dabei keine Quaddel entsteht (dann war man beim Einstich unaufmerksam und hat subkutan injiziert!).

#147 Finger- und Zehennägel

① **Bau:** Der Nagel *(Unguis)* ist eine Hornplatte, einem überdimensional breiten und dicken Haar vergleichbar. Die Nagelplatte *(Corpus unguis)* liegt auf dem Nagelbett *(Hyponychium)*. Der Nagelwall *(Vallum unguis)* bedeckt seitlich und proximal den Rand der Nagelplatte. Das Nagelhäutchen *(Eponychium)* schiebt sich vom proximalen Nagelwall ein Stück auf die Nagelplatte. Es ist sehr verletzlich.
- Der normale Nagel zeigt andeutungsweise feine Längs-, aber keine Querrillen.

② **Wachstum:** Der Nagel wächst an seinem proximalen Ende *(Matrix unguis)*. Die Matrix wird bei manchen Nägeln als weißliches Möndchen *(Lunula)* sichtbar. Die Nägel wachsen pro Woche etwa 0,5-1,2 mm. Die Fingernägel wachsen rascher als die Zehennägel. Die Erneuerung eines Nagels dauert etwa 6 Monate.

③ **Besondere Beobachtungen:**
- *Querrillen:* Sie sind Zeichen von Nagelwachstumsstörungen meist im Zusammenhang mit schweren Allgemeinkrankheiten. Die Querrille wird langsam zum freien Rand vorgeschoben (etwa 3 mm pro Monat). Aus ihrer Lage kann man die Entstehungszeit berechnen.
- *Weiße Flecken:* Sie entstehen durch Lufteinlagerung. Manchmal sind sie Zeichen einer Pilzerkrankung oder von Verletzungen. Oft ist die Ursache unbekannt.
- *Schwarze Verfärbung:* meist durch Bluterguß im Nagelbett.
- Am freien Rand aufsplitternde Nagelplatte *(Onychorrhexis)*: bei Fehlernährung, Einwirkung von Chemikalien, Schilddrüsenunterfunktion, aber auch konstitutionell.
- *Krallennagel* (Onychogryposis): dicker krallenartiger Nagel, vor allem an den Zehen. Häufige Ursache: zu enge Schuhe.
- *Uhrglasnagel* bei Trommelschlegelfinger: Der Nagel ist nicht zylinderförmig, sondern kugelförmig gekrümmt. Dies ist häufig bei Herzfehlerpatienten, aber auch bei Schilddrüsenüberfunktion und Bronchiektasen zu beobachten.

2 Rumpfwand

2.1 Wirbelsäule

#211 Haltung

① **Gesunde Haltung**: Sie ist durch Halslordose + Brustkyphose + Lendenlordose (Lordose = vorn konvexe, Kyphose = hinten konvexe Krümmung), je von mäßiger Stärke, gekennzeichnet. Bei Ermüdung werden die Krümmungen verstärkt („schlaffe Haltung"), bei aktiver Aufrichtung vermindert.

② **Fehlhaltungen**:
- *Flachrücken*: verminderte Krümmungen.
- *Rundrücken*: verstärkte Brustkyphose + verminderte Lendenlordose.
- *Hohlrunder Rücken*: verstärkte Brustkyphose + verstärkte Lendenlordose.
- *Skoliotische Fehlhaltung:* seitliche Verkrümmungen der Wirbelsäule (ausführlich ⇒ #213).

③ **Halteleistungstest nach Matthiaß**: Der Patient wird aufgefordert, eine stramme Haltung („sich groß machen") einzunehmen und beide Arme waagerecht nach vorn auszustrecken. Bei gesunder Haltung kann diese Stellung mindestens 30 Sekunden beibehalten werden, bei „Haltungsschwäche" nur kürzer. Beim sog. Haltungsverfall kann die Wirbelsäule bei vorgestreckten Armen überhaupt nicht aufgerichtet werden.

④ **Messen der Lordosetiefe**: Das Ausmaß der sagittalen Krümmungen der Wirbelsäule kann man auch ohne kostspielige Meßinstrumente gut abschätzen:
- Man läßt eine Hilfsperson das Lot am Hinterhaupt des stehenden Patienten so anlegen, daß es den am weitesten dorsal ausladenden Punkt der Brustwirbelsäule berührt. Dann mißt man mit einem schmalen Lineal oder dem Bandmaß den horizontalen Abstand der am weitesten ventral liegenden Punkte der Hals- und der Lendenlordose vom Lot aus (Abb. 211). Diese Maße werden gewöhnlich nach der französischen Literatur als flèche cervicale bzw. lombaire (fr. flèche = Pfeil) bezeichnet.
- Man vergleiche die „Pfeilmaße" im entspannten und im strammen Stehen. Wird „strammes Stehen" als aktives Strecken („Bauch rein, Brust raus, Kinn an die Binde") verstanden, so sind die Krümmungen vermindert. Manche Patienten nehmen jedoch nur die Schultern zurück und verstärken dabei die Krümmungen. Der Patient ist daher gezielt zu instruieren.

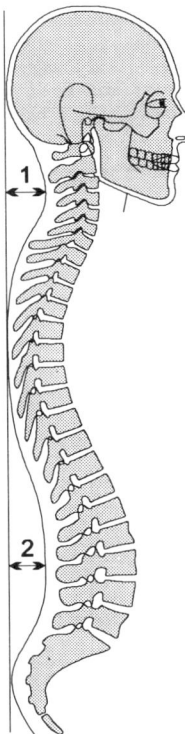

*Abb. 211. Messen der Lordosetiefe:
1 Halslordose (flèche cervicale),
2 Lendenlordose (flèche lombaire)*

Protokoll 211. Lordosetiefe (cm)			
	Hals	Lenden	Gesunde Studenten
Ruhe			5–7
Aufgerichtet			3–6
Differenz			1–2

#212 Dornfortsätze beziffern

① **Markierung**: Fast alle Dornfortsätze sind zu tasten und, je nach Dicke des Unterhautfettgewebes, sind auch die durch sie bedingten Hautvorwölbungen zu sehen. Man markiere auf der Haut die Spitzen aller Dornfortsätze bei aufrecht stehendem Patienten mit kurzem Horizontal- und Vertikalstrich (Kreuz, bei geteilten Dornfortsätzen entsprechend Doppelkreuz) und beziffere die Segmente. Der Untersucher sitzt hinter dem stehenden Patienten, um entspannt tasten zu können.

② **Leitsegmente** (Abb. 212):
- C_2: Tastet man vom Hinterhaupt ausgehend in der medianen Rinne zwischen den Wülsten der Nackenmuskeln kaudalwärts, so ist als erster Dornfortsatz jener des Axis zu fühlen (zum leichteren Tasten den Kopf etwas vorneigen, aber in aufrechter Kopfhaltung markieren!). Der Atlas trägt an seinem hinteren Bogen keinen Dornfortsatz, sondern nur ein Höckerchen (Tuberculum posterius), und ist daher nicht zu tasten.
- C_7: Vertebra prominens: Am Übergang von der Halslordose zur Brustkyphose ragt der Dornfortsatz des 7. Halswirbels meist am stärksten hervor (besonders beim Vorbewegen des Kopfes). C_6 tritt bei Inklination manchmal ebenso stark hervor wie C_7 und könnte dann C_7 den Titel „Vertebra prominens" streitig machen. C_6 verschwindet jedoch bei Reklination in der Tiefe und ist daran zu erkennen.
- Th_3: Der Dornfortsatz von Th_3 liegt etwa in der Verbindungslinie der beiden Schulterblattgräten. Da die Dornfortsätze im oberen Brustbereich schräg abwärts verlaufen, liegt ventral des Dornfortsatzes von Th_3 der Wirbelkörper von Th_4.
- Th_7: In der Verbindungslinie der unteren Schulterblattwinkel bei angelegten Armen.
- Th_{12}: Etwas unterhalb des Ansatzes der letzten Rippen.
- L_4: In der Verbindungslinie der höchsten Punkte der Darmbeinkämme oder etwas darüber: Diese Lagebeziehung ist wichtig für die Wahl der Einstichstelle bei der Lumbalpunktion.
- S_2: Das zweite Kreuzbeinsegment liegt in der Verbindungslinie der beiden hinteren oberen Darmbeinstachel (Spinae iliacae posteriores superiores). Über den Darmbeinstacheln sinkt die Haut meist zu kleinen Grübchen ein, welche die seitlichen Eckpunkte der Lendenraute (Abb. 242b) bilden.

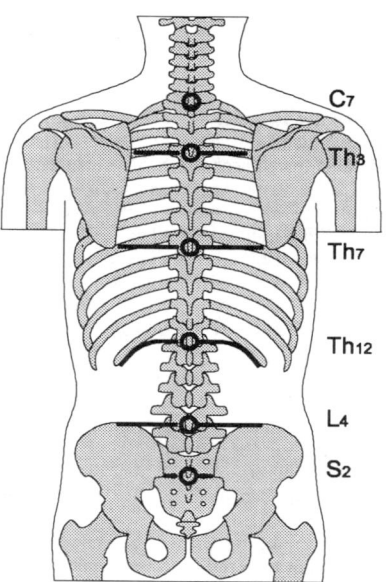

Abb. 212. Skelettpunkte, an denen man sich beim Beziffern der Dornfortsätze orientiert

2.1 Wirbelsäule

③ **Zwischensegmente:** Nach Markierung der Leitsegmente kann man die übrigen Dornfortsätze mehr oder weniger leicht zuordnen:
- C_3-C_6: Wegen der Halslordose und des kräftigen Nackenbandes sind sie nicht so deutlich zu tasten. Abwechselndes Vor- und Rückneigen erleichtert die Identifizierung.
- Th_1, Th_2: Sie treten unter C_7 manchmal stark hervor.
- Th_4-Th_6: Diese Dornfortsätze sind bisweilen schwierig abzugrenzen, da sie stark absteigen und infolge der Brustkyphose ihre dorsalen Enden weit auseinandergezogen sind.
- Th_8-Th_{11}: Die Dornfortsätze schwenken allmählich wieder in die Horizontale ein.
- L_1-L_3: Im Gegensatz zur Halslordose bietet die Lendenlordose wegen der größeren Wirbel kaum Schwierigkeiten bei der Abgrenzung.
- L_5: Kaudal der Verbindungslinie der höchsten Punkte der Darmbeinkämme.
- Kreuzbein + Steißbein: ⇒ #241.

④ **Besondere Befunde:**
- *Geteilte Dornfortsätze* kommen im Halsbereich fast regelmäßig, selten in den anderen Bereichen vor (belanglose Varietät).
- Nicht gleichgültig ist hingegen ein *fehlender Dornfortsatz*, wenn der Wirbelbogen nicht geschlossen ist (*Spina bifida*, Rhachischisis). Dieser Knochendefekt kann mit Mißbildungen der Rückenmarkshäute (Meningocele) oder des Rückenmarks (Myelocele) verbunden sein. Ein „Faunsbart" oder eine starke Pigmentierung der Haut über der Wirbelsäule in der Lendengegend kann auf eine Rhachischisis hinweisen.
- Eine sagittale Stufe zwischen zwei Dornfortsätzen im Lendenbereich kann auf einem Wirbelgleiten (*Spondylolisthesis*) beruhen. Wegen eines Defekts in der Wurzel des Wirbelbogens trennen sich Bogen und Körper. Wirbelgleiten ist eine mögliche Ursache hartnäckiger Rückenschmerzen von Teenagern.

⑤ **Fehlermöglichkeiten:** Erfahrungsgemäß ist die richtige Zuordnung der Dornfortsätze für den Anfänger eine „Rübezahlarbeit".

Geht die Rechnung nicht auf, so kann gelegentlich eine atypische Wirbelzahl, z.B. 11 oder 13 Brustwirbel die Ursache sein. Meist wird jedoch ein Fehler beim Bestimmen der Dornfortsätze vorliegen. Besonders irritierend ist es, wenn der Patient dauernd die Haltung ändert und sich z.B. wiederholt umsieht, um die Arbeit des Untersuchers zu verfolgen. Bei jeder Bewegung verschieben sich die Haut und mit ihr die angezeichneten Markierungspunkte. Es ist eine gute Übung in der Patientenrolle, das Markieren bei konstanter Körperhaltung geduldig zu ertragen.

⑥ **Abstände der Dornfortsatzspitzen:** Sie sind nicht in allen Bereichen der Wirbelsäule gleich:
- An der kyphotisch gekrümmten Brustwirbelsäule divergieren die Dornfortsätze. Die Abstände sind folglich groß.
- An den lordotischen Abschnitten (Hals- und Lendenwirbelsäule) konvergieren die Dornfortsätze. Die Abstände sind demgemäß klein.
- Außer den Krümmungen wirken sich auch noch die Höhen der Wirbelkörper aus: Sie nehmen von der Hals- zur Lendenwirbelsäule zu.
- Eine gute Kontrolle für richtiges Tasten ist das Ausmessen der Abstände der Dornfortsätze. Bei der gesunden Wirbelsäule gibt es keine größeren Sprünge. Die Abstände nehmen entsprechend den Krümmungen kontinuierlich zu und ab. Weichen die Meßergebnisse von dieser Regel grob ab, so sollte man die betreffenden Bereiche noch einmal sorgfältig durchtasten, ob die Dornfortsätze auch richtig markiert wurden. Gelegentlich steht auch bei beschwerdefreien Patienten ein Dornfortsatz etwas atypisch.

⑦ **Schmerzprüfung:**
- *Klopfschmerz:* Man schlägt mit einem Reflexhammer (nicht zu kräftig) auf die einzelnen Dornfortsätze. Vorher bittet man den Patienten, einen evtl. Schmerz dabei zu äußern. Anstelle des Reflexhammers kann man auch die eigene Faust nehmen. Man klopft dann mit dem „Fingerknöchel" (Kopf des Grundglieds des Mittelfingers) die Dornfortsätze ab.

- *Rüttelschmerz:* Man versucht, die Dornfortsätze jeweils mit zwei Fingern zu fassen und hin und her zu bewegen. Der Rüttelschmerz ist am besten in Bauchlage zu prüfen, weil dann die Rückenstrecker entspannt sind.
- Beim Abklopfen werden die Wirbel horizontal erschüttert. Eine vertikale Druckbelastung ist möglich durch Druck auf den Kopf (der Untersucher drückt mit beiden Händen ruckartig auf den Kopf des sitzenden Patienten) oder indem sich der auf den Zehenspitzen stehende Patient plötzlich auf die Fersen fallen läßt. Bei einem etwaigen Schmerz soll der Patient die Stelle mit dem Finger bezeichnen.
- Ein vom Patienten berichteter Klopf-, Druck- oder Fersenfallschmerz sollte Anlaß zu einer eingehenden ärztlichen Untersuchung mit Röntgenaufnahmen des schmerzenden Bereichs sein.

#213 Seitliche Verkrümmungen

① **Definitionen:** Seitliche Verkrümmungen der Wirbelsäule nennt man:
- *skoliotische Fehlhaltung:* solange sie nur funktionell bedingt, also ausgleichbar sind.
- *Skoliose:* wenn sie auf Strukturveränderungen beruhen, also nicht ausgleichbar sind. Eine skoliotische Fehlhaltung kann infolge degenerativer Veränderungen in eine echte Skoliose übergehen.

② **Blickdiagnose:** Auf eine seitliche Verkrümmung der Wirbelsäule weisen hin:
- *Ungleich hoch stehende Schultern.*
- *Asymmetrie der Taillendreiecke* (der Einsenkungen in der seitlichen Körperkontur zwischen Brustkorb und Becken): Die beiden Arme liegen nicht gleichmäßig dem Rumpf an. Der Arm auf der Konkavseite der Krümmung steht vom Rumpf ab.
- *Lendenwulst:* Durch die Konvexität der Krümmung werden die autochthonen Rückenmuskel seitlich zusammengestaucht, so daß sie sich stärker vorwölben.
- *Rippenbuckel:* Der knöcherne Wirbel ist im vorderen Bereich (Wirbelkörper) höher als im hinteren (Wirbelbogen). Bei seitlichen Verkrümmungen neigen daher die Wirbel dazu, sich mit dem Wirbelkörper in die Konvexität der Krümmung zu drehen. Die mit dem Brustwirbel verbundene Rippe muß dieser Drehung folgen und nach rückwärts ausweichen. Beim Vorneigen sind dann die beiden Thoraxhälften nicht gleich hoch, sondern auf der Seite der Konvexität der Krümmung wölben sich die Rippen nach oben. Bei einer im Wachstumsalter entstehenden seitlichen Verkrümmung werden die Wirbel nicht einfach gedreht, sondern verformen sich irreversibel (Verbiegung der Dorn- und Querfortsätze).
Seitliche Verkrümmungen der Wirbelsäule sind nach dem Markieren der Dornfortsatzspitzen noch deutlicher zu sehen als bei freier Betrachtung.

③ **Ausmessen:** Man lege ein Lot an das Hinterhauptbein genau median bei Blick geradeaus (entsprechend dem Dornfortsatz C_2) an und bestimme die seitlichen Abweichungen vom Lot auf Höhe der einzelnen Wirbelsäulensegmente.
- Eine Skoliose gilt als ausgeglichen („im Lot"), wenn Ausgangs- und Endpunkt der Wirbelsäule (also der Dornfortsatz C_2 und das obere Ende der Crista sacralis mediana = S_1) vertikal übereinander stehen. Das median vom Hinterhaupt herabhängende Lot fällt dann in die Afterfurche.

④ **Häufigste Ursache** seitlicher Wirbelsäulenverkrümmungen ist ein *Beckenschiefstand* wegen ungleich langer Beine. Die Stellung der Kreuzbeinbasis (= Deckplatte von S_1) als Ausgangspunkt des frei beweglichen Teils der Wirbelsäule hängt von der Beckenstellung ab:
- Steht die rechte Seite des Beckens höher, so steigt in der Regel auch die Kreuzbeinbasis nach rechts an. Dann sind die unteren Lendenwirbel nach links gerichtet. Um den Oberkörper wieder „ins Lot" zu bringen, muß auf die linkskonvexe Biegung der Lendenwirbelsäule eine leichte rechtskonvexe Biegung der Brustwirbelsäule folgen.
- Im Sitzen wird ein Beinlängenunterschied unwirksam. Seitliche Verkrümmungen der Wirbelsäule wegen ungleich langer Beine

2.1 Wirbelsäule

verschwinden daher im Sitzen (solange sie noch nicht „fixiert" sind), ebenso ein damit verbundener einseitiger Schulterhochstand. Mit Lot und Wasserwaage kontrollieren! Bleiben die seitlichen Verkrümmungen erhalten, so sind sie entweder schon fixiert (Skoliose) oder beruhen nicht auf einem Beinlängenunterschied (z.B. Beckenasymmetrie, Wirbeldeformation).

• Zur Beurteilung des Beckenstandes vergleicht man die Höhen der Beckenkämme, der vorderen oberen Darmbeinstachel sowie der seitlichen Eckpunkte der Lendenraute (den hinteren oberen Darmbeinstacheln entsprechend). Am besten nimmt man eine Wasserwaage zu Hilfe.

⑤ **Ausgleich eines Beckenschiefstands**: Man legt unter das kürzere Bein Holzplättchen oder Bücher bis der Höhenausgleich erzielt ist. Beruhen die seitlichen Verkrümmungen der Wirbelsäule auf dem Beckenschiefstand, so müssen sie nunmehr verschwunden sein („skoliotische Fehlhaltung"). Die Höhe der zum Ausgleich nötigen Unterlagen ist ein Maß der Beinverkürzung, das z.B. in einer Schuherhöhung berücksichtigt werden muß.

⑥ **Experimentelle seitliche Verkrümmungen**: Bei Beckengeradstand kann man sich das Entstehen einer Skoliose veranschaulichen, indem man unter ein Bein Holzplättchen oder Bücher unterlegt (soviel als mit gestreckten Knien zu tolerieren sind, etwa 5-6 cm). Es müssen nun seitliche Verkrümmungen wie oben beschrieben zu sehen sein (Abb. 213).

• Erhöht man zuerst den rechten, dann den linken Fuß, so müssen bei gesunder Wirbelsäule die beiden dabei erzeugten seitlichen Verkrümmungen spiegelbildlich sein.

• Die Haut kann allerdings den Ausgleichsbewegungen der Wirbelsäule nicht vollständig folgen. Die Markierungen entsprechen meist nicht mehr genau den Spitzen der Dornfortsätze.

• Noch einfacher, wenn auch nicht so deutlich, kann man das Entstehen seitlicher Verkrümmungen beobachten, wenn man im aufrechten Stand das Körpergewicht auf ein Bein (= Standbein) verlagert und das andere Bein (= Spielbein) entspannt (sog. *Kontrapost* in der bildenden Kunst, Abb. 915). Das Becken sinkt dann auf der Spielbeinseite etwas ab. Das Kniegelenk wird leicht gebeugt. Wegen des Beckenschiefstands muß sich die Wirbelsäule zum Erhalt des Gleichgewichts seitlich leicht verkrümmen.

Abb. 213. *Experimentelle seitliche Verkrümmungen der Wirbelsäule: Durch Unterlegen von Büchern unter einen Fuß wird ein Beckenschiefstand erzeugt*

⑦ **Therapeutische Konsequenzen**: Einen Beckenschiefstand sollte man nicht als Schönheitsfehler hinnehmen. Im Laufe der Jahrzehnte summieren sich die unphysiologischen Belastungen der Zwischenwirbelscheiben und Wirbelbogengelenke, und Abnutzungserkrankungen (Spondylosen) treten vorzeitig auf. Höhenausgleich durch Einlagen oder Schuherhöhung (Einarbeiten in Sohle normaler Schuhe) ist daher empfehlenswert. Nicht an den Schuhen ausgleichen sollte man funktionelle Beinlängendifferenzen (z.B. infolge gewohnheitsmäßiger asymmetrischer Anspannung von Beinmuskeln), sondern primär deren Ursache beheben.

#214 Inklination

■ **Einfache Inspektion:**
① **Von der Seite:** Die Wirbelsäule bildet beim Vorneigen mit gestreckten Knien einen harmonischen nach vorn konvexen Bogen.
• Die Krümmung ist am stärksten im Hals- und im oberen Brustbereich, flacher im Lendenbereich (Abb. 214a).

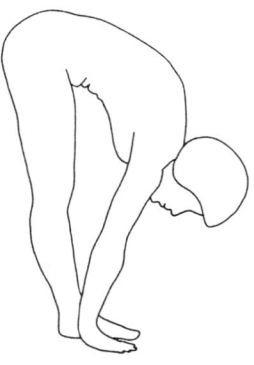

Abb. 214a. *Harmonische Krümmung der Wirbelsäule beim Vorneigen bei einer Studentin mit sehr guter Beweglichkeit (Handflächen erreichen den Boden trotz gestreckter Kniegelenke)*

• *Bewegungseinschränkungen* betreffen gleichmäßig die ganze Wirbelsäule (die Krümmung bleibt harmonisch) oder nur einige Segmente. Die umschriebene Bewegungseinschränkung, z.B. bei Schäden der Zwischenwirbelscheiben, erkennt man am besten bei abwechselnden Beuge- und Streckbewegungen oder beim langsamen Abrollen: Aus maximalem Vorneigen läßt man den Patienten zuerst der Kopf heben, dann die obere Brustwirbelsäule, die untere Brustwirbelsäule und zuletzt die Lendenwirbelsäule. Der Untersucher hält mit beiden Händen das Becken in der Beugestellung oder drückt gegen die Lendenwirbelsäule.

• Zur Knickbildung (*Buckel* = Gibbus) kann es bei Zusammenbruch von Wirbelkörpern (durch Trauma, eitrige Entzündung oder Geschwulst) kommen.

② **Von hinten:** Bei gerader Wirbelsäule steht der Rücken beim Vorneigen auf beiden Seiten gleich hoch. Bei fixierten seitlichen Verkrümmungen wird ein *Rippenbuckel* sichtbar: Der Rücken wölbt sich auf der konvexen Seite der Verkrümmung nach oben (#213).

■ **Streckenmaße:**
① **Kleinster Finger-Boden-Abstand im Stehen:** Kinder und Jugendliche können mit den Fingerspitzen meist den Boden erreichen. Beim älteren Erwachsenen gelingt dies normalerweise nicht (Abb. 214b).
• Der Finger-Boden-Abstand ist ein einfach zu bestimmendes, allerdings auch sehr grobes Maß für die Inklination der Wirbelsäule, da auch die Beweglichkeit der Hüftgelenke und des Schultergürtels mit eingeht. Man achte darauf, daß die Knie des Patienten gestreckt bleiben!

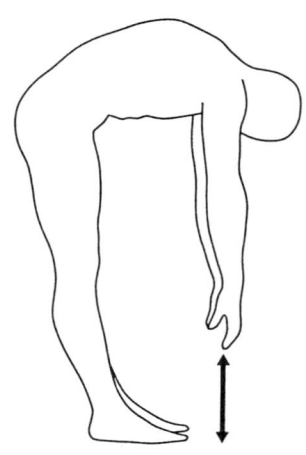

Abb. 214b. *Finger-Boden-Abstand beim Vorneigen mit gestreckten Knien*

2.1 Wirbelsäule

- Der Patient sollte die Schuhe ausgezogen haben, da sonst der Finger-Boden-Abstand vergrößert wird. Die unterschiedliche Plantarflexion des Fußes im Schuh je nach Absatzhöhe erschwert die Korrektur eines Meßwertes mit Schuhen.
- Statt den Abstand der Fingerspitzen vom Boden zu messen, kann man auch den Patienten mit den Fingerspitzen an den Beinen nach unten gleiten lassen und protokolliert dann den tiefsten erreichten Punkt, z.B. Kniescheibe, Mitte der Schienbeine usw.
- Eine Überbeweglichkeit (*Hypermobilität*) liegt vor, wenn der Patient nicht nur mit den Fingerspitzen den Boden erreicht, sondern sogar die Handflächen an den Boden legen kann (Abb. 214a). Die Überbeweglichkeit kann zu rascherem Verschleiß führen, wenn bei Sport, Ballett usw. die größeren Bewegungsumfänge rücksichtslos ausgeschöpft werden.

② **Meßstrecken an der Rückenhaut**:
- **Schober-Maß**: Man markiert bei stehendem Patienten den „Dornfortsatz" S₁ (oberes Ende der Crista sacralis mediana) auf der Haut, mißt von dort 10 cm kopfwärts ab und markiert den Endpunkt der Strecke (Abb. 214c). Dann läßt man den Patienten maximal nach vorn neigen. Dabei wird die Haut über der Wirbelsäule je nach dem Ausmaß der Vorneigung stärker oder schwächer gedehnt und dabei die markierte Linie auseinandergezogen.
- **Ott-Maß**: Man mißt im Stehen vom 7. Halswirbeldornfortsatz (Vertebra prominens) 30 cm abwärts und protokolliert die Längenzunahme bei maximalem Vorneigen.
- Die Längenzunahme im Lendenbereich ist größer als im Brustbereich, obwohl die Meßstrecke im Brustbereich dreimal so lang ist. Das Vorneigen wird im Brustbereich durch den Brustkorb eingeschränkt.
- Ott- und Schober-Maß sind zwar wirbelsäulenspezifischer als der Finger-Boden-Abstand, aber bei ihnen wird die Beweglichkeit der Wirbelsäule nicht direkt, sondern über die Dehnung der Haut bestimmt.
- Tastet man beim vorgeneigten Patienten nach den Dornfortsätzen, so wird man schnell merken, daß die Markierungskreuze

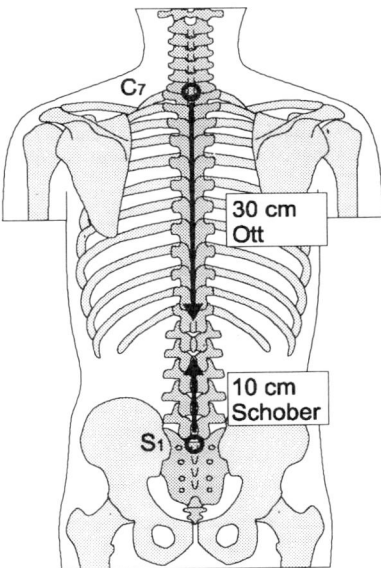

Abb. 214c. Ott- und Schober-Maß

aus #212 nicht mehr stimmen. Die Haut dehnt sich nicht in gleichem Maß wie die Wirbelsäule. Anhand der Markierungen gemessene Abstände sagen daher nur begrenzt etwas über die Beweglichkeit der Wirbelsäule aus. Allerdings wird man davon ausgehen können, daß die Haut um so stärker gedehnt wird, je stärker sich die Wirbelsäule krümmt.
- Eine Hautnarbe im Meßbereich mit entsprechend verminderter Dehnungsfähigkeit der Haut kann das Meßergebnis verfälschen.
- Protokolliert wird üblicherweise nicht die Längenzunahme, sondern die Gesamtlänge der Meßstrecke beim Vorneigen, z.B. „Schober 15" oder „Schober 10/15" bedeutet eine Längenzunahme um 5 cm.

③ **Kleinster Kinn-Brustbein-Abstand**: Beim gesunden Patienten wird das Vorneigen in Halswirbelsäule und Kopfgelenken dadurch begrenzt, daß das Kinn an das

Brustbein anschlägt. Eine Bewegungseinschränkung ist daher am einfachsten als kleinster Kinn-Brustbein-Abstand (bei Schlußbißstellung der Kiefergelenke) zwischen dem Meßpunkt „Gnathion" (median am Unterrand des Unterkiefers) und der Incisura jugularis des Brustbeins zu protokollieren.

④ **Kleinster Finger-Zehen-Abstand beim Vorneigen aus Rückenlage**: Die Knie müssen dabei gestreckt bleiben.
• Der Finger-Zehen-Abstand aus Rückenlage ist in der Regel kleiner als der Finger-Boden-Abstand im Stehen, weil der Patient die Rückenmuskeln besser entspannen kann (weniger Gleichgewichtsarbeit) und außerdem durch Dorsalextension in den Sprunggelenken die Zehen den Fingern entgegenführt.
• Kinder im präpubertären Wachstumsschub (11-14 Jahre) können wegen des besonders raschen Wachstums der Beine manchmal mit den Fingerspitzen die Zehen nicht erreichen, obwohl keine Bewegungseinschränkung vorliegt.

Protokoll 214. Streckenmaße beim Vorneigen		
(cm)	Patient	Gesunde Studenten
Kleinster Finger-Boden-Abstand (Knie gestreckt)		0
Schober-Maß		≈15 (10/15)
Ott-Maß		32-34 (30/32-34)
Kleinster Kinn-Brustbein-Abstand		0
Kleinster Finger-Zehen-Abstand (Rückenlage)		0

#215 Vorneigewinkel

■ **Gesamtumfang der Vorneigung einschließlich Kopf- und Hüftgelenken**: maximales Vorneigen des Rumpfes im Stehen mit gestreckten Kniegelenken. Der Kopf muß in die Gesamtkrümmung der Wirbelsäule einbezogen werden, so daß der Blick zwischen den leicht gespreizten Beinen nach hinten oben geht.
• Der Gesamtbewegungsumfang wird anhand der „deutschen Horizontalen" (durch die Unterränder der Augenhöhlen und die Oberränder der äußeren Gehörgänge, Abb. 661a) gemessen. Ausgangsstellung: aufrechter Stand, Blick geradeaus, deutsche Horizontale parallel zum Fußboden = 0°.
• Beim jungen Erwachsenen beträgt die gesamte Vorneigung etwa 180°, d.h., der Kopf steht „kopfstehend" wieder in der deutschen Horizontalen.

■ **Aufgliedern in Teilbereiche:**
① **Anteil der Hüftgelenke**: In den Hüftgelenken kann man etwa 135° beugen. Dieser Bewegungsumfang kann beim Vorneigeversuch jedoch nicht vollständig genutzt werden, weil die Knie gestreckt bleiben müssen. Wegen der begrenzten Dehnbarkeit der Muskeln auf der Rückseite des Oberschenkels ist die Beugung dann auf etwa 90° beschränkt.
• Beim Vorneigen werden nicht wie sonst bei der Bewegungsprüfung der Hüftgelenke (#913) die Beine gegen den Rumpf, sondern der Rumpf gegen die Beine bewegt. Wir müssen daher die Bewegung des Beckens erfassen. Dafür eignet sich am besten eine Verbindungslinie zwischen dem vorderen und hinteren oberen Darmbeinstachel. Im aufrechten Stand liegt sie etwa in der Horizontalen (Interspinalebene, #252). Beim Vorneigen verschiebt sich die Markierung wegen der Stauchung der Bauchhaut. Man muß also nochmals tasten und evtl. die Verbindungslinie erneut einzeichnen, bevor man den Winkel mißt.

② **Anteil der Wirbelsäule einschließlich Kopfgelenken**: Man berechnet ihn als Differenz der beiden vorhergehenden Maße.

③ **Anteil der Kopfgelenke und der Halswirbelsäule**: Um Mitbewegungen in anderen Abschnitten der Wirbelsäule möglichst auszuschalten, sollte der Patient aufrecht an eine Wand gelehnt stehen oder sitzen. Er senkt dann den Kopf bei geschlossenem Mund. Die Vertebra prominens darf hierbei

2.1 Wirbelsäule

die Stellung nicht ändern (tasten!). Man mißt den Winkel der Ebene der deutschen Horizontalen am Kopf mit der tatsächlichen Horizontalen.

④ **Anteil von Brust- und Lendenwirbelsäule**: Differenz der beiden vorhergehenden Maße.

• Auf ähnliche Meßwerte kommt man mit folgender Methode: Man legt eine Latte (Holzstab, längeres Lineal usw.) tangential vom Kreuzbein zur unteren Brustwirbelsäule (überbrückt die Lendenlordose) und eine zweite Latte von der oberen Brustwirbelsäule zum Hinterhaupt. In aufrechter Stellung müssen die beiden Latten entsprechend dem Anlehnen an eine Wand einen Winkel von 0° bilden. Neigt sich der Patient nach vorn, so wird die obere Latte stärker geneigt als die untere. Die Verstellung der beiden Latten gegeneinander entspricht etwa der Inklination in Brust- und Lendenwirbelsäule.

Protokoll 215. Winkelmaße beim Vorneigen (°)		
	Patient	Gesunde Studenten
A Gesamtumfang der Vorneigung		160-190
B Anteil der Hüftgelenke		60-90
C Anteil der Wirbelsäule (A − B)		90-120
D Kopfgelenke und Halswirbelsäule		30-60
E Brust- und Lendenwirbelsäule (C − D)		50-90
F Brust- und Lendenwirbelsäule (Latten)		50-90

#216 Reklination

■ **Streckenmaße**:

① **Kleinster Finger-Boden-Abstand beim Rückneigen im Stehen**: Der Patient neigt sich zurück und streckt die Arme nach hinten unten (Abb. 216a). Die Knie müssen gestreckt bleiben.

• Da der Patient dabei in Gleichgewichtsnot gerät, muß eine Hilfsperson den Patienten vor dem Umstürzen bewahren. Der Patient muß dabei aber selbst noch einigermaßen im Gleichgewicht bleiben, und die Hilfsperson darf mehr oder weniger nur zum Schutz dastehen. Das Maß wird unbrauchbar, wenn sich der Patient auf die Hilfsperson zurücklehnt und eigentlich nicht mehr steht, sondern halbschräg auf der Hilfsperson liegt (in dieser Position könnten praktisch immer die Finger den Boden erreichen).

• Bei guter Rückneigebeweglichkeit können die Arme nicht senkrecht nach unten, sondern nur schräg nach vorn gehalten werden, weil im Schultergelenk der Bewegungsumfang nicht ausreicht.

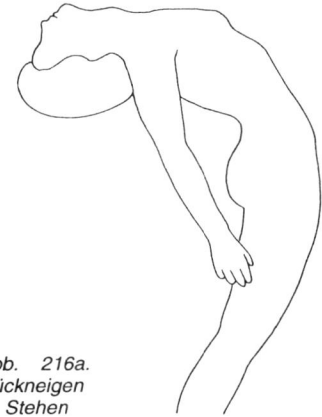

Abb. 216a. Rückneigen im Stehen

② **Größter Kinn-Brustbein-Abstand**: Man mißt den Abstand zwischen Unterrand des Kinns (Gnathion) und der Incisura jugularis des Brustbeins. Je größer der Meßwert, desto besser ist die Rückneigefähigkeit in den Kopfgelenken und der Halswirbelsäule. Normal ist etwa eine Spanne (Abstand der Spitzen von Daumen und Kleinfinger), also ungefähr 20 cm.

■ **Rückneigewinkel**:

① **Gesamtumfang der Rückneigung im Stehen**: Der Patient neigt sich wie beim

Messen des Finger-Boden-Abstands zurück (Hilfsperson!). Man mißt den Winkel der Ebene der deutschen Horizontalen des Kopfes mit der tatsächlichen Horizontalen. Wegen der unbequemen Stellung des Patienten wird man kaum sorgfältig messen können.

Abb. 216b. Rückneigen in Bauchlage

② **Gesamtumfang der Rückneigung einschließlich Kopf- und Hüftgelenken in Bauchlage**: Da im Liegen keine Gleichgewichtsprobleme bestehen, erreicht man hier die maximale Rückneigung, wenn der Patient den Kopf anhebt und sich mit den Armen abstützt (Abb. 216b). Die Oberschenkel müssen voll auf der Unterlage ruhen. Die Hilfsperson drückt notfalls die proximalen Oberschenkelabschnitte auf die Untersuchungsliege.
• Die deutsche Horizontale steht in Bauchlage in der Ausgangsstellung vertikal. Folglich mißt man den Winkel der Endstellung der Ebene der deutschen Horizontalen des Kopfes mit der Vertikalen.

③ **Aufgliedern der Rückneigung in Teilbereiche**: analog zum Messen beim Vorneigen.

#217 Lateralflexion

■ **Streckenmaße**:
① **Kleinster Finger-Boden-Abstand beim Seitneigen im Stehen**: Der Patient darf sich dabei nicht gleichzeitig vorneigen (Abb. 217). Die Knie müssen gestreckt bleiben, die Fersen immer den Boden berühren. Auch hier sollte eine Hilfsperson bereitstehen.
• Um das Gleichgewicht zu verbessern, darf der Patient die Beine leicht spreizen (Abstand der Füße etwa 10 cm).
• Das Maß ist sehr variabel je nach Körpergröße und Armlänge. Wichtiger als der absolute Meßwert ist die Seitengleichheit.
• Man achte darauf, ob die durch die Haut sichtbaren Dornfortsätze einen harmonisch gekrümmten Bogen ohne Knicke bilden.
• Bei Beinlängenunterschied wiederhole man die Messung nach Unterlegen von Holzplättchen oder Büchern zum Ausgleich des Beckenschiefstands.

② **Kleinster Finger-Boden-Abstand beim Seitneigen im Sitzen**: Hier kommt es wieder auf die Übereinstimmung der beiden Seiten an. Ein Beinlängenunterschied spielt im Sitzen keine Rolle. Man achte jedoch darauf, daß der Patient beim Seitneigen nicht eine Gesäßhälfte von der Sitzfläche abhebt!

Protokoll 216. Rückneigen (Reklination)		
① Streckenmaße (cm)		
	Patient	Gesunde Studenten
Kleinster Finger-Boden-Abstand (Knie gestreckt)		45-60
Größter Kinn-Brustbein-Abstand		20-26
② Winkelmaße (°)		
A Gesamte Rückneigung (im Stehen)		≈120
B Gesamte Rückneigung (in Bauchlage)		≈150
C Anteil Hüftgelenke		≈20
D Anteil Wirbelsäule mit Kopfgelenken (B - C)		≈130
E Anteil Kopfgelenke + Halswirbelsäule		≈70
F Anteil Brust- und Lendenwirbelsäule (D - E)		≈60

2.1 Wirbelsäule

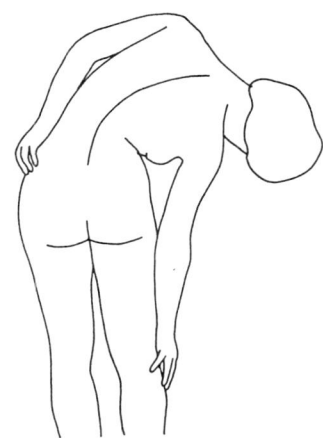

Abb. 217. Seitneigen. Die Patientin versucht unbewußt, das Ergebnis durch eine leichte Rumpfdrehung mit Voneigen zu verbessern

③ **Kleinster Ohr-Schulter-Abstand:** Die Seitneigung in Halswirbelsäule und Kopfgelenken ist am einfachsten als Bewegung des Ohrs zur Schulter zu beschreiben.
• Kann man mit dem Ohr die gehobene Schulter berühren, so dürften sowohl die Seitneigung der Halswirbelsäule als auch das Heben des Schultergürtels im Brustbein-Schlüsselbein-Gelenk normal sein.
• Will man die Bewegung in den Schlüsselbeingelenken minimieren, so läßt man die Arme hinter dem Rücken verschränken. Man mißt nun den kleinsten Abstand des Ohrläppchens vom lateralen Ende des Schlüsselbeins (= höchster Punkt der Schulter). Wegen der individuell unterschiedlichen Schulterstellung beim Verschränken der Arme kommt es mehr auf den Seitenvergleich als auf die absoluten Meßwerte an.
• Die Meßwerte werden verfälscht, wenn der Patient den Kopf nicht nur zur Seite neigt, sondern auch noch dreht. Die Spitze des Kinns muß also immer nach vorn weisen!

■ **Seitneigewinkel:**
① **Allgemeines:** Die Winkel beim Seitneigen sind einfacher zu bestimmen als beim Vor- oder Rückneigen. Man braucht nur die Dornfortsätze zu markieren und kann dann nahezu zwischen einzelnen Segmenten die Winkel messen.
• Sofern die Wirbelsäule beim Seitneigen einen harmonisch geschwungenen Bogen bildet, wird man sich begnügen, die Winkel der großen Abschnitte zueinander zu ermitteln. Bei Knickbildungen sollte man zusätzlich den Winkel am Knick messen.
• Die Arbeit wird leichter, wenn man die in #215 empfohlenen Latten über Gruppen von Dornfortsätzen legt und die Winkel an den sich kreuzenden Latten ausmißt.
• Man prüfe, ob die im geraden Stand angebrachten Markierungen nach dem Seitneigen noch über den Dornfortsatzspitzen liegen oder sich die Haut relativ zu den Dornfortsätzen verschoben hat. Der Winkelmessung müssen natürlich immer die tatsächlichen Stellungen der Dornfortsätze zugrunde liegen!

② **Gesamte Seitneigung einschließlich der Kopfgelenke:** Der Patient neigt sich maximal zur Seite und nähert den Kopf der Schulter. Man mißt den Winkel zwischen der Längsachse des Kreuzbeins (Crista sacralis mediana) und der vertikalen Achse des Kopfes (Verlängerung der Pfeilnaht zum Hinterhauptloch).
• Da man kaum einen Winkelmesser zur Hand haben wird, dessen Arme vom Kopf bis zum Becken reichen, werden die Latten hierbei kaum zu entbehren sein.
• Sind die Beine gleich lang oder ist ein Beinlängenunterschied ausgeglichen (z.B. im Sitzen), so kann man annehmen, daß die Kreuzbein-Längsachse in der Vertikalen steht. Man spart dann eine Latte, wenn man den Patienten in die Nähe einer Wand (mit der Neigungsebene rechtwinklig zur Wand) setzt und den Winkel zwischen Kopf und Wand mißt.

③ **Anteile der einzelnen Wirbelsäulenabschnitte:** Man markiere die Dornfortsätze C_7, Th_1, Th_{12} und L_1, lege je eine Latte als

Tangente an C_7 und Th_1 bzw. Th_{12} und L_1 an und kann nun die Gesamtneigung in drei Teilneigungen zerlegen:
- *Lendenwirbelsäule:* Winkel zwischen Längsachse des Kreuzbeins und der Verbindungslinie der markierten Dornfortsätze Th_{12} und L_1,
- *Brustwirbelsäule:* Winkel zwischen den Verbindungslinien von C_7 und Th_1 sowie Th_{12} und L_1,
- *Halswirbelsäule:* Winkel zwischen der Verbindungslinie von C_7 und Th_1 und der Vertikalachse des Kopfes.

Protokoll 217. Seitneigung (Lateralflexion)			
	Links	Rechts	Ges. Stud.
① Streckenmaße (cm)			
Kleinster Finger-Boden-Abst. (stehend)			≈40
Kleinster Finger-Boden-Abst. (sitzend)			≈10
Kleinster Ohr-Schulter-Abstand			≈10
② Winkelmaße (°)			
Gesamte Seitneigung			≈90
Anteil der Lendenwirbelsäule			≈20
Anteil der Brustwirbelsäule			≈25
Anteil von HWS + Kopfgelenken			≈45

#218 Rotation

■ **Streckenmaße für Drehbewegungen:**
① **Lendenwirbelsäule und unterste Brustwirbelsäule:** Wegen der Stellung der Gelenkfortsätze ist die Drehmöglichkeit in der Lendenwirbelsäule stark begrenzt. Trotzdem kann man den Brustkorb gegen das Becken etwas verdrehen. Diese Bewegung geht hauptsächlich im Bereich der freien Rippen vor sich.
- Ihr Ausmaß kann man quantifizieren, wenn man den Abstand zweier gut tastbarer Punkte am Becken und am Brustkorb bei maximalem Rechts- und Linksdrehen des Oberkörpers bestimmt.
- Am Becken ist der Bezugspunkt der Wahl der vordere obere Darmbeinstachel, am Brustkorb die Spitze der obersten freien Rippe (meist die 11.).
- Wegen der starken Verschieblichkeit der Bauchwand darf man hierbei nicht den Abstand der in einer Stellung markierten Hautpunkte, sondern muß beide Entfernungen unter direktem Tasten messen.
- *Umrechnen der Streckenmaße in Winkelmaße:* Man kann die Zentimeterstrecke grob in Drehungsgrade umrechnen, wenn man durch den Bauchumfang teilt und mit 360 multipliziert. Man vernachlässigt dabei den Höhenunterschied zwischen Darmbeinstachel und Rippenspitze, doch ist dieser im Sitzen relativ gering. Die rechts und links bestimmten Differenzen müßten bei gesunder Wirbelsäule und sorgfältigem Messen identisch sein.

② **Kleinster Nasen-Schulter-Abstand:** In Analogie zum Ohr-Schulter-Abstand bei der Seitneigung kann man die Drehbewegung in der Halswirbelsäule und den Kopfgelenken durch den Abstand der Nasenspitze vom lateralen Ende des Schlüsselbeins charakterisieren. Dabei sollte der Kopf weder nach vorn noch nach der Seite geneigt, sondern nur gedreht werden. Seitengleichheit ist wichtiger als die absoluten Meßwerte.

■ **Drehwinkel:**
① **Gesamtdrehung des Körpers im Stehen mit geschlossenen Füßen:** Man mißt die Drehung des Kopfes aus der durch die geschlossenen Füße markierten Sagittalen nach rechts und links.
- Die Messung ist leichter, wenn der Patient vor einer Wand steht (Sagittale parallel oder rechtwinklig zur Wand) und man den Winkel der über der Pfeilnaht gehaltenen Orientierungslatte mit der Wand bestimmt.
- Ist der Patient größer als der Untersucher, so wird man nicht ohne Hilfspersonen auskommen: Eine orientiert die Latte vorn an der Nasenspitze, die andere rückwärts am Hinterhauptböcker.

2.1 Wirbelsäule

- Nach dem Ablesen des Winkels prüfe man, ob der Patient mit den Füßen wirklich noch parallel oder rechtwinklig zur Wand steht und beide Füße fest dem Boden anliegen (die Drehung geht wesentlich weiter, wenn man ein Bein vom Boden abhebt).
- Die Gesamtdrehung sollte beim jungen Erwachsenen mindestens 180° betragen.
- *Anteil der unteren Gliedmaßen:* In die Gesamtdrehung gehen Rotationen in den Beingelenken ein. Ihren Anteil bestimmt man, indem man die Latte als Tangente über die beiden vorderen oberen Darmbeinstachel legt (Bauch einziehen!) und so die Drehung des Beckens über den Füßen mißt.
- *Anteil der Wirbelsäule einschließlich Kopfgelenken:* Differenz der beiden vorhergehenden Maße.

② **Gesamtdrehung des Körperstamms im Sitzen**: Beim sitzenden Patienten kann man die richtige Lage der Meßlatte über der Pfeilnaht besser beurteilen als im Stehen. Der Patient sitzt zweckmäßigerweise so vor einer Wand, daß die Sagittale des Körpers parallel oder rechtwinklig zur Wand steht.
- Eine Mitbewegung des Beckens ist auch im Sitzen nicht ausgeschlossen. Man erkennt sie ganz einfach daran, daß ein Knie vorgeschoben wird. Um das Mitdrehen des Beckens zu verhindern, sollte eine Hilfsperson das Becken des Patienten festhalten.
- Bei korrekter Messung muß der Meßwert mit dem vorhergehenden, bei stehendem Patienten ermittelten übereinstimmen.

③ **Drehung in Halswirbelsäule und Kopfgelenken**: Der Patient sitzt auf einem Stuhl mit steiler Lehne oder auf einem Hocker vor einer Wand. Beide Schultern müssen fest der Wand bzw. der Lehne anliegen. In der Nullstellung steht die Pfeilnaht rechtwinklig zur Lehne oder Wand. Der Patient dreht nun den Kopf, ohne ihn gleichzeitig zu neigen. Die Latte wird über die Pfeilnaht gelegt.
- Der Untersucher muß meist die Kopfstellung des Patienten korrigieren, da Drehungen gewöhnlich mit Seitneigungen kombiniert werden.

④ **Maximale Rumpfdrehung im Sitzen**: Man fordert den Patienten auf, die rechte Schulter maximal nach vorn, die linke maximal nach hinten zu drehen (bzw. umgekehrt). Dann legt man die Latte so an, daß sie über beiden Schulterecken steht. Man mißt den Winkel mit der Wand bzw. der Lehne.

⑤ **Drehung in Brust- und Lendenwirbelsäule**: Die vorher gemessene Rumpfdrehung wird sehr stark von der Bewegung des Schultergürtels bestimmt. Um diese auszuschalten, muß man die Schultern fixieren, z.B. indem man die Schultern maximal zurücknehmen und die Arme hinter dem Rücken verschränken läßt. Man mißt wieder mit der Latte über den Schulterecken. Von die-

Protokoll 219. Bewegungsumfänge der Wirbelsäule (Neutralnullmethode) (°)			
		Patient	Gesunde Studenten
① Gesamte Wirbelsäule	Rückneigen – Vorneigen		130° – 0° – 120°
	Seitneigen links – rechts		90° – 0° – 90°
② Halswirbelsäule und Kopfgelenke	Rückneigen – Vorneigen		70° – 0° – 50°
	Seitneigen links – rechts		45° – 0° – 45°
③ Brust- und Lendenwirbelsäule	Rückneigen – Vorneigen		60° – 0° – 70°
	Seitneigen links – rechts		45° – 0° – 45°

sem Rohwert ist noch die Drehung des Beckens abzuziehen. Der korrigierte Wert beträgt etwa 30° nach jeder Seite.

#219 Wirbelsäulenbewegungen in der Neutralnullmethode

Hat man die Protokolle 215-217 sorgfältig ausgefüllt, so kann man die wichtigsten Meßwerte in der Schreibweise der Neutralnullmethode übersichtlich zusammenfassen (Protokoll 219 auf vorhergehender Seite). Dabei kann man noch einmal prüfen, ob die Summen der Teilbereiche den Gesamtwert ergeben (② + ③ = ①).

2.2 Wirbelkanal und Rückenmuskeln

#221 Rückenmarkhäute

① **Aufhängung des Durasacks**: Die harte Rückenmarkhaut (Dura mater spinalis) umhüllt als zugfester Sack (ähnlich dem Herzbeutel) das Rückenmark mit seinem Liquorraum. Das Rückenmark ist im Durasack verschieblich, der Durasack seinerseits innerhalb des Wirbelkanals. Er ist nicht straff mit dem Periost des Wirbelkanals verbunden, sondern federnd aufgehängt. Seine Befestigungsstellen sind
• das Foramen magnum: Dort vereinigt sich die harte Rückenmarkhaut mit der Knochenhaut des Hinterhauptbeins, um dann in der gesamten Schädelhöhle eine einheitliche Schicht, die harte Hirnhaut (Dura mater encephali), zu bilden.
• die Zwischenwirbellöcher: Hier geht die harte Rückenmarkhaut in die äußeren Nervenscheiden der Segmentnerven über.

② **Dehnung des Durasacks**:
• Zug an den kaudalen Nerven: Nerven sind nur wenig dehnbar. In bestimmten extremen Stellungen der Gliedmaßengelenke reicht ihre Länge nicht aus. Sie ziehen dann Rückenmarkhäute und Rückenmark etwas nach unten, um zusätzliche Länge zu gewinnen. Der praktisch wichtigste Fall ist die Dehnung des N. ischiadicus, wenn man das im Kniegelenk gestreckte Bein im Hüftgelenk beugt. Da der N. ischiadicus über die Streckseite des Hüftgelenks und die Beugeseite des Kniegelenks verläuft, wird er bei dieser Kombination der Gelenkstellungen stark gespannt (gleichzeitig mit den ischiokruralen Muskeln).
• Verlängerung des Wirbelkanals: Die Länge des Wirbelkanals ist nicht konstant, sondern hängt von den Krümmungen der Wirbelsäule ab. Bei jedem Vorneigen (Inklination) werden die Abstände zwischen den Wirbelbogen vergrößert, bei jedem Rückneigen (Reklination) verkleinert. Der Wirbelkanal wird daher bei kyphosierenden Bewegungen verlängert, bei lordosierenden

verkürzt. Dementsprechend wird der Durasack gespannt oder entspannt.

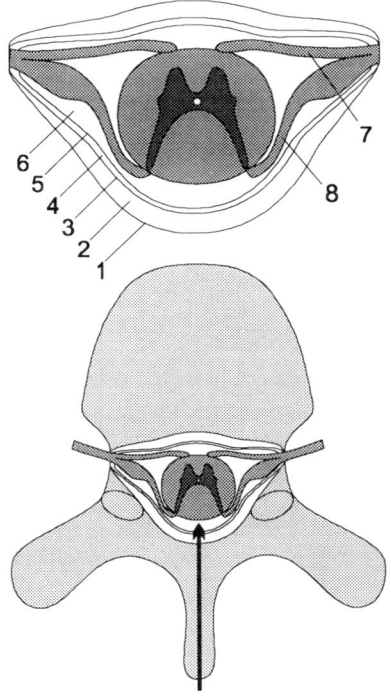

Abb. 221. *Rückenmarkhäute: unten Lage im Wirbelkanal (Brustwirbelsäule), oben vergrößerter Ausschnitt (Darstellung entsprechend der Norm der Computertomographie). 1 Periost des Wirbelkanals, 2 Spatium epidurale [peridurale], 3 Dura mater spinalis, 4 Spatium subdurale, 5 Arachnoidea mater spinalis, 6 Spatium subarachnoideum (Liquorraum), 7 Radix anterior [motoria], 8 Radix posterior [sensoria]. Der Pfeil zeigt die Einstichrichtung bei der Lumbalpunktion in der unteren Lendenwirbelsäule (dort kein Rückenmark ⇒ Abb. 223!).*

③ **Entspannungsstellung der Rückenmarkhäute**: Bei einer *Meningitis* (Hirnhaut- und Rückenmarkhautentzündung) sind die Schmerzen geringer, wenn die Hirn- und Rückenmarkhäute entspannt sind. Der Patient findet selbst in Kürze die Stellung mit der stärksten Entspannung der Rückenmarkhäute heraus und nimmt diese ein. Man kann die Verdachtsdiagnose „Meningitis" auf den ersten Blick stellen, wenn der Patient in folgender Stellung angetroffen wird:
• *Opisthotonus:* Kopf nach rückwärts geneigt, ganze Wirbelsäule nach hinten gebogen (Hyperlordosierung im Hals- und Lendenbereich, Abflachung der Brustkyphose).
• Beine in Hüft- und Kniegelenk gebeugt, Füße plantarflektiert.

④ **Diagnostisch wichtige Zeichen**: Die Diagnose „Meningitis" wird bestätigt, wenn man mit Dehnung des Durasacks Schmerzen auslöst. Traditionell prüft man folgende Zeichen:
• **Nackensteife**: Der Kopf läßt sich beim Gesunden nach vorne neigen, bis das Kinn das Brustbein berührt. Bei Meningitis ist dies nicht möglich, weil der Patient starke Schmerzen verspürt und sich die Nackenmuskeln deswegen schützend zusammenziehen („Abwehrspannung"). Eine nur schwache Abwehrreaktion nennt man Meningismus.
• **Brudzinski-Zeichen**: Richtet man den auf dem Rücken liegenden Patienten auf, oder neigt man seinen Kopf nach vorn, so zieht er automatisch die Beine an (Beugung in Hüft- und Kniegelenk).
• **Kernig-Zeichen**: Hebt man die im Kniegelenk gestreckten Beine des Patienten an (Beugung im Hüftgelenk), so beugt der Patient automatisch im Kniegelenk.
• **Lasègue-Zeichen**: Verhindert man bei der vorhergehenden Übung die Entspannung durch das Beugen der Kniegelenke, so treten Schmerzen im Verlauf des N. ischiadicus auf. Man notiert den Anteversionswinkel, bis zu dem das gestreckte Bein schmerzfrei gehoben werden kann.
• **Bragard-Handgriff**: Ist beim Prüfen des Lasègue-Zeichens die Schmerzgrenze er-

reicht, so wird durch ruckartige Dorsalextension eines Fußes der Schmerz verstärkt.

Die drei letztgenannten Zeichen dienen nicht nur dem Nachweis einer Meningitis, sondern auch von Erkrankungen des N. ischiadicus. Besteht keine Nackensteife, und sind diese Zeichen nur auf einer Seite positiv, so liegt statt einer Meningitis ein Reizzustand des N. ischiadicus („Ischias"), z.B. aufgrund einer Neuritis (Nervenentzündung) oder eines Bandscheibenvorfalls, nahe.

#222 Segmente von Rückenmark und Wirbelsäule zuordnen

Raumfordernde Prozesse im Wirbelkanal (Tumor, Hämatom, Bandscheibenvorfall) können durch Druck auf das Rückenmark eine Querschnittsymptomatik auslösen. Die dann nötige aufwendige Diagnostik kann gezielt eingesetzt werden, wenn man die neurologischen Störungen einem bestimmten Wirbelbereich zuordnen kann.

① **Aszensus des Rückenmarks**: In frühen Entwicklungsstadien durchzieht das Rückenmark den gesamten Wirbelkanal. Dann wächst die Wirbelsäule rascher als das Rückenmark. Das Rückenmark bleibt in der Länge zurück. Da sein oberes Ende am Gehirn fixiert ist, muß sein unteres Ende „aufsteigen". Dieser „Aszensus" vollzieht sich in der frühen Fetalzeit zunächst schnell und wird dann immer langsamer. Beim Neugeborenen endet das Rückenmark etwa auf Höhe des zweiten Lendenwirbelkörpers, beim Erwachsenen auf Höhe der Zwischenwirbelscheibe zwischen L_1 und L_2 (Streubreite 1½ Wirbel nach oben und unten).

② **Segmentzuordnung** (Abb. 222):
• Die Verschiebung zwischen Rückenmark und Wirbelsäule ist im Halsbereich gering, da 8 Halssegmente des Rückenmarks auf 7 Halssegmente der Wirbelsäule zu verteilen sind. Die Segmente Th_1 stimmen bei Rückenmark und Wirbelsäule überein. Dann wird die Verschiebung progressiv:
• 4. Brustwirbel und 5. Brustmarksegment, 9. Brustwirbel und 12. Brustmarksegment liegen hintereinander.
• Das Lendenmark findet man hinter dem 10. + 11. Brustwirbelkörper, das Sakralmark hinter dem 12. Brust- und dem 1. Lendenwirbelkörper.
• Der Wirbelkanal wird unterhalb von L_1/L_2 von den zu ihren Austrittsstellen absteigenden Wurzeln der Spinalnerven L_2 bis Co ausgefüllt (Cauda equina).

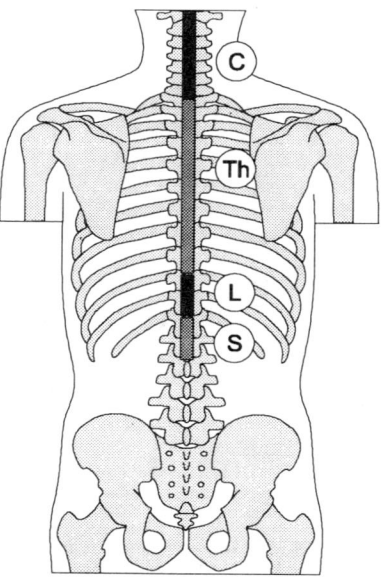

Abb. 222. Lage der Abschnitte des Rückenmarks in der Wirbelsäule beim Erwachsenen

#223 Lumbalpunktion

① **Ausdehnung des Liquorraums**: Das Rückenmark endet beim Erwachsenen auf Höhe der Wirbel L_1 bis L_2 (Extremfälle L_3),

Der Durasack endet erst im Kreuzbeinkanal, etwa auf Höhe des Wirbelsegments S2 (Abb. 222). Da die Spinnwebenhaut dem Durasack eng anliegt, reicht auch der Subarachnoidealraum (Liquorraum) bis in den Kreuzbeinkanal. Unterhalb des Endes des Durasacks gehört der gesamte Kreuzbeinkanal zum Epiduralraum. Das 2. Kreuzbeinsegment findet man leicht in der Verbindungslinie der seitlichen Eckpunkte der Lendenraute (#242).

② **Prinzip der Lumbalpunktion** („Lendenstich"): Kaudal von L3 kann man eine Kanüle in den Liquorraum einstechen, um Liquor cerebrospinalis zu gewinnen, ohne dabei das Rückenmark zu gefährden (die Wurzeln der Cauda equina weichen der Nadel aus).

③ **Vorgehen**: Der Eingriff wird am besten beim sitzenden und vorgeneigten Patienten vorgenommen. Durch die Vorneigung wird die Lendenlordose abgeflacht, die Dornfortsätze weichen auseinander. Dadurch wird der Einstich einer Nadel zwischen den Dornfortsätzen L3 und L4 oder L4 und L5 erleichtert (Abb. 223). Den 4. Lendenwirbeldornfortsatz findet man am einfachsten auf einer Verbindungslinie der beiden Darmbeinkämme.
- Die (lange) Kanüle wird genau median (Abb. 221) durch den Bandapparat (Lig. supraspinale, Lig. interspinale, Lig. flavum) eingeführt. Tritt die Nadel aus den Bändern in den Epiduralraum ein, so wird der Widerstand wesentlich geringer. Man darf die Nadel dann nur noch etwa 1 cm durch die Dura und Arachnoidea mater spinalis vorschieben, damit sie nicht den Liquorraum vorn verläßt und in die Zwischenwirbelscheibe eindringt. Die Lage der Nadel ist korrekt, wenn Liquor abtropft.
- Durch das Vorneigen des Patienten wird der Durasack gespannt und in den Lordosen etwas dorsal verlagert. Dadurch wird das dorsale Venengeflecht zusammengepreßt und somit die Wahrscheinlichkeit der Verunreinigung der Kanüle durch Blut vermindert.

- Wichtig ist die genau mediane Nadelführung. Schon bei leichtem Abweichen kann die Nadel den Liquorraum seitlich verfehlen.
- Die Lumbalpunktion beim liegenden Patienten (zusammengekrümmt in Seitenlage) ist sehr viel schwieriger, weil die Medianebene schlechter einzuhalten ist.

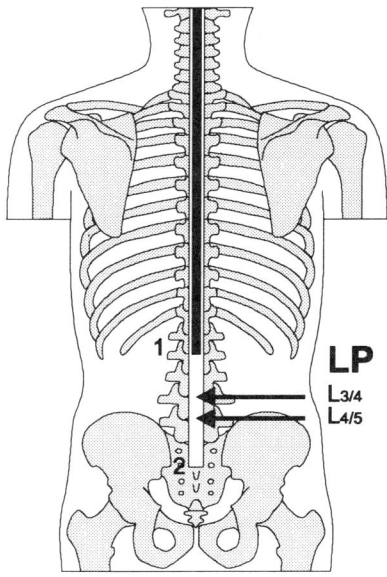

Abb. 223. Lumbalpunktion (LP) oberhalb oder unterhalb des 4. Lendendornfortsatzes: 1 kaudales Ende des Rückenmarks, 2 kaudales Ende des Durasacks und des Liquorraums

④ **Risiken**:
- *Kopfschmerzen, Übelkeit und Erbrechen* (10-15 %): Ursache ist ein Unterdruck im Liquorraum, weil durch den Stichkanal etwas Liquor in den Epiduralraum aussickert. Die Beschwerden klingen meist nach einem Tag ab und halten nur selten über eine Woche an. Vorsorglich sollte jeder Patient nach der Lumbalpunktion 24 Stunden strenge Bettruhe einhalten.

- *Rückenschmerzen* (1-3 %): Sie beruhen meist auf einer belanglosen Periostreizung. Das Rückenmark kann bei der typischen Lumbalpunktion nicht verletzt werden.
- *Blutung* (selten): Bevor die Kanüle den Liquorraum erreicht, muß sie den von einem Venengeflecht gefüllten Epiduralraum durchqueren. Dabei können durchstochene Venen etwas bluten. Dies ist meist harmlos, doch kann durch das Blut der Liquor verunreinigt werden. Dann ist er für die Untersuchung nicht mehr zu gebrauchen, und die Punktion war vergeblich.
- *Infektion* (selten): Unsteriles Arbeiten kann zur aufsteigenden Meningitis führen.
- *Hirneinklemmung* (selten): Der Liquor wird hauptsächlich im Innern des Gehirns gebildet. Er fließt von da zum Rückenmark herab. Ist dieser Abfluß behindert, so kann bei Liquorentnahme in den tieferen Abschnitten des Liquorraums der Druck in den oberen Bereichen relativ ansteigen. Dann wird das Gehirn in das Foramen magnum oder die Öffnung des Tentorium cerebelli eingepreßt. In leichten Fällen werden einzelne Hirnnerven betroffen, was sich z.B. in Augenmuskellähmungen äußern kann. In schwereren Fällen können die Kreislauf- und Atemzentren gestört werden, wodurch eine lebensbedrohliche Situation eintreten kann.

⑤ **Vorsichtsmaßnahme**: Bei Patienten mit Liquorabflußstörung darf man Liquor nicht ablassen. Vor jeder Lumbalpunktion sollte man daher den Augenhintergrund des Patienten besichtigen, da man hier am leichtesten Anzeichen eines erhöhten Hirndrucks entdeckt (sog. Stauungspapille, #648).

#224 Spinalanästhesie

① **Hyperbare Spinalanästhesie**: Man spritzt bei der Lumbalpunktion ein Lokalanästhetikum von höherer Dichte als der Liquor in den Subarachnoidealraum ein. Das schwere Anästhetikum sinkt im Liquor nach unten. Je nach der Körperhaltung des Patienten wird es sich am unteren Ende des Durasacks (aufgerichteter Patient) oder, mit zunehmender Schräglage des Patienten, weiter oben ansammeln (tiefer, mittlerer und oberer Spinalblock). Nach einer Viertelstunde ist das Anästhetikum fest an die Nervenwurzeln gebunden, und der Patient kann nun in die für die Operation günstigste Position gebracht werden.

② **Isobare Spinalanästhesie**: Man verwendet ein Lokalanästhetikum von gleicher Dichte wie der Liquor. Nach dem Erreichen des Liquorraums saugt man einige Milliliter Liquor in die Spritze an, so daß sie sich mit dem Lokalanästhetikum mischen (Barbotage). Dann wird die Mischung injiziert. Die Ausdehnung der Anästhesie wird bestimmt von:
- der Dosis des Lokalanästhetikums (abhängig von Alter, Körperlänge, Körpermasse).
- Höhe des Einstichs (höchstens zwischen L_2 und L_3).
- dem Ausmaß des Barbotierens.

③ **Risiken**:
- Alle Risiken der Lumbalpunktion (⇒ #223).
- *Sympathikuslähmung:* Mit den animalischen Nervenfasern werden auch die autonomen in den Nervenwurzeln ausgeschaltet. Im Brust- und Lendenbereich sind dies ausschließlich sympathische Nervenfasern (die zugehörigen parasympathischen laufen über den N. vagus und werden daher von der Spinalanästhesie nicht erreicht!). Die Sympathikuslähmung führt zu Gefäßerweiterung, Blutdruckabfall, Bradykardie, Übelkeit und Erbrechen.
- *Atemlähmung:* infolge der Blockade motorischer Nervenfasern zu an der Atmung beteiligten Muskeln, besonders beim oberen Spinalblock. Daher muß bei jeder Spinalanästhesie ein Beatmungsgerät bereitstehen!
- *Arachnoiditis:* Als Folge der Injektion in den Liquorraum kann sich die Spinnwebenhaut entzünden, mit der weichen Rückenmarkhaut verkleben und zahlreiche abgekammerte Hohlräume bilden. Dadurch kann die Blutversorgung des Rückenmarks leiden. Dies wiederum zieht Nervenlähmungen nach sich. Die Erkrankung kann sich über Monate erstrecken und Dauerschäden hinterlassen.

#225 Periduralanästhesie

① **Prinzip**: Periduralanästhesie = Epiduralanästhesie = Leitungsanästhesie an den Nervenwurzeln im Epiduralraum = Periduralraum (in der Klinik wird meist der Begriff Peridural- vorgezogen).

② **Sakrale Periduralanästhesie**: Da der gesamte Kreuzbeinkanal kaudal von S_2 zum Periduralraum gehört, kann man hier die Nervensegmente S_3 bis Co sehr leicht ausschalten.
- Der Einstich wird durch die untere Öffnung des Kreuzbeinkanals (Hiatus sacralis) vorgenommen, die man unschwer durch die Haut tasten kann (Abb. 225a + b). Das Anästhetikum wird dann im Kreuzbeinkanal bis auf Höhe von S_3 verteilt. Keinesfalls darf man die Nadel weiter kranialwärts schieben: Es könnte sonst der Durasack punktiert werden und Anästhetikum in den Liquorraum gelangen (Ausdehnung der Anästhesie auf weitere Körperbereiche, Gefahr der Atemlähmung, wenn Aufstieg zum Hals!).
- „Reithosenanästhesie": Bei der typischen sakralen Periduralanästhesie wird die Sensibilität in einem Hautgebiet ausgeschaltet, das etwa dem Ledereinsatz früher üblicher Reithosen entspricht (bei modernen Reithosen reicht der Ledereinsatz bis unter das Knie). Die Periduralanästhesie eignet sich daher besonders für Eingriffe an den Geschlechtsorganen und am After.

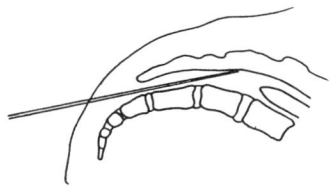

Abb. 225b. Lage der Injektionsnadel im Kreuzbeinkanal

③ **Periduralanästhesie in anderen Bereichen des Wirbelkanals**: Sie sollte dem geübten Anästhesisten vorbehalten bleiben. Die Gefahr der versehentlichen Punktion des Liquorraums ist dabei groß. Dann wird aus der Peridural- eine Spinalanästhesie. Dies ist deshalb bedenklich, weil für die Periduralanästhesie etwa zehnfach höhere Dosen des Lokalanästhetikums eingespritzt werden als für die Spinalanästhesie. Deshalb müssen Geräte für die künstliche Beatmung des Patienten bereitstehen.

#226 Funktionsprüfung der die Wirbelsäule bewegenden Muskeln

■ **Auf die Wirbelsäule wirkende Muskeln**: Die wichtigsten sind:
- *Vorneigen:* vordere Bauch- und Halsmuskeln,
- *Rückneigen:* tiefe Rückenstrecker (Wirbelsäulenaufrichter),
- *Seitneigen:* seitliche Bauchmuskeln, seitliche Anteile der tiefen Rückenstrecker (M. iliocostalis),
- *Drehen:* schräge Bauchmuskeln, schräge Anteile der tiefen Rückenstrecker (M. multifidus).

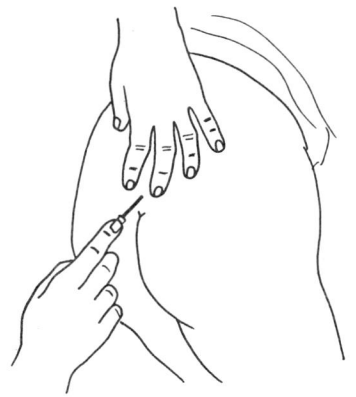

Abb. 225a. Sakrale Periduralanästhesie in Seitenlage des Patienten

Die genannten Muskelgruppen werden unterstützt durch obere Gürtelmuskeln (z.B. Trapezmuskel) und vor allem die Muskeln des Hüftgelenks, die das Becken stabilisieren und damit die Voraussetzungen für die Arbeit der am Becken entspringenden Bauchmuskeln und tiefen Rückenstrecker schaffen. Muskeln in diesem großen Gefüge sind kaum isoliert zu prüfen. Man muß sich mit einer globalen Beurteilung der Hauptbewegungen begnügen:

■ **Rückneigen** (Reklination):
① **Vorgehen**: Der Patient liegt auf dem Bauch und verschränkt die Hände hinter dem Kopf. Er wird aufgefordert, den Oberkörper soweit wie möglich von der Unterlage abzuheben.
• Dabei muß der Untersucher die Unterschenkel des Patienten festhalten, damit dieser das Becken als Ausgangspunkt der Bewegung fixieren kann. Ohne diese Hilfe können wegen der Gewichtsverteilung (Körperschwerpunkt im Bauchbereich) nur Kopf und Beine gehoben werden.

② **Bewertung** (vgl. #123):
• *Kraftgrad 5* (100 %): Weite Reklination, auch die Bauchwand wird etwas von der Unterlage entfernt.
• *Kraftgrad 4* (75 %): Wie vorher, jedoch nicht mit hinter dem Kopf, sondern nur mit hinter dem Rücken verschränkten Armen möglich.
• *Kraftgrad 3* (50 %): Armstellung wie bei 75 %, der Oberkörper kann jedoch nur wenig gehoben werden (so daß sich der Schwertfortsatz etwas von der Unterlage abhebt).
• *Kraftgrad 2* (25 %): Der Oberkörper kann nur kranial leicht angehoben werden.
• *Kraftgrad 1* (10 %): Der Oberkörper kann nicht gegen die Schwerkraft bewegt werden, doch ist die Anspannung der Muskeln zu tasten.
• *Kraftgrad 0* (0 %): Keine Muskelkontraktion.

③ **Irrtumsmöglichkeit**: Bei einer Schwäche der Hüftstrecker kann das Becken nicht fixiert werden. Dann wird ein Gutteil der Arbeit der Rückenstrecker durch eine Beckendrehung verbraucht. Der Bauch kann nicht von der Unterlage entfernt werden. Im Zweifelsfall ist die Kraft der Hüftstrecker zu prüfen (#916).

④ **Erleichterte Untersuchung**: Der Patient greift mit den Händen die Unterschenkel (Abb. 226). Die Kniestrecker unterstützen dann die Aufrichtung.

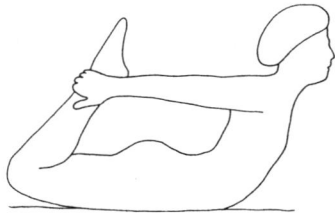

Abb. 226. Unterstützung der Rückneigung durch die Kniestrecker

■ **Seitneigen** (Lateralflexion):
① **Vorgehen**: Bei der Bewegung nach rechts liegt der Patient auf der linken Seite. Der rechte Arm ist gestreckt der rechten Körperseite angelegt. Die rechte Hand ist zur Faust geschlossen, damit sie nicht den Oberschenkel fassen und den Oberkörper hochziehen kann. Damit der linke Arm den Körper nicht abstützen kann, faßt die linke Hand die rechte Schulter. Der Patient wird nun aufgefordert, den Oberkörper so weit wie möglich von der Unterlage abzuheben.
• Wegen des Gleichgewichts muß der Untersucher das oben liegende (rechte) Bein festhalten. Er darf dabei jedoch eine Verschiebung dieses Beins nach unten (als Folge einer Beckenneigung nach rechts) nicht verhindern, weil sonst die Bewegung des Oberkörpers eingeschränkt ist.

② **Bewertung**:
• *Kraftgrad 5* (100 %): Der Oberkörper kann weit von der Unterlage abgehoben werden.

2.2 Wirbelkanal und Rückenmuskeln

- *Kraftgrad 4* (75 %): Die unten liegende Schulter wird etwa 10 cm angehoben.
- *Kraftgrad 3* (50 %): Die unten liegende Schulter wird etwas von der Unterlage entfernt.
- *Kraftgrade 2-0*: wie bei Rückneigen.

③ **Irrtumsmöglichkeit**: Bei einer Schwäche der Hüftabspreizer (z.b. bei angeborener Hüftgelenkverrenkung) kann das Becken nicht fixiert werden. Dann wird ein Teil der Arbeit der seitlichen Bauchmuskeln für das Anheben der oben liegenden Beckenseite verbraucht. Im Zweifelsfall ist die Kraft der Hüftabspreizer zu prüfen (#916).

④ **Besondere Beobachtung**: Bei ungleicher Kraft der äußeren und inneren schrägen Bauchmuskeln wird der Oberkörper beim Abheben nach vorn oder hinten gedreht.

■ **Vorneigen** (Inklination): ⇒ Bauchmuskeln (#253).

Protokoll 235. Muskelkraft (Kraftgrade)			
	Links	Rechts	Gesunde Studenten
Rückneigen			5 (100 %)
Seitneigen			5 (100 %)
Vorneigen			5 (100 %)

2.3 Brustwand

#231 Brustbein

■ **Palpation**: Streicht man mit sanftem Druck in der vorderen Körpermittellinie vom Hals zur Bauchwand, so fühlt man selbst beim Fettleibigen ohne Schwierigkeit das Brustbein (Sternum) unter der Haut. Auch bei starken großen Brustmuskeln bleibt die Mittellinie meist frei. Nur selten sind die Ursprünge des rechten und linken großen Brustmuskels so ineinander verzahnt, daß die gesamte Vorderfläche des Brustbeins mit Muskeln bedeckt erscheint. Beim Tasten lassen sich die 3 Teile des Brustbeins meist ohne Schwierigkeit abgrenzen (Abb. 231):

• **Handgriff** (Manubrium sterni): Den Oberrand findet man in der „Drosselgrube" zwischen den inneren Enden der Schlüsselbeine. Die Grenze zum Brustbeinkörper ist durch den Brustbeinwinkel (Angulus sterni) gekennzeichnet. Der Handgriff liegt meist nicht in der gleichen Ebene wie der Brustbeinkörper, sondern ist nach hinten abgewinkelt. Schon bei sanftem Streichen über die Haut vor dem Brustbein fühlt man den Knick. Zudem entsteht hier bei der Verknöcherung der Fuge (Symphysis manubriosternalis) häufig eine quere Knochenleiste, die den Brustbeinwinkel noch betont. Auf der Höhe des Brustbeinwinkels setzen die 2. Rippen am Brustbein an. Da der Brustbeinwinkel meist leicht zu finden ist, kann man auch die 2. Rippen einfach und sicher zuordnen. Deshalb zählt man die oberen Rippen am besten von den 2. Rippen aus (#232). Der Brustbeinwinkel wird auch Louis-Winkel (Angulus Ludovici, nach Pierre Louis, 1787-1872, Paris) genannt.

• **Schwertfortsatz** (Processus xiphoideus): Das schmale untere Ende des Brustbeins ist frei von Rippenansätzen und ragt zwischen den beiden Rippenbogen schwertartig in die Magengrube (Epigastrium) der Bauchwand. Beim Jugendlichen und beim jungen Erwachsenen ist es durch eine Knorpelfuge (Synchondrosis· xiphisternalis) mit dem Brustbeinkörper beweglich verbunden. Man prüfe daher mit sanftem Druck das Federn des Schwertfortsatzes. Der Schwertfortsatz vermag sich so der Form der Bauchwand anzupassen. Nach der Verknöcherung der Fuge behält er die Richtung, die die Bauchwand zur Zeit der Verknöcherung bevorzugt einnahm. Ist die Spitze nach vorn gerichtet und wölbt sie beim stehenden Patienten die Bauchwand vor, so kann man daraus schließen, daß der Patient zum Zeitpunkt der Verknöcherung dick war oder überwiegend saß (im Sitzen wird der Bauchraum zusammengepreßt und dementsprechend die Bauchwand nach vorn gewölbt). Die Form des Schwertfortsatzes variiert stark.

• **Brustbeinkörper** (Corpus sterni): Das Hauptstück des Brustbeins zwischen Handgriff und Schwertfortsatz ist unten meist etwas breiter als oben. Da die Zwischenrippenräume von oben nach unten enger werden, ist der Seitenrand auf Höhe des zweiten Zwischenrippenraums gut, auf Höhe des fünften Zwischenrippenraums nicht immer sicher festzulegen. Als Varietät kann man gelegentlich ein zentrales Loch im Brustbeinkörper tasten.

■ **Knochenmarkpunktion allgemein**: Die Untersuchung des blutbildenden Gewebes ist für die Differentialdiagnose und die Beurteilung des Therapieerfolgs bei vielen Erkrankungen des Blutes wichtig. Die Bildung der Blutzellen (Hämozytopoese) geht beim Erwachsenen normalerweise nur im roten Knochenmark (Medulla ossium rubra) vor sich. Hämopoetisches Gewebe ist daher nur über eine Knochenmarkpunktion zu gewinnen. Bei der Auswahl einer Knochenstelle ist folgendes zu berücksichtigen:

• An ihr soll rotes Knochenmark zu finden sein. Dadurch scheiden die Schäfte der Röhrenknochen aus. Es bleiben die kurzen und platten Knochen sowie die Epiphysen der Röhrenknochen übrig.

• Sie darf mechanisch nicht zu stark beansprucht sein. Die punktionsbedingte Schädigung der Knochenstruktur könnte sonst einen Knochenbruch begünstigen. Dies ist vor allem bei kleinen Knochen zu beachten. Damit scheiden die Epiphysen der Röhrenknochen, die Wirbel sowie die Hand- und Fußwurzelknochen aus. Auch bei den Rippen könnte die Punktion zum Bruch führen.

• Sie sollte unmittelbar unter der Haut liegen, und die Knochenrindenschicht (Substantia corticalis) sollte nicht zu dick sein, damit man leicht punktieren kann. Wegen der schlechten Zugänglichkeit scheiden große Teile des Hüftbeins und des Schulterblattes aus. Am Schädeldach ist die Lamina externa recht widerstandsfähig und zudem die Diploe unterschiedlich dick. Die Knochen des Gesichts werden von psychologischen Barrieren geschützt. An den zugänglichen Teilen des Schulterblatts ist wegen der dünnen Markschicht die Punktion nicht sehr ergiebig. Damit bleiben eigentlich nur noch zwei Stellen übrig, das Brustbein und der Darmbeinkamm (#242).

■ **Sternalpunktion**:
① **Wahl der Punktionsstelle**: Nicht alle Bereiche des Brustbeins sind gleich gut für die Punktion geeignet. Das Brustbein entsteht durch Verschmelzen der paarigen Sternalleisten, die wiederum aus der Vereinigung der vordersten Rippenabschnitte hervorgehen. Das Brustbein ist also segmental und paarig angelegt. Bei unvollständiger Verschmelzung können Knochendefekte in Form von zentralen Löchern oder quer durchlaufenden Knorpelfugen bestehen bleiben. Solche an sich belanglose Varietäten können bei Nichtbeachtung während der Sternalpunktion für den Patienten gefährlich werden.

• Man sollte sich daher anhand des Röntgenbildes oder zumindest durch sorgfältiges Abtasten vom Fehlen solcher Defekte überzeugen oder sie sicher lokalisieren. Da quere Knorpelfugen meist auf der Höhe von Rippenansätzen liegen, sollte man die Höhe der Zwischenrippenräume für die Punktion bevorzugen (vor allem 2. und 3. Zwischenrippenraum, bei Kleinkindern Manubrium sterni, Abb. 231).

② **Vorgehen**:
• Lokalanästhesie bis zur Knochenhaut.
• Nach einer Stichinzision schiebt man die spezielle Knochenmark-Punktionsnadel bis zum Knochenkontakt vor, dann stellt man

2.3 Brustwand

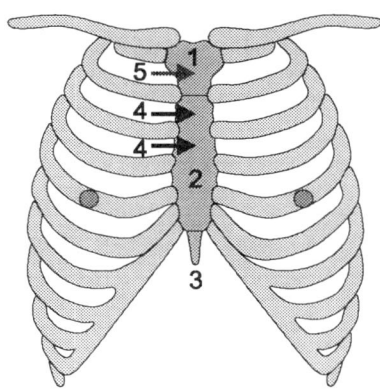

Abb. 231. Brustbein: 1 Brustbeinhandgriff, 2 Brustbeinkörper, 3 Schwertfortsatz, 4 empfohlene Stellen für die Sternalpunktion beim Erwachsenen auf Höhe des 2. oder 3. Zwischenrippenraums, 5 Sternalpunktion beim Kleinkind

die Arretierungsplatte auf etwa 4 mm ein und durchdringt die Rindenschicht des Knochens unter leichten Drehbewegungen der Punktionsnadel. Die Arretierung ist unbedingt nötig, damit man nicht versehentlich auch die hintere Rindenschicht des Brustbeins durchstößt und in das Mediastinum eindringt.
• Injektionsspritze auf die Punktionsnadel aufsetzen und kurz ansaugen (aspirieren), bis gerade Blut in der Spritze erscheint. Die Aspiration von Knochenmark ist schmerzhaft. Man sollte den Patienten darauf vorbereiten.
• Punktionsnadel mit der Spritze herausziehen, Inhalt auf Schale ausspritzen, Blut ablaufen lassen, Gewebebröckel auf Objektträger ausstreichen und färben.

③ **Gefahren**:
• *Verfehlen des Markraums:* Man hat nicht tief genug oder zu tief eingestochen oder eine Stelle gewählt, an der kein Mark ist (z.B. Knorpelfuge). Wegen des dünnen Markraums sollte die Sternalpunktion bei Kindern unter 2 Jahren unterbleiben.
• *Bruch des Brustbeins:* Um die dicke äußere Rindenschicht zu durchdringen, muß man oft große Kraft aufwenden. Noch bruchgefährdeter ist allerdings das Brustbein mit dünner Rindenschicht oder Knochendefekten infolge von Geschwülsten.
• *Perforation des Brustbeins:* Die Punktionsnadel dringt in das Mediastinum ein. Dies passiert vor allem, wenn man eine ungeeignete Stelle (Loch im Brustbein, Knorpelfuge, Knochendefekt durch Geschwulst usw.) gewählt oder die Arretierungsplatte nicht richtig eingestellt hat. Wegen des Gefäßreichtums des Mediastinums ist eine retrosternale Blutung wahrscheinlich. Die Nadelspitze kann größere Zerreißungen des Gewebes hervorrufen, da das Mediastinum durch die Herzaktion ständig hin und her bewegt wird.
• *Herzbeuteltamponade:* Diese für den Patienten lebensbedrohliche Situation tritt ein, wenn die Nadel in den Herzbeutel eindringt und herznahe Gefäße zerreißt. Das austretende Blut sammelt sich im Herzbeutel an. Übersteigt der Druck im Herzbeutel infolge der Blutansammlung den venösen Füllungsdruck, so kann kein Blut mehr in die Vorhöfe einströmen und folglich auch kein Blut ausgeworfen werden. Kann man den Bluterguß aus dem Herzbeutel nicht sofort absaugen, stirbt der Patient. In der Fachliteratur ist eine Reihe von Fällen beschrieben, in denen der Patient innerhalb von 3-30 Minuten nach der Sternalpunktion verstarb. Abgesehen von den juristischen Folgen dürfte es für den Arzt auch psychisch schwer zu verarbeiten sein, den Tod eines Patienten bei einer Untersuchung verschuldet zu haben.

④ **Folgerung**: Angesichts der dokumentierten tödlichen Zwischenfälle ist nicht recht zu verstehen, warum die Sternalpunktion immer noch so beliebt ist. Als Alternative bietet sich die Punktion des Beckenkamms an ($\Rightarrow$ #242). Bei ihr sind zumindest keine Todesfälle aus anatomischen Gründen zu erwarten.

#232 Rippen

① **Probleme:** So leicht es auch beim Betrachten eines Skeletts erscheint, das sichere Nummerieren der Rippen (Costae) beim Lebenden ist ohne Hilfe des Röntgenverfahren so gut wie unmöglich:
- Die seitlichen und hinteren Abschnitte der oberen Rippen sind von Knochen und Muskeln des Schultergürtels überlagert. Von der ersten Rippe ist nur ein kurzes Stück unter dem Schlüsselbein zugänglich.
- Die wirbelsäulennahen Abschnitte der Rippen sind von den mächtigen tiefen Rückenstreckern überdeckt. Eine sehr kurze 12. Rippe kann sich dem Betasten entziehen. Eine zusätzliche Lendenrippe bleibt meist verborgen.
- Auch die Brustdrüse erschwert den Zugang zu den Rippen.
- Beim Durchzählen von oben bis unten sind hohe Konzentration und meist wiederholte Bemühungen nötig, um sich bei den im Flankenbereich recht eng nebeneinander liegenden Rippen nicht zu verzählen. Varietäten der Rippenzahl (11 oder 13 Rippen) werden daher beim Lebenden nur selten diagnostiziert. Ausgenommen sind nur die sog. Halsrippen (rippenähnliche Ausbildung des vorderen Teils des Querfortsatzes des 7. Halswirbels). Sie drücken häufig auf das Armnervengeflecht und bedingen dann Schmerzen in Schulter- und Armbereich („Schulter-Arm-Syndrom"). Die Röntgenaufnahme deckt schnell und sicher die Ursache auf.

② **Vorgehen:** Das systematische Tasten der Rippen beginnt am besten bei den Rippen, die man (einigermaßen) sicher bezeichnen kann. Von diesen ausgehend arbeitet man sich zu den schwieriger zu identifizierenden vor (Abb. 232):
- *2. Rippe:* Sie setzt auf Höhe des Brustbeinwinkels am Brustbein an. Da der Brustbeinwinkel einwandfrei zu tasten ist (#231), kann man auch die 2. Rippe meist sicher erkennen. Oberhalb der 2. Rippe fühlt man ein kurzes Stück der 1. Rippe unmittelbar unter dem Schlüsselbein. Unterhalb der 2. Rippe kann man wegen der zunächst relativ breiten Zwischenrippenräume die 3.-5. Rippe ohne Schwierigkeit zuordnen.
- *12. Rippe:* Man dellt die hintere Bauchwand unmittelbar neben den tiefen Rückenstreckern kräftig ein und führt die Hand kranialwärts. Man fühlt dann meist leicht die schräg abwärts verlaufende Rippe. Normale Rippenzahl vorausgesetzt, muß es die 12. Rippe sein. Sie ist unterschiedlich lang. Man taste daher sorgfältig am knöchernen Widerstand lateralwärts, bis man das freie Ende der Rippe findet. Dieses sollte man sich an der Haut markieren. Nun geht man in Richtung Rippenbogen weiter und findet als nächstes die Spitze der 11. Rippe.
- Nach der üblichen Lehrbuchdarstellung dürfte kranial der 11. Rippe keine „Spitze" mehr zu tasten sein, sondern nur der kontinuierliche Rippenbogen. Die Untersuchungskurse zeigen jedoch, daß häufig auch die 10. Rippe, gelegentlich sogar eine 9. Rippe frei endet. Dies sollte man wissen, damit man nicht der Versuchung erliegt, die Zuordnung der Rippen umgekehrt vornehmen zu wollen: am Rippenbogen kaudalwärts zu gehen und die erste frei endende Rippe als „11." zu bezeichnen!
- Geht man von der 2. Rippe nach unten und von der 12. Rippe nach oben, so müßte man im Bereich der 7. oder 8. Rippe zusammentreffen. Übereinstimmende Bezifferung

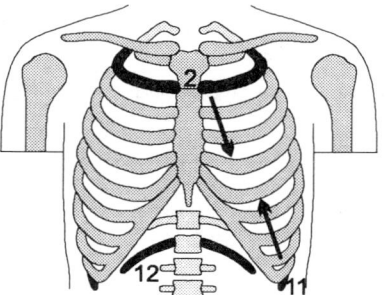

Abb. 232. Die Rippen numeriert man von der 2. nach unten und von der 12. und 11. nach oben

2.3 Brustwand

rung dieser Rippen auf dem Weg von oben und unten ist ein Beweis für sorgfältiges Tasten.

③ **Rippenbogenwinkel** (Angulus infrasternalis): Die Knorpelabschnitte der 7.-10. Rippe verschmelzen zum Rippenbogen (Arcus costalis). Die beiden Rippenbogen werden in der Körpermitte durch das untere Ende des Brustbeinkörpers getrennt. Je nach Form des Brustkorbs ist der Winkel, den die beiden Rippenbogen miteinander bilden, spitz (Engbrüstiger) oder stumpf (Weitbrüstiger). Diesen „Rippenbogenwinkel" kann man nicht im mathematischen Sinn exakt messen, da die Rippenbogen nicht gerade, sondern gebogen sind.

④ **Untere Brustkorböffnung** (Apertura thoracis inferior): Sie wird vom Schwertfortsatz des Brustbeins, von den Rippenbogen sowie von den 11. und 12. Rippen umgrenzt. Während die enge obere Brustkorböffnung in der Tiefe des Halses verborgen bleibt, liegen die Ränder der weiten unteren Brustkorböffnung nahe der Körperoberfläche. Obwohl sie von Muskeln überquert werden, ist lediglich der mediale Teil der zwölften Rippe schlecht zugänglich. Über diesen ziehen die mächtigen tiefen Rückenstreckmuskeln. Die übrigen Ränder werden lediglich von den relativ dünnen Bauchmuskeln (M. rectus abdominis, M. obliquus externus abdominis) bedeckt. Die untere Brustkorböffnung umschließt Bauch- und nicht Brustorgane!

#233 Befunddokumentation

① **Metrisches Koordinatensystem**: Um eine Stelle der Rumpfwand genau zu bezeichnen, könnte man sich z.B. ein Koordinatennetz auf die Haut projiziert denken und die Stelle dann mit Hilfe der x- und y-Koordinate definieren. Natürliche Nullpunkte wären hierfür der Nabel oder die Spitze des Schwertfortsatzes. Diese Methode erscheint zwar auf den ersten Blick sehr exakt, hat aber in der Praxis erhebliche Nachteile:

- Befunde lassen sich nicht verallgemeinern: Wegen der unterschiedlichen Körperlängen und Konstitutionstypen hat eine Definition wie „den Herzspitzenstoß findet man bei x = 9 cm, y = 22 cm (Nullpunkt Nabel)" wenig Zweck.
- Selbst beim gleichen Patienten ändern sich die Meßwerte mit der Körperhaltung. Im angegebenen Beispiel verkürzt sich z.B. der y-Wert auf 17 beim Übergang vom Stehen zum Sitzen.
- Um Befunde vergleichen zu können, hat man vorgeschlagen, Meßwerte statt in cm in % der Rumpflänge (#134) anzugeben, doch wird dies kaum ausgeführt.

② **Natürliches Koordinatensystem**: Für ein praxisfreundlicheres System liefern die Rippen und Zwischenrippenräume die „y-Werte" oder „Breitengrade", einige durch charakteristische Körperstellen zu ziehende longitudinale Linien die „x-Werte" oder „Längengrade" (Abb. 233a + b):
- *vordere Medianlinie* (Linea mediana anterior): Schnittlinie der Medianebene (Symmetrieebene) des Körpers mit der vorderen Rumpfwand.
- *Sternallinie* (Linea sternalis): durch den Rand des Brustbeins.

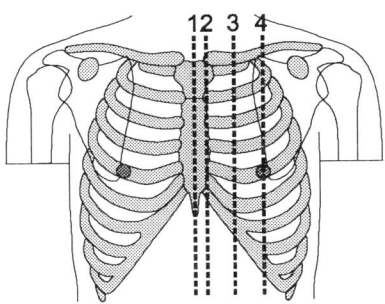

Abb. 233a. Longitudinale Hilfslinien an der vorderen Rumpfwand: 1 vordere Medianlinie, 2 Sternallinie, 3 Parasternallinie, 4 Medioklavikularlinie

- *Parasternallinie* (Linea parasternalis): in der Mitte zwischen Sternallinie und Medioklavikularlinie.
- *Medioklavikularlinie* (Linea medioclavicularis): durch die Mitte des Schlüsselbeins.
- *Mamillarlinie* (Linea mamillaris): durch die Brustwarze.
- *vordere Achsellinie* (Linea axillaris anterior): durch die vordere Achselfalte (großer Brustmuskel).
- *mittlere Achsellinie* (Linea axillaris media): durch die Spitze der Achselgrube, am weitesten lateral.
- *hintere Achsellinie* (Linea axillaris posterior): durch die hintere Achselfalte (Rand des breiten Rückenmuskels).
- *Skapularlinie* (Linea scapularis): durch den unteren Schulterblattwinkel bei entspannt herabhängendem Arm.
- *Paravertebrallinie* (Linea paravertebralis): über die Querfortsätze der Wirbel.
- *hintere Medianlinie* (Linea mediana posterior): Schnittlinie der Medianebene mit der hinteren Rumpfwand, entspricht den Dornfortsätzen.

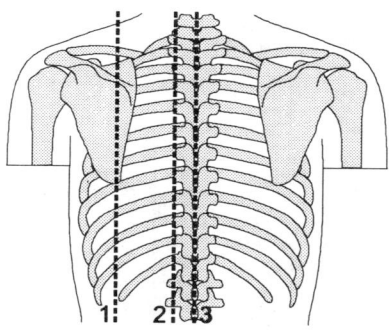

Abb. 233b. Longitudinale Hilfslinien an der hinteren Rumpfwand: 1 Skapularlinie, 2 Paravertebrallinie, 3 hintere Medianlinie

③ **Probleme des natürlichen Systems**:
- Es ist nicht klar, ob die Linien einfach parallel laufen oder ähnlich wie die Längengrade der Erdoberfläche den Krümmungen der Rumpfwand folgen sollen. Dies bedingt erhebliche Unsicherheiten bei der Anwendung auf die Bauchwand. Bei breiten Schultern und schmalem Becken läuft die parallel gedachte Medioklavikularlinie durch den vorderen oberen Darmbeinstachel, während man bei gekrümmten Linien diesen Bereich eher der vorderen Achsellinie zuteilen wird. Beim Abgrenzen der Regionen der Bauchwand (#252) sollte man daher eine *Pararektallinie*, die durch den Seitenrand des geraden Bauchmuskels gekennzeichnet ist, der Medioklavikularlinie vorziehen. Allerdings ist sie beim Fettleibigen schwer zu bestimmen.
- Die oben gegebene Definition der Paravertebrallinie folgt der internationalen Nomenklatur. Manche Mediziner nennen diese Linie jedoch in Analogie zur Sternallinie Vertebrallinie und legen dann die Paravertebrallinie (entsprechend der Parasternallinie) in die Mitte zwischen Skapularlinie und Vertebrallinie.
- Die Definition ist auch bei der Sternallinie schwierig, da die Ränder des Brustbeins nicht parallel verlaufen und das Brustbein auf Höhe des 2. Zwischenrippenraums meist deutlich schmäler ist als auf Höhe des 4. Wegen der Koppelung der Definition wird mit der Sternallinie auch die Parasternallinie unsicher. Außerdem neigen manche Ärzte dazu (in Umkehrung des bei der Paravertebrallinie geschilderten Problems), die Sternallinie als „Parasternallinie" zu bezeichnen.
- Die Begriffe Mamillarlinie und Medioklavikularlinie werden häufig gleichgesetzt. Bei voluminöser Brustdrüse wechselt die Mamillarlinie abhängig von der Körperhaltung ihre Lage und sollte dann nicht für Definitionen verwendet werden. Auch beim Mann sind Medioklavikularlinie und Mamillarlinie nicht unbedingt identisch.
- Die mittleren Rippen sind nicht sicher zu Nummerieren (#232).
- Trotz dieser Mängel reicht das natürliche System für medizinische Zwecke meist aus. So sind die Ableitungsstellen des EKG an der Brustwand mit seiner Hilfe definiert, z.B. V_4 = 5. Zwischenrippenraum in der Medioklavikularlinie (Näheres #325).

2.3 Brustwand

④ **Übungsaufgabe**: Lage der Brustwarzen beschreiben:
- Beim *Mann* liegt die Brustwarze meist in der Medioklavikularlinie auf Höhe des 4. Zwischenrippenraums oder der 5. Rippe. Der relative Abstand (in % der Rumpflänge) von der Körpermittellinie beträgt etwa 20 %, vom Schlüsselbein etwa 30-35 %.
- Bei der *Frau* ist die Lagevariabilität der Brustwarze groß. So ändert die Brustwarze bei fülliger Brustdrüse die Lage abhängig von der Körperhaltung.

#234 Entwicklungsstörungen des Brustkorbs

① **Asymmetrie**: Trotz der Asymmetrie der vom Brustkorb umschlossenen Organe ist der Brustkorb normalerweise einigermaßen symmetrisch gebaut. Asymmetrie des Brustkorbs ist in der Regel Folge einer früheren Erkrankung, z.B. Vorwölbung von Rippen durch Flüssigkeitsansammlungen im Brustfellraum (Pleuraerguß, Eiterungen) oder einseitige Wachstumsstörung infolge Erkrankung des Nervensystems (z.B. Kinderlähmung).

② **Trichterbrust** (Pectus excavatum): Der untere Abschnitt des Brustbeins und damit der mittlere Teil des Brustkorbs ist trichterartig eingezogen.
- In Rückenlage kann man das Ausmaß der Trichterbrust leicht quantifizieren: Man füllt in den „Trichter" Wasser aus einem Meßzylinder bis zum Überlaufen über die Brustwand ein und hat so ganz einfach das Volumen des Trichters bestimmt. Voraussetzung ist allerdings, daß der Patient die Bauchwand nicht einzieht, da sonst die Flüssigkeit über die Bauchwand abläuft.
- Bei ausgeprägter Trichterbrust ist das Herz nach links verlagert. Dies kann Herz- und Lungentätigkeit beeinträchtigen.

③ **Kielbrust** („Hühnerbrust", Pectus carinatum, Pectus gallinaceum): Das Brustbein springt kielartig vor. Die Ursache kann wie bei der Trichterbrust eine frühkindliche Rachitis (Vitamin-D-Mangel) oder eine angeborene Entwicklungsstörung sein.

④ **Folgerung**: Da Entwicklungsstörungen selten isoliert vorkommen, sollte man bei Vorliegen einer Hühner- oder Trichterbrust sorgfältig nach weiteren Fehlbildungen fahnden.

#235 Atemexkursionen der Rumpfwand

Die Rumpfform ändert sich bei den Atembewegungen aufgrund von 3 Mechanismen:
- dem Heben und Senken des Brustkorbs („Brustatmung"),
- dem Wechselspiel von Zwerchfell und Bauchwand („Bauchatmung"),
- dem Abflachen und Vertiefen der Krümmungen der Wirbelsäule („Ziehharmonikabewegung" bei tiefer Atmung).

Die Formänderung kann man aufgrund einfacher Messungen quantifizieren:

① **Brustumfang**: Man führt das Bandmaß oberhalb der Brustdrüse sowie auf Höhe des Schwertfortsatzes horizontal um den Brustkorb. Die Arme des Patienten sollen dabei lose herabhängen. Man mißt bei tiefer Aus- und Einatmung und bestimmt die Differenz.
- Bei manchen Menschen nimmt der obere, bei anderen der untere Umfang („Flankenatmung") stärker zu.
- Die Dicke der Kleidung beeinflußt den Umfang stark: Ein 1 cm dicker Pullover bringt 6,3 cm mehr Umfang ($2r\pi$). Umfänge sollte man daher nur am unbekleideten Patienten messen.
- Bewertung: Der Mittelwert der maximalen Differenz des Brustumfangs zwischen tiefer Ein- und Ausatmung (Exkursionsbreite) liegt bei 20jährigen bei etwa 8-10 cm.

② **Brustdurchmesser**: Die Aussage wird verfeinert, wenn man statt des Brustumfangs (Vorteil: einfache Bestimmung) sagittale und transversale Durchmesser mit dem Beckenzirkel mißt.
- Unter der vereinfachten Annahme einer Ellipse besteht zwischen den Durchmessern

(Ds, Dt) und dem Umfang U die Beziehung U = π(Ds + Dt)/2.
• Ist bei der tiefen Einatmung der Umfang um 6 cm gestiegen, so müßten die beiden Durchmesser etwa um je 2 cm wachsen. Eine unterschiedliche Zunahme der beiden Durchmesser zeigt eine Änderung der Querschnittform an, z.b. das Weiterwerden der Flanken.

③ **Länge der vorderen Rumpfwand** (Oberrand der Schambeinfuge → Incisura jugularis sterni): Sie schwankt zwar auch ein wenig beim Heben und Senken des Brustkorbs, größere Änderungen bringt jedoch die Ziehharmonikabewegung beim Abflachen und Vertiefen der Brustkyphose.
• Bei der tiefen Einatmung wird die Brustkyphose abgeflacht. Dabei wird die vordere Rumpfwand gedehnt, der Brustkorb wird seitlich auseinandergezogen.

• Bei der Ausatmung wird die Brustkyphose vertieft, der Brustkorb wird zusammengepreßt.

④ **Abstand des Brustkorbs vom Darmbeinkamm**: Beim Abflachen der Brustkyphose wird der Abstand größer, beim Vertiefen kleiner.
• Man mißt den kleinsten Abstand zwischen 12. Rippe und Darmbeinkamm. Er liegt meist im Bereich der Spitze der 12. Rippe (die 12. Rippe steigt von hinten oben nach lateral unten ab, allerdings auch der Darmbeinkamm).
• Man messe zum Vergleich den Abstand an einem der üblicherweise in Kursräumen aufgestellten Skelette ab. Dort ist der Abstand vermutlich größer: Bei fast allen Lehrskeletten werden die Rippen falsch montiert und steigen nicht steil genug ab.

#236 Atem- und Hilfsatemmuskeln

① **An der Atemarbeit beteiligte Muskeln**: nahezu alle Rumpf- und Halsmuskeln:
• *Zwischenrippenmuskeln:* Sie dichten die Zwischenrippenräume ab und unterstützen die Einatmung (Mm. intercostales externi) und Ausatmung (Mm. intercostales interni).
• *Bauchmuskeln:* Sie schieben den „Kolben" der Baucheingeweide bei der Ausatmung in den „Zylinder" des Brustkorbs und sind damit Gegenspieler des Zwerchfells.
• *Halsmuskeln:* Die Mm. scaleni heben die oberen Rippen schon bei der Ruheatmung. Bei verstärkter Atmung werden zusätzlich der M. sternocleidomastoideus und die Unterzungenbeinmuskeln eingesetzt.
• *Gürtelmuskeln:* M. pectoralis major + minor ziehen die Rippen gegen den Schultergürtel bzw. Oberarm. Wird der Schultergürtel von hinteren Gürtelmuskeln festgehalten oder ist der Arm fixiert, so wirken die Brustmuskeln als kräftige Einatmungsmuskeln. Der M. latissimus dorsi wird bei der stoßartigen Ausatmung (Husten) aktiv. Man kann sich davon leicht überzeugen, wenn man beim Husten die vordere Achselfalte tastet.

Protokoll 235. Atemexkursionen (cm)			
	Tiefe Inspiration	Tiefe Exspiration	Differenz
① Brustumfang			
Oberhalb Brustdrüse			
Schwertfortsatzhöhe			
② Sagittaler Brustdurchmesser			
Oberhalb Brustdrüse			
Schwertfortsatzhöhe			
③ Transversaler Brustdurchmesser			
Oberhalb Brustdrüse			
Schwertfortsatzhöhe			
④ Länge der vorderen Rumpfwand			
⑤ Kleinster Abstand des Brustkorbs vom Darmbeinkamm			
Rechts			
Links			

2.3 Brustwand

- *tiefe Rückenstrecker:* Sie flachen bei der tiefen Einatmung die Brustkyphose ab.
- *Nasenmuskeln:* Sie erweitern die Nasenöffnungen bei Atemnot („Nasenflügelatmen").

② **Vorgehen**: Vertiefte Atmung ruft man auf natürliche Weise über erhöhten Sauerstoffbedarf bei körperlicher Arbeit hervor.
- Die eleganteste Versuchsanordnung ist das Beobachten der Atemmuskeln bei der Arbeit auf dem Fahrradergometer. Man kann dann bestimmte Muskeln einer bestimmten Leistung zuordnen.
- Beim Treppensteigen kann man aus der Geschwindigkeit und der Höhendifferenz die Leistung berechnen.
- Für die anatomische Beobachtung genügen Kniebeugen. Bei körperlicher Fitneß sind 10 Kniebeugen keine sonderliche Belastung. Atemfrequenz und Puls sind nach 3 Minuten zur Norm zurückgekehrt. In diesem Fall empfiehlt sich die Wiederholung des Versuchs mit 20 Kniebeugen usw., bis der Einsatz der Hilfsatemmuskeln zu beobachten ist.

#237 Inspektion der Brustdrüse

■ **Brustdrüse (Mamma) der Frau**:
① **Form** kennzeichnen:
- nach der Größe: üppig, voll, mäßig, klein,
- nach der Festigkeit: stehend, sich senkend, hängend,
- nach dem Verhältnis von Länge und Tiefe: flach, schalenförmig, halbkugelig, konisch.

② **Unterrand**: Mit steigendem Gewicht und zunehmender Erschlaffung der Haltebänder (Ligg. suspensoria mammae) sinkt die Brustdrüse nach unten (Hängebrust). Dabei schiebt sie nicht die Haut vor sich her, sondern der Unterrand bleibt fixiert, und die Brustdrüse hängt über diesen Rand nach unten. Dabei liegt Haut auf Haut. In dieser schlecht belüfteten Zone können sich Bakterien und Pilze ansiedeln und abgeschilferte Hornschicht zersetzen (Geruch!).

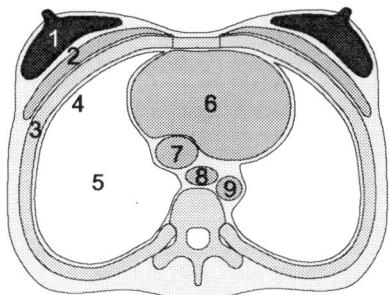

Abb. 237. *Transversalschnitt durch den Brustkorb auf Höhe der Brustwarzen. Die Brustdrüse ist eine Hautdrüse. Sie liegt gut verschieblich im Unterhautfett vor der Faszie des großen Brustmuskels. 1 Mamma, 2 M. pectoralis major, 3 Thorax, 4 Pleura parietalis, 5 Cavitas pleuralis mit Lunge, 6 Herz im Pericardium, 7 V. cava inferior, 8 Oesophagus, 9 Pars descendens aortae*

③ **Warzenhof** (Areola mammae):
- *Form:* Sie wird als scheibenförmig, schalenförmig, halbkugelig, erhaben usw. charakterisiert: Der Warzenhof liegt bei der erwachsenen Frau meist in der Kontur der übrigen Brustdrüse. Er kann sich jedoch auch etwas über diese Kontur vorwölben. Dies ist ein normales Durchgangsstadium während der Entfaltung der Brustdrüse in der Pubertät. Die Entwicklung kann in diesem Stadium ohne Beeinträchtigung der Funktion stehenbleiben.
- *Farbe:* Sie korreliert mit der allgemeinen Pigmentierung der Haut. Bei Blonden ist der Warzenhof eher rosa, bei Dunkelhaarigen braun. Während der Schwangerschaft wird der Warzenhof dunkler (ein sehr frühes Schwangerschaftszeichen).
- *Größe:* Der Durchmesser des Warzenhofs schwankt in Ruhe etwa im Bereich von 2-6 cm.
- *Warzenhofdrüsen* (Glandulae areolares, Montgomery-Drüsen): An der Haut des Warzenhofs, vor allem an seinem Rand erblickt man schon mit freiem Auge kleine Vorwölbungen von etwa 2 mm Durchmes-

ser. Unter ihnen liegen apokrine Schweißdrüsen. Sie halten zusammen mit Talgdrüsen den Warzenhof geschmeidig. Ihre Zahl und Lage variieren erheblich.
- *Erektionsreflex:* Er wird durch Berühren der Brustwarze ausgelöst. Die zirkulär angeordneten glatten Muskelzellen im Warzenhof kontrahieren sich und schieben dabei die Brustwarze nach vorn (gewissermaßen in den Mund des Säuglings, der dadurch die Brustwarze mit den Lippen besser umschließen kann). Der Durchmesser des Warzenhofs sinkt dabei bis nahe zur Hälfte. Die Warzenhofdrüsen wölben die Haut nun kräftig vor. Der Reflex läuft über das Segment Th5.

④ **Brustwarze** (Papilla mammaria):
- *Form:* Die normale Brustwarze tritt auch in Ruhe vor die Kontur des Warzenhofs. Die sog. „Hohlwarze" ist hingegen nach innen gestülpt und kann daher vom Mund des Säuglings schlecht gefaßt werden.
- *Mündungen der Milchgänge:* Die Milchdrüse im engeren Sinne (Glandula mammaria) besteht aus einer wechselnden Zahl von Drüsenlappen (etwa 12-25), die nach Art von Einzeldrüsen gesondert an der Brustwarze ausmünden. Mit der Lupe kann man die Mündungen der Milchgänge an der Brustwarze sehen.

■ **Brustdrüse beim Mann**: Die Form ist recht unterschiedlich:
- Die Unterhaut kann im Warzenhofbereich gleich dick wie in der weiteren Umgebung sein (keine sichtbare Brustdrüse).
- Die Brustdrüse kann aber auch weibliche Formen annehmen (Gynäkomastie). Dies kommt bei Störungen des Hormonhaushalts bevorzugt in der Pubertät und im höheren Alter vor, kann aber auch durch bestimmte Medikamente ausgelöst sein.

#238 Selbstuntersuchung der Brustdrüse zur Krebsvorsorge

Der Brustkrebs ist die häufigste Krebslokalisation bei der Frau (beim Mann nur etwa 0,1 % aller Krebse). Bei frühzeitiger Erkennung und Behandlung ist eine hohe Dauerheilungsrate zu erzielen. Jede Frau sollte daher mindestens monatlich ihre Brustdrüsen sorgfältig untersuchen.

① **Brustdrüsen im Spiegelbild besichtigen**: Dazu benötigt man einen Spiegel, der den ganzen Oberkörper verzerrungsfrei wiedergibt. Vollständige Entkleidung des Oberkörpers ist selbstverständlich. Normalerweise sind beide Brustdrüsen gleich groß und die Brustwarzen und Warzenhöfe symmetrisch. Die Haut ist harmonisch gerundet und nirgends eingezogen.
- Unterschiedliche Größe der beiden Brustdrüsen kommt auch bei gesunden Frauen vor. Man sollte sie jedoch sorgfältig dokumentieren, um Veränderungen frühzeitig zu erkennen. Verdächtig sind alle Asymmetrien nach vorheriger Symmetrie.
- Bei Geschwülsten ist manchmal die Brustwarze zur Geschwulst hin verzogen. Dringt der Krebs in die Haut ein, so nimmt diese oft ein apfelsinenartiges Aussehen an.

② **Beide Arme langsam heben und hinter dem Kopf verschränken, dabei die Brustdrüsen beobachten**: Bei gesunden Brust-

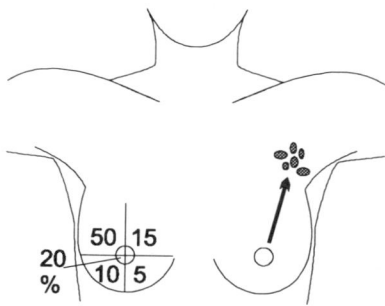

Abb. 238a. Brustkrebs (Mammakarzinom). Linke Bildhälfte: Häufigkeit der Lokalisation in den 4 Quadranten der Brustdrüse und im Warzenhofbereich. Rechte Bildhälfte: Die ersten Metastasen findet man meist in den Achsellymphknoten.

2.3 Brustwand

drüsen bleibt die Symmetrie erhalten. Die Brustwarzen werden seitengleich mit der sich straffenden Haut nach oben gezogen. Die gesunde Brustdrüse ist über der Faszie des großen Brustmuskels frei verschieblich.
- Zurückbleiben einer Brustwarze oder Asymmetrie des Drüsenkörpers beim Heben der Arme läßt auf bindegewebige Verwachsungen schließen. Deren Ursache könnte auch eine Geschwulst sein.

③ **Brustdrüse in 4 Quadranten abtasten:** Die gesunde Brustdrüse ist in allen Bereichen weich. Man fühlt lediglich die Unterschiede des sehr weichen Fettgewebes und des etwas dichteren Drüsengewebes. Dieses kann in Strängen oder auch in größeren „Paketen" angeordnet sein. Krebsgewebe hingegen ist etwa so hart wie Holz.
- Zum systematischen Tasten greife man nicht zangenförmig in die Brustdrüse (Abb. 238b), sondern lege die Hand flach auf und kreise sanft mit den Fingerspitzen.
- Um keinen Bereich zu vergessen, denke man sich die Brustdrüse durch ein Achsenkreuz mit dem Mittelpunkt in der Brustwarze in 4 Quadranten zerlegt. Man taste nacheinander die 4 Quadranten sorgfältig ab und widme sich besonders dem äußeren oberen Quadranten, weil dort erfahrungsgemäß die meisten Krebse entstehen. Aus dem äußeren oberen Quadranten erstreckt sich ein „Schwanz" von Drüsengewebe (Processus lateralis) am Rand des großen Brustmuskels in Richtung Achselhöhle.
- Anstelle der Quadranten kann man auch die Vorstellung eines Zifferblattes wählen und nacheinander die einzelnen „Stunden" tasten.
- In keinem Fall darf man den Mittelpunkt, das Gebiet unter dem Warzenhof, beim Tasten vergessen.

④ **Achselhöhle bei herabhängendem Arm austasten:** Erste Lymphknotenstation von großen Bereichen der Brustdrüse sind die Achsellymphknoten. Gelegentlich findet man dort schon eine Tochtergeschwulst (Metastase), bevor noch der Primärtumor in der Brust entdeckt wurde. Deshalb sollte man auch den gesamten Achselraum bis in die Spitze austasten, auch wenn es ein wenig schmerzt.
- Nicht jeder tastbare Lymphknoten enthält eine Geschwulst. Auch bei der gesunden Frau kann man gelegentlich Achsellymphknoten tasten. Sie sind Zeugen früherer Entzündungen im Arm-, Brust-, Schulter- und Rückenbereich. Man sollte sie sorgfältig registrieren, damit man die Neuerkrankung von Lymphknoten sicher erkennt!

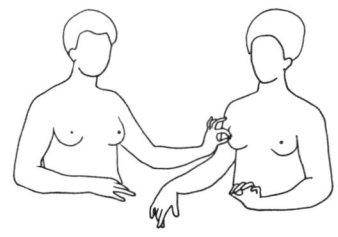

Abb. 238b. Unzweckmäßiges Tasten der Brustdrüse. Nach dem berühmten Gemälde der Schule von Fontainebleau (Meister der Gabrielle d'Estrées, um 1594-99) im Louvre: symbolischer Hinweis auf die bevorstehende Entbindung.

2.4 Beckengürtel

#241 Kreuzbein und Steißbein

① **Kreuzbein-Rückseite:** Die Segmentgrenzen der 5 Kreuzbeinwirbel sind im Röntgenbild gut zu sehen, jedoch beim Betasten der Hinterfläche des Kreuzbeins kaum auszumachen. Gut zu erkennen sind:
- *Crista sacralis mediana* (medianer Kreuzbeinkamm): den Dornfortsätzen entsprechend. Es ist eine höckerige Leiste, in welcher die 5 Dornfortsätze meist mehr zu erahnen als sicher abzugrenzen sind. Die Höhenzuordnung wird durch die Lendengrübchen an den hinteren oberen Darmbeinstacheln erleichtert. Ihre Verbindungslinie entspricht etwa dem 2. Kreuzbeinsegment.
- *Hiatus sacralis* (Öffnung des Kreuzbeinkanals): Der Kreuzbeinkanal (Canalis sacralis) ist die Fortsetzung des Wirbelkanals. Er enthält im extrauterinen Leben kein Rückenmark, aber die Nervenwurzeln der Kreuzbein- und Steißbeinnerven. Das Steißbein bildet keine Wirbelbogen. Der Kanal endet also mit dem Kreuzbein. Die Öffnung liegt meist nicht genau an der Grenze zwischen Kreuzbein und Steißbein, sondern etwas höher. Die Ränder der Öffnung sind nicht von Muskeln bedeckt und am oberen Ende der Afterfurche gut zu tasten. Häufig bilden sie einen gotischen Bogen im Bereich des Segments S5. Die Öffnung kann jedoch auch weiter nach oben reichen. Es kann sogar der gesamte Kreuzbeinkanal hinten offen sein. Praktische Bedeutung hat dies bei der sakralen Periduralanästhesie (#225).

② **Kreuzbein-Vorderseite:** Sie ist bei der rektalen Untersuchung (#536) zugänglich.

③ **Steißbein** (Os coccygis): Die Hinterfläche ist in ganzer Ausdehnung mühelos abzutasten, da das Fettpolster an dieser Stelle meist dünn ist. Die Spitze des Steißbeins (Cornu coccygeum) liegt in der Afterfurche etwa daumenbreit dorsal vom After.
- Dem Rand des Steißbeins seitlich weiter folgend gelangt man zum Lig. sacrotuberale (Abb. 243b).

④ **Kreuzbein-Steißbein-Gelenk** (Articulatio sacrococcygea): Drückt man auf die Spitze des Steißbeins, so merkt man federnde Bewegungen, sofern das Gelenk noch beweglich ist. Gelegentlich versteift es schon beim jungen Erwachsenen. Dann kann das in den Beckenausgang ragende Steißbein zum Geburtshindernis werden.
- Die Beweglichkeit des Steißbeins prüft man am besten bei der rektalen Untersuchung. Man führt den Zeigefinger im Mastdarm auf die Innenseite des Steißbeins und faßt mit dem Daumen die Haut auf der Außenseite. Dann kann man das Steißbein in der Zange der beiden Finger hin- und herbewegen.

#242 Darmbeinkamm

① **Inspektion und Palpation:** Der Darmbeinkamm (Crista iliaca) ist in ganzer Ausdehnung gut zugänglich (Abb. 242a). Er gehört zu den wichtigsten Orientierungsmarken am Körper. Man achte auf:
- *Spina iliaca anterior superior* (vorderer oberer Darmbeinstachel): Das vordere Ende des Darmbeinkamms ist beim mageren Menschen als Vorsprung der seitlichen Bauchwand zu sehen, beim dicken zumin-

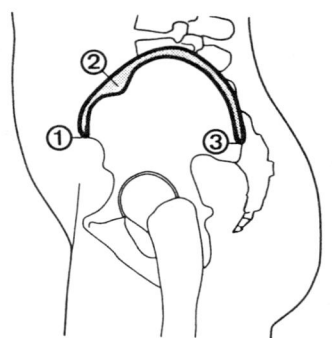

Abb. 242a. Darmbeinkamm: 1 Spina iliaca anterior superior, 2 Tuberculum iliacum, 3 Spina iliaca posterior superior

2.4 Beckengürtel

dest zu tasten. Bei besonders starkem Unterhautfettgewebe sinkt die Haut hier zu einem Grübchen ein.
- *Tuberculum iliacum* (Darmbeinhöcker): Etwa 5 cm dorsolateral des vorderen oberen Darmbeinstachels ist der Beckenkamm etwas verbreitert und tritt auf der Außenseite ein kurzer longitudinaler Knochenkamm hervor. Er ist ohne Schwierigkeit zu fühlen.
- *Spina iliaca posterior superior* (hinterer oberer Darmbeinstachel): Neben dem Hinterende des Darmbeinkamms sinkt die Haut zu einem Grübchen ein, das vor allem bei mitteldickem Unterhautfettgewebe gut zu sehen ist. Es bildet den seitlichen Eckpunkt der sog. Lendenraute und entspricht am Kreuzbein dem Segment S2. Beim sehr mageren Menschen wölbt der hintere obere Darmbeinstachel die Haut vor.

② **Lendenraute** (Michaelis-Raute): Das flache Hautgebiet im Bereich des Unterendes der tiefen Rückenstreckmuskeln ist je nach Körperbautyp mehr längsgestreckt oder in die Breite gezogen. Seine 4 Eckpunkte sind:
- seitlich: die beiden Grübchen neben den hinteren oberen Darmbeinstacheln.
- oben: der tiefste Punkt der Lendenlordose (in manchen Büchern wird der Dornfortsatz L5 angegeben, der jedoch nicht besonders hervortritt, #212).
- unten: der Beginn der Afterfurche, wo sich die Ursprünge der beiden großen Gesäßmuskeln am Kreuzbein berühren.

Die Lendenraute spielte früher in der Geburtshilfe bei der Beurteilung der Beckenform eine Rolle. Bei der frühkindlichen Rachitis (Vitamin-D-Mangel) sind die Knochen der statischen Belastung nicht gewachsen und verformen sich. Dabei kann der Gebärkanal verengt werden. Eine Asymmetrie der Lendenraute weist auf eine Beckendeformität hin und sollte bei der schwangeren Frau Anlaß zu einer sorgfältigen Vermessung des kleinen Beckens sein.
- Infolge der routinemäßigen Vitamin-D-Prophylaxe bei Säuglingen ist in den hochindustrialisierten Ländern die frühkindliche Rachitis selten geworden. Damit hat auch die Lendenraute an ärztlichem Interesse verloren.
- Sie bleibt jedoch nach wie vor eines der Schönheitsmerkmale des Rückens. Bildende Künstler aller Zeiten haben die Lendenraute in ihren Werken besonders beachtet (Abb. 242b).

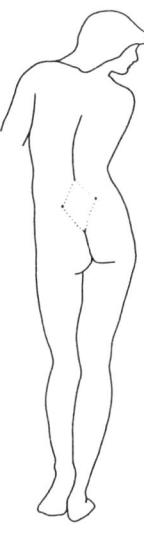

Abb. 242b. Lendenraute (Umrisse nach einem Gemälde von Edward Burne-Jones)

③ **Punktion**: Der Darmbeinkamm ist der Ort der Wahl für die Entnahme von blutbildendem Gewebe zur Untersuchung. Hier sind weniger Komplikationen zu befürchten als bei der Sternalpunktion (#231). Besonders günstig sind die breiteren Stellen des Darmbeinkamms (Gebiet um den Darmbeinhöcker und den hinteren oberen Darmbeinstachel):
- Nach Desinfektion der Haut wird der Stichkanal bis zur Knochenhaut anästhesiert. Durch eine Stichinzision hindurch wird die Führungsnadel mit dem Stilett bis zum Knochen vorgeschoben.
- Nun zieht man das Stilett zurück und führt stattdessen die Bohrnadel ein. Die Bohrnadel (mit gezahnter Spitze) wird unter

Druck durch die Rindenschicht des Knochens gedreht. Der Widerstand läßt nach, sobald der Markraum erreicht ist.
• Jetzt schiebt man die Nadel noch etwa 1 cm vor, schert durch Drehbewegungen einen Knochenzylinder ab und zieht die Bohrnadel und anschließend die Führungsnadel zurück.
• Um die Wunde zu komprimieren, soll sich der Patient für einige Stunden auf die Seite der Punktion legen.

#243 Sitzbein und Schambein

■ **Schambein** (Os pubis): Obwohl vom Schambein die kräftigen Adduktoren entspringen, bleiben die dem Hüftloch abgewandten Ränder des Knochens von Muskeln unbedeckt und können daher gut getastet werden:

① **Schambeinfuge** (Symphýsis pubica): Geht man in der Körpermittelebene in der Bauchwand nach unten, so trifft man etwas kranial der äußeren Geschlechtsorgane auf einen knöchernen Widerstand. Dies sind die Schambeinkörper mit der zwischen ihnen liegenden Schambeinfuge. Die Fuge ist in ganzer Länge zu tasten.
• An ihrem unteren Ende fühlt man beim Mann die Aufhängebänder des Glieds (Lig. suspensorium penis + Lig. fundiforme penis).

② **Schambeinhöcker** (Tuberculum pubicum): Etwa 2 cm lateral des Oberrandes der Schambeinfuge ist der Schambeinkamm im Bereich der Befestigung des M. rectus abdominis und des Leistenbandes verdickt.

③ **Unterer Schambeinast** (Ramus inferior ossis pubis): Vom unteren Ende der Schambeinfuge ausgehend kann man zwischen Schamgegend und Oberschenkel den unteren Schambeinast bis zum Sitzbein verfolgen. Wegen der Nähe der empfindlichen Geschlechtsorgane gehe man dabei behutsam vor. Die Untersuchung nimmt man am besten in Rückenlage des Patienten mit gespreizten, in Hüft- und Kniegelenk gebeugten Beinen vor (idealer Untersuchungsplatz = gynäkologischer Untersuchungsstuhl). Die Oberschenkel sollen gut entspannt sein, damit die am Schambein entspringenden Adduktoren das Tasten nicht behindern.

④ **Schambeinwinkel** (Angulus subpubicus): In der Stellung der beiden unteren Schambeinäste unterscheiden sich Frau und Mann. Wegen der weiteren unteren Beckenöffnung (Gebärkanal!) ist bei der Frau der Winkel zwischen den Schambeinästen (Arcus pubis) größer als beim Mann: Mittelwert bei der Frau etwa 75°, beim Mann etwa 60°. Dies ist das wohl am einfachsten zu bestimmende Geschlechtsmerkmal am isolierten Skelett (z.B. in der Rechtsmedizin bei Knochenfunden oder zur Identifizierung von verstümmelten oder verkohlten Leichen usw.).
• Der Schambeinwinkel ist auch beim lebenden Menschen gut zu beurteilen, wenn man ihn mit den tastenden Fingern „abformt":
• Tastet man bei sich selbst, so legt man am besten die Spitzen der Finger 2-4 an die Schambeinäste an.
• Tastet man beim Patienten, so formen die Daumen den Schambeinwinkel ab: Die Daumenendglieder liegen neben der Gliedwurzel bzw. neben dem Kitzler, die Handflächen ruhen auf der Gesäßgegend, die Finger 2-5 werden zur Oberschenkelhinterseite abgespreizt.

■ **Sitzbein** (Os ischii):
① **Sitzbeinast** (Ramus ossis ischii): Folgt man in der Furche zwischen Bein und Schamgegend dem unteren Schambeinast dorsalwärts, so gelangt man zum Sitzbeinast (Abb. 243). Beim Erwachsenen gehen Schambein und Sitzbein meist ohne tastbare Grenze ineinander über. Der Sitzbeinast verbreitert sich zum

② **Sitzbeinhöcker** (Tuber ischiadicum): Man kann ihn gut mit zwei Händen tasten, wenn die eine Hand von vorn am Sitzbeinast dorsalwärts geht, die andere Hand von rückwärts in die Mitte der Gesäßfurche greift und am Unterrand des großen Gesäßmuskels dann leicht zu der von vorn kommenden

2.4 Beckengürtel

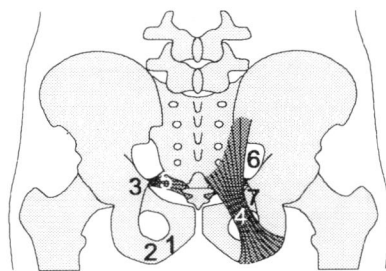

Abb. 243. Sitzbein und Bänder: 1 Ramus ossis ischii, 2 Tuber ischiadicum, 3 Spina ischiadica, 4 Lig. sacrotuberale, 5 Lig. sacrospinale, 6 Foramen ischiadicum majus, 7 Foramen ischiadicum minus

Hand findet. Der mächtige Knochenvorsprung ist rundherum gut abzutasten.
• Beim stehenden Patienten merkt man die Anspannung der am Sitzbeinhöcker entspringenden ischiokruralen Muskeln (M. semitendinosus, M. semimembranosus, M. biceps femoris). Diese Muskeln erschlaffen im Sitzen. Die Sitzbeinhöcker sind dann die tiefsten Punkte des Rumpfskeletts. Der große Gesäßmuskel wird von einem Verstärkungszug in seiner Faszie („Sitzhalfter") zur Seite gezogen, so daß der Sitzbeinhöcker nur von Haut und Unterhaut bedeckt ist.
• Man tastet unbeinhart, wenn der Patient nur mit einer Gesäßhälfte am Stuhl sitzt und die zu untersuchende Gesäßhälfte frei über den Stuhlrand hängt.

③ **Lig. sacrotuberale** (Kreuzbein-Sitzbeinhöcker-Band): Tastet man vom Sitzbeinhöcker dorsomedial in Richtung Steißbein, so fühlt man den Widerstand des scharf begrenzten, bogenförmigen Bandes.

④ **Spina ischiadica** (Sitzbeinstachel): Sie ist vom großen Gesäßmuskel bedeckt und durch die mächtige Muskelmasse nur undeutlich zu fühlen. Sie liegt etwas kaudal der Mitte einer Verbindungslinie vom Sitzbeinhöcker zum hinteren oberen Darmbeinstachel.

⑤ **Foramen ischiadicum majus** (großes Sitzbeinloch): Kranial des Sitzbeinstachels sind die Weichteile etwas tiefer einzudellen, weil der knöcherne Widerstand in der Tiefe fehlt. Wegen der Überlagerung durch den großen Gesäßmuskel sind die Ränder jedoch nicht eindeutig zu tasten.

#244 Beckenmessung

■ **Engstellen des Gebärkanals:**
• Am *Beckeneingang* ist der sagittale Durchmesser in der Regel kleiner als der transversale. Die engste Stelle liegt etwas unterhalb der Linea terminalis zwischen dem am weitesten in die Beckenlichtung ragenden Teil der Schambeinfuge (bzw. der Schambeine) und dem Promontorium. Diesen kleinsten Abstand nennt man Conjugata vera. Er beträgt normalerweise etwa 11,5 cm.
• Am *Beckenausgang* ist der transversale Durchmesser (zwischen den beiden Sitzbeinhöckern) meist kleiner als der sagittale, weil das Steißbein bei der Frau im gebärfähigen Alter meist noch beweglich ist und dorsalwärts weggeklappt werden kann.
• Wegen der um 90° gegeneinander verdrillten Engstellen im Beckeneingang und im Beckenausgang durchquert die Frucht den Beckenkanal in einer schraubigen Drehung. Dabei gleitet sie mit dem jeweils kleineren Durchmesser des Körpers (Querdurchmesser des Kopfes, Sagittaldurchmesser des Rumpfes) durch die Engstelle.
• In den hochindustrialisierten Ländern mißt man die Durchmesser des fetalen Kopfes und der Geburtswege mit Ultraschall.
• Im größten Teil der Welt behilft man sich (wie vor 3 Jahrzehnten auch noch bei uns) mit der alten „Beckenmessung". Problem dabei ist, daß man die Conjugata vera nicht direkt messen kann. Ersatzweise mißt man einen schrägen Durchmesser (Conjugata diagonalis) vom Unterrand der Schambeinfuge zum Promontorium bei der gynäkologischen Untersuchung (#524). Darüber hinaus vermögen äußere Maße ebenfalls Anhaltspunkte für das Beurteilen der Beckenform zu liefern:

■ **Äußere Maße am Beckeneingang**: Man mißt mit dem Beckenzirkel.

① **Conjugata externa** (äußerer gerader Beckendurchmesser, Abb. 244a): Abstand des Oberrandes der Schambeinfuge vom oberen Ende der Crista sacralis mediana, dem Dornfortsatz von S_1 entsprechend.
• Die Conjugata externa ist das Außenmaß zum Innenmaß Conjugata vera. In sie gehen zusätzlich ein die Dicken der Haut und der Unterhaut vorn und rückwärts, die Dicke des Kreuzbeins und eine Längendifferenz durch den etwas unterschiedlichen Neigungswinkel der Meßstrecke: Der Meßpunkt am Oberrand der Schambeinfuge liegt etwas kranial vom am weitesten in die Lichtung ragenden Punkt, und das Kreuzbein wird etwas kaudal vom Promontorium durchsetzt. Deshalb ist die Conjugata externa nicht sicher in die Conjugata vera umzurechnen.
• Ein Meßwert von 20 cm oder mehr spricht für ein normales Becken.

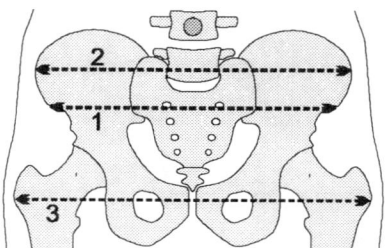

Abb. 244b. *Quere äußere Beckenmaße: 1 Distantia spinarum, 2 Distantia cristarum (Beckenbreite), 3 Distantia trochanterum (Hüftbreite)*

• Distantia cristarum (Beckenbreite): Abstand der am weitesten nach lateral ausladenden Stellen der Darmbeinkämme (Cristae iliacae).
• Distantia trochanterum (Hüftbreite): Abstand der lateralsten Punkte der großen Rollhügel (Trochanteres majores) der Oberschenkel.
• Die 3 transversalen Meßstrecken (Abb. 244b) scheinen auf den ersten Blick keine Beziehung zur sagittalen Conjugata vera zu haben. Sie gestatten jedoch, die Gesamtform des Beckens zu beurteilen, und liefern dadurch mittelbar auch Hinweise für die Conjugata vera.
• Häufige Meßwerte bei normal gebauten Europäerinnen sind bei den drei Maßen: 25, 29 und 35 cm. Es kommt weniger auf die absoluten Meßwerte als auf die Differenz zum jeweils nächsten Maß an. Sie sollte 3 cm oder mehr betragen.
• Ist hingegen die Distantia spinarum etwa gleich groß wie die Distantia cristarum, so ist eine rachitische Verformung des Beckens zu vermuten. Dabei wird unter dem Gewicht des Rumpfes das Kreuzbein in das Beckeninnere gepreßt, und die Darmbeine werden entsprechend nach außen gedreht. Die Lichtung des kleinen Beckens ist im Querschnitt nicht mehr oval, sondern nieren- oder kartenherzförmig. Die Conjugata vera ist dann kleiner als normal, und der Geburtsweg wird zu eng.

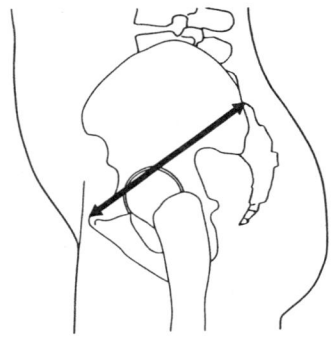

Abb. 244a. *Äußerer gerader Beckendurchmesser*

② **Quere äußere Beckenmaße**:
• Distantia spinarum (vordere Darmbeinstachelweite): Abstand der vorderen oberen Darmbeinstachel (Spinae iliacae anteriores superiores).

2.4 Beckengürtel

■ **Maße am Beckenausgang** (Abb. 244c): Der übliche Beckenzirkel mit den nach außen konvexen Armen ist für diese Messung nicht sehr praktisch. Besser ist hierfür ein kleiner Gleitzirkel (Schieblehre) oder ein doppelarmiger Beckenzirkel mit zwei konvexen und zwei konkaven Armen.

① **Transversaler Durchmesser des Beckenausgangs**: Der Abstand der Innenflächen der Sitzbeinhöcker ist bei gebeugten Hüftgelenken und entspannten Gesäßmuskeln zu messen. Der Patient liegt auf dem Rücken mit angezogenen Beinen (gynäkologischer Untersuchungsstuhl) oder kniet mit vorgeneigtem Rumpf (Knie-Ellbogen-Lage). Der Untersucher dellt die Haut an den medialen Abhängen der Sitzbeinhöcker ein.
• Der Beckenausgang der Frau sollte mindestens 11 cm lichte Weite haben.

② **Sagittaler Durchmesser des Beckenausgangs**: Abstand des Unterrandes der Schambeinfuge von der Steißbeinspitze, Untersuchungsposition wie vorher. Der Unterrand der Schambeinfuge ist mit dem Beckenzirkel schlecht zu erreichen, weil ihm die Schwellkörper des Kitzlers bzw. des Glieds unmittelbar anliegen. Es ist also behutsam zu messen.
• Ein Abstand von 11 cm reicht bei der Frau aus, wenn das Steißbein beweglich ist (#241). Dann können durch das Rückbewegen des Steißbeins zusätzlich noch 2 cm gewonnen werden.

③ **Schnelltest zum Prüfen der Breite des Beckenausgangs**: Der Untersucher bildet die Faust mit eingeschlagenem Daumen, so daß die Köpfe der Fingergrundglieder 2-5 vorn stehen. Dann legt er die Faust zwischen die beiden Sitzbeinhöcker der Frau. Hat die Faust bequem Platz zwischen den Sitzbeinhöckern, so ist der Beckenausgang weit genug. Voraussetzung für diesen Test ist, daß der Untersucher eine Hand mittlerer Größe hat (Abstand der Außenseiten an den Fingern 2-5 etwa 9 cm).

#245 Kreuzbein-Darmbein-Gelenke

Die Kreuzbein-Darmbein-Gelenke (Articulationes sacro-iliacae) lassen nur geringe Bewegungen zu, deren Umfang man beim Lebenden nur mit großem apparativen Aufwand messen könnte. Erkrankungen der Iliosakralgelenke (oft abgekürzt ISG) spielen jedoch unter den Ursachen von „Kreuzschmerzen" eine wichtige Rolle.

① **Prüfung auf Druckschmerz**: Das Kreuzbein-Darmbein-Gelenk liegt unmittelbar medial und unter dem hinteren oberen Darmbeinstachel oberflächennah. Dort sinkt die Haut zu den seitlichen Lendengrübchen (den seitlichen Eckpunkten der Lendenraute) ein.
• Zur Untersuchung sitzt der Arzt hinter dem stehenden Patienten. Er legt seine Daumen in die Lendengrübchen und umfaßt mit den übrigen Fingern die Gesäßgegend. Dadurch hat er das Becken fest im Griff und kann nun mit den Daumen gegen das Gelenk drücken.
• Während des Drückens läßt man den Patienten langsam nach vorn neigen. Der Druckschmerz besteht unter Umständen nur in bestimmten Stellungen.

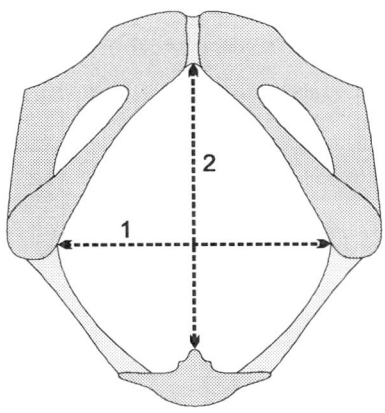

Abb. 244c. Beckenausgangsmaße: 1 transversaler Durchmesser, 2 sagittaler Durchmesser

② **Prüfung auf Dehnungsschmerz**: Mit den folgenden 3 Tests werden die Bänder der Kreuzbein-Darmbein-Gelenke gestrafft. Sie sind „positiv", wenn der Patient einen Schmerz bei der Bewegung verspürt. In diesem Fall ist eine Röntgenuntersuchung der Kreuzbein-Darmbein-Gelenke angezeigt.
- *Erstes Mennell-Zeichen* (James Mennell, *1880, englischer Orthopäde): Der Patient liegt auf dem Bauch. Der Untersucher steht zur Prüfung der linken Seite links neben der Untersuchungsliege, drückt mit der linken Hand gegen die rechte Gesäßgegend und hebt mit der rechten Hand den linken Oberschenkel nach hinten an. Zur Untersuchung der rechten Seite wechselt der Untersucher entsprechend seine Position.
- *Zweites Mennell-Zeichen*: Der Patient liegt auf dem Rücken. Ein Oberschenkel hängt über die Kante der Liege nach unten. Der Untersucher drückt auf dieses Bein, um die Retroversion zu verstärken. Der Versuch wird wiederholt, nachdem der Patient das auf der Liege befindliche Bein in Hüft- und Kniegelenk gebeugt, das Knie mit beiden Händen umschlungen und kräftig gegen den Rumpf gezogen hat. Dadurch wird das Becken gedreht, und die Lendenlordose wird flacher. Der Druck gegen das überhängende Bein wird dann noch wirksamer.
- *Pumpenschwengelprobe*: Der Patient liegt auf dem Rücken, ein Bein gestreckt, ein Bein in Hüft- und Kniegelenk gebeugt. Der Untersucher preßt das Knie in Richtung zur gegenüberliegenden Schulter gegen den Rumpf.

③ **Prüfen auf einseitige Bewegungseinschränkung**: Der Arzt sitzt hinter dem stehenden Patienten. Er legt seine Daumen auf die hinteren oberen Darmbeinstachel und umfaßt mit den übrigen Fingern den Beckenkamm des Patienten. Bei dessen Vorneigen dreht sich zuerst das Kreuzbein in den Iliosakralgelenken, dann folgen die beiden Hüftbeine in den Hüftgelenken. Bei einer einseitigen Blockierung wird das betreffende Hüftbein gleich mit dem Kreuzbein nach vorn gedreht und der gleichseitige Daumen des Untersuchers vor dem anderen nach oben gezogen („Vorlaufphänomen").

2.5 Bauchwand

#251 Oberflächenrelief

Das Oberflächenrelief wird, abgesehen von den knöchernen Rändern, hauptsächlich vom Nabel und den Muskelkonturen geprägt:

① **Nabel** (Umbilicus): Er liegt etwas kaudal der Mitte der vorderen Bauchwand. Seine Formenvielfalt ist groß. Die Nabelplatte kann oberflächlich liegen und gut zu besichtigen sein. Bei stärkerem Unterhautfettgewebe in der Umgebung kann der Nabel einen tiefen Trichter bilden, der schlecht belüftet ist und in dem bei mangelhafter Reinigung abgeschilferte Hornschicht der Oberhaut und Schmutz von Bakterien zersetzt werden. Dabei entstehen übler Geruch und Entzündungen.

② **Bauchmuskeln**: Bei dünnem Unterhautfettgewebe und gut trainierter Muskulatur sind ihre Konturen auch ohne besondere Anstrengung des Patienten gut sichtbar. Sie treten noch stärker hervor, wenn man die Muskeln gegen Widerstand arbeiten läßt. Dies geschieht am einfachsten in Rückenlage, wenn man den Oberkörper ohne Zuhilfenahme der Arme aufrichtet (#253).
- *Gerader Bauchmuskel* (M. rectus abdominis): Die Außenränder laufen kranial des Nabels etwa parallel, kaudal konvergieren sie zu den Schambeinhöckern. Über den Außenrändern sinkt die Haut oft zu einer seichten Furche ein (Pararektallinie), die man zur Regionengliederung nutzen kann.
- *Intersectiones tendineae:* Der lange Verlauf des geraden Muskels von der fünften Rippe bis zum Schambein wird durch 3-4 Zwischensehnen gegliedert. Man kann sie als quere Furchen zumindest tasten. In der muskelkräftigen Bauchwand entstehen durch sie 4-5 quadratische bis rechteckige Felder. Da die Zwischensehnen nicht unbedingt symmetrisch angeordnet sind, können auch die Felder seitenverschieden sein. Die Felderung des geraden Bauchmuskels wurde von bildenden Künstlern aller Zeiten hervorgehoben, um die Bauchwand zu struktu-

2.5 Bauchwand

rieren (und in der vorderen Rumpfwand beim Mann das künstlerische Manko zu kompensieren, das aus der Minderentwicklung der Brüste erwächst).
- *Linea alba:* Kranial des Nabels sinkt die vordere Medianlinie meist rinnenartig ein. Hier durchflechten sich die Sehnenplatten des vorderen und des hinteren Blatts der Rektusscheide (Vagina musculi recti abdominis). Die Linea alba endet einige Zentimeter kaudal des Nabels. Dann laufen alle Sehnenzüge im vorderen Blatt.
- *Äußerer schräger Bauchmuskel* (M. obliquus externus abdominis): Seine sägeförmige Ursprungslinie an der Brustwand tritt besonders schön hervor, wenn man beim Heben des Oberkörpers aus Rückenlage auch noch eine Seite nach oben dreht. Dann spannt sich die „Schräggurtung" der Bauchwand (äußerer und innerer schräger Bauchmuskel) stark an. Das Muskelfleisch des äußeren schrägen Bauchmuskels endet an oder etwas lateral der Pararektallinie. Die Furche der Pararektallinie ist somit sowohl durch den Medialrand des äußeren schrägen als auch den Lateralrand des geraden Bauchmuskels bedingt. Kaudal endet der Muskelrand des äußeren schrägen Bauchmuskels am sog. Muskeleck einige Zentimeter ventral des vorderen oberen Darmbeinstachels. Manche Künstler ignorieren dieses Muskeleck und lassen die Kontur des äußeren schrägen Bauchmuskels fälschlicherweise am vorderen oberen Darmbeinstachel enden.

#252 Befunddokumentation

① **Transversalebenen durch den Bauchraum**: Die Brustwand wird durch die Rippen auf natürliche Weise gegliedert. In der vorderen Bauchwand findet man als einzige Höhenmarke den Nabel. Die Bauchwand kann man jedoch durch eine Reihe von Transversalebenen untergliedern, die über leicht zu tastende Skelettpunkte definiert sind (Abb. 252a):
- *Xiphosternalebene:* durch die Knorpelfuge zwischen Brustbeinkörper und Schwertfortsatz (Synchondrosis xiphisternalis).
- *Transpylorische Ebene* (Planum transpyloricum): durch die Mitte der vorderen Rumpfwand: Halbierungspunkt der Strecke zwischen Drosselgrube (Incisura jugularis des Manubrium sterni) und Oberrand der Schambeinfuge (Symphysis pubica). Der Magenpförtner (Pylorus) liegt allerdings meist einige Zentimeter unterhalb dieser Ebene. Die transpylorische Ebene schneidet den Rippenbogen etwas unterhalb seiner Mitte (etwa Spitze der 9. Rippe), dort wo der Seitenrand des geraden Bauchmuskels auf den Rippenbogen trifft.
- *Subkostalebene* (Planum subcostale): durch den Unterrand des Rippenbogens (10. Rippe).

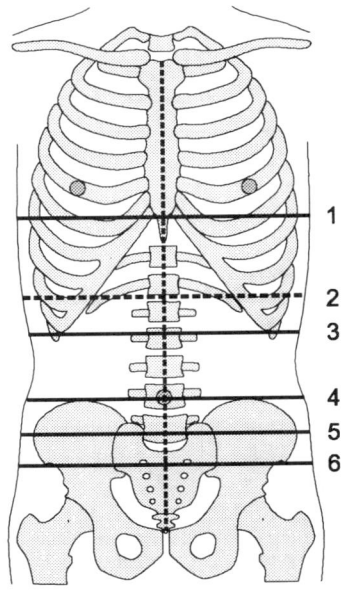

Abb. 252a. Transversalebenen durch den Bauchraum: 1 Xiphosternalebene, 2 transpylorische Ebene, 3 Subkostalebene, 4 Suprakristalebene, 5 Intertuberkularebene, 6 Interspinalebene, 7 Länge der vorderen Rumpfwand (durch deren Mitte geht die transpylorische Ebene)

- *Suprakristalebene* (Planum supracristale): durch die höchsten Punkte der Darmbeinkämme (Cristae iliacae). Diese Ebene entspricht etwa der Nabelebene. Die höchsten Punkte der Darmbeinkämme liegen ziemlich weit dorsal.
- *Intertuberkularebene* (Planum intertuberculare): durch die Darmbeinhöcker (Tubercula iliaca). Der Darmbeinhöcker ist ein meist deutlich tastbarer seitlicher Vorsprung am Darmbeinkamm, etwa 5 cm dorsolateral des vorderen oberen Darmbeinstachels.
- *Interspinalebene* (Planum interspinale): durch die vorderen oberen Darmbeinstachel (Spinae iliacae anteriores superiores).

Die 3 erstgenannten Ebenen verändern ihre Lage naturgemäß mit den wechselnden Stellungen des Brustkorbs (Atmung, Alter, Lungenblähung usw.). Die Zuordnung zu bestimmten Dornfortsätzen (Tab. 252a) darf daher nicht zu starr gesehen werden.

Tabelle 252a. Projektion der Transversalebenen durch den Bauchraum auf die Wirbelsäule im entspannten Stehen

Xiphosternalebene	Th$_9$
Transpylorische Ebene	L$_1$
Subkostalebene	L$_2$
Suprakristalebene	L$_4$
Intertuberkularebene	L$_5$
Interspinalebene	S$_2$

② **Stockwerke**: Mit 2 Transversalebenen kann man den Bauchraum in 3 Stockwerke zerlegen:
- *Oberbauch* = Epigastrium,
- *Mittelbauch* = Mesogastrium,
- *Unterbauch* = Hypogastrium.

Die Grenze zwischen Ober- und Mittelbauch bildet die Subkostalebene, die Grenze zwischen Mittel- und Unterbauch die Interspinalebene (manche Autoren ziehen die Intertuberkularebene vor). Hat man die Grenzen im Stehen markiert, so stimmen die Hautmarken im Sitzen nicht mehr: Die Bauchhaut ist gut verschieblich und wird im Sitzen zusammengestaucht. Der Streit um Interspinal- oder Intertuberkularebene ist dann müßig.

③ **Regionen**: Die 3 Stockwerke lassen sich mit Hilfe von 2 longitudinalen Hilfslinien in 9 Regionen (3 unpaare und zweimal 3 paarige) untergliedern (Abb. 252b, Tab. 252b + c). Eine natürliche Längslinie bildet der Seitenrand des geraden Bauchmuskels, der

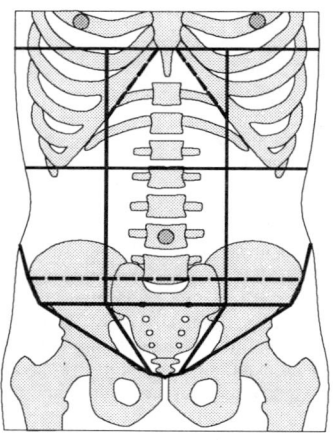

Abb. 252b. Regionen der vorderen Bauchwand (Namen in den Tabellen 252b + c)

Tab. 252b. Gegenden der vorderen Bauchwand (deutsch)

Rechte Rippenbogengegend (Lebergegend)	Magengrube	Linke Rippenbogengegend
Rechte Flankengegend	Nabelgegend	Linke Flankengegend
Rechte Leistengegend	Schamhaargegend	Linke Leistengegend

Tab. 252c. Gegenden der vorderen Bauchwand (Nomina anatomica)

Regio hypochondriaca dextra (Hypochondrium dextrum)	Regio epigastrica (Epigastrium)	Regio hypochondriaca sinistra (Hypochondrium sinistrum)
Regio lateralis dextra	Regio umbilicalis	Regio lateralis sinistra
Regio inguinalis dextra	Regio pubica (Hypogastrium)	Regio inguinalis sinistra

bei nicht zu dickem Unterhautfettgewebe beim Lebenden recht gut zu sehen ist (#251). Vorteilhaft ist dabei, daß der gerade Bauchmuskel im schmäleren Unterbauch ebenfalls schmäler und dadurch die Regionengliederung harmonischer wird. Nimmt man hingegen die Medioklavikularlinie (als Parallele zur Medianen) als Grenze, so liegen die Leistenringe nicht innerhalb der Leistenregion.

④ **Quadranten**: Statt der Gliederung der Bauchwand in 9 Regionen wird in der Klinik häufig die einfachere Einteilung in 4 Quadranten vorgezogen. Der Nabel bildet hierbei den Mittelpunkt des Achsenkreuzes (Abb. 252c).

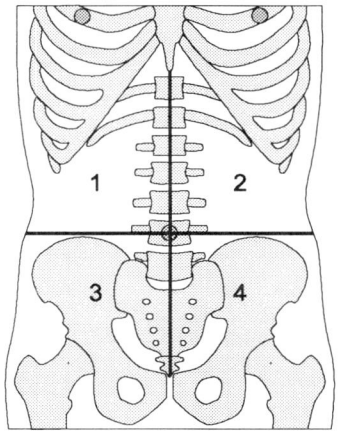

Abb. 252c. Quadranten der Bauchwand: 1 rechter oberer, 2 linker oberer, 3 rechter unterer, 4 linker unterer Quadrant

#253 Funktionsprüfung der Bauchmuskeln

Am schwersten müssen die Bauchmuskeln arbeiten, wenn sie aus Rückenlage die Wirbelsäule gegen Widerstand nach vorn beugen (den Oberkörper aufrichten) müssen.

• Man kann es sich bequem machen, indem man die Hüftbeuger mit einsetzt und sich zusätzlich mit den Armen abstützt.
• Man kann es sich erschweren, wenn man den Schwerpunkt des Oberkörpers kopfwärts verlagert, indem man die Arme hinter dem Kopf verschränkt.
• Damit ist die Untersuchungslage bereits weitgehend beschrieben, und wir müssen nur noch die in #123 beschriebenen Grundsätze der Bewertung anwenden.

① **Gerader Bauchmuskel und Längskomponenten der schrägen Bauchmuskeln**: Der Patient liegt auf dem Rücken. Er hebt zunächst den Kopf, dann den Oberkörper und zuletzt den gesamten Rumpf an (er rollt also den Körperstamm vom Boden ab, Abb. 253a). Die Hüftbeuger sollen nicht mit eingesetzt werden. Die Beine dürfen daher von der Hilfsperson zunächst nicht festgehalten werden. Nur wenn sich herausstellt, daß der Oberkörper aus Gleichgewichtsgründen immer wieder zurücksinkt, dürfen die Oberschenkel fixiert werden. Bewertung (#123):
• *Kraftgrad 5* (100 %): Der Patient kann mit hinter dem Kopf gefalteten Händen den Oberkörper langsam anheben und zur Vertikalen aufrichten (Abb. 253a). Er kann die Bewegung in jedem Neigungswinkel anhalten.
• *Kraftgrad 4* (75 %): Der Patient kann den Oberkörper mit vor der Brust verschränkten Armen aufrichten.
• *Kraftgrad 3* (50 %): Der Patient kann den Oberkörper mit vor den Bauch gestreckten Armen aufrichten.

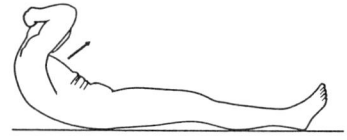

Abb. 253a. Kraft der Bauchmuskeln beim Aufrichten aus Rückenlage prüfen (nach Kendall)

- *Kraftgrad 2* (25 %): Der Patient kann sich nur mit Abstützen aufrichten. Dabei läßt sich jedoch die Anspannung der Bauchmuskeln tasten.
- *Kraftgrad 0* (0 %): Die Bauchmuskeln sind gelähmt. Es ist nicht einmal eine Muskelzuckung zu tasten.

② **Schräge Bauchmuskeln**: Der Versuch findet grundsätzlich unter gleichen Bedingungen statt. Der Oberkörper wird jedoch nicht gerade, sondern nach rechts oder links gedreht gehoben. Die Bewertung ist sinngemäß die gleiche.

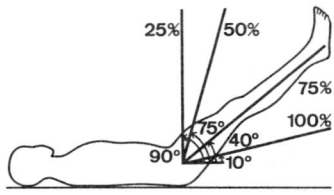

Abb. 253b. Beinhaltetest (nach Kendall)

③ **Beinhaltetest**: Die Bauchmuskeln sind Gegenspieler der Rückenstrecker nicht nur beim Aufrichten des Rumpfes, sondern auch beim Kippen des Beckens. Wird bei fixiertem Oberkörper die Lendenlordose vertieft, so wird dabei das Becken steiler, beim Abflachen der Lendenlordose entsprechend flacher gestellt. Werden bei Rückenlage die gestreckten Beine gehoben, so setzt dies eine Fixation der Hüftpfanne, also des Beckens, voraus. Andernfalls wird das Becken durch das Gewicht der Beine steiler gestellt. Dieser Drehbewegung wirken die Bauchmuskeln entgegen.
- Das Gewicht der Beine zieht um so schwerer an den Bauchmuskeln, je größer der horizontale Abstand des Schwerpunkts der Beine vom Hüftgelenk wird. Dieser ist Null, wenn die Beine rechtwinklig nach oben gehalten werden (90° Beugung), und am größten kurz bevor die Beine aufliegen (10° Beugung). Daraus ergibt sich folgende Bewertung (Abb. 253b):

- *Kraftgrad 5* (100 %): Die gestreckten Beine können in einem Winkel von etwa 10° über dem Boden gehalten werden.
- *Kraftgrad 4* (75 %): Die gestreckten Beine können in einem Winkel von etwa 40° über dem Boden gehalten werden.
- *Kraftgrad 3* (50 %): Die gestreckten Beine können in einem Winkel von etwa 75° über dem Boden gehalten werden.
- *Kraftgrad 2* (25 %): Die rechtwinklig gehobenen Beine können im Gleichgewicht gehalten werden. Die Lendenlordose ist dabei abgeflacht (der Untersucher tastet nach).
- *Kraftgrad 0* (0 %): Die Lendenlordose kann wegen der Lähmung der Bauchmuskeln nicht abgeflacht werden.

Protokoll 253. Bauchmuskeltests (Kraftgrade)		
	Patient	Gesunde Studenten
Gerade Bauchmuskeln		5 (100 %)
Schräge Bauchmuskeln Drehung rechts		5 (100 %)
Schräge Bauchmuskeln Drehung links		5 (100 %)
Beine halten		5 (100 %)

#254 Leistenkanal und Leistenbruch

① **Ärztliche Bedeutung der Leistengegend**: Leistenbrüche gehören zu den häufigsten Erkrankungen, Leistenbruchoperationen zu den am häufigsten ausgeführten Eingriffen. Der Leistenbruch kann durch Abklemmen und Absterben von Darmabschnitten in kurzer Zeit einen lebensbedrohenden Zustand herbeiführen. Die Untersuchung der Leistengegend gehört daher zu jeder ärztlichen Routineuntersuchung, um einen Leistenbruch frühzeitig zu erkennen. Man kann dann vor dem Eintritt schwerwiegender Komplikationen operieren. Deshalb sollte man eine klare Vorstellung von der Leistengegend (Regio inguinalis) gewinnen. Sehr hilfreich ist es, sich die wesentlichen Strukturen einmal auf die Bauchwand aufzuzeichnen (Abb. 254):

② **Projektion des Leistenkanals auf die Bauchwand**:
- *Leistenband* (Lig. inguinale): Verbindung von äußerem oberen Darmbeinstachel zum Tuberculum pubicum.
- *Puls der A. femoralis* tasten: etwas kaudal der Mitte des Leistenbandes.
- *Lig. interfoveolare, A. epigastrica inferior und Plica umbilicalis lateralis:* etwa 1 cm kranial vom Arterienpuls vom Leistenband Richtung Nabel.
- *Plica umbilicalis mediana* mit dem Lig. umbilicale medianum (der zurückgebildete Urachus): vom Oberrand der Symphysis pubica zum Nabel.
- *Plica umbilicalis medialis* (mediale Nabelfalte): etwa in der Mitte zwischen der medianen und der lateralen Nabelfalte. Sie enthält die verödete A. umbilicalis.
- *Fossa supravesicalis:* kranial der Harnblase zwischen medianer und medialer Nabelfalte.
- *Äußerer Leistenring* (Anulus inguinalis superficialis) und Fossa inguinalis medialis: zwischen medialer und lateraler Nabelfalte, etwa 2 cm kranial vom medialen Drittelpunkt des Leistenbandes.
- *Innerer Leistenring* (Anulus inguinalis profundus) und Fossa inguinalis lateralis: lateral der lateralen Nabelfalte.
- *Leistenkanal* (Canalis inguinalis): Verbindung von innerem und äußerem Leistenring. Er ist etwa 4 cm lang und etwa 1,5 cm breit. Er liegt rechtwinklig symmetrisch zur A. epigastrica inferior, etwa 2 cm kranial des Leistenbandes.
- *Schenkelring* (Anulus femoralis): das kaudale Ende des Schenkelkanals (Canalis femoralis): etwa 2 Fingerbreit medial vom Femoralispuls kaudal vom Leistenband.

③ **Bevorzugte Wege von Eingeweidebrüchen**:
- *Indirekter Leistenbruch* (Hernia inguinalis indirecta): von der Fossa inguinalis lateralis durch den inneren Leistenring, den Leistenkanal und den äußeren Leistenring zum Hodensack bzw. zur großen Schamlippe

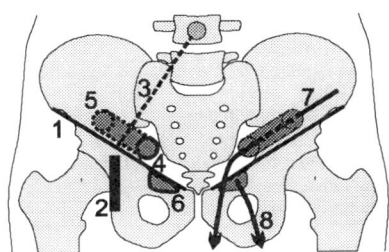

Abb. 254. Leisten- und Schenkelkanal:
- linke Bildhälfte: Projektion auf die Bauchwand,
- rechte Bildhälfte: bevorzugte Wege von Eingeweidebrüchen
1 Leistenband, 2 Puls der A. femoralis, 3 Verlaufsrichtung des Lig. interfoveolare und der A. epigastrica inferior, 4 äußerer Leistenring, 5 innerer Leistenring, 6 Schenkelring, 7 indirekte Leistenbrüche, 8 Schenkelbrüche

(Abb. 254). Der indirekte Leistenbruch kann angeboren (congenita) sein, wenn der Bauchfellfortsatz (Processus vaginalis) zum Hoden nicht verödet. Er kann (seltener) aber auch erworben (acquisita) sein, wenn im Lauf des Lebens der Leistenkanal weiter wird.
- *Direkter Leistenbruch* (Hernia inguinalis directa): von der Fossa inguinalis medialis direkt durch die Bauchwand in den äußeren Leistenring und weiter zum Hodensack bzw. zur großen Schamlippe oder zum Oberschenkel. Der direkte Bruch ist immer erworben.
- *Schenkelbruch* (Hernia femoralis): unter dem Leistenband durch die Lacuna vasorum medial vom Puls der Oberschenkelarterie in den Schenkelkanal (Canalis femoralis) und zur Oberfläche des Oberschenkels. Der Schenkelbruch ist bei der Frau häufiger (engerer Leistenkanal, aber weitere Lacuna vasorum als beim Mann!).
- *Seltene Bruchpforten* in dieser Gegend sind die Fossa supravesicalis (supravesikale Hernie) und der Canalis obturatorius (Obturatoriushernie).

④ **Lage von Gefäßen und Nerven bei Leistenbrüchen**:
- Bei direkten Leistenbrüchen liegt die A. epigastrica inferior dem Bruchsack lateral, bei indirekten medial an.
- Der N. ilio-inguinalis und der R. genitalis des N. genitofemoralis durchziehen meist den Leistenkanal und sind deshalb bei Leistenbruchoperationen gefährdet.

⑤ **Differentialdiagnose Hydrocele**: Nicht jede Schwellung im Bereich des Samenstrangs ist ein Leistenbruch. Beim harmlosen Wasserbruch füllt sich ein Rest des Bauchfellfortsatzes mit Flüssigkeit. Man unterscheidet Wasserbruch und Leistenbruch mit:
- Taschenlampe: Beim mit durchsichtiger Flüssigkeit gefüllten Wasserbruch leuchtet der Hodensack vor der Lampe rot auf. Der trübe Inhalt des Leistenbruchs absorbiert das Licht.
- Stethoskop: Hört man Darmgeräusche, so handelt es sich um einen Leistenbruch. Stille bedeutet allerdings nicht unbedingt einen Wasserbruch: Viele Leistenbrüche enthalten nicht Darm, sondern nur großes Netz. Die Darmgeräusche fehlen auch bei einem eingeklemmten Leistenbruch.

#255 Palpation des äußeren Leistenrings

① **Beim Mann**: Der gesunde Leistenkanal ist eng. Man kann lediglich den Bereich des äußeren Leistenrings ein wenig mit der Kuppe des kleinen Fingers eindellen. Die Untersuchung nimmt man am besten in folgender Stellung vor:
- Der Patient steht vor dem sitzenden Untersucher. Er tastet zunächst den Samenstrang am oberen Ende des Hodensacks und geht am Samenstrang kopfwärts weiter. Dabei stülpt er vom Hodensack her dessen dünne Haut mit dem kleinen Finger nach oben und gelangt so unter die dickere Fettschicht der Bauchhaut. Folgt man dem Samenstrang, so muß man zum äußeren Leistenring gelangen.
- Der Arzt schiebt seinen rechten Kleinfinger gegen den rechten Leistenkanal, danach den linken Kleinfinger gegen den linken Leistenkanal des Patienten nach oben.
- Nur wenn der Leistenkanal erweitert ist, kann man mit dem Finger eindringen. Man läßt dann den Patienten husten und fühlt das Herandrängen der Baucheingeweide beim Hustenstoß.

② **Bei der Frau**: Der Leistenkanal wird nur vom dünnen runden Mutterband (Lig. teres uteri) und von Nerven (N. ilio-inguinalis, R. genitalis des N. genitofemoralis) durchsetzt. Der äußere Leistenring ist bei ihr normalerweise nicht zu tasten.

#256 Bauchhautnarben

Der Patient vergißt beim Erheben der Anamnese bisweilen, länger zurückliegende Operationen zu erwähnen. Sie können jedoch für die Beurteilung des aktuellen Krankheitsbildes wichtig sein (z.B. mechanischer Darmverschluß durch Narbenstränge im Bauchfell). Bei der Untersuchung sollte man daher auf Narben achten. Die Standardwege der Laparotomie (Abb. 256) sind so gelegt, daß möglichst wenig Schäden an Bauchmuskeln zurückbleiben:
- **Obere mediane Laparotomie**: vom Schwertfortsatz bis nahe zum Nabel durch die Linea alba: für Eingriffe am Magen und an der Bauchspeicheldrüse.
- **Mittlere mediane Laparotomie**: durch die Linea alba im Mittelbauch, wobei der Nabel mit einem kleinen Bogen links umrundet wird: vorwiegend bei Noteingriffen bei unklarer Ursache eines „akuten Abdomens" (heftiger Bauchbeschwerden).
- **Untere mediane Laparotomie**: zwischen Nabel und Schambeinfuge durch die Rektusscheide: Zugang zu den Beckenorganen, zum Colon sigmoideum und zur Gabelung der Bauchaorta.
- **Pararektalschnitt**: am Außenrand des geraden Bauchmuskels (Pararektallinie): im Oberbauch rechts als Zugang zur Gallenblase, im Unterbauch links als Zugang zum Colon sigmoideum.

2.5 Bauchwand

- **Rippenbogenrandschnitt**: parallel zum Rippenbogen rechts bei Operationen an der Leber und den Gallenwegen, links bei Operationen an der Milz. Dabei müssen der äußere schräge, der quere und evtl. Teile des geraden Bauchmuskels durchgetrennt werden.
- **Wechselschnitt**: in der Mitte (oder lateral davon) zwischen Nabel und rechtem vorderen oberen Darmbeinstachel parallel zum Leistenband. Dabei wird der Schnitt nicht in der gleichen Richtung durch die 3 Schichten der Bauchwand geführt, sondern man durchsetzt jede Schicht (äußerer schräger, innerer schräger, querer Bauchmuskel) in der Verlaufsrichtung der Muskelfasern, um möglichst wenig Schäden zu verursachen. Der Wechselschnitt wird vor allem bei der Appendektomie (Wurmfortsatzentfernung) angewendet.
- **Leistenschnitt**: evtl. nur Hautschnitt ohne Durchtrennen der Bauchwand bei Bruchoperationen.
- **Pfannenstiel-Schnitt** (nach dem deutschen Gynäkologen Johann Pfannenstiel, 1862-1909): bogenförmig über den Schambeinen und den Leistenbändern im Bereich der Schamhaare: bei Eingriffen an den Beckenorganen. Vorteil: Die Operationsnarbe wird vom Schamhaar verdeckt. Um die geraden Bauchmuskeln zu schonen, führt man den Schnitt in der Tiefe als „Wechselschnitt" weiter. Man zieht dann die Schnittränder der Haut weit auseinander und schneidet die Rektusscheide median in der Längsrichtung durch.
- **Transumbilikal**: Wenn es die Ausdehnung des Erkrankungsortes zuläßt, versucht man das Übel bei einer Bauchspiegelung (Laparoskopie) anstelle in einer großen Bauchoperation zu beseitigen (minimal invasive Chirurgie = MIC). Meist sind nur 2 kleine Einschnitte nötig, davon wird einer bevorzugt durch den Nabel geführt, weil die Narbe dort verborgen bleibt.

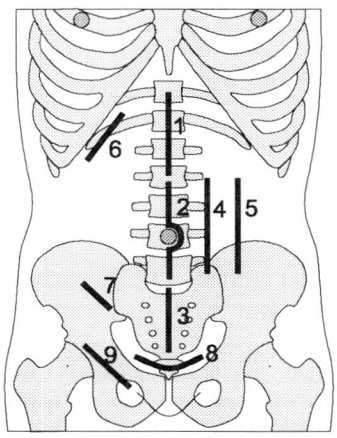

Abb. 256. Chirurgische Hautschnitte an der Bauchwand: 1 obere mediane Laparotomie, 2 mittlere mediane Laparotomie, 3 untere mediane Laparotomie, 4 Transrektalschnitt, 5 Pararektalschnitt, 6 Rippenbogenrandschnitt, 7 Wechselschnitt, 8 Pfannenstiel-Schnitt, 9 Leistenschnitt

#257 Schambehaarung

Die Schamhaare (Pubes) gehören zu den Terminalhaaren, die sich erst in der Pubertät entwickeln. Dabei werden gewöhnlich mehr oder weniger willkürlich 6 Stadien unterschieden:

■ **Frau**:
① **Stadien** (Abb. 257a):
- *Stadium 1:* kindlicher Typ, keine Terminalhaare, nur Wollhaare.
- *Stadium 2:* einzelne Terminalhaare entlang der Schamspalte, nur schwach pigmentiert.
- *Stadium 3:* Ausbreiten der Terminalhaare über den Schamberg (Venusberg, Mons pubis), stärker pigmentiert, aber noch dünn besetzt.
- *Stadium 4:* Terminalhaare am Schamberg und den großen Schamlippen dicht und pigmentiert wie bei der erwachsenen Frau, aber noch nicht auf die Oberschenkel übergreifend.
- *Stadium 5:* weiblicher Typ, dichte Behaarung von Schamberg, großen Schamlippen

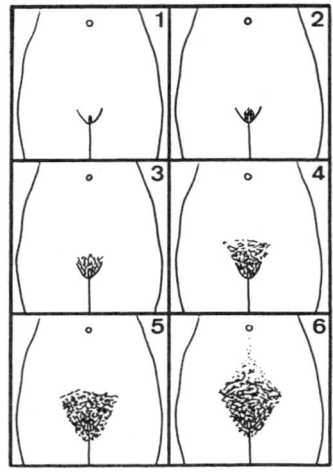

Abb. 257a. Weibliche Schambehaarung. 1-5 Stadien der normalen Entwicklung, 6 bei überschießender Absonderung von Androgenen in der Nebennierenrinde

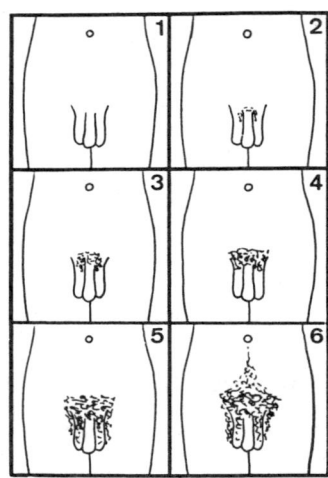

Abb. 257b. Männliche Schambehaarung. 1-6 Stadien der normalen Entwicklung

und den angrenzenden Innenseiten der Oberschenkel, horizontale Grenze an der Bauchwand.

② **Beurteilung**: Die Stadien 2-5 werden gewöhnlich vom Mädchen zwischen dem 11. und 14. Lebensjahr durchlaufen. Die interindividuelle Schwankungsbreite ist groß (Beginn des Stadiums 2 zwischen 8 und 14 Jahren). Nicht alle Frauen erreichen das Stadium 5.

- Ein Stadium 1 oder 2 bei der jungen erwachsenen Frau läßt auf zu geringe Absonderung von Geschlechtshormonen schließen. Meist wird auch die Monatsblutung fehlen. Eine eingehende Analyse des gesamten Hormonhaushalts ist dann angezeigt.
- Bei stärkerer Absonderung von Androgenen in der Nebennierenrinde nimmt die Terminalbehaarung insgesamt zu. Dann treten z.B. Terminalhaare auf den Lippen auf („Damenbart"). Auch die Schambehaarung kann sich dann weiter ausbreiten:

- *Stadium 6:* männlicher Typ, Terminalhaare auf der Bauchwand dreieckig zum Nabel aufsteigend.
- Nach den Wechseljahren wird das Schamhaar wieder etwas dünner. Ein Ausfall der Schamhaare kommt bei manchen Vergiftungen und schweren Erkrankungen (z.B. bei fortgeschrittener Leberzirrhose) vor.

■ **Mann**:
① **Stadien** (Abb. 257b):
- *Stadium 1:* kindlicher Typ, keine Terminalhaare, nur Wollhaare.
- *Stadium 2:* einzelne Terminalhaare entlang der Grenze des Glieds (Penis) zur Bauchwand, nur schwach pigmentiert.
- *Stadium 3:* Ausbreiten der Terminalhaare über den Schamberg (Mons pubis), stärker pigmentiert, aber noch dünn besetzt.
- *Stadium 4:* Terminalhaare am Schamberg und um das Glied dicht und pigmentiert wie beim erwachsenen Mann, aber noch nicht auf die Oberschenkel übergreifend.

- *Stadium 5:* weiblicher Typ, dichte Behaarung von Schamberg, Hodensack und den angrenzenden Innenseiten der Oberschenkel, aber horizontale Grenze an der Bauchwand.
- *Stadium 6:* männlicher Typ, Terminalhaare auf der Bauchwand dreieckig zum Nabel aufsteigend.

② **Beurteilung**: Die Stadien 2-5 werden vom männlichen Jugendlichen gewöhnlich zwischen dem 12. und 16. Lebensjahr durchlaufen. Das volle Stadium 6 wird meist erst in den Zwanzigerjahren erreicht. Die interindividuelle Schwankungsbreite ist groß. Nur etwa 80 % der Männer erreichen das Stadium 6.
- Ein Stadium 1 oder 2 beim erwachsenen Mann läßt auf zu geringe Absonderung von Geschlechtshormonen schließen. Eine eingehende Analyse des gesamten Hormonhaushalts ist dann angezeigt.

2.6 Gefäße und Nerven der vorderen Rumpfwand

#261 Arterielle Kollateralwege

Bei Strömungshindernissen in den großen Arterien des Körperinneren (z.B. bei Aortenisthmusstenose oder Beckenarterienverschluß) können sich Kollateralwege der Rumpfwand erweitern und zur Versorgung des Beins beitragen.

■ **Gitter der Rumpfwandarterien:**
① **Horizontale Sprossen** durch beidseits 16 Segmentarterien (Th$_1$ bis L$_4$):
- *Zwischenrippenarterien* (Aa. intercostales posteriores): Die 1. + 2. entspringen aus dem Truncus costocervicalis der A. subclavia, die übrigen 9 direkt aus der Pars descendens aortae. Sie vereinigen sich mit den Rr. intercostales anteriores aus der A. thoracica interna. Sie verlaufen in den Zwischenrippenräumen, und zwar im dorsalen Bereich jeweils in einer Rinne am Unterrand der Rippe (bei Pleurapunktion zu beachten, #318). Im Bereich der vorderen Achsellinie teilen sich die Zwischenrippenarterien in zwei Äste, von denen einer am Unterrand, der andere am Oberrand der nächsten Rippe weiterzieht.
- *A. subcostalis:* Die 12. Brustsegmentarterie führt einen eigenen Namen, da sie nicht mehr „zwischen", sondern nur noch „unter" den Rippen verläuft.
- *Lendenarterien* (Aa. lumbales): Beidseits 4 aus der Aorta entspringende Gefäße, die den Zwischenrippenarterien entsprechen.

② **Längsbahnen** (Abb. 261): dorsal unpaare Pars descendens aortae, ventral paarige Verbindung von:
- *A. thoracica interna:* Sie entspringt aus der A. subclavia und zieht am Rand des Brustbeins oder einige Millimeter lateral von ihm zur Bauchwand. Sie endet an der Innenfläche des geraden Bauchmuskels als A. epigastrica superior.
- *A. epigastrica inferior:* Als Ast der A. iliaca externa liegt sie zunächst der Innenseite des Lig. interfoveolare (Abb. 254),

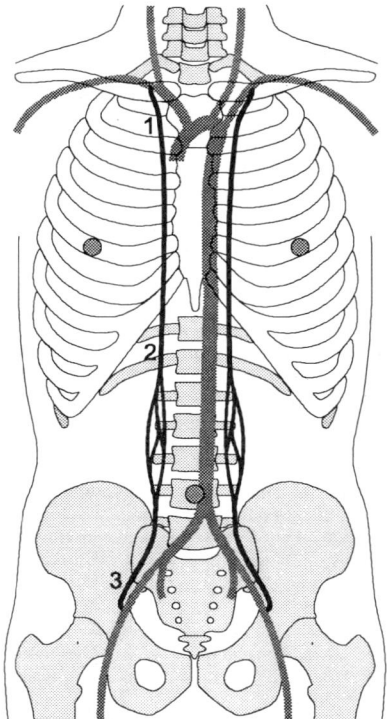

Abb. 261. Arterielle Längsbahn in der vorderen Rumpfwand: 1 A. thoracica interna, 2 A. epigastrica superior, 3 A. epigastrica inferior

dann der des geraden Bauchmuskels an. Ihr Verlauf ist an der Haut leicht nachzuvollziehen: Man tastet zunächst den Puls der Oberschenkelarterie unmittelbar kaudal des Leistenbandes (etwas unterhalb der Mitte zwischen dem vorderem oberen Darmbeinstachel und Tuberculum pubicum). Der Ursprung der A. epigastrica inferior liegt kranial der Pulsstelle. Von dort läuft sie in Richtung auf den Nabel. Bevor sie diesen erreicht hat, schwenkt sie in eine Parallele zur vorderen Medianlinie etwa in der Mitte der Breite des geraden Bauchmuskels ein.
• Kranial des Nabels vereinigen sich A. epigastrica superior und inferior (Abb. 261). Beide Gefäße sind hier meist in mehrere annähernd parallele Äste aufgezweigt.

■ **Für die plastische Chirurgie wichtige Hautarterien**: Der größte Teil der Körperoberfläche wird von sehr kleinen Arterien versorgt. Am Unterbauch hingegen kann man 2 größere Hautlappen präparierbaren Arterien zuordnen. Dies ermöglicht die freie Verpflanzung von Haut.
• *A. epigastrica superficialis:* auf der Rektusscheide von der Pulsstelle der Oberschenkelarterie aufsteigend.
• *A. circumflexa iliaca superficialis:* von der Pulsstelle der A. femoralis in Richtung Darmbeinkamm.
• Entnimmt man am Unterbauch einen Hautlappen mitsamt der zugehörigen Arterie, so kann man diesen Lappen an einer anderen Körperstelle wieder einpflanzen, um z.B. einen größeren Hautdefekt nach einer Verletzung oder Verbrennung abzudecken. Der verpflanzte Hautlappen stirbt nicht ab, wenn man seine Arterie an eine entsprechende Arterie des Empfängergebietes anschließt.
• Der zurückbleibende Hautdefekt am Unterbauch bereitet wenig Probleme, da ein gesundes Wundbett gute Heilungsaussichten bietet. Die Lücke ist hier durch Spalthaut oder durch Zusammenziehen der Wundränder der recht lockeren Bauchhaut leichter zu schließen als in einem geschädigten Hautbereich. Ferner stört eine Narbe am Unterbauch im allgemeinen wenig.

#262 Venöse Kollateralwege

■ **Hauptrichtungen des venösen Blutstroms**:
① Im **Stromgebiet der oberen Hohlvene**:
• *zur Achselhöhle:* von der vorderen, seitlichen und hinteren Brustwand zur V. axillaris. Auch die Bauchwand ist über die Vv. thoraco-epigastricae angeschlossen.

2.6 Gefäße und Nerven der vorderen Rumpfwand

- *zum Brustkorbinnern:* von der medialen Brustwand zu den Vv. thoracicae internae (und weiter zu den Vv. brachiocephalicae).
- *zum Hals:* von den schlüsselbeinnahen Brustwandbereichen zu den oberflächlichen Halsvenen.

② Im **Stromgebiet der unteren Hohlvene**:
- *zum Oberschenkel:* Die V. epigastrica superficialis und die V. circumflexa iliaca superficialis münden im Hiatus saphenus (gemeinsam mit der V. saphena magna) in die V. femoralis.
- *über den Nabel zur Pfortader:* Aus der unmittelbaren Umgebung des Nabels fließt Blut über die Vv. para-umbilicales zur Pfortader ab. Bei Pfortaderstauung (portale Hypertension, z.B. bei der Leberzirrhose) kann sich der Blutstrom in diesen Venen umkehren. Sie können dann als dicke, geschlängelte Stränge radiär um den Nabel sichtbar werden („Medusenhaupt" = Caput Medusae).

■ **Bedeutung**: Die Verbindungen zwischen den Venen der Bauch- und Brustwand können bei Verschluß der venösen Hauptabflußwege vom Bein (z.B. Beckenvenenthrombose) wichtig werden. Blut vom Bein kann dann auf diesem Weg unter Umgehung der unteren Hohlvene der oberen Hohlvene zugeführt werden. Im Gegensatz zum radiären Stauungsbild beim Pfortaderhochdruck treten hier parallele longitudinale Venen hervor.

- seitliche Halslymphknoten (Nodi lymphatici cervicales laterales),
- oberflächliche Leistenlymphknoten (Nodi lymphatici inguinales superficiales),
- Lymphknoten der Baucheingeweide (strittig).

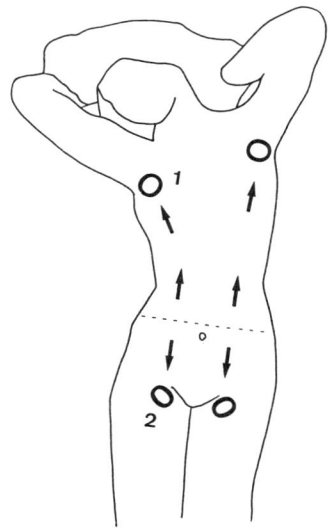

Abb. 263. *Hauptabflußrichtungen der Lymphe der vorderen Rumpfwand: 1 Achsellymphknoten, 2 Leistenlymphknoten (Umrisse einer Plastik von Auguste Rodin)*

#263 Regionäre Lymphknoten

Die Lymphbahnen folgen den Venen. Folglich gelten die in #262 beschriebenen Hauptrichtungen des venösen Abstroms auch für den Lymphstrom. Die „Wasserscheide" liegt wenig kranial des Nabels (Abb. 263). Die zugehörigen regionären Lymphknoten in den 5 Abflußgebieten sind:
- Achsellymphknoten (Nodi lymphatici axillares),
- parasternale Lymphknoten (Nodi lymphatici parasternales),

#264 Segmentale Innervation

① **Zentrale und periphere Innervation**: Sie stimmen in der Rumpfwand weitgehend überein. Jeder Zwischenrippennerv (N. intercostalis = R. ventralis eines N. thoracicus) versorgt in etwa die Haut über dem betreffenden Zwischenrippenraum. Die unteren Zwischenrippennerven ziehen über die untere Brustkorböffnung leicht absteigend zur Bauchwand weiter (Abb. 264).

② **„Segmentsprung"**: Entwicklungsgeschichtlich gesehen ist der Arm ein Teil der vorderen Rumpfwand. In ihn wachsen die Segmentnerven C_5 bis Th_1 ein. Diese fehlen entsprechend an der Brustwand. An das Segment C_4 (Schlüsselbeinbereich) schließt sogleich das Segment Th_2 an. Dann folgen die Segmente Th_3 bis L_1 ohne Unterbrechung.

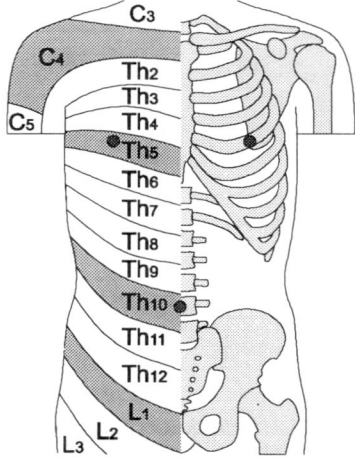

Abb. 264. *Segmentale Innervation der vorderen Rumpfwand: Man merke sich 4 „Leitsegmente": C_4 = Schlüsselbein (dann Segmentsprung!), Th_5 = Brustwarze, Th_{10} = Nabel, L_1 = Leistenfurche*

③ **Ausfallerscheinungen**: Die einzelnen Segmente liegen nicht scharf getrennt nebeneinander, sondern überlappen sich ausgiebig. Bei Störung eines Segments ist noch kein Sensibilitätsausfall zu erwarten, weil das obere und das untere Nachbarsegment das Gebiet voll überdecken. Erfahrungsgemäß müssen 3 nebeneinander liegende Segmente beeinträchtigt sein, bevor eine anästhetische Zone nachzuweisen ist.

④ **Reizzustände**:
• Die segmentale Innervation wird bei der „Gürtelrose" (Herpes zoster) deutlich: Schmerzen und Hautausschlag sind meist auf ein Segment beschränkt.
• Da die Zwischenrippennerven streckenweise unmittelbar dem Brustfell anliegen, sind sie bei Brustfellentzündung (Pleuritis) häufig gereizt.

#265 Reflexe der Bauchwand

① **Bauchhautreflexe** (in klinischen Befunden häufig abgekürzt BHR):
• *Biologischer Zweck:* Bei einer den Bauchorganen von außen drohenden Gefahr spannt sich die Bauchwand schützend an.
• *Auslösung:* Man streicht mit einem umgekehrten Streichholz, dem Fingernagel oder dem Stiel des Reflexhammers sacht von der Seite zur Mitte über die Bauchhaut. Am besten sind die Bauchhautreflexe in bequemer Rückenlage des Patienten mit einem Nadelrad auszulösen. Die Bauchhautreflexe sind Fremdreflexe, die unter Beteiligung des Gehirns ablaufen. Sie sind demgemäß stärker störbar als Muskeleigenreflexe und ermüden auch leichter. Daher ist es hilfreich, den Patienten durch ein Gespräch abzulenken.
• *Reaktion:* Es kontrahieren sich die darunter liegenden Bauchmuskeln. Man sieht das Zucken der Bauchwand und das Verziehen des Nabels.
• *Vorsicht:* Keinesfalls sollte man die Haut so kräftig berühren, daß schon dadurch die Haut verschoben wird. Auch sollte man die Haut nicht mit einer Nadel verkratzen.
• *Segmente:* Bei der neurologischen Standarduntersuchung prüft man die Bauchhautreflexe in drei Stockwerken:
im Oberbauch: Segmente Th_6 bis Th_9,
im Mittelbauch: auf Nabelhöhe Th_{10},
im Unterbauch: Th_{11} bis L_1.
• *Bewertung:* wie bei Reflexen üblich, in fünf Abstufungen mit 0 = fehlend, (+) = angedeutet, + = normal, ++ = lebhaft, +++ = gesteigert (nähere Erläuterung #124).

2.6 Gefäße und Nerven der vorderen Rumpfwand

■ **Bauchdeckenreflexe** (BDR):
• *Reflexart:* Muskeleigenreflexe der Bauchmuskeln.
• *Auslösung:* Schlag mit dem Reflexhammer medial vom Rippenbogen, kranial des Darmbeinkamms und kranial des Schambeins.
• *Reaktion, Segmente und Bewertung:* wie bei den Bauchhautreflexen.
• *Verwechslungsmöglichkeit:* manche Autoren bezeichnen die Bauchhautreflexe als Bauchdeckenreflexe und verzichten auf eine getrennte Prüfung der Muskeleigenreflexe.

Tab. 266. Häufige Ursachen akuter Schmerzen im Bauchraum („akutes Abdomen")

Rechter Oberbauch:	Linker Oberbauch:
• Magen- und Zwölffingerdarmgeschwür • Cholecystitis • Pancreatitis • Pyelitis • Appendicitis (bei retrozäkaler Lage)	• Magengeschwür • Milzinfarkt • Pancreatitis • Pyelitis • Herzinfarkt • Pleuritis
Rechter Unterbauch:	Linker Unterbauch:
• Appendicitis • Nieren- und Harnleitersteine • Adnexitis	• Nieren- und Harnleitersteine • Adnexitis • Sigmadivertikulitis

Protokoll 265. Reflexe der Bauchwand. Bewertung: 0, (+), +, ++, +++

	Links	Rechts	Gesunde Studenten
① Bauchhautreflexe (Fremdreflexe)			
Oberbauch			+
Mittelbauch			+
Unterbauch			+
② Bauchdeckenreflexe (Muskeleigenreflexe)			
Oberbauch			+
Mittelbauch			+
Unterbauch			+

#266 Übertragener Schmerz

① **Head-Zonen**: Schmerzen von inneren Organen werden häufig in Hautgebiete projiziert, deren afferente Nerven zu den gleichen Rückenmarksegmenten ziehen wie die Schmerzfasern der inneren Organe. Bei gemeinsamen Interneuronen in der Schmerzbahn kann das Gehirn die Herkunft nicht unterscheiden. Ein Herzschmerz gelangt dann so ins Bewußtsein, als ob er z.B. aus dem linken Oberarm käme. Die Kenntnis der den inneren Organen zugeordneten Hautgebiete ist von grundlegender Wichtigkeit für die ärztliche Diagnostik (Abb. 266, Tab. 266).

② **Mackenzie-Zonen**: Reizzustände an inneren Organen können Verkrampfungen von Skelettmuskeln in den gleichen Segmenten auslösen.

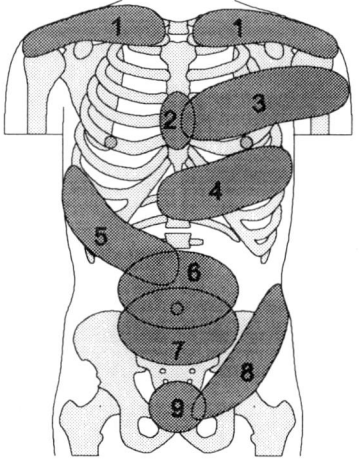

Abb. 266. Head-Zonen an der vorderen Rumpfwand: 1 Zwerchfell, 2 Speiseröhre, 3 Herz, 4 Magen, 5 Leber + Gallenblase, 6 Dünndarm, 7 Dickdarm, 8 Niere + Harnleiter + Keimdrüsen, 9 Harnblase

3 Brustorgane

3.1 Lunge

#311 Perkussion

■ **Allgemeine Orientierung**: Man beklopfe verschiedene Stellen der Brustwand und achte auf die Schallqualität (#126). Dabei wird man folgendes bemerken (Abb. 311a):

- In der Nähe der hinteren Medianlinie dämpft die Wirbelsäule, im vorderen mittleren unteren Bereich das Herz.
- Der Lungenschall reicht über das Schlüsselbein nach oben. Klopft man in kleinen Schritten den Hals zwischen Ohr und Schultereck ab, so kann man einen hosenträgerartigen Streifen von Lungenschall entdecken.

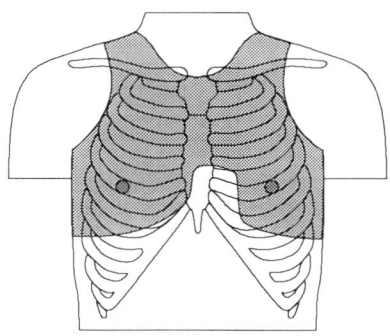

Abb. 311a. Bereich des sonoren Lungenschalls

- Der Lungenschall reicht weder vorn noch rückwärts bis an den Unterrand des Brustkorbs. Er geht an der rechten Brustkorbhälfte in die Leberdämpfung, links hinten in die Milzdämpfung, links vorn bei stehendem Patienten häufig in den tympanitischen Klopfschall einer Luftblase in der Magenkuppel über.
- Der Lungenschall wird rückwärts seitlich vom Schulterblatt und seinen Muskeln, vorn seitlich durch einen kräftigen großen Brustmuskel gedämpft. Läßt man den Patienten die Arme nach vorn nehmen, so werden die Schulterblätter nach vorn geschwenkt, und über einem größeren Teil des Rückens wird ungedämpfter Lungenschall hörbar.

■ **Vergleichende Perkussion**: Viele Lungenkrankheiten befallen nicht beide Lungen gleichmäßig, sondern sind auf einzelne Bereiche (bevorzugt einzelne Segmente oder Lappen) beschränkt. Bei der gesunden Lunge ist der Klopfschall über symmetrisch zur Medianebene liegenden Lungenpartien gleich (wenn man von der herzbedingten Lungenasymmetrie absieht).
- Bei einer eingehenden Untersuchung klopft der Arzt Vorder- und Rückwand des Brustkorbs in engen Schritten abwechselnd rechts und links ab (Abb. 311b). Dabei werden jeweils etwa 3 Perkussionsschläge ausgeführt. Dann wird sofort auf die Gegenseite übergegangen.

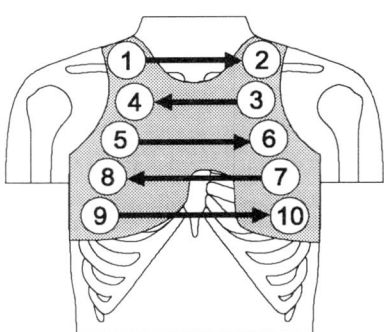

Abb. 311b. Vergleichende Perkussion der Lunge

- Schallphänomene haften nur kurz im Gedächtnis, deshalb muß man sofort vergleichen. Es wäre sinnlos, erst eine Seite von oben bis unten zu perkutieren und dann die Seite zu wechseln.
- In die vergleichende Perkussion werden auch die Lungenspitzenfelder am Hals einbezogen.
- Jede Asymmetrie des Klopfschalls erfordert weitergehende Diagnostik.

■ **Abgrenzende Perkussion**: Die unteren Lungengrenzen kann man nahezu zentimetergenau festlegen. Da die Lungenränder mit der Atmung auf- und absteigen, sollte der Patient dabei möglichst oberflächlich atmen, um einen möglichst kleinen Unschärfebereich zu erzeugen.

① **Vorgehen**: Bei der abgrenzenden Perkussion wird der Plessimeterfinger jeweils parallel zur erwarteten Grenzlinie aufgelegt.
- Man beginnt am besten in der mittleren Achsellinie rechts auf Höhe der Brustwarze. Man führt 3 Perkussionsschläge und legt dann den Plessimeterfinger etwa fingerbreit weiter kaudal zu den nächsten Schlägen auf. Die Grenze zwischen Lungen- und Leberschall markiert man mit einem Strich. Dann wiederholt man die Prozedur des stufenweise absteigenden Perkutierens weiter vorn und weiter rückwärts.
- Bei Patientinnen mit größeren Brustdrüsen läßt man die Patientin die Brustdrüse mit der Hand nach oben schieben und festhalten, um ungehindert perkutieren zu können.
- Auf der linken Seite verfährt man sinngemäß, denke aber daran, daß im vorderen Bereich bisweilen Lungenschall und tympanitischer Klopfschall aneinandergrenzen.

② **Normalbefunde der unteren Lungengrenzen**:
- *Medioklavikularlinie:* 6. Zwischenrippenraum (ICR = Interkostalraum),
- *mittlere Achsellinie:* 8. Rippe,
- *Skapularlinie:* 9. Rippe.

Bei genauer Perkussion wird man die Lungengrenzen rechts 1-2 cm höher als links bestimmen (große Leber!). Im Stehen sinken die Lungengrenzen wegen des Gewichts der Baucheingeweide 1-2 cm gegenüber dem Liegen ab. Bei lauter Perkussion bestimmt man die Lungengrenzen etwas höher als bei leiser: Ein dünner Streifen von Lungengewebe wird bei lautem Perkutieren „durchgeschlagen". Man „hört" dann nur das tiefer gelegene Gewebe.

■ **Abnorme Klopfschallbefunde**:
① **Hypersonorer Klopfschall**: Beim Perkutieren älterer Menschen wird man gelegentlich einen besonders lauten Lungenschall hören. Die Hyperresonanz beruht auf einer Vergrößerung der Lungenbläschen beim Lungenemphysem. Bei dieser „Lungenblähung" sind die Atembewegungen eingeschränkt. Der Brustkorb verharrt in Einatmungsstellung (inspiratorische Thoraxstarre).

② **Dämpfung statt Lungenschall** bei
- *Infiltration* des Lungengewebes: Die Luft ist durch Flüssigkeit ersetzt, z. B. bei Lungenentzündung (Pneumonie).
- *Atelektase* des Lungengewebes (gr. atelés = unvollständig, éktasis = Ausdehnung): Bei Verschluß eines Bronchus wird aus dem zugehörigen Lungengewebe die Luft resorbiert und damit das Gewebe verdichtet.
- *Pleuraerguß:* Eine Flüssigkeitsansammlung im Brustfellraum drängt das Lungengewebe von der Brustwand ab.
- *Pleuraschwarte:* Ein verdicktes Brustfell (narbiger Restzustand nach Entzündung) kann die Resonanz beeinträchtigen.

③ **Tympanitischer Klopfschall**: Er ist über größeren gewebefreien Luftansammlungen im Brustraum zu hören:
- *Pneumothorax:* Luft im Brustfellraum.
- *Kavernen:* Hohlräume in der Lunge nach Gewebeeinschmelzung durch Eiterung usw.

④ **Hochstand der unteren Lungengrenzen** bei:
- Atelektase des Lungengewebes.
- Pleuraerguß.
- Zwerchfelllähmung.
- Vermehrtem Volumen des Bauchraums, z.B. in Spätschwangerschaft.

#312 Atemverschieblichkeit der Unterränder der Lunge

Bei der Einatmung tritt das Zwerchfell und damit auch die Lunge tiefer, bei der Ausatmung steigen beide auf. Das Ausmaß dieser Bewegung kann man leicht perkutieren. Voraussetzung ist, daß man die nötige Sicherheit in der abgrenzenden Perkussion gewonnen hat (#311).

① **Vorgehen**: Man läßt den Patienten mehrere Male tief durchatmen und dann den Atem in tiefer Ausatmung anhalten. Nun perkutiert man rasch die Lungen-Leber-Grenze und markiert sie an der Haut mit einem Strich. Dann läßt man den Patienten wieder einige Male tief atmen und schließlich den Atem in Einatemstellung anhalten. Dann wird wieder rasch perkutiert und die Grenze aufgezeichnet. Dies wiederholt man, bis man rechts und links von der Medioklavikularlinie bis zur Skapularlinie die Grenzen bei Aus- und Einatmung markiert hat (Abb. 312a).

② **Pathologische Befunde**: Die Atemverschieblichkeit ist eingeschränkt bei
- *mangelnder körperlicher Leistungsfähigkeit*: geringe Atembreite.
- „*Schonatmung*": bei Schmerzen bei den Atembewegungen, z.B. bei Brustfellreizung.
- *behinderter Zwerchfellatmung*: Schmerz im Bauchraum, Spätschwangerschaft, Lähmung des Zwerchfells.
- *Lungenemphysem*: Die Lungengrenzen stehen tief wegen der inspiratorischen Thoraxstarre.
- *Pleuraschwarte*: Bei Verklebung von Pleura visceralis und Pleura parietalis kann sich die Lunge nicht frei im Pleuraspalt bewegen.

Protokoll 312. Atemverschieblichkeit der Unterränder der Lungen (cm)			
	Links	Rechts	Gesunde Studenten
Medioklavikularlinie			3
Vordere Achsellinie			8
Mittlere Achsellinie			10
Hintere Achsellinie			8
Skapularlinie			5-6

③ **Projektion der Pleuragrenzen auf die Brustwand**: An der Pleura parietalis unterscheidet man 3 Hauptabschnitte: Pleura costalis + mediastinalis + diaphragmatica. Die Grenzbereiche („Umschlagstellen") dieser 3 Abschnitte (Abb. 312b) sind die theoreti-

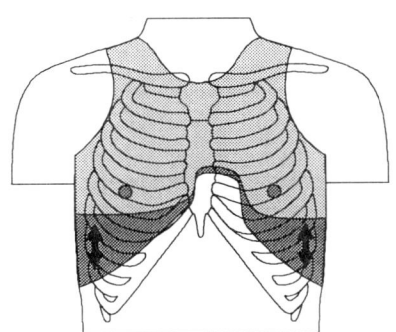

Abb. 312a. Atemverschieblichkeit der Unterränder der Lungen

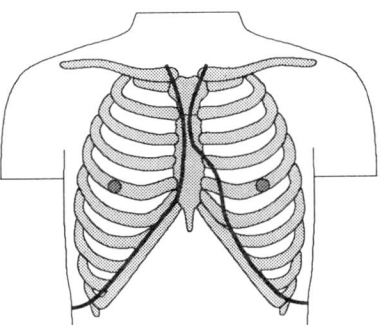

Abb. 312b. Pleuragrenzen

sche Grenze für die größte Entfaltung der Lunge bei der Einatmung, allerdings wird sie von der Lunge kaum je erreicht.
- Man vergleiche die perkutierten Unterränder der Lunge in maximaler Einatmung mit den Angaben in Tab. 312.
- Die Kenntnis der unteren Pleuragrenzen ist bei Brustwandverletzungen und bei Punktionen wichtig: Oberhalb besteht die Gefahr eines Pneumothorax. Jede die Brustwand durchdringende Verletzung ist sofort abzudichten, weil sonst bei jeder Einatmung aufgrund des Unterdrucks im Brustraum Luft in den Pleuraspalt eingesaugt wird.

Tab. 312. Untere Grenze des Pleuraraums	
Medioklavikularlinie	8. Rippe
Medioaxillarlinie	10. Rippe
Neben der Wirbelsäule	12. Rippe

#313 Projektion der Luftröhre und der großen Bronchen

① **Luftröhre** (Abb. 313): Sie ist etwa 10-12 cm lang (kürzer bei Vorneigen des Kopfes und Ausatmung, länger bei Rückneigen des Kopfes und Einatmung). Sie reicht vom Ringknorpel bis etwa zum Brustbeinwinkel (Synchondrosis manubriosternalis). Ihre lichte Weite beträgt etwa 16 bis 18 mm. Dies entspricht etwa der Dicke des kleinen Fingers. Sie weicht hinter dem Brustbein aus der Mittellinie etwas nach rechts ab.

② **Rechter Hauptbronchus**: Er steigt steil ab: Seine gedachte Fortsetzung würde etwa in der Mitte zwischen Brustwarze und Medianlinie liegen.
- Vom rechten Hauptbronchus geht nach etwa 2-3 cm schräg nach oben seitlich der rechte Oberlappenbronchus ab.
- Etwa auf Höhe der 4. Rippe teilt er sich in den rechten Mittel- und Unterlappenbronchus.

③ **Linker Hauptbronchus**: Er schwenkt fast in die Horizontale um: Seine gedachte Fortsetzung würde oberhalb der Brustwarze liegen.

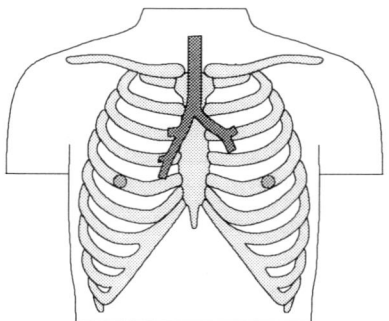

Abb. 313. Projektion der Luftröhre, der Haupt- und Lappenbronchen auf die vordere Brustwand

- Der linke Hauptbronchus zweigt sich nach etwa 5-6 cm in den linken Ober- und Unterlappenbronchus auf.

④ **Praktische Anwendung**: Über der Luftröhre und den großen Bronchen hört man das bronchiale Atemgeräusch (#315).

#314 Projektion der Lappen- und Segmentgrenzen

■ **Lappengrenzen**:
① **Hilfslinien** (Abb. 314):
- Auf beiden Seiten von der Spitze des 3. Brustwirbeldornfortsatzes (Schnittpunkt der Verbindungslinie der beiden Schulterblattgräten bei herabhängendem Arm, #215) zum Nabel: Diese Linie entspricht der Fissura obliqua zwischen Ober- und Unterlappen. Hat man Schwierigkeiten mit der Lage der Linie an der seitlichen Brustwand, so läßt man den stehenden Patienten beide Arme in die Vertikale heben: Die gesuchte Linie verläuft dann am Medialrand des Schulterblatts (das beim Heben des Arms nach vorn geschwenkt wird und daher steht).
- Nur rechts etwa entlang der 4. Rippe von der eben gezeichneten Linie zum Brustbein: Diese Linie entspricht der Fissura horizontalis zwischen Ober- und Mittellappen.

② **Bedeutung**: Die „klassische" = bakterielle Lungenentzündung befällt in der Regel einen Lungenlappen (daher lobäre Pneumonie genannt). Eine akute hochfieberhafte Erkrankung mit Schalldämpfung über einem Lungenlappen legt die Diagnose nahe.

■ **Segmentgrenzen**: Die rechte Lunge ist meist in 10, die linke in 8-10 Segmente gegliedert (Abb. 314). Segment 7 hat keinen Oberflächenbezug, es ist dem Herzen zugewandt.

① **Bedeutung**: Bei Verschluß eines Segmentbronchus, z. B. durch ein Bronchialkarzinom (Lungenkrebs), wird die Luft aus diesem Segment resorbiert. Das Gewebe wird dichter und gibt dann gedämpften Klopfschall. Eine auf ein Segment begrenzte Dämpfung legt den Verdacht auf den Verschluß des Segmentbronchus nahe.

② **Diagnostische Einschränkungen**:
• Die Segmentgliederung ist stärker variabel als die Lappengliederung.
• Atelektatische (luftleere) Segmente sind meist geschrumpft, sofern sie nicht flüssigkeitsgefüllt sind.
• Eine Flüssigkeits- oder Luftansammlung im Brustfellraum (Pleuraerguß, Pneumothorax) können zu Verlagerungen führen.

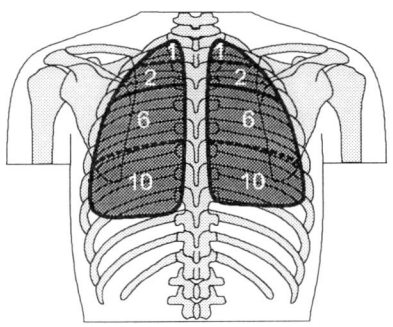

Abb. 314b. Lappen- und Segmentgrenzen an der Lungenhinterseite: 1-10 Nummern der Lungensegmente

#315 Auskultation

■ **Normale Atemgeräusche**:
① **Bronchiales Atemgeräusch**: Der Luftstrom wird im Röhrensystem der Luftwege an den Verzweigungsstellen geteilt. Dabei geraten die Teilungssporne (Carinae) in der Bronchialwand in Schwingungen. Wie bei Orgelpfeifen ist die Höhe des Tons abhängig vom Durchmesser des Rohrs: Über der Luftröhre ist der Ton tiefer als über den Bronchen. Die Schwingungen treten auch bei der Ausatmung auf. Sie sind hier sogar verstärkt.
• Der Klangcharakter entspricht einem rauhen „ch". Er wird gewöhnlich mit dem Fauchen einer Katze verglichen.

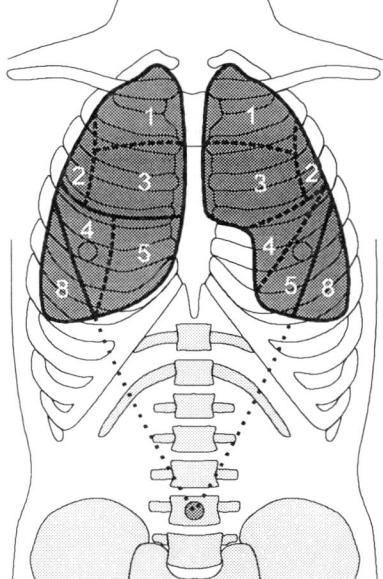

Abb. 314a. Lappen- und Segmentgrenzen an der Lungenvorderseite: 1-8 Nummern der Lungensegmente

- Das bronchiale Atemgeräusch hört man am reinsten im Projektionsbereich der Luftröhre und der großen Bronchen (#313).

② **Alveoläres = vesikuläres Atemgeräusch**: Bei der Füllung der Lungenbläschen mit Luft bei der Einatmung geraten die sich spannenden Alveolarwände in Schwingungen. Sie entspannen sich bei der Ausatmung. Daher verschwindet das vesikuläre Atemgeräusch beim Ausatmen.
- Der Klangcharakter entspricht einem schlürfenden „w". Er wird gewöhnlich mit dem Rauschen von Blättern verglichen.
- Das alveoläre Atemgeräusch ist tiefer als das bronchiale. Es ist am reinsten über Lungenteilen zu hören, die von den großen Bronchen weit entfernt sind, z. B. den unteren Bereichen der Unterlappen am Rücken.

Tab. 315. Atemgeräusche	
Bronchiales	„ch", hoch, laut, Inspiration + Exspiration, bronchusnah
Alveoläres = vesikuläres	„w", tief, leise, Inspiration + Anfang der Exspiration, bronchusfern

■ **Untersuchungstechnik**: Man läßt den Patienten tief und rasch durch den Mund atmen. Man setzt das Stethoskop abwechselnd rechts und links auf gleicher Höhe auf und vergleicht den Geräuschcharakter. Man hört systematisch den gesamten Projektionsbereich der Lunge ab (Abb. 311b).
- Bei länger dauernder Untersuchung muß man Pausen mit Normalatmung einlegen, da der Patient sonst zuviel CO_2 abatmet und dadurch in eine respiratorische Alkalose mit Übererregbarkeit der Muskeln gerät.

■ **Pathologische Befunde**:
① **Abgeschwächte Atemgeräusche**: Flüssigkeits- oder Luftansammlungen im Brustfellraum (Pleuraerguß, Pneumothorax) sowie atelektatisches (luftleeres) Lungengewebe dämpfen die Schalleitung. Das Atemgeräusch ist auch abgeschwächt, wenn der Patient nicht tief atmen kann, z. B. bei Lungenemphysem.

② **Verstärkte Atemgeräusche**: Verdichtung des Lungengewebes durch entzündliche Infiltrate bei der Lungenentzündung begünstigt die Schalleitung. Das bronchiale Atemgeräusch wird dann stärker weitergeleitet und ist auch in Bereichen zu hören, die sonst vesikuläres Atemgeräusch geben. Auch bei Rauchern ist das Atemgeräusch wegen ständiger Entzündungen „verschärft".

③ **Nebengeräusche**:
- *Feuchte Nebengeräusche* (= Rasselgeräusche) kommen zustande, wenn sich Flüssigkeit in den Luftwegen befindet. Die Luft perlt dann durch die Flüssigkeit hindurch. Je nach der Zähigkeit der Flüssigkeit sind die Geräusche grob-, mittel- oder feinblasig.
- *Trockene Nebengeräusche* entstehen, wenn Schleimfäden in den Luftwegen vibrieren oder die Bronchialwände bei stark verengten Bronchen in Schwingungen geraten: Giemen, Pfeifen, Brummen. Knackende und knisternde Geräusche sind zu hören, wenn sich luftleere Teile der Lunge wieder mit Luft füllen oder der Druckausgleich zwischen bislang getrennten Luftkammern erfolgt. Deren Klangcharakter kann man sich veranschaulichen, indem man eine Haarsträhne vor dem Ohr zwischen 2 Fingern reibt.
- Nebengeräusche hört man vor allem bei Bronchitiden und Lungenentzündungen.

④ **Reibegeräusche des Brustfells**: Das gesunde Brustfell ist spiegelnd glatt. Bei Entzündung (Pleuritis) wird die Oberfläche durch Schwellungen und Auflagerungen uneben. Dann entstehen reibende Geräusche, die um so stärker sind, je tiefer geatmet wird. Da der Patient dabei meist auch stechende Schmerzen verspürt, vermeidet er tiefe Atmung. Diese „Schonatmung" fördert das Entstehen von Lungenentzündungen.

#316 Stimmfremitus

■ **Prinzip**: Der Brustraum ist ein Resonanzraum für die Stimme. Vor allem bei tiefen Tönen gerät der Brustkorb in Schwingungen, die man tasten kann. Bei Kindern

3.1 Lunge

und Frauen, deren Stimme nicht genügend in die Tiefe reicht, ist der Stimmfremitus (lat. fremitus = dumpfes Rauschen) entsprechend schwach.

■ **Selbstversuch:**
• Man lege die Hände flach an die Seiten des Brustkorbs und sage dann laut mit tiefer Stimme „99". Die Abhängigkeit der Stärke der Schwingungen von der Tonhöhe prüft man am einfachsten, indem man die Tonleiter herauf und herunter singt.
• Zur feineren Untersuchung, z.B. zur Bestimmung der unteren Lungengrenzen, legt man die Hand nicht flächig, sondern nur mit der ulnaren Handkante oder der Radialseite des Zeigefingers an.

■ **Beurteilung:** Die Stärke des Stimmfremitus hängt von der Güte der Schalleitung ab. Sie geht daher etwa parallel mit der Stärke des Atemgeräusches (#315):
• Der Stimmfremitus ist verstärkt bei allen Erkrankungen, bei denen die Schalleitung verstärkt ist (#315), z. B. bei entzündlicher Infiltration des Lungengewebes.
• Der Stimmfremitus ist aufgehoben, wenn die Schalleitung durch Flüssigkeit oder Luft im Brustfellraum oder durch atelektatisches Lungengewebe unterbrochen ist.
• Irrtumsmöglichkeit: Der Stimmfremitus ist nicht oder nur schwach zu tasten, wenn der Patient zu leise oder zu hoch spricht. Man bitte dann den Patienten, sein „99" tiefer und lauter zu sprechen!

■ **Praktische Bedeutung:** Bei einem Brustfellerguß kann man den Höhenstand der Flüssigkeit zentimetergenau bestimmen, denn im Bereich des Ergusses ist der Stimmfremitus aufgehoben. Aus der Größe der Fläche kann man bei entsprechender Erfahrung auf die Menge des Ergusses schließen. Beim Ablassen des Ergusses (Pleurapunktion, #318) kann man anhand des Stimmfremitus verfolgen, wie der Erguß kleiner wird.

#317 Atemleistung

① **Streichholztest:** Der Lungengesunde kann ein 15 cm vor den Mund gehaltenes brennendes Streichholz (oder Kerze) mit weit geöffnetem Mund ausblasen. Die Lippen dürfen dabei nicht wie beim Pfeifen gespitzt werden! Dieser Test dient nur der ganz groben Orientierung.

② **Spirometrie** (lat. spirare = blasen, atmen, gr. métron = Maß): Messen der ein- und ausgeatmeten Luftmenge bei ruhiger Atmung (Atemzugvolumen) und tiefster Ein- und Ausatmung (Vitalkapazität), beim Atemstoß (Sekundenvolumen) usw. Die Spirometrie setzt eine entsprechende Laborausstattung voraus und gehört daher nicht mehr zu den in diesem Buch ausführlich besprochenen einfachen Untersuchungsmethoden.

#318 Pleurapunktion

■ **Pleuraerguß:**
① **Entstehung:** Die Oberfläche des Brustfells ist mit einer dünnen Flüssigkeitsschicht überzogen. Sie mindert die Reibung bei den Atembewegungen der Lunge. Die Flüssigkeitsmenge ist konstant, solange Sekretion und Resorption im Gleichgewicht sind. Ist die Sekretion vermehrt (z.B. bei Entzündungen) oder die Resorption vermindert (z.B. bei Herzleistungsschwäche oder niedrigem Eiweißgehalt des Blutes), so nimmt die Flüssigkeitsmenge zu. Sie kann in extremen Fällen auf mehrere Liter anwachsen.

② **Folgen:** Der vom Brustfellerguß eingenommene Raum fehlt der Lunge zur Entfaltung. Deshalb sinkt die Atemleistung. Ist der Erguß einseitig, so weicht das Mediastinum nach der gesunden Seite aus. Damit wird auch die Lunge der gesunden Seite behindert. Größere Ergüsse muß man ablassen, um dem Patienten die Atmung zu erleichtern.

■ **Vorgehen bei der Pleurapunktion:**
① **Vorbereitung:**
• Position des Patienten: Flüssigkeit sammelt sich aufgrund der Schwerkraft immer im tiefsten Bereich des Brustfellraums an. Deshalb wird möglichst bei sitzendem Patienten punktiert, weil nur so der Erguß gut zugänglich ist. Der Patient sitzt am besten verkehrt herum auf einem Stuhl, also mit der Brustwand der Lehne zugewandt. Er verschränkt die Arme auf der Lehne. Dies verbessert seinen Halt und macht außerdem die Seite für den Arzt zugänglich. Der Patient fühlt sich geborgener, wenn er von einer Hilfsperson gestützt wird.
• Sonographisch oder, falls kein Ultraschallgerät verfügbar ist, durch Prüfen des Stimmfremitus und durch Perkussion wird die Ausdehnung des Ergusses bestimmt und an der Brustwand markiert.

② **Einstichstelle:** Man sticht möglichst weit unten an der Brustwand ein, weil beim Ablassen des Ergusses dessen Spiegel ständig sinkt. Günstige Stellen sind der 7. und 8. Zwischenrippenraum zwischen hinterer Achsellinie und Skapularlinie. Da die Zwischenrippengefäße und -nerven am Unterrand der Rippe verlaufen, wird immer am Oberrand einer Rippe eingestochen.
• Vermeiden sollte man den Bereich unmittelbar neben der Wirbelsäule, weil hier die Zwischenrippengefäße und -nerven teilweise frei durch den Zwischenrippenraum verlaufen. Ungeeignet ist auch der Bereich neben dem Brustbein wegen der Vasa thoracica interna. Daß man nicht im Bereich des Herzens punktiert, ist wohl selbstverständlich.

③ **Einstich:** Zuerst wird mit einer dünnen Hohlnadel der Stichkanal betäubt. Dann wird die dicke Punktionsnadel eingeführt. Hört der Widerstand der Brustwand auf, so darf die Nadel nur noch 5-10 mm weiter vorgeschoben werden, um die Lunge nicht zu verletzen.

④ **Absaugen:** Man benutzt gewöhnlich einen Dreiwegehahn, um die Spritze zwischendurch nicht absetzen zu müssen. Keinesfalls darf die Hohlnadel unbestückt bleiben, da sonst bei jeder Einatmung Luft in den Brustfellraum gesaugt wird (Pneumothorax!).
• Mehr als 1 l Flüssigkeit sollte in einer Sitzung nur mit besonderer Vorsicht entfernt werden, da über die Rückverlagerung des Mediastinums vegetative Reizerscheinungen ausgelöst werden können. Außerdem kann eine zu rasche Ausdehnung der vorher behinderten Lunge über die vermehrte Lungendurchblutung zu einer akuten Überlastung des linken Herzens führen (Lungenödem).
• Eine Probe der Ergußflüssigkeit wird man zumindest bei der erstmaligen Punktion eines Ergusses im Labor untersuchen lassen (Eiweißgehalt, Zellen, evtl. Bakterien).

#319 Weitergehende Untersuchungsmethoden

Über die dargestellten einfachen Untersuchungsmethoden hinaus wird man bei begründetem Verdacht in der Klinik und z.T. auch in der Facharztpraxis folgende apparative Verfahren einsetzen:
• *Röntgenuntersuchung:* Luft ist ein negatives Kontrastmittel. Sie ist besser strahlendurchlässig als die Körpergewebe. Die lufthaltige Lunge hebt sich daher im Röntgenbild deutlich von der Brustwand und vom Herzen ab. Sie ist so leicht wie kein anderes Organ im Röntgenbild zu beurteilen. Nur in Ausnahmefällen wird es daher nötig sein, mit einem positiven Kontrastmittel (stärker strahlabsorbierend als Körpergewebe) den Bronchialbaum darzustellen (Bronchographie).
• *Sonographie:* Die Ultraschalluntersuchung hat zwar in den letzten Jahren ganz allgemein an Bedeutung gewonnen, kann aber bei der Lunge mit der Röntgenuntersuchung nicht konkurrieren.
• *Blutgasuntersuchung:* Der Gehalt an Sauerstoff (pO_2) und an Kohlendioxid (pCO_2), pH, Standardbicarbonat und Sauerstoffsättigung geben Hinweise auf Belüftung, Gasaustausch und Durchblutung der Lunge.

- *Sputumuntersuchung:* Der Auswurf (Sputum) enthält bei bestimmten Krankheiten Bakterien (z.B. Mykobakterien bei der offenen Lungentuberkulose) oder abnorme Zellen (Krebszellen beim Bronchialkarzinom). Sie können mit bakteriologischen oder zytologischen Verfahren nachgewiesen werden. Aussagekräftig ist die Untersuchung nur, wenn der Auswurf aus der Tiefe des Bronchialsystems stammt und nicht etwa Speichel aus dem Mund verwandt wird.
- *Bronchoskopie:* Mit dem über Mund und Rachen in die unteren Luftwege eingeführten Bronchoskop kann man bis in mittlere Bronchen vordringen und die Schleimhaut unmittelbar besichtigen. Aus verdächtigen Stellen kann man Gewebeproben entnehmen und der mikroskopischen Untersuchung zuführen.
- *Mediastinoskopie:* Während bei der Bronchoskopie das Instrument in natürlichen Hohlräumen des Körpers bewegt wird, schafft man bei der Mediastinoskopie künstliche. Durch einen Hautschnitt im unteren Halsbereich wird ein Finger hinter dem Brustbein nach unten geschoben. Er dringt im weichen Füllgewebe mühelos vor und drängt die Organe zur Seite. Mit dem anschließend eingeführten Mediastinoskop kann man die Luftröhre, die Hauptbronchen und die großen Gefäße von außen beurteilen. Vor allem die zahlreichen Lymphknoten in diesem Bereich interessieren, wenn nach Metastasen eines Bronchialkarzinoms oder eines Lymphoms gefahndet wird. Auch hierbei werden Gewebeproben zur mikroskopischen Untersuchung entnommen.
- *Pleuroskopie* (Brustfellspiegelung): Das Endoskop wird durch einen Zwischenrippenraum in den Brustfellraum eingeführt, der vorher durch Einblasen von Luft erweitert wurde (künstlicher Pneumothorax).
- *Druckmessung* in der Lungenarterie bei einer Herzkatheteruntersuchung.
- *Gewebeentnahmen* zur mikroskopischen Untersuchung: Außer bei den Endoskopien sind Gewebeproben auch durch direkte Punktion, z.B. Feinnadelpunktion, durch die Brustwand zu gewinnen.

3.2 Herz

#321 Sagittale Projektion des Herzens

■ **Mittelschatten im Thoraxröntgenbild:** Der Umriß ist rechts durch 2, links durch 4 lateralkonvexe Bogen gekennzeichnet. Es folgen von oben nach unten (Abb. 321a):
- rechts: obere Hohlvene, rechter Vorhof,
- links: Aorta, Lungenarterie, linker Vorhof, linke Kammer.

Den Herzanteil des Mittelschattens kann man entsprechend der Vorderfläche des Herzens weiter unterteilen, wobei man die Linie AE drittelt (Abb. 321b).

Man beachte:
- Die Projektion der Herzabschnitte kann individuell je nach Stellung der Herzachse und Drehung des Herzens auch beim Ge-

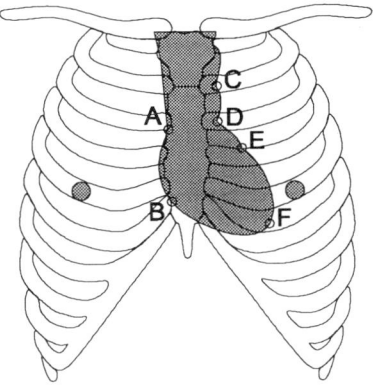

Abb. 321a. Mittelschatten im Thoraxröntgenbild und „Eckpunkte" des Herzens: A = Ansatz der rechten 3. Rippe am Brustbein, B = Ansatz der rechten 6. Rippe am Brustbein, C = etwa fingerbreit lateral des Ansatzes der linken 2. Rippe am Brustbein, D = wie C, jedoch an der 3. Rippe, E = auf der Linie DF am Oberrand der 4. Rippe, F = 1-2 cm links vom Zentrum des Herzspitzenstoßes

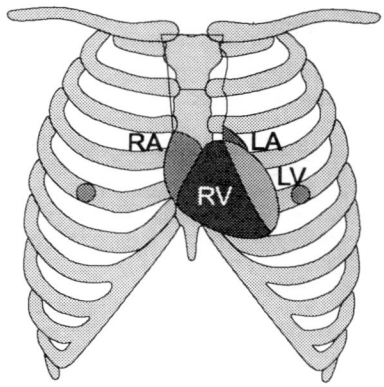

Abb. 321b. *Untergliederung der sagittalen Projektion des Herzens: LA = linker Vorhof, LV = linker Ventrikel, RA = rechter Vorhof, RV = rechter Ventrikel (in der Fachliteratur nach anglo-amerikanischem Vorbild beliebte Abkürzungen)*

sunden erheblich abweichen. Dies gilt um so mehr beim herzkranken Patienten, bei dem einzelne Herzhöhlen erweitert sind. Aber gerade in diesem Fall ist die Kenntnis der normalen Projektionen für die Interpretation des Röntgenbildes besonders wertvoll!
• Das Herz muß allen Bewegungen des Zwerchfells folgen. Der Unterschied im Höhenstand zwischen tiefer Ein- und Ausatmung kann ein Brustkorbsegment (Rippe + Zwischenrippenraum) betragen. Bei tiefer Einatmung steht das Herz mehr längs, bei tiefer Ausatmung mehr quer.
• In der Systole sind die Kammern kleiner als in der Diastole.

■ **Veranschaulichung der Herzgröße: „Faustregel":** Das gesunde Herz ist meist nur wenig größer als die geballte Faust des betreffenden Individuums.
• Man balle die Faust derartig, daß dabei der Daumen der Radialseite des Zeigefingers anliegt (also nicht in die geschlossene Faust eingeschlagen wird). Die Spitze des „Herzens" entspricht dann dem Daumenendglied, die Herzkranzfurche (Vorhof-Kammer-Grenze) etwa einer Linie vom Kopf des 5. Mittelhandknochens zum Daumensattelgelenk.
• Man halte die rechte Faust so vor den Brustkorb, daß die „Spitze" nach links unten weist, während die Köpfe der Mittelhandknochen nach vorne zeigen. Die Daumenspitze sollte etwa 2 Fingerbreit rechts der linken Brustwarze stehen. Die Stellung ist etwas unbequem, aber Faust und Herz entsprechen dann einander.

■ **Lage der Herzachse** (Verbindungslinie der Mitte der Vorhof-Kammer-Grenze zur Herzspitze):
• Sie ist etwa um je einen halben rechten Winkel (45°) aus der Körperlängsachse mit dem unteren Ende (Herzspitze) nach links und nach vorn gedreht (abhängig von Körperhaltung und Atemphase!).
• Das Herz ist außerdem um die Herzachse um einen halben rechten Winkel (von oben gesehen im Gegensinn des Uhrzeigers) rotiert. Dadurch kommt die rechte Herzhälfte stärker nach vorn, die linke stärker nach hinten. Bei der vor den Brustkorb gehaltenen Faust entspricht die vordere Zwischenkammerfurche der Grenze zwischen Daumen und Zeigefinger.

■ **Projektion der Ventilebene**: Die 4 großen Herzventile liegen etwa in einer Ebene. Diese Ventilebene des Herzens ist zugleich die Vorhof-Kammer-Grenze. Sie wird auf der Außenseite des Herzens durch die Herzkranzfurche (BE in Abb. 321a) markiert.
• Wegen der Abweichung der Herzachse aus der Körperlängsachse steht auch die Ventilebene schräg (und zwar rechtwinklig zur Herzachse). Sie projiziert sich etwa als Ellipse. Deren Oberrand entspricht dem Vorderrand der Ventilebene, deren Unterrand dem Hinterrand. Die Projektion der Segelklappen (Längsdurchmesser etwa 3-4 cm) und der Taschenklappen (etwa 2 cm) entnehme man Abb. 321c.
• Die Kenntnis der Projektion der Ventilebene auf die vordere Brustwand ist für das Verständnis der Abhörstellen der großen Herzventile (#324) wichtig.

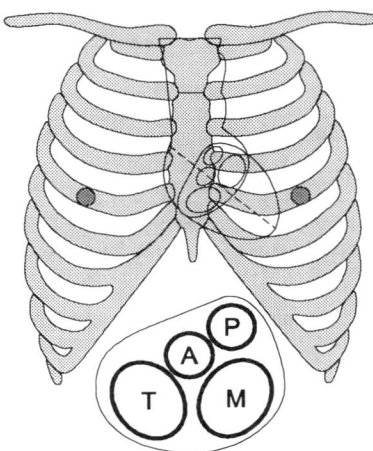

Abb. 321c. Projektion der Ventilebene: A Aortenklappe, M Mitralklappe, P Pulmonalklappe, T Trikuspidalklappe, gestrichelt Herzachse

#322 Projektion der herznahen Blutgefäße

■ **Aorta**: Sie beginnt an der Aortenklappe, zentral in der Ventilebene (Abb. 321c).
• *Pars ascendens aortae:* Die aufsteigende Aorta wendet sich nach rechts. Der am weitesten rechts liegende Teil liegt etwa auf Höhe des 2. Zwischenrippenraums am rechten Rand des Brustbeins (Abb. 322a). Die aufsteigende Aorta hat beim jungen Erwachsenen eine lichte Weite von etwa 2 cm.
• *Arcus aortae:* Im Aortenbogen biegt die Aorta von rechts vorn nach links hinten um. Er steht im 1. schrägen Durchmesser der Röntgenologen (RAO-Position). In der sagittalen Projektion erscheint er daher stark verkürzt. Der höchste Punkt des Aortenbogens liegt hinter dem Brustbein auf Höhe des Ansatzes der 1. linken Rippe. Im 1. linken Zwischenrippenraum springt der „Aortenknopf" etwa fingerbreit nach links vor. Dies ist der am weitesten links liegende Teil der Aorta.

• *Pars descendens aortae:* Die absteigende Aorta nähert sich allmählich wieder der Körpermittelebene, bleibt aber immer links von ihr.
• *Äste:* Aus dem Gipfelbereich des Aortenbogens entspringen 3 große Äste: der Truncus brachiocephalicus rechts der Medianebene, die A. carotis communis sinistra etwa in der Medianebene, die A. subclavia sinistra links davon. Der Truncus brachiocephalicus teilt sich nach kurzem geraden Verlauf hinter dem medialen Ende des rechten Schlüsselbeins in die A. subclavia dextra und die A. carotis communis dextra.

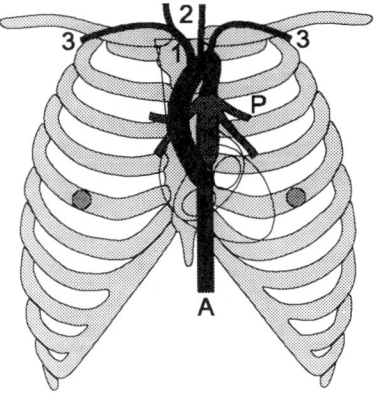

Abb. 322a. Herznahe Arterien: A Aorta mit Hauptästen, 1 Truncus brachiocephalicus, 2 A. carotis communis, 3 A. subclavia, P Stamm der Lungenarterien und Hauptäste nach Röntgenbild (Dextrokardiogramm)

■ **Truncus pulmonalis**: Der Stamm der Lungenarterien beginnt an der Pulmonalklappe. Sie liegt in der Ventilebene (Abb. 321c) links vorn (in der Projektion oben), etwa hinter dem linken Brustbeinrand auf Höhe des 4. Zwischenrippenraums.
• Der Truncus pulmonalis steigt von der Pulmonalklappe steil nach oben. Auf Höhe des 2. Zwischenrippenraums teilt er sich

nahezu T-förmig in die rechte und die linke A. pulmonalis.
- Der Truncus pulmonalis ist etwas breiter als die aufsteigende Aorta. Der Querschnitt muß größer sein, weil in ihm pro Systole gleichviel Blut, aber langsamer (nur etwa 1/6 des Mitteldrucks der Aorta) strömt.

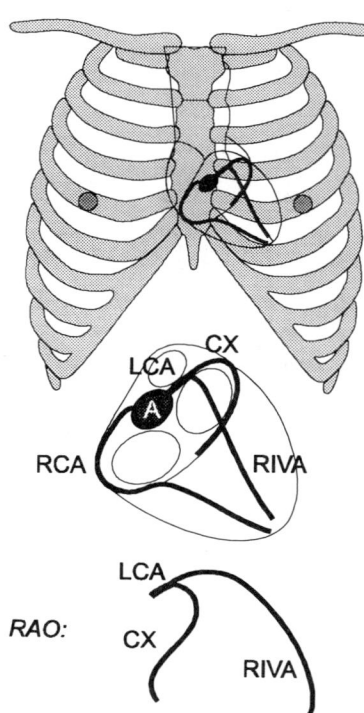

Abb. 322b. Sagittale Projektion der Koronararterien auf die vordere Brustwand: oben Übersicht, Mitte vergrößerter Ausschnitt, unten Herzkranzarterien in RAO-Position (rechts vorn schräg) im Koronarogramm: A = Pars ascendens aortae, CX = R. circumflexus, LCA = A. coronaria sinistra, RCA = A. coronaria dextra, RIVA = R. interventricularis anterior

■ **Koronararterien**:
- *A. coronaria dextra* (vom Kliniker oft abgekürzt RCA): Die rechte Herzkranzarterie entspringt rechts aus der Aorta und läuft dann in der rechten Herzkranzfurche von vorn (in der Projektion oben!) nach hinten (Abb. 322b) und steigt mit dem R. interventricularis posterior in der hinteren Zwischenkammerfurche ab.
- *A. coronaria sinistra* (LCA): Die linke Herzkranzarterie entspringt links aus der Aorta. Ihr nur etwa 1 cm langer Stamm teilt sich hinter dem Stamm der Lungenarterien in 2 Hauptäste: Der R. interventricularis anterior (meist abgekürzt RIVA) zieht in der vorderen Zwischenkammerfurche zur Herzspitze. Der R. circumflexus (abgekürzt CX) läuft in der linken Herzkranzfurche nach rückwärts.
- Infolge der Drehung des Herzens um die eigene Achse projizieren sich die vordere und die hintere Zwischenkammerfurche nicht übereinander. Die hintere Furche steht weiter rechts und ist der Horizontalen angenähert, die vordere Furche liegt nahe dem linken Herzrand und steht annähernd vertikal. Dementsprechend projizieren sich die Rr. interventriculares.
- In der Klinik wird die Darstellung der Herzkranzgefäße im 1. schrägen Durchmesser (RAO-Position) bevorzugt, weil sich in ihr die beiden Hauptäste der linken Koronararterie nicht übereinander projizieren.

■ **Venenkreuz**: Die Einflußbahnen des rechten und des linken Vorhofs stehen rechtwinklig zueinander
- *Vertikaler Balken:* Von der oberen Hohlvene (V. cava superior) haben wir den rechten Rand der Projektion (= Umriß des Mittelschattens) bereits kennengelernt (Abb. 321a) und ergänzen in etwa 2 cm Abstand den linken Rand. Hinter dem Manubrium sterni vereinigen sich die annähernd vertikale V. brachiocephalica dextra und die annähernd horizontal (vor den Ästen des Aortenbogens) verlaufende V: brachiocephalica sinistra zur oberen Hohlvene (Abb. 322c). Die untere Hohlvene (V. cava inferior) entsteht kurz unterhalb des Nabels aus den beiden Vv. iliacae commu-

3.2 Herz

nes und zieht dann immer rechts der Medianebene zum rechten Vorhof nach oben.
• *Horizontaler Balken:* Auf jeder Seite münden zwei Lungenvenen etwa auf Höhe der Ansätze der vierten Rippen etwa horizontal in den linken Vorhof ein.

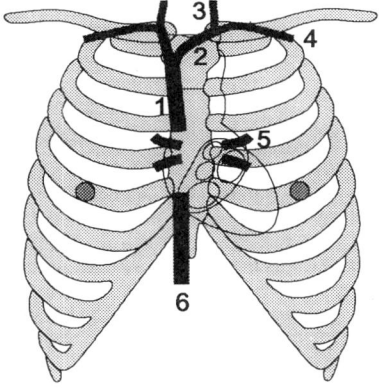

Abb. 322c. Venenkreuz: *1* V. cava superior, *2* V. brachiocephalica, *3* V. jugularis interna, *4* V. subclavia, *5* Vv. pulmonales, *6* V. cava inferior

#323 Perkussion, Herzspitzenstoß

■ **Perkussion:**
① **Absolute und relative Herzdämpfung:** Das Herz ist ein allseits abgerundeter Körper. Mit einem kleinen Teil seiner Vorderwand liegt es unmittelbar der Brustwand an. Seitlich davon schiebt sich Lunge zwischen Herz und Brustwand. Dementsprechend kann man beim Perkutieren des Herzens 2 Bereiche trennen (Abb. 323):
• *Absolute Herzdämpfung:* Stark gedämpft ist der Klopfschall im lungenfreien Bereich der vorderen Herzwand.
• *Relative Herzdämpfung:* Seitwärts wird die Dämpfung mit zunehmender Dicke des luftgefüllten Lungengewebes immer schwächer. Der Bereich der relativen Herzdämpfung ist größer als der Bereich der absoluten.

② **Vorgehen:**
• Ähnlich wie bei der Lungen-Leber-Grenze perkutiert man stets aus dem Lungenschall in die Herzdämpfung. Dabei geht man radiär vor und umgrenzt so das Herz. Der Plessimeterfinger wird dabei rechtwinklig zu diesen Strahlen aufgelegt.
• Beim Abgrenzen zwischen Lungenschall und relativer Herzdämpfung muß man eine dicke Schicht von Lungengewebe „durchschlagen" und daher laut perkutieren. Die Grenze zwischen relativer und absoluter Herzdämpfung hingegen ist nur mit leiser Perkussion zu bestimmen.

③ **Bedeutung:** Ärztlich interessant ist vor allem die relative Herzdämpfung. Sie entspricht der Größe des Herzens und stimmt etwa mit der Röntgenprojektion (#321) überein. Man sollte allerdings das Ergebnis der Perkussion nicht überbewerten: Die verläßlichere Aussage ermöglicht das Röntgenbild. Die Perkussion des wenig Geübten ist zu unsicher.

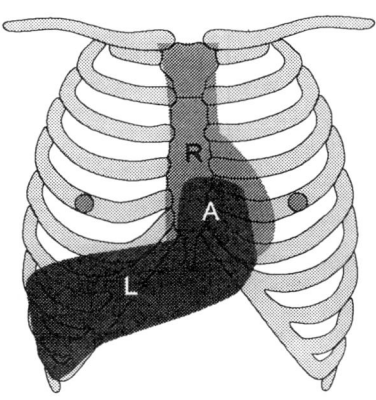

Abb. 323. Perkussion des Herzens: Die absolute Herzdämpfung (A) geht kontinuierlich in die Leberdämpfung (L) über, relative Herzdämpfung (R)

■ **Herzspitzenstoß**: Bei seinen rhythmischen Bewegungen verändert das Herz auch seine Lage im Brustkorb. Bei jeder Systole „stößt" die Herzspitze gegen die Brustwand. Dieser „Herzspitzenstoß" ist bei vielen Menschen gut zu tasten, bei manchen sogar als pulsierende Vorwölbung der Brustwand zu sehen. Dies hängt davon ab, ob die Stelle des stärksten Anpralls im Bereich eines Zwischenrippenraums oder einer Rippe liegt.
• Am häufigsten findet man den Herzspitzenstoß im 5. Zwischenrippenraum etwa 2 Fingerbreit rechts der linken Medioklavikularlinie (beim Mann weitgehend identisch mit der Mamillarlinie). Beim Gesunden ist die Stelle des tastbaren Herzspitzenstoßes etwa markstückgroß.
• Ist der Herzspitzenstoß zunächst nicht zu tasten, so gelingt es manchmal nach Lageänderung des Patienten.
• Die Lage des Herzspitzenstoßes hängt von der Größe des Herzens und von der Stellung der Herzachse ab: Bei Steilstellung des Herzens (Tropfenherz im Röntgenbild) liegt der Spitzenstoß weiter rechts, bei Querstellung des Herzens („Schuhherz") weiter links.
• *Beurteilung:* Der Herzspitzenstoß entspricht dem linken unteren Eckpunkt des Herzens. Damit ist aus dem Herzspitzenstoß ein ganz grober Schluß auf die Größe des Herzens möglich. Liegt der Herzspitzenstoß links der Medioklavikularlinie, so gilt das Herz als vergrößert.
• *Irrtumsmöglichkeit:* Bei einem rechtsseitigen Brustfellerguß ist das gesamte Mediastinum nach links verlagert und damit auch der Herzspitzenstoß.

■ **Vergrößertes Herz**: Das gesunde Herz entleert bei jeder Kontraktion seine Hohlräume weitgehend. Mit sinkender Herzleistung bleibt zunehmend mehr Blut in den Herzhöhlen zurück. Die „Auswurffraktion" (ejection fraction) sinkt. Mit wachsender Restblutmenge muß sich die entsprechende Herzhöhle ausdehnen, um noch genügend Blut auswerfen zu können. Das Herz wird also größer. Ein großes Herz ist daher eher ein Zeichen von Herzschwäche als von großer Leistungsfähigkeit.

#324 Auskultation

■ **Herztöne und Herzgeräusche**: Obwohl es sich nach physikalischer Definition in beiden Fällen um Geräusche handelt, bezeichnet man in der Medizin traditionsgemäß die normalen Schallphänomene des Herzens als „Töne" und nur die pathologischen als „Geräusche". Am gesunden Herzen kann man in jedem Herzzyklus zwei „Töne" abhören:
• *1. Herzton:* dumpf und lang. Er entspricht dem Schluß der Segelklappen.
• *2. Herzton:* kurz und hell. Er entspricht dem Schluß der Taschenklappen.
Damit erstreckt sich die Systole auf den Zeitraum zwischen 1. und 2., die Diastole auf denjenigen zwischen 2. und 1. Herzton. Zusätzliche Geräusche werden, je nachdem in welche Zeitspanne sie fallen, als systolische oder diastolische Geräusche bezeichnet.

■ **Auskultationsstellen**: Setzt man das Stethoskop über die Mitte der Projektion der Ventilebene auf (Abb. 324), so hört man die Herztöne als Summe der an den 4 Ventilen entstehenden Geräusche. Eine Verschiebung des Stethoskops auf die innerhalb der Ventilebene eingezeichneten einzelnen Klappen bringt kaum einen Unterschied. Dazu liegen die Projektionsstellen zu nahe beisammen. Will man die Geräusche einzelner Klappen aus dem Gesamtgeräusch hervorheben, so muß man dem Blutstrom folgen, der die Geräusche mit forttträgt (Abb. 324):

① **Pulmonalklappe**: Das Geräusch wird im Truncus pulmonalis fortgeleitet. Dessen Verzweigung bildet in der linken Kontur des Mittelschattens den 2. Bogen (Abb. 321a). Er liegt am medialen Ende des 2. Zwischenrippenraums.
• Man setzt das Stethoskop daher links vom Brustbein im 2. Zwischenrippenraum auf.

② **Aortenklappe**: Die aufsteigende Aorta wendet sich nach rechts bis an den rechten Rand des Brustbeins auf Höhe des 2. Zwischenrippenraums. Dann krümmt sich der Aortenbogen in einer RAO-Ebene (right anterior oblique = schräge Ebene von rechts vorn nach links hinten). Das Geräusch wird mit wachsender Entfernung von der Klappe schwächer.

• Man wählt daher zum Abhören eine Stelle, die noch nahe genug an der Klappe, aber möglichst weit weg von den übrigen Abhörstellen des Herzens ist. Bewährt hat sich für die Aortenklappe der 2. Zwischenrippenraum unmittelbar rechts vom Brustbein.

③ **Mitralklappe**: Der Blutstrom in der linken Kammer verläuft u-förmig von der Mitralklappe in Richtung Herzspitze und zurück zur Aortenklappe.

• Am weitesten entfernt von den übrigen Geräuschquellen ist die Herzspitze. Man setzt daher das Stethoskop im Bereich des Herzspitzenstoßes oder, falls dieser nicht zu tasten ist, im 5. Zwischenrippenraum etwa 2 Fingerbreit rechts der Medioklavikularlinie (bzw. der Brustwarze) auf.

④ **Trikuspidalklappe**: Sie ist gewissermaßen das Sorgenkind unter den 4 Herzventilen. Entsprechend der Projektion der rechten Herzkammer (Abb. 321a + b) bleibt das Geräusch rechts vom unteren Ende des Brustbeinkörpers und etwas links davon. Da es keine überzeugende Abhörstelle gibt, werden von verschiedenen Medizinschulen auch verschiedene Stellen empfohlen. In deutschen Lehrbüchern findet man oft den Bereich des Ansatzes der 6. Rippe rechts am Brustbein (Punkt B in Abb. 321a), in englischen links am Brustbein empfohlen. Manche Autoren schlagen auch die Mitte des Brustbeins auf Höhe der 6. Rippen vor.

⑤ **Man beachte**:
• Die Aorta kommt aus dem linken Herzen, wird aber rechts abgehört! Die Lungenarterie kommt aus dem rechten Herzen, wird aber links abgehört! Dies hängt mit der Torsion der Ausflußbahn während der Entwicklung des Herzens zusammen.

• An den genannten 4 Abhörstellen hört man keineswegs eine der Klappen isoliert. Es handelt sich jeweils um das Gesamtgeräusch, in welchem allerdings das betreffende Ventil besonders stark vertreten ist.

■ **Herzauskultation in 3 Stufen**:
• Zunächst sollte man sich mit den normalen Herztönen bei unterschiedlicher Herzfrequenz vertraut machen. Die Herzfrequenz ist leicht zu erhöhen, wenn der Patient zwischendurch einige Kniebeugen ausführt.
• In der zweiten Stufe sind Veränderungen der Herztöne und zusätzliche Geräusche zu erfassen. Am besten prägt man sich abnorme Geräusche durch wiederholtes Abhören entsprechender im Fachhandel erhältlicher Disketten und (etwas mühsamer, aber eindrucksvoller) durch Abhören entsprechender Patienten (im klinischen Untersuchungskurs) ein.
• In der dritten Stufe sind Abnormitäten einzelnen Klappen zuzuordnen.

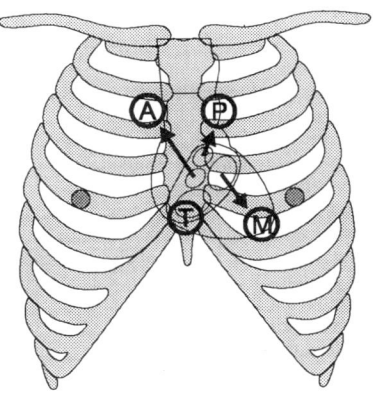

Abb. 324. Auskultationsstellen der Herzklappen: A Aortenklappe, M Mitralklappe, P Pulmonalklappe, T Trikuspidalklappe. Die Pfeile zeigen die Richtung des Blutstroms.

■ **Ventilstörungen (Herzklappenfehler)**:
① **Klappenstenose**: Das Ventil öffnet sich nicht genügend weit.
• Um genügend Blut hindurchpressen zu können, muß die Wand der vorgelagerten Herzhöhle den Druck erhöhen. In dem unter hohem Druck strömenden Blut treten nach dem Durchqueren der Engstelle Wirbel auf, die das typische Stenosegeräusch verursachen.
• Der höhere Druck kann nur von einer kräftigeren Wand der betreffenden Kammer erzeugt werden. Die Wandverdickung kann zu einer Betonung des entsprechenden Bogens im Mittelschatten führen.
• Auf die Dauer wird die Wand der betroffenen Herzhöhle durch den ihr aufgezwungenen hohen Druck überlastet und kann die Leistung nicht mehr erbringen. Dann staut sich Blut in der Herzhöhle an. Die Auswurffraktion sinkt, und das Volumen der Herzhöhle wächst. Ihre Kontur tritt aus dem Mittelschatten immer stärker hervor.

② **Klappeninsuffizienz**: Das Ventil schließt sich nicht vollständig. Durch die Restöffnung wird Blut in die vorgelagerte Herzhöhle zurückgespritzt. Dieses Blut pendelt gewissermaßen zwischen den beiden Herzhöhlen hin und her („Pendelblut"). Es verursacht Mehrarbeit, die dem Kreislauf nicht zugute kommt.
• Beim Blutrückstrom durch die insuffiziente Klappe treten Wirbelbildungen auf, die zu Insuffizienzgeräuschen führen.
• Bei der Klappeninsuffizienz wird die vorgelagerte (und evtl. auch die nachgelagerte) Herzhöhle volumenbelastet: Zusätzlich zu dem Blut, das sie für den Kreislauf aufnehmen und weiterbefördern muß, kommt noch das Pendelblut. Die betreffende Herzhöhle muß sich entsprechend der Menge des Pendelbluts vergrößern. Da die Beförderung eines größeren Volumens auch mehr Kraft erfordert, wird sich auch die Wand verdicken müssen. Die Herzkontur wird durch Vorbuchten der betroffenen Herzhöhle verändert.

③ **Kombinierte Herzklappenfehler**: Eine zu enge Klappe schließt nicht dicht.

④ **Entstehung**: Klappenfehler können entweder angeboren (Entwicklungsstörung) oder erworben sein. Häufigste Ursache des erworbenen Herzklappenfehlers ist eine Endokarditis (Herzinnenhautentzündung), meist im Rahmen eines rheumatischen Fiebers oder einer Bakterienüberschwemmung des Blutes (Sepsis). Auch ein Herzinfarkt kann eine Klappeninsuffizienz verursachen (vor allem durch Ausfall von Papillarmuskeln).

⑤ **Fragen**: Auch ohne eingehende klinische Kenntnisse kann man folgende Fragen beantworten:
• Wie viele einzelne Herzklappenfehler sind zu diskutieren, wenn man von den kombinierten Fehlern absieht?
• Bei welchen Ventilstörungen ist das Geräusch systolisch, bei welchen diastolisch?
• Bei welchen Klappenfehlern ist im Röntgenbild die Kontur des rechten Vorhofs, des linken Vorhofs oder der linken Kammer vorgewölbt? (Die Kontur der rechten Kammer ist wegen des Übergangs des Herzschattens in den Leberschatten nur schwer zu beurteilen.)

⑥ **Antworten**:
• Stenose und Insuffizienz bei 4 Klappen gibt 8 Typen von Herzklappenfehlern.
• Systolische Geräusche werden von Insuffizienzen der Segelklappen und/oder Stenosen der Taschenklappen verursacht.
• Diastolische Geräusche sind durch Insuffizienzen der Taschenklappen und/oder Stenosen der Segelklappen (spätdiastolisch) bedingt.
• Die Umrisse des rechten Vorhofs treten im Mittelschatten stärker hervor bei Fehlern der Trikuspidalklappe.
• Die Kontur des linken Vorhofs ist betont bei Fehlern der Mitralklappe.
• Die linke Kammer ist vergrößert bei Fehlern der Aortenklappe und bei Insuffizienz der Mitralklappe (Pendelblut!).

#325 Projektion des Erregungsleitungssystems und EKG

■ **Erregungsleitungssystem:**
• *Sinusknoten* (Nodus sinu-atrialis): zwischen der Mündung der oberen Hohlvene und dem rechten Herzohr (Abb. 325a).
• *Atrioventrikularknoten* (Nodus atrioventricularis, meist abgekürzt AV-Knoten): in der Vorhofscheidewand nahe der Trikuspidalklappe. Zwischen Sinusknoten und AV-Knoten besteht keine direkte Verbindung.
• *His-Bündel:* durch das rechte Faserdreieck zwischen Aorten-, Trikuspidal- und Mitralklappe zum membranösen Teil der Kammerscheidewand.
• *Kammerschenkel:* auf beiden Seiten des muskulären Teils der Kammerscheidewand in Richtung Herzspitze. Der linke Schenkel ist meist zweigeteilt.

■ **Beziehung zu den Extremitätenableitungen im EKG** (Abb. 325b):
• Die Herzachse steht meist am ehesten in Richtung der Ableitung II. Deshalb findet man in ihr normalerweise die höchsten Ausschläge (vor allem R-Zacke). Eine höhere R-Zacke in Ableitung III spricht für eine Steilstellung des Herzens (Rechtstyp). Eine höhere R-Zacke in Ableitung I kommt durch eine Querstellung des Herzens (Linkstyp) zustande.
• Mit den Extremitätenableitungen (I bis III) des EKG werden die Potentialänderungen des Herzens vorwiegend in der Frontalebene erfaßt. Die Brustwandableitungen ergänzen hierzu etwa eine Horizontalebene durch die Mitte des Herzens.

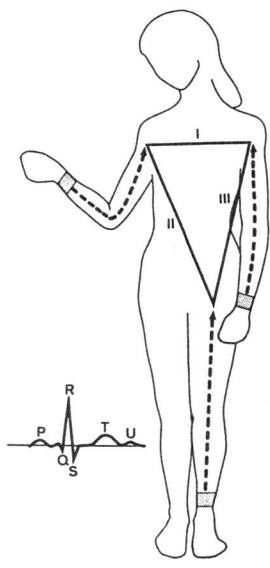

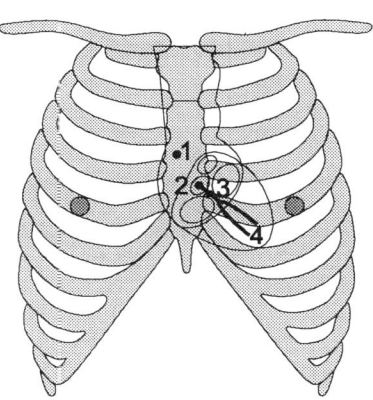

Abb. 325a. Projektion des Erregungsleitungssystems: 1 Sinusknoten, 2 AV-Knoten, 3 His-Bündel (durch Lücke im Trigonum fibrosum dextrum), 4 Kammerschenkel

Abb. 325b. Extremitätenableitungen (I-III) und Bezeichnungen der einzelnen Abschnitte des EKG. Die bipolaren Standardableitungen nach Einthoven sind wie folgt definiert:
I = rechter Arm – linker Arm,
II = rechter Arm – linkes Bein,
III = linker Arm – linkes Bein.

■ **Elektrodenplätze für die Brustwandableitungen des EKG**: Bei den sog. unipolaren Brustwandableitungen nach Wilson liegen die „differenten" Elektroden der Brustwand an, als „indifferente" Zentralelektrode dienen die zusammengeschalteten Extremitätenelektroden.

① **Standardprogramm**: Die Lage der differenten Elektroden ist folgendermaßen definiert (Abb. 325c):
• V_1: 4. Zwischenrippenraum, rechter Rand des Brustbeins,
• V_2: 4. Zwischenrippenraum, linker Rand des Brustbeins,
• V_3: 5. Rippe, linke Parasternallinie (Mitte zwischen V_2 und V_4),
• V_4: 5. Zwischenrippenraum, linke Medioklavikularlinie,
• V_5: Höhe von V_4, linke vordere Achsellinie,
• V_6: Höhe von V_4, linke mittlere Achsellinie.

• V_7: Höhe von V_4, linke hintere Achsellinie,
• V_8: Höhe von V_4, linke Skapularlinie,
• V_9: Höhe von V_4, linke Paravertebrallinie,
• V_{r3} bis V_{r9}: spiegelbildlich zu V_3 bis V_9 auf der rechten Brustkorbhälfte.
• Zusätzlich können Elektroden auch noch in anderen Höhenlagen verwendet werden.

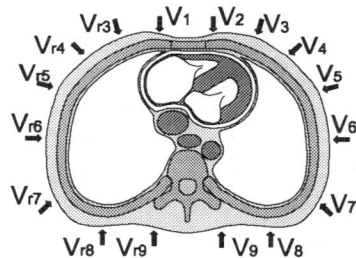

Abb. 325d. Brustwandableitungen des EKG: V_1-V_6 Standardableitungen, V_7-V_9 und V_{r3}-V_{r9} Erweiterungsprogramm

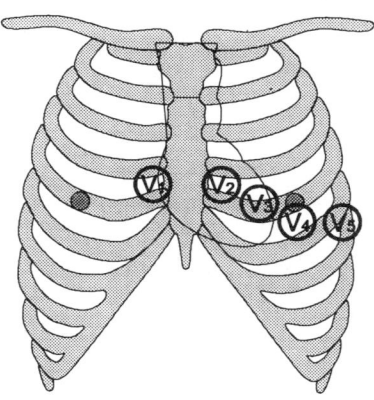

Abb. 325c. Brustwandableitungen des EKG

② **Erweiterungsprogramm**: Bei besonderen Fragestellungen werden weitere Elektroden der hinteren Brustwand und der rechten Brustkorbhälfte angelegt (Abb. 325d):

#326 Projektion des Herzens in transversaler und schräger Ansicht

Nur eine Rundumbetrachtung kann einen vollständigen Überblick über das Herz vermitteln. Dies gilt besonders für den rechten Ventrikel und den linken Vorhof.

■ **Transversale Projektion** (seitlicher Strahlengang von rechts nach links):
• *Vordere Herzkontur:* rechte Kammer, darüber aufsteigende Aorta,
• *Hintere Herzkontur:* linker Vorhof. Die Speiseröhre liegt dem linken Vorhof an. Man kann daher den Umriß des linken Vorhofs sehr deutlich markieren, wenn man den Patienten einen Schluck Kontrastmittel trinken läßt. Damit läßt sich die Lichtung der Speiseröhre darstellen. Sie weist eine kleine, aber ausgeprägte Delle durch den Aortenbogen und eine große, flache Delle

durch den linken Vorhof auf. Vergrößerung des linken Vorhofs führt zu einer Vertiefung dieser Delle bzw. zur Verlagerung der Speiseröhre.

■ **1. schräger Durchmesser** (Fechterstellung, RAO-Position, rechts vorn, Abb. 326a):
• Vordere linke Herzkontur (im Bild bei üblicher Betrachtung rechts): linke Kammer (nur schmaler Streifen), darüber Stamm der Lungenarterien und Aortenbogen,
• Hintere = rechte Herzkontur: unten rechter Vorhof, darüber linker Vorhof.

■ **2. schräger Durchmesser** (Boxerstellung, LAO-Position, links vorn, Abb. 326b):
• Vordere = rechte Herzkontur (im Bild bei üblicher Betrachtung links): rechte Kammer, darüber aufsteigende Aorta,
• Hintere = linke Herzkontur: unten linke Kammer, darüber linker Vorhof
• Bei dieser Betrachtung ist der Aortenbogen in voller Breite zu sehen!

Man beachte: Die Begriffe rechts und links beziehen sich immer auf den Patienten, sofern nicht ausdrücklich vermerkt ist „im Bild".

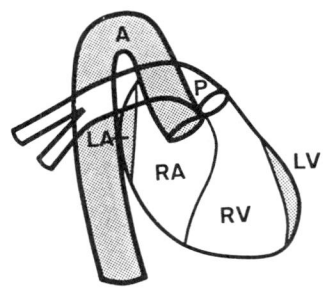

Abb. 326a. Herz im 1. schrägen Durchmesser (RAO-Position)

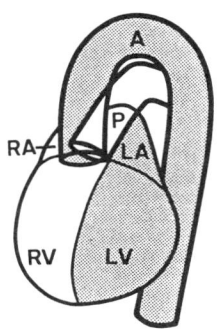

Abb. 326b. Herz im 2. schrägen Durchmesser (LAO-Position)

#327 Äußere Herzmassage

① **Prinzip**: Das Herz füllt das untere Mediastinum zwischen Brustbein und Wirbelsäule fast vollständig aus. Bewegt man das Brustbein in Richtung Wirbelsäule, so wird zwangsläufig das Herz zusammengepreßt (Abb. 327). Der Druck im Herzen steigt.
• Überschreitet der Druck in den Ventrikeln den Druck in der Lungenarterie und in der Aorta, so gehen die Taschenklappen auf, und Blut strömt aus. Die Taschenklappen schließen wieder, wenn der Druck in den Herzkammern sinkt. Die Taschenklappen funktionieren rein passiv. Sie sind auch ohne Muskelanspannung des Herzens voll wirksam.
• Nicht ganz so günstig steht es bei den Segelklappen. Sie öffnen und schließen sich auch rein passiv, aber die Segel werden von den Papillarmuskeln am Durchschlagen in der Systole gehindert. Ohne Muskelanspannung werden die Segelklappen insuffizient (deshalb können nach einem Herzinfarkt die Segelklappen undicht werden, wenn Papillarmuskeln im Infarktgebiet liegen). Trotzdem kommt bei richtiger Technik der äußeren Herzmassage ein ausreichender Blutkreislauf zustande.

② **Vorsicht**: Die äußere Herzmassage ist nur wirksam, wenn das Herz so stark zusammengepreßt wird, daß jeweils der Druck in der Aorta überschritten wird. Der Druck in der Aorta sinkt zwar im Herzstillstand auf Null ab. Während der Herzmassage muß jedoch wieder ein für den Minimalbedarf des Organismus ausreichender Druck aufgebaut werden. Man muß also das Brustbein kräftig gegen die Wirbelsäule drücken. Macht man dies bei schlagendem Herzen, so können sich die Eigentätigkeit des Herzens und die aufgezwungenen Druckänderungen in unglücklicher Weise überlagern. Man darf daher bei Übung am gesunden Lebenden nicht wirklich drücken!

③ **Vorgehen**:
• Der Helfer legt eine in den Handgelenken dorsalextendierte Hand mit der Hohlhandseite flach auf den mittleren Brustkorbbereich des am Rücken liegenden Patienten. Die zweite Hand legt er etwa rechtwinklig auf die erste. Dann drückt er mit gestreckten Ellbogengelenken unter Einsatz seines Körpergewichts etwa im Sekundentakt rhythmisch nach unten. Dabei sollte das Brustbein etwa 4-5 cm der Wirbelsäule angenähert werden.
• Bei Kindern muß der Druck entsprechend dem schwächeren Brustkorb vermindert werden. Bei Säuglingen genügt der Druck zweier Finger.

④ **Komplikationen**: Ein ausreichender Kreislauf kommt nur zustande, wenn das Herz wirklich zusammengepreßt, der Brustkorb also kräftig verformt wird. Dann gerät man leicht in den Kraftbereich, der auch zu Rippenbrüchen führen kann.
• Weitere Risiken sind Leberrisse, Lungenverletzungen mit Pneumothorax und Blutungen in Brust- und Bauchraum. Sie müssen bei akuter Lebensgefahr in Kauf genommen werden, aber man darf die äußere Herzmassage auch nur in dieser Situation einsetzen!

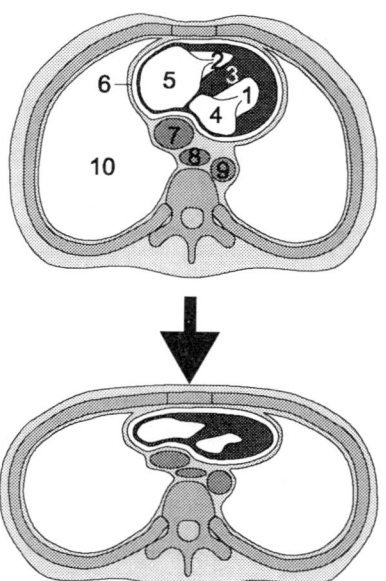

Abb. 327. Äußere Herzmassage: 1 Ventriculus sinister, 2 Ventriculus dexter, 3 Septum interventriculare, 4 Atrium sinistrum, 5 Atrium dextrum, 6 Pericardium, 7 V. cava inferior, 8 Oesophagus, 9 Pars descendens aortae, 10 Cavitas pleuralis mit Lunge

3.3 Speiseröhre

#331 Projektion der Speiseröhre

Die Speiseröhre (Oesophagus) ist etwa 25 cm lang. Sie beginnt im Hals auf Höhe des Ringknorpels und endet am Mageneingang. Man unterscheidet 3 Abschnitte:
- Halsteil (Pars cervicalis),
- Brustteil (Pars thoracica),
- Bauchteil (Pars abdominalis).

■ **Verlauf** (Abb. 331):
- Vom Ringknorpel bis zum Brustbeinwinkel etwa in der Medianebene.
- Dann in flachem rechtskonvexen Bogen (Verdrängung durch den linken Vorhof) zum Durchtritt durch das Zwerchfell (in der Medianebene unterhalb des Unterrandes des Herzens (hinter dem Schwertfortsatz),
- Zuletzt noch 3-4 cm nach links zum Mageneingang (spitzwinklige Mündung!).

■ **Engstellen**: Die Speiseröhre ist nicht gleichmäßig weit. An 3 Stellen bleiben zu große Bissen bevorzugt stecken und entstehen Divertikel:
- „Speiseröhrenmund": Am Eingang in die Speiseröhre ordnet sich die Muskulatur vom Rachen zum Zweischichtenbau der Speiseröhre um. Der Unterrand des unteren Schlundschnürers (M. constrictor pharyngis inferior) wirkt als Schnürring. Lage: oberhalb des Ringknorpels (also eigentlich vor Beginn der Speiseröhre).
- Mittlere Enge: an der Kreuzungsstelle mit dem Aortenbogen hinter dem Brustbeinwinkel.
- Untere Enge: beim Durchtritt durch das Zwerchfell (Hiatus oesophageus).

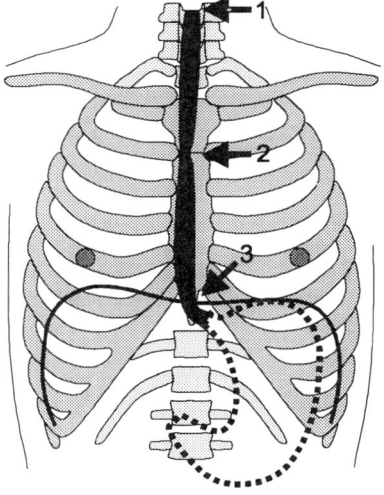

Abb. 331. Speiseröhre mit Engstellen: 1 Ösophagusmund, 2 Kreuzung mit Aortenbogen, 3 im Hiatus oesophageus

4 Bauchorgane

4.1 Allgemeines

#411 Allgemeiner Untersuchungsgang bei den Bauchorganen

Das Beurteilen der Bauchorgane ist eines der Hauptanliegen nahezu jeder allgemeinen ärztlichen Untersuchung. Auch wenn die zu behandelnde Erkrankung primär nichts mit dem Bauchraum zu tun hat, sollte man vor jeder Narkose, aber auch schon vor der Verordnung von Arzneimitteln wenigstens ein grobes Urteil über die Bauchorgane gewonnen haben. Selbst Fachärzte eines „entfernten" 'Gebiets (Augen, HNO usw.) müssen den Patienten zumindest nach Erkrankungen der Bauchorgane befragen und mögliche Nebenwirkungen bedenken, bevor sie ein Medikament verschreiben.

■ **Stufen auf dem Weg zur Diagnose**: Die Reihenfolge ist streng einzuhalten:
• *Anamnese:* Ein eingehendes Gespräch mit dem Patienten wird in den meisten Fällen bereits eine Verdachtsdiagnose ergeben. Es schafft außerdem die nötige Vertrauensbasis zwischen Patient und Arzt.
• *Körperliche Untersuchung:* Sie sollte in Übungen am Gesunden soweit geübt werden, daß am Kranken nicht erst die Technik erlernt werden muß.
• *Untersuchungen mit bildgebenden Verfahren (Ultraschall, Röntgen) und im klinisch-chemischen Labor:* Sie sollten wegen der Belastung des Patienten und der Kosten nur aufgrund von Hinweisen aus Anamnese und körperlicher Untersuchung gezielt eingesetzt werden.

■ **Reihenfolge der körperlichen Untersuchung**: Sie sollte immer mit Methoden beginnen, die den Patienten nicht belasten. Für den Patienten schmerzhafte Untersuchungen müssen jeweils am Ende stehen, sonst wird durch die Abwehrspannung die weitere Untersuchung beeinträchtigt. Es ist daher folgende Reihenfolge zu empfehlen:
• Besichtigen (Inspektion),
• Abhören (Auskultation),
• Abklopfen (Perkussion),
• oberflächliches Tasten (leichte Palpation),
• gründliches Tasten (tiefe Palpation).

■ **Einflüsse auf die Höhenlage von Bauchorganen**: Die Zuordnung der Beschwerden des Patienten zu Organen wird durch eine klare Vorstellung der Lage der Bauchorgane und ihrer Projektion auf die Bauchwand sehr erleichtert. Deshalb wird in diesem Buch die Organprojektion ausführlich dargestellt. Dabei muß notwendigerweise die Höhenlage dieser Organe zu den Segmenten der Wirbelsäule, zu den Rippen oder zum Hüftbein beschrieben werden. Alle diese Angaben können jedoch nur der groben Orientierung dienen, weil die interindividuelle Variabilität sehr groß ist. Die Höhenstände hängen ab von:
• *Körperhaltung:* Im Stehen sinken die Bauchorgane entsprechend der Schwerkraft etwas nach unten.
• *Atemphase:* Leber, Magen, Milz, Nebennieren, Nieren und die untere Hohlvene bewegen sich mit dem Zwerchfell auf und ab. Die Leber kann sich bei tiefer Atmung bis zu 10 cm an der seitlichen Brustwand verschieben!
• *Nahrungsaufnahme:* Der volle Magen hängt im Stehen nach unten. Der stark geblähte Darm schiebt Leber und Zwerchfell nach oben.
• *Lebensalter:* Im Laufe des Lebens senken sich alle Eingeweide (vom Kehlkopf bis zu den Beckenorganen) um 1-2 Segmente der Wirbelsäule. Die Blutgefäße werden weiter und länger. Vorher gestreckt verlaufende Gefäße beginnen sich zu schlängeln.
• *Konstitutionstyp:* Beim Schlankwüchsigen stehen die Oberbauchorgane etwas tiefer als beim Breitwüchsigen.

- *Schwangerschaft:* In der Spätschwangerschaft sind die meisten intraperitonealen Bauchorgane von der großen Gebärmutter weit nach oben verschoben.
- *Krankheiten:* Gutartige Geschwülste drängen die Nachbarorgane zur Seite. Geradezu riesige Ausmaße (wie eine schwangere Gebärmutter) können blasige Geschwülste im Eierstock (Ovarialzysten) erreichen. Folgerung: Wenn Sie in anderen Lehrbüchern andere Angaben über den Höhenstand von Organen finden, so muß dies kein Widerspruch sein.

#412 Inspektion, Auskultation und Perkussion des Bauches

■ **Besichtigen**: Man achte auf
- *Ernährungszustand:* Zunehmende Dicke der Fettschicht erschwert das Abtasten.
- *Atembewegungen:* symmetrisch oder einseitig eingeschränkt.
- *Narben:* Operationsnarben sollten zu Mutmaßungen über die Art der Operation veranlassen (#256). Der Patient ist dazu zu befragen.
- *Venenzeichnung:* Sie ist normalerweise nicht sichtbar. Tritt sie hervor, so weist dies auf eine Stauung hin (#262 + #453).
- *Örtliche Vorwölbung:* Diese kann z.B. durch einen Eingeweidebruch (Hernie) oder eine Geschwulst (Tumor) bedingt sein. Man frage den Patienten, wann die Vorwölbung ihm das erste Mal aufgefallen ist.
- *Darmbewegungen:* Normalerweise sind peristaltische Bewegungen durch die Bauchwand höchstens bei sehr mageren Menschen mit schlaffen Bauchdecken sichtbar. Zeichnen sie sich auch bei normalem Ernährungszustand durch die Bauchwand ab, so weist dies auf eine gesteigerte Motorik hin. Diese kommt z.B. bei einem mechanischen Darmverschluß vor, wenn der Darm versucht, durch vermehrte Anstrengung das Hindernis zu überwinden.
- *Hautverfärbung:* z.B. kann eine bläuliche Verfärbung des Nabels auf eine Blutung in die Bauchfellhöhle hinweisen.
- *Dehnungsstreifen der Haut:* bei rascher Zunahme des Bauchumfangs, z.B. in der Schwangerschaft (Striae gravidarum) oder bei Stammfettsucht infolge Hypophysenstörung (Cushing-Krankheit).

■ **Abhören**: Über der Bauchwand hört man mit dem Stethoskop (mit Membran) oder durch direktes Anlegen des Ohrs 3 Arten von Geräuschen:
- *Darmgeräusche* (Borborygmi): Der gesunde Darm ist ständig in Bewegung. Da er auch Gase enthält, hört man die Flüssigkeit bei der Bewegung plätschern. „Totenstille" im Bauchraum ist ein Zeichen der Darmlähmung (paralytischer Ileus). Man sollte mindestens 3-4 Minuten kontinuierlich abhören, bevor man die Stille diagnostiziert. Im Protokoll sollte man angeben, wie lange man abgehört hat.
- *Gefäßgeräusche:* Sie sind normalerweise nicht zu hören, können aber bei Strömungshindernissen in Arterien oder der unteren Hohlvene auftreten. Sie klingen ähnlich wie das Korotkow-Geräusch beim Blutdruckmessen (#854). Ihre Lage ist für die verengten Gefäße kennzeichnend.
- *Reibegeräusche:* wenn entzündete oder höckrige Bauchfellflächen aneinander reiben (z.B. bei einem Leberabszeß).

■ **Abklopfen**: Die Perkussion liefert im Bauchraum 2 Schallqualitäten (#126):
- *Tympanitischen Klopfschall:* über dem gashaltigen Magen-Darm-Kanal.
- *Gedämpften Klopfschall:* über Leber, Milz, gefüllter Harnblase, schwangerer Gebärmutter, Geschwülsten und Bauchwasser (Aszites).

Die Perkussion ist besonders wichtig für:
- *Größenbestimmung* von Leber und Milz.
- *Umlagerungsphänomen bei Aszites:* Die Flüssigkeit in der Bauchfellhöhle sinkt entsprechend der Schwerkraft immer nach unten. Perkutiert man zunächst in Rückenlage, so findet man um den Nabel tympanitischen Klopfschall, der rundherum von Dämpfung umgeben ist. Läßt man nun den Patienten Seitenlage einnehmen, so sammelt sich in wenigen Minuten die Flüssigkeit wieder unten an, und der gasgefüllte Darm schwimmt oben. Der tympanitische Klopfschall steigt

4.1 Allgemeines

entsprechend zur oben liegenden Seite auf. Bei abgekammerten Flüssigkeitsansammlungen bleibt allerdings das Umlagerungsphänomen aus.

■ **Kratzauskultation**: Sie nimmt eine Mittelstellung zwischen Abhören und Abklopfen ein. Man setzt das Stethoskop auf die Bauchwand auf und „kratzt" mit einem Holzstäbchen, z.b. Streichholz, oder dem Fingernagel über die Bauchwand. Das Geräusch ändert sich ähnlich wie bei der Perkussion.

#413 Lagern des Patienten zur Tastuntersuchung

■ **Empfehlenswerte Lage zur Entspannung der Bauchmuskeln**:
- *Rückenlage* (in einigen Sonderfällen Seitenlage, wenn man damit die Umlagerung von Organen erreichen will).
- *Kopf angehoben:* Es ist ein Kissen unterzulegen. Bei aufgeschlossenen Patienten muß dieses genügend hoch sein, damit der Patient allen Manipulationen des Untersuchers bequem zusehen kann. Müßte der Patient aktiv den Kopf anheben, so würden sich automatisch die Bauchmuskeln anspannen.
- *Beine leicht gebeugt:* Die vordere Bauchwand wird durch eine Verminderung der Lendenlordose entspannt. Dazu werden die Beine im Hüft- und Kniegelenk passiv etwas gebeugt. Die Füße müssen einen natürlichen Halt finden. Keinesfalls sollte der Patient die Muskeln des Beins aktivieren müssen, um die Lage zu halten. Es würden sonst die Bauchmuskeln mit angespannt. Deshalb lege man eine Rolle oder ein Kissen unter die Kniekehlen.
- *Arme locker an der Seite.*
- *Harnblase entleert:* Bei voller Harnblase spannt der Patient unwillkürlich die Bauchmuskeln an aus Sorge, es könnte zum ungewollten Harnabgang kommen.

■ **Patienten zur Mitarbeit motivieren**:
- Im Vorgespräch wird man dem Patienten erklären, was man im einzelnen vorhabe, daß man sich bemühen werde, ihm keine Schmerzen zu bereiten usw.
- Hilfreich kann es sein, den Patienten durch den offenen Mund atmen zu lassen. Dies trägt zur Entspannung bei.
- Man kann ihn auch auffordern, sich schwer zu machen, als ob er einschlafen wolle.
- Sollte der Patient trotz der genannten Maßnahmen die Bauchdecken nicht entspannen können, so lasse man den Patienten eine Hand auf die Bauchwand legen und instruiere ihn, wie er damit tasten soll. Dann legt der Untersucher seine Hand auf die Hand des Patienten und führt diese. Meist gibt die Muskelspanung nach. Im nächsten Schritt legt der Untersucher seine Hand unter die des Patienten und zuletzt tastet er völlig frei. Dieses Vorgehen empfiehlt sich auch bei Kindern.

■ **Bauchmuskelkrämpfe bei Bauchfellreizung**: Die Entspannungsversuche bieten nur dann Aussicht auf Erfolg, wenn die Muskelspannung mehr willkürlich (situationsbedingt) ist. Diese Spannung ist meist bei der Ausatmung etwas geringer als bei der Einatmung. Unwillkürliche Muskelkrämpfe bei Bauchfellreizung sind auf diese Weise nicht zu lösen. Man beachte:
- Bei Reizung des Peritoneum viscerale spannen sich die Bauchmuskeln erst dann reflektorisch an, wenn die erkrankte Stelle getastet wird.
- Bei Reizung des Peritoneum parietale verharren die Bauchmuskeln in Daueranspannung.

#414 Palpation des Bauches

■ **Tastbare Organe**: Die weiche Bauchwand macht große Teile des Bauchraums der tastenden Hand zugänglich. Zusätzlich kann noch ein Teil der Beckenorgane vom Mastdarm oder der Scheide aus getastet werden. Damit entziehen sich nur die im Brustkorb liegenden Oberbauchorgane der Palpation.
- Voraussetzung jedes erfolgreichen Tastens im Bauchraum ist die Entspannung der

Bauchmuskeln des Patienten. Diese erreicht man im allgemeinen durch richtiges Lagern (#413) und schonendes Umgehen mit dem Patienten.

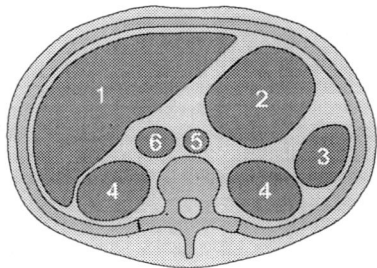

Abb. 414. *Lage wichtiger Organe auf einem Transversalschnitt durch den Oberbauch (Höhe L2). Ansicht von unten entsprechend der Norm der Computertomographie. 1 Leber, 2 Magen (gefüllt), 3 Milz, 4 Nieren, 5 Bauchaorta, 6 untere Hohlvene*

■ **Vorgehen:**
- Hände anwärmen: mit warmem Wasser waschen, notfalls reiben.
- Hand flach auflegen und mit sanft kreisenden Bewegungen der Tastballen der Fingerendglieder allmählich tiefer dringen. Keinesfalls darf man die Finger wie zum Kratzen aufsetzen und mit den Fingerspitzen in die Tiefe bohren.
- Immer erst oberflächlich tasten, bevor man an einzelnen Stellen in die Tiefe geht.
- Nie an der Stelle mit dem Tasten beginnen, an der vom Patienten der Hauptschmerz angegeben wird. Man beginnt möglichst weit entfernt und kommt erst zuletzt an die Schmerzstelle, da der Schmerz die Muskelanspannung verstärkt. Allerdings sollte man dem Patienten das Vorgehen erklären. Dieser wundert sich sonst, warum der Arzt sich nicht gleich mit der Stelle beschäftigt, die er ihm bezeichnet hat.
- Beim tiefen Tasten kann es zweckmäßig sein, die beiden Hände übereinanderzulegen. Der Druck wird dann von der oberen Hand ausgeübt, während man sich mit der darunter liegenden Hand ganz auf das Fühlen einstellt.
- Während des Abtastens sollte man das Gesicht des Patienten im Auge behalten. In ihm spiegelt sich ein Druckschmerz wider, den der Patient vielleicht in falsch verstandener Tapferkeit nicht in Schmerzenslauten zu äußern wagt.
- Besondere Vorsicht beim Tasten ist geboten, wenn der Verdacht auf eine vergrößerte Milz oder flüssigkeitsgefüllte Hohlräume (Zysten) in anderen Organen besteht. Es wurden Fälle beschrieben, bei denen eine Milz bei der Tastuntersuchung platzte (iatrogene Milzruptur).

■ **Aussagen:** Mit dem Abtasten kann man sich ein Urteil bilden über:
- unteren Leberrand (#431),
- untere Nierenpole (#441),
- Bauchaorta (#451),
- vergrößerte Milz (#433).
- Geschwülste des Darms und retroperitonealer Organe: Die meisten „Geschwülste" des unerfahrenen Untersuchers sind jedoch Kotballen im Darm. Wenn man also meint, eine Geschwulst getastet zu haben, so sollte man einige Minuten abwarten. Der Darm ist in ständiger Bewegung. Dabei verschieben sich auch die Kotballen. Handelte es sich bei der „Geschwulst" um Kot, so wird sie wahrscheinlich die Lage geändert haben.

■ **Loslaßschmerz:** Mitunter gibt der Patient Schmerzen nicht nur beim Druck in die Tiefe, sondern gerade umgekehrt beim raschen Zurückziehen der Hand an. Dies weist auf eine Reizung des Peritoneum parietale hin. Es wird beim Loslassen durch das Zurückschnellen der Bauchwand erschüttert.

■ **Fühlen von Druckwellen** in Flüssigkeitsansammlungen: Der Untersucher legt bei einem Patienten mit Bauchwassersucht (Aszites) die eine Hand in die eine Flankengegend und schlägt mit der flachen anderen Hand sanft und kurz auf die andere Flankengegend. Dann läuft eine Flüssigkeitswelle zur Gegenseite, deren Anprall an der seitlichen Bauchwand man fühlen kann.

4.1 Allgemeines

- Um sich nicht von einer Bewegung der Bauchwand selbst täuschen zu lassen, drückt eine Hilfsperson (oder der Patient) die vordere Mittellinie der Bauchwand mit der ulnaren Handkante ein.
- Häufigste Ursachen von Flüssigkeitsansammlungen in der Bauchfellhöhle sind die Pfortaderstauung (bei Leberzirrhose), die Schwäche des rechten Herzens (niedrige Pumpleistung) und Eiweißmangel im Blut (zu geringe Rücksaugkraft).

#415 Differentialdiagnose eines dicken Bauchs

Hat man die vorhergehenden Ausführungen (#411-414) verstanden, so müßte man ohne Schwierigkeit die 6 wichtigsten Ursachen unterscheiden können:
- *Fettsucht* (Obesitas): Der Nabel ist tief eingezogen. An der Bauchhaut lassen sich dicke Falten abheben. In Mitteleuropa ist dies die häufigste Ursache des dicken Bauchs.
- *Blähung* (Meteorismus): passiv gespannte Bauchdecke, tympanitischer Klopfschall über dem gesamten Bauchraum.
- *Bauchwassersucht* (Aszites): Umlagerungsphänomen, Druckwellen (s.o.). Der dicke Bauch steht oft in krassem Widerspruch zur Auszehrung des übrigen Körpers (man denke an die halbverhungerten Kinder in manchen Entwicklungsländern).
- *Schwangerschaft* (Gravidität): Wichtige Hinweise gibt die Anamnese. Die Dämpfung geht von der Schambeinfuge kontinuierlich nach oben. Beweisend ist das Hören kindlicher Herztöne.
- *Große Geschwulst* (Tumor): Tastbefund, Dämpfung. Vor allem Eierstockzysten können gewaltige Ausmaße annehmen und dann evtl. sogar mit einer Schwangerschaft verwechselt werden.
- *Ausgeprägter Rundrücken* mit Lendenkyphose: Sind Brustkorb und Becken infolge der Fehlstellung der Wirbelsäule einander sehr angenähert, so bleibt für die Baucheingeweide nur Platz, wenn sich die Bauchwand stark vorwölbt.

4.2 Magen und Darm

#421 Magen

■ **Perkussion**: Der Magen (Gaster, Ventriculus) liegt im linken Oberbauch. Er enthält regelmäßig eine größere Luftblase (mit den Speisen verschluckte Luft). Sie gibt tympanitischen Klopfschall. Die Luft sammelt sich aufgrund der Schwerkraft immer im obersten Teil des Magens an. Die Luftblase ändert folglich je nach Körperhaltung die Lage.

① Übung: Man perkutiere und markiere die Lage der „Magenblase"
- im Stehen,
- in Rechtsseitenlage,
- in Rückenlage mit angehobenem Becken,
- in Linksseitenlage.

Anschließend lasse man den Probanden stark kohlensäurehaltiges Mineralwasser trinken. Durch die Magensäure wird CO_2 freigesetzt, das den Magen aufbläht. Der Bereich des tympanitischen Klopfschalls

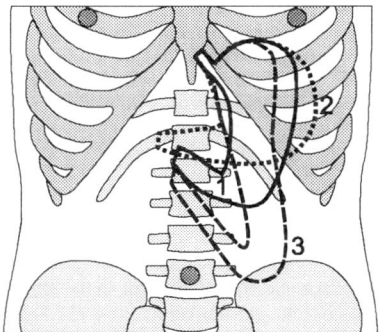

Abb. 421. Projektion des Magens auf die vordere Rumpfwand; unterschiedliche Magenformen nach Röntgenbildern: 1 mittlere Magenform, 2 „Posthornform" des Magens im Liegen, häufig beim breitwüchsigen Körperbautyp, 3 „Langmagen" im Stehen, vor allem beim schmalwüchsigen Körperbautyp

wird nun viel größer. Man versuche die Perkussionsfelder bei verschiedenen Körperhaltungen zu einem Projektionsbild des Magens auf die vordere Bauchwand zu verbinden.

② **Schwierigkeiten**:
• Seitlich der Medioklavikularlinie geht im Stehen der sonore Lungenschall unmittelbar in den tympanitischen Klopfschall der Magenblase über. Dem Anfänger bereitet es oft Mühe, die beiden Schallqualitäten zu unterscheiden.
• Das Querkolon ist häufig stark gasgefüllt und gibt daher tympanitischen Klopfschall. Im Liegen sind dann manchmal Magen und Dickdarm perkutorisch nicht zu trennen.
• Der Magen kann viele Formen annehmen, wie Röntgenaufnahmen zeigen (Abb. 421). Jede Projektionszeichnung kann also nur eine grobe Annäherung an die tatsächliche augenblickliche Magenform darstellen.

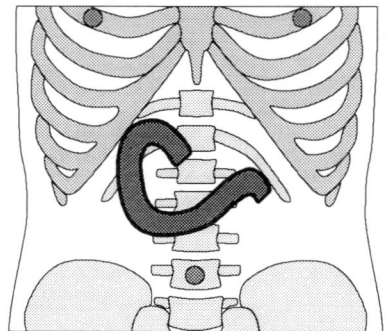

Abb. 422. Projektion des Zwölffingerdarms auf die vordere Bauchwand

#422 Duodenum

Die Lage des Zwölffingerdarms (Duodenum) ist mit den in diesem Buch gelehrten einfachen Untersuchungsverfahren nicht individuell zu bestimmen. Es bedürfte hierzu des Röntgenverfahrens oder der Sonographie. Als (sekundär) retroperitoneales Organ hat er jedoch eine sehr konstante Lage, die man daher recht gut schematisch angeben kann (Abb. 422):
• Der gesamte etwa C-förmig gekrümmte Zwölffingerdarm befindet sich oberhalb des Nabels.
• *Pars superior:* Der obere Teil mit erweitertem Anfangsstück (Ampulla, in der Klinik meist Bulbus genannt) liegt etwa auf Höhe der Mitte der Rippenbogen bzw. des 12. Brustwirbels in der rechten Parasternallinie. Er beginnt am Magenpförtner (Pylorus), der je nach Körperlage (im Stehen bis zu 5 cm tiefer als im Liegen) bis zu 5 cm unterhalb der Mitte des Rippenbogens und etwa 2 cm rechts der Körpermittellinie zu suchen ist. Der Magenpförtner liegt vor dem 1. Lendenwirbel.

• *Pars descendens:* Der absteigende Teil mit den Mündungen des Hauptgallengangs (Ductus choledochus) und des Bauchspeichelgangs (Ductus pancreaticus) entspricht der Höhe der ersten beiden Lendenwirbel (also zwischen transpylorischer und Subkostalebene) am Rand des rechten Rippenbogens.
• *Pars horizontalis:* Der horizontale Teil zieht zwischen Subkostalebene und Nabel zur vorderen Körpermittellinie.
• *Pars ascendens:* Der aufsteigende Teil wendet sich links der Mittellinie zum Magen nach oben. Hinter dessen Rückwand biegt er an der Flexura duodenojejunalis in den intraperitonealen mittleren Dünndarmschnitt (Jejunum) nach unten um. Diese Stelle liegt etwa 4 cm unterhalb und medial der Mitte des linken Rippenbogens.

#423 Wurmfortsatz

■ **Lage des Blinddarms** (Caecum): An der Valva ileocaecalis (meist Bauhin-Klappe genannt) geht der unterste Dünndarmabschnitt (Ileum) in den Blinddarm, den Anfangsabschnitt des Dickdarms, über. Ihm hängt als beim Menschen zurückgebildeter Darmteil der Wurmfortsatz (Appendix vermiformis) an.

4.2 Magen und Darm

- Seinem Bauchfellüberzug nach ist der Blinddarm als intraperitoneal zu bezeichnen. Er bildet aber gewissermaßen das untere Ende des sekundär retroperitonealen Colon ascendens und hat deshalb beim Individuum eine sehr konstante Lage. Diese kann allerdings bei verschiedenen Menschen recht unterschiedlich ausfallen. Am häufigsten liegt der Blinddarm an der rechten Darmbeinschaufel vor dem M. iliacus.

■ **Druckpunkte**: Eine klare Vorstellung über die Lage des Blinddarms ist wegen der akuten Wurmfortsatzentzündung (Appendicitis) wichtig. Diese manchmal stürmisch ablaufende Erkrankung erfordert die Entfernung des Wurmfortsatzes (Appendektomie) innerhalb weniger Stunden, um dem drohenden Durchbruch (Perforation) zuvorzukommen. Die Diagnose muß also rasch gestellt werden. Bei typischer Lage des Blinddarms ist der Hauptschmerz im Bereich folgender „Punkte" zu finden (Abb. 423a):
- *McBurney-Punkt*: Mittelpunkt oder äußerer Drittelpunkt der Verbindungslinie zwischen Nabel und vorderem oberen Darmbeinstachel (Spina iliaca anterior superior),
- *Lanz-Punkt*: rechter Drittelpunkt der Verbindungslinie der beiden vorderen oberen Darmbeinstachel.

Wenn verschiedene, doch etliche Zentimeter voneinander entfernte Punkte die Lage bezeichnen sollen, kann man annehmen, daß eine genaue Angabe nicht möglich ist. Es handelt sich mehr um ein Feld als um Punkte.

■ **Diagnose der Appendicitis**:
- Der *Schmerz* beginnt meist in der Nabelgegend und bewegt sich dann allmählich zum McBurney-Punkt: Solange sich die Entzündung auf den Darm beschränkt, wird nur der recht diffuse dumpfe Eingeweideschmerz gefühlt. Greift die Entzündung auf das Bauchfell über, so wird der Schmerz stechender und besser zu orten.
- *Abwehrspannung* der Bauchdecken.
- *Druckschmerz* im rechten Mittel- und Unterbauch.
- *Loslaßschmerz* im rechten Mittel- und Unterbauch.
- *Überempfindlichkeit* (Hyperästhesie) der Bauchhaut: Man hebe an verschiedenen Stellen die Bauchhaut mit 2 Fingern zu Falten ab. Dies ist normalerweise nicht schmerzhaft, wird es aber bei Bauchfellreizung (nicht nur bei Appendicitis).
- Fiebermessen in Mundhöhle und Mastdarm: Ist die *Temperatur* im Mastdarm deutlich höher als in der Mundhöhle (mindestens 1° C), so weist dies auf eine Entzündung im kleinen Becken oder im Unterbauch hin.
- *Rovsing-Zeichen*: Man drücke den linken Unterbauch ein und massiere den Bauch in einem großen Bogen entgegen dem Uhrzeigersinn entsprechend dem Verlauf des Dickdarms. Der Patient verspürt einen stechenden Schmerz im rechten Unterbauch. Erklärung: Wird der Dickdarm mundwärts ausgestrichen, so steigt der Druck im Blinddarm.
- *Psoas-Zeichen*: Der Untersucher drückt mit einer Hand auf das rechte Knie des Pati-

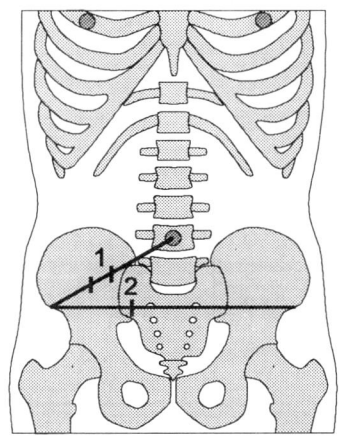

Abb. 423a. Hilfslinien zur Lagebestimmung des Wurmfortsatzes: 1 McBurney-Punkt (je nach Definition), 2 Lanz-Punkt

enten und fordert diesen auf, das Bein zu heben. Der Patient spürt einen Schmerz im rechten Unterbauch. Erklärung: Der M. iliopsoas beugt im Hüftgelenk. Blinddarm und Wurmfortsatz liegen ihm vorn an. Anspannen des Muskels verändert die Lage des Wurmfortsatzes. Der Schmerz ist besonders ausgeprägt, wenn die Entzündung auf die Muskelfaszie übergegriffen hat. Der Patient hält dann das Hüftgelenk gebeugt, um den Muskel zu entspannen. Der Versuch, das Bein zu strecken, verstärkt den Schmerz.
- *Obturator-Zeichen*: Der Untersucher kreiselt das in Hüft- und Kniegelenk gebeugte Bein des Patienten nach innen. Dabei wird der M. obturator internus gedehnt. Ein stechender Schmerz im rechten Unterbauch weist auf einen Reizzustand des Muskels hin. Erklärung: Eine Entzündung in dem in das kleine Becken herabhängenden Wurmfortsatz kann auf das Bauchfell und die Faszie über dem M. obturator internus übergreifen.

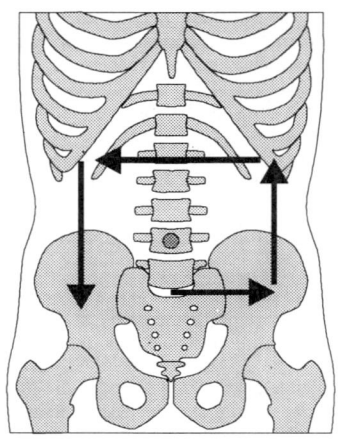

Abb. 423b. Embryonale Dickdarmdrehung: Bei unvollständiger Drehung kann der Blinddarm im Bereich jedes der 4 Pfeile liegen

■ **Abnorme Lage des Wurmfortsatzes**: Die Schwierigkeit der Diagnose einer Appendicitis besteht darin, daß der Wurmfortsatz zwar meist, aber nicht immer in dem beschriebenen Feld liegt. Das hängt mit der Entwicklung des Dickdarms zusammen:

① **Normale Dickdarmdrehung**:
- In frühen Entwicklungsstadien steht der gesamte Darm intraperitoneal in der Medianebene. Dann wächst der Darm rascher als der Körper und muß sich daher in Schlingen legen.
- Der Dickdarm dreht sich in einem großen Bogen um die Achse der A. mesenterica superior entgegen dem Uhrzeigersinn (von vorn betrachtet). Er wendet sich von der Medianebene im Unterbauch nach links, steigt dann bis zur Milz hoch, gelangt nach rechts zur Leber und steigt auf der rechten Seite bis zum großen Becken ab (Abb. 423b).
- Dann verschmelzen die Bauchfellüberzüge der beiden vertikalen Dickdarmabschnitte mit dem Bauchfell der hinteren Bauchwand. Damit erhalten auch die intraperitoneal verbleibenden Dickdarmabschnitte (Blinddarm, Querkolon, Sigma) eine relativ beständige Lage.

② **Abnorme Dickdarmdrehung**:
- *Unvollständig:* Der Blinddarm erreicht nicht seinen typischen Platz im rechten Unterbauch, sondern bleibt irgendwo im großen Bogen der typischen Darmdrehung stecken. Besonders häufig sind die kleinen Abweichungen vom Typischen, also die Lage des Blinddarms zwischen Darmbeinschaufel und Leber.
- *Überschießend:* Der Blinddarm liegt tiefer am Darmbeinmuskel, und der Wurmfortsatz hängt in das kleine Becken.
- *Völlig ausgeblieben:* Der gesamte Dickdarm liegt intraperitoneal und hält sich dann meist vollständig auf der linken Seite des Bauchraums auf.

③ **Atypische Schmerzlokalisation**: Der Wurmfortsatz kann sich auch bei atypischer Lage entzünden. Dann liegt auch der Hauptschmerz nicht am McBurney-Punkt. Wenn

man nicht von vorherigen Röntgenaufnahmen usw. die Lage des Wurmfortsatzes bei einem Patienten kennt, muß bei jedem plötzlich auftretenden heftigen Schmerz im Bauchraum („akutes Abdomen") auch an eine Appendicitis gedacht werden.
• Bei der Frau im gebärfähigen Alter ist die wichtigste Differentialdiagnose die Eileiterschwangerschaft (tubare Extrauteringravidität). Wegen der Gefahr der lebensbedrohenden Blutung ist hierbei operatives Eingreifen ebenso dringlich wie bei der Appendicitis.

#424 Dickdarm

■ **Projektion** (Abb. 424):
• *Caecum:* Der Blinddarm bildet einen Halbkreis medial des vorderen oberen Darmbeinstachels. Er nähert sich dem Leistenband bis auf etwa 2 cm.
• *Colon ascendens:* Der Dickdarm steigt vom Blinddarm in Längsrichtung des Körpers zum Brustkorb auf.
• *Flexura coli dextra:* Die rechte Dickdarmbiegung ist etwa auf Höhe der 9. Rippe in der vorderen Achsellinie der Eingeweidefläche der Leber angelagert.
• *Colon transversum:* Das Querkolon hängt zwischen den beiden Dickdarmbiegungen girlandenartig durch. Im linken Drittel des Querkolons liegt gewöhnlich die Grenze zwischen den Versorgungsbereichen der A. mesenterica superior und inferior und dem kranialen (N. vagus) und dem pelvinen Parasympathikus (Nn. splanchnici pelvici).
• *Flexura coli sinistra:* Die linke Dickdarmbiegung liegt weiter rückwärts als die rechte, etwa auf Höhe der 10. Rippe in der hinteren Achsellinie. Der Dickdarm schmiegt sich hier der Milz an.
• *Colon descendens:* Der Dickdarm steigt in der Längsrichtung des Körpers bis zur Höhe des linken vorderen oberen Darmbeinstachels ab. Sein unterster Abschnitt ist wegen der Füllung mit Kot häufig zu tasten.
• *Colon sigmoideum:* Das Sigma windet sich s-förmig zur Medianebene.

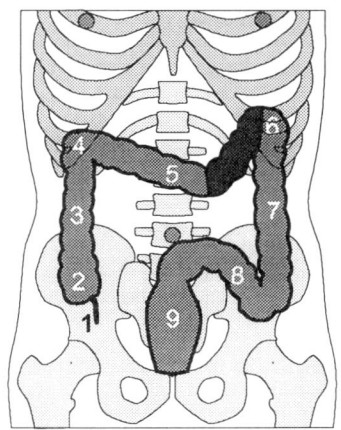

Abb. 424. Projektion des Dickdarms auf die vordere Bauchwand. Das Grenzgebiet zwischen den Versorgungsbereichen der A. mesenterica superior und inferior bzw. dem kranialen (N. vagus) und dem pelvinen Parasympathikus (Nn. splanchnici pelvici) ist dunkel getönt. 1 Appendix vermiformis, 2 Caecum, 3 Colon ascendens, 4 Flexura coli dextra, 5 Colon transversum, 6 Flexura coli sinistra, 7 Colon descendens, 8 Colon sigmoideum, 9 Rectum

• *Rectum:* Der Mastdarm zieht in der sagittalen Projektion gerade zum After (#513).

■ **Perkussion**: Der Dickdarm ist regelmäßig mit Bakterien besiedelt. Sie zersetzen den Speisebrei, wobei Gase frei werden. Diese bilden kleinere und größere Blasen, die man im Röntgenbild sehen kann. Sie geben tympanitischen Klopfschall. Damit läßt sich der Dickdarm gut gegenüber dem gedämpften Klopfschall der Leber und der Milz abgrenzen. Je nach der Gasfüllung des Dünndarms kann man ihn auch von diesem unterscheiden. Die Gasblase im Magen ändert ihre Lage mit der Körperhaltung. Die Gasblasen im Dickdarm sind im Vergleich dazu viel ortsbeständiger.

#425 Gekrösewurzeln

Gekrösewurzeln nennt man die Umschlagstellen des Peritoneum viscerale der intraperitonealen Darmabschnitte auf das Peritoneum parietale der Hinterwand des Bauchraums. Ihre Kenntnis ist von hoher chirurgischer Bedeutung. Sie hemmen die freie Bewegung des Chirurgen im Bauchraum und dürfen wegen ihres Gefäßreichtums nicht beliebig durchgetrennt werden. An keiner Stelle des Körpers liegen so viele große Blutgefäße nebeneinander wie im Dünndarmgekröse. Gekröserisse können daher rasch zum Verbluten führen.

- **Projektion** (Abb. 425):
- *Radix mesenterii:* Die Wurzel des Dünndarmgekröses verbindet den Übergang vom Zwölffingerdarm zum Jejunum (Flexura duodenojejunalis) mit dem Übergang vom Dünndarm zum Dickdarm (Valva ileocaecalis). Dabei überquert sie den horizontalen Teil des Zwölffingerdarms schräg. Sie ist etwa 15 cm lang. Sie beginnt auf Höhe des 2. Lendenwirbels knapp oberhalb der Subkostalebene (#252) etwa 3 cm links der Medianlinie und endet im Bereich des McBurney-Punktes (#423).
- *Wurzel des Mesocolon transversum:* Sie verbindet die rechte mit der linken Dickdarmbiegung. Sie überquert den absteigenden Teil des Zwölffingerdarms und läuft dann an der Bauchspeicheldrüse entlang zum Milzhilum.
- *Wurzel des Mesocolon sigmoideum:* Sie verbindet den Übergang vom Colon descendens zum Sigma mit dem Übergang vom Sigma zum Mastdarm. Sie läuft auf Höhe des Promontorium in der Intertuberkularebene (#252) s-förmig zum Medianebene und steigt dann in dieser bis zum 3. Kreuzbeinwirbel ab.

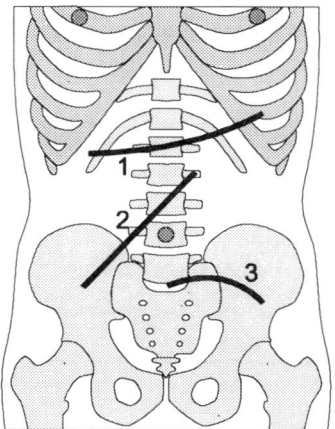

Abb. 425. Projektion der Gekrösewurzeln auf die vordere Bauchwand: 1 Wurzel des Mesocolon transversum, 2 Radix mesenterii, 3 Wurzel des Mesocolon sigmoideum

4.3 Leber, Milz, Bauchspeicheldrüse

#431 Leber

■ **Projektion** (Abb. 431): Die Leber füllt den rechten und mittleren Oberbauch unmittelbar unter dem Zwerchfell. Dieses wölbt sich weit in den Brustkorb hinein.
• Die gesunde Leber liegt rechts der rechten Medioklavikularlinie völlig in dem vom Brustkorb umschlossenen Raum.
• Links davon zieht die untere Lebergrenze schräg aufwärts durch die Magengrube etwa zur Mitte des linken Rippenbogens. Der linke Leberlappen reicht 8-10 cm über die Medianlinie nach links.
• Die obere Lebergrenze nähert sich im Liegen bei der Ausatmung der Brustwarze. Im Stehen sinkt die Leber etwas tiefer.
• Bei tiefer Einatmung bewegt sich die Leber einige Zentimeter nach unten und steigt bei der tiefen Ausatmung entsprechend weit auf (#312: Atemverschieblichkeit der Lungengrenzen).

■ **Perkussion**:
① **Obere Lebergrenze**: Die Lunge gibt sonoren, die Leber gedämpften Klopfschall. Man legt den Plessimeterfinger etwa auf Höhe der Brustwarze horizontal auf die Brustwand auf, perkutiert, geht eine Fingerbreite nach unten, perkutiert wieder usw., bis die Dämpfung erreicht ist.
• Man muß kräftig anklopfen, um den Saum von Lungengewebe zu durchschlagen, der sich zwischen die Leberkuppel und die Brustwand schiebt. (Die untere Lungengrenze hingegen muß man leise perkutieren, damit die Leber in der Tiefe den Klopfschall noch nicht beeinflußt.)

② **Untere Lebergrenze**: An die Leber grenzt unten Darm an, der meist gashaltig ist und daher tympanitischen Klopfschall gibt. Man beginnt mit dem Perkutieren etwa auf Höhe des vorderen oberen Darmbeinstachels und geht dann jeweils um eine Fingerbreite nach oben.

• In der Medianlinie liegt die untere Lebergrenze etwa 5 cm (4-8 cm) kaudal der Schwertfortsatzfuge (Synchondrosis xiphisternalis).
• Bei der gesunden Leber ist die Zone des gedämpften Klopfschalls in der Medioklavikularlinie etwa 10 cm (Spielraum 6-12 cm) breit.

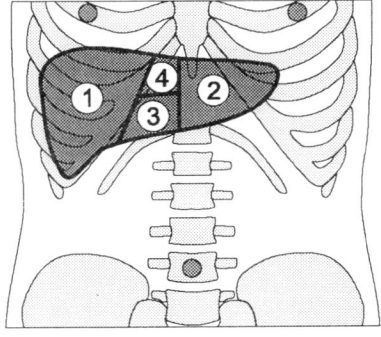

Abb. 431. Projektion der Leber auf die vordere Brustwand: 1 Lobus hepatis dexter, 2 Lobus hepatis sinister, 3 Lobus quadratus, 4 Lobus caudatus, 2-4 linker Leberlappen nach klinischer Definition (nach Verzweigung der Leberarterie und der Pfortader)

③ **Irrtumsmöglichkeiten**:
• *Stark gashaltiges Colon:* Der tympanitische Klopfschall kann über den unteren Leberrand nach oben reichen. Die Leber erscheint irrtümlich als zu klein. Deshalb sollte der untere Leberrand nicht nur perkutiert, sondern auch getastet werden.
• *Zwerchfelltiefstand:* Die Leber wird nach unten gedrängt. Dann kann bei einer gesunden Leber der Unterrand einige Zentimeter unter dem Rippenbogen stehen. Man muß daher immer auch die obere Lebergrenze bestimmen. Häufigste Ursache eines Zwerchfelltiefstands ist das Lungenemphysem. Die dann besonders luftreiche Lunge gibt einen sehr lauten („hypersonoren") Klopfschall.

- *Kombination von Lungen- und Darmblähung:* Die Leber kann irrtümlich als stark verkleinert beurteilt werden.
- *Pleuraerguß:* Er gibt gedämpften Klopfschall, der den gedämpften Leberschall ohne Unterbrechung nach oben fortsetzt. In diesem Fall kann irrtümlich ein Zwerchfellhochstand mit vergrößerter Leber angenommen werden.
- *Abnorme Leberform:* Bei sehr schlanken Personen reicht manchmal der gesunde rechte Leberlappen weit unter den Rippenbogen bis in die Nähe des Darmbeinkamms (sog. Riedel-Lappen). Dies kann zu einer Fehlbeurteilung führen, wenn man nur an einer Stelle abklopft oder tastet.
- *Abnorme Kolonlage:* Gelegentlich liegt das Colon transversum zwischen Leber und Zwerchfell (Chilaiditi-Syndrom). Dann schiebt sich ein Streifen tympanitischen Klopfschalls zwischen den sonoren Lungenschall und den gedämpften Leberschall.

■ **Kratzauskultation**: Man setzt das Stethoskop auf die untere Brustwand auf und streicht mit einem Streichholz oder dem Fingernagel sanft vom Mittelbauch in Längslinien bis zur Höhe der Brustwarze hinauf. Der Klangcharakter des Kratzgeräusches ändert sich entsprechend dem Klopfschall beim Perkutieren beim Übergang vom tympanitischen Darmbereich zur Leberdämpfung und weiter zum sonoren Lungenschall.

■ **Palpation**: Der Unterrand des rechten Leberlappens ist normalerweise vom Rippenbogen verdeckt. Bei der tiefen Einatmung tritt er jedoch unter dem Rippenbogen hervor und kann dann getastet werden.

① **Empfohlene Handstellungen**:
- Die Daumenseite des Zeigefingers wird parallel zum Rippenbogen aufgelegt.
- Die Fingerspitzen der Finger 2-5 einer Hand oder beider Hände werden nebeneinander kaudal des Rippenbogens aufgesetzt. Die Finger weisen nach oben.
- Die Hand (oder beide Hände) werden auf den Brustkorb gelegt. Die Fingerspitzen umgreifen hakenförmig den Rippenbogen.
- Tastet man nur mit einer Hand, so kann die andere Hand von hinten die 11. und 12. Rippe nach vorn drängen. Man kann den Patienten auch auffordern, sich bequem auf die rückwärtige Hand zu legen (und sich so zu entspannen).

② **Vorgehen**: Man bittet den Patienten, einmal tief einzuatmen, tief auszuatmen, nochmals tief einzuatmen und dann den Atem anzuhalten.
- Bei der ersten tiefen Einatmung legt man die Finger in einer der beschriebenen Lagen auf.
- Bei der tiefen Ausatmung drückt man mit den Fingern in die Tiefe und bezieht eine Wartestellung.
- Bei der zweiten tiefen Einatmung (sie ist in der Regel tiefer als die erste) läßt man die Leber „kommen", d.h., man hält die Finger ruhig und fühlt den Anprall und das Vorbeigleiten des Leberrandes. Man konzentriert sich dabei darauf zu erfassen, ob der Rand scharf oder stumpf, glatt oder höckrig, weich oder hart ist. Im Bereich der Gallenblase ist der untere Leberrand manchmal eingeschnitten.

③ **Fehlermöglichkeiten**:
- Der Patient atmet überwiegend mit dem Brustkorb, und die Leber bewegt sich nicht nach unten. Man muß dem Patienten erklären, mit dem Bauch zu atmen.
- Fühlt der Untersucher den Leberrand nicht wie oben beschrieben beim Einatmen des Patienten „kommen", so kann dies auch darauf beruhen, daß die Leber vergrößert ist und der Rand weiter kaudal liegt. Wenn man also den Leberrand nicht fühlt, sollte man unbedingt noch einmal weiter kaudal tasten.
- Ähnliches kann geschehen, wenn der Untersucher die Hand quer auf die vordere Bauchwand legt und versehentlich mit dem Daumenballen die vergrößerte Leber in die Tiefe drückt, so daß sie sich den tastenden Fingern entzieht.
- Tastet man weiter medial im Bereich der geraden Bauchmuskeln, dann verwechselt der Anfänger leicht die Zwischensehnen (Intersectiones tendineae) mit dem Leberrand. Dies geschieht vor allem dann, wenn

man aktiv mit den Fingerspitzen in die Tiefe bohrt, statt das Herabgleiten der Leber bei der Einatmung abzuwarten. Die Unterscheidung ist einfach, wenn man daran denkt, daß sich die Zwischensehnen nicht mit der Atmung verschieben.

■ **Klopfschmerz**: Der Untersucher legt eine Hand flach auf den Brustkorb im Bereich der Leberdämpfung und schlägt mit der zur Faust geballten anderen Hand auf diese. Der erste Schlag ist sanft auszuführen. Gibt der Patient keinen Schmerz an, so wird ein zweiter Schlag etwas kräftiger geführt.
• Bei gesunder Leber verspürt der Patient die nicht gerade angenehme Erschütterung, jedoch keinen Schmerz. Bei empfindlichen Patienten kann sich allerdings nach mehreren Schlägen Übelkeit einstellen.
• Ein heftiger Schmerz, der mehrere Sekunden anhält, weist auf eine Leberentzündung (Hepatitis) hin.

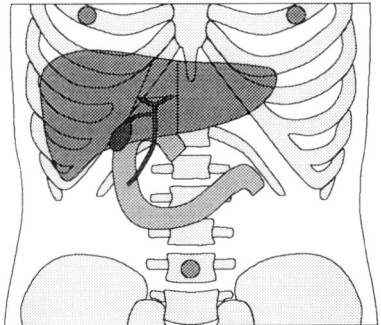

1 Ductus hepaticus dexter
2 Ductus hepaticus sinister
3 Ductus hepaticus communis
4 Ductus cysticus
5 Vesica biliaris [fellea]
6 Ductus choledochus
7 Papilla duodeni major

Abb. 432. Projektion der Gallenblase und der Gallenwege auf die Bauchwand

#432 Gallenblase und Gallengänge

■ **Projektion** (Abb. 432):
• Die Gallenblase (Vesica biliaris [fellea]) entspricht dem vorderen (unteren) Schenkel der lateralen Längsspalte der Leber (Abb. 431): Sie steigt vom Schnittpunkt der Medioklavikularlinie mit dem Rippenbogen schräg nach innen aufwärts.
• Der Gallenblasengang (Ductus cysticus) setzt zunächst diese Richtung fort und biegt dann nach links zum Hauptgallengang um.
• Der Hauptgallengang (Ductus choledochus) läuft etwa parallel zur Wirbelsäule nach unten und wendet sich dann zur Mitte des absteigenden Teils des Zwölffingerdarms nach außen (etwa Höhe des 2. Lendenwirbelkörpers).

■ **Palpation**: Die gesunde Gallenblase ist nicht zu tasten. Eine stark vergrößerte Gallenblase kann man evtl. in der Medioklavikularlinie vom unteren Leberrand abgrenzen.

■ **Druckschmerz**: Bei der Gallenblasenentzündung (Cholecystitis) ist oft der Bereich um den Schnittpunkt der Medioklavikularlinie mit dem Rippenbogen druckempfindlich:
• *Murphy-Zeichen:* Der Untersucher legt die Hand etwa in der Medioklavikularlinie auf die Bauchwand unterhalb des Rippenbogens oder umgreift diesen. Dann bittet er den Patienten, tief einzuatmen. Dabei tritt bei der Gallenblasenentzündung häufig ein stechender Schmerz auf, oder es verstärkt sich ein schon vorhandener Schmerz. Das Murphy-Zeichen ist bei sitzendem Patienten leichter auszulösen.

■ **Head-Zone**: Bei Gallenblasenerkrankungen strahlen die Schmerzen oft in die rechte Schulter aus. Das Bauchfell der Gallenblase wird vom N. phrenicus sensibel innerviert. Sein Hauptanteil entstammt dem Segment C4. Aus diesem kommen auch die Nn. supraclaviculares. Bei einer heftigen Bauchfellreizung um die Gallenblase gerät das ganze Segment C4 in Aufruhr.

#433 Milz

■ **Projektion**: Die normale Milz (Splen, Lien) ist etwa 4 cm dick, 7 cm breit und 11 cm lang („4711"). Sie ist bis auf das Milzhilum (Hilum splenicum) mit Bauchfell bedeckt (intraperitoneal). Man findet die ovale Milz im hinteren linken Oberbauch.
• Ihr Projektionsfeld auf die Oberfläche liegt zwischen der 9. und 11. Rippe (mit der Längsachse über der 10. Rippe) dorsal der mittleren Achsellinie. Es nähert sich der Wirbelsäule bis auf etwa 5 cm (Abb. 433).
• Bei der tiefen Einatmung tritt die Milz 2-5 cm weiter nach kaudal.

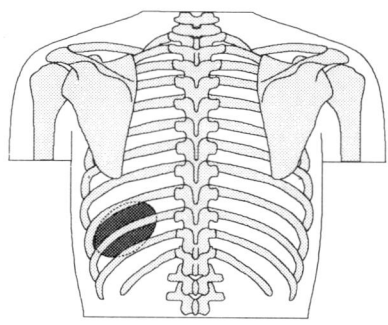

Abb. 433. Projektion der Milz auf den Rücken

■ **Palpation**: Die gesunde Milz ist nicht zu tasten.
• Bei manchen Erkrankungen des lymphatischen Systems kann sie jedoch gewaltig anschwellen (Splenomegalie) und vor und unter den linken Rippenbogen treten. Sie wird dann ähnlich getastet wie die Leber. Eine tastbare Milz ist in der Regel bereits beträchtlich vergrößert (auf mindestens das Dreifache der normalen Größe).
• Beim Tasten der Milz ist besondere Vorsicht geboten. Die Milzkapsel ist brüchig und kann bei einem heftigen Druck platzen. Die Milzruptur ist bei Unfällen mit stumpfer Gewalteinwirkung auf den Bauchraum häufig.

■ **Perkussion**: Die Milz dämpft wie die Leber den Klopfschall. Die Milzdämpfung grenzt kranial an den sonoren Lungenschall, ventral an den tympanitischen Klopfschall des Magens und des Dickdarms an. Kaudal hebt sie sich nicht vom gedämpften Klopfschall der linken Niere ab. Man kann also die Milz nicht rundherum abgrenzen. Damit ist auch der Wert der Perkussion sehr eingeschränkt. Da sich die Milz wegen des Zwerchfells nicht nach oben ausdehnen kann, ist die obere Grenze eher für die Beurteilung der Lunge als der Milz interessant.
• Wichtig ist der vordere Pol (Extremitas anterior), da die sich vergrößernde Milz nach vorn unten wächst: Findet man den vorderen Pol hinter der mittleren Achsellinie, so ist die Milz wahrscheinlich nicht vergrößert.
• Man perkutiert den untersten Zwischenrippenraum in der vorderen Achsellinie. Dort hört man meist tympanitischen Klopfschall. Bleibt er bei einer tiefen Einatmung des Patienten tympanitisch, so ist die Milz wahrscheinlich nicht vergrößert.

Irrtumsmöglichkeiten:
• Ein voller Magen und ein kotgefüllter Dickdarm können die Milzdämpfung vergrößert erscheinen lassen („falsch positiv").
• Ein stark geblähter Dickdarm kann eine vergrößerte Milz verdecken („falsch negativ").

#434 Bauchspeicheldrüse

■ **Projektion**: Die Bauchspeicheldrüse (Pancreas) ist ein langgestrecktes Organ, das sich im Horizontalschnitt leicht u-förmig den beiden obersten Lendenwirbelkörpern anschmiegt. Die Bauchspeicheldrüse ist etwa 15 cm lang, 3-4 cm breit und 1-2 cm dick.
• Der Pankreaskopf (Caput pancreatis) füllt den Hohlraum im „C" des Zwölffingerdarms.

4.3 Leber, Milz, Bauchspeicheldrüse

- Der Pankreasschwanz (Cauda pancreatis) endet an der Milz.
- Der Pankreaskörper (Corpus pancreatis) steigt von rechts unten nach links oben auf (Abb. 434).

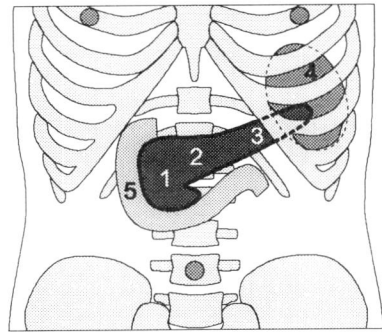

Abb. 434. Projektion der Bauchspeicheldrüse auf die vordere Bauchwand: 1 Caput pancreatis, 2 Corpus pancreatis, 3 Cauda pancreatis, 4 Milz, 5 Duodenum

■ **Untersuchung**: Die gesunde Bauchspeicheldrüse ist weder zu tasten noch zu hören noch abzuklopfen. Sie ist damit einfachen Untersuchungen nicht zugänglich.
- Der Verdacht auf eine Erkrankung der Bauchspeicheldrüse wird häufig erst von Symptomen der Nachbarorgane geweckt, z.B. wenn ein Pankreaskopfkarzinom den Hauptgallengang zudrückt und die Haut des Patienten sich zunehmend gelb färbt (Ikterus).
- Erst größere Geschwülste der Bauchspeicheldrüse kann man durch die Bauchwand tasten.

4.4 Nieren und Harnwege

#441 Nieren

■ **Projektion** (Abb. 441):
- *Größe:* Eine Niere ist im Durchschnitt etwa 4 cm dick, 7 cm breit und 11 cm lang („4711"). Das Durchschnittsgewicht beträgt etwa 130 g bei der Frau und 150 g beim Mann.
- *Lage zur Wirbelsäule:* lateral des 11. Brust- bis 3. Lendenwirbels. Die Niere liegt nicht unmittelbar den Wirbelkörpern, sondern dem von ihnen entspringenden M. psoas major an. Dieser wird kaudal dicker. Deswegen ist die Längsachse der Niere nicht parallel zur Medianebene angeordnet, sondern divergiert nach unten in einem Winkel von etwa 15°. Der kleinste Abstand von der Medianebene beträgt etwa 3 cm (Innenrand), der größte etwa 8-10 cm (Seitenrand).
- *Lage zur 12. Rippe:* Diese liegt schräg hinter der oberen Nierenhälfte.

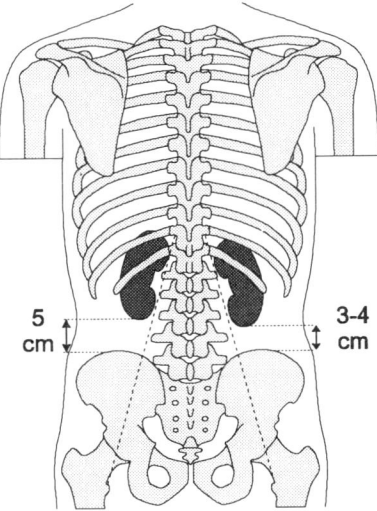

Abb. 441. Projektion der Nieren auf die hintere Rumpfwand. Lateralrand des M. psoas major gestrichelt.

- *Abstand vom Darmbeinkamm:* Er beträgt rechts etwa 3-4 cm, links etwa 5 cm. Die rechte Niere steht wegen der großen Leber etwa 1-2 cm tiefer als die linke.
- *Verschieblichkeit:* Je nach Körperlage und Atemphase steigen die Nieren einige Zentimeter auf oder ab.
- *Drehung um Längsachse:* etwa um 30°, so daß das Nierenhilum nach vorn innen weist. In der Projektion auf die vordere oder hintere Bauchwand erscheinen die Nieren daher schmäler als am isolierten Präparat.

■ **Palpation:** Die Nieren liegen recht geschützt im Retroperitonealraum. Ihre oberen Hälften sind rückwärts auch noch durch die untersten Rippen abgeschirmt. Sie sind normalerweise nicht zu tasten. Hingegen sind die unteren Nierenpole bei schlanken Patienten der bimanuellen Untersuchung zugänglich.

① **Vorgehen:**
- In Rückenlage des Patienten drückt eine Hand des Untersuchers die vordere Bauchwand in der Flankengegend ein. Die Hand wird dabei flach in der Querrichtung oder leicht schräg aufgelegt. Die Fingerspitzen weisen zur Gegenseite. Die andere Hand drängt zwischen Darmbeinkamm und 12. Rippe die Niere nach vorn.
- Bei jeder Einatmung folgen die Nieren dem Zwerchfell etwas nach unten. Man geht daher ähnlich wie beim Tasten des Leberrandes (#431) vor und läßt den Patienten zweimal tief einatmen. Beim zweiten Mal sucht man die Niere zwischen den beiden Händen zu „fangen". Bei der folgenden Ausatmung fühlt man sie zwischen den Händen wieder nach oben gleiten. Geübte Untersucher können dabei die Oberfläche der Niere beurteilen.
- Die rechte Niere steht 1-2 cm tiefer und kann daher häufiger getastet werden als die linke.
- Gelingt das Tasten der Nieren in Rückenlage des Patienten nicht, so kann man es in Seitenlage versuchen. Die Niere der oberen Körperseite sinkt dann etwas herab und wird manchmal besser zugänglich.

② **Fehlermöglichkeiten:**
- Die beiden Hände drücken vor der tiefen Einatmung des Patienten in die Tiefe. Die Niere wird dann an ihrer Abwärtsbewegung gehindert und kann folglich nicht getastet werden.
- Statt der Niere wird eine vergrößerte Leber oder ein Kotballen getastet. Hat man die Niere zwischen den beiden Händen gefaßt, so sollte man die Finger der sonst flach gehaltenen rückwärtigen Hand rasch beugen. Dabei wird die Niere ruckartig nach vorn gedrängt, die Leber nicht. Kotballen erkennt man an der nach einigen Minuten veränderten Lage (#414).

■ **Klopfschmerz:** Der Untersucher legt eine Hand flach auf die Lendengegend (zwischen 12. Rippe und Darmbeinkamm) und schlägt mit der zur Faust geballten anderen Hand darauf. Der gesunde Patient spürt den Aufschlag und die (nicht gerade angenehme) Erschütterung, jedoch keinen Schmerz. Ein deutlicher Schmerz weist auf eine Entzündung des Nierenbeckens oder der Niere hin.

#442 Nebennieren, Nierenbecken und Harnleiter

■ **Nebennieren** (Glandulae suprarenales): Sie sitzen kappenartig auf den oberen Nierenpolen. Da die Längsachsen der Nieren oben konvergieren, nähern sich die beiden Nebennieren stärker an als die Nieren (Abb. 442). Sie liegen beidseits des 11.-12. Brustwirbelkörpers.
- Eine Nebenniere ist etwa 5 cm lang, 3 cm breit und 1 cm dick.
- Wegen der Schrägstellung entsprechend jener der Nieren ist ihre Projektion auf die vordere Bauchwand etwas verkürzt.

■ **Nierenbecken** (Pelvis renalis): Es liegt trichterförmig in der Nierenbucht und fängt mit seinen Kelchen (Calices renales) von den Nierenpapillen (Papillae renales) austretenden Harn auf. Es verjüngt sich nach medial kaudal zum Harnleiter.

4.4 Nieren und Harnwege

- In der Nierenbucht liegen meist die Nierenvenen vorn, die Nierenarterien in der Mitte und das Nierenbecken hinten.

- am Eintritt des Harnleiters in das kleine Becken, wenn er die großen Beckengefäße (etwa an der Aufzweigung der A. iliaca communis in die A. iliaca externa + interna) überquert,
- an der Mündung in die Harnblase.

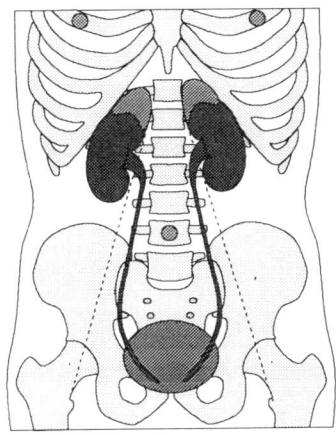

Abb. 442. Projektion von Nebennieren, Nierenbecken und Harnleitern auf die vordere Bauchwand. Der Lateralrand des M. psoas major ist gestrichelt.

■ **Harnleiter** (Ureter): Er geht auf Höhe des 1.-2. Lendenwirbelkörpers, also etwas kranial der Subkostalebene, medial unten aus dem Nierenbecken hervor. Er läuft dann ungefähr parallel zum Seitenrand der Wirbelsäule nach unten. Er wendet sich über dem Kreuzbein-Darmbein-Gelenk etwas nach lateral und biegt dann in der Nähe der Spina ischiadica in einem großen Bogen nach medial zur Harnblase um. Die Mündung entspricht etwa der Höhe des Oberrandes der Schambeinfuge, etwa 2 cm von der Medianebene entfernt.

Harnleiterengen: Aus dem Nierenbecken abgehende Harnsteine bleiben bevorzugt an 3 Engstellen stecken:
- am Übergang vom Nierenbecken zum Harnleiter,

4.5 Blutgefäße

#451 Bauchaorta

■ **Verlauf**: Die Aorta tritt durch den Aortenschlitz (Hiatus aorticus) etwa auf Höhe des 11. bis 12. Brustwirbels etwas links der Medianebene in den Bauchraum ein. Von da ab führt sie den Namen Bauchaorta (Pars abdominalis aortae). Sie läuft dann immer unmittelbar links der Medianebene abwärts bis zur Höhe des 4.-5. Lendenwirbels und gabelt sich dort (Bifurcatio aortae) in die beiden Aa. iliacae communes auf (Abb. 451).

■ **Puls**: Die mittleren Lendenwirbelkörper liegen auf Querschnitten durch den Bauchraum nahezu in der Mitte (#414). Die vor ihnen verlaufende Aorta kommt damit der vorderen Bauchwand nahe. Sie kann der tastenden Hand auch nicht ausweichen, weil die Wirbelsäule den harten Hintergrund bildet.
• Man kann daher selbst bei dicken Patienten meist den Puls der Bauchaorta unmittelbar links neben dem Nabel fühlen. Bei schlanken Patienten kann man sogar das Gefäßrohr zwischen Daumen und Zeigefinger fassen.
• Unterhalb des Nabels teilt sich die Bauchaorta in die beiden Aa. iliacae communes auf. Deshalb wird der Bereich, in welchem man den Puls fühlt, breiter und erstreckt sich auch noch ein Stück nach rechts (der Wirbelkörperbreite entsprechend).

■ **Höhenlagen der Hauptäste**:
• Truncus coeliacus: Abgang noch im Aortenschlitz (Th$_{12}$), etwa auf Höhe der Mitten der Rippenbogen),
• A. mesenterica superior: fingerbreit unterhalb des Truncus coeliacus (Th$_{12}$/L$_1$),
• Aa. renales: etwa auf Höhe der unteren Viertelpunkte der Rippenbogen (L$_1$/ L$_2$),
• A. mesenterica inferior: fingerbreit oberhalb des Nabels (L$_3$/L$_4$).

#452 Untere Hohlvene

■ **Verlauf**: Die untere Hohlvene (V. cava inferior, Abb. 452) entsteht aus der Vereinigung der beiden Vv. iliacae communes vor dem 4.-5. Lendenwirbelkörper rechts und etwas unterhalb der Aortengabel. Sie steigt dann jeweils rechts der Aorta bis zum Foramen venae cavae im Centrum tendineum des Zwerchfells auf.
■ Das Foramen venae cavae liegt weiter vorn und viel höher als der Aortenschlitz. Es grenzt an den rechten Vorhof an. Seine Lage hängt von der Zwerchfellstellung ab. Bei ruhiger Atmung projiziert es sich etwa auf den rechten Rand der Schwertfortsatzfuge (Synchondrosis xiphisternalis).
• Die untere Hohlvene ist wesentlich länger als die Bauchaorta.

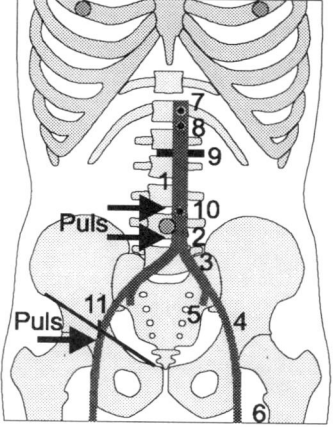

Abb. 451. Projektion der Bauchaorta und ihrer Hauptäste auf die vordere Bauchwand: 1 Pars abdominalis aortae, 2 Bifurcatio aortae, 3 A. iliaca communis, 4 A. iliaca externa, 5 A. iliaca interna, 6 A. femoralis, 7 Truncus coeliacus, 8 A. mesenterica superior, 9 Aa. renales, 10 A. mesenterica inferior, 11 Mitte des Lig. inguinale

4.5 Blutgefäße

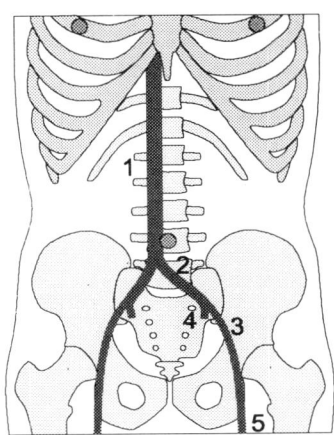

Abb. 452. Projektion der unteren Hohlvene auf die vordere Bauchwand: 1 V. cava inferior, 2 V. iliaca communis, 3 V. iliaca externa, 4 V. iliaca interna, 5 V. femoralis

■ **Verlauf** (Abb. 453):
• Der Stamm der Pfortader ist etwa 5-6 cm lang und 0,5-1 cm dick. Er läuft parallel zum Hauptgallengang und endet mit den beiden Endästen (R. dexter/sinister) zum rechten und zum linken Leberlappen in der Leberpforte. Er steigt vom rechten Rand der Wirbelsäule (etwa Höhe der Bandscheibe zwischen 1. und 2. Lendenwirbelkörper) steil nach rechts oben auf.
• Die V. mesenterica superior läuft parallel zur gleichnamigen Arterie. Vom Übergang des Dünndarms in den Dickdarm (etwa McBurney-Punkt, #423) steigt sie steil nach links oben zum horizontalen Teil des Zwölffingerdarms auf. Sie überquert diesen und tritt dann unter den Pankreaskopf.
• Die Milzvene kommt von der Mitte des Milzhilums und zieht dann hinter dem Oberrand der Bauchspeicheldrüse leicht schräg nach rechts unten. Etwa am linken Rand der Wirbelsäule nimmt sie die V. mesenterica inferior auf.

■ **Äste**: Unterschiede zur Bauchaorta:
• Die unpaaren Eingeweidevenen münden nicht direkt in die untere Hohlvene, sondern vereinigen sich zur Pfortader (V. portae, #453). Das Blut durchfließt erst die Leber und gelangt dann über die Lebervenen (Vv. hepaticae) unmittelbar unterhalb des Foramen venae cavae in die untere Hohlvene.
• Die linke Eierstock- bzw. Hodenvene mündet in die linke Nierenvene.

#453 Pfortader

■ **Stromgebiet**: Es entspricht etwa dem der unpaaren Äste der Bauchaorta. Die Pfortader (V. portae hepatis) sammelt das Blut aus dem Magen-Darm-Kanal, der Bauchspeicheldrüse sowie der Milz und führt es der Leber zu. Sie entsteht durch die Vereinigung von
• V. mesenterica superior und
• Milzvene (V. splenica), die vorher schon die V. mesenterica inferior aufgenommen hat.

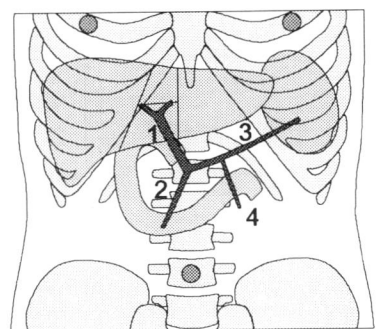

Abb. 453. Projektion der Pfortader auf die vordere Bauchwand: 1 V. portae hepatis, 2 V. mesenterica superior, 3 V. splenica, 4 V. mesenterica inferior

■ **Portokavale Anastomosen**: Ist der Blutdurchfluß durch die Leber behindert, z.B. bei der Leberzirrhose, so staut sich das Blut in der Pfortader zurück, und der Druck in ihr steigt (Pfortaderhochdruck = portale Hy-

pertension). Dann sucht das Blut auf Nebenwegen aus dem Gebiet der Pfortader zu den Hohlvenen abzufließen. Die wichtigsten Anastomosen sind zwischen
* V. gastrica sinistra und Vv. oesophageales: Abfluß über die V. azygos zur oberen Hohlvene,
* V. rectalis superior und Vv. rectales mediae: Abfluß über die Vv. iliacae internae zur unteren Hohlvene,
* Vv. para-umbilicales und übrigen Bauchwandvenen: Abfluß oberhalb des Nabels zur oberen, unterhalb zur unteren Hohlvene,
* kleinen Venen der sekundär retroperitonealen Organe (Zwölffingerdarm, Bauchspeicheldrüse, Colon ascendens und descendens) und Venen des Retroperitonealraums.

■ **Strömungsrichtung in gestauten Bauchwandvenen**: Die Venen der Bauchwand stellen nicht nur portokavale, sondern auch kavokavale Anastomosen (zwischen oberer und unterer Hohlvene) dar. Bei hervortretender Venenzeichnung auf der Bauchwand ist daher die Strömungsrichtung zu ergründen: Man drückt eine sichtbare Vene mit 2 Fingern ab und streicht eine Strecke aus. Dann hebt man abwechselnd einen Finger ab und sieht, von welcher Seite sich die Vene füllt.
* Geht der Blutstrom oberhalb des Nabels nach oben und unterhalb des Nabels nach unten, so ist die Pfortader gestaut.
* Geht der Blutstrom auch unterhalb des Nabels nach oben, so ist die untere Hohlvene verlegt. Es erweitern sich die kavokavalen Anastomosen von der unteren zur oberen Hohlvene.
* Geht der Blutstrom auch oberhalb des Nabels nach unten, so ist die Strömung in der oberen Hohlvene behindert. Das Blut wird über kavokavale Anastomosen zur unteren Hohlvene umgeleitet.

5 Beckenorgane

5.1 Beziehung zu Bauchwand und Dammgegend

#511 Beckeneingang und große Beckengefäße

■ **Projektion des Beckeneingangs** (Apertura pelvis superior): Er bildet ungefähr ein quer stehendes Oval. Der transversale Durchmesser ist etwa 2 cm größer als der sagittale. Als mittlere Maße kann man bei der Frau etwa 13 × 15 cm, beim Mann je 2 cm weniger annehmen. Da die Beckeneingangsebene im entspannten Stehen einen Winkel von etwa 60° mit der Horizontalen bildet, erscheint der sagittale Durchmesser in der Projektion auf die Bauchwand verkürzt (Sinus 60° = 0,866). Man zeichne daher bei der Frau eine Ellipse von etwa 11 × 15 cm, beim Mann von etwa 9,5 × 13 cm auf die Haut, unmittelbar an den Oberrand der Schambeinfuge angrenzend (Abb. 511a).

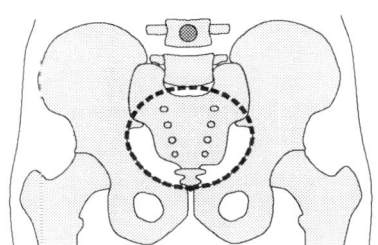

Abb. 511a. Projektion des Beckeneingangs auf die vordere Bauchwand

■ **Beckenarterien**:
① **Verlauf**: Die Bauchaorta (Pars abdominalis aortae) gabelt sich (Bifurcatio aortae) etwa vor dem 5. Lendenwirbelkörper in die rechte und die linke
• *A. iliaca communis*: Diese verläuft knapp oberhalb der Beckeneingangsebene in Richtung auf die Mitte des Leistenbands. Etwa auf Höhe des Kreuzbein-Darmbein-Gelenks teilt sie sich in:
• *A. iliaca externa*: Sie setzt die Richtung zum Leistenband fort. Sie unterquert dieses in der Lacuna vasorum und nimmt dann den Namen A. femoralis an.
• *A. iliaca interna*: Sie steigt an der seitlichen Wand des kleinen Beckens ab. Sie verzweigt sich in zahlreiche Äste, die alle Beckenorgane, die Gesäßgegend und den größten Teil des Beckenbodens versorgen.

② **Puls tasten** ist an 2 Stellen möglich:
• an der Bauchaorta links neben dem Nabel (Abb. 511b),
• an den beiden Oberschenkelarterien 1-2 Fingerbreit unterhalb der Mitte des Leistenbandes (#943).

③ **Projektion** auf die vordere Bauchwand: Man verbinde die Pulsstellen der Bauchaorta und der Aa. femorales mit einer s-förmig geschwungenen Linie. Dort, wo diese Linie

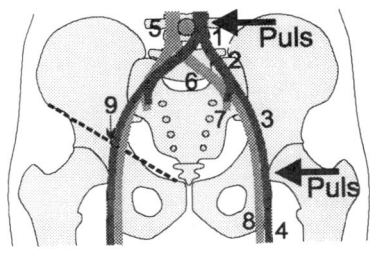

Abb. 511b. Projektion der großen Beckenarterien und -venen auf die vordere Bauchwand: 1 Bifurcatio aortae, 2 A. iliaca communis, 3 A. iliaca externa, 4 A. femoralis, 5 V. cava inferior, 6 V. iliaca communis, 7 V. iliaca interna, 8 V. femoralis, 9 Mitte des Lig. Inguinale. Die Pfeile bezeichnen die Stellen, an denen der Puls leicht zu tasten ist.

das Oval des Beckeneingangs erstmals schneidet, läßt man die A. iliaca interna nach medial abgehen. Die sagittale Projektion dieser Stelle auf die Bauchwand entspricht etwa der Mitte der Verbindungslinie vom Nabel zur Mitte des Leistenbandes.

■ **Beckenvenen**: Entsprechend der Aufzweigung der Aorta vereinigen sich die Vv. iliacae externae und internae zu den Vv. iliacae communes und diese wiederum zur unteren Hohlvene (V. cava inferior, Abb. 452). Die Vv. iliacae externae verlaufen medial der gleichnamigen Arterien, die untere Hohlvene rechts der Bauchaorta. Die rechte A. iliaca communis überquert beide Vv. iliacae communes!

#512 Harnblase

① **Perkussion**: Die leere Harnblase (Vesica urinaria) liegt hinter dem Schambein verborgen. Mit zunehmender Füllung schiebt sie sich zwischen Bauchwand und Bauchfell nach oben. Die volle Harnblase ist gut zu perkutieren: Ihr gedämpfter Klopfschall hebt sich meist deutlich gegenüber dem tympanitischen Klopfschall des gewöhnlich gashaltigen Dünndarms ab.

② **Übungsaufgabe für den Untersuchungskurs**: Man wählt einen Studenten mit gut gasgefülltem Bauch, bei dem der ganze Unterbauch tympanitischen Klopfschall gibt. Der Proband trinkt nach Entleeren der Harnblase etwa 1 Liter Wasser (Tee, Limonade usw.).
• Man wartet ab (während man anderen Übungsaufgaben nachgeht), bis der Patient den ersten Harndrang verspürt. Dann perkutiert man über der Schambeinfuge die Harnblase und zeichnet die Grenzen auf die Bauchwand.
• Dies wiederholt man in Abständen von 5-10 Minuten, bis das Beklopfen der Bauchwand für den Patienten zu lästig wird (es verstärkt noch den zunehmenden Harndrang). Man gewinnt so ein Bild der fortschreitenden Ausdehnung der Harnblase.

• Es ist nicht nötig, daß der Proband die Badehose oder Unterhose auszieht. Der Klopfschall wird durch ein dünnes, der Haut eng anliegendes Kleidungsstück nicht wesentlich beeinträchtigt. Beim Aufzeichnen der Harnblasengrenzen muß man jedoch darauf achten, daß sich die Hose zwischen den einzelnen Perkussionsgängen nicht verschiebt.

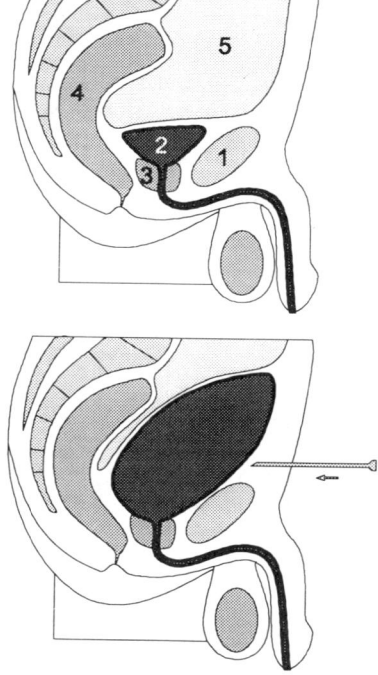

Abb. 512. Harnblasenpunktion: oben schwach, unten stark gefüllte Harnblase. Die über der Symphyse eingestochene Kanüle erreicht die volle Harnblase ohne Verletzung des Bauchfells. 1 Symphysis pubica, 2 Vesica urinaria, 3 Prostata, 4 Rectum, 5 Cavitas peritonealis

③ **Harnblasenpunktion**: In die volle Harnblase kann man eine lange Hohlnadel durch die Bauchwand oberhalb der Schambeinfuge einstechen, ohne das Bauchfell zu verletzen (Abb. 512).
• Dies kann bei einer Harnverhaltung (z.B. bei vergrößerter Vorsteherdrüse) nötig sein, wenn es nicht gelingt, einen Katheter durch die Harnröhre in die Harnblase einzuschieben.
• Die Harnblase wird auch gelegentlich punktiert, um Harn für diagnostische Zwecke ohne Verunreinigung durch die Harnröhre zu gewinnen (z.B. um die Erreger bei einer hartnäckigen Harnblasen- oder Nierenbeckenentzündung zu bestimmen).
• Eine suprapubische Harnblasenfistel wird auch gern bei Patienten mit länger dauernder postoperativer Rekonvaleszenz angelegt.

#513 Mastdarm

① **Projektion auf das Kreuzbein**: Der Mastdarm (Rectum) liegt vom 3. Kreuzbeinwirbel abwärts dem Kreuzbein an. Man orientiere sich an den seitlichen Eckpunkten der Lendenraute, die der Höhe des 2. Kreuzbeinwirbels entsprechen. Oberhalb des 3. Kreuzbeinwirbels verläuft der Darm bis zum Promontorium noch median, aber intraperitoneal. Darüber biegt er nach links ab.

• Es ist eine Definitionsfrage, ob das gerade intraperitoneale Darmstück vor den beiden obersten Kreuzbeinwirbeln noch zum Colon sigmoideum oder schon zum Mastdarm zu rechnen ist.

② **Projektion auf die vordere Bauchwand**: Man orientiert sich an folgenden Bezugspunkten (#252): Der Nabel entspricht der Höhe von L_4, das Tuberculum iliacum L_5 und der vordere obere Darmbeinstachel S_2. Der Darm steigt über der Schambeinfuge in Richtung auf den Nabel auf und biegt dann zwischen Interspinal- und Intertuberkularebene nach links ab (Abb. 513).

#514 Projektion der inneren weiblichen Geschlechtsorgane

■ **Nichtschwangere Frau**: Man geht von der bereits beschriebenen Projektion des Beckeneingangs und der großen Beckenarterien aus (Abb. 511b):
• *Eierstock* (Ovarium): Er liegt in der Fossa ovarica in der Aufgabelung der A. iliaca communis in die A. iliaca externa und interna (Abb. 514a).
• *Gebärmutter* (Uterus): Ihre Projektion hängt vom Füllungszustand der Harnblase ab. Bei leerer Harnblase überragt sie kaum

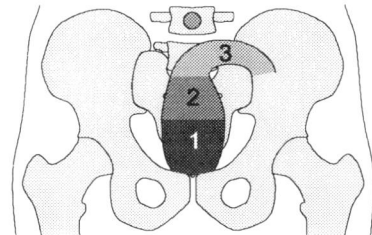

Abb. 513. Projektion des Mastdarms und des Endteils des Sigmas auf die vordere Bauchwand: 1 retroperitonealer Teil des Rectum, 2 intraperitonealer Teil des Rectum, 3 Colon sigmoideum

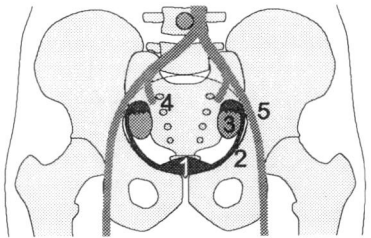

Abb. 514a. Projektion der inneren weiblichen Geschlechtsorgane auf die vordere Bauchwand bei der nichtschwangeren Frau: 1 Uterus, 2 Tuba uterina, 3 Ovarium, 4 A. iliaca interna, 5 A. iliaca externa.

die Schambeinfuge. Mit zunehmender Füllung der Harnblase wird die Gebärmutter aufgerichtet und steigt etwas höher.
• *Eileiter* (Tuba uterina [Salpinx]): Er wendet sich von der Gebärmutter an der Beckenwand entlang zum Eierstock und umgreift ihn von hinten oben. Er nimmt also nicht den kürzesten Weg (wie das Lig. ovarii proprium).

■ **Schwangere**:
① **Uterus**: Man tastet den Fundus uteri am Ende des
• 5. Schwangerschaftsmonats (Menstruationsalter, entspricht 18. Entwicklungswoche) etwa 3 Fingerbreit unterhalb des Nabels,
• 6. Schwangerschaftsmonat (22. Entwicklungswoche) auf Höhe des Nabels,
• 7. Schwangerschaftsmonats (26. Entwicklungswoche) 3 Fingerbreit oberhalb des Nabels,
• 8. Schwangerschaftsmonats (30. Entwicklungswoche) in der Mitte zwischen Nabel und Schwertfortsatz,
• 9. Schwangerschaftsmonats (34. Entwicklungswoche) am Rippenbogen,
• 10. Schwangerschaftsmonats (38. Entwicklungswoche) 2 Fingerbreit unter dem Rippenbogen: Die Gebärmutter senkt sich in den letzten Schwangerschaftsmonat (der Kopf der Leibesfrucht tritt tiefer in das Becken) und wird dafür breiter (Abb. 514b).

Die interindividuelle Schwankungsbreite der Größe der Gebärmutter ist groß. Sie hängt vor allem von der Größe der Leibesfrucht und der Menge des Fruchtwassers ab. Die obigen Größenangaben können daher nur der groben Orientierung dienen. Nach englischsprachigen Lehrbüchern wird die Nabelhöhe meist schon am Ende des 5. Schwangerschaftsmonats erreicht.

Am Ende der Schwangerschaft wiegt die Gebärmutter mit Inhalt etwa 6 kg. Davon entfallen etwa 3½ kg auf den Fetus, ½ kg auf die Plazenta, 1 kg auf das Fruchtwasser (Liquor amnii) und 1 kg auf die Gebärmutterwand. Die Gewichtszunahme der Schwangeren beträgt aber meist mehr als 6 kg, weil vermehrt Wasser in den Körper eingelagert wird. Die hormonelle Umstellung bei der bevorstehenden Geburt kündigt sich durch vermehrte Harnausscheidung an. Dadurch sinkt das Körpergewicht schon kurz vor der Geburt um 1-2 kg.

② **Nachbarorgane**: Die wachsende Gebärmutter drängt die Bauchorgane nach oben. Dies muß man bei Schmerzangaben von Schwangeren berücksichtigen. Auch der Wurmfortsatz liegt dann nicht mehr am McBurney-Punkt (#423), sondern wandert nach oben: Er liegt z.B. am Ende des
• 5. Schwangerschaftsmonats etwa auf Höhe des Beckenkamms,
• 8. Schwangerschaftsmonats etwa am Unterrand des Rippenbogens.

■ **Wöchnerin**: Die Gebärmutter verkleinert sich rasch (Abb. 514c):
• Am 2. Tag nach der Geburt hat der Fundus uteri schon den Nabel unterschritten.
• Am 5. Tag liegt er auf halbem Weg zwischen Nabel und Schambeinfuge.

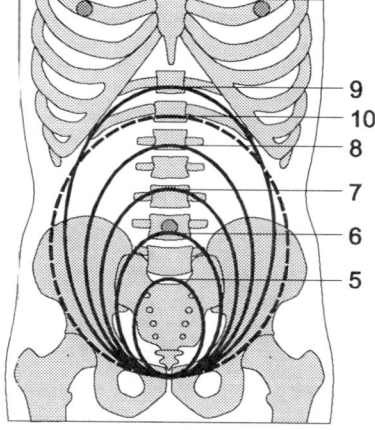

Abb. 514b. Projektion der schwangeren Gebärmutter auf die vordere Leibeswand: 5-10 Schwangerschaftsmonate

5.1 Beziehung zu Bauchwand und Dammgegend

- Am 9. Tag überragt er die Schambeinfuge nur noch wenig.
- Eine Woche nach der Entbindung wiegt die Gebärmutter etwa die Hälfte (½ kg).
- Nach 2 Wochen wiegt sie etwa ein Drittel (350 g).
- Nach 6 Wochen ist das Ausgangsgewicht von 50-70 g nahezu wieder erreicht.

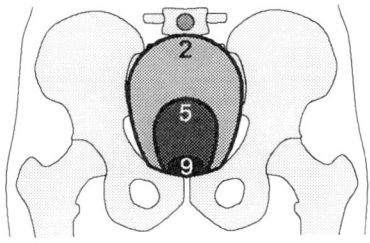

Abb. 514c. *Rückbildung der Gebärmutter im Wochenbett: Die Ziffern geben die Tage nach der Entbindung an*

#515 Palpation der Dammgegend

■ **Grenzen der Dammgegend tasten**: Als Regio perinealis bezeichnet man den vom Beckenausgang umschlossenen, etwa rautenförmigen Bereich. Man markiere also (bei der Frau am besten in Rückenlage mit abgespreizten und in Hüft- und Kniegelenk gebeugten Beinen wie im gynäkologischen Untersuchungsstuhl, beim Mann günstiger stehend über einen Tisch gebeugt oder in Knie-Ellbogen-Lage):
- Unterrand der Schambeinfuge (#243),
- unterer Schambeinast (#243),
- Sitzbeinast (#243),
- Sitzbeinhöcker (#243),
- Lig. sacrotuberale (Abb. 243b),
- Steißbein (#241).

■ **Äußere Gliederung der Dammgegend**: Sie wird durch die Verbindungslinie der beiden Sitzbeinhöcker in 2 Unterregionen geteilt (Abb. 515a):
- Schamgegend (Regio urogenitalis),
- Aftergegend (Regio analis).

■ **Innere Gliederung des Beckenbodens**: In der Tiefe des Beckenbodens spannen sich 2 Muskel-Bindegewebe-Platten aus, von denen man eine klare Vorstellung gewinnen sollte, da nur so der Aufbau der Region verständlich wird:

① **Diaphragma pelvis**: Es trennt den Bereich der Beckenorgane von der Oberflächenregion. Es entspringt auf der Höhe des Beckeneingangs (!) von der Beckenwand und läuft trichterförmig auf den After zu. 3 Muskeln bilden das Diaphragma pelvis:
- *M. levator ani* (Afterheber, Abb. 515b).
- *M. coccygeus* (Steißmuskel): Er ist dem Steißbein und dem Lig. sacrospinale vorn (oben) angelagert.
- *M. sphincter ani externus* (äußerer Afterschließmuskel): Er umgibt den Afterkanal unterhalb des Afterhebers auf beiden Seiten.

Das Diaphragma pelvis muß eine Lücke besitzen, die sich so weit ausdehnen kann, daß der Kopf des Kindes bei der Geburt hindurchtreten kann. Deshalb ist der Afterheber zwischen Schambein und After bogenförmig ausgeschnitten. Die Ränder dieses „Levator-Tors" kann man bei der Frau durch die Scheide tasten.

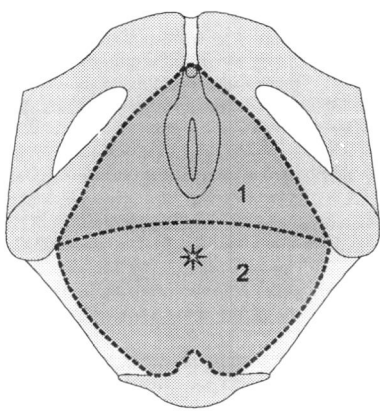

Abb. 515a. *Gliederung der Dammgegend: 1 Regio urogenitalis, 2 Regio analis*

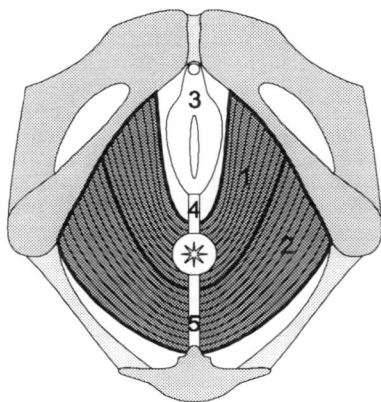 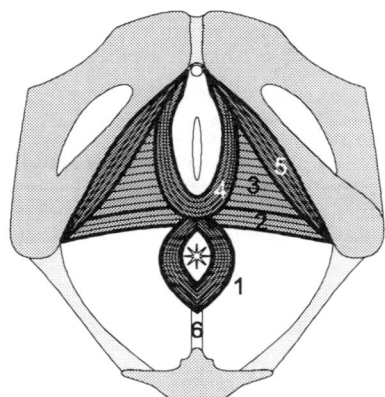

Abb. 515b. M. levator ani (stark vereinfacht): 1 M. pubococcygeus („Torbogen" des Levator-Tors), 2 M. ileococcygeus („Hängematte"), 3 Levator-Tor, 4 Centrum tendineum perinei, 5 Lig. anococcygeum. Der Muskel ist nicht quer ausgespannt, sondern kuppelförmig nach unten gewölbt.

Abb. 515c. Oberflächliche Schicht der Beckenbodenmuskeln: 1 M. sphincter ani externus, 2-4 Diaphragma urogenitale, 2 M. transversus perinei superficialis, 3 M. transversus perinei profundus, 4 M. bulbospongiosus, 5 M. ischiocavernosus, 6 Lig. anococcygeum

② **Diaphragma urogenitale**: Es ist zwischen den unteren Schambeinästen quer ausgespannt (Abb. 515c) und deckt das Levator-Tor unten ab, das sonst eine gewaltige Bruchpforte bilden würde. Denn bei jeder Druckerhöhung im Bauchraum (Stuhlgang, Husten, Heben schwerer Lasten usw.) wird der Bauchinhalt gegen den Beckenboden gedrängt.

③ **Fossa ischio-analis**: Der M. levator ani läuft trichterförmig auf den After zu. Damit entsteht zwischen Afterheber und Beckenwand ein nach unten zu sich erweiternder Fett-Bindegewebe-Raum, der bis zu 10 cm von der Dammhaut bis in die Tiefe des kleinen Beckens reicht (Abb. 518a).

④ **Centrum tendineum perinei** (Sehnenzentrum des Damms): In der Mitte des Hinterrandes des Diaphragma urogenitale liegt zwischen Scheidenöffnung bzw. Bulbus penis und After ein Bindegewebekern, in den von vorn, seitlich und hinten Muskelsehnen einstrahlen (Abb. 515b).

#516 Leitungsbahnen der Dammgegend

■ **Hauptversorgungsstraße**: Die großen Gefäße und Nerven der Dammgegend verlassen das kleine Becken durch die infrapiriforme Abteilung des Foramen ischiadicum majus, biegen um die Spina ischiadica, treten durch das Foramen ischiadicum minus in die Fossa ischio-analis ein und verzweigen sich zu After, Harnröhre, Schamlippen und Kitzler bzw. Hodensack und Penis (Abb. 516):
• A. + V. pudenda interna,
• N. pudendus.

■ **Nebenversorgungsstraßen**:
• A. pudenda externa + Vv. pudendae externae (aus A. + V. femoralis), N. ilio-

5.1 Beziehung zu Bauchwand und Dammgegend

inguinalis + N. genitofemoralis (aus Plexus lumbalis): zum vorderen Drittel der großen Schamlippen bzw. des Hodensacks.
- Steißnervengeflecht (Plexus coccygeus): zu den ehemaligen Schwanzmuskeln (M. levator ani + M. coccygeus).

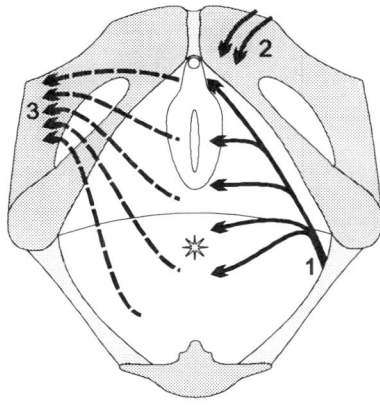

Abb. 516. *Versorgungsstraßen der Dammgegend: rechte Bildhälfte Blutgefäße und Nerven, linke Bildhälfte Lymphbahnen: 1 A. + V. pudenda interna und N. pudendus, 2 A. + Vv. pudendae externae und N. ilioinguinalis, 3 Nodi lymphatici inguinales superficiales*

■ **Lymphabflußwege**:
- Hauptabfluß zu den Nodi lymphatici inguinales superficiales superomediales (Abb. 516).
- Nebenwege zu den Lymphknoten im kleinen Becken.

■ **Segmentale Innervation**: Der Dammbereich ist der am weitesten vom Kopf entfernte Teil des Körperstamms. Er wird demgemäß von den am weitesten unten gelegenen Teilen des Rückenmarks versorgt: S3-S5 und Co. Diese Segmente sind schießscheibenartig ringförmig um den After angeordnet.

#517 Pudendusanästhesie

① **Versorgungsbereich des N. pudendus**:
- *Sensorisch:* hintere 2/3 der Dammgegend zuzüglich Scheidenvorhof und Kitzler bzw. Penis (Abb. 517).
- *Motorisch:* alle Muskeln, die sich vom ehemaligen Kloakenschließmuskel ableiten: äußerer Afterschließmuskel + Muskeln des Diaphragma urogenitale.

② **Vorgehen**: Der Nerv ist von der Scheide bzw. dem Mastdarm aus auf der seitlichen Beckenwand oberhalb der Sitzbeinhöcker zu tasten. Man sticht eine lange Hohlnadel medial des Sitzbeinhöckers ein und führt sie unter Kontrolle durch den in der Scheide oder im Mastdarm liegenden Finger zum Zielpunkt.

③ **Beurteilung**: Die Blockade des N. pudendus kommt für Eingriffe an der Oberfläche der Dammgegend infrage und bei der Entbindung, wenn der kindliche Kopf aus dem Beckenboden austritt. Sie nimmt nicht den Wehenschmerz (Muskelschmerz bei der maximalen Anspannung der Gebärmuttermuskulatur). In der Geburtshilfe wird daher meist die Epiduralanästhesie vorgezogen.

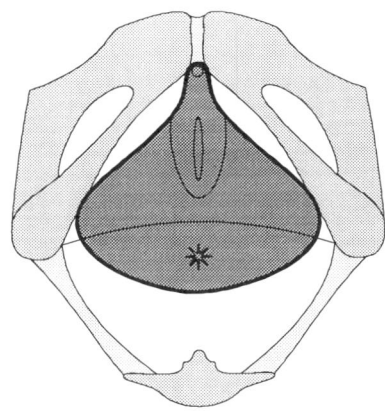

Abb. 517. *Schmerzfreier Bereich bei der beidseitigen Pudendusanästhesie*

#518 After

■ **Psychologische Probleme**: Das untere Ende des Verdauungskanals ist ein Bereich, der bei der ärztlichen Untersuchung häufig vernachlässigt wird:
• Der After wird vom Schamgefühl möglicherweise noch mehr tabuiert als die äußeren Geschlechtsorgane. Viele Ärzte haben Hemmungen, dieses Tabu zu brechen.
• Der After wird von vielen Menschen mangelhaft gereinigt. Seine Besichtigung ist daher für den Arzt oft mit einer erheblichen Geruchsbelästigung verbunden.

■ **Afterverschluß**:
① **Schließmuskeln**: Sie raffen die Afterhaut tabaksbeutelartig zu einem kurzen Längsschlitz (radiäre Falten).
• *M. sphincter ani internus:* das verdickte untere Ende der Ringmuskelschicht der Mastdarmwand (glatte Muskulatur). Im Gegensatz zur übrigen Dickdarmwand ist der innere Afterschließmuskel frei von parasympathischen Ganglienzellen. Dies ermöglicht seine Daueranspannung bei lebhafter Dickdarmtätigkeit. Er wirkt geradezu als „Wellenbrecher" der peristaltischen Wellen.

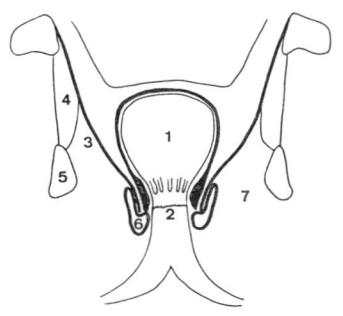

Abb. 518a. Schrägschnitt durch den Afterkanal. 1 Mastdarm, 2 Afterkanal, 3 M. levator ani (Diaphragma pelvis), 4 M. obturator internus, 5 Sitzbein, 6 M. sphincter ani externus, 7 Fossa ischio-analis

• *M. sphincter ani externus:* ein Teil des Diaphragma pelvis (quergestreifte Muskulatur, #515).

② **Schwellgewebe**: Sie dichten die letzten Lücken ab und ermöglichen den gasdichten Verschluß. Sie sind der schwache Punkt der Konstruktion. Bei der unnatürlichen Lebensweise des „zivilisierten" Menschen (überwiegend sitzende Tätigkeit, schlackenarme Kost) werden sie leicht überbeansprucht. Es können Hämorrhoiden entstehen.

■ **Oberfläche des Afterkanals** (Canalis analis): Länge 2-3 cm:

① **Stockwerke**:
• *Zone der Columnae und Sinus anales:* Farbe rot bis bläulich-violett. Das oberste Stockwerk ist mit dem hohen einschichtigen Epithel des Mastdarms ausgekleidet. Es ist durch die 8-10 Aftersäulen (Columnae anales) gekennzeichnet, in denen die Schwellkörper die Schleimhaut vorwölben. Zwischen den Aftersäulen sinkt die Schleimhaut zu den Afterbuchten (Sinus anales) ein. Der Vergleich mit einem Kamm liegt nahe (Pecten analis).
• *Zwischenzone:* Farbe weißlich. Das mittlere Stockwerk ist von unverhorntem mehrschichtigen Plattenepithel überzogen. Dieses ist straffer an der Unterlage befestigt als die übrige Haut und erscheint daher blasser und glatter. Die Zwischenzone ist frei von Haaren, Talg- und Schweißdrüsen.
• *Hautzone:* Farbe braun. Das verhornte mehrschichtige Plattenepithel ist stärker pigmentiert als die umgebende Haut. Die Haut enthält Haare, Talg- und apokrine Schweißdrüsen (Duftdrüsen).

② **Grenzlinien** (Abb. 518b):
• *Linea anorectalis:* zwischen Afterkanal und Mastdarm.
• *Linea mucocutanea:* zwischen den oberen beiden Stockwerken.
• *Linea anocutanea:* zwischen den unteren beiden Stockwerken.

5.1 Beziehung zu Bauchwand und Dammgegend

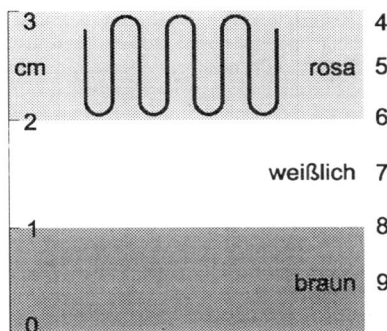

Abb. 518b. Afterkanal: 1-3 Entfernung von der Afteröffnung in cm, 4 Linea anorectalis, 5 Zone der Columnae und Sinus anales, 6 Linea mucocutanea, 7 Zwischenzone, 8 Linea anocutanea, 9 Hautzone

③ **Bedeutung der Linea mucocutanea:** Sie markiert nicht nur einen Farbunterschied: Sie ist zugleich Grenze zwischen
- *Epithelarten:* oben Säulenepithel (hochprismatisches Epithel), unten unverhorntes mehrschichtiges Plattenepithel.
- *Innervationsarten:* oben vegetative Nerven (Dehnungsschmerz, aber kein Schnittschmerz), unten somatische Nerven (sehr schmerz- und berührungsempfindlich).
- *venösen Abflußgebieten:* oben zur Pfortader, unten zur unteren Hohlvene. Die verbindenden Venen zwischen den beiden Stockwerken gehören damit zu den portokavalen Anastomosen, die bei Abflußbehinderung in einem der beiden Gebiete sich erweitern können (Förderung der Hämorrhoidenbildung in der Schwangerschaft).
- *Lymphabflußgebieten:* oben zu den Beckenlymphknoten, unten zu den Leistenlymphknoten.

④ **Hämorrhoiden** sind knotige Vergrößerungen der Schwellkörper der Columnae anales. Sie wölben die Schleimhaut vor. Meist handelt es sich um 3 Knoten: in Rückenlage des Patienten bei 3, 7 und 11 Uhr (wenn man den After mit dem Zifferblatt einer Uhr vergleicht). Dies entspricht dem Verlauf der Hauptäste der A. rectalis inferior. Bei der Entwicklung der Hämorrhoiden kann man 4 Stadien unterscheiden:
- *Stadium 1:* Die Knoten sind von außen nicht sichtbar. Der Patient hat keine Schmerzen, weil die Schleimhaut schmerzunempfindlich ist. Der Patient bemerkt gelegentlich hellrotes Blut auf dem Stuhl.
- *Stadium 2:* Die Knoten sind größer und werden beim Stuhlgang vor den After gepreßt. Nach dem Stuhlgang ziehen sie sich von selbst wieder zurück.
- *Stadium 3:* Die Knoten bleiben nach dem Stuhlgang vor dem After liegen, können aber wieder in den After geschoben werden. Wegen Reizerscheinungen an der Haut der Übergangszone leidet der Patient unter Schmerzen und Juckreiz.
- *Stadium 4:* Die Knoten liegen dauernd vor dem After und können nicht mehr hochgeschoben werden. Haut und Kleidung scheuern an ihnen. Sie entzünden sich. Bakterien wandern ein. Es entstehen Ekzeme, Geschwüre, Abszesse.

■ **Vorgehen bei der Inspektion:**
① **Lagerung des Patienten:** Der Afterbereich ist am besten in einer der folgenden Lagen zu überblicken:
- *Seitenlage:* Dabei sollten die Hüftgelenke maximal und die Kniegelenke rechtwinklig gebeugt werden. Das Gesäß sollte etwas über den Rand des Untersuchungstisches geschoben werden.
- *Steinschnittlage:* Rückenlage mit angezogenen, gespreizten Beinen wie im gynäkologischen Untersuchungsstuhl (#521).
- *Knie-Ellbogen-Lage:* Der Patient kniet auf dem Untersuchungstisch, neigt sich nach vorn und legt Hände und Unterarme auf.

② **Besichtigung ohne die Gesäßbacken zu spreizen:** Man achte auf
- die stärkere Pigmentierung der Afterhaut im Vergleich zur weiteren Umgebung.
- eine leichte Einziehung des Afterbereichs (aus der Längsmuskulatur des Mastdarms strahlen Muskelfasern zur Afterhaut aus).
- die radiären Falten.

- evtl. Verschmutzung durch Stuhl (Schließmuskelschwäche oder nur mangelnde Afterhygiene?).
- evtl. entzündete Hautbereiche (Hämorrhoiden, Madenwürmer, Afterfisteln?).
- evtl. Vorwölbungen der pigmentierten Haut (Blutergüsse aus Venen der Afterhaut, manchmal fälschlich „äußere Hämorrhoiden" genannt).
- evtl. Vorwölbungen der weißen Haut der Zwischenzone und der bläulichen Schleimhaut (echte = „innere" Hämorrhoiden, meist bei 3, 7 oder 11 Uhr in Steinschnittlage).

③ **Spreizen der Gesäßbacken und der Afterhaut**: Ein mehr oder weniger großer Teil des Afterkanals wird sichtbar. Man unterscheide die 3 Zonen und lokalisiere Befunde.

④ **Palpation**: ⇒ #536

#519 Reflexe der Dammgegend

① **Afterreflex** (Analreflex): Eine Reizung der Afterhaut wird mit einer Kontraktion des äußeren Afterschließmuskels (M. sphincter ani externus) beantwortet. Der Reflex läuft über den N. pudendus und die Segmente S_3-S_5.
- Der Patient liegt auf der Seite mit gebeugten Hüftgelenken. Der Arzt streicht mit einem Holzstäbchen über die Afterhaut oder sticht mit einer Nadel sacht ein. Er beobachtet die Afterkontraktion.
- Eine äußerlich nicht sichtbare schwache Anspannung des Muskels kann mit einem Finger im After getastet werden. Der Afterreflex wird auch bei der Tastuntersuchung des Afters ausgelöst.

② **Bulbokavernosusreflex**: Leichtes Kneifen der Eichel löst eine Anspannung der Schwellkörpermuskeln aus, die man an der Gliedwurzel hinter dem Hodensack sehen oder zumindest am Bulbus penis gut tasten kann. Manchmal läßt sich der Reflex auch durch einen Nadelstich in die Haut des Gliedrückens auslösen. Der Reflex läuft über den N. pudendus und die Segmente $S_3 + S_4$.

③ **Kremasterreflex** (Hodenheberreflex): Streicht man mit einem Holzstäbchen, dem Griff des Reflexhammers oder einfach mit dem Fingernagel über die Haut auf der Innenseite des Oberschenkels, so wird der gleichseitige Hoden vom M. cremaster hochgezogen.
- Der Reflex läuft über den N. genitofemoralis und umfaßt die Segmente L_1 und L_2. Seitenunterschiede sind häufig.
- Dieser Hautreflex ist als Schutzreflex zu verstehen. Der bei den Säugetieren außerhalb der Leibeshöhle liegende Hoden ist besonders gefährdet. Er wird zum Schutz an die Rumpfwand gezogen.

Protokoll 519. Reflexe der Dammgegend. Bewertung: 0, (+), +, ++, +++			
	Links	Rechts	Gesunde Studenten
Afterreflex			+
Bulbokavernosusreflex			+
Kremasterreflex			+

5.2 Gynäkologische Untersuchung

#521 Überblick und Lagerung der Patientin

■ **Reihenfolge** der typischen gynäkologischen Untersuchung:
• Besichtigen der unentfalteten Schamgegend.
• Spreizen der Schamlippen und Besichtigen des Scheidenvorhofs (#522).
• Einführen eines Spekulums (Scheidenspiegels) in die Scheide und Besichtigen der Scheidenschleimhaut und des in die Scheide ragenden Teils des Gebärmutterhalses (Portio vaginalis cervicis, meist kurz „Portio" genannt) (#523).

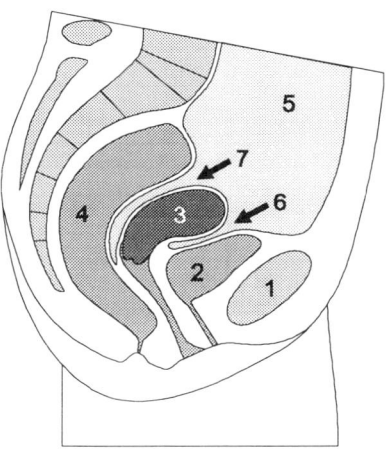

Abb. 521b. Medianschnitt durch das weibliche Becken: 1 Symphysis pubica, 2 Vesica urinaria, 3 Uterus, 4 Rectum, 5 Cavitas peritonealis, 6 Excavatio vesico-uterina, 7 Excavatio recto-uterina (Douglas-Raum)

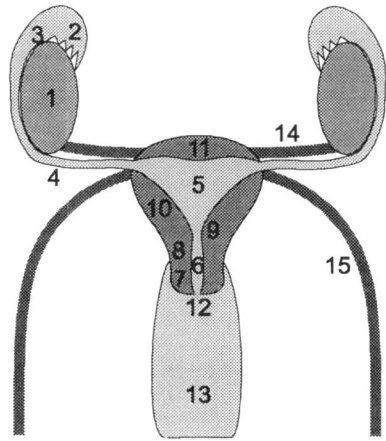

Abb. 521a. Überblick über die inneren weiblichen Geschlechtsorgane: 1 Ovarium, 2-4 Tuba uterina [Salpinx], 2 Infundibulum tubae uterinae, 3 Ampulla tubae uterinae, 4 Isthmus tubae uterinae, 5-12 Uterus, 5 Cavitas uteri, 6 Canalis cervicis uteri, 7 + 8 Cervix uteri, 7 Portio vaginalis cervicis, 8 Portio supravaginalis cervicis, 9 Isthmus uteri, 10 Corpus uteri, 11 Fundus uteri, 12 Ostium uteri, 13 Vagina, 14 Lig. ovarii proprium, 15 Lig. teres uteri

• Zellabstrich von der Portio zur zytologischen Untersuchung.
• Austasten der Scheide (#524),
• Bimanuelles Abtasten der Gebärmutter (#525).
• Bimanuelles Abtasten der Adnexe (Eileiter und Eierstock, #526).
• Rektale und/oder kombinierte rektovaginale (#527) Tastuntersuchung.

■ **Lagerung**: Die gynäkologische Untersuchung erfolgt am bequemsten in Rückenlage der Frau mit in Hüft- und Kniegelenk gebeugten Beinen (wenn vorhanden, im gynäkologischen Untersuchungsstuhl).
• Der Unterleib sollte vom Nabel abwärts entkleidet sein.
• Die Arme liegen seitlich vom Körper oder sind über der Brust verschränkt. Der Kopf sollte durch ein Kissen und nicht durch die hinter ihm gefalteten Arme angehoben werden. Heben der Arme bedingt Heben des

Brustkorbs und damit ein Dehnen der Bauchwand. Dies ist bei der bimanuellen Untersuchung der inneren Geschlechtsorgane ungünstig.
• Das gleiche gilt für eine zu starke Krümmung der Lendenwirbelsäule („Abwehrlordose"). Man fordere die Patientin auf, „das Kreuz aufzulegen". Der Untersucher kann der Patientin helfen, indem er unter deren Gesäßbacken greift und diese nach unten streift.
• Kurz vor der Untersuchung sollte die Patientin Harnblase und Mastdarm entleert haben.
• Man sollte der Patientin einen Handspiegel anbieten, damit sie bei Interesse die Untersuchung besser mitverfolgen kann.

■ **Psychologische Probleme**: Wenn die Untersuchung nicht im privaten Bereich einer intimen Zweierbeziehung abläuft, wird die Situation wahrscheinlich von der Frau zumindest als ungemütlich empfunden. Alle Beteiligten sollten sich darauf einstellen und alles vermeiden, was das Schamgefühl verletzen könnte. Die Situation sollte aber auch nicht nervös und verkrampft werden. Der angehende Arzt muß erlernen, die für ihn in seiner späteren Praxis alltägliche Situation ganz natürlich und sachlich zu meistern. Die Vertrauensbasis zwischen Patientin und Untersucher ist die Voraussetzung dafür, daß sie ihre Angst vor der Untersuchung verliert und den Beckenboden entspannen kann. Dies wiederum ist nötig, damit der Scheidenspiegel schmerzfrei eingeführt werden kann.

#522 Inspektion der Schamgegend

① **Unentfaltete Schamgegend**: Beim Besichtigen achte man auf:
• *Schambehaarung* (Pubes): Abb. 257a + b.
• *Große Schamlippen* (Labia majora pudendi): Sie sind je nach Fetteinlagerung flach oder wulstig.
• *Kleine Schamlippen* (Labia minora pudendi): Bei der Frau, die noch nicht geboren hat (Nullipara), liegen sie meist aneinander. Nach mehreren Geburten klaffen sie manchmal auseinander. Die Schwankungsbreite ihrer Größe ist beachtlich: Bei manchen Frauen sind sie so kurz, daß sich die großen Schamlippen vor ihnen schließen. Bei anderen Frauen ragen sie einige Zentimeter vor die großen Schamlippen.
• *Kitzlervorhaut* (Preputium clitoridis): Der Kitzler wird von ihr normalerweise vollständig bedeckt, so daß er ohne Spreizen nicht zu sehen ist.
• *Commissura labiorum anterior + posterior*: An der hinteren Kommissur der großen Schamlippen sieht man bei Frauen, die geboren haben, manchmal Narben eines Dammschnittes oder Dammrisses.
• *Damm* (Perineum): Der Frauenarzt bezeichnet als Damm den Bereich zwischen Scheidenausgang und After, als Hinterdamm den Bereich zwischen After und Steißbein. In der Anatomie hingegen wird der Begriff Dammgegend für den gesamten Bereich zwischen Schambeinfuge und Steißbein gebraucht.
• *After* (Anus): #518 + #536.

② **Schamlippen spreizen**: Der Untersucher dringt dazu nicht direkt in den Scheidenvorhof ein, sondern geht mit Daumen und Zeigefinger an die Rinnen zwischen großen und kleinen Schamlippen und drängt die großen

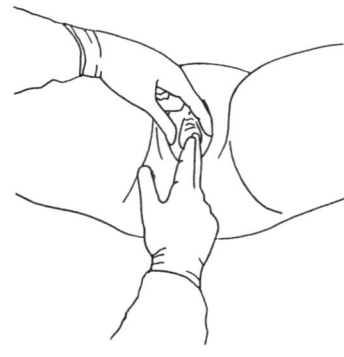

Abb. 522a. Spreizen der Schamlippen

Schamlippen zur Seite. Die kleinen Schamlippen folgen dem Zug, und die Schamspalte (Rima pudendi) öffnet sich (Abb. 522a). Bei sehr langen kleinen Schamlippen kann es zweckmäßig sein, diese dann doch noch zu fassen.

③ **Scheidenvorhof**: Den gesamten von den kleinen Schamlippen umschlossenen Raum nennt man Scheidenvorhof (Vestibulum vaginae). Man besichtige in ihm von vorn nach hinten:
- *Kitzler* (Clitoris): Er kann sehr unterschiedlich groß sein. Unter Androgeneinfluß kann er sich penisartig entwickeln. Bei Zwittern kommen Übergangsformen zwischen Kitzler und Glied vor. Ein besonders großer Kitzler (mehr als 1 cm Querdurchmesser) sollte zu einer Chromosomenanalyse veranlassen. Vom Kitzler wird beim Spreizen der Schamlippen meist nur die Kitzlereichel (Glans clitoridis) sichtbar. Man streife die Kitzlervorhaut nach oben, um den langgestreckten Kitzlerkörper (Corpus clitoridis) überblicken zu können.
- *Kitzlerzügel* (Frenulum clitoridis): Die kleinen Schamlippen teilen sich an ihrem vorderen Ende in je 2 Falten. Die beiden äußeren Falten vereinigen sich zur Kitzlervorhaut. Die zarteren inneren Falten treffen sich als Kitzlerzügel am Kitzler.
- *Äußerer Harnröhrenmund* (Ostium urethrae externum): Er liegt etwa 2,5 cm afterwärts vom Kitzler. Man achte vor allem auf die Farbe. Sie sollte mit der des übrigen Scheidenvorhofs übereinstimmen. Eine stärkere Rötung weist auf eine Harnröhrenentzündung (Urethritis) hin.
- *Skene-Gänge* (Ductus para-urethrales): Der Hinterwand der Harnröhre liegt hinten auf jeder Seite ein etwa 2 cm langer Blindgang an. Er wird als funktionslose Entsprechung der Vorsteherdrüse beim Mann angesehen. Die ärztliche Bedeutung liegt darin, daß sich in ihm Entzündungen festsetzen können. In diesem Fall wird seine Öffnung als roter Punkt schräg hinter dem Harnröhrenmund schon mit freiem Auge sichtbar. Dann läßt sich eventuell auch Eiter zur bakteriologischen Untersuchung gewinnen, wenn man den untersten Abschnitt der vorderen Scheidenwand in Richtung auf den äußeren Harnröhrenmund ausstreicht.
- *Scheidenmund* (Ostium vaginae) mit dem Jungfernhäutchen (Hymen): Bei der Jungfrau ist der Scheideneingang durch das Jungfernhäutchen verengt, aber nicht verschlossen. Die Öffnung ist gewöhnlich für einen Finger durchgängig. Die Schwankungsbreite der Größe und der Form der Öffnung ist groß. Bei der sexuell aktiven Frau sind meist noch Reste des Jungfernhäutchens (Carunculae hymenales) zu erkennen. Nach mehreren Entbindungen können diese völlig verschwunden sein.
- *Mündung der großen Scheidenvorhofdrüse* (Bartholin-Drüse, Glandula vestibularis major): Sie liegt beidseits seitlich des Hinterrandes des Scheidenmunds. Die Öffnung ist gewöhnlich nur bei Entzündungen an der Rötung zu erkennen. Dann kann die Drüse stark anschwellen (bis hühnereigroß) und die große Schamlippe vorwölben. Man preßt die Drüse aus, indem man mit dem Zeigefinger in die Scheide geht und mit dem Daumen auf der großen Schamlippe dagegen drückt (Abb. 522b).
- *Schamlippenzügel* (Frenulum labiorum pudendi): Die rückwärtige Vereinigung der kleinen Schamlippen springt meist scharfkantig vor dem Zusammenschluß der großen Schamlippen (Commissura labiorum posterior) vor.

④ **Paarige Schwellkörper tasten**: Sie sind nicht zu sehen, sondern nur (meist undeutlich) zu tasten:
- *Kitzlerschwellkörper* (Corpus cavernosum clitoridis): vom unteren Schambeinast zum Kitzler, derb.
- *Vorhofschwellkörper* (Bulbus vestibuli): seitlich vom Scheidenmund dem Diaphragma urogenitale angelagert, weich.

⑤ **Patientin „pressen" lassen** (Baucheingeweide gegen den Scheidenausgang drängen): Man beobachtet den Scheidenmund und den After auf Veränderungen. Bei Lockerung des bindegewebigen Gefüges des Beckens kann sich die Scheidenschleimhaut vorwölben. Am After können Hämorrhoidenknoten sichtbar werden.

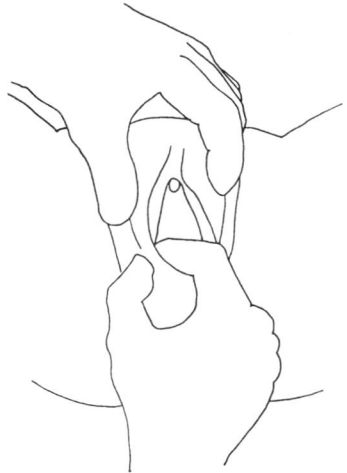

Abb. 522b. Palpation der Glandula vestibularis major

#523 Inspektion der Scheide

■ **Scheidenmund** (Ostium vaginae) **spreizen**: Dann ist der unterste Abschnitt der Scheidenschleimhaut zu besehen:
• Vorn und hinten erkennt man die unteren Teile der Querfaltensäulen (Columna rugarum anterior + posterior).
• Man fordert die Patientin auf „zu pressen" (die Eingeweide gegen den Scheidenmund zu drängen). Bei intaktem Beckenbindegewebe darf sich dabei die Scheidenschleimhaut nicht nennenswert vorwölben. Bei einer Lockerung des Gefüges (z.B. nach mehreren Entbindungen) tritt beim Pressen die Scheidenschleimhaut tiefer. Es kann sogar der Gebärmutterhals sichtbar werden (Descensus uteri).

■ **Spiegeluntersuchung**: Um die gesamte Scheide überblicken zu können, muß man sie auseinander spreizen. Ferner braucht man eine geeignete Beleuchtung. Die Probleme sind grundsätzlich die gleichen wie bei allen „Spiegeluntersuchungen" (ausführlich erörtert in #742 bei der Kehlkopfspiegelung). Bei der Scheide ist das Instrumentarium verhältnismäßig einfach, weil der Zugang weit, gerade und relativ kurz ist. Das Gerät zum Spreizen der Scheide nennt man Spekulum = Scheidenspiegel (Spiegel hier im übertragenen Sinn von Spiegeluntersuchung).

① **Arten der Scheidenspiegel:**
• Einfaches Rohr aus Kunststoff: Vorteil: billig und einfache Handhabung. Nachteil: Es läßt sich nicht der unterschiedlichen Weite der Scheide am Eingang (eng) und am Gewölbe (weit) anpassen.
• Getrennte vordere und hintere Scheidenspiegel: Bei diesen hakenartigen Instrumenten ist der hintere Spiegel rinnenförmig, der vordere plattenförmig. Vorteil: individuelles Einstellen der Weite. Nachteil: Es ist eine Hilfsperson nötig, um die beiden getrennten Spiegel zu halten. Notfalls kann die Patientin einen Spiegel übernehmen.
• Entenschnabelspiegel („selbsthaltender Spiegel"): Das in der Form an einen Entenschnabel erinnernde Instrument wird in geschlossenem Zustand eingeführt. Dann werden die beiden Schnabelhälften auseinander gespreizt (maximal etwa 7 cm). Vorteil: es muß nicht gehalten werden, sondern sitzt nach dem Spreizen fest. Nachteil: teuer.

② **Wichtige Vorübung**: Verwendet man erstmalig ein Entenschnabelspekulum, so sollte man sich vor dem Einführen in die Scheide mit seinem Mechanismus vertraut machen. Das Vertrauen der Patientin in die Fähigkeiten des Arztes wird erschüttert, wenn sie miterleben muß, daß er mit seinen Instrumenten nicht umgehen kann.

③ **Hygiene**: Es muß wohl nicht eigens betont werden, daß die Scheidenspiegel nach einmaliger Benutzung sterilisiert werden müssen. Wegen der Gefahr der Keimverschleppung darf ein Spiegel nicht bei mehreren Patientinnen benutzt werden. Man braucht also so viele Spiegel, wie man Patientinnen untersuchen will.

5.2 Gynäkologische Untersuchung

④ **Einführen des Scheidenspiegels:**
- Die Patientin liegt im gynäkologischen Untersuchungsstuhl oder befindet sich in einer vergleichbaren Lage.
- Nach dem Spreizen der Schamlippen wird beim getrennten Scheidenspiegel zuerst das hintere Blatt hochkant bis schräg „über den Damm" in den Scheidenmund eingeschoben. Druck darf nur zur Seite oder nach hinten in Richtung auf die Commissura labiorum posterior ausgeübt werden. Bei Druck nach vorn könnte die Harnröhre verletzt werden.
- Nach Überwinden des Scheidenmunds wird das Instrument in die Querrichtung gedreht und über die Beckenbodenmuskeln vorgeschoben, jedoch nicht zu weit, um nicht die „Portio" (Portio vaginalis cervicis = der in die Scheide ragende Teil des Gebärmutterhalses) zu verletzen.
- Dann wird das vordere Blatt des Scheidenspiegels eingesetzt und die Scheide gespreizt.
- Der vordere Spiegel wird unter Sicht bis in das vordere Scheidengewölbe vorgeschoben und die Portio angehoben. Nun kann auch der hintere Spiegel ohne Gefährdung der Portio bis in das hintere Scheidengewölbe vorgeführt werden.
- Bei Verwenden eines Entenschnabelspiegels wird sinngemäß verfahren: schräg einführen, quer drehen, vorschieben, spreizen. Wann gespreizt werden soll, darüber bestehen unterschiedliche Auffassungen. Manche Frauenärzte spreizen das Entenschnabelspekulum in der Mitte der Scheide und schieben es gespreizt vor. Andere gehen gleich bis an das Ende, weil mit der nach oben gerichteten Rundung des oberen Blattes die Portio kaum verletzt werden kann.
- Das Einführen der Scheidenspiegel wird erleichtert, wenn sie vorher mit warmem Wasser benetzt werden. Ein spezielles Gleitmittel wird vom Frauenarzt meist vermieden, wenn er einen Zellabstrich vornehmen will, um diesen nicht zu verunreinigen.

⑤ **Besichtigen der „Portio":** Der in die Scheide ragende Teil des Gebärmutterhalses (Portio vaginalis cervicis) ist halbkugelig und mißt etwa 3 cm im Durchmesser.

- Die Kuppe ist zum äußeren Muttermund (Ostium uteri) eingezogen. Der Muttermund ist bei der Frau, die noch nicht geboren hat (Nullipara), rund, bei der Mehrgebärenden (Multipara) wird er zunehmend spalt- oder sternförmig.
- Die Farbe sollte mit der umgebenden Scheidenschleimhaut übereinstimmen. Eine stärkere Rötung um den Muttermund beruht meist auf einem Übergreifen der Gebärmutterhalsschleimhaut (einschichtiges hohes Epithel) auf die Portio, die sonst mit dem mehrschichtigen Plattenepithel der Scheide bedeckt ist.
- Hängt ein Faden aus dem Muttermund, so spricht dies dafür, daß in der Gebärmutterhöhle ein Intrauterinpessar („Spirale", IUD) liegt.

⑥ **Portioabstrich:** Auf der Oberfläche der Portio entsteht die Mehrzahl aller Gebärmutterkrebse der jüngeren Frau. Bei regelmäßiger Kontrolle der Portio kann ein Krebs in einem sehr frühen Stadium erkannt und dann mit guter Hoffnung auf Dauerheilung behandelt werden. Geschwülste wachsen exponentiell. Am Anfang vergrößern sie sich nur wenig. Dann aber geht es immer schneller. Deshalb dauern die Vor- und Frühstadien verhältnismäßig lange an. Bei jährlicher Vorsorgeuntersuchung sind damit gute Aussichten der Erkennung im Frühstadium gegeben. Große Bedeutung hierbei hat ein Zellabstrich der Portiooberfläche und des Gebärmutterhalskanals. Er wird nach Papanicolaou gefärbt und das Zellbild nach 5 Stufen (mit mehreren Unterstufen) bewertet (Pap I = normales Zellbild bis Pap V = Zellen eines invasiven Karzinoms).

⑦ **Besichtigen der Scheidenschleimhaut:** Nach dem eingehenden Studium der Portio wird der Scheidenspiegel langsam zurückgezogen. Gleichzeitig werden alle Bereiche der Scheide sorgfältig besichtigt. Entsprechend der zunehmenden Verengung der Scheide zum Scheidenmund hin muß ein Entenschnabelspekulum allmählich geschlossen werden. Dabei ist sorgfältig darauf zu achten, daß nicht Scheidenschleimhaut zwischen die beiden Blätter des Spekulums eingeklemmt wird.

⑧ **Kolposkopie**: Am eingehendsten kann man die Scheide mit einer binokularen Lupe bei 10-40facher Vergrößerung (Kolposkop) besichtigen.

#524 Palpation der Scheide

■ **Vorgehen**
① **Nichtjungfrau**: Der Untersucher führt Zeige- und Mittelfinger (mit Gummihandschuh) „über den Damm" (also mit Druck nach hinten) sacht ein. Die eingeschlagenen Finger 4 und 5 drücken gegen den Damm (Abb. 524). Dadurch wird das Handgelenk festgestellt, und die Finger 2 und 3 können sich freier bewegen.
• Bei der Tastuntersuchung steht der Untersucher meist. Die Hand ermüdet nicht so rasch, wenn er den Unterarm auf dem gleichseitigen Knie abstützen kann. Dazu stellt er den Fuß auf einen Schemel oder Stuhl.

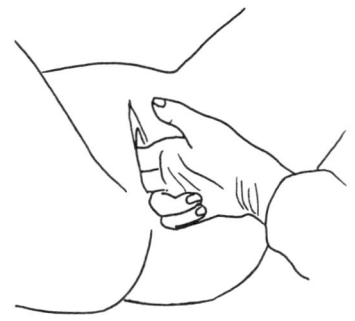

Abb. 524. Scheide austasten

② **Jungfrau**: Die Öffnung im Jungfernhäutchen (Hymen) ist meist für einen Finger durchgängig. Ist sie es nicht, so muß man auf die vaginale Untersuchung verzichten. Man kann dann die Hinterwand der Scheide durch den Mastdarm abtasten.

■ **Befund**: Man fühlt mit den Fingern in der Scheide im einzelnen:
• vordere und hintere Querfaltensäule (Columna rugarum anterior + posterior).
• Harnröhrenwulst (Carina urethralis vaginae) in der vorderen Scheidenwand.
• Portio.
• Scheidengewölbe (Fornix vaginae) um die Portio, dessen hinterer Teil weiter in die Tiefe reicht als der vordere.
• Diaphragma urogenitale und Rand des Levator-Tors (M. levator ani) in der Seitenwand der Scheide etwas oberhalb des Scheidenmunds. Sie spannen sich beim Pressen an. Man fordert die Patientin dazu auf, den Finger mit der Scheidenwand aktiv zu umschließen. Falls sie dies nicht spontan kann, hilft oft der Hinweis, sie solle die gleichen Muskeln anspannen, wie wenn sie beim Wasserlassen den Harnstrom plötzlich unterbrechen wolle.

Bei einem normal weiten Becken kann der Untersucher mit den Fingerspitzen das Promontorium meist nicht erreichen. Falls er jedoch anstößt, so kann er den diagonalen Beckendurchmesser gut abschätzen, wenn er die Höhe des Unterrandes der Schambeinfuge an seiner Hand markiert und nach dem Herausziehen der Finger aus der Scheide die Strecke zur tastenden Fingerspitze ausmißt. Der „wahre" Durchmesser (Conjugata vera) ist etwa 1,5 cm kürzer als der diagonale.

#525 Bimanuelle Palpation der Gebärmutter

■ **Vorgehen**: Von der Scheide aus kann man nur die Portio tasten (#524). Drückt man jedoch mit der freien Hand die Bauchdecke ein, so kann man die Gebärmutter zwischen den beiden Händen fassen und beurteilen (Abb. 525a).
• Die freie Hand wird dazu etwas unterhalb des Nabels flach auf die Bauchwand gelegt. Die Fingerbeeren dringen dann sacht in die Tiefe und drängen die Gebärmutter den Fingern in der Scheide entgegen.
• Gelingt es nicht, auf diese Weise die Gebärmutter abzugrenzen, so hat man entweder

5.2 Gynäkologische Untersuchung

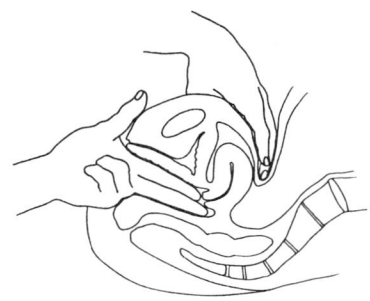

Abb. 525a. Bimanuelle Untersuchung der Gebärmutter I: eine Hand in der Scheide

die freie Hand nicht hoch genug auf die Bauchdecke aufgelegt (häufiger Anfängerfehler, unmittelbar oberhalb der Schambeinfuge einzudrücken) oder die Gebärmutter ist nach hinten gewendet (Retroversio, s.u.).
- Wichtig ist die harmonische Zusammenarbeit der beiden Hände. Sie müssen sich „verstehen lernen"
- Kann man die Gebärmutter wegen einer Retroversio (s.u.) bei der bimanuellen Untersuchung nicht fassen, so kann man versuchen, die Gebärmutter mit einem Finger im Mastdarm aufzurichten.

■ **Befund**: Man versuche, die Gebärmutter nach folgenden Kriterien zu beurteilen:

① **Größe**: Die nichtschwangere Gebärmutter der jungen Frau ist etwa 7-10 cm lang, 4-5 cm breit und 2-3 cm dick. Nach den Wechseljahren bildet sie sich zurück.
- Man beachte: Vom geschätzten Abstand der Fingerspitzen muß man die geschätzte Dicke der Bauchwand abziehen!

② **Konsistenz**: Die Gebärmutter ist ein flach birnförmiges Organ, das im wesentlichen aus glatter Muskulatur besteht. Verglichen mit den umgebenden Organen fühlt sie sich recht derb an und ist deshalb beim Tasten gut von den Nachbarorganen abzugrenzen. In der Schwangerschaft wird sie weicher.

③ **Lage**: Die Gebärmutter liegt bei geleerter Harnblase nahezu horizontal nach vorn geneigt. Mit zunehmender Füllung der Harnblase wird sie aufgerichtet. Traditionsgemäß wird die Lage der Gebärmutter mit 3 Begriffen beschrieben (Abb. 525a):
- *Flexio*: Der Gebärmutterkörper (Corpus uteri) ist gegenüber dem Gebärmutterhals (Cervix uteri) gewöhnlich nach vorn abgeknickt (Anteflexio). Einen Rückwärtsknick nennt man Retroflexio.
- *Versio*: Die Gebärmutter als Ganzes ist gegen die Scheide gewöhnlich nach vorn abgebogen (Anteversio). Eine Rückwärtswendung der Gebärmutter nennt man Retroversio. Einen ersten Hinweis gibt bereits die Portio. Fühlt man sie an der vorderen Schei-

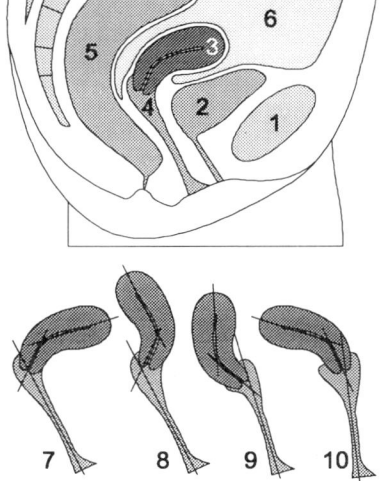

Abb. 525b. Flexio und Versio: 1 Symphysis pubica, 2 Vesica urinaria, 3 Uterus, 4 Vagina, 5 Rectum, 6 Cavitas peritonealis, 7 Anteversio-Anteflexio, 8 Anteversio-Retroflexio, 9 Retroversio-Anteflexio, 10 Retroversio-Retroflexio

denwand mit dem Muttermund nach hinten, so liegt eine Anteversio vor. Bei der Retroversio tastet man sie an der hinteren Scheidenwand mit dem Muttermund nach vorn.
- *Positio*: Die Gebärmutter steht gewöhnlich median. Als intraperitoneales Organ ist sie sehr beweglich und kann daher einem Zug oder Druck von der Nachbarschaft folgen. Die Rechtslage nennt man Dextropositio, die Linkslage Sinistropositio.

④ **Beweglichkeit**: Die Gebärmutter sollte in allen Richtungen wenigstens 2 cm bewegt werden können. Bei gesundem Beckenbindegewebe tritt dabei kein Schmerz auf.

⑤ **Oberfläche**: Sie ist normalerweise glatt. Höcker sind bei der jungen Frau meist durch gutartige Muskelgeschwülste (Myome) bedingt. Man versuche, möglichst große Teile der Gebärmutter durch geschicktes Führen der freien Hand abzutasten. Zusätzliche Bereiche der Hinterwand werden durch die Untersuchung vom Mastdarm aus erschlossen (#527).

#526 Palpation der Adnexe (Eierstock und Eileiter)

① **Vorgehen**: Im Anschluß an die bimanuelle Untersuchung der Gebärmutter (#525) geht man mit den Fingern in der Scheide in den seitlichen Teil des Scheidengewölbes und führt die Hand auf der Bauchwand zur gleichen Seite in Richtung auf den vorderen oberen Darmbeinstachel. Der rechte Eierstock wird am besten mit der rechten Hand in der Scheide, der linke Eierstock entsprechend mit der linken Hand in der Scheide getastet.

② **Befund**:
- Der gesunde Eileiter ist in der Regel nicht zu tasten.
- Hingegen kann man mit etwas Geschick den etwa 4 × 2 × 1 cm großen Eierstock zwischen den beiden Händen fassen. Er ist gut beweglich. Kennzeichnend für den Eierstock ist der Druckschmerz (ähnlich wie auch der Hoden druckempfindlich ist).

- Im Eierstock bilden sich verhältnismäßig häufig flüssigkeitsgefüllte Hohlräume (Zysten). Sie können beachtliche Größe erreichen, ohne Beschwerden zu verursachen. Manchmal werden sie dann sogar mit einer Schwangerschaft verwechselt. Man versuche daher, den Eierstock zu umgrenzen und seine Größe zu bestimmen.

#527 Rektovaginale und rektale Untersuchung

Im Anschluß an die vaginale Untersuchung sollte man immer auch kombiniert rektovaginal und nur rektal untersuchen. Erfahrene Frauenärzte berichten, daß viele Frauen bei der rektovaginalen oder rektalen Untersuchung entspannter sind als bei der vaginalen. Dies erleichtert die bimanuelle Untersuchung und ermöglicht, feinere Einzelheiten zu tasten.

■ **Rektovaginale Untersuchung**:
① **Vorgehen** (Abb. 527a): Der Mittelfinger wird in den Mastdarm, der Zeigefinger in die Scheide eingeführt (Gummihandschuh!). Die eingeschlagenen Finger 4 und 5 drücken gegen den „Hinterdamm" (den Hautbereich zwischen After und Steißbein).

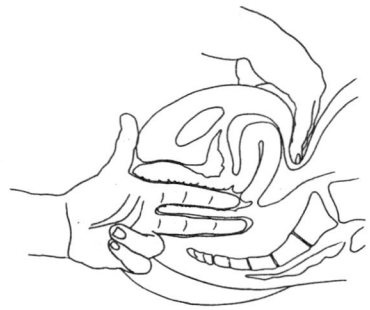

Abb. 527a. Bimanuelle Untersuchung der Gebärmutter II: rektovaginales Vorgehen

5.2 Gynäkologische Untersuchung

② **Bedeutung**: Diese Methode erschließt zusätzliche Möglichkeiten:
- Bei *Anteversio* kann man versuchen, mit dem Finger in der Scheide und der Hand auf der Bauchwand die Gebärmutter rückwärts zu wenden. Dann kann man ihre Rückfläche mit dem Finger im Mastdarm abtasten.
- Bei *Retroversio* kann man umgekehrt nach dem Abtasten der Rückfläche der Gebärmutter versuchen, diese aufzurichten und in Anteversio zu drehen. Dann kann diese anschließend in typischer Weise (#525) beurteilt werden.
- Drängt man mit dem Finger in der Scheide die Gebärmutter nach vorn oben, so spannen sich die von der Gebärmutter zur seitlichen hinteren Beckenwand ziehenden Bindegewebe (Plica recto-uterina) an und können abgetastet werden. Auch die Bauchfelltasche zwischen Gebärmutter und Mastdarm (Excavatio recto-uterina, Douglas-Raum) ist dann gut zu beurteilen.

■ **Rektale Untersuchung**: Das alleinige rektale Tasten (Abb. 527b) ermöglicht ein Drehen des Fingers, was beim kombinierten Vorgehen nur sehr begrenzt möglich ist. Man erschließt dabei zusätzlich
- die Hinterwand des Beckens,
- den Afterkanal,
- die Mastdarmschleimhaut bis etwa 8 cm oberhalb des Afters.

Die rektale Untersuchung der Frau und des Mannes unterscheiden sich im wesentlichen nur in dem, was in der vorderen Mastdarmwand zu tasten ist:
- bei der Frau die Portio bzw. die Gebärmutterrückseite bei der Retroversio,
- beim Mann die Prostata.

Die Einzelheiten des Vorgehens bei der rektalen Untersuchung sind ausführlich in #536 erörtert. Auf die dortigen Ausführungen sei verwiesen. Wird die rektale anstelle der vaginalen Untersuchung vorgenommen, so sind die Aufgaben der bimanuellen Tastuntersuchung der Gebärmutter und der Adnexe in #525 und #526 sinngemäß zu erfüllen.

■ **Hygiene**: Nach der rektovaginalen oder rektalen Untersuchung muß der Gummihandschuh gewechselt werden, bevor die Hand nochmals in die Scheide eingeführt wird. Es würden sonst große Mengen von Dickdarmbakterien (u.a. Escherichia coli) in die Scheide verschleppt. Dort könnten sie die normale Scheidenflora (Lactobacillus acidophilus, Döderlein-Bakterien) stören und Entzündungen auslösen.

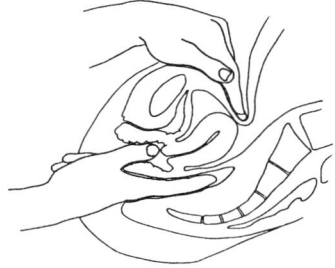

Abb. 527b. Bimanuelle Untersuchung der Gebärmutter III: rektales Vorgehen

#528 Weibliche Harnröhre

■ **Untersuchung**: Die weibliche Harnröhre (Urethra feminina) interessiert sowohl bei der gynäkologischen als auch bei der urologischen Untersuchung. Der Zugang zu ihr ist bei beiden Untersuchungen gleich (gynäkologischer Untersuchungsstuhl, Spreizen der Schamlippen). Die weibliche Harnröhre ist nur 3-5 cm lang und gerade. Dies hat gegenüber der 20-25 cm langen und gekrümmten männlichen Harnröhre Vor- und Nachteile:
- Vorteile: Harnverhaltungen sind bei der Frau selten. Der Zugang zur Harnblase bei der Zystoskopie ist einfach.
- Nachteile: Auch für Bakterien ist der Zugang zur Harnblase einfach. Deshalb kommt es bei der Frau leicht zu einer Harnblasenentzündung (Zystitis). Sie ist vor allem bei kleinen Mädchen häufig, die noch kein

eigenes Sauberkeitsbedürfnis entwickelt haben. Meist sind Dickdarmbakterien die Erreger. Bei der Afterreinigung nach dem Stuhlgang ist darauf zu achten, daß nicht Stuhlreste in die Schamspalte gelangen (Strichrichtung rückwärts!).

■ **Katheterisieren**: Reihenfolge der Schritte:
① Kritisch prüfen, ob eine Katheterisierung der Harnblase wirklich nötig ist: Mit dem Katheter werden immer auch Bakterien in die Harnblase verschleppt. Eine Harnblasenentzündung nach dem Katheterisieren ist nicht ungewöhnlich. Es ist deshalb nicht zulässig, die gesunde Frau nur zur Übung einmal zu katheterisieren.

② Sterilen Katheter, sterile Gummihandschuhe, Schleimhautdesinfektionsmittel, Tupfer, Auffanggefäß für den Harn bereitstellen.

③ Die Frau im gynäkologischen Untersuchungsstuhl oder entsprechend lagern.

④ Sterile Handschuhe anziehen, mit Daumen und Zeigefinger der weniger geschickten Hand (beim Rechtshänder also der linken) die Schamlippen spreizen, so daß der äußere Harnröhrenmund sichtbar wird.

⑤ Umgebung des äußeren Harnröhrenmunds desinfizieren.

⑥ Mit der geschickten Hand den Katheter in den äußeren Harnröhrenmund bogenförmig von oben einführen und sacht vorschieben.
• Fühlt man einen Widerstand, dann keine Gewalt anwenden. Es handelt sich vermutlich um den Harnblasenverschlußapparat. Man fordert dann die Frau auf, wie beim Wasserlassen zu pressen. Meist geht dann der Verschluß auf, und der Katheter gleitet mühelos in die Harnblase.
• Man denke rechtzeitig daran, daß der Katheter keinen Verschluß besitzt und daher nach Überwinden des Verschlußapparates der Harnblase der Harn entsprechend dem Druckgefälle zwischen innen und außen ausfließt. Am besten hält eine Hilfsperson das Auffanggefäß bereit.

⑦ Katheter in Richtung auf das Auffanggefäß senken.

⑧ Katheter nach der Harnblasenentleerung sofort entfernen: Ein längere Zeit in der Harnblase verweilender Katheter führt mit Sicherheit zur Infektion der Harnblase. Ein sog. Dauerkatheter ist nur in besonderen Fällen und unter strengen hygienischen Maßnahmen gerechtfertigt.

5.3 Männliche Geschlechtsorgane

#531 Penis

■ **Inspektion:**
① **Penishaut:** Sie ist besonders dünn und ausgedehnt verschieblich. Die Schambehaarung greift auf den rumpfnahen Teil der Gliedhaut über. Zur Gliedspitze hin wird die Behaarung immer schwächer. Die Gliedhaut geht ohne scharfe Grenze in die Haut des Hodensacks über. Bei der Erektion wird mit zunehmender Vergrößerung des Glieds Haut vom Hodensack auf das Glied gezogen. Der Hoden wird dadurch der Rumpfwand angenähert.
• *Raphe penis* (Gliednaht): Die hintere Mittellinie ist stärker pigmentiert und stellenweise leicht vorgewölbt.
• *Venennetz:* Durch die dünne Gliedhaut schimmern die Venen noch stärker als am Handrücken durch. Die feinen Äste sind rotviolett, die weitlumigen Venen bläulich gefärbt.
• *Vorhaut* (Preputium): Vorn endet die Gliedhaut mit der Vorhaut. Sie umhüllt die Eichel und läßt sich normalerweise mühelos zurückstreifen. Sie wird in manchen Ländern und bei den Gläubigen mancher Religionen beim Kind entfernt (Beschneidung = Zirkumzision).
• *Vorhautbändchen* (Frenulum preputii): Die Vorhaut ist in der hinteren Mittellinie mit einem Bändchen am hinteren Einschnitt der Corona glandis verankert. Das Vorhautbändchen verhindert das zu starke Zurückziehen der Vorhaut. Ist es zu kurz, so reißt es beim Geschlechtsverkehr leicht ein.
• *Smegma* (Vorhautschmiere): Überall, wo Haut ohne Lüftung auf Haut liegt, siedeln sich Fäulnisbakterien in abgeschilferten Hornschuppen und Drüsensekreten an. Unter der Vorhaut entsteht so die Vorhautschmiere. Sie ist nicht nur ein „Schönheitsfehler" wegen ihres üblen Geruchs, sondern auch ein krankheitsauslösender Faktor: Vorhautentzündung (Posthitis) und Eichelentzündung (Balanitis) können von ihr ausgehen.

• Man beachte, daß am Penis die Begriffe hinten und rückwärts nicht gleichbedeutend sind: Der Gliedrücken (Dorsum penis) befindet sich bei herabhängendem Penis vorn. Die gegenüberliegende Seite wird Harnröhrenseite (Facies urethralis) genannt.

② **Eichel** (Glans penis): Das vordere Ende des weichen Harnröhrenschwellkörpers überzieht kappenartig die Enden der bei Erektion sehr harten Gliedschwellkörper. Die gesunde Eichel ist im Ruhezustand von feinen Fältchen überzogen und blaßrosa gefärbt. Die Eichel ist zwar seitensymmetrisch, nicht aber vorn-hinten-symmetrisch: Der Abhang zur Harnröhrenseite des Glieds ist steil und kurz, zum Gliedrücken flach und lang.
• *Corona glandis* (Eichelkranz): Das proximale Ende der Eichel ist verdickt und bildet die breiteste Stelle des Glieds im erigierten wie im Ruhezustand.
• *Collum glandis:* Der Eichelhals liegt proximal der Corona glandis und gehört damit eigentlich nicht mehr zur Eichel.
• *Ostium urethrae externum* (äußerer Harnröhrenmund): Am vorderen Ende der Eichel sieht man in der Fortsetzung des Vorhautbändchens einen etwa 1 cm langen medianen Schlitz. Man kann ihn zu einem etwa 2-3 mm breiten Spalt öffnen, wenn man die Eichel vorn und hinten mit Daumen und Zeigefinger faßt und zusammendrückt. Man blickt dann in eine etwa 1 cm lange Erweiterung der Harnröhre (Fossa navicularis). Der Blick tiefer in die Harnröhre wird durch eine zarte Klappe (Valvula fossae navicularis) verhindert.

③ Pathologischer Befund **Phimose** (Vorhautenge): Die Vorhaut kann nicht zurückgestreift werden, wenn ihr vorderes Ende zu eng ist.
• Dies behindert zwar nicht die sexuelle Aktivität, aber die Reinigung des Vorhautsacks. Die Folge ist reichliche Smegmabildung und damit auch der in ihr entstehenden krebserregenden Stoffe. So entwickelt sich ein Peniskrebs meist auf dem Boden einer Phimose.

- Eine Vorhautenge sollte also beseitigt werden: regelmäßiges sanftes Aufdehnen im warmen Bad, wenn dieses nicht zum Ziel führt: Beschneidung. Keinesfalls darf die Vorhaut mit Gewalt zurückgezogen werden. Sie kann dann möglicherweise nicht mehr über die Eichel nach vorn gestreift werden. Sie engt das Collum glandis ein und behindert den venösen Abfluß. Folge ist eine schmerzhafte starke Schwellung der Eichel (Paraphimose, „spanischer Kragen").

■ **Palpation der Schwellkörper:**
- Die paarigen *Corpora cavernosa penis* sind zu harter Schwellung fähig (arterieller Blutdruck!). Sie sind mit den Crura penis an den unteren Schambeinästen verankert.
- Beim unpaaren *Corpus spongiosum penis* ist nur eine weiche Schwellung möglich, um die Harnröhre für den Samenerguß offenzuhalten. Es endet vorn mit der Eichel (Glans penis). Am nicht erigierten Glied hebt sich der Harnröhrenschwellkörper nur wenig von den Corpora cavernosa penis ab. Man verfolge ihn bis zur Dammgegend. Im Bereich des Hodensacks dränge man dabei die Hoden zur Seite. Der Harnröhrenschwellkörper endet mit dem Bulbus penis vor dem After.
- Die *Glandulae bulbo-urethrales* (Cowper-Drüsen) liegen dem hinteren Ende des Bulbus penis beidseits an und sind durch Tasten von diesem nur bei Vergrößerung (meist infolge Entzündung) abzugrenzen.

■ **Psychologische Aspekte** bei der Untersuchung der männlichen Geschlechtsorgane: Die Probleme sind nicht geringer als die bei der gynäkologischen Untersuchung (#521) beschriebenen. Sie sind lediglich z.T. anders. 2 Beispiele sollen dies veranschaulichen:
- *Erektionsangst*: Viele Komplexe von Männern beruhen auf der Meinung, daß sich in der Erektion des Penis das Ausmaß sexueller Erregung ausdrücke. Dabei läuft die Mehrzahl der Erektionen ohne sexuelle Gefühle ab (in den REM-Phasen des Schlafs). So beunruhigt viele Männer der Gedanke, während der Untersuchung könnte sich das Glied erigieren. Dies kommt bei der urologischen Untersuchung tatsächlich gelegentlich vor. Dem Patienten ist dies meist recht peinlich. Dann ist es Aufgabe des Untersuchers, den Patienten zu beruhigen und die Untersuchung sehr sachlich fortzuführen. Die „Erektionsangst" ist gewissermaßen das Gegenstück zur „Versagensangst", gerade dann keine Erektion zu haben, wenn diese von der Partnerin erwartet wird.
- *Größe des Penis*: Sie ist für den Mann ähnlich affektgeladen wie die Größe der Brustdrüse für die Frau. Manche Männer scheuen sich vor der Entkleidung, weil sie meinen, ihr Glied wäre zu klein, und sie könnten deswegen als unmännlich erscheinen. Auch hier kann man beruhigen: Das Glück einer Partnerbeziehung hängt auf Dauer nicht von der Größe des Glieds, sondern vom Maß der gegenseitigen Zuwendung ab.

#532 Männliche Harnröhre

■ **Abschnitte der Urethra masculina:**
- *Pars prostatica*: Unterhalb der Harnblase tritt die Harnröhre gleich in die Prostata ein. Dieser Teil kann im Alter verengt sein (Harnrückstau mit Restharnbildung bei benigner Prostatahyperplasie).
- *Pars membranacea*: Unterhalb der Prostata wird die Harnröhre vom Harnröhrenschließmuskel (M. sphincter urethrae), einem Teil des Diaphragma urogenitale, umgeben.
- *Pars spongiosa*: Unterhalb des Schließmuskels verläuft die Harnröhre im Corpus spongiosum penis.
- Gesamtlänge: etwa 20-25 cm.

■ **S-förmige Krümmung**: Die männliche Harnröhre hat bei herabhängendem Penis 2 Biegungen:
- eine feste Biegung nach vorn am Übergang von der Pars membranacea zur Pars spongiosa.
- eine wechselnde Biegung am Übergang von der Gliedwurzel zum frei beweglichen Teil des Glieds. Diese Biegung verschwindet z.B. bei der Erektion.
- Das Einführen eines Katheters in die Harnblase gelingt um so leichter, je weniger

5.3 Männliche Geschlechtsorgane

gegenläufige Krümmungen er durchlaufen muß. Deshalb bewegt man das Glied in Richtung Bauchwand, um der Harnröhre eine annähernd gleichmäßige u-förmige Krümmung zu geben.

■ **Einführen eines biegsamen Katheters**: Reihenfolge der Schritte:

① Kritisch prüfen, ob ein Katheterisieren der Harnblase wirklich nötig ist. Mit dem Katheter werden immer auch Bakterien in die Harnblase verschleppt. Eine Harnblasenentzündung nach dem Katheterisieren ist nicht ungewöhnlich. Es ist deshalb nicht zulässig, den gesunden Mann nur zur Übung einmal zu katheterisieren.

② Sterilen Katheter, sterile Gummihandschuhe, Schleimhautdesinfektionsmittel, Tupfer, Auffanggefäß für den Harn bereitstellen.

③ Den Patienten in Steinschnittlage (wie im gynäkologischen Untersuchungsstuhl, #521) oder entsprechend lagern, so daß ein Auffanggefäß für den Harn bequem unter das Glied gehalten werden kann.

④ Sterile Handschuhe anziehen.

⑤ Mit Daumen und Zeigefinger der weniger geschickten Hand (beim Rechtshänder also der linken) das Glied fassen und zur Bauchwand bewegen. Die Vorhaut zurückziehen, so daß der äußere Harnröhrenmund sichtbar wird.

⑥ Umgebung des äußeren Harnröhrenmunds desinfizieren.

⑦ Mit der geschickten Hand den Katheter einige Zentimeter vom vorderen Ende entfernt mit einer Pinzette fassen. Das hintere Ende des Katheters zwischen 3. und 4. Finger einklemmen, so daß er zwischen Pinzette und Hand eine Schlaufe bildet.

⑧ Den Katheter in den äußeren Harnröhrenmund bogenförmig von oben einführen und sacht vorschieben.

• Fühlt man einen Widerstand, dann keine Gewalt anwenden. Es handelt sich vermutlich um den Harnröhrenschließmuskel. Man fordert dann den Patienten auf, wie beim Wasserlassen zu pressen. Meist geht dann der Verschluß auf, und der Katheter gleitet mühelos in die Harnblase.

• Man denke rechtzeitig daran, daß der Katheter keinen Verschluß besitzt und daher nach Überwinden des Verschlußapparates der Harnblase der Harn entsprechend dem Druckgefälle zwischen innen und außen ausfließt. Am besten hält eine Hilfsperson das Auffanggefäß bereit.

⑨ Katheter in Richtung auf das Auffanggefäß senken.

⑩ Katheter nach der Harnblasenentleerung sofort entfernen. Ein längere Zeit in der Harnblase verweilender Katheter führt mit Sicherheit zur Infektion der Harnblase. Ein

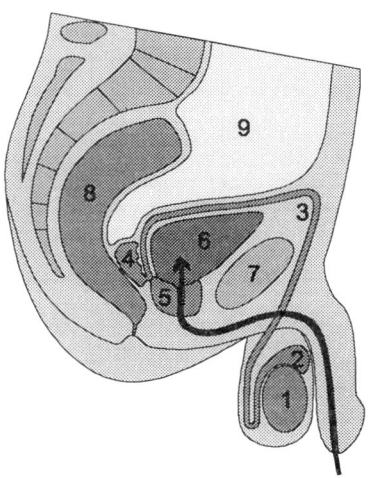

Abb. 532. Katheterisieren der männlichen Harnröhre: 1 Testis [Orchis], 2 Epididymis, 3 Ductus deferens, 4 Vesicula seminalis, 5 Prostata, 6 Vesica urinaria, 7 Symphysis pubica, 8 Rectum, 9 Cavitas peritonealis

„Dauerkatheter" ist nur bei klinischer Indikation und unter strengen hygienischen Maßnahmen gerechtfertigt.

■ **Einführen eines starren Katheters oder eines Zystoskops**: Ähnlich wie vorher, aber bei ⑧: Ist das Ende der Pars spongiosa erreicht, so wird der Katheter gesenkt (von der Bauchwand weg bewegt). Hierbei ist mit größtem Feingefühl vorzugehen. Niemals den Katheter mit Gewalt weiterschieben, sonst wird die Harnröhrenwand durchstoßen und ein Kanal in den Beckenboden gegraben (→ Infektion der Wundhöhle von der Harnröhre aus → rasche Ausbreitung durch die Bindegeweberäume des Beckenbodens = Harnphlegmone).

#533 Hodensack

■ **Inspektion**: Der Hodensack (Scrotum) umschließt als Hauttasche die Hoden, die Nebenhoden und die Samenstränge. Seine Haut ist besonders dünn. Sie wird durch eine Lage glatter Muskelzellen gerafft und paßt sich so immer der Lage des Hodens an. Sie gleicht weitgehend der Penishaut, die sie ja auch bei der Erektion ergänzt. Sie unterscheidet sich von ihr durch die Möglichkeit der aktiven Kontraktion. Man achte auf:
• die stärkere *Pigmentierung* als beim größten Teil der Körperhaut: Die Mittellinie ist nochmals stärker pigmentiert (Raphe scroti).
• die *Venenzeichnung:* Nirgends am Körper kann man so gut ein feines Venennetz beobachten. Im Unterschied zur Penishaut fehlen hier die großen Venen (die beim Penis Blut aus den Schwellkörpern abführen).
• die langen gekräuselten *Schamhaare*: Beim Spannen der Hodensackhaut wölben die Haarbälge die Haut vor.
• die ungleiche *Länge* rechts und links: Meist steht ein Hoden tiefer.
• den wechselnden *Grad der Kontraktion:* Der Hoden ist zur Temperaturregulation aus der Bauchhöhle in den Hodensack verlagert. Soll die Temperatur im Hoden erhöht werden, so wird er vom M. cremaster näher an die Bauchwand herangezogen. Zur Abkühlung sinkt er nach unten. Im ersten Fall erscheint der Hodensack kurz und stark gerunzelt. Im zweiten Fall ist er lang und schlaff. Dies kann man gut am FKK-Badestrand beobachten: Läßt sich ein Mann in der Sonne „braten", so hängt sein Hodensack schlaff herab. Steigt er dann in die kühlen Fluten, so kehrt er daraus mit kontrahiertem Hodensack zurück.

■ **Palpation**: Man prüfe zwischen Daumen, Zeige- und Mittelfinger

① die **Beschaffenheit** des Hodensacks selbst:
• die gute Beweglichkeit, vor allem zum Penis hin.
• die allseits gleichmäßige Dicke (oder hier richtiger „Dünne").

② den **Inhalt** (die rechte und die linke Seite sind durch die Hodensackscheidewand = Septum scroti getrennt):
• Hoden und Nebenhoden (#534),
• Samenstrang (#535).

■ **Atypischer Inhalt** des Hodensacks:
① **Fehlender Inhalt**: Bei etwa 1 % der erwachsenen Männer ist der Hodensack auf einer oder auf beiden Seiten leer. Dann hat der Hoden seinen Abstieg aus der Bauchhöhle verzögert und ist im Bauchraum (Bauchhoden) oder im Leistenkanal (Leistenhoden) stecken geblieben. Er kann auch einen falschen Weg genommen haben und unter der Oberschenkelhaut oder der Dammhaut liegen (Maldescensus testiculi).
• Der Hoden kommt normalerweise kurz vor der Geburt im Hodensack an. Die richtige Hodenlage gilt daher als ein Reifezeichen des männlichen Neugeborenen. Bei Frühgeburten ist der Hodensack leer.
• Der nicht im Hodensack befindliche Hoden ist in der Regel nicht zur Samenzellbildung fähig. Für die Fruchtbarkeit des Mannes genügt es jedoch, wenn ein Hoden im Hodensack angelangt ist. Die Behandlung des beidseitigen fehlenden Hodenabstiegs sollte schon beim Kind eingeleitet werden (Hormonbehandlung, evtl. Operation).

5.3 Männliche Geschlechtsorgane

- Umstritten ist, ob ein im Bauchraum verbliebener Hoden häufiger an Krebs erkrankt.

② **Pathologischer Inhalt**:
- *Leistenbruch* (Hernia inguinalis): meist ein indirekter Leistenbruch, die direkten bewegen sich eher in Richtung Oberschenkel (#254). Ein nicht eingeklemmter Bruch läßt sich meist in entspannter Lage des Patienten durch sanfte Bewegungen in den Bauchraum zurückdrängen.
- *Hydrocele* (Wasserbruch): eine Flüssigkeitsansammlung in einem Rest des Bauchfellfortsatzes. Die Ausdehnung eines Wasserbruchs ist unabhängig von der Körperlage. Er ist meist nach allen Seiten gut abgrenzbar.
- *Varikocele* (Venenbruch): Krampfadern des Plexus pampiniformis des Samenstrangs. Stauungen im venösen Abfluß aus Hoden und Nebenhoden kommen häufiger links vor. Die linke Hodenvene mündet annähernd rechtwinklig in die linke Nierenvene ein. Dies scheint zu einer zusätzlichen Belastung der Hodenvene mit Nierenblut zu führen, denn eine Unterbindung der Hodenvene kurz vor der Mündung führt zu einer Entlastung des Venenbruchs. Ein Venenbruch fühlt sich wie ein „Sack voller Würmer" an. Er tritt im Stehen am stärksten hervor. Nach einiger Zeit ruhigen Liegens wird er deutlich schwächer.
- *Geschwülste*: selten.

③ **Differentialdiagnose**:
- *Diaphanoskopie* (Durchleuchten): Die dünne Haut des Hodensacks leuchtet vor einer Taschenlampe rot auf. Hoden und Nebenhoden hingegen sind undurchsichtig. Die meist wasserklare Flüssigkeit im Wasserbruch läßt das Licht gut durch, Darminhalt und Blut nicht. Folglich leuchtet ein Wasserbruch beim Durchleuchten rot auf, ein Leistenbruch oder Venenbruch nicht.
- *Auskultation*: Den Leistenbruch erkennt man an den Darmgeräuschen, sofern er Darm enthält: mit dem Stethoskop abhören!

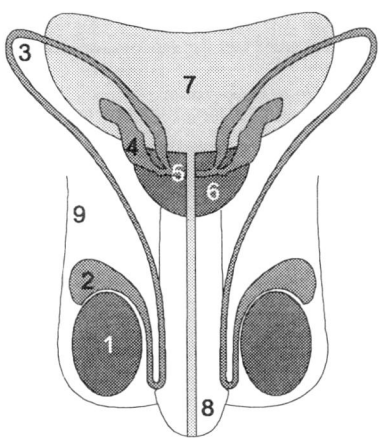

Abb. 533. Überblick über die inneren männlichen Geschlechtsorgane: 1 Testis [Orchis], 2 Epididymis, 3 Ductus deferens, 4 Vesicula seminalis, 5 Prostata, 6 Ductus ejaculatorius, 7 Vesica urinaria, 8 Urethra masculina im Penis, 9 Scrotum

#534 Hoden und Nebenhoden

■ **Palpation**: Klemmt man den Hodensack in der Mittellinie (also in Bereich der Raphe scroti) zwischen 2 Fingern durch, so findet man rechts und links je eine etwa eiförmige Masse von etwa 5-6 cm Länge und 3-4 cm Breite. Sie besteht aus dem Hoden, dem Nebenhoden und dem Anfangsteil des Samenstrangs. Durch sanftes Tasten zwischen Daumen, Zeige- und Mittelfinger kann man den vorn gelegenen Hoden vom hinten gelegenen Nebenhoden trennen.

■ **Befund**:
① **Hoden** (Testis, Orchis): Er fühlt sich rundlich, glatt und prall elastisch an. Er ist etwa 4-5 cm lang und 2-3 cm dick.
- Die Größe des Hodens interessiert vor allem bei Entwicklungsstörungen von Jugendlichen. Dann wird die Größe des Hodens mit einem Satz von eiförmigen Körpern definierter Größe (Orchidometer) ver-

glichen. Das Hauptwachstum des Hodens vollzieht sich normalerweise zwischen dem 9. und 14. Lebensjahr.
- Im Gegensatz zum Nebenhoden ist der Hoden sehr druckempfindlich. Dabei wird rasch Übelkeit ausgelöst. Ein Schlag auf die Hoden ist daher ein bewährtes Mittel der Selbstverteidigung.

② **Nebenhoden** (Epididymis): Er fühlt sich im Gegensatz zum Hoden unregelmäßig höckrig und schlaff an. Er beginnt mit dem Nebenhodenkopf (Caput epididymidis) hinten am oberen Hodenpol, steigt mit dem Nebenhodenkörper (Corpus epididymidis) am hinteren Umfang des Hodens ab und biegt mit dem Nebenhodenschwanz (Cauda epididymidis) am unteren Hodenpol zum Samenleiter um. Dieser ist als durchgehend gleichmäßig dicker und derber Strang dem Nebenhoden angelagert zu tasten. Der Nebenhoden schmiegt sich dem Hoden unterschiedlich eng an. Bei etwa 6-7 % der Männer liegt der Nebenhoden dem Hoden vorn statt hinten an.

#535 Samenstrang

■ **Palpation**: Durch die dünne Haut des Hodensacks ist der Samenstrang (Funiculus spermaticus) in ganzer Länge ohne Schwierigkeit zu tasten. Man umgreift dazu den Hodensack zangenartig mit Daumen und Zeigefinger und läßt dann die einzelnen Gebilde des Samenstrangs zwischen den beiden Fingern hin und her gleiten.

① Aus der verwirrenden Vielzahl der längs verlaufenden Gebilde hebt sich dabei bald der etwa kugelschreiberminendicke **Samenleiter** (Ductus deferens) heraus, der sich (wegen seiner viel dickeren Muskelschicht) als härter und klarer umgrenzbar als die um ihn herum liegenden Blutgefäße erweist. Im Gegensatz zu den Blutgefäßen ist er auch nicht zusammenzudrücken. Man kann seine Lage innerhalb des Samenstrangs mit den tastenden Fingern verändern und ihn z.B. an den Rand des Hodensacks drängen.

② Die übrigen Gebilde des Samenstrangs sind schwer zu unterscheiden:
- *Hüllen des Samenstrangs:* M. cremaster (Hodenheber), 3 Lagen Faszien (Fascia spermatica externa, Fascia cremasterica, Fascia spermatica interna).
- *Arterien* zu Hoden und Nebenhoden: A. testicularis (aus der Bauchaorta) und A. ductus deferentis (aus der A. umbilicalis). Nur sehr feinfühligen Untersuchern wird es gelingen, den Puls zu tasten.
- *Venen* von Hoden und Nebenhoden: Plexus pampiniformis, aus ihm entstehen die Hodenvenen. Die V. testicularis dextra mündet direkt in die V. cava inferior, die V. testicularis sinistra in die linke Nierenvene.
- *Lymphgefäße* von Hoden und Nebenhoden: Der Hauptweg führt mit den Venen durch den Leistenkanal zu den Lendenlymphknoten rechts und zu den Beckenlymphknoten links. Ein Nebenweg geht zum Schrägzug der oberflächlichen Leistenlymphknoten (Nodi lymphatici inguinales superficiales superomediales).
- *Nerven:* vegetative Nerven zu Hoden und Nebenhoden, animalische Nerven zum M. cremaster (R. genitalis des N. genitofemoralis) und zur Haut des Hodensacks (N. ilioinguinalis).
- evtl. *Bauchfellfortsatz*, falls dieser sich nicht vollständig zurückgebildet hat (Vestigium processus vaginalis).

■ **Sterilisation des Mannes**: Unterbricht man die Verbindung zwischen Nebenhoden und Harnröhre auf beiden Seiten, so ist der Mann zeugungsunfähig. Der Eingriff (Vasektomie) ist einfach:

① **Vorgehen**: Der Operateur drängt den Samenleiter an den Rand, wie eben beschrieben. Es genügt dann ein ganz kleiner Hautschnitt, um ihn freizulegen. Ein Stück des Samenleiters wird entfernt. Die beiden verbleibenden Stümpfe werden abgebunden. Dann läßt man sie wieder in den Samenstrang gleiten und vernäht die Haut.

② **Risiken**: Nennenswerte Komplikationen sind nicht zu erwarten. Der Eingriff kann jedoch mit unterschiedlicher Präzision erfol-

5.3 Männliche Geschlechtsorgane

gen. Bei grobem Vorgehen werden die A. ductus deferentis und die am Samenleiter entlang ziehenden vegetativen Nerven mit durchgetrennt. Dies kann Folgen für die Blutversorgung von Nebenhoden und Hoden haben, an der sich die A. ductus deferentis in individuell unterschiedlichem Ausmaß beteiligt.

③ **Gesamtbeurteilung** der Vasektomie:
• Die empfängnisverhütende Wirkung beträgt mehr als 99,9 %. In sehr seltenen Fällen kommt es zur Wiedervereinigung der Lichtungen der beiden Samenleiterstümpfe im Samenstrang (spontane Rekanalisation).
• Der Eingriff ist nicht sicher rückgängig zu machen. Zwar kann man die beiden Samenleiterstümpfe wieder operativ vereinigen, doch ist damit nicht unbedingt die Durchgängigkeit der Lichtung verbunden. Außerdem werden bei der Vasektomie meist die vegetativen Nerven mit durchgetrennt, so daß der distale Samenleiterstumpf seine motorische Innervation verliert. Damit fehlt in diesem Teil die für den Samenerguß nötige peristaltische Bewegung.
• Die Sterilisation des Mannes ist weitaus risikoärmer als die Sterilisation der Frau (Eileiterunterbindung). Wenn also in einer auf Dauer angelegten Partnerbeziehung nach „Abschluß der Familienplanung" die Sterilisation eines Partners erwogen wird, so ist die des Mannes vorzuziehen.
• Zu bedenken ist dabei allerdings, daß die Fruchtbarkeit der Frau in ihren Vierzigerjahren sowieso erlischt. Die Fruchtbarkeit des Mannes aber kann bis in das hohe Alter anhalten. Dies kann zum Problem werden, wenn der sterilisierte Mann in einer späteren Partnerbeziehung auf eine Frau mit starkem Kinderwunsch trifft. Deshalb wird der Wunsch nach Wiederherstellung der Zeugungsfähigkeit (Refertilisierung) recht häufig an den Urologen herangetragen.
• Wegen der Unsicherheit der Refertilisierung und der eigenen seelischen Entwicklung hinsichtlich des Kinderwunsches sollte man im jüngeren Erwachsenenalter nicht gleich zur Sterilisation schreiten, sondern zeitlich begrenzte Methoden der Empfängnisverhütung wählen.

#536 Rektale Untersuchung

■ **Reihenfolge der Schritte:**
① **Lagerung des Patienten:** Der After ist am besten in einer der folgenden Lagen zugänglich:
• *Seitenlage:* Dabei sollten die Hüftgelenke maximal und die Kniegelenke rechtwinklig gebeugt werden, damit die Füße den Untersucher nicht behindern. Das Gesäß sollte etwas über den Rand des Untersuchungstisches geschoben werden. Die Lage ist für den Untersuchten und den Untersucher bequem.
• *„Steinschnittlage":* Rückenlage mit angezogenen, gespreizten Beinen, wie im gynäkologischen Untersuchungsstuhl (#521). Das Becken wird am besten durch ein untergelegtes Kissen angehoben. Vorteil: für die bimanuelle Untersuchung bequem (eine Hand drückt durch die Bauchdecke dagegen). Nachteil: Die zusammengepreßten Gesäßbacken behindern die Hand des Untersuchers. Er kann daher nicht so tief eindringen.
• *Knie-Ellbogen-Lage:* Der Patient kniet auf dem Untersuchungstisch, neigt sich nach vorn und legt Hände und Unterarme auf. Vorteil: guter Zugang zum Afterbereich. Nachteile: Die Lage ist für den Patienten nicht sehr bequem und kommt für den geschwächten Patienten kaum in Frage. Die Beckenorgane stehen hoch.
• *Stehend vorgeneigt:* Der Patient steht mit gespreizten Beinen, neigt den Oberkörper schräg nach vorn und stützt sich mit den Armen am Untersuchungstisch ab. Er reitet gewissermaßen auf dem Finger des Untersuchers. Vorteil: Die Beckenorgane sinken nach unten, daher reicht der Finger besonders weit nach oben. Nachteil: bimanuelle Untersuchung ist schlecht möglich.
• *Stehend vorgeneigt, Oberkörper auf den Untersuchungstisch aufgelegt:* Für den Patienten bequemer, aber für die Untersuchung nicht ganz so günstig wie die vorhergehende Stellung.
• *Hocke:* Haltung wie auf dem in Mittelmeerländern üblichen „Hockabort". Für den nicht an die Hockstellung gewöhnten Mitteleuropäer unbequem.

② **Vorbereitung zur Untersuchung**:
- Besprechung mit dem Patienten: Der Untersucher sollte das Vertrauen das Patienten gewinnen und ihm sein Verständnis für das Unangenehme der Situation darlegen. Er sollte ihn auf die Wichtigkeit der Untersuchung hinweisen und ihm deren einzelne Schritte und was er dabei fühlen werde genau erklären.
- Patienten in eine der vorher beschriebenen Stellungen bringen.
- Gummihandschuhe anziehen und den untersuchenden Finger sowie die Aftergegend des Patienten reichlich mit Vaseline oder einem anderen Gleitmittel bestreichen.

③ **Einführen des Fingers**:
- Berührt man mit dem Finger den After, so spannt sich der äußere Afterschließmuskel an (Afterreflex, #519). Der Finger darf nun nicht mit Gewalt eingebohrt werden. Vielmehr muß man abwarten, bis der Schließmuskel wieder erschlafft. Man kann dies fördern, indem man den Patienten auffordert, wie beim Stuhlgang zu pressen. Beim Erschlaffen des Schließmuskels „fällt" der Finger fast wie von selbst in den Afterkanal.
- Der Finger sollte so auf den After aufgesetzt werden, daß die größere Ausdehnung der beiden (beim Finger die Querrichtung, beim After die Längsrichtung) übereinstimmt: also der Fingernagel zur Seite.
- Der Afterkanal verläuft etwa in einer Linie vom After zum Nabel. Der Finger soll also nicht in Richtung auf den Rücken des Patienten, sondern auf dessen Bauchwand geführt werden.

④ **Austasten des Afterkanals**: Da der Afterkanal nur etwa 3 cm lang ist (#518), darf der Finger nur etwas über das Fingerendgelenk, maximal bis zum Fingermittelgelenk eingeschoben werden. Unter Drehen des Fingers wird der ganze Umfang des Afterkanals geprüft. Dabei wird der Daumen auf der Afterhaut dagegen gesetzt. Man faßt so die Wand des Afterkanals zwischen Daumen und Zeigefinger. Etwaige besondere Befunde werden unter Angabe der Lage entsprechend einem Zifferblatt in Steinschnittlage

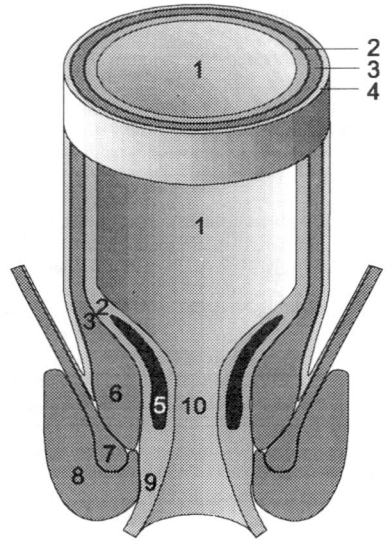

Abb. 536. Mastdarm und Afterkanal: 1 Rectum, 2 Tunica mucosa, 3 Tunica muscularis, 4 Tunica adventitia resp. Tunica serosa, 5 Columnae anales mit Schwellkörpern, 6 M. sphincter ani internus, 7 M. levator ani, 8 M. sphincter ani externus, 9 Cutis, 10 Canalis analis

festgehalten (z.B. Knoten bei 11 Uhr). Man achte auf:
- *Tonus der Schließmuskeln:* Der Afterkanal legt sich normalerweise eng dem Finger an. Der Tonus ist erhöht bei Angst, Schmerz, Entzündungen usw. Er ist vermindert bei manchen Nervenstörungen.
- *Gewebeverdichtungen:* Sie können auf thrombosierten Venen oder Hämorrhoiden, auf Fistelgängen, Geschwülsten usw. beruhen. Nicht entzündete und nicht thrombosierte Hämorrhoiden sind nicht zu tasten.

⑤ **Austasten des Mastdarms**: Nach dem Überprüfen des Afterkanals schiebt man den Finger sanft maximal in den Mastdarm vor, beugt dann das Endglied und zieht ihn unter

5.3 Männliche Geschlechtsorgane

ständigem Tasten der Wand bis zum Afterkanal zurück. Dann schiebt man ihn wieder vor, dreht ihn um 30° (1 „Stunde" auf dem Zifferblatt) und zieht ihn wieder zurück. Diese Prozedur wird entsprechend den 12 Stunden des Zifferblatts wiederholt. Man achte auf:
- *Gleichmäßige Beschaffenheit der Mastdarmschleimhaut:* Der Mastdarmkrebs ist der zweithäufigste Krebs bei Frau und Mann. Werden irgendwelche Gewebeverdichtungen getastet, so muß die Stelle bei einer Mastdarmspiegelung besichtigt und evtl. eine Gewebeprobe entnommen werden.
- *Unterste Querfalte des Mastdarms* (meist auf der linken Seite): Nur die unterste der 3 Querfalten ist mit dem Finger zu erreichen. Nur bei besonders langem Finger des Untersuchers oder besonders kurzem Mastdarm wird die mittlere Querfalte zugänglich (mittlere Höhe 8-10 cm über dem After).
- *Kreuzbein und Steißbein:* Sie liegen der Hinterwand an. Man prüft die Beweglichkeit des Steißbeins, indem man es zwischen Zeigefinger und Daumen faßt.
- *Spina ischiadica, Lig. sacrospinale, Tuber ischiadicum und Lig. sacrotuberale:* Sie liegen seitlich und hinten ziemlich weit unten dem Mastdarm an.
- *Paraproctium:* Der Bindegeweberaum seitlich des Mastdarms enthält Blutgefäße und Nerven (bei der Frau auch straffere Bindegewebezüge, die von der Gebärmutter zum Kreuzbein ziehen).
- *Prostata:* der Vorderwand angelagert (s.u.).
- *Samenblasen* (Vesiculae seminales = [Glandulae seminales]): Sie liegen schräg oberhalb der Prostata wie die Ohren eines Kaninchens. Sie sind häufig vom tastenden Finger nicht zu erreichen. Ist der Finger lang genug, so sind sie bei voller Blase (besseres Widerlager) als etwa fingergliedgroße Gebilde mit unebener Oberfläche zu tasten.

⑥ **Beurteilen der Prostata:** Bei der Mehrzahl der Männer vergrößert sich die Vorsteherdrüse nach dem 50. Lebensjahr. Die benigne Prostatahyperplasie ist die häufigste Ursache von Harnweginfektionen und Harnverhaltungen bei älteren Männern. Im Greisenalter wird auch der Prostatakrebs sehr häufig. Die rektale Untersuchung der Prostata kann zwar nur deren hinteren Teil umfassen, gibt aber doch entscheidende Aufschlüsse (wenn sie auch niemals einen Krebs ausschließen kann!). Der Patient sollte vorsorglich darauf hingewiesen werden, daß beim Tasten der Prostata das Gefühl von Harnabgang auftreten kann (ohne daß Harn gelassen wird). Man achte auf
- *Größe:* Die gesunde Prostata hat einen Querdurchmesser von etwa 3-4 cm, ist etwa 2,5-3 cm hoch und wiegt etwa 20 g. Sie dellt die Vorderwand des Mastdarms maximal 1 cm ein. Bei gutartigen Geschwülsten kann das Gewicht bis auf 300 g ansteigen!
- *Form:* Sie wird gleichmäßig mit einer Kastanie verglichen. Vom Mastdarm aus tastet man die Rundungen der beiden Seitenlappen, die durch eine mittelständige Rinne getrennt werden. Ist die Rinne nicht zu fühlen, so liegt der Verdacht auf eine Vergrößerung des Mittellappens nahe.
- *Beschaffenheit:* Die gesunde Prostata fühlt sich gleichmäßig weich bis prall an. Härtere unregelmäßige und asymmetrische Knoten in ihr können auf Prostatasteinen oder Geschwülsten beruhen. Der Patient ist in diesem Fall sofort zum Urologen zu überweisen.
- *Schmerz:* Das Betasten der gesunden Vorsteherdrüse ist schmerzfrei. Schmerzen weisen auf eine Entzündung hin.

⑦ **Herausziehen des Fingers:** Man besichtige die Stuhlreste am Finger im Hinblick auf Blutspuren. Evtl. führe man eine Untersuchung auf okkultes Blut durch.

Bei der rektalen Untersuchung kommt es gelegentlich zum ungewollten Abgang eines Windes (Flatus). Das ist dem Patienten meist sehr unangenehm. Es wäre höchst unpassend, wenn sich der Untersucher darüber belustigte. Er wird vielmehr den Patienten beruhigen und ihm sagen, daß dies bei der Untersuchung nicht zu vermeiden sei.

■ **Rektoskopie** (Mastdarmspiegelung): Durch ein Rohr mit Beleuchtung (Rektoskop) kann der gesamte Mastdarm, mit dem

biegsamen Koloskop (Glasfiberoptik) der gesamte Dickdarm besichtigt werden:
- Das Rektoskop wird ähnlich wie der Finger bei der rektalen Untersuchung in Richtung auf den Nabel in den After eingeführt.
- Nach Durchqueren des Afterkanals wird die Richtung entsprechend der Dammbiegung des Mastdarms geändert und die Spitze des Instruments nach hinten gewendet.
- Das Rektoskop darf nur unter ständiger Sichtkontrolle (dazu wird der Mastdarm aufgeblasen) weiter vorgeschoben werden. Es könnte sich sonst in einer Querfalte des Mastdarms verfangen.

- Die mittlere Mastdarm-Querfalte liegt etwa 8-10 cm vom After entfernt. Auf ihrer Höhe schlägt das Bauchfell vom Mastdarm auf die Harnblase um (Excavatio rectovesicalis).
- Etwa 12-15 cm oberhalb des Afters endet die glatte Oberfläche des Mastdarms. Es beginnt das durch halbmondförmige Ringfalten (Plicae semilunares coli) gekennzeichnete Sigma.
- Jeder Rektoskopie hat die Tastuntersuchung vorauszugehen.

6 Kopf

6.1 Bewegungsapparat und Leitungsbahnen

#611 Schädeldach und Kopfschwarte

■ **Schädelnähte** (Suturen):
① **Entwicklung**:
• Beim Fetus trennen noch weite Zwischenräume die einzelnen Knochen des Schädeldachs. Dadurch können sich deren Kanten dachziegelartig übereinander schieben. Dies ermöglicht eine ausgiebige Verformung des Schädels bei der Passage durch den Beckenkanal der Mutter während der Geburt.
• Beim Neugeborenen klaffen an einigen Stellen weite Lücken zwischen den Knochen, so daß man die arteriellen Pulsationen des Gehirns an der Kopfhaut sieht. Der Vergleich mit einem Springbrunnen führte zur Bezeichnung Fontanelle.
• Die Spalten zwischen den Knochen schließen sich im Laufe des ersten Lebensjahres, doch bleiben Wachstumsfugen zwischen den Schädelknochen während der gesamten Wachstumszeit offen (Abb. 611).
• Erst im Erwachsenenalter werden die Bindegewebefugen (Syndesmosen) allmählich zu Knochenfugen (Synostosen) umgebaut. Trotzdem kann man auch beim Erwachsenen häufig noch die früheren Knochengrenzen als Rinnen, Mulden usw. im Schädeldach tasten. Im Röntgenbild bleiben die großen Nähte zeitlebens nachweisbar.

② **Palpation**:
• *Kranznaht* (Sutura coronalis) zwischen dem Stirnbein und den Scheitelbeinen.
• *Pfeilnaht* (Sutura sagittalis) zwischen den beiden Scheitelbeinen.
• *Lambdanaht* (Sutura lambdoidea) zwischen den Scheitelbeinen und dem Hinterhauptbein.
• *Schuppennaht* (Sutura squamosa) zwischen Schläfenbeinschuppe und Scheitelbein.

• *Hinterhauptvorsprung* (Protuberantia occipitalis externa, Inion).

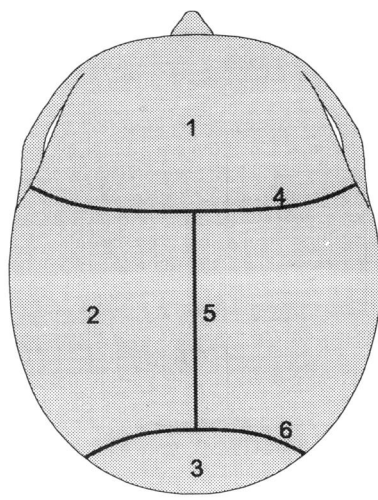

Abb. 611. Schädel von oben. 1 Stirnbein, 2 Scheitelbein, 3 Hinterhauptbein, 4 Kranznaht, 5 Pfeilnaht, 6 Lambdanaht

■ **Bau der Kopfschwarte**: An keiner anderen Stelle des Körpers grenzt eine so große Knochenfläche an die Haut wie beim Schädeldach. Wäre hier die Haut direkt an der sehr schmerzempfindlichen Knochenhaut befestigt, so würde uns schon ein leichter Zug an den Haaren erhebliche Kopfschmerzen bereiten. Die Kopfschwarte ist daher so gebaut, daß sie einerseits den Haaren einen festen Halt gibt, andererseits auch die Verschieblichkeit sichert.
• Eine Sehnenplatte (Sehnenhaube = Galea aponeurotica) wird rundherum von Muskeln (M. epicranius) gezügelt (ähnlich wie beim Zwerchfell).

- Die haupthaartragende Kopfhaut ist straff auf die Sehnenhaube montiert.
- Zwischen Sehnenhaube und Knochenhaut liegt lockeres Verschiebegewebe.

■ **Passive Beweglichkeit der Kopfschwarte prüfen:**

① **Vorgehen:** Man verschiebe mit einem Finger die Kopfhaut des Patienten an verschiedenen Stellen in verschiedenen Richtungen und vergleiche die Seiten.

② **Diagnostische Bedeutung:** Bei Schwellungen und Geschwülsten im Bereich des Schädeldachs ist die Zuordnung zur Kopfschwarte oder zum Knochen von prognostischer Bedeutung. Eine verschiebbare Schwellung liegt in der Kopfschwarte, eine unverschiebliche am Knochen bzw. der Knochenhaut.

- Beim Neugeborenen ist eine Schwellung im Bereich des zuerst aus dem Becken der Mutter austretenden Körperteils wegen der plötzlichen Druckentlastung die Regel. Bei den meisten Geburten tritt zuerst das Schädeldach durch die Weichteile des Beckens. Deshalb findet man hier die „*Kopfgeschwulst*" (Caput succedaneum) im Verschieberaum zwischen Kopfschwarte und Knochenhaut. Sie verschwindet innerhalb weniger Tage.
- Die *subperiostale Blutung* hebt die Knochenhaut vom Knochen ab. Es dauert Monate, bis das Blut absorbiert ist.

■ **Aktive Beweglichkeit der Kopfschwarte prüfen:**

① **Vorgehen:**
- Der Patient soll mit seinen Sehnenhaubenmuskeln die Kopfhaut bewegen. Der Untersucher legt dazu einen Finger locker auf verschiedene Stellen der Kopfhaut auf und registriert die Bewegung. Viele Menschen können die Kopfhaut aktiv nur in sagittaler Richtung verschieben.
- Der Patient soll versuchen, die Ohren zu bewegen. Manche Menschen können dies nicht willkürlich, obwohl Muskeln hierfür vorhanden sind.

② **Diagnostische Bedeutung:** bei Fazialislähmung (#617).

#612 Gesichtsschädel

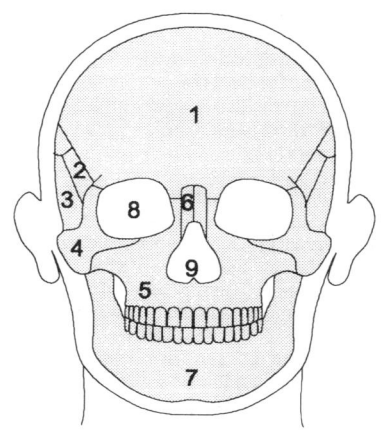

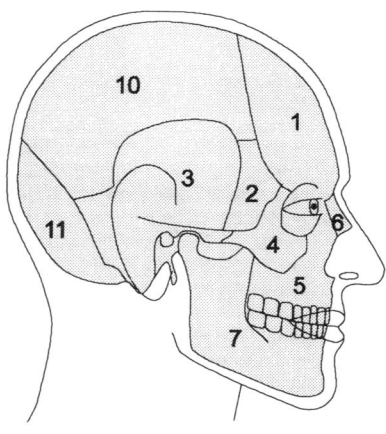

Abb. 612a. Schädel: 1 Os frontale, 2 Ala major (des Os sphenoidale), 3 Os temporale, 4 Os zygomaticum, 5 Maxilla, 6 Os nasale, 7 Mandibula, 8 Orbita, 9 Apertura piriformis [nasalis anterior], 10 Os parietale, 11 Os occipitale

6.1 Bewegungsapparat und Leitungsbahnen

■ **Palpation**: Im Gesichtsbereich ist die Haut zart, das Unterhautfettgewebe und die Muskeln sind relativ dünn. Deshalb sind nahezu alle Gesichtsknochen gut durch die Haut zu tasten. Zusätzliche Bereiche werden durch die Mundhöhle zugänglich. Schlechter zu beurteilen sind lediglich Teile des Ramus mandibulae, die außen vom M. masseter, innen vom M. pterygoideus medialis bedeckt werden. Man taste durch die Haut:

① **Stirnbein** (Os frontale): besonders den oberen Rand der Augenhöhle mit 2 Einschnitten (Incisura supraorbitalis, Incisura frontalis) für Nerven zur Stirn aus dem 1. Hauptast des N. trigeminus (V1, Abb. 615).

② **Jochbein** (Os zygomaticum): mit seinen Anteilen am lateralen Rand der Augenhöhle und am Jochbogen.

③ **Nasenbein** (Os nasale): mit der zwischen den beiden Nasenbeinen einsinkenden Rinne und ihren vorderen Rändern an der Grenze zu den Nasenknorpeln.

④ **Oberkiefer** (Maxilla):
- Unterrand der Augenhöhle.
- Spina nasalis anterior.
- Alveolarfortsatz mit den Vorwölbungen der einzelnen Zahnfächer.
- Rundung des Tuber maxillae.
- Foramen infraorbitale: für den N. infraorbitalis (aus V2).

⑤ **Unterkiefer** (Mandibula):
- Unterrand des Unterkieferkörpers (Corpus mandibulae) vom Kinn zum Kieferwinkel.
- Alveolarfortsatz mit den Vorwölbungen der einzelnen Zahnfächer.
- Foramen mentale: für den N. mentalis (aus V3), etwas unterhalb des Mundwinkels.
- Vorder- und Hinterrand des Unterkieferastes (Ramus mandibulae).
- Unterkieferkopf (Caput mandibulae): Wenn man den Mund mehrmals öffnet und schließt, merkt man die Bewegung des Unterkieferkopfes vor dem äußeren Gehörgang.
- Processus muscularis: Über den bei geschlossenem Mund vom Jochbogen verdeckten Muskelfortsatz orientiert man sich bei weit geöffnetem Mund, da er dann unterhalb des Jochbogens zu tasten ist.

■ **Diagnostische Bedeutung**:

① **Druckempfindlichkeit** der „Nervenaustrittspunkte": #616.

② **Klopfempfindlichkeit** der Umgebung der Nasennebenhöhlen: #635.

③ **Knochenbrüche**: Häufig betroffen sind im tastbaren Gesichtsbereich:
- *Nasenbein*: oft mit Beteiligung der Nasenscheidewand.
- *Jochbein*: Der Bruch ist oft unter einer starken Schwellung des Gesichts schwer zu tasten.
- *Unterkiefer*: Der Bruchspalt geht häufig durch den zahntragenden Teil.
- *Oberkiefer*: Aus der Vielfalt der möglichen Bruchformen werden traditionsgemäß 3 Typen herausgehoben, die nach dem französischen Chirurgen Le Fort benannt sind:
- Le Fort I (tiefer Querbruch): Absprengung des Alveolarfortsatzes mit dem Boden der Kieferhöhle.
- Le Fort II (Pyramidenbruch): pyramidenförmiger Ausbruch des Mittelbereichs. Die Bruchlinie steigt beidseits zum Augenhöhlenboden auf und läuft dann quer durch die Nasenwurzel.
- Le Fort III (Abriß des Gesichtsschädels von der Schädelbasis): quer durch Nasenwurzel und Augenhöhlen.

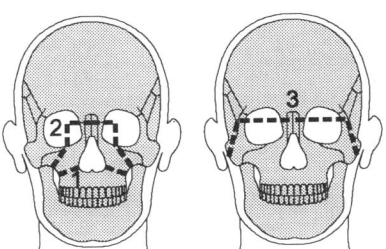

Abb. 612b. Oberkieferbrüche: 1 Typ Le Fort I, 2 Le Fort II, 3 Le Fort III

#613 Kiefergelenk

■ **Bewegungsmöglichkeiten**: Anders als bei den anderen aus „Kopf" und „Pfanne" zusammengesetzten Gelenken verharrt der Unterkieferkopf bei den meisten Bewegungen nicht in seiner Pfanne, sondern gleitet aus ihr nach vorn:
- *Scharnierbewegung:* Öffnen und Schließen des Mundes. Der Drehpunkt liegt nicht im Unterkieferkopf, sondern etwa in der Mitte des Unterkieferastes (wo der untere Alveolarnerv in seinen Knochenkanal eintritt).
- *Mahlbewegung:* Seitwärtsschieben des Unterkiefers. Ein Unterkieferkopf dreht sich in der Pfanne, der andere gleitet nach vorn. Die Drehachse geht longitudinal durch den in der Pfanne verbleibenden Unterkieferast.
- *Schlittenbewegung:* Vorschieben und Zurückziehen des Unterkiefers. Beide Unterkieferköpfe gleiten nach vorn, ohne daß der Mund geöffnet wird.

■ **Messen des Bewegungsumfangs:**
① *Prinzip:* Bei den Gliedmaßen ist die Neutralnullmethode für die Bestimmung des Bewegungsumfangs das Verfahren der ersten Wahl. Bei den Kiefergelenken ist die Winkelmessung umständlich. Viel einfacher ist es, Abstände zwischen entsprechenden Zähnen von Ober- und Unterkiefer, am besten den medialen Schneidezähnen, auszumessen. Voraussetzung ist, daß die medialen Schneidezähne erhalten oder prothetisch ersetzt sind.

② *Vorgehen:*
- *Öffnen:* Man mißt den Abstand der medialen Schneidezähne des Oberkiefers von denen des Unterkiefers bei maximaler Öffnung (aktiv durch den Patienten). Der Untersucher darf den Unterkiefer nicht mit Gewalt weiter nach unten drücken, da die Gefahr der Verrenkung besteht. Aus hygienischen Gründen darf er auch das Meßband nicht in den Mund des Patienten bringen. Man markiert vielmehr den Abstand auf einem sauberen Papierstreifen oder einem Holzspatel und mißt anschließend diesen aus. Die Hände des Untersuchers dürfen nicht in die Mundhöhle des Patienten gelangen, es sei denn, sie sind durch sterile Handschuhe geschützt. Der Patient hält daher in der Regel den Papierstreifen bzw. den Holzspatel selbst.
- *Schließen:* Die Schließbewegung findet ihre natürliche Grenze beim Kontakt der Zähne. Bei Mitteleuropäern stehen normalerweise die Oberkieferschneidezähne vor den Unterkieferschneidezähnen (Scherenbiß, andere Bißformen ⇒ #624). Das Protokoll lautet normalerweise „0" (der Scherenbiß wird nicht als negativer Abstand eingetragen). Mangelnder Kontakt zwischen oberen und unteren Schneidezähnen behindert das Abbeißen erheblich.

Protokoll 613. Bewegungsumfang der Kiefergelenke (mm)		
	Patient	Gesunde Studenten
① Medianer Abstand der Zahnbogen		
bei maximaler Öffnung		30-50
beim Biß		0
② Verschiebung des Unterkiefers nach		
rechts		6-10
links		6-10
vorn		5-8
hinten		2-4

- *Seitwärtsbewegen:* Natürliche Meßmarken sind die Spalten zwischen den beiden medialen Schneidezähnen im Oberkiefer und im Unterkiefer. Man mißt den transversalen Abstand dieser Meßlinien bei maximalen Seitbewegungen getrennt nach rechts und nach links aus. Normalerweise besteht Symmetrie.
- *Vor- und Zurückschieben des Unterkiefers:* Meßpunkte sind die Schneidekanten der medialen Schneidezähne des Ober- bzw. Unterkiefers. Die „Nullstellung" ist in diesem Fall nicht der Scherenbiß, sondern der „Zangenbiß" (wenn die Schneidekanten der oberen und unteren Schneidezähne genau

aufeinander stehen). Man mißt die Bewegung des Unterkiefers nach vorn und nach rückwärts als sagittalen Abstand der Schneidekanten der medialen Schneidezähne von Ober- und Unterkiefer.

■ **Palpation der Bewegungen des Unterkieferkopfes:**
• Das Kiefergelenk liegt unmittelbar vor dem äußeren Gehörgang. Mit dem in den äußeren Gehörgang eingeführten kleinen Finger tastet man den hinteren Umfang des Unterkieferkopfes. Man kann leicht verfolgen, wie sich der Unterkieferkopf bei den Kieferbewegungen nach vorn und wieder zurück bewegt.
• Legt man einen Finger nicht in, sondern vor dem Gehörgang der Haut an, kann man tasten, wie der Unterkieferkopf nicht nur nach vorn, sondern am Jochbogen auch schräg nach unten gleitet. Hinter dem Unterkieferkopf sinkt eine Mulde unterhalb der leeren Pfanne ein.

■ **Palpation der Kaumuskeln:** Von den 4 Kaumuskeln (alle innerviert vom N. mandibularis, V3) liegen nur 2 an der Oberfläche (Abb. 613):

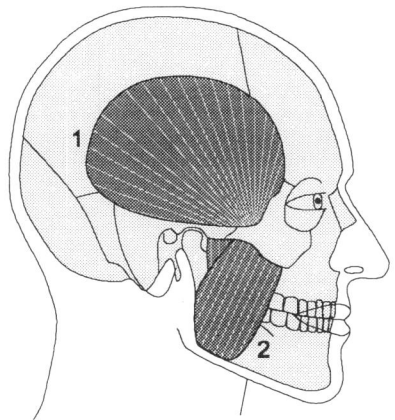

Abb. 613. Oberflächliche Kaumuskeln: 1 M. temporalis, 2 M. masseter

• *M. masseter:* Beim „Zähne Zusammenbeißen" tritt sein Vorderrand als hintere Begrenzung der Wange ganz markant hervor.
• *M. temporalis:* Er ist gut zu tasten, wenn man die Fingerspitzen 2-5 etwa fingerbreit oberhalb des Jochbogens auf die Schläfen legt. Man achte auf die abwechselnde Anspannung der beiden Seiten bei den Mahlbewegungen und die gemeinsame Arbeit bei der Schlittenbewegung nach hinten und beim Mundschließen (Tab. 613).

Tab. 613. Muskeln der Kieferbewegungen	
Schließen des Mundes	M. masseter + M. temporalis + M. pterygoideus medialis
Öffnen des Mundes	Mm. pterygoidei laterales + Zungenbeinmuskeln + Nackenmuskeln + Schwerkraft
Mahlbewegung nach rechts	linker M. pterygoideus lateralis (mit Gegenhalt durch den rechten M. temporalis)
Mahlbewegung nach links	rechter M. pterygoideus lateralis (mit Gegenhalt durch den linken M. temporalis)
Schlittenbewegung nach vorn	beide Mm. pterygoidei laterales
Schlittenbewegung nach hinten	beide Mm. temporales (horizontale = hintere untere Anteile)

■ **Luxation des Kiefergelenks:**
① **Entstehung:** Am vorderen Ende der Gelenkpfanne des Schläfenbeins springt ein Höckerchen (Tuberculum articulare) nach unten vor. Der Unterkieferkopf gleitet bei den normalen Kieferbewegungen in der Extremstellung auf dieses Köpfchen, überschreitet es aber nicht. Wird der Mund zu weit aufgerissen, so wird der Unterkieferkopf auf den vorderen Abhang des Höckerchens gezogen und verhakt sich dort. Dann kann der Mund nicht mehr geschlossen werden. Die Kaumuskeln verkrampfen sich schmerzhaft.

② **Einrenkung:** Der Unterkieferkopf muß unten um das Höckerchen herumgeführt werden. Dazu faßt der Arzt den Unterkiefer mit beiden Händen, wobei die Daumen auf den Mahlzähnen des Patienten liegen. Dann drückt er den Unterkiefer kräftig nach unten.

Ist erst einmal der „Gipfel" des Höckerchens überwunden, schnappt der Mund von selbst zu. Dies geschieht mit großer Kraft der verkrampften Kaumuskeln. Dabei werden die Daumen des Arztes heftig gebissen, wenn dieser sich nicht in weiser Voraussicht geschützt hat. Er sollte die Daumen mit Mullbinden umwickeln und evtl. noch Holzspatel auf die Zähne des Patienten legen, um den Druck zu verteilen.

#614 Arterienpulse tasten

Die Oberfläche des Kopfes wird normalerweise vollständig von der A. carotis externa mit Blut versorgt. 3 ihrer Äste sind an mehreren Stellen zu tasten (Abb. 614):

■ **A. facialis**: Sie entspringt im Trigonum caroticum aus der A. carotis externa. Unter dem Platysma gelangt sie oberflächlich zum Unterkiefer in das Gesicht. Sie läuft dann schräg durch das Gesicht und endet im Winkel zwischen Nase und Augenhöhle als A. angularis. Man sollte sie an 3 Stellen tasten:

① **Hauptstamm**: Er überquert den Unterrand des Unterkiefers am Vorderrand des M. masseter. Die Stelle ist leicht zu finden, wenn man die Zähne fest aufeinander beißt, wobei sich der Masseter anspannt. Diese Stelle kommt zum Pulstasten infrage, wenn der Unterarm des Patienten nicht zugänglich ist.
• Bewegt man den tastenden Finger am Knochen hin und her, so kann man 2 überquerende Stränge unterscheiden: Nur am vorderen fühlt man den Puls (A. facialis). Weiter hinten liegt die V. facialis.

② **Mittlere Verlaufsstrecke** in der Wange: Vom Unterkiefer aus kann man den Puls der A. facialis mehr oder weniger vollständig schräg durch das Gesicht verfolgen. Man umfaßt die Wange zangenartig zwischen Daumen und Zeige- oder Mittelfinger, wobei ein Finger aus dem Vorhof der Mundhöhle gegen die Wange drückt (Gummihandschuh!).

③ **A. angularis**: Im Winkel zwischen Nase und Augenhöhle liegt der Endast der A. facialis nur wenig von Muskeln unterpolstert auf dem Oberkiefer und kann gegen diesen gedrückt werden. Allerdings ist der Durchmesser der Arterie nach Abgabe der Lippenarterien wesentlich kleiner geworden.

■ **A. temporalis superficialis**: Die A. carotis externa teilt sich hinter und medial des Ramus mandibulae in 2 Endäste: Die A. maxillaris versorgt die Tiefe des Gesichts und den Großteil der Hirnhäute. Die A. temporalis superficialis verteilt das Blut an die vorderen 2/3 des Schädeldachs und die obere Hälfte der Gesichtsseite. Ihr Hauptstamm und 3 große Äste sind über z.T. weite Strecken zu tasten:

① **Hauptstamm**: Er tritt vor dem äußeren Gehörgang an die Oberfläche und überquert den hinteren Teil des Unterkieferkopfes und des Jochbogens. Unmittelbar vor dem Ohr ist der Puls leicht zu finden.

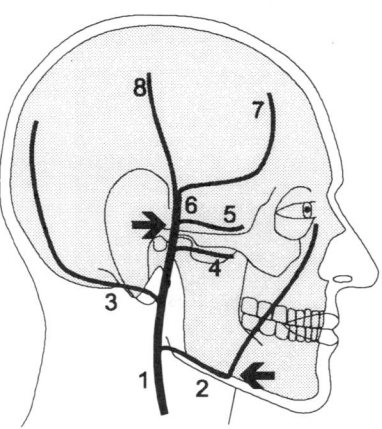

Abb. 614. Oberflächliche Kopfarterien: 1 A. carotis externa, 2 A. facialis, 3 A. occipitalis, 4 A. transversa faciei, 5 A. zygomaticoorbitalis, 6 A. temporalis superficialis (Hauptstamm), 7 R. frontalis, 8 R. parietalis. Die Pfeile bezeichnen die Stellen, an denen der Puls leicht zu tasten ist

② **A. transversa faciei + A. zygomatico-orbitalis**: Diese beiden Arterien entspringen aus dem Hauptstamm und ziehen im Abstand von etwa 1 cm horizontal über das Gesicht. Eine der beiden ist manchmal am Unterrand des Jochbogens gegen den Knochen zu drücken, so daß ihr Puls fühlbar wird.

③ **Endäste**: Der Hauptstamm teilt sich am Oberrand des Jochbogens in die beiden etwa gleich starken Endäste auf: Stirnast und Scheitelast. Beide bleiben in ganzer Länge von Muskeln unbedeckt. Vor allem bei unbehaarter Kopfhaut (Glatze) wölben sie manchmal gut sichtbar die Haut vor. Namentlich beim alten Menschen, bei dem die Arterien meist stark geschlängelt verlaufen, verleihen sie der Schläfengegend ein charakteristisches Aussehen.
- *R. frontalis:* Der Stirnast läuft bei normal behaartem Kopf etwa an der Haargrenze nach vorn oben.
- *R. parietalis:* Der Scheitelast setzt die Verlaufsrichtung des Hauptstamms direkt nach oben fort.
- Bei heftigem Druckschmerz an den beiden Ästen muß man beim älteren Menschen auch an das Krankheitsbild der Arteriitis temporalis (Horton-Syndrom) denken, einer Entzündung der Gefäßwand (Riesenzellarteriitis). Diese Erkrankung sollte rechtzeitig behandelt werden, weil die Gefahr des Übergreifens auf die A. ophthalmica mit nachfolgender Erblindung besteht.

■ **A. occipitalis**: Sie entspringt etwa auf Höhe des Kieferwinkels aus der A. carotis externa und zieht medial vom M. sternocleidomastoideus und dem Warzenfortsatz nach hinten oben. Zwischen den Ansätzen des M. sternocleidomastoideus und des M. trapezius tritt sie an die Oberfläche und versorgt das Hinterhaupt mit Blut.
- Ihr schließt sich hier der N. occipitalis major (C2) an. Man tastet oberhalb der Ansätze der Halsmuskeln und wird dann entweder den Arterienpuls oder den Hautnerv (Druckschmerz) zuerst fühlen.

#615 Innervationsgebiete

■ **Motorische Innervation**: Tab. 615.

Tab. 615. Innervation der Kopfmuskeln:	
III N. oculomotorius	VII N. facialis
IV N. trochlearis	IX N. glossopharyngeus
V3 N. mandibularis	X N. vagus
VI N. abducens	XII N. hypoglossus
Äußere Augenmuskeln	M. obliquus superior IV M. rectus lateralis VI Alle übrigen III
Kaumuskeln	Alle V3
Mittelohrmuskeln	M. tensor tympani V3 M. stapedius VII
Mimische Muskeln	Alle VII
Gaumenmuskeln	V3 + IX + X (variabel)
Zungenmuskeln	Alle XII

■ **Hautinnervation**:
① **Herkunft der Hautnerven**:
- *Hirnnerven:* die 3 Hauptäste des N. trigeminus (V): N. ophthalmicus (V1), N. maxillaris (V2), N. mandibularis (V3).

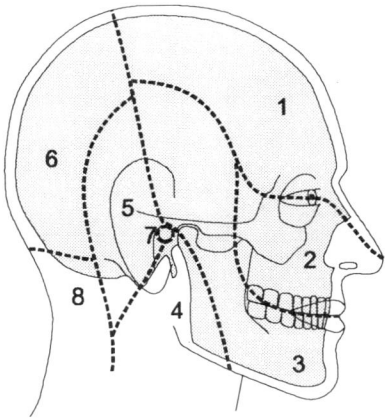

Abb. 615. Versorgungsgebiete der Hautnerven am Kopf: 1 N. ophthalmicus (V1), 2 N. maxillaris (V2), 3 N. mandibularis (V3), 4 N. auricularis magnus, 5 N. occipitalis minor, 6 N. occipitalis major, 7 N. vagus (X), 8 Rr. posteriores der Nn. cervicales III-VIII

- *Dorsale Äste der Halsnerven:* N. occipitalis major (C2).
- *Ventrale Äste der Halsnerven:* N. auricularis magnus und N. occipitalis minor aus dem Plexus cervicalis.

② **Wichtige Grenzlinien** (Abb. 615):
- *Ohr-Scheitel-Linie:* zwischen N. trigeminus und N. occipitalis major.
- *Lidspalte:* zwischen 1. und 2. Hauptast des N. trigeminus.
- *Mundspalte:* zwischen 2. und 3. Hauptast des N. trigeminus.

Man beachte, daß
- die Grenzlinien zwischen den Trigeminusästen von der Lid- und der Mundspalte nicht horizontal nach hinten, sondern schräg nach hinten oben verlaufen.
- der Plexus cervicalis über dem Kieferwinkel und am und hinter dem äußeren Ohr an der Innervation der Kopfhaut beteiligt ist.

#616 **N. trigeminus**

■ **Trigeminusdruckpunkte**: Aus jedem Hauptast des N. trigeminus kommt zumindest ein Zweig, der an einer leicht zu findenden Stelle gegen Knochen gedrückt werden kann. Dies hat praktische Bedeutung, wenn es gilt, die Ursache von Kopfschmerzen zu klären. Die Trigeminusneuralgie (symptomatisch z.B. bei Entzündungen der Stirn- und Kieferhöhlen) erkennt man an einer besonderen Druckempfindlichkeit der charakteristischen Druckpunkte. Die 3 Trigeminusdruckpunkte liegen etwa in einer Geraden, die vom Mundwinkel zur Mitte des Oberrandes der Augenhöhle zieht (Abb. 616):
- V1: Der *N. supraorbitalis* aus dem N. frontalis biegt mit 2 Ästen um den Oberrand der Augenhöhle zur Stirn um. Häufig finden sich an diesen Stellen Einschnitte im Knochen (Incisura supraorbitalis + frontalis), die auch zu Kanälen (Foramen supraorbitale + frontale) geschlossen sein können.
- V2: Der *N. infraorbitalis* tritt aus dem Foramen infraorbitale des Oberkiefers aus.
- V3: Der *N. mentalis* ist der Endast des N. alveolaris inferior. Er verläßt den Unterkieferkanal am Foramen mentale. Dieses findet man etwas unterhalb des Mundwinkels.

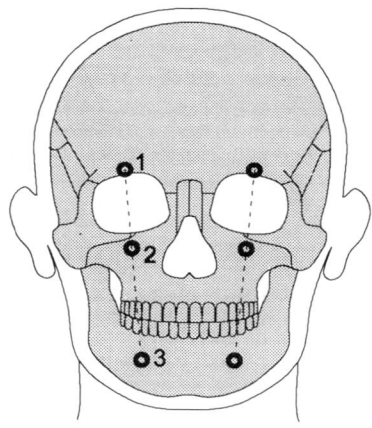

Abb. 616. Trigeminusdruckpunkte: 1 N. supraorbitalis (V1), 2 N. infraorbitalis (V2), 3 N. mentalis (V3)

■ **Massenterreflex**: Im Kopfbereich gibt es nur wenige Skelettmuskeln. Die meisten Muskeln sind Haut- oder Eingeweidemuskeln. Deshalb kann man am Kopf nur wenig Muskeleigenreflexe prüfen. Praktisch wichtig ist nur der Reflex der Mundschließer, der gewöhnlich nur nach dem Masseter benannt wird, obwohl daran auch der M. temporalis und der M. pterygoideus medialis beteiligt sind. Der Reflex läuft über den dritten Hauptast des N. trigeminus. Man löst ihn auf folgenden Wegen aus:
- Der Patient hält den Mund locker und leicht geöffnet. Der Untersucher legt einen Finger auf das Kinn des Patienten und schlägt von oben her auf seinen Finger. Er beobachtet das Anspannen der Kaumuskeln und fühlt die Kieferbewegung mit dem auf dem Kinn ruhenden Finger.
- Der Untersucher legt einen Spatel über Zunge und Zähne des Unterkiefers und hält

6.1 Bewegungsapparat und Leitungsbahnen

ihn mit der einen Hand fest. Er schlägt mit der anderen Hand mit dem Reflexhammer auf das freie Spatelstück zwischen Hand und Zähnen.
• Der Reflex wird bei der erstgenannten Methode doppelseitig ausgelöst. Die Reaktion kann jedoch seitenverschieden sein.

Protokoll 616. Masseterreflex Bewertung: 0, (+), +, ++, +++			
	Links	Rechts	Gesunde Studenten
			+

#617 N. facialis

■ **Verlaufsstrecken:**
① **In der hinteren Schädelgrube:** Zwischen Hirnstamm und Porus acusticus internus ist der N. facialis [intermediofacialis] vor allem durch Kleinhirn-Brücken-Winkel-Tumoren gefährdet.

② **Im Felsenbein:** zuerst im Meatus acusticus internus, dann im Canalis facialis. Hier bedrohen den Nerv vor allem Schädelbrüche, Mittelohreiterungen und Entzündungen im Fazialiskanal. Äste:
• *N. petrosus major:* parasympathisch zu Tränen-, Nasen und Gaumendrüsen.
• *N. stapedius:* zum Steigbügelmuskel.
• *Chorda tympani:* Geschmacksfasern für die vorderen 2/3 der Zunge und parasympathische sekretorische Fasern für die Glandula submandibularis + sublingualis.

③ **Extrakraniell:**
• Nach dem Austritt aus dem Foramen stylomastoideum gibt der N. facialis den N. auricularis posterior für die hinteren und seitlichen Köpfe des M. epicranius, den M. auricularis posterior, den hinteren Kopf des M. digastricus und den M. stylohyoideus ab.
• Dann tritt er in die Glandula parotidea ein. Dort bildet er den Plexus intraparotideus, der die Ohrspeicheldrüse in einen oberflächlichen und einen tiefen Teil spaltet. Hier ist der Nerv durch Entzündungen und Tumoren der Parotis gefährdet.

• Aus der Ohrspeicheldrüse treten 5 Gruppen von Ästen des N. facialis strahlig wie die Finger einer Hand zu den Hautmuskeln des Gesichtes aus (Abb. 617a).

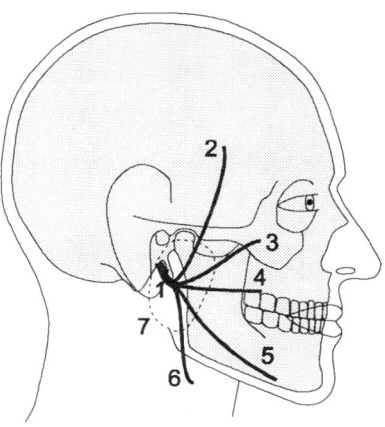

Abb. 617a. Die 5 Astgruppen des N. facialis zu den mimischen Muskeln: 1 Stamm und Plexus intraparotideus, 2 Rr. temporales, 3 Rr. zygomatici, 4 Rr. buccales, 5 R. marginalis mandibulae, 6 R. colli, 7 Glandula parotidea

■ **Beeinträchtigung des Patienten bei Fazialislähmung:**
• Die Krankheit ist ihm für alle sichtbar „ins Gesicht geschrieben". Manche Patienten trauen sich nicht mehr auf die Straße, weil sie das Gefühl haben, von allen angestarrt zu werden.
• Das Essen ist behindert: Sind die Lippen gelähmt, kann der Mund nicht aktiv geschlossen werden. Bei den Kieferbewegungen geht dann der Mund auf, und Speichel und Speisebrei laufen aus. Die Nahrung kann auch nicht optimal zerkleinert werden. Beim normalen Kauen wird der Bissen durch ein Wechselspiel von Zunge und Wange immer wieder zwischen die Zahnreihen geschoben. Bei Lähmung des Wangenmuskels sammelt sich der Speisebrei im

Vorhof der Mundhöhle an und muß vom Patienten mit der Hand aus der Backentasche massiert werden.
• Er wird besonders lärmempfindlich: Der M. stapedius dämpft die Schwingungen der Steigbügelplatte und mindert laute Schalleinwirkungen. Bei Lähmung des Steigbügelmuskels hört der Patient „besser" (Hyperakusis), was in unserer geräuschreichen Welt durchaus nicht angenehm ist.
• Es droht die Erblindung des gleichseitigen Auges: Die Lidspalte kann nicht mehr geschlossen werden. Bindehaut und Hornhaut trocknen aus. Bakterien wandern ein, weil die Abwehrstoffe in der Tränenflüssigkeit nicht mehr durch den Lidschlag über die Augenvorderseite verteilt werden. Es entstehen Hornhautgeschwüre. Sie hinterlassen Narben, die das Bild auf der Netzhaut verzerren. Im schlimmsten Fall kann das Auge zerstört werden. Zum Schutz vor der Austrocknung muß der Patient zumindest beim Schlafen einen Verband über dem Auge (Uhrglasverband) tragen.
• Kaum beeinträchtigt ist der Patient bei einseitiger Lähmung der Chorda tympani: Der Ausfall der Geschmacksempfindung auf einer Zungenhälfte sowie der Sekretion von 2 der 6 großen Speicheldrüsen werden meist nicht bemerkt.

■ **Typen der einseitigen Fazialislähmung**:

① **Zentraler Typ** (supranukleäre Lähmung): Die Muskeln der Lidspalte sind nicht mitbetroffen. Die für sie zuständigen Zellen im Fazialiskern erhalten im Gegensatz zu den Zellen für die übrigen Muskeln Impulse von beiden Großhirnhälften. Eine einseitige Störung oberhalb des Fazialiskerns zwischen Großhirnrinde und Medulla oblongata gefährdet mithin das Auge nicht.

② **Peripherer Typ** (infranukleäre Lähmung): Die Muskeln der Lidspalte sind mitbetroffen. Den Ort des Schadens am N. facialis kann man je nach Mitbeteiligung der proximalen Äste näher eingrenzen:
• Bei Geräuschempfindlichkeit liegt die Störung im Fazialiskern oder in der Verlaufsstrecke des N. facialis zwischen Kern und Abgang des N. stapedius.
• Ohne Geräuschempfindlichkeit, aber mit Geschmackstörung muß die Läsion im Fazialiskanal zwischen den Abgängen des N. stapedius und der Chorda tympani liegen.
• Fehlen beide Störungen, so ist der N. facialis im unteren Teil oder außerhalb des Fazialiskanals betroffen.
• Kann der Patient die Ohrmuschel und die Kopfschwarte aktiv bewegen, ist der N. facialis distal des Abgangs des N. auricularis posterior geschädigt.

■ **Kurztest** für den motorischen Teil des N. facialis:
• Stirn runzeln,
• Augenlider gegen Widerstand zusammenkneifen,
• Mund spitzen,
• Zähne zeigen.

■ **Ausführliche Prüfung** der Fazialismuskeln (Abb. 617b):
① **Mund schließen**: Die Lippen werden aktiv vom M. orbicularis oris geschlossen. Er wird vom M. mentalis unterstützt, der die Kinnhaut hochzieht. Die verschiedenen Formen des geschlossenen Mundes kommen durch unterschiedliches Anspannen der einzelnen Abschnitte des im Querschnitt hakenförmig gebogenen M. orbicularis oris zustande. Vom Lippenteil (Pars labialis) biegt unter dem Lippenrot der Randteil (Pars marginalis) nach vorn.
• *Lippen in den Mund einstülpen:* Der Randteil ist stark zusammengezogen.
• *Küssen:* Der Randteil ist schlaff, aber der Lippenteil stark angespannt.

② **Mund öffnen**: Die Mundspalte wird bei der Kieferöffnungsbewegung passiv geöffnet. Die Lippenmuskeln spannen sich zusätzlich an beim Sprechen (Lippenlaute) und beim Essen (damit die Lippen beim Abbeißen nicht zwischen die Zähne gelangen).
• *Unterlippe und Mundwinkel herabziehen:* M. depressor labii inferioris, M. depressor anguli oris, Platysma (man achte auf das starke Anspannen des Platysma beim Zähnefletschen).

- *Mund in die Breite ziehen:* Platysma, M. zygomaticus major. Der M. risorius zieht eher Grübchen in den Wangen ein, als daß er den Mund verbreitert. Er ist nicht regelmäßig vorhanden.
- *Oberlippe und Mundwinkel heraufziehen:* M. levator labii superioris, M. levator anguli oris, M. zygomaticus major + minor.

③ **Nasenlöcher erweitern:** Bei Atemnot werden die Nasenflügel auseinandergezogen („Nasenflügelatmen"). Nach 30 raschen Kniebeugen wird man auch im Untersuchungskurs das Anspannen des M. nasalis und des M. levator labii superioris alaeque nasi beobachten können.

④ **Augen schließen:** Die verschiedenen Formen des Lidschlusses kommen durch unterschiedliches Anspannen der beiden Hauptteile des M. orbicularis oculi zustande:
- *Normaler Lidschluß:* im wesentlichen Lidteil (Pars palpebralis).
- *Augen zukneifen:* Auch der Augenhöhlenteil (Pars orbitalis) wird stark angespannt. Er zieht die Haut bis von der Oberlippe nach oben und wird dabei von den Mundmuskeln unterstützt. Die Augenbrauenmuskeln ziehen die Augenbrauen nach unten und zur Mitte.
- *Blinzeln:* Die schließenden Muskeln werden schwächer als beim Zukneifen eingesetzt. Gleichzeitig wird durch den Lidheber (N. oculomotorius!) die Lidspalte geöffnet.

⑤ **Stirn runzeln:**
- *Horizontale Falten:* Venter frontalis des M. epicranius.
- *Vertikale Falten:* M. corrugator supercilii.

#618 Fehlinterpretation des Gesichtsausdrucks bei somatischen Störungen

Ob wir wollen oder nicht: Wir werden vom Gesicht eines Menschen gefühlsmäßig ergriffen. Wir können uns von ihm angezogen oder abgestoßen fühlen, oder es kann uns gleichgültig lassen. Ist das Mienenspiel durch eine Krankheit gestört, so ist der Patient davon in seinen sozialen Beziehungen oft hart getroffen, weil der Gesichtsausdruck von den Mitmenschen falsch verstanden wird.

Der Arzt sollte daher erlernen, Somatisches und Psychisches im Gesichtsausdruck zu trennen. Bereits vor mehr als hundert Jahren hat sich kein geringerer als Charles Darwin mit dem Gesichtsausdruck beschäftigt (Expression of the Emotions in Man and Animals, 1872). Die folgenden psychologischen Deutungen des Gesichtsausdrucks sind geprägt durch Gedanken meines einstigen Doktorvaters Philipp Lersch.

■ **Welche anatomischen Grundlagen hat der Gesichtsausdruck?** Laien weisen meist

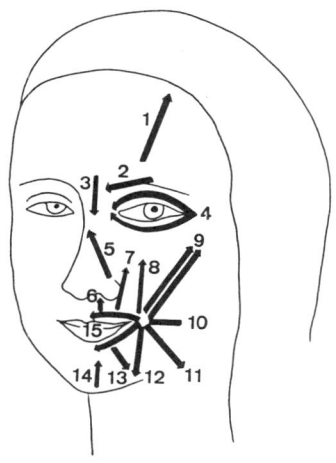

Abb. 617b. Mimische Muskeln: 1 Venter frontalis des M. epicranius, 2 M. corrugator supercilii, 3 M. procerus, 4 M. orbicularis oculi, 5 M. nasalis, 6 M. levator labii superioris, 7 M. levator labii superioris alaeque nasi, 8 M. levator anguli oris, 9 M. zygomaticus major + minor, 10 M. risorius, 11 Platysma, 12 M. depressor anguli oris, 13 M. depressor labii inferioris, 14 M. mentalis, 15 M. orbicularis oris

dem Auge den stärksten Anteil am Gesichtsausdruck zu. Anatomisch gesehen, hat der Augapfel selbst kaum Ausdrucksmöglichkeiten. Lediglich die Pupille kann eng oder weit sein. Dies hängt weitgehend von der Helligkeit der Umgebung ab. Jedoch kann Schmerz die Pupillen erweitern (Sympathikuserregung). Da Ausdruck dynamisch ist, können nur die Muskeln sein anatomisches Korrelat sein. Ausdrucksbedeutung können daher haben:
- beim Obergesicht: die Weite der Lidspalte, die Blickrichtung, Blickbewegungen und Stirnfalten.
- beim Untergesicht: die Art des Lippenschlusses und die Stellung der Mundwinkel.

■ **Weite der Lidspalte:**
① **Ausdrucksbedeutung:** Maß der Zuwendung zur Welt:
- *Voll geöffnetes Auge:* Ausdruck der passiven Zuwendung zur Welt, des Auf-sich-zukommen-lassens, der geistigen Schau und der Offenheit. Das voll geöffnete Auge ist kennzeichnend für den Gesichtsausdruck des Kindes.
- *Aufgerissenes Auge:* bei der Überwältigung durch Erstaunen, Bestürzung, Schreck, Entsetzen, Angst.
- *Abgedecktes Auge:* aktives Abblenden beim kritischen Beobachten und bei der Reserviertheit, übersteigert beim stechenden Blick.
- *Verhängtes Auge:* eher passives Herabsinken des Oberlids bei Müdigkeit, Desinteresse, Blasiertheit, stiller Trauer, aber auch im Genuß (völliges Ausschließen der Umwelt beim Lidschluß im Orgasmus).

② **Irrtumsmöglichkeiten:** Rein somatisch können bedingt sein (ausführlicher #641):
- *Enge Lidspalte* (Ptosis): passiv bei Schwäche des M. levator palpebrae superioris (Okulomotoriuslähmung) oder des M. tarsalis (Halssympathikuslähmung), aktiv bei Kurzsichtigkeit (Einsatz der Lider als Blende zum schärferen Sehen).
- *Weite Lidspalte:* bei Schwäche des M. orbicularis oculi (Fazialislähmung), ferner bei Vortreten des Augapfels (Exophthalmus, z.B. bei Schilddrüsenüberfunktion).

- Verdächtig auf somatische Bedingtheit ist immer ein Seitenunterschied der Weite der Lidspalten (ausgenommen beim Zuzwinkern).

■ **Blickrichtung:**
① **Ausdrucksbedeutung:**
- *Gerader Blick* (Pupille in der Mitte zwischen den beiden Augenwinkeln): volle Zuwendung zum Gegenüber.
- *Seitlich schräger Blick:* passiv bei Bequemlichkeit (die Augenbewegung ist weniger aufwendig als die Kopfbewegung), aktiv bei heimlicher Beobachtung oder bei der verhaltenen Kontaktaufnahme beim Flirt.
- *Stirnwärts schräger Blick:* je nach Kopfhaltung als „Blick nach oben" (aufschauender Blick) bei der religiösen Verzückung, als „Blick von unten" bei Unterwürfigkeit und Demut, aber auch bei der heimlichen Beobachtung des sich nur scheinbar Unterwerfenden.
- *Kinnwärts schräger Blick:* je nach Kopfhaltung als „Blick von oben" bei Überheblichkeit und Stolz (auf den anderen herabsehen), als „Blick nach unten" bei Scham und Schüchternheit.

② **Irrtumsmöglichkeiten:** Rein somatisch können bedingt sein:
- Schräger Blick bei *Bewegungseinschränkung der Halswirbelsäule*, z.B. bei der Bechterew-Krankheit (Spondylarthritis ankylopoetica): Der Patient kann den Kopf nicht isoliert bewegen. Er setzt daher vermehrt Augenbewegungen ein, um nicht den ganzen Körperstamm drehen zu müssen.
- Schielen (#645): *Auswärtsschielen* bei Kurzsichtigkeit gibt einen Ausdruck der Schau ins Weite (jenseitiger Blick bei Heiligenfiguren der Renaissance). *Einwärtsschielen* bei Weitsichtigkeit vermittelt leicht den Eindruck, nicht über die eigene Nase hinaussehen zu können.

■ **Blickbewegungen** (Geschwindigkeit der Veränderung der Blickrichtung):
① **Ausdrucksbedeutung:**
- *Ruhiger Blick:* bei Ausgeglichenheit und Besonnenheit.

6.1 Bewegungsapparat und Leitungsbahnen

- *Lebhafter Blick:* bei geistiger Lebhaftigkeit, aber auch bei bloßer Betriebsamkeit, übersteigert zum unruhigen Blick des Nervösen und Ängstlichen.
- *Träger Blick:* bei geistiger Trägheit, mangelndem Interesse und Müdigkeit, übersteigert bei Bewußtseinstrübung.

② **Irrtumsmöglichkeiten**: Rein somatisch können bedingt sein:
- *Rhythmische Augenbewegungen* (Nystagmus) bei Störungen des Kleinhirns und des Gleichgewichtsapparats.
- *Suchende Blickbewegungen* bei Schwachsichtigkeit: Kein Objekt kann fixiert werden.
- *Mangelnde Augenbewegungen* bei Augenmuskellähmungen: Die Augen werden zur Vermeidung von Doppelbildern in einer bestimmten Stellung gehalten.

■ **Stirnfalten**:
① **Ausdrucksbedeutung**: Schon Darwin hat Stirnfalten als Zeichen von Aufmerksamkeit gedeutet. Es ist jedoch die Art der Faltung zu berücksichtigen:
- *Horizontalfalten:* mehr passive, schauende Aufmerksamkeit, manchmal gekoppelt mit dem aufgerissenen Auge beim Überwältigtwerden, dem Erstaunen, der Überraschung, der Bestürzung.
- *Vertikalfalten:* aktive, beobachtende Aufmerksamkeit, innere Anspannung, Willensanstrengung, oft gekoppelt mit dem abgedeckten Auge.
- *Notfalten* (Kombination von Horizontal- und Vertikalfalten): beim Versuch, der Überwältigung Herr zu werden, bei Denknot und Gefühlsnot, beim schmerzverzerrten Gesicht.

② **Irrtumsmöglichkeiten**: Rein somatisch können bedingt sein:
- *Altersfalten:* Bei der Beurteilung von Stirnfalten ist immer das Alter des Patienten zu berücksichtigen. Beim älteren Menschen haben sich allmählich Furchen als Reste früherer Ausdrucksbewegungen eingegraben, die nicht mit dem aktuellen Ausdruck verwechselt werden dürfen. Eine wirklich glatte Stirn kommt nur bei jungen Menschen vor.

- Horizontale Stirnfalten bei der *Okulomotoriuslähmung:* Ist der Oberlidheber ausgefallen, so sucht der Patient mit dem Stirnmuskel das Lid etwas anzuheben, um die Pupille frei zu bekommen.

■ **Lippenschluß**:
① **Ausdrucksbedeutung**: Maß der Bereitschaft zum sprachlichen Kontakt:
- *Betont verschlossener Mund:* bei Zurückhaltung (sich auf die Lippen beißen, um etwas nicht zu sagen), Entschiedenheit, Unterdrückung von Schmerz (Zähne zusammenbeißen).
- *Offenstehender Mund:* allgemeine Spannungslosigkeit, Willensschwäche, oft auch bei Schwachsinn.

② **Irrtumsmöglichkeiten**: Rein somatisch kann ein offenstehender Mund bedingt sein durch:
- beidseitige Fazialisschwäche,
- zu große Zunge (Makroglossie), z.B. beim Down-Syndrom (Trisomie 21 = Mongolismus).

■ **Mundwinkel**:
① **Ausdrucksbedeutung**: Stimmung:
- *Hochgezogene Mundwinkel:* Frohheit, Lachen. Dabei sind mehrere Formen zu unterscheiden: das offene Lachen bei uneingeschränkter Heiterkeit, das geschlossene Lachen (Schmunzeln) des verschwiegenen Wissens, das verzerrte Lachen bei der Ironie, das einseitige Lachen bei kritischer Distanz und Abwertung. Als Primitivformen des Lachens sind das „Feixen" und „Grinsen" anzusehen.
- *Herabgezogene Mundwinkel:* Unfrohheit, Trauer, Enttäuschung, bei gleichzeitig zusammengepreßtem Mund als Zeichen der Abwertung und Verachtung.

② **Irrtumsmöglichkeiten**: Rein somatisch können herabhängende Mundwinkel durch eine Fazialislähmung bedingt sein.

Diese stichwortartigen Ausführungen sollen ein wenig zum Nachdenken und Nachvollziehen anregen. Beschäftigung mit der Mimik kommt dem Verständnis des Patienten zugute, der manchmal über gefühlsbeladene Probleme nicht bereitwillig spricht oder sie umgekehrt zerredet. Ein guter Arzt liest im Gesicht seines Patienten.

6.2 Mundhöhle

#621 Lippen und Wangen

■ **Lippen** (Labia oris):
① **Form**: Sie bestimmt den Gesichtsausdruck mit, ist aber zu einem großen Teil anlagebedingt. Lediglich das Muskelspiel der Mundbewegungen ist der Mimik zuzuordnen (#618).

② **Bau**: Sie sind Weichteilfalten mit einem mehrschichtigen Plattenepithel. Nach diesem kann man 3 Zonen unterscheiden:
• *Hautzone* (Pars cutanea): normale äußere Haut: verhornt, pigmentiert, mit Haaren, Talg- und Schweißdrüsen.
• *Lippenrot* (Pars intermedia): unpigmentierte, nur leicht verhornte Haut ohne Haare und Schweißdrüsen. Wegen des fehlenden Pigments der Oberhaut schimmert die gefäßreiche Lederhaut rötlich durch. Das Lippenrot enthält zahlreiche sensorische Nervenendungen. Nach der Zunge ist es der berührungsempfindlichste Teil des menschlichen Körpers
• *Schleimhautzone* (Pars mucosa): Die den Zähnen zugewandte Seite der Lippen ist mit Schleimhaut bedeckt (unverhornt, ohne Schweiß- und Talgdrüsen). In der Tiefe liegen die seromukösen Lippendrüsen (Glandulae labiales).

③ **Lippendrüsen tasten**: Man faßt mit dem Zeigefinger (Gummihandschuh!) in den Vorhof der Mundhöhle auf die Schleimhautseite der Lippe. Mit dem Daumen drückt man von der Hautseite der Lippe dagegen. Bei leicht kreisenden Bewegungen des Zeigefingers fühlt sich die Schleimhaut der Lippen höckrig an. Die kleinen Höcker sind durch die bis zu linsengroßen Lippendrüsen (weiter rückwärts die Wangendrüsen) bedingt. Gegen das Lippenrot zu sind sie spärlicher als in der Tiefe des Vorhofs.

④ **Entzündete Mundwinkel** (Stomatitis angularis): bei Zahnlosen häufig. Ohne Prothese nähern sich die Kiefer zu stark an. Damit ist der sichere Schluß des Mundes nicht mehr gewährleistet. Speichel läuft an

6.2 Mundhöhle

den Mundwinkeln aus. Die ständige Befeuchtung der Haut führt zur Entzündung.

■ **Wangen**:

① **Bau**. Er entspricht dem der Lippen. Es fehlt lediglich die Zwischenzone des Lippenrots. Gegenüber dem 2. oberen Mahlzahn mündet in der Wangenschleimhaut der Ohrspeichelgang.

② **Inspektion**: Der jeweilige Mundwinkel wird mit einem Spatel zur Seite gezogen. Besondere Beobachtungen:
- Kleine gelbliche Flecken an der Wangenschleimhaut (Fordyce-Flecken) rühren von ektopischen Talgdrüsen her und sind harmlos.
- Weißlicher Streifen an der Wangenschleimhaut auf Höhe der Kontaktflächen der Zähne: Die Schleimhaut ist hier beim Kauen öfters verletzt worden (Wangenbiß) und etwas verhornt.

③ **Palpation des Ductus parotideus**: Der Ohrspeichelgang verbindet die Ohrspeicheldrüse mit dem Vestibulum oris. Er mündet dort auf Höhe des 2. oberen Mahlzahns aus. Er läuft etwa parallel zum Jochbogen fingerbreit unterhalb von diesem. Am Vorderrand des M. masseter biegt er nach innen um. Er ist etwa kugelschreiberminendick. Er ist besonders leicht zu tasten, wenn man die Zähne fest aufeinander beißt. Dabei spannt sich der M. masseter an, und man kann den Ohrspeichelgang an dessen Vorderkante nicht verkennen.

#622 Spaltbildungen im Gesicht

① **Entstehung**: Beim Embryo von 4-5 Wochen wird die Mundbucht von 5 Wülsten umgeben: dem unpaaren Stirnwulst und den paarigen Ober- und Unterkieferwülsten. Am Rand des Stirnwulstes sinken die beiden Nasengruben ein. Sie werden von den medialen und lateralen Nasenwülsten umwachsen. Die lateralen Nasenwülste bleiben im Wachstum zurück, so daß zur Oberlippe die beiden Oberkieferwülste und medialen Nasenwülste verschmelzen. Wird das verbindende Gewebe an den Grenzen der embryonalen Gesichtswülste abgebaut, so entstehen Spalten in den Weichteilen und im Knochen.

② **Formen**:
- *Hasenscharte* (laterale Lippenspalte, Cheiloschisis): zwischen dem medialen Nasenwulst und dem Oberkieferwulst. In der mildesten Form ist sie eine kleine Einkerbung am Rand des Philtrum. In der schwersten Form ist die Oberlippe bis zum Nasenloch hinauf gespalten und auch der Oberkieferknochen zwischen dem 2. Schneidezahn und dem Eckzahn getrennt (Lippen-Kiefer-Spalte, Cheilognathoschisis). Es kommt auch die reine Kieferspalte (Gnathoschisis) bei intakter Oberlippe vor.
- *Mediane Oberlippenspalte*: zwischen den beiden medialen Nasenwülsten. Bei dieser seltenen Mißbildung steht der Spalt genau in der Mitte des Philtrum.
- *Horizontale Gesichtsspalte*: zwischen Ober- und Unterkieferwulst. Der Mund ist verbreitert (Makrostomie), im Extremfall bis zum äußeren Gehörgang.
- *Schräge Gesichtsspalte* (schräge Wangenspalte, Meloschisis): zwischen lateralem Nasenwulst und Oberkieferwulst. Der Spalt zieht vom Nasenloch um den Nasenflügel herum zum medialen Augenwinkel.
- *Gaumenspalte* (Uranoschisis, Palatoschisis): zwischen den Gaumenfortsätzen der Oberkieferwülste. Der Gaumen ist vom Zäpfchen nach vorn unterschiedlich weit gespalten.
- *Wolfsrachen* (Cheilognathopalatoschisis): beidseits zwischen medialem Nasenwulst und Oberkieferwulst. Von den doppelseitigen Hasenscharten ziehen die Spalten Y-förmig bis zum Zäpfchen.

③ **Häufigkeit**: Etwa 0,1 % der Neugeborenen haben eine Hasenscharte und 0,04 % eine Gaumenspalte. In der Bundesrepublik Deutschland leben etwa 100 000 Menschen mit angeborenen Spaltbildungen. Trotzdem sind offene Gesichtsspalten bei Erwachsenen in zivilisierten Ländern nie zu sehen. Lediglich feine Narben erinnern an die schon im Säuglingsalter vorgenommenen

Korrekturoperationen. Die Frühoperationen sind meist nötig, weil tiefer reichende Spalten das Saugen des Säuglings behindern.

#623 Zahnstatus

■ **Inspektion des Gebisses:**
Man registriere fehlende Zähne (noch nicht durchgebrochen oder schon ausgezogen), gefüllte Zähne, überkronte Zähne, Teil- oder Vollprothesen, behandlungsbedürftige Karies. Dazu besichtige man die nicht direkt einsehbaren Teile des Gebisses mit Hilfe eines kleinen Spiegels. Die Befunde protokolliere man mit Hilfe von:

① **Internationale Zahnformel:**
• Die *Zähne* werden in jeder Kieferhälfte von vorn nach hinten mit 1-8 beziffert: 1 + 2 = Schneidezähne (Dentes incisivi), 3 = Eckzahn (Dens caninus), 4 + 5 = vordere Backenzähne (Dentes premolares), 6-8 = Mahlzähne (Dentes molares).
• Die 4 *Kieferhälften* werden mit 1-4 numeriert: 1 = rechter Oberkiefer, 2 = linker Oberkiefer, 3 = linker Unterkiefer, 4 = rechter Unterkiefer.
• Jeder Zahn wird zuerst mit der Nummer der Kieferhälfte und dann mit der Nummer des Zahns innerhalb der Kieferhälfte bezeichnet: z.B. 26 (gesprochen „zwei sechs", nicht „sechsundzwanzig") = 1. Molar links oben (Tab. 623).

Tab. 623. Internationale Zahnformel: Blickt man auf den Mund des Patienten, so sind dessen Zähne folgendermaßen bezeichnet:	
① Beim bleibenden Gebiß	
18 17 16 15 14 13 12 11	21 22 23 24 25 26 27 28
48 47 46 45 44 43 42 41	31 32 33 34 35 36 37 38
② Beim Milchgebiß	
55 54 53 52 51	61 62 63 64 65
85 84 83 82 81	71 72 73 74 75

• Beim *Milchgebiß* verwendet man statt der Ziffern 1-4 die Ziffern 5-8 für die 4 Kieferhälften, z.B. 85 = 2. Milchmahlzahn rechts unten.

• Besichtigt man den eigenen Mund im Spiegel, so vergißt man leicht, daß man das eigene Gesicht spiegelbildlich sieht. Deshalb beginnen die Zahnnummern im Spiegelbild (von links nach rechts) oben mit 28 und unten mit 38!

② **Richtungsbegriffe:** Wegen der Krümmung der Zahnbogen sind die sonst in der Anatomie üblichen Richtungsbegriffe schlecht anzuwenden. Man hat deshalb für die 5 freien Hauptflächen der Zähne eigene Bezeichnungen:
• *mesial* (Abkürzung m): für die zur Mitte des Zahnbogens gerichtete Seite,
• *distal* (d): für die zum Ende des Zahnbogens gerichtete Seite,
• *labial* (la) bzw. *bukkal* (b): für die den Lippen bzw. Wangen zugewandte Seite,
• *lingual* (li) beim Unterkiefer bzw. *palatinal* (p) beim Oberkiefer: für die der Zunge bzw. dem Gaumen zugewandte Seite,
• *koronal* (c): für die Kaufläche.

#624 Okklusion und Artikulation

■ **Okklusion** (Schlußbißstellung) **beurteilen:** In Ruhelage liegen die Zahnbogen nicht aufeinander, sondern sind einige Millimeter getrennt und der Unterkiefer hängt locker etwas herab. Erst beim Anspannen der Kaumuskeln werden die Zahnreihen aneinander gepreßt. Dabei gibt es individuell verschiedene Endstellungen:
• *Scherenbiß* = Vorbiß = Überbiß = Psalidodontie (gesprochen psalid-odontie, da der griechische Wortstamm für Zahn odont lautet): Die oberen Schneidezähne stehen scherenartig vor den unteren. In Mitteleuropa ist dies die verbreitetste Schlußbißstellung.
• *Zangenbiß* = Kantenbiß = Kopfbiß = Labiodontie (labi-odontie): Die Schneidekanten der Schneidezähne stehen zangenartig aufeinander. In Mitteleuropa selten. Bei prähistorischen Menschenrassen häufig.

Die oberen Schneidezähne sind breiter als die unteren. Deshalb hat mit Ausnahme der ersten unteren Schneidezähne und der obe-

ren Weisheitszähne jeder Zahn mit 2 gegenüberliegenden Zähnen Kontakt. Die Höcker der Mahlzähne stehen deshalb nicht aufeinander, sondern greifen jeweils in die Einsenkungen zwischen den Höckern der gegenüberliegenden Mahlzähne. Dabei unterscheidet man 3 Möglichkeiten, die nach der Stellung des 1. oberen Mahlzahns definiert sind:
- *Neutralbiß*: Der vordere bukkale Höcker des 1. oberen Molaren (16, 26) steht zwischen dem vorderen und dem hinteren bukkalen Höcker des 1. unteren Molaren (36, 46).
- *Distalbiß*: Der Unterkiefer ist um die Breite eines Prämolaren distal (rückwärts) verschoben. Der vordere bukkale Höcker des 1. oberen Molaren (16, 26) steht nun zwischen dem 2. Prämolaren (35, 45) und dem 1. Molaren (36, 46) des Unterkiefers.
- *Mesialbiß*: Der Unterkiefer ist um die Breite eines Prämolaren mesial (vorwärts) verschoben. Der vordere bukkale Höcker des 1. oberen Molaren (16, 26) steht nun zwischen dem 1. (36, 46) und dem 2. unteren Molaren (37, 47). Der Unterkiefer ragt dabei vor (Prognathie).

■ **Artikulation mit Papierstreifen prüfen**: Unter Artikulation versteht man die Beziehungen der Kauflächen der gegenüberliegenden Zähne zueinander. Bei guter Artikulation greifen Höcker und Einsenkungen so ineinander, daß die Speisen optimal zwischen den Zähnen zerkleinert werden. Man kann die Güte der Artikulation einfach prüfen:
- Der Untersucher faßt einen schmalen (etwa zahnbreiten) Papierstreifen an einem Ende mit Daumen und Zeigefinger und bittet den Patienten, den Mund leicht zu öffnen.
- Er schiebt den Papierstreifen mit dem freien Ende zwischen die beiden Zahnreihen des Patienten und bittet ihn, fest zuzubeißen.
- Der Untersucher versucht, den Papierstreifen aus dem Mund zu ziehen. Bei guter Artikulation ist dies nicht möglich.
- Der Versuch wird an verschiedenen Stellen des Gebisses wiederholt.

#625 **Schmerzausschaltung an den Zähnen**

Zähne und Zahnfleisch werden ausschließlich vom N. trigeminus (V) innerviert, und zwar
- alle oberen Zähne vom N. maxillaris (V2),
- alle unteren Zähne vom N. mandibularis (V3).

■ **Unterkiefer**:
① **Innervation**: Alle 8 Zahnnerven (Rr. dentales inferiores) sind Äste des N. alveolaris inferior. Dieser tritt etwa in der Mitte des Ramus mandibulae in den Unterkiefer ein und verläuft dann in einem Knochenkanal (Canalis mandibulae) bis zu den Prämolaren nach vorn. Dort tritt sein Hautast (N. mentalis) durch das Foramen mentale aus dem Unterkiefer aus. Aus dem Canalis mandibulae verlaufen die Zahnnerven in feinen Knochenkanälen zu den Zahntaschen und über die Zahnwurzeln zu den Pulpahöhlen.
- An der Innervation des Zahnfleisches beteiligen sich außer dem N. alveolaris inferior auch der N. lingualis (lingual) und der N. buccalis (bukkal).

② **Leitungsanästhesie**: Am einfachsten ist es, den gesamten N. alveolaris inferior vor seinem Eintritt in den Unterkieferkanal zu blockieren.
- Man tastet in der Mundhöhle die Innenseite des Ramus mandibulae und legt den Zielpunkt des Einstichs etwa 2 cm oberhalb und hinter dem Weisheitszahn fest. Dann führt man die Spritze mit der Kanüle über den gegenüberliegenden Mundwinkel in die Mundhöhle und injiziert das Lokalanästhetikum am Zielpunkt.
- Wegen der engen Nachbarschaft des N. lingualis wird dieser mit betäubt. Dies ist erwünscht, weil so auch der Zahnfleischschmerz auf der Zungenseite verhindert wird. Lediglich im Bereich der Mahlzähne muß das Zahnfleisch wegen des N. buccalis noch örtlich umspritzt werden.
- Im Bereich der Schneidezähne ist die Schmerzbefreiung unsicher. Offenbar greifen Nerven der Gegenseite über die Mittelli-

nie über. Man kann dann durch eine Einspritzung in den Canalis mandibulae über das Foramen mentale die vorderen Zahnnerven der Gegenseite ausschalten.
- Bei Eintritt der Wirkung verspürt der Patient ein eigenartiges Gefühl in der Haut unterhalb der Unterlippe. Er meint, sie schwelle an. Er kann jedoch keine Schwellung tasten. In der Fachliteratur wird gewöhnlich von einem „pelzigen" Gefühl geschrieben. Es betrifft das Hautinnervationsgebiet des N. mentalis.

■ **Oberkiefer:**
① **Innervation:** Die Zahnnerven des Oberkiefers (Rr. dentales superiores) sind zwar alle Äste des N. maxillaris, aber sie verlaufen in mehreren getrennten Knochenkanälen des Oberkiefers als 3 Gruppen von Nn. alveolares superiores, die allerdings über den Zahnwurzeln wieder ein gemeinsames Nervengeflecht (Plexus dentalis superior) bilden.
- An der Innervation des Zahnfleisches beteiligen sich auch der N. palatinus major und die Nn. palatini minores (palatinal).

② **Anästhesie:** Wegen der Mehrzahl der Alveolarnerven wird meist keine Leitungsbetäubung für die gesamte Oberkieferhälfte vorgenommen, sondern lediglich der zu behandelnde Zahn umspritzt.

#626 Inspektion der Zunge

Das Besichtigen der Zunge gehört zu den ältesten ärztlichen Ritualen. Es hat heute an Bedeutung eingebüßt, kann aber immer noch wertvolle Hinweise geben. Zumindest erwartet der Patient, daß der Arzt bei einer eingehenden Untersuchung auch in den Mund sieht. Manche Patienten betrachten ihre Zunge regelmäßig im Spiegel und sind dann bisweilen über Beläge und Farbänderungen beunruhigt.

■ **Inspektion des Zungenrückens** (Dorsum linguae):

① **Vorgehen:** Man bittet den Patienten, den Mund zu öffnen und die Zunge möglichst weit herauszustrecken. Man betrachtet zunächst die Zungenspitze und geht dann nach rückwärts. Zum Besichtigen der Zungenränder bittet man den Patienten, die Zunge ganz nach rechts bzw. nach links zu bewegen.
- Um mehr Einzelheiten zu sehen, verwendet man eine Lupe.
- Will man die eigene Zunge im Spiegelbild studieren, so ist ein vergrößernder Hohlspiegel praktisch.
- Über einen kleinen Spiegel (z.B. Kehlkopfspiegel) ist der hinter den Wallpapillen gelegene Zungengrund (Pars postsulcalis) zu besichtigen. Er trägt reichlich lymphatisches Gewebe (Zungengrundmandel = Tonsilla lingualis).

② **Oberflächenstruktur:** Der normale Zungenrücken ist durch die mit der Lupe oder im Hohlspiegel gut sichtbaren Faden- und Pilzpapillen reich strukturiert:
- *Wallpapillen:* Sie sind an der Grenze zum Zungengrund v-förmig angeordnet.
- *Blattpapillen:* Sie schneiden am Zungenrand vor den Wallpapillen ein.
- *Furchen:* Sie finden sich individuell sehr unterschiedlich ausgeprägt und nehmen manchmal im Laufe des Lebens zu („Hodensackzunge" wegen des zerklüfteten Aussehens).
- Eine *glatte Oberfläche* spricht für den Untergang von Papillen. Sie kommt z.B. beim Mangel an Vitamin B_{12} und Eisen vor.

③ **Zungenbeläge:**
- *Weißer Zungenbelag:* Die verhornten Spitzen der Fadenpapillen erscheinen weißlich im Gegensatz zum rosafarbenen Boden der Schleimhaut. Sie bilden im Lupenbild scharf begrenzte rundliche weiße Flecken. Die Hornfäden der Fadenpapillen nutzen sich beim Essen ab und wachsen ständig wieder nach. Nach einigen Stunden Nahrungsentzugs sind sie lang und rufen dann den Eindruck eines weißlichen Schleiers auf der Zunge hervor.
- Zwischen den Hornfäden der Fadenpapillen können sich Speisereste festsetzen, die Kleinlebewesen zur Nahrung dienen. Sie

bedingen den zusammenhängenden weißlichen Zungenbelag vieler Menschen. Es handelt sich in der Regel um harmlose Saprophyten, die man nicht bekämpfen muß. Ganz im Gegenteil stören eifrige desinfizierende Mundspülungen die normale Mundflora und ermöglichen erst recht das Gedeihen störender Bakterien und Pilze.
- *Schwarze Haarzunge:* Der hintere Zungenrücken ist dabei braun bis schwarz verfärbt. Die Hornfäden sind länger und dunkler als sonst. Dieser harmlose, aber den Patienten recht beunruhigende Zustand ist häufig gerade durch die desinfizierenden Maßnahmen des Patienten bedingt. Die dunkle Farbe verschwindet meist, wenn der Patient auf sein geliebtes „Mundwasser" verzichtet.
- Auch bei Antibiotikabehandlung tritt gelegentlich eine dunkle Zungenverfärbung auf. Sie beruht dann bisweilen auf dem Wuchern von schwarzen Pilzarten (Aspergillus niger).

■ **Inspektion der Zungenunterseite** (Facies inferior linguae): Man bittet den Patienten, die Zunge nicht herauszustrecken, sondern die Zungenspitze bei weit geöffnetem Mund gegen den Gaumen zu führen. Man sieht:
- *Frenulum linguae* (Zungenbändchen): Die dünne mediane Schleimhautfalte reicht normalerweise nicht bis zur Zungenspitze. Ein zu weit nach vorn ziehendes oder zu straffes Zungenbändchen kann die Zungenbewegungen beim Sprechen erheblich behindern.
- *Plica fimbriata* (Fransenfalte): etwa 1 cm beidseits des Zungenbändchens. Eine dicke Vene schimmert bläulich durch (V. sublingualis, ein Ast der V. lingualis). Beim älteren Menschen bilden sich hier gelegentlich Krampfadern.
- *Caruncula sublingualis:* eine Verdickung beidseits der Basis des Zungenbändchens. Hier münden der Ductus submandibularis und der Ductus sublingualis major.
- *Plica sublingualis:* von der Caruncula sublingualis zur Seite. In ihrer Tiefe liegen der Ductus submandibularis und die Glandula sublingualis.

■ **Bewegungsspiel prüfen:**
① **Vorgehen**: Man läßt den Patienten den Mund öffnen und folgende Zungenbewegungen ausführen:
- Zunge flach machen.
- Zunge weit zurückziehen.
- Zunge flach aus dem Mund strecken und dann spitzen.
- Zungenspitze nach rechts und nach links bewegen.
- Zungenspitze heben und senken.

② **Hypoglossuslähmung**: Bei einseitiger Lähmung des motorischen Zungennervs (N. hypoglossus, XII) weicht die Zunge beim Herausstrecken nach der gelähmten Seite ab. Zum geraden Herausstrecken benötigt man die seitengleiche Innervation des vertikalen und des transversalen Zungenmuskels. Sind diese auf einer Seite geschwächt oder gelähmt, so bleibt diese Seite beim Herausstrecken zurück.

#627 Geschmacksprüfung

■ **Geschmacksqualitäten**: Der Mensch kann nur 4 unterscheiden: süß, sauer, salzig und bitter. Die feinere Nuancierung erfolgt über den Geruch der Speisen.
- Die Rezeptoren für die 4 Qualitäten sind nicht gleichmäßig über die Zungenoberfläche verteilt. Im allgemeinen wird süß mehr an der Zungenspitze, sauer am Zungenrand, bitter am Zungengrund und salzig im ganzen Zungenbereich empfunden. Im zentralen Zungenbereich ist die Geschmacksempfindung schwach oder fehlt völlig.
- Im Alter nimmt die Leistungsfähigkeit des Geschmackssinns häufig ab. Davon ist vor allem die Süßempfindung betroffen.

■ **Geschmacksbahn**: Die Erregung der Geschmacksknospen wird von den vorderen 2/3 der Zunge über die Chorda tympani (aus VII), vom hinteren Zungendrittel über den N. glossopharyngeus (IX) und den N. vagus (X) zum Geschmackskern (Nucleus solitarius) in der Medulla oblongata geleitet.

■ **Vorgehen**: Der Patient streckt die Zunge heraus. Der Untersucher faßt die Zungenspitze mit einem Mull- oder Zellstoffläppchen und trägt dann mit einer Pipette, einem feinen Pinsel oder einem Watteträger den Geschmacksstoff auf den Zungenrücken auf. Der Patient wird gebeten, den Arm zu heben, wenn er etwas schmeckt. Dann läßt der Untersucher die Zunge los und fragt den Patienten, welche Geschmacksqualität er wahrgenommen habe. Anschließend spült der Patient die Mundhöhle, bevor die nächste Geschmacksprobe auf die Zunge aufgetragen wird.
• Je nach dem Ziel der Untersuchung (Grob- oder Feinanalyse) wird man den Geschmacksstoff eher flächig oder eng begrenzt auf die Zungenoberfläche bringen.

■ **Geschmacksstoffe**: Man verwendet üblicherweise pulverisierte Kristalle oder verschieden konzentrierte Lösungen von
• Traubenzucker (4-, 10-, 40%ig),
• Zitronensäure (1-, 5-, 10%ig),
• Kochsalz (2,5-, 7,5-, 15%ig),
• Chinin (0,075-, 0,5-, 1%ig).

■ **Diagnostische Aussage**: Die Geschmacksprüfung wird vom Arzt meist zur Lokalisierung eines Schadens bei der Fazialislähmung vorgenommen.
• Ist der Geschmack auf den vorderen 2/3 der Zunge erhalten, dann liegt der Schaden distal des Abgangs der Chorda tympani, also im untersten Teil des Fazialiskanals oder außerhalb des Felsenbeins.
• Ist der Geschmack auf den vorderen 2/3 der Zunge ausgefallen, so liegt der Fazialisschaden oberhalb des Abgangs der Chorda tympani.
• Fehlt die Geschmacksempfindung auf der gesamten Zungenhälfte, dann liegt ein Schaden im verlängerten Mark im Bereich des Geschmackskerns nahe.

#628 Palpation von Zunge und Mundboden

■ **Palpation der Zunge**: Man faßt die Zungenspitze mit einem Mulläppchen und tastet vor allem die Seitenränder der Zunge mit der gummibehandschuhten anderen Hand ab.
• Beim älteren Patienten ist dies besonders wichtig, weil der Zungenkrebs am häufigsten an den Zungenrändern beginnt. Das Zungenkarzinom ist das zweithäufigste Karzinom im Mundbereich (nach dem Lippenkarzinom).

■ **Palpation des Mundbodens**: Vor und seitlich der Zunge kann man den Mundboden mit den Glandulae submandibulares + sublinguales abtasten. Dies geht besonders gut bimanuell: Dazu drückt eine Hand (Gummihandschuh!) aus der Mundhöhle nach unten, die andere Hand von der Haut aus nach oben.
• Man kann dann z.B. die Glandula submandibularis auspressen und an der Caruncula sublingualis den Austritt des Speichels beobachten (am eindeutigsten, wenn man vorher die Stelle mit einem Watteträger trocken getupft hat).

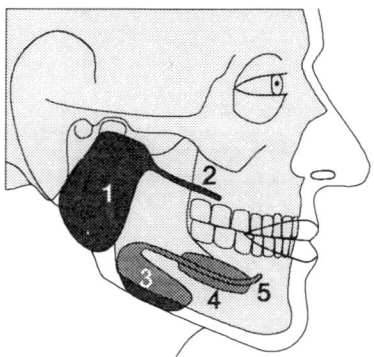

Abb. 628. Große Speicheldrüsen: 1 Glandula parotidea, 2 Ductus parotideus, 3 Glandula submandibularis, 4 Glandula sublingualis, 5 Caruncula sublingualis

■ **Mundgeruch** (Foetor ex ore): Bei der Inspektion und Palpation der Mundhöhle wird man nicht umhin können, einen etwai-

6.2 Mundhöhle

gen Mundgeruch des Patienten zu bemerken:
- Ein leichter Mundgeruch ist normal nach 12stündigem Nahrungsentzug wegen des fehlenden Abschilferns der Zungenpapillen und des dadurch begünstigten Bakterienwachstums, z.B. Mundgeruch vor dem Frühstück.
- Ein stärkerer übler Mundgeruch kann von Zahnfäulnis (Karies), vereiterten Mandeln usw. herrühren.
- Ein säuerlicher Mundgeruch weist auf Übersäuerung des Magens (Hyperacidität) oder Gährungsprozesse im Darm (bei manchen Durchfallerkrankungen) hin.
- Acetongeruch tritt bei Zuckerkranken auf, vor allem im hyperglykämischen Koma.
- Alkoholgeruch („Fahne") bei Bewußtlosen sollte nicht einfach mit der Diagnose „Volltrunkenheit" abgetan werden. Der Betrunkene könnte sich beim Sturz verletzt haben, z.B. Schädelbruch. Bei jedem bewußtlosen Betrunkenen ist eine eingehende Untersuchung nötig!
- Irrtumsmöglichkeit: Ein übler Geruch kann auch aus der Nase stammen, z.B. bei eitrigem Schnupfen und vor allem bei Eiterungen der Nasennebenhöhlen.

#629 Gaumen und Gaumenmandeln

■ **Inspektion und Palpation des Gaumens**:
- Der *harte Gaumen* (Palatum durum) bildet das Widerlager, gegen das die Zunge den weichen Bissen preßt, um ihn zu zerreiben. Dieser Teil des Gaumens trägt daher Querfalten (Plicae palatinae transversae), um die Reibung zu vergrößern. Bei älteren Erwachsenen tastet man in etwa 20 % einen länglichen knöchernen Vorsprung in der Mitte (Gaumenwulst = Torus palatinus). Er ist harmlos.
- Der *weiche Gaumen* (Palatum molle) = Gaumensegel (Velum palatinum) ist beweglich, um die Trennwand zwischen Luft- und Speiseweg den wechselnden Bedürfnissen beider anpassen zu können. So wird beim Schlucken das Gaumensegel angehoben.

Ihm wölbt sich die hintere Rachenwand entgegen, und die beiden verschließen so den Weg für die Speisen in die Nasenhöhle.
- Die *Schlundenge* (Isthmus faucium) wird oben vom Gaumensegel, seitlich von den Gaumenbogen (Arcus palatoglossus + palatopharyngeus) und unten von der Zunge begrenzt. Zwischen den beiden Gaumenbogen sinkt die Fossa tonsillaris ein. In ihr liegt die Gaumenmandel

■ **Funktionsprüfung der Gaumensegelmuskeln**:
- Man läßt den Patienten den Mund weit öffnen und drückt dann die Zunge mit einem Spatel herab. Der Patient wird nun gebeten, so gut wie es die Mundstellung zuläßt, die Gaumenlaute (m, n) zu bilden.
- Das gesunde Gaumensegel wird dabei wie ein Vorhang nach unten gezogen. Läßt man den Patienten zwischendurch „a" sagen, so wird das Gaumensegel wieder gehoben.
- Beim gesunden Gaumen steht das Gaumenzäpfchen (Uvula palatina) genau median. Bei einer einseitigen Lähmung der Gaumenmuskeln ist das Gaumenzäpfchen nach der gesunden Seite verzogen.

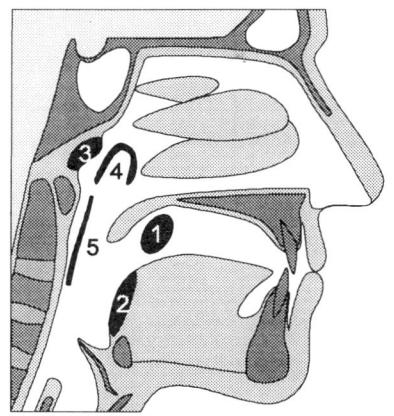

Abb. 629. Lymphatischer Rachenring (Waldeyer-Rachenring): 1 Gaumenmandel, 2 Zungenmandel, 3 Rachenmandel, 4 Tubenmandel, 5 Seitenstrang

- Die Gaumensegelmuskeln werden vom 5., 9. und 10. Hirnnerv in individuell unterschiedlichem Ausmaß innerviert.

■ **Inspektion der Gaumenmandel** (Tonsilla palatina, Abb. 629):
① **Vorgehen**: Man benötigt 2 Spatel.
- Mit einem drückt man die Zunge herab. Die Spatelspitze sollte dabei etwa auf der Mitte des Zungenrückens ruhen, weiter rückwärts wird leicht ein Würgereiz ausgelöst.
- Mit der Spitze des zweiten Spatels drängt man den vorderen Gaumenbogen zur Seite und hebelt anschließend die Gaumenmandel aus der Gaumenmandelgrube heraus. Man kann dann mit der Spatelspitze auch auf die Gaumenmandel selbst drücken, um Eiter aus den Mandelkrypten zur bakteriologischen Untersuchung auszupressen.

② **Befunde**: Man achte auf:
- Farbe: Rötung bei Entzündung.
- Größe: Schwellung bei Entzündung.
- Beweglichkeit: vermindert bei chronischen Entzündungen.
- Beläge oder Stippchen in den Krypten.
- Narben: als Zeichen früherer Geschwüre.
- Druckschmerz: beim Berühren mit dem Spatel.
- Umgebung: Schwellung und Rötung der Gaumenbogen usw.

6.3 Nase und Nebenhöhlen

#631 Luftdurchgängigkeit der Nasenhöhlen prüfen

■ **Gliederung der Nasenhöhle** (Cavitas nasi): Sie ist ein schmaler hoher Raum und wird durch die balkonartig von der Seitenwand in sie hinein ragenden 3 Nasenmuscheln (Concha nasalis superior + media + inferior) in 4 Stockwerke gegliedert: die 3 Nasengänge (Meatus nasi superior + medius + inferior) und den darüber gelegenen Recessus spheno-ethmoidalis. Der Raum zwischen Nasenloch und Muscheln ist zum Nasenvorhof (Vestibulum nasi) erweitert.

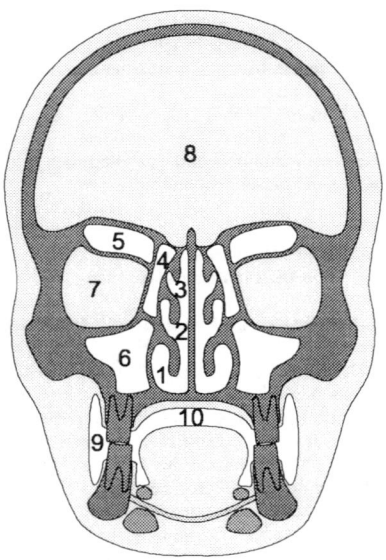

Abb. 631. Frontalschnitt durch den Gesichtsschädel: 1 Meatus nasi inferior, 2 Meatus nasi medius, 3 Meatus nasi superior, 4 Sinus ethmoidales, 5 Sinus frontalis, 6 Sinus maxillaris, 7 Orbita, 8 Cavitas cranii, 9 Vestibulum oris, 10 Cavitas oris propria

6.3 Nase und Nebenhöhlen

■ **Spiegeltest für Luftdurchgängigkeit**: Ein sehr einfacher Vergleich der beiden Nasenhöhlen ist möglich, wenn man einen Spiegel unter die Nasenlöcher hält. Er beschlägt sich in der Atemluft.
• Sind die beiden Niederschlagsbereiche gleich groß, so sind die beiden Nasenhöhlen gleich gut luftdurchgängig.
• Eine stärkere Asymmetrie kann auf einer einseitigen Schwellung der Nasenschleimhaut, auf einer Verbiegung der Nasenscheidewand, auf einseitigen Polypen usw. beruhen. Sie erfordert in jedem Fall eine eingehende Untersuchung.

■ **Besichtigen ohne Hilfsmittel**: Wenn der Patient den Kopf zurückneigt und man seine Nasenspitze anhebt, kann man bei guter Beleuchtung den Nasenvorhof überblicken, sofern die Nasenhaare (Vibrissae) nicht daran hindern. Ein weiterer Einblick ist nur durch die vordere und hintere Nasenspiegelung zu erreichen.

#632 Vordere Nasenspiegelung (Rhinoscopia anterior)

① **Instrumente**: Man benötigt:
• Nasenspiegel (Nasenspekulum): Es handelt sich um keinen Spiegel im üblichen Sinn, sondern um ein zangenartiges Instrument, mit dem man die Nasenlöcher auseinander spreizt.
• Stirnspiegel + Lampe oder Stirnlampe: als Beleuchtungsquelle.
• Alternativen: Steht kein Nasenspiegel zur Verfügung, so kann man sich mit einem weiten Ohrtrichter behelfen. Man darf ihn jedoch nicht zu weit einschieben, damit man die vorderen Enden der Nasenmuscheln nicht verletzt. Man kann auch das elektrische Otoskop mit aufgesetztem Trichter verwenden. Auch das Ophthalmoskop ist zum Ausleuchten des Naseneingangs geeignet.

② **Untersuchungsposition**: Patient und Untersucher sitzen sich nahe gegenüber (Patient mit geschlossenen Knien, die von den geöffneten Knien des Untersuchers umfaßt werden).
• Der Untersucher stützt mit einer Hand Nacken und Hinterkopf des Patienten.
• Mit der anderen Hand faßt er den Nasenspiegel. Er führt ihn im geschlossenen Zustand in ein Nasenloch ein. Er dreht ihn mit der Spitze etwas zur Seite, damit beim Öffnen kein Druck auf die Nasenscheidewand ausgeübt wird. Dann spreizt er mit ihm den Nasenflügel ab, so daß der Nasenvorhof weit wird.

③ **Kopfhaltungen des Patienten**:
• Stellung 1: Der Kopf wird gerade gehalten. Der Blick des Untersuchers geht zur unteren Nasenmuschel und in den unteren Nasengang.
• Stellung 2: Der Kopf wird leicht nach rückwärts geneigt. Der Blick des Untersuchers geht zur mittleren Nasenmuschel und in den mittleren Nasengang.
• Stellung 3: Der Kopf wird stärker nach hinten geneigt. Der Blick des Untersuchers geht zur oberen Nasenmuschel, in den oberen Nasengang (meist schlecht einsehbar) und in den Recessus spheno-ethmoidalis.
• Vorsicht: Am Schluß der Nasenspiegelung muß der Nasenspiegel in leicht geöffneter Stellung aus der Nase geführt werden. Klappt man ihn vollständig zusammen, so klemmt man Nasenhaare ein und reißt diese beim Herausziehen aus!

④ **Befunde**: Man achte auf:
• Nasenschleimhaut: glatt, geschwollen, blaß, gerötet, feucht, trocken usw.
• Nasensekret: Farbe (klar, eitrig, blutig), Menge (Schnupfen), Beschaffenheit (dünnflüssig, schleimig, zäh, Borkenbildung). Wegen der Mündung der großen Nasenbenhöhlen in den mittleren Nasengang ist das Sekret in diesem diagnostisch besonders interessant.
• Stellung der Nasenscheidewand: Verformungen und Verbiegungen können den Luftweg stark behindern.
• Schwellkörper der Nasenscheidewand: Er ist der häufigste Sitz von Nasenbluten.
• Nasenmuscheln: Schwellung, Polypen.
• Weite der Nasengänge.

#633 Hintere Nasenspiegelung (Rhinoscopia posterior)

① **Instrumente**: Man benötigt:
• Zungenspatel: zum Herabdrücken der Zunge.
• Kleiner gestielter Spiegel: Der runde Spiegel von etwa 1-1,5 cm Durchmesser steht im Winkel von 45° an einem Stiel, dessen Länge dem Abstand vom Mund zum Rachen entspricht. Dieser auch zum Besichtigen der dem Betrachter abgewandten Seiten der Zähne verwendbare Spiegel ist kleiner als der Kehlkopfspiegel.
• Stirnspiegel + Lampe oder Stirnlampe: als Beleuchtungsquelle.

② **Prinzip**: Die Zunge des Patienten wird mit dem Zungenspatel sanft nach unten gedrückt. Der gestielte Spiegel wird in den Rachen eingeführt und mit der Spiegelfläche nach oben gedreht. Mit dem Stirnspiegel lenkt man das Licht auf den Spiegel im Rachen und beleuchtet so den Nasenrachenraum und die Choanen.

③ **Schwierigkeiten**:
• Das Hauptproblem bildet der weiche Gaumen. Er verwehrt oft den Einblick in die Nasenhöhle von hinten. Man fordert den Patienten auf, durch die Nase zu atmen, zu schnüffeln oder „A" zu sagen. Dabei wird das Gaumensegel nach unten gezogen. Gelingt der Einblick noch immer nicht, so versucht man die Velotraktion: Man drängt das Gaumensegel mit einem Haken vorsichtig nach vorn. Beliebt ist auch ein Gummischlauch, der durch den unteren Nasengang in den Rachen geschoben und durch die Mundhöhle wieder heraus geführt wird. Mit dieser Gummischlinge kann man das Gaumensegel weich nach vorn ziehen.
• Berührt man mit dem Spiegel die Rachenwand, so wird der Würgreflex ausgelöst. Man muß also lernen, den Spiegel so zu halten, daß man die Rachenwand nicht berührt. Bei sehr empfindlichen Patienten muß man die Rachenwand anästhesieren, z.B. mit Lidocainspray (Patienten nach etwaigen Allergien befragen!).
• Da man wegen des engen Nasenrachenraums nur einen kleinen Spiegel verwenden kann, ist auch das Spiegelbild sehr klein. Man kann nie den gesamten hinteren Nasenbereich übersehen, sondern muß sich mit kleinen Ausschnitten begnügen. Man setzt diese dann im Geiste zum Gesamtbild zusammen. Eine wichtige Orientierungshilfe ist dabei die vertikal stehende Nasenscheidewand.
• Der kalte Spiegel beschlägt rasch in der Atemluft. Man muß ihn daher auf Körpertemperatur anwärmen. Dies geschieht gewöhnlich über einer kleinen Flamme. Bevor man den angewärmten Spiegel in den Mund einführt, muß der Untersucher unbedingt dessen Temperatur prüfen, indem er seinen Handrücken damit berührt. Einen ängstlichen Patienten sollte man beruhigen, indem man auch auf seinem Handrücken oder Unterarm die Temperatur des Spiegels prüft.

④ **Besichtigungsprogramm**:
• Nasenscheidewand: gerade oder verbogen.
• Hintere Enden der Nasenmuscheln: Bei verengten Nasengängen bilden sich hier gern Polypen.
• Weite der Choanen.
• Rachenmandel (Tonsilla pharyngealis [adenoidea]): Sie ist bei Kindern oft vergrößert („adenoide Wucherungen").
• Rachenseitige Mündung der Ohrtrompete (Ostium pharyngeum tubae auditoriae).
• Torus tubarius: Schleimhautwulst hinter der Mündung der Ohrtrompete.
• Recessus pharyngeus: Nische hinter dem Torus tubarius.

#634 Riechprüfung

■ **Riechstoffe**: 3 Gruppen:
• *Reine Riechstoffe* (Olfaktoriusreizstoffe) wirken auf die Rezeptoren des 1. Hirnnervs in der Riechschleimhaut oberhalb der oberen Nasenmuschel: z.B. Kaffee, Lavendelöl, Terpentinöl, Vanille, Wachs, Zimt.
• *Riechstoffe mit Trigeminuskomponente* (Trigeminusreizstoffe) wirken auf die sensorischen Nervenendungen des 5. Hirnnervs in

6.3 Nase und Nebenhöhlen

der gesamten Nasenschleimhaut: z.B. Ammoniak, Essigsäure, Formaldehyd, Kampfer, Menthol, Petroleum.
* *Riechstoffe mit Geschmackskomponente* reizen zusätzlich die Geschmacksrezeptoren der Zunge (7. und 9. Hirnnerv): z.B. Chloroform (süß), Pyridin (bitter).

■ **Methoden**: Das Riechvermögen kann man auf verschiedenen Stufen der Objektivität prüfen:
* *Einfache Riechprüfung:* Der Patient hält ein Nasenloch zu. Unter das andere werden Flaschen mit Duftstoffen gehalten. Ein Seitenvergleich ist semiquantitativ möglich, wenn man die Riechstoffe erst etwas entfernter hält und sie dann allmählich annähert, bis der Stoff erkannt wird. Man protokolliert für jede Seite die Entfernung, aus welcher der Stoff richtig bezeichnet wurde.
* *Quantitative Riechprüfung* (Olfaktometrie) mit Riechstoffen in definierten Konzentrationen.
* *Computer-Olfaktometrie* mit Ableitung von Hirnströmen (olfaktorisch evozierte Potentiale).

■ **Abnorme Befunde**:
* *Hyposmie:* herabgesetztes Riechvermögen für reine Riechstoffe,
* *Anosmie:* fehlendes Riechvermögen für reine Riechstoffe.

#635 Stirn- und Kieferhöhlen

■ **Nebenhöhlenentzündung**:
① **Entstehung**: Bei jedem Schnupfen (Rhinitis) erkrankt die Schleimhaut der Nasennebenhöhlen mit (Sinusitis). Die engen Öffnungen der Nebenhöhlen in die Nasenhöhle schwellen dabei zu. Das Sekret hat keinen Abfluß. Die Entzündung der Nebenhöhle verselbständigt sich. Sie kann oft wochenlang weiterschwelen, wenn die Entzündung der Nasenhöhle längst abgeklungen ist.

② **Beschwerden**: Neben lokalem Druck- und Klopfschmerz quälen dumpfe Kopfschmerzen den Patienten. Die Schmerzen

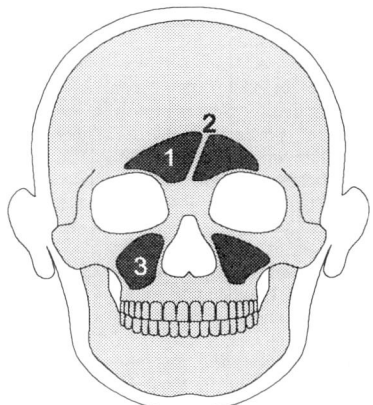

Abb. 635. Projektion der Stirn- und Kieferhöhlen auf das Gesicht. Die Nebenhöhlen sind individuell sehr verschieden ausgedehnt. Sie sind häufig asymmetrisch: 1 Sinus frontalis, 2 Septum intersinuale frontale, 3 Sinus maxillaris

strahlen in die Zähne und zu den Augenhöhlen aus.

③ **Diagnose**: Sie wird am sichersten mit dem Ultraschall- oder Röntgenbild (Verschattung und Spiegelbildung über dem Sekret) gestellt. Die Voruntersuchungen geben wichtige Hinweise:
* Klopfschmerz und/oder Druckschmerz über der Stirn- und/oder der Kieferhöhle (Abb. 635).
* Eiterstraße im mittleren Nasengang, wo Stirn- und Kieferhöhle münden.
* Seitenunterschiede bei der Diaphanoskopie:

■ **Diaphanoskopie** (Durchleuchten): Man benötigt dazu eine Taschenlampe mit kleinem Kopf.

① **Übliche Methode**: Man setzt die Taschenlampe für die
* *Stirnhöhle* an das Dach der Augenhöhle an (möglichst tief über dem Oberlid) und leuchtet nach oben.

- *Kieferhöhle* unterhalb des Unterlids und leuchtet nach unten.
- Befunde: In beiden Fällen leuchtet die Haut rot auf, wenn die Nebenhöhle luftgefüllt ist. Trübes Sekret hingegen absorbiert das Licht. Seitenunterschiede können allerdings auch durch asymmetrische Anlage der Nebenhöhlen bedingt sein. Sie ist bei den Stirnhöhlen eher die Regel als die Ausnahme.

② **Alternative Methode** für die Kieferhöhle: Die Lampe wird in den Mund genommen. Dies setzt eine sterilisierbare Lampe voraus, z.B. auf dem Leuchtspatel für die Intubation. Bei dieser Methode leuchten nicht nur die Kieferhöhlen, sondern auch die Pupillen und die Böden der Augenhöhlen (im Unterlid) rot auf.

6.4 Auge

#641 Augenlider

■ **Inspektion**: Man achte auf:
① **Schwellungen**: In der dünnen fettarmen Unterhaut kann sich reichlich Flüssigkeit ansammeln. In der Umgangssprache spricht man vom „geschwollenen Auge", obwohl nicht der Augapfel, sondern nur die Lider betroffen sind. Bei der Schwellung ohne Verfärbung ist die Gewebeflüssigkeit vermehrt (Lidödem).
- *Einseitige Lidschwellung:* Die Ursache ist meist eine Erkrankung in unmittelbarer Nähe (entzündliche Schwellung).
- *Beidseitige Lidschwellung:* Sie hat meist die gleichen Ursachen wie Flüssigkeitsansammlungen in den serösen Körperhöhlen (zu geringe Pumpleistung bei Rechtsherzinsuffizienz, verminderte Wasserausscheidung bei Niereninsuffizienz, mangelnde Rücksaugkraft bei Eiweißmangel im Blut). Lidschwellungen kommen auch bei allergischen Reaktionen (z.B. bei Heuschnupfen) vor.
- Kleine harte *gelbliche Knötchen* im sonst unauffälligen Lid sind gewöhnlich Lipidablagerungen (Xanthelasmen). Sie weisen auf eine Lipidstoffwechselstörung hin (Lipidspiegel im Blutserum überprüfen!).

② **Verfärbungen**:
- Gelbfärbung bei Anstieg der Gallenfarbstoffe im Blut (Gelbsucht = Ikterus).
- Dunkelrote bis blaugrüne Verfärbung bei Blutergüssen in die Augenhöhle („blaues" Auge), z.B. bei Schädelbasisbrüchen.
- Künstliche Anfärbung durch Makeup („Lidschatten").

③ **Stellung der Lidkanten**: Normalerweise liegen die Lidkanten dem Augapfel flach an.
- *Ektropion:* Die Lidkanten sind nach außen gestülpt. Der Abfluß der Tränenflüssigkeit über die Tränenröhrchen ist dabei behindert. Tränen fließen über die Lidkanten auf die Wangen.
- *Entropion:* Die Lidkanten sind nach innen gestülpt. Die Wimpern können an der

Hornhaut scheuern, was sehr schmerzhaft ist.

④ **Umschriebene Schwellungen der Lidkanten**:
- *Chalazion* (Hagelkorn): Eine Sekretstauung in einer Meibom-Drüse (Glandula tarsalis) führt zu einem schmerzlosen kleinen Knoten im Lid. Das Hagelkorn entsteht allmählich über Tage und Wochen
- *Hordeolum* (Gerstenkorn): Eine Eiterung in einer Liddrüse ist sehr schmerzhaft. Das Lid ist gerötet und schwillt an. Das Gerstenkorn ist eine akute Erkrankung. Hordeolum externum = Entzündung einer apokrinen Wimperndrüse (Moll-Drüse, Glandula ciliaris), Hordeolum internum = Entzündung einer Meibom-Drüse.

⑤ **Häufigkeit des Lidschlags**:
- Häufiger Lidschlag: bei Reizung der Bindehaut und der Hornhaut,
- Seltener Lidschlag: bei der Schilddrüsenüberfunktion (Stellwag-Zeichen).

⑥ **Lidplatten**: Das „Skelett" der Lider besteht aus Platten verfilzten kollagenen Bindegewebes.
- Der *Tarsus superior* (Oberlidplatte) ist etwa 10 mm hoch. Sein Oberrand ist bei geschlossenen Lidern leicht zu tasten. Dies ist praktisch wichtig, wenn man das Oberlid umstülpen will (#642).
- Der *Tarsus inferior* (Unterlidplatte) ist nur etwa halb so hoch. Deshalb läßt sich das Unterlid leichter abziehen.

■ **Weite der Lidspalte** (Rima palpebrarum): Normalerweise überdecken die Lider den oberen und unteren Hornhautrand, oben etwas ausgedehnter als unten.

① **Erweiterte Lidspalte**: Die Lederhaut (das „Weiße" des Auges) wird oberhalb der Regenbogenhaut sichtbar. Ursachen:
- Verstärktes aktives Heben des Oberlids: Dieses wird außer durch den M. levator palpebrae superioris auch noch, wenn auch weniger stark, durch den sympathisch innervierten M. tarsalis angehoben. Bei Sympathikuserregung wird die Lidspalte weiter.
- Passives Hochschieben des Oberlids: Beim Exophthalmus („Glotzauge") wird der Augapfel nach vorn gedrängt. Ursache kann eine Schwellung oder eine Geschwulst hinter dem Augapfel sein. Doppelseitiger Exophthalmus kommt bei Schilddrüsenüberfunktion (Basedow-Krankheit) und Störungen der Hypophyse vor.

② **Verengte Lidspalte** (Ptosis): Der größere Teil der Iris oder gar die Pupille sind von den Lidern verdeckt. Die enge Lidspalte kann gewollt oder ungewollt sein:
- Menschen mit Brechungsfehlern des Auges neigen ohne Brille dazu, die Lider als zusätzliche, willkürlich zu betätigende Blende einzusetzen. Nach dem Prinzip der Camera obscura benötigt man keine Vorsatzlinsen, um scharf zu sehen, wenn man den Gegenstand durch ein feines Loch betrachtet (Lochbrille), sei man nun kurz-, weit- oder altersichtig.
- Ursachen der ungewollt engen Lidspalte können sein: eine Schwellung der Lider, eine Lähmung des vom 3. Hirnnerv innervierten Oberlidhebers, ein verminderter Tonus des M. tarsalis und ein eingesunkener Augapfel (Enophthalmus). Die beiden letztgenannten Ursachen sind zusammen mit der engen Pupille Zeichen einer Sympathikusschwäche oder -lähmung (Horner-Syndrom).

③ **Die Lidspalte kann nicht geschlossen werden**: Für den Laien ist dabei irritierend, daß beim Versuch des Lidschlusses der Augapfel nach oben gedreht und somit das „Weiße" unterhalb der Regenbogenhaut sichtbar wird (Bell-Phänomen).
- Häufigste Ursache ist die periphere Fazialislähmung mit Ausfall des M. orbicularis oculi.
- Nach Verletzungen der Lider oder der umgebenden Haut können durch schrumpfende Narben die Lider verkürzt werden. Dann ist eine plastische Operation zur Wiederherstellung des Lidschlusses nötig.

■ **Lidschlußreflexe**: Die Schutzaufgabe der Lider wird am deutlichsten in den Reflexen, bei denen sich die Lider schützend vor den Augen schließen.

Man unterscheidet 3 Mechanismen der Auslösung:
- *Kornealreflex* (Hornhautreflex): Der Untersucher berührt die Hornhaut seitlich sacht mit einem Watteträger (keinesfalls mit einem spitzen Gegenstand!).
- *Konjunktivalreflex* (Bindehautreflex): Statt der Hornhaut wird die Augenbindehaut berührt. In beiden Fällen läuft die Erregung im N. trigeminus zum Hirnstamm und im N. facialis zurück zur Peripherie.
- *Schutzreflex* bei optischer Bedrohung: Führt man die Hand oder einen Gegenstand rasch gegen ein Auge des Patienten (natürlich ohne dabei das Auge zu berühren), so werden die Lider geschlossen. Außerdem wird der Kopf abgewendet. Der afferente Schenkel des Reflexes läuft in diesem Fall über den Sehnerv (N. opticus). Beim blinden Auge ist folglich dieser Reflex erloschen, während der Hornhaut- und der Bindehautreflex erhalten sein können. Der efferente Schenkel bezieht außer dem N. facialis auch noch Nerven zu den Halsmuskeln ein.

Protokoll 641. Lidschlußreflexe.
Bewertung: 0, (+), +, ++, +++

	Links	Rechts	Gesunde Studenten
Kornealreflex			+
Konjunktivalreflex			+
Schutzreflex			+

#642 Bindehaut und Tränenwege

■ **Bau der Bindehaut** (Tunica conjunctiva): Die Schleimhaut mit mehrschichtigem unverhorntem Plattenepithel hat die Form eines leeren Sacks (Bindehautsack, Saccus conjunctivalis) mit 3 Abschnitten:
- *Tunica conjunctiva palpebrarum* (Lidbindehaut): Sie bedeckt die Hinterseite der Lider.
- *Tunica conjunctiva bulbi* (Augenbindehaut): Sie liegt auf der Lederhaut des Auges.
- *Fornix conjunctivae superior + inferior*: Umschlag der Lidbindehaut auf die Augenbindehaut.

■ **Inspektion der Bindehautsäcke**: Die gesunde Bindehaut ist farblos.
- Durch die Augenbindehaut kann man die weiße Lederhaut klar sehen. Die Blutgefäße sind einzeln und scharf zu erkennen. Durch die Lidbindehaut schimmert das tiefere Gewebe blaßrosa hindurch.
- Bei einer Bindehautentzündung (Conjunctivitis) schlägt die Farbe am Lid in leuchtendes Rot um. Auf der Lederhaut sieht man die Blutgefäße stärker hervortreten. Bei der reinen Bindehautentzündung bleibt die nähere Umgebung der Hornhaut hell. Bei einer gleichzeitigen Entzündung der Iris oder des Strahlenkörpers ist der Hornhautrand von einer diffusen Rötung der Lederhaut umgeben (wichtige Differentialdiagnose!).
- Man besichtigt den unteren Bindehautsack, indem man das Unterlid vom Auge abhebt. Dazu setzt man einen Finger auf den unteren Augenhöhlenrand und zieht die Haut einfach nach unten. Wegen des schmalen Lidknorpels stülpt sich das Unterlid leicht nach außen. Auf diesem Weg träufelt man Augentropfen in den Bindehautsack.
- Blickdiagnose: Ein blasser Bindehautsack weist auf eine Anämie oder eine Kreislaufinsuffizienz hin.
- Der obere Bindehautsack wird nur zugänglich, indem man das Oberlid kunstgerecht umstülpt. Es läßt sich wegen des hohen Lidknorpels nicht einfach vom Auge abheben. Deshalb sind Fremdkörper aus dem oberen Bindehautsack schwieriger zu entfernen als aus dem unteren.

■ **Ektropionieren** (Umstülpen) **des Oberlids**:
- Der Patient blickt nach unten.
- Der rechtshändige Untersucher faßt die Wimpern des Oberlids des Patienten zwischen den linken Daumen und Zeigefinger und zieht an ihnen das Oberlid nach unten.
- Mit der rechten Hand faßt er ein Glasstäbchen, einen Watteträger oder ähnli-

chen Gegenstand und geht mit ihm an den Oberrand der Oberlidplatte.
• Er drückt mit dem Glasstäbchen usw. in der rechten Hand die Lidplatte nach unten und hebt gleichzeitig mit der linken Hand das Lid vom Auge ab und zieht es nach oben.
• Ist die Lidplatte umgestülpt, so entfernt man das Glasstäbchen. Das Oberlid bleibt in der umgestülpten Stellung, solange der Patient nach unten sieht, ohne daß man es festhalten muß.
• Am Ende der Untersuchung bittet man den Patienten, nach oben zu sehen. Das Lid stülpt sich von selbst zurück (notfalls muß man es an den Wimpern etwas vom Auge abziehen).
• Hat man kein Glasstäbchen oder Ähnliches zur Hand, so kann man den Lidknorpel zur Not auch mit dem Daumennagel nach unten drücken.

■ **Farbe der Lederhaut** (Sclera): Die gesunde Lederhaut scheint weiß durch die durchsichtige Bindehaut durch.
• Gelbfärbung ist ein Zeichen von Gelbsucht (Ikterus) bei Anstieg der Gallenfarbstoffe im Blut.
• Leicht bläuliche Färbung ist bei Kindern in den ersten Lebensmonaten belanglos.
• Blaue Lederhäute kommen bei bestimmten angeborenen Störungen der Binde- und Stützgewebe vor, z.B. Osteogenesis imperfecta (die dunkle Aderhaut schimmert dann blau durch die zu dünne Lederhaut durch).

■ **Tränenwege:**
① **Abschnitte:**
• Die etwa 10 Ausführungsgänge (Ductuli excretorii) der Tränendrüse (Glandula lacrimalis) münden am oberen seitlichen Bindehautumschlag in den Bindehautsack.
• Die Tränenflüssigkeit wird durch den Lidschlag über das Auge verteilt. Die ständige Benetzung der Hornhaut ist für deren Durchsichtigkeit nötig. Trocknet die Hornhaut aus, z.B. bei Lähmung des M. orbicularis oculi (periphere Fazialislähmung), so trübt sie sich. Das Auge erblindet.
• Die Tränenflüssigkeit sammelt sich am inneren Augenwinkel (Angulus oculi medialis) im sog. Tränensee (Lacus lacrimalis). Die von den Lidplattendrüsen eingefetteten Lidkanten stoßen Wasser ab und verhindern das Überlaufen der Tränen.
• Die Tränenröhrchen (Canaliculi lacrimales) beginnen an den inneren Enden der Lidkanten mit den Tränenpunkten (Puncta lacrimalia). Man kann sie mit der Lupe gut studieren.
• Die Tränenröhrchen münden in den Tränensack (Saccus lacrimalis), der die Tränenflüssigkeit über den Tränen-Nasen-Gang (Ductus nasolacrimalis) in den unteren Nasengang ableitet. Dort dient sie noch zum Anfeuchten der Nasenschleimhaut. Der Tränensack liegt zwar medial und unterhalb des inneren Augenwinkels oberflächlich, doch kann man beim Tasten keine Einzelheiten erkennen, sofern er nicht angeschwollen ist.

② **Tränenfluß über die Wangen** kommt vor bei
• vermehrter Erzeugung von Tränenflüssigkeit bei normaler Abflußkapazität, z.B. bei starker Gemütsbewegung oder bei Bindehautreizung.
• normaler Erzeugung von Tränenflüssigkeit bei verminderter Abflußkapazität, z.B. bei Verschluß von Tränenröhrchen bzw. Tränensack und Tränen-Nasen-Gang.
• abstehendem Unterlid (Ektropion): Die Lidkante bildet keinen Damm für den Tränensee.

③ **Prüfen der Durchgängigkeit der Tränenwege**: Man träufelt einen Tropfen einer Farbstofflösung in den Bindehautsack, wartet einige Minuten und läßt dann den Patienten in ein Papiertaschentuch schneuzen. Das Papier verfärbt sich, wenn die Tränenwege durchgängig sind. Geeignete Farbstoffe sind z.B. Fluorescein oder die antibiotischen roten Chibro-Rifamycin® Augentropfen.

#643 Lichtbrechende Medien

■ **Gliederung:**
• Hornhaut (Cornea),
• Kammerwasser (Humor aquosus),

- Augenlinse (Lens),
- Glaskörper (Corpus vitreum).

■ **Inspektion:**
① **Ohne Hilfsmittel:** Man geht mit dem Patienten vor ein Fenster und läßt ihn ins Freie sehen. Brillenträger bittet man, die Brille abzunehmen. Beim Gesunden sieht man von den lichtbrechenden Medien nichts. Erst bei einer stärkeren Linsentrübung erscheint die Pupille grau statt schwarz. Auf der Hornhaut spiegelt sich gekrümmt das Fenster. Dieses Hornhautspiegelbild steht im Mittelpunkt der Untersuchung ohne Hilfsmittel (ideal sind dabei altmodische Fenster mit Fensterkreuz, weil sich dieses wie ein Achsenkreuz auf der Hornhaut abbildet). Dabei gilt für normale Augen:
- Beim Blick ins Unendliche liegen die Spiegelbilder an entsprechenden Stellen der Hornhäute (gleich weit vom Rand entfernt). Ist ein Spiegelbild verschoben, so schielt der Patient.

- Die beiden Spiegelbilder haben die gleiche Form und sind gleich groß. Ist dies nicht der Fall, so sind die Hornhäute nicht gleichermaßen gekrümmt, z.B. bei Astigmatismus (Stabsichtigkeit).
- Die Spiegelbilder sind in allen Teilen scharf. Unschärfen sprechen für Schäden des Deckgewebes der Hornhaut.

Um die gesamte Hornhaut auf diese Weise überprüfen zu können, betrachtet der Untersucher die Augen nacheinander von rechts, links, oben und unten. Oder er bittet den Patienten jeweils in die angegebenen Richtungen zu sehen. Dabei muß der Blick immer ins Unendliche gerichtet bleiben, sonst sind die Spiegelbilder nicht mehr vergleichbar.

② **Mit starker Lupe:** Man betrachtet nochmals die Spiegelbilder und kann dabei Einzelheiten besser erkennen:
- Umschriebene Verzerrungen des scharfen Spiegelbildes beruhen auf Hornhautnarben.
- Unschärfen sind Epitheldefekten zuzuordnen.
- In der Pupille sieht man jetzt evtl. feinere Linsentrübungen, die ohne Lupe nicht zu erkennen waren. Dies gilt besonders bei schrägem Blick auf die Augenlinse. Randständige Trübungen sind bei älteren Menschen sehr häufig.

③ **Mit Lupe und seitlicher Beleuchtung:** In einem abgedunkelten Raum beleuchtet man die Hornhaut von der Seite mit einer Lampe mit gebündeltem Lichtstrahl (notfalls mit einer einfachen Taschenlampe) und hält eine starke Lupe vor das Auge.
- Besonders günstig ist eine Lampe mit spaltförmigem Lichtaustritt (Spaltlampe). Damit kann man gewissermaßen einzelne Scheiben der Hornhaut betrachten und dabei eingespießte Fremdkörper besonders gut erkennen.
- Bei seitlicher Beleuchtung läßt sich auch die korrekte Stellung der Regenbogenhaut beurteilen (#644).
- Bei der seitlichen Beleuchtung sind auch die erwähnten seitlichen Linsentrübungen besser zu erkennen.

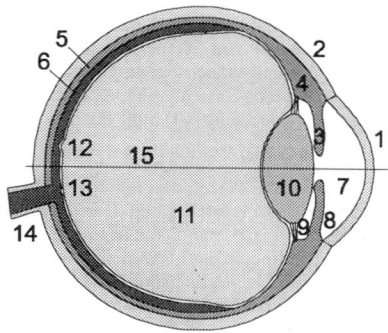

Abb. 643. *Horizontalschnitt durch den Augapfel: 1 + 2 äußere Augenhaut (Tunica fibrosa bulbi), 1 Cornea, 2 Sclera, 3-5 mittlere Augenhaut (Tunica vasculosa bulbi), 3 Iris, 4 Corpus ciliare, 5 Choroidea, 6 innere Augenhaut (Tunica interna bulbi) = Retina, 7 Camera anterior, 8 Angulus iridocornealis, 9 Camera posterior, 10 Lens, 11 Corpus vitreum, 12 Macula, 13 Discus nervi optici, 14 N. opticus, 15 Axis bulbi*

④ **Im Durchlicht**: Bei der Augenspiegelung (#649) werden auch die lichtbrechenden Medien geprüft, z.B. behindern Linsentrübungen den Durchblick. Man kann einzelne Schichten der lichtbrechenden Medien scharf darstellen, wenn man im Ophthalmoskop entsprechend starke Linsen vorschaltet: etwa +20 dpt für die Hornhaut, +15 dpt für die Augenlinse. Geht man die ganze Linsenreihe des Ophthalmoskops von +20 bis 0 dpt durch, so hat man alle Schichten des Auges durchgemustert. Man kann dabei z.B. Reste der embryonalen Glaskörperarterie (A. hyaloidea) entdecken.

#644 Iris und Pupille

■ **Iris** (Regenbogenhaut):
① **Augenfarbe**: Sie gehört zu den für viele Laien sehr wesentlichen Merkmalen eines Individuums. Für den Arzt ist sie ein belangloses, genetisch festgelegtes Mehr oder Weniger an braunem Pigment in der Iris. Veränderungen der Augenfarbe sollten jedoch den Arzt interessieren. Sie werden durch Entzündungen (Iritis) oder Geschwülste, vor allem Melanom (Pigmentzellgeschwulst), verursacht.

② **Struktur**: Mit der Lupe betrachte man die radiäre Faserung. Die Vielfalt der Formen und Farbschattierungen ist groß. Die sog. Irisdiagnostik geht von der unbewiesenen Hypothese aus, daß bestimmten Strukturen der Iris innere Organe entsprächen und daran deren Erkrankungen zu erkennen wären. Es wäre zu schön, wenn man auf Ultraschall, Röntgen und Endoskopie verzichten und lediglich mit einem tiefen Blick in das Auge des Patienten die Diagnose stellen könnte.

③ **Stellung**:
• Beim gesunden Auge ist die Iris wie die Sehne im Bogen der Hornhaut quer ausgespannt. Sie gibt daher bei seitlicher Beleuchtung (#643) keinen Schatten.
• Ist die Iris in die vordere Augenkammer vorgewölbt, so wirft sie einen halbmondförmigen Schatten. Dies ist ein wichtiger Hinweis auf eine Verengung des Kammerwinkels (Angulus iridocornealis). Dort liegt der Abfluß des Kammerwassers in den Schlemm-Kanal (Sinus venosus sclerae). Eine Behinderung des Abflusses kann zum Druckanstieg im Auge führen (Winkelblockglaukom). In diesem Fall darf die Pupille bei der Untersuchung nicht mit Arzneimitteln zum besseren Einblick in das Auge erweitert werden (#648)!
• Der Augeninnendruck (intraokulare Druck) wird vor allem vom Verhältnis von Erzeugung und Abfluß von Kammerwasser bestimmt. Normalerweise werden etwa 2 µl Kammerwasser pro Minute abgesondert. Der normale Augeninnendruck beträgt 10-21 mmHg. Bei höherem Druck ist der Sehnerv gefährdet. Ein erhöhter Augeninnendruck ist die häufigste Ursache der Erblindung.

■ **Pupille**: Die Iris ist eine Blende, die Lichteinfall und Schärfentiefe regelt. Bei enger Pupille (Miosis) ist wie bei enger Blende in der Kamera der Schärfenbereich größer, das Bild aber dunkler. Bei weiter Pupille (Mydriasis) ist das Bild hell, aber weniger scharf.

① **Muskeln**: Die Weite des Sehlochs wird im Wechselspiel der autonomen Nerven von 2 Muskeln geregelt und ist nicht willkürlich beeinflußbar:
• *M. sphincter pupillae:* Dieser glatte Muskel umkreist den Rand der Pupille und wird vom parasympathischen Teil des N. oculomotorius (III) innerviert.
• *M. dilator pupillae:* Seine radiär angeordneten Fasern werden vom Sympathikus gesteuert. Bei Aufregung oder starken Schmerzen sind daher die Pupillen weit.

② **Pharmakologie**:
Die Pupillenweite kann man durch Arzneimittel verändern (#648):
• *Miotika:* Parasympathikomimetika (den Parasympathikus erregende Stoffe) und Sympathikolytika (den Sympathikus hemmende Stoffe) verengen die Pupille. Opioide (morphinähnliche Stoffe, körpereigene z.B. Endorphine) wirken über eine Erregung des parasympathischen Okulomotoriuskerns.

- *Mydriaka:* Parasympathikolytika und Sympathikomimetika erweitern die Pupille. Auch bei schwerem Sauerstoffmangel werden die Pupillen weit (z.B. etwa 45 Sekunden nach Herzstillstand).

③ **Inspektion**: Bei gesunden Augen sind die beiden Pupillen
- kreisrund.
- genau in der Mitte der Regenbogenhaut.
- gleich groß. Ungleiche Pupillengröße (Anisokorie) beruht meist auf einseitiger Störung der Innervation der Pupillenmuskeln. Das kranke Auge erkennt man dann daran, daß es weniger gut oder gar nicht auf Licht reagiert. Das kranke Auge ist daher dasjenige, das beim Blick ins Licht die weitere und im Dunkel die engere Pupille hat.

■ Horner-Syndrom:
① **Symptomtrias**: Bei Schädigung des Halssympathikus ist
- die Pupille eng (Miosis): weil der parasympathisch innervierte M. sphincter pupillae überwiegt.
- die Lidspalte enger als am gesunden Auge (leichte Ptosis): weil der sympathisch innervierte M. tarsalis ausfällt.
- das Auge eingesunken (Enophthalmus): Möglicherweise entsteht der Eindruck des eingesunkenen Auges auch nur wegen der engen Lidspalte.

② **Ort der Schädigung** kann eines der 3 an der Augeninnervation beteiligten Neuronen des Sympathikus sein:
- 1. Neuron: Zellkörper im gleichseitigen hinteren Hypothalamus.
- 2. Neuron: Zellkörper in der Seitensäule des Rückenmarks (C_8-Th_1),
- 3. Neuron: Zellkörper im Ganglion cervicale superius.

Welches Neuron betroffen ist, kann man häufig nach dem Ausfall der Schweißsekretion (Anhidrosis) beurteilen (#165). Die sympathischen Fasern zu den Schweißdrüsen laufen mit im Grenzstrang, jedoch nicht weiter zum Auge:
- *kein Ausfall der Schweißsekretion:* Die Schädigung liegt zwischen dem oberen Halsganglion und dem Auge.
- *Schweißsekretion am Kopf gestört:* oberer Halsgrenzstrang betroffen.
- *Schweißsekretion auch am Arm gestört:* unteres Halsganglion betroffen.
- *Schweißsekretion der gesamten Körperhälfte ausgefallen:* 1. Neuron betroffen.

③ **Häufige Ursachen**:
- Hirnblutung (1. Neuron).
- Großer Kropf oder Lungenspitzenkrebs (2. Neuron).

④ **Prodrome**: Wenn sich die Erkrankung langsam entwickelt, geht dem Horner-Syndrom manchmal ein Reizzustand des Sympathikus mit umgekehrten Zeichen voraus: weite Pupille und weite Lidspalte!

■ Pupillenreflexe:
① **Direkte Lichtreaktion**:
- Der Untersucher geht mit dem Patienten zum Fenster oder vor eine Lampe und läßt ihn in das Licht blicken. Beide Pupillen werden eng. Dann hält der Untersucher mit seinen Händen die beiden Augen des Patienten zu. Er wartet einige Sekunden, um den Augen Zeit zugeben, sich an die Dunkelheit anzupassen. Dann zieht er rasch eine Hand weg und beobachtet die Pupille des Patienten. Sie wird rasch eng.
- Der afferente Schenkel der Lichtreaktion läuft im Sehnerv zu den Nuclei pretectales im Epithalamus des Zwischenhirns. Von dort wird die Erregung zum parasympathischen Nebenkern des 3. Hirnnervs (Nucleus oculomotorius accessorius, Edinger-Westphal-Kern) im Mittelhirn weitergegeben. Den efferenten Schenkel des Reflexes bildet dann der parasympathische Anteil des N. oculomotorius mit Umschaltung im Ganglion ciliare.

② **Konsensuelle Lichtreaktion**:
- Im Zwischenhirn springt die Erregung von den prätektalen Kernen der einen Seite auf die andere Seite über. Es verengt sich nicht nur die Pupille des beleuchteten Auges, sondern auch die des anderen. Bei der eben beschriebenen Untersuchungsmethode kann man dies nicht sehen, weil beim Wegnehmen der zweiten Hand

auch das zweite Auge direkt vom Licht getroffen wird.
- Die konsensuelle Lichtreaktion prüft man daher im Halbdunkel (es muß jedoch so hell sein, daß man die Pupillen ohne zusätzliche Beleuchtung gerade noch klar erkennen kann). Der Untersucher hält seitlich vom Kopf des Patienten eine Taschenlampe und schwenkt den Lichtkegel zweimal kurz auf das der Hand naheliegende Auge des Patienten. Der Lichtkegel darf dabei nicht das andere Auge berühren. Beim ersten Beleuchten sieht der Untersucher auf das beleuchtete Auge und registriert die direkte Lichtreaktion. Bei der zweiten Beleuchtung blickt er auf das andere Auge und prüft die konsensuelle Lichtreaktion. Der Versuch wird anschließend auf der anderen Seite wiederholt.

③ **Swinging-light-Test**: Der Untersucher hält im halbdunklen Raum eine Taschenlampe unter die Nase des Patienten und läßt den (möglichst schwachen) Lichtkegel mehrmals langsam vom einen in das andere Auge schwingen. Dabei kann man besonders gut die Schnelligkeit der Lichtreaktionen bei den beiden Augen vergleichen.

④ **Naheinstellungsreaktion**: Beim Fotografieren wird die Schärfentiefe mit zunehmender Annäherung des Objekts immer geringer. Man muß also die Blende kleiner stellen, wenn man den gleichen Bereich scharf abbilden will. Beim Auge geht dies automatisch: Mit der Akkommodation ist eine Pupillenverengerung verbunden. Sie ist, streng genommen, kein Reflex, sondern eine Mitbewegung.
- Man prüft die Naheinstellungsreaktion am besten im halbdunklen Raum, damit sie nicht von einer Lichtreaktion überlagert wird. Man läßt zunächst den Patienten auf eine möglichst weit entfernte Wand sehen. Die Pupille wird weit. Dann hält man ihm einen Finger vor die Nase und bittet ihn, auf diesen zu sehen. Mit der Konvergenz der Augen wird die Pupille enger.
- Die Naheinstellungsreaktion läßt sich auch bei Blinden prüfen: Man bittet den Blinden, einen Arm auszustrecken und sich

vorzustellen, daß er auf den Zeigefinger sähe. Dann wird er gebeten, den Zeigefinger langsam der Nase zu nähern und ihm mit dem Blick zu folgen.

⑤ **Reflektorische Pupillenerweiterung** (ziliospinaler Reflex, psychosensorischer Pupillenreflex): Der Untersucher kneift den Patienten schmerzhaft in die Schulter oder den Nacken. Die dadurch herbeigeführte Schmerzreaktion löst eine kurze Pupillenerweiterung aus. Dieser Test gehört schon mehr in den Bereich sadistischer Handlungen und ist zudem unsicher. Man sollte ihn nur prüfen, wenn ein Anhalt für eine Sympathikusstörung besteht.

Protokoll 644. Pupillenreflexe. Bewertung: 0, (+), +, ++, +++			
	Links	Rechts	Gesunde Studenten
Direkte Lichtreaktion			+
Konsensuelle Lichtreaktion			+
Naheinstellungsreaktion			+

⑥ **Abnorme Befunde**: Wichtig ist dabei die Konstellation ausgefallener und erhaltener Reaktionen:
- Direkte Lichtreaktion ausgefallen, aber konsensuelle erhalten: Der Schaden liegt in der Netzhaut oder im Sehnerv (das Auge ist wahrscheinlich blind).
- Beide Lichtreaktionen ausgefallen, aber Naheinstellungsreaktion erhalten: Sofern nicht beide Augen blind sind, liegt der Schaden im Bereich der prätektalen Kerne (z.B. Geschwulst des Zwischenhirns).
- Licht- und Naheinstellungsreaktion ausgefallen (Pupillenstarre), Auge sieht, aber ist kaum beweglich, Doppelbilder: Schädigung des 3. Hirnnervs (Okulomotoriuslähmung).
- Pupillenstarre, Auge sieht und ist frei beweglich: Ausfall des parasympathischen Okulomotoriuskerns. Da dieser Kern nahe der Mittelebene liegt, ist diese Form der Pupillenstarre meist doppelseitig.

- Normale Lichtreaktionen, aber Patient ist blind: Der Schaden liegt im Sehzentrum der Großhirnrinde (Rindenblindheit) oder die Blindheit ist psychogen.

#645 Funktionsprüfung der äußeren Augenmuskeln

① **Blickbewegungen:** Der Blick wird durch 2 Mechanismen auf ein Objekt gelenkt:
- *Grobeinstellung:* durch Drehen des Kopfes (bzw. des Körperstamms oder des ganzen Körpers),
- *Feineinstellung:* durch Drehen der Augen innerhalb der Augenhöhle mittels der sog. äußeren Augenmuskeln.

Tab. 645a. Funktion der äußeren Augenmuskeln: III = N. oculomotorius, IV = N. trochlearis, VI = N. abducens

Muskel	Nerv	Funktion	Besonderes
M. rectus medialis	III	reine Adduktion	
M. rectus lateralis	VI	reine Abduktion	
M. rectus superior	III	Heben + Adduktion + Innenrotation	hebt am stärksten in ≈ 20° Abduktion
M. rectus inferior	III	Senken + Adduktion + Außenrotation	senkt am stärksten in ≈ 20° Abduktion
M. obliquus superior	IV	Senken + Abduktion + Innenrotation	senkt am stärksten in ≈ 50° Adduktion
M. obliquus inferior	III	Heben + Abduktion + Außenrotation	hebt am stärksten in ≈ 50° Adduktion

- Die beiden Mechanismen ergänzen sich gegenseitig. Der gesunde Mensch setzt sie ökonomisch ein. Die Harmonie der Bewegungen wird durch Bewegungseinschränkungen gestört. So kann der sorgfältige Beobachter z.B. schon eine Behinderung der Halswirbelsäule erkennen, bevor der Patient noch Beschwerden geäußert hat: Der Patient dreht den ganzen Körper statt des Kopfes allein, wenn er zur Seite blicken will.
- Die Längsachse der Augenhöhle steht nicht sagittal, sondern um etwa 20° nach außen gedreht. Deshalb treten nicht nur die beiden schrägen Augenmuskeln, sondern auch der obere und der untere „gerade" Augenmuskel schräg an das Auge heran. Diese 4 Muskeln sind deshalb keine reinen Heber und Senker, sondern gleichzeitig noch Rotatoren, Ad- und Abduktoren des Augapfels (Tab. 645a).
- Die Bewegungsprüfung der Augenmuskeln ist zugleich ein Test für die 3 Augenmuskelnerven.

② **Prüfen der einzelnen Augenmuskeln:** Patient und Untersucher sitzen sich gegenüber. Der Untersucher bittet den Patienten, mit den Augen der Zeigefingerspitze des Untersuchers zu folgen und sofort anzugeben, wenn er Doppelbilder sieht. Der Untersucher führt nun seinen Zeigefinger jeweils von der Mitte des Gesichtsfeldes ausgehend in 6 Richtungen, den Maximalbewegungen der 6 Augenmuskeln entsprechend (Tab. 645b).

Tab. 645b. Funktionsprüfung der äußeren Augenmuskeln

Blick nach	Hauptmuskeln	Nerven
rechts horizontal	M. rectus lateralis rechts	VI
	M. rectus medialis links	III
links horizontal	M. rectus medialis rechts	III
	M. rectus lateralis links	VI
rechts oben	M. rectus superior rechts	III
	M. obliquus inferior links	III
links oben	M. obliquus inferior rechts	III
	M. rectus superior links	III
rechts unten	M. rectus inferior rechts	III
	M. obliquus superior links	IV
links unten	M. obliquus superior rechts	IV
	M. rectus inferior links	III

③ **Blickrichtungsnystagmus:**
- In den vom Patienten nur mit Mühe erreichten Endstellungen der Bewegungen treten oft ruckartige Augenbewegungen mit langsamer und schneller Komponente

(Nystagmus) auf. Es ist, als ob der Patient immer wieder einen Anlauf nehmen wollte, die Augen doch noch etwas weiter zu bewegen, aber sie gleiten immer wieder zurück.
• Tritt der Nystagmus nicht erst in den Endstellungen, sondern schon im mittleren Blickfeld auf, so spricht dies für eine Schädigung des Labyrinths oder der zugehörigen Bereiche des Zentralnervensystems.

④ **Symptome bei Lähmungen der Augenmuskelnerven:**
• *N. abducens (VI):* Doppelbilder beim Blick zur gelähmten Seite. Der Patient dreht den Kopf zur gelähmten Seite, um die Doppelbilder zu vermeiden. Der N. abducens ist am häufigsten von allen Augenmuskelnerven gelähmt (≈ 50 %, vor allem bei Schädelbasisbrüchen).
• *N. trochlearis (IV):* Doppelbilder beim Blick nach innen unten. Den Patienten stört dies besonders beim Lesen und beim Treppen Hinabsteigen.
• *N. oculomotorius (III):* Das Oberlid hängt herab und verdeckt die Pupille (Lähmung des M. levator palpebrae superioris). Damit werden auch die Doppelbilder verdeckt, die der Patient sonst beim Blick in allen Richtungen, ausgenommen zur Seite, hätte. Sind auch die parasympathischen Äste betroffen, so ist die Pupille weit und starr. Die Pupillenreflexe sind erloschen.

#646 Gesichtsfeld

■ **Einfache Gesichtsfeldprüfung:**
① **Prinzip:** In der gleichen Sitzposition wie bei der Funktionsprüfung der Augenmuskeln (#645) kann man sich einen Überblick über das Gesichtsfeld des Patienten im Vergleich mit dem eigenen Gesichtsfeld verschaffen:
• Dazu wird der Zeigefinger in den vorher geprüften 6 Hauptrichtungen nicht von innen nach außen, sondern von außen nach innen geführt. Der Patient soll angeben, wann er den Finger erstmals sieht. Wenn der Untersucher und der Patient normale Gesichtsfelder haben, müssen sie den Finger etwa gleichzeitig erkennen.

• Will man den Test etwas sorgfältiger ausführen, so nimmt man statt des Zeigefingers nacheinander weiße und farbige Marken und prüft statt in 6 in 12 Richtungen entsprechend dem Zifferblatt einer Uhr.

② **Mitwirkung des Patienten:** Er wird aufgefordert
• ein Auge zu schließen,
• mit dem anderen Auge in das gegenüberliegende Auge des Untersuchers zu blicken,
• das Auge nicht zu bewegen,
• „jetzt" zu sagen, sobald er die Marke sieht oder sobald sie wieder aus dem Gesichtsfeld verschwindet.

③ **Normales Gesichtsfeld:** Der Bereich für weiße Marken reicht bis etwa 85° seitlich, 65° unten, 60° nasal und 45° oben. Die Gesichtsfelder für farbige Marken sind enger als die für weiße.

④ **Fehlermöglichkeit:** Schwierigkeiten bereitet die seitliche Begrenzung des Gesichtsfelds: Der Arm des Untersuchers ist nicht lang genug. Er neigt dann dazu, den Arm im Bogen statt in einer gleich weit von ihm und dem Patienten entfernten Ebene zu bewegen.

⑤ **Blinder Fleck:** Bewegt der Untersucher die Marke in der Horizontalen von außen nach innen, so wird bei etwa 15° der Bereich des Gesichtsfelds durchlaufen, der sich auf den Sehnervaustritt projiziert. Da dort keine Stäbchen und Zapfen liegen, wird Licht hier nicht wahrgenommen. Die Marke verschwindet und taucht bei weiterer Bewegung wieder auf, wenn der blinde Fleck durchquert ist. Bei der genannten Sitzposition liegen die blinden Flecke bei Patient und Untersucher an der gleichen Stelle.

■ **Selbstversuch:** Vom Vorhandensein des blinden Flecks kann man sich ganz leicht auch in diesem Text überzeugen: Am Anfang und am Ende der folgenden Zeile sieht man einen schwarzen Punkt:

●   ●

- Man schließe das linke Auge und fixiere den linken Punkt mit dem rechten Auge und nähere sich dem Blatt. Der rechte Punkt verschwindet bei einem Abstand des Auges vom Blatt von etwa 20 cm und taucht bei etwa 16 cm wieder auf. Anschließend wiederhole man den Versuch, wobei man mit dem linken Auge den rechten Punkt fixiere. Brillenträger werden mit und ohne Brille verschiedene Abstände ermitteln. Den Abstand mißt man vereinfachend vom Papier zum Seitenrand der knöchernen Augenhöhle. Dieser entspricht etwa der Höhe der Augenlinse. Wem die beiden Punkte zu klein sind, der kann sie etwas größer und farbig übermalen.
- Berechnung: Die beiden Punkte sind etwa 5 cm voneinander entfernt. Bei einem Abstand von 20 cm beträgt der Blickwinkel etwa 14° (Tangens 14° = 0,25), bei 16 cm etwa 17° (tan 17° = 0,30). Das ist der Winkelbereich, in dem der blinde Fleck von der Sehachse abweicht. Mit den individuell gemessenen Abständen kann man auf dem gleichen Weg die individuelle Lage des blinden Flecks berechnen.

■ **Gesichtsfeldausfälle**: Beim gesunden Auge findet man außer dem blinden Fleck keine weiteren Ausfälle des Gesichtsfelds (Skotome). Kleinere Skotome beruhen meist auf Erkrankungen der Netzhaut, z.B. Blutungen, die man im Augenspiegelbild dann zu klären versuchen sollte. Ausfälle von Gesichtsfeldhälften weisen auf Störungen der Sehbahn hin, z.B.
- *Ausfall beider rechter Gesichtsfeldhälften* (homonyme Hemianopsie): bei Störung des linken Tractus opticus oder des linken Okzipitallappens des Großhirns.
- *Ausfall beider äußerer Gesichtsfeldhälften* (Scheuklappengesichtsfeld, bitemporale Hemianopsie): bei Störung der Sehnervenkreuzung (häufigste Ursache: Geschwulst der Hypophyse).

#647 Sehschärfe und Farbensehen

■ **Sehschärfe**:
① **Grundlage**: 2 Objektpunkte können getrennt wahrgenommen werden, wenn zwischen den beiden Photorezeptoren, auf die sich die Objektpunkte projizieren, mindestens ein Photorezeptor liegt, auf den der Zwischenraum zwischen den Objektpunkten fällt.
- An der Stelle des schärfsten Sehens liegen die Photorezeptoren besonders eng zusammen. Der Abstand der Zapfen beträgt hier etwa 2-3 µm. Die beiden Bildpunkte müssen auf der Macula daher mindestens 4-6 µm entfernt sein. Bei einem Abstand der Hinterfläche der Augenlinse von der Macula von etwa 16 mm (Gesamtdurchmesser des Auges in der Sehachse etwa 24-25 mm) berechnet man den Tangens des Einfallswinkels mit etwa 5/16000 = 0,0003. Der zugehörige Winkel beträgt etwa eine Minute (1').

② **Sehprobentafeln**: Aufgrund der eben ausgeführten Rechnung kann man Leseproben gestalten, bei der die Strichdicke so gewählt wird, daß sie in einer definierten Entfernung im Winkel von 1' gesehen wird. Das gesamte Zeichen (Buchstaben, Symbole) soll dabei 5-10' groß sein. Bei Freude am Basteln kann man sich selbst Sehprobentafeln zusammenstellen:
- *Fernvisus*: Für das Entfernungssehen schneidet man Buchstaben unterschiedlicher Größe aus einer Zeitung aus und ordnet sie nach der Strichdicke entsprechenden Entfernungen zu (tan 1' = 0,0003). Bei 5 m Leseabstand müßte die Strichdicke 5 • 0,0003 = 0,0015 m = 1,5 mm betragen und das Zeichen 8-15 mm hoch sein. Verfügt man über einen Drucker, so kann man sich auch Buchstaben unterschiedlicher Größe in einer unverschnörkelten Schriftart (z.B. Arial, aus der die Überschriften in diesem Buch stammen) ausdrucken.

Abb. 647 (rechte Seite). Sehprobentafel für Kinder. Die Ziffern geben an, in welcher Entfernung (Meter) das Symbol vom Kind bei Sehschärfe 1,0 richtig beschrieben werden soll.

6.4 Auge

Man kann auch entsprechend große Bildchen für Vorschulkinder zeichnen, wie dies der Verfasser einmal für eine Elternzeitschrift getan hat (Abb. 647).
• *Nahvisus*: Schwieriger ist eine Sehprobentafel für das Nahesehen zusammenzubekommen. Für die Sehschärfe 1,0 müßte bei einem Leseabstand von 33 cm die Strichdikke $330 \cdot 0,0003 = 0,1$ mm betragen und das Zeichen 0,5-1,0 mm hoch sein. Eine derartig kleine Schrift (2,5-Punkt-Schrift, 1 typographischer Punkt p = 0,376 mm, in USA 0,0138 inch = 0,35 mm) findet man kaum in Büchern und Zeitungen und kann sie auch mit vielen Druckern nicht ausdrucken. Der im Schriftgrad 8 p gedruckte Text dieses Buches entspricht bei 33 cm Leseabstand etwa der Sehschärfe 0,3 und müßte daher bei Sehschärfe 1,0 noch aus etwa 1 m Entfernung zu lesen sein.

③ **Bewertung**:
• Die maximale Sehschärfe (1,0) ist erreicht, wenn das Zeichen in der definierten Entfernung richtig bezeichnet wird.
• Muß der Patient näher herangehen, um das Zeichen zu erkennen, so beträgt die Sehschärfe nur einen entsprechenden Bruchteil der maximalen. Wird z.B. ein Zeichen, das für eine Entfernung von 5 m berechnet wurde, erst in 1 m Entfernung richtig gelesen, so beträgt die Sehschärfe 1/5 = 0,2.
• Damit der Patient im Untersuchungsraum nicht hin und her gehen muß, enthalten die üblichen Leseprobentafeln Zeichen unterschiedlicher Größe für verschiedene definierte Entfernungen. Sie werden meist aus 5 m Abstand betrachtet. Gehört dann das kleinste erkannte Zeichen zur 10-m-Schrift, so schreibt man die Sehschärfe als 5/10 oder 0,5 auf. In der Augenheilkunde wird oft die Schreibung als Bruch vorgezogen, weil daraus gleich zu entnehmen ist, in welchem Abstand die Leseprobe durchgeführt wurde.
• Die Sehschärfe wird gewöhnlich getrennt für das Sehen in die Ferne (Fernvisus, Abstand meist 5 m) und in die Nähe (Nahvisus, Abstand meist 30 cm) geprüft.
• Der Patient behält dabei die Brille auf (Visus cum correctione). Das natürliche Sehvermögen ohne Brille (Visus sine correctione = Visus naturalis) wird im Unterschied zur Sehschärfe *Sehleistung* genannt.
• Für den Alltag genügt eine Sehschärfe von 0,5. Damit kann man dieses Buch mühelos lesen (erst bei 0,3 ermüdet das Lesen dieser Schriftgröße).
• Es gibt auch Menschen mit Sehschärfen von 1,2-1,6. Bei ihnen stehen die Zapfen enger beisammen als beim Durchschnitt der Bevölkerung, oder der Abstand zwischen Augenlinse und Netzhaut ist größer.
• Schon wenig abseits der Macula werden die Abstände der Zapfen wesentlich größer. Bei 10° Abweichung beträgt die Sehschärfe nur noch 1/10. Ein Ausfall der Macula setzt daher die Sehschärfe sehr stark herab.

④ **Lochbrille**: Bei schlechter Sehleistung (also ohne Brille) kann man sich gut von der Wirkung einer engen Blende überzeugen. Man steche in ein undurchsichtiges Papier mit einer Stecknadel ein kleines Loch. Das halte man vor das Auge und wiederhole die Sehschärfenprüfung. Liegt nur ein Brechungsfehler vor, so wird die Sehleistung deutlich ansteigen.
• Auf diese Weise kann sich auch der Brillenträger behelfen, wenn ihm auf der Reise die Brille zerbricht. Mit dem Loch im Papier kann er den klein gedruckten Fahrplan wieder lesen. Am besten führt er schon in der Brieftasche ein kleines Stück schwarzes Papier mit Loch für den Notfall mit sich.

■ **Farbtüchtigkeit** (Trichromasie):
① **Farbtheorie** (Young u. Helmholtz): Wir haben Rezeptoren für Rot, Grün und Blau. Das menschliche Auge kann im Hellen etwa 150 Farbtöne unterscheiden. Ihre Wahrnehmung kommt durch unterschiedliche Kombination der Stärke der Erregung in den 3 Arten von Zapfenzellen zustande.

② **Farbsinnstörungen**: Bei etwa 8 % der Männer und 0,4 % der Frauen ist das Farbempfinden gestört. In fallender Häufigkeit sind dies folgende Mängel:
• *Grünschwäche* (Deuteranomalie) bis Grünblindheit (Deuteranopie): 75 %.
• *Rotschwäche* (Protanomalie) bis Rotblindheit (Protanopie): 25 %.

- *Blaugelbschwäche* (Tritanomalie) bis Blaugelbblindheit (Tritanopie): 0,1 %.

Die meisten Farbsinnstörungen sind angeboren (rezessiv x-chromosomal vererbt). Bei Erkrankungen der Netzhaut oder des Sehnervs sowie bei Vergiftungen können vorübergehende oder bleibende Farbsinnstörungen auftreten. Ein Beispiel ist das Rotsehen bei anhaltender Blendung, z.B. bei schönem Wetter im winterlichen Hochgebirge (Schneeblindheit). Ein anderes Beispiel ist das Gelbsehen bei der Digitalisvergiftung.

③ **Prüfen des Farbsinns:**
- Am exaktesten ist dies mit dem Anomaloskop möglich, bei dem der Patient rotes und grünes Licht zu einem vorgegebenen Gelb mischen soll. Ein derartiges Gerät dürfte für den Untersuchungskurs kaum zur Verfügung stehen.
- Die zweitbeste Möglichkeit ist die Verwendung von Tafeln zur Prüfung des Farbsinns. In einem aus Farbtupfen zusammengesetzten Bild erkennt der Farbtüchtige eine Figur, der Farbenblinde nicht. Man verwendet meist die Tafeln von Ishihara oder Stilling.
- Sehr aufwendig ist es, Tafeln für die Farbsinnprüfung selbst zu erstellen. Der Verfasser weiß dies aus eigener Erfahrung. Er hat einmal Tafeln mit kindgemäßen Figuren entworfen. Es war ein langer Weg des ständigen Testens und Verbesserns, der nur durch die Mitarbeit farbenblinder Studenten zu beschreiten war. Leider können die Tafeln hier nicht wiedergegeben werden, weil für das Buch nur Schwarzweißdruck vorgesehen ist.

#648 Ophthalmoskopie

■ **Prinzip der Augenspiegelung:**
- Wenn man durch die Pupille aus dem Auge heraus sehen kann, muß man auf umgekehrten Wege auch in das Auge hinein sehen können. Diese einfache Umkehrung bereitete bis zur Mitte des 19. Jahrhunderts unüberwindliche Schwierigkeiten: Versucht man ohne Beleuchtung in das Auge zu sehen, so kann man nichts erkennen, weil es im Auge zu dunkel ist. Hält man eine Lampe vor das Auge, so ist diese im Weg, und man kann wieder nichts sehen.
- Helmholtz hatte 1851 die geniale Idee, das Licht über einen Spiegel in das Auge zu werfen und in den Spiegel ein kleines Loch anzubringen, durch das der Untersucher blicken kann. Nun konnte man gewissermaßen mit dem Lichtstrahl in das Auge sehen. Man mußte nur noch eine Sammellinse vor das Auge halten, um die feinen Einzelheiten besser erkennen zu können.
- Der Augenspiegel wurde der Ausgangspunkt für die Vielzahl der „Spiegeluntersuchungen", mit denen inzwischen nahezu alle Hohlräume des Körpers der Betrachtung beim Lebenden erschlossen sind.
- Bei der modernen „Endoskopie" wird allerdings meist kein Spiegel verwendet, weil man inzwischen sehr kleine Lichtquellen bauen kann, mit denen man direkt oder über ein Ablenkprisma oder über eine Glasfiberoptik in den Körper leuchtet.
- Auch das Augeninnere wird heute meist mit dem Ophthalmoskop („elektrischer Augenspiegel") betrachtet, in dem der Spiegel durch ein Umlenkprisma ersetzt ist. Der Augenarzt benutzt aber auch den einfachen Augenspiegel, der zwar ein kopfstehendes, aber übersichtlicheres Bild bietet als der elektrische.

■ **Ophthalmoskop:**
① **Handgriff:** In ihm befinden sich das Lämpchen und die Batterien. Man faßt den Handgriff zwischen Daumen und den Fingern 3-5.

② **Vorsatzlinsen:**
- Der Zeigefinger wird an das Rädchen gelegt, mit dem Linsen von +20 bis -20 Dioptrien in die Durchblicköffnung geschaltet werden können. In einem Fenster unterhalb dieser wird die Dioptrienzahl angezeigt. Meist bedeuten schwarze Ziffern positive Dioptrien (Sammellinsen), rote Ziffern negative (Streulinsen). Bei in Großbritannien hergestellten Instrumenten ist es gewöhnlich umgekehrt.

Man stellt auf 0 und betrachtet durch die Durchblicköffnung zunächst z.b. das Leistenmuster der eigenen Hand. Man schaltet Plusdioptrien vor und sieht die zunehmende Vergrößerung.

③ **Lichtformen**: Meist besteht eine Schaltmöglichkeit für verschiedene Formen des Lichtstrahls, je nach Gerätemodell ein zweites Rädchen zur Bedienung durch den Zeigefinger oder ein Hebel für den Daumen:
• Weiter Lichtkegel für die weite Pupille.
• Enger Lichtkegel für die enge Pupille.
• Lichtspalt: mit ihm sind Unebenheiten leichter zu erfassen.
• Achsenkreuz und Skala: zum Ausmessen.
• Grünfilter: Im grünen Licht heben sich Blutungen besser ab.

④ **Helligkeit**: Sie wird z.b. über einen Drehring am Handgriff gesteuert (nach Modell verschieden).

■ **Pupille erweitern?**
① **Pharmakologie**: Der M. sphincter pupillae wird vom Parasympathikus, der M. dilator pupillae vom Sympathikus innerviert.
• Man kann demnach die Pupille erweitern, wenn man entweder ein *Parasympathikolytikum* (z.B. Homatropin, Tropicamid, Cyclopentolat) oder ein *Sympathikomimetikum* (z.B. Phenylephrin) in den Bindehautsack träufelt (#644). Der Überblick über den Augenhintergrund wird dadurch wesentlich verbessert.
• Durch die Parasympathikolytika wird außerdem der Linsenmuskel gelähmt, so daß der Patient nicht akkommodieren kann.

② **Nachteile**:
• Der Patient ist bis zum Abklingen der Wirkung des Arzneimittels nicht voll sehtüchtig und sollte daher nicht am Straßenverkehr teilnehmen.
• Die Pupillenreflexe sind wichtige Zeichen bei der neurologischen Untersuchung. Deshalb sollte man bei Patienten mit akuten Kopfverletzungen niemals die Pupillen blockieren, weil dadurch die weitere Diagnostik behindert wird.

③ **Gefahr Glaukomanfall**:
• Bei erhöhtem Augeninnendruck (grüner Star, Glaukom) kann durch das Erweitern der Pupille ein Druckanstieg mit heftigsten Schmerzen und Gefahr der Netzhautschädigung bis zur Erblindung ausgelöst werden. Bei weiter Pupille ist die Regenbogenhaut am Rand zusammengestaucht. Sie engt dabei den Kammerwinkel (Angulus iridocornealis zwischen Regenbogenhaut und Hornhaut) ein. Dort aber liegt der Abfluß des Kammerwassers in den Schlemm-Kanal (Sinus venosus sclerae).
• Das Glaukom ist eine häufige Krankheit. Es befällt etwa 1-2 % der über 40 Jahre alten Menschen, kommt aber auch schon bei Kindern vor. Es ist in Mitteleuropa die häufigste Ursache der Erblindung (in Afrika ist es die durch Chlamydia trachomatis hervorgerufene ägyptische Körnerkrankheit = Trachom).
• Will man nicht auf die Pupillenerweiterung verzichten, so muß man zumindest eine Erhöhung des Augeninnendrucks weitgehend ausschließen. Man muß den Patienten nach einschlägigen Symptomen befragen: häufige Kopfschmerzen, Brennen und Rötung der Augen, Nebelsehen, nachts farbige Ringe um Lichter, Lichtscheu. Ferner sollte man eine verdächtige Vorwölbung der Regenbogenhaut erkennen: Dazu leuchtet man mit der Spaltlampe quer durch die vordere Augenkammer (#644). Sofern ein Tonometer vorhanden ist, sollte man unbedingt den Augeninnendruck messen, bevor man die Pupillen erweitert.

④ **Empfehlung**: Obwohl die Pupillenerweiterung das Augenspiegeln beträchtlich erleichtert, empfehle ich, diese Maßnahme dem Augenarzt vorzubehalten und das Augenspiegeln ohne pharmakologische Hilfe zu erlernen.
• Die Erfahrung im Untersuchungskurs lehrt, daß man in einem halbdunklen Raum auch ohne Pupillenerweiterung gut augenspiegeln kann.
• Meint man, ohne Pupillenerweiterung nicht auskommen zu können, so sollte man nach Abschluß der Untersuchung die Pupille mit einem Parasympathikomimetikum (z.B. Pilocarpin) wieder verengen.

6.4 Auge

■ **Untersuchungsgang:** Erst wenn man das Ophthalmoskop sicher bedienen kann, ohne hinsehen zu müssen, sollte man es am Patienten anwenden, um ihn nicht unnötig zu blenden!

① **Position:** Am bequemsten ist die Untersuchung, wenn sich Patient und Untersucher gegenüber sitzen. Grundsätzlich betrachtet der Untersucher mit seinem rechten Auge das rechte Auge des Patienten, mit seinem linken das linke. Deshalb muß man beim Wechsel des Auges auch die Sitzposition wechseln. Die Stühle stellt man nicht direkt gegenüber, sondern eher nebeneinander, weil man die Augen bis auf etwa 5 cm einander annähern muß.
• Der Patient wird gebeten, einen vom Untersucher bezeichneten, möglichst weit entfernten Punkt in Augenhöhe zu fixieren. Dies ist sehr wichtig, weil Augenbewegungen des Patienten die Untersuchung erheblich behindern.
• Der Untersucher blickt in einem Winkel von 15-20° auf das Auge des Patienten. Dies entspricht dem Winkel, in dem der Sehnervaustritt („Papille") von der optischen Augenachse abweicht.
• Während der gesamten Untersuchung ist darauf zu achten, daß der Blick des Patienten mit dem nicht untersuchten Auge auf den Fixpunkt frei bleibt, da der Patient sonst die Augen unerwünscht bewegt.

② **Beginn der Untersuchung:**
• Bei der Untersuchung des rechten Auges des Patienten faßt der Untersucher das Ophthalmoskop mit seiner rechten Hand und hält es vor sein rechtes Auge. Mit der linken Hand faßt er die rechte Schulter des Patienten.
• Aus dem Abstand von einer Armlänge lenkt er den Lichtkegel des Ophthalmoskops auf das Auge des Patienten. Sobald er die Pupille erreicht hat, leuchtet diese rot auf (ähnlich wie die Augen von Tieren rot aufleuchten, wenn sie nachts vom Scheinwerfer des Autos erfaßt werden).
• Der Untersucher nähert sich nun mit unverändert vor dem Auge gehaltenen Ophthalmoskop dem Patienten so nahe wie möglich (bis auf etwa 5 cm), immer an der rot leuchtenden Pupille orientiert. Er stützt die das Ophthalmoskop haltende Hand evtl. an der Wange des Patienten ab.
• Die linke Hand geht von der Schulter zur Stirn des Patienten über. Der Untersucher kann dann mit dem Daumen das Oberlid etwas hochziehen, falls zu häufiger Lidschlag die Untersuchung stört. Nach Möglichkeit sollte man aber den Lidschlag des Patienten nicht unterbinden, damit die Vorderfläche des Auges gut befeuchtet bleibt.
• Sind Patient und Untersucher normalsichtig, so werden mit zunehmender Annäherung bereits Einzelheiten am Augenhintergrund deutlich. Andernfalls sollte der Untersucher rasch am Rädchen der Linsenserie drehen, bis das Bild scharf ist.
• Der junge Untersucher kann zwar mit seiner eigenen großen Akkommodationsbreite einen großen Spielraum von Brechungsfehlern des Patienten kompensieren, doch sollte man sich das gar nicht erst angewöhnen. Zum einen geht diese Fähigkeit mit zunehmendem Alter verloren, zum anderen kann man den Brechungsfehler des Patienten abschätzen. Außerdem werden Unebenheiten des Augenhintergrundes als Unschärfen deutlich. Deshalb muß man die Linsen rasch schalten, damit man nicht akkommodiert.
• Der brillentragende Untersucher legt die Brille ab und schaltet Linsen im Ophthalmoskop entsprechend der Dioptrienzahl der Brille des eigenen Auges vor. Ist auch der Patient Brillenträger, so legt auch dieser die Brille ab, und man addiert deren Dioptrien zu den eigenen, wobei das Vorzeichen zu berücksichtigen ist, z.B. weitsichtiger (+3 dpt) Untersucher + kurzsichtiger (-5 dpt) Patient = Vorschaltung -2 dpt.
• Bei stärkerem Astigmatismus (Stabsichtigkeit) des Patienten kann man versuchen, durch die Brille des Patienten hindurch das Auge zu besichtigen.
• Der Blick des Patienten sollte möglichst in der Ferneinstellung bleiben. Bei jeder Akkommodation ändert sich die Brechkraft des Auges, und der Untersucher muß andere Linsen vorschalten.

- Bei der beschriebenen Stellung trifft man entweder direkt auf den Sehnervaustritt oder zumindest auf seine Nähe. In jedem Fall wird man Blutgefäße sehen. Macht man sich klar, daß diese sich in Richtung Peripherie verzweigen, wird es nicht schwerfallen, den Weg zur Sehnervpapille zu finden: Man muß nur in umgekehrter Richtung am Gefäß entlanggehen, also in Richtung der Spitzen der Winkel zwischen Gefäßverzweigungen.
- Der Untersucher muß dabei erlernen, seinen Kopf und das Ophthalmoskop gemeinsam zu bewegen. Das Auge des Untersuchers muß schließlich immer hinter dem kleinen Durchblickloch des Instruments bleiben.

■ **Inspektion des Augenhintergrunds** (in der Klinik häufig Fundus genannt):

① **Sehnervpapille** (Discus nervi optici):
- Die blaßrosa bis gelbliche Scheibe hebt sich deutlich vom Orangerot der Netzhaut ab. Ihr Durchmesser beträgt etwa 1,5 mm. Sie füllt damit das Gesichtsfeld bei der Ophthalmoskopie ohne Erweiterung der Pupille nahezu völlig aus.
- Ihre Mitte erscheint trichterförmig eingezogen (Excavatio disci). Manchmal kann man dort sogar das feine Gitter (Lamina cribrosa sclerae) der Lederhaut erkennen. Durch dieses verlassen etwa 1 Million Sehnervenfasern das Auge.
- Die Breite der Papille ist eine beliebte Maßeinheit am Augenhintergrund, da direkte Messungen in Millimeter umständlich sind. Man beschreibt z.B. eine Blutung als: Hämatom von 1 Papillenbreite, etwa 3 Papillenbreiten von der Papille entfernt bei 2 Uhr.

② **Netzhautgefäße**:
- Aus der Tiefe des Trichters der Papille kommen die A. + V. centralis retinae, die sich rasch zu je 4 Ästen aufzweigen (Arteriola/Venula temporalis/nasalis retinae superior/inferior).
- Die gesunde Gefäßwand ist durchsichtig. Die Farbe des Gefäßes entspricht daher dem Blut: hellrot bei den Arteriolen, bläulichrot bei den Venulen. Die Arteriolen geben einen hellen Reflex von ihrer Oberfläche. Die Venulen sind etwa um die Hälfte breiter als die Arteriolen.
- Die Venulen (!) pulsieren entsprechend den blutdrucksynchronen Schwankungen des Augeninnendrucks. Sind keine Pulsationen zu sehen, so kann man sie manchmal auslösen, wenn man sanft auf den Augapfel drückt. Gut sichtbare Pulsationen sprechen gegen einen erhöhten intrakraniellen Druck.

③ **Netzhautperipherie**: Man geht von der Papille aus entlang der Gefäße in die Peripherie und besichtigt möglichst den gesamten zugänglichen Netzhautbereich.

④ **Macula**: Erst zuletzt wendet man sich der Stelle schärfsten Sehens, dem „gelben Fleck", zu. Die Macula liegt etwa 2 Papillenbreiten lateral der Sehnervpapille. Ihre Mitte ist gering eingezogen (Fovea centralis). Sie ist frei von Netzhautgefäßen und wird von der Aderhaut ernährt.
- Man findet die Stelle am einfachsten, wenn man den Patienten bittet, den Fixpunkt aufzugeben und direkt in das Licht zu sehen. Er dreht dann das Auge automatisch auf die Stelle des schärfsten Sehens.
- Da der Patient dort besonders lichtempfindlich ist, sollte man vorher (!) die Lichtstärke des Ophthalmoskops herunter schalten. Trotzdem bleibt die Beleuchtung der Macula für den Patienten unangenehm. Man sollte sie daher an den Schluß der Untersuchung legen. Wegen der Änderung der Sitzordnung beim Übergang zum anderen Auge hat der Patient danach eine kleine Erholungspause.

■ **Besondere Befunde**:

① **Aderhaut**: Der Pigmentreichtum des Pigmentepithels (Stratum pigmentosum) der Netzhaut ist individuell verschieden. Bei geringer Pigmentierung schimmert die Gefäßzeichnung der dahinter liegenden Choroidea durch. Bei Albinos liegen die Aderhautgefäße frei sichtbar vor.

② **Sehnervpapille**:
- Bei Patienten mit Brechungsfehlern verändert man mit den vorgeschalteten Linsen

auch die Größe des Bildes des Augenhintergrundes. Die Papille des Weitsichtigen erscheint klein, die des Kurzsichtigen groß im Vergleich mit der Papille eines Normalsichtigen.
- Die blaßrosa bis gelbliche Farbe der Papille beruht auf den Markscheiden der Sehnervenfasern. Sie nehmen sie erst im Sehnerv (N. opticus) an. Innerhalb der Netzhaut sind die Sehnervenfasern markscheidenfrei. Gelegentlich beginnt die Myelinisierung bei einigen Fasern schon kurz vor der Papille. Dies sieht im Augenspiegelbild so aus, als ob weiße Haarbüschel aus der Papille kämen.
- *Optikusatrophie:* Gehen die Sehnervenfasern zugrunde, so wird die Papille hell weiß. Der Vergleich mit dem Vollmond liegt nahe.
- *Glaukom:* Bei erhöhtem Augeninnendruck wird der Trichter der Papille ausgeweitet. Nimmt er mehr als 60 % des Durchmessers ein, so liegt der Verdacht auf ein Glaukom nahe. Dies kann der erste Hinweis auf die ohne Behandlung zur Erblindung führende Krankheit sein.
- *Stauungspapille:* Das Auge ist, entwicklungsgeschichtlich betrachtet, ein Teil des Gehirns. Die Hirnhäute laufen als Scheiden des Sehnervs (Vagina externa/interna nervi optici) bis zum Auge weiter. Damit pflanzt sich auch ein erhöhter Druck in der Schädelhöhle auf den Sehnerv fort. Die Papille wird dann in das Augeninnere vorgewölbt. Im Augenspiegelbild erscheint die Papille unscharf. Durch Vorschalten von Plusdioptrien wird sie wieder scharf. Nach der Zahl der benötigten Dioptrien kann man die Stauungspapille bewerten: 1 dpt = schwach, 2 dpt = mittelmäßig, 3 dpt = stark. Die Blutgefäße erscheinen am Rand der Papille leicht geknickt. Dies verstärkt den Eindruck der Vorwölbung. Bei einer Stauungspapille darf man wegen des erhöhten intrakraniellen Drucks nicht lumbalpunktieren (#223). Vor jeder Lumbalpunktion ist daher der Augenhintergrund zu besichtigen!

③ **Netzhautgefäße**: Veränderungen der Blutgefäßwände findet man vor allem bei:
- *Arteriosklerose* und dem häufig mit ihr verbundenem *Bluthochdruck:* Es verdicken sich die Wände der Arteriolen. Dies gibt zuerst nur einen breiteren Lichtreflex. Beim Fortschreiten der Erkrankung nehmen die Arteriolen einen dunkelgoldbraunen Farbton an („Kupferdrahtarterien"). Mit weiterer Verdickung der Wand wird die Lichtung enger und der Reflex schmal und weiß („Silberdrahtarterien"). Wo die Arteriolen die Venulen überkreuzen, erscheinen die Venulen sanduhrartig eingezogen („Kreuzungsphänomen").
- *Diabetes mellitus:* Bei der Zuckerkrankheit kommt es zu punktförmigen Blutungen aus kleinen Gefäßerweiterungen.

6.5 Ohr

#651 Ohrmuschel

Die Ohrmuschel (Auricula) ist beim Menschen ein weitgehend überflüssiges Relikt ohne nennenswerte Funktion. Wenn sie jedoch fehlt, z.B. bei der angeborenen Anotie, so sucht der Betroffene dies sorgfältig zu verbergen, um nicht anders auszusehen als die übrigen Menschen. Die Form der Ohrmuschel ist vererbt und spielt beim erbbiologischen Vaterschaftsnachweis eine Rolle.

① **Bau**: Um Befunde an der Ohrmuschel beschreiben zu können, sollte man folgende Begriffe kennen:
• *Helix* (Ohrleiste): der Wulst am Rand der Ohrmuschel. Die Ohrleiste ist gelegentlich hinten oben umschrieben verdickt. Dieser Darwin-Höcker (Tuberculum auriculare) ist eine belanglose Spielart. Man sollte sie nur deshalb kennen, damit man sie nicht mit einer Geschwulst verwechselt.
• *Antihelix* (Gegenleiste): der konzentrisch zur Ohrleiste gelegene Wulst.
• *Concha auricularis* (Ohrhöhlung): der Vorhof der Öffnung des äußeren Gehörgangs (Porus acusticus externus). Die Bockshaare (Tragi) erschweren das Eindringen von Insekten usw.
• *Tragus* (Ziegenbock): der von vorn den Eingang in den äußeren Gehörgang überlappende Höcker.
• *Lobulus auricularis* (Ohrläppchen): Der knorpelfreie Teil am unteren Ende der Ohrmuschel kann gelegentlich zur Entnahme einer kleinen Blutmenge dienen.

② **Verformen**: Um sich von der Elastizität des elastischen Knorpels zu überzeugen, verforme man bei sich selbst vor dem Spiegel die Ohrmuschel beliebig. Sie schnellt beim Loslassen sofort wieder in ihre ursprüngliche Form zurück.
• Man sollte daher nicht versuchen, abstehende Ohren durch Verbände anlegen zu wollen. Hier hilft nur die Keilexzision aus dem Knorpel.

#652 Otoskopie

■ **Prinzip der Ohrenspiegelung**: Der äußere Gehörgang (Meatus acusticus externus) und das Trommelfell (Membrana tympani) können nach dem gleichen Prinzip besichtigt werden wie das Auge (#648). Würden nicht die Bockshaare in der Öffnung des äußeren Gehörgangs den Einblick behindern, könnte man sogar das Ophthalmoskop benutzen. So muß man mit einem Ohrtrichter die Haare zur Seite drängen.
• Der knorpelige Teil des äußeren Gehörgangs (Meatus acusticus externus cartilagineus) ist gegen den knöchernen Teil leicht geknickt. Diesen Knick kann man jedoch ausgleichen, indem man die Ohrmuschel nach hinten oben zieht.

■ **Instrumente**:
• Ohrtrichter in verschiedener Weite in Metall oder Kunststoff.
• Stirnspiegel + Lichtquelle oder Stirnleuchte.
• Elektrisches Otoskop: Es ist vom Prinzip her gleich gebaut wie das Ophthalmoskop. Der Durchblick ist jedoch weiter. Anstelle des gestuften Linsensatzes gibt eine vorschaltbare oder feststehende Lupe ein 1,5-2-fach vergrößertes Bild. Die Batterien sind wie im Ophthalmoskop im Handgriff untergebracht. Es gibt auch Geräte, bei denen man auf einen Handgriff wechselweise einen Ophthalmoskop- oder Otoskopaufsatz aufstecken kann.

■ **Vorgehen**: Je nach verfügbaren Geräten wird die Otoskopie in 2 Formen ausgeführt:

① **Mit Stirnspiegel oder Stirnlampe** und frei gehaltenem Ohrtrichter:
• Dabei kann der Anfänger mit einer Hand die Ohrmuschel nach hinten oben ziehen und mit der anderen Hand den Ohrtrichter sacht unter leichtem Drehen in die Öffnung des äußeren Gehörgangs einführen. Man nimmt den für die individuelle Weite des Gehörgangs größtmöglichen Trichter.
• Man wird schnell merken, daß man eigentlich noch eine dritte Hand haben müßte, um den Stirnspiegel oder die Stirnlampe

korrekt einzustellen. Man wird dadurch motiviert zu erlernen, mit einer Hand den Ohrtrichter (Daumen und Zeigefinger) und die Ohrmuschel (Mittel- und Ringfinger) zu fassen. Dann bleibt die andere Hand nicht nur für die Korrektur der Beleuchtungsquelle, sondern auch für kleinere Eingriffe, z.B. das Durchstechen (Parazentese) des Trommelfells bei der Mittelohreiterung (Otitis media), frei.

• Der Stirnspiegel (Hohlspiegel von 10-20 cm Brennweite, auch Ohrenspiegel genannt) wird gewöhnlich vor das linke Auge gesetzt. Die Lichtquelle muß dann links vom Patienten (also neben dessen rechter Kopfseite) stehen. Das Auge sollte sich möglichst nahe am Loch des Spiegels befinden, damit der Durchblick gut ist.

• Ist der Stirnspiegel gut eingestellt, so behält der Untersucher möglichst seine Stellung bei und dreht stattdessen den Kopf des Patienten. Er erspart sich damit das ständige Berichtigen der Spiegelstellung.

② **Mit dem elektrischen Otoskop:** Der Ohrtrichter (Plastiktrichter zum Einmalgebrauch) wird hierbei direkt auf das Gerät aufgeschraubt und braucht nicht gesondert gehalten zu werden. Das Otoskop wird nicht am Trichter, sondern am Handgriff gefaßt. Je nach persönlicher Vorliebe wird es mit dem Handgriff nach oben oder nach unten gehalten.

• Beim Einführen des Trichters in den Gehörgang muß man besonders vorsichtig sein, weil durch den Handgriff eine erhebliche Hebelwirkung entfaltet wird und der Trichter nicht so fein geführt werden kann wie ein isolierter Trichter bei der Stirnleuchtenmethode. Wenn man nicht sehr handgeschickt ist, sollte man erst mit dem isolierten Trichter üben, um etwas „Gefühl" für den Umgang mit dem Gehörgang zu entwickeln.

• Die Ohrmuschel muß auch beim Einführen des elektrischen Otoskops mit der anderen Hand nach hinten oben gezogen werden.

③ **Häufige Fehler:**
• *Zu kleiner Trichter:* Er dringt unnötig tief in den sehr schmerzempfindlichen knöchernen Gehörgang ein.

• *Ungenügend tiefes Einführen des Trichters:* Die Bockshaare versperren die Sicht.

■ **Inspektion des äußeren Gehörgangs:** Während man den Trichter einsetzt und vorschiebt, beobachtet man ständig die Gehörgangswand auf Rötungen und Schwellungen.

• Wird die Sicht durch Ohrschmalz (Cerumen) behindert, so muß man dieses entfernen. Am schonendsten geschieht dies durch eine Gehörgangspülung. Die Spülflüssigkeit muß körperwarm sein, weil sonst Gleichgewichtsstörungen ausgelöst werden (#656). Man verwendet z.B. 3%iges Wasserstoffsuperoxid oder eine der handelsüblichen ohrschmalzlösenden Spülflüssigkeiten.

• Eine Spülung ist nur zulässig, wenn man sich überzeugt hat, daß im Trommelfell kein Loch ist. Andernfalls könnte das Ohrschmalz in das Mittelohr geschwemmt werden und dort die Gehörknöchelchen verkleben.

• Ist eine Spülung nicht möglich, so versuche man, das Ohrschmalz mit einem speziellen Ohrhäkchen oder mit einem Sauger zu entfernen. Watteträger schieben das Ohrschmalz meist weiter nach innen!

■ **Inspektion des Trommelfells:**
① **Normalbefund:** Am inneren Ende des äußeren Gehörgangs leuchtet das gesunde Trommelfell als perlmutterartige, gelb- bis bläulichgraue, mäßig durchsichtige, leicht trichterförmig eingezogene Membran auf. Es steht nicht quer, sondern schräg zum Gehörgang: Es ist von hinten-oben-außen nach vorn-unten-innen geneigt. Es hat einen Durchmesser von etwa 1 cm. Man achte auf (Abb. 652):

• den hellen Lichtreflex vorn unten.
• *Stria mallearis* (Hammerstreifen): von vorn oben zur Mitte. Sie ist durch das durchscheinende Manubrium mallei (Hammerhandgriff) bedingt.
• *Umbo membranae tympani* (Trommelfellnabel): in der Mitte, am unteren Ende des Hammerstreifens.
• *Prominentia mallearis* (Hammervorsprung): am oberen Ende des Hammerstreifens. Das Trommelfell wird hier durch den

Seitenfortsatz des Hammers (Processus lateralis) vorgewölbt.
- *Plica mallearis anterior* (vordere Hammerfalte): vom oberen Ende des Hammerstreifens bogenförmig nach vorn.
- *Plica mallearis posterior* (hintere Hammerfalte): vom oberen Ende des Hammerstreifens bogenförmig nach hinten.
- *Pars flaccida* (schlaffer Teil): der kleine Abschnitt oberhalb der beiden Hammerfalten.
- *Pars tensa* (straffer Teil): der Hauptteil des Trommelfells unterhalb der beiden Hammerfalten.

② **Abnorme Befunde**:
- *Löcher im Trommelfell:* Sie sind Zeichen abgelaufener Mittelohreiterungen oder mechanischer Überbeanspruchung (plötzliche Luftdruckerhöhung, z.B. bei heftigem Küssen auf das Ohr) und fehlen beim gesunden Trommelfell völlig. Das Trommelfell ist bei jeder Besichtigung sorgfältig nach Löchern abzusuchen. Dies ist wichtig für die Entscheidung, ob eine Gehörgangspülung vorgenommen werden darf.
- *Stark eingezogenes Trommelfell:* Der Hammervorsprung steht stark vor. Der Lichtreflex ist abgebogen oder fehlt. Ursache ist meist eine verschlossene Ohrtrompete. Die Luft wird dann aus der Paukenhöhle resorbiert. Das Trommelfell wird durch den äußeren Luftdruck in die Paukenhöhle gepreßt und kann deswegen nicht mehr frei schwingen. Der Patient hört auf diesem Ohr schlechter. Ist der Druckausgleich über die Ohrtrompete wiederhergestellt, ist auch die Schwerhörigkeit behoben.
- *Gerötetes Trommelfell:* Wichtigste Veranlassung für eine Ohrenspiegelung in der Allgemeinpraxis sind stechende Schmerzen im Ohrbereich mit Verdacht auf eine Mittelohrentzündung. Das Trommelfell ist leuchtend rot gefärbt. Radiäre Blutgefäße zeichnen sich ab. Mit fortschreitender Entzündung wird das Trommelfell vorgewölbt. Die sonst sichtbaren Einzelheiten verschwinden. Um dem spontanen Durchbruch an ungünstiger Stelle zuvorzukommen und um dem Patienten Erleichterung zu verschaffen, wird das Trommelfell im hinteren unteren Bereich durchstochen (Parazentese). Die Schmerzen lassen dann schlagartig nach.
- *Weiße Flecken auf dem Trommelfell:* Es handelt sich meist um Gewebeverdichtungen als Reste von Entzündungen.

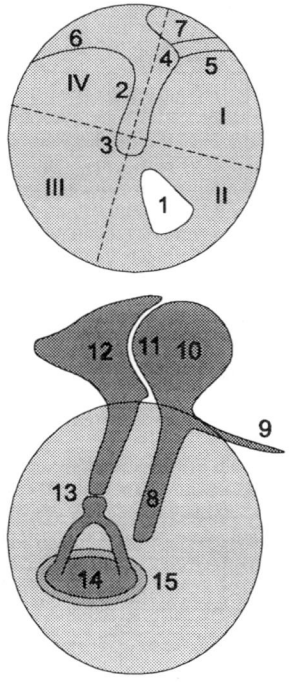

Abb. 652. Rechtes Trommelfell: oben otoskopisches Bild, unten Projektion der Gehörknöchelchen auf das Trommelfell. I-IV die 4 Quadranten des Trommelfells, 1 Lichtreflex, 2 Hammerstreifen, 3 Trommelfellnabel, 4 Hammervorsprung, 5 vordere Hammerfalte, 6 hintere Hammerfalte, 7 schlaffer Teil (Pars flaccida), 8 Manubrium mallei, 9 Processus anterior, 10 Caput mallei, 11 Articulatio incudomallearis, 12 Incus, 13 Articulatio incudostapedialis, 14 Basis stapedis, 15 Lig. anulare stapediale

#653 Ohrtrompete

■ **Aufgaben**: Die Ohrtrompete (Tuba auditoria [auditiva], Eustacchi-Röhre) ist ein Druckausgleichskanal, der die Paukenhöhle mit dem Rachen verbindet. Bei jedem Schluckakt wird die Ohrtrompete durch die Gaumensegelmuskeln geöffnet, und Luft strömt aus dem Rachen zur Paukenhöhle.

■ **Verschluß**:
• Abgekammerte Luft wird im Körper ständig resorbiert (auf diese Weise heilt z.B. ein Pneumothorax aus). Ohne Luftzufuhr entsteht in der Paukenhöhle ein Unterdruck. Das Trommelfell wird dann durch den äußeren Luftdruck in die Paukenhöhle gepreßt und kann nicht mehr frei schwingen. Die Folge ist eine Schalleitungsschwerhörigkeit und ein Druckgefühl im Ohr.
• Man kann dies gut beobachten, wenn man mit einer Bergbahn fährt, die große Höhenunterschiede überwindet. Der äußere Luftdruck ändert sich dabei so rasch, daß der natürliche Druckausgleich über das gelegentliche Schlucken nicht ausreicht. Bei der Bergfahrt wird das Trommelfell durch den inneren Luftdruck nach außen gedrängt, bei der Talfahrt durch den äußeren Luftdruck nach innen. Das Druckgefühl im Ohr verschwindet schlagartig, wenn man willkürlich ein paarmal schluckt.
• Ein länger dauernder Verschluß der Ohrtrompete entsteht z.B. bei einem Schnupfen oder einer Rachenentzündung. Die Schleimhaut am Ostium pharyngeum tubae auditoriae schwillt an und verhindert den Druckausgleich. Schleimhautabschwellende Maßnahmen können die Ohrtrompete wieder durchgängig machen und die Schwerhörigkeit beseitigen.
• Verordnet der Arzt deswegen einem Patienten mit Ohrenschmerzen Nasentropfen, so sollte er ihm den Zusammenhang erklären. Andernfalls könnte es geschehen, daß der Patient die Tropfen in den Gehörgang einträufelt.
• Bei Kleinkindern können vergrößerte Rachenmandeln („adenoide Vegetationen") die Tubenöffnung verlegen. Dann hilft manchmal nur die Operation (Adenotomie).

■ **Durchgängigkeit prüfen**:
① **Toynbee-Versuch**:
• Man beobachtet das Trommelfell des Patienten bei der Ohrenspiegelung und bittet ihn, einmal zu schlucken. Das Trommelfell wird durch den am Beginn des Schluckakts entstehenden Unterdruck in die Paukenhöhle eingezogen und schwingt beim Druckausgleich wieder zurück.
• Man hält das Stethoskop über den äußeren Gehörgang und bittet den Patienten zu schlucken. Der Druckausgleich ist mit einem knackenden Geräusch verbunden.

② **Valsalva-Versuch**: Er ist eine Art verstärkter Toynbee-Versuch:
• Zunächst wird tief eingeatmet. Dann werden Mund und Nasenlöcher geschlossen und kräftig ausgeatmet. Der Druck in den Atemwegen steigt stark an und sprengt den Verschluß der Ohrtrompete.
• Dieser Versuch darf bei Infektionen des Nasen-Rachen-Bereichs nicht durchgeführt werden: Mit der Luft werden auch die Krankheitserreger in die Paukenhöhle gepreßt. Es besteht die Gefahr der Mittelohrinfektion.

#654 Einfache Hörprüfung

Die differenzierte Untersuchung des Hörens (Audiometrie) ist an Apparate gebunden, die in der allgemeinärztlichen Praxis und im Untersuchungskurs kaum zur Verfügung stehen. Ohne Hilfsmittel ist eine einfache Hörprüfung mit Flüster- und Umgangssprache möglich, um zu entscheiden, ob der Patient zum Hals-Nasen-Ohren-Arzt zu überweisen ist.

① **Hörweitenprüfung mit Flüstersprache**: Man benötigt einen ruhigen Raum genügender Größe, der einen Abstand von mindestens 6 m zwischen Untersucher und Patient ermöglicht.
• Um die beiden Ohren getrennt prüfen zu können, muß jeweils ein Ohr „vertäubt" werden. Meist genügt es, wenn der Patient einen Finger in die Öffnung des äußeren Gehörgangs steckt. Eine bessere Vertäubung

erreicht man, wenn ein angefeuchteter Wattebausch in den Gehörgang gepreßt und mit einem Finger hin und her bewegt wird (Schüttelvertäubung).
• Der Untersucher flüstert viersilbige Zahlwörter zwischen 21 und 99 und bittet den Patienten, diese nachzusprechen. Hat der Patient Schwierigkeiten mit dem Erkennen der Zahlen, so wird der Versuch aus geringerem Abstand wiederholt. Er wird beendet, sobald der Patient 3 Zahlen hintereinander richtig wiedergegeben hat.

② **Hörweitenprüfung mit Umgangssprache**: Statt mit Flüstersprache werden die viersilbigen Zahlwörter mit Umgangssprache in normaler Gesprächslautstärke vorgesprochen. Einfaches Zuhalten des anderen Ohrs genügt nicht. Schüttelvertäubung (oder eine Lärmtrommel) ist nötig.

③ **Bewertung**:
• *Normal:* wenn Flüstersprache aus 6-8 m Entfernung verstanden wird.
• *Geringe Schwerhörigkeit:* wenn Umgangssprache noch aus mehr als 4 m Entfernung verstanden wird.
• *Mittelgradige Schwerhörigkeit:* wenn Umgangssprache aus 1-4 m Entfernung verstanden wird.
• *Hochgradige Schwerhörigkeit:* wenn Umgangssprache aus 0,25-1 m Entfernung verstanden wird.
• *An Taubheit grenzende Schwerhörigkeit:* wenn Umgangssprache nur aus weniger als 25 cm Entfernung verstanden wird.

#655 Luft- und Knochenleitung

■ **Schalleitung zum Innenohr**:
• *Luftleitung:* der Weg über den äußeren Gehörgang, das Trommelfell, die 3 Gehörknöchelchen und die Perilymphe zur Endolymphe.
• *Knochenleitung:* der Weg über die Schädelknochen und die knöcherne Schnecke zur Endolymphe.
Normalerweise ist die Luftleitung über die Verstärkerkette des Mittelohrs der Weg der Schalleitung. Ausgenommen davon ist nur die eigene Sprache, die über Knochenleitung gehört wird. Deshalb kommt einem die eigene Sprache so fremd vor, wenn man sie erstmals vom Tonband hört. Bei Störungen des Mittelohrs kann jedoch die Knochenleitung Bedeutung gewinnen.

■ **Haupttypen von Schwerhörigkeit**:
• *Schalleitungsschwerhörigkeit:* bei Schäden der Verstärkerkette im Mittelohr (Mittelohrschwerhörigkeit).
• *Schallempfindungsschwerhörigkeit:* bei Schäden des Innenohrs (Innenohrschwerhörigkeit) oder des Hörnervs (Nervenschwerhörigkeit).

■ **Stimmgabelversuche**: Man benutzt eine einfache Stimmgabel für den Kammerton a^1 (440 Hz):
① **Rinne-Versuch**: Er dient dem Vergleich von Luft- und Knochenleitung am gleichen Ohr (monauraler Vergleich). Die Stimmgabel wird angeschlagen und auf den Warzenfortsatz aufgesetzt. Der Patient wird gebeten, ein Zeichen zu geben, wenn er die Stimmgabel nicht mehr hört. Sobald dies der Fall ist, wird die Stimmgabel vor die Öffnung des äußeren Gehörgangs gehalten und der Patient gefragt, ob er sie nun wieder höre.
• *„Rinne positiv":* Der Patient hört die Stimmgabel vor dem Ohr. Die Luftleitung ist besser als die Knochenleitung (normal).
• *„Rinne negativ":* Der Patient hört die Stimmgabel vor dem Ohr nicht. Die Luftleitung ist nicht besser als die Knochenleitung (bei Schalleitungsschwerhörigkeit).

② **Weber-Versuch**: Er dient dem Vergleich der Knochenleitung der beiden Ohren (binauraler Vergleich): Die angeschlagene Stimmgabel wird auf die Mitte des Scheitels aufgesetzt und der Patient gefragt, ob er sie in beiden Ohren gleich gut oder in einem Ohr lauter hört.
• Der Ohrgesunde (und der beidseits gleich stark Erkrankte) hört den Ton in der Mitte zwischen den Ohren.
• Der einseitig Innenohrschwerhörige hört den Ton im gesunden Ohr lauter (weil er ihn mit dem kranken Ohr nicht so gut hören kann).

- Der einseitig Mittelohrschwerhörige hört den Ton im kranken Ohr lauter. Dies überrascht zunächst. Nach der Schallabflußtheorie von Mach besitzt das kranke Mittelohr eine geringere Schwingungsfähigkeit und eine größere Massenträgheit. Diese behindern den Schallabfluß. Dadurch entstehen am ovalen Fenster größere Kräfte, die das Innenohr stärker erregen.

#656 Bogengänge

■ **Lage**: Die 3 Bogengänge jeder Seite stehen annähernd rechtwinklig zueinander, aber nicht in Körperhauptebenen (Abb. 656).
- *Ductus semicircularis posterior*: Der hintere Bogengang steht etwa parallel zur Oberkante des Felsenbeins (der Grenze zwischen mittlerer und hinterer Schädelgrube). Er bildet mit der Medianebene einen nach hinten offenen Winkel von etwa 45°.
- *Ductus semicircularis anterior*: Der vordere Bogengang steht rechtwinklig zum hinteren Bogengang und deshalb auch im Winkel von 45° zur Medianebene. Der Winkel ist aber nach vorn offen.
- Der rechte vordere und der linke hintere Bogengang stehen annähernd parallel (im 1. schrägen Durchmesser = Fechterstellung = RAO-Position, #326).
- Entsprechend stehen auch der linke vordere und der rechte hintere Bogengang annähernd parallel (im 2. schrägen Durchmesser = Boxerstellung = LAO-Position).
- *Ductus semicircularis lateralis*: Die seitlichen („horizontalen") Bogengänge sind um etwa 30° nach hinten geneigt, stehen also nicht horizontal!

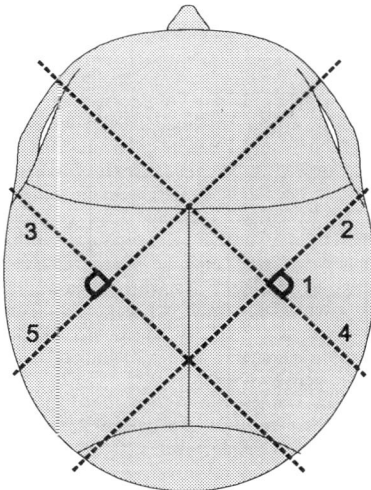

Abb. 656. Lage der Bogengänge (Projektion auf das Schädeldach): 1 Ductus semicircularis lateralis, 2 Ebene des rechten vorderen Bogengangs, 3 Ebene des linken vorderen Bogengangs, 4 Ebene des rechten hinteren Bogengangs, 5 Ebene des linken hinteren Bogengangs

■ **Nystagmus**:
- Blickt man bei der Eisenbahnfahrt aus dem Fenster und sieht dabei etwas Interessantes, so bewegen sich die Augen langsam entgegen der Zugbewegung, bis das Objekt aus dem Blickfeld entschwindet. Dann werden die Augen rasch zurückgestellt, um einem neuen Objekt langsam zu folgen. Es wechseln also langsame und rasche Augenbewegungen ab.
- Vergleichbar werden die Augen beim Lesen bewegt: Der Blick gleitet von Wort zu Wort nach rechts und wird dann ruckartig an den Anfang der nächsten Zeile nach links zurückgestellt.
- Die rhythmischen Bewegungen beider Augen mit einer langsamen und einer schnellen Komponente nennt man Nystagmus. Die Richtung des Nystagmus wird nach der schnellen Komponente benannt, also Rechtsnystagmus = langsame Bewegung nach links und schnelle Rückstellung nach rechts.
- Wenn die Augen bei Drehungen um die eigene Achse einen Gegenstand fixieren, drehen sie sich langsam entgegen der Körperdrehung. Dann werden sie wieder rasch zurückgestellt (Drehnystagmus).

- Der Blickrichtungsnystagmus = optokinetischer Nystagmus ist schon in #645 behandelt worden.

■ **Rotatorischer Nystagmus:**
① **Vestibulookulärer Reflex:** Er koordiniert die Augenbewegungen mit den Drehbewegungen des Körpers. Er läuft über Verbindungen zwischen dem Gleichgewichtsorgan und den Augenmuskelkernen ab.
- Der vestibulookuläre Reflex wird bei jedem Drehen ausgelöst, auch wenn er bei einer unnatürlich raschen wiederholten Drehung gar nicht sinnvoll ist. So hält der Nystagmus auch noch für 20-40 Sekunden an, wenn man die rasche Drehbewegung plötzlich stoppt.

② **Drehversuch:**
- Der Patient sitzt auf einem üblichen Labordrehstuhl und neigt den Kopf um 30° nach vorn. Die seitlichen Bogengänge stehen dann horizontal. Hierbei treten die größten Winkelbeschleunigungen auf.
- Der Patient wird innerhalb von 20 Sekunden zehnmal um 360° gedreht und dann abrupt angehalten. Es werden die Dauer und die Richtung des postrotatorischen Nystagmus protokolliert. Der Versuch wird einmal mit Rechtsdrehung und einmal mit Linksdrehung vorgenommen.
- Vor dem Versuch sollte man sich mit dem Drehstuhl vertraut gemacht haben. Insbesondere muß man prüfen, ob 10 Umdrehungen möglich sind, ohne daß die Spindel aus der Halterung läuft. Der Patient könnte sonst Schaden nehmen.
- In der HNO-Klinik wird für den Drehversuch ein elektronisch gesteuerter Drehstuhl bevorzugt, auf dem man auch den Anlaufnystagmus beobachten kann. Mit der Elektronystagmographie werden die Augenbewegungen aufgezeichnet.
- Setzt man dem Patienten eine Frenzel-Brille (Brille mit seitlichen Lämpchen) mit hoher Brechkraft (z.B. +15 dpt) auf, so wird er gehindert, einen Gegenstand der Umgebung zu fixieren und dadurch den Nystagmus zu unterdrücken. Der Untersucher hingegen sieht die Augen des Patienten scharf und vergrößert.

③ **Bewertung:** Bei gesunden Innenohren folgt einer Rechtsdrehung zunächst ein Linksnystagmus, einer Linksdrehung ein Rechtsnystagmus. In einer zweiten Phase kehrt sich dann manchmal der Nystagmus um (um evtl. sogar noch in einer dritten Phase auszupendeln).

■ **Thermischer Nystagmus:**
① **Ursachen:** Der untere Schneckengang und der seitliche Bogengang grenzen eng an die Innenwand (Paries labyrinthicus) der Paukenhöhle bzw. den Eingang in den Vorhof des Warzenfortsatzes (Aditus ad antrum) an. Temperaturänderungen in der Paukenhöhle übertragen sich auf die knöchernen Wände des Labyrinths und weiter auf die Peri- und Endolymphe. Sie führen zu Volumen- und Dichteänderungen und damit zu Flüssigkeitsbewegungen in den Bogengängen mit Ablenkungen der Gallertkuppeln.
- Über Verbindungen mit den Augenmuskelkernen werden rhythmische Bewegungen beider Augen (vestibulärer Nystagmus) ausgelöst.

② **Vorgehen:** In der Voruntersuchung wird geklärt, ob die Trommelfelle des Patienten intakt sind und keine Mittelohrentzündung besteht (#652). Nur unter dieser Voraussetzung darf der Versuch durchgeführt werden.
- Der Patient wird in eine Lage gebracht, bei der die lateralen Bogengänge vertikal stehen (um wie bei einer Warmwasserheizung die größte Flüssigkeitsbewegung zu erreichen). Dazu muß bei liegendem Patienten der Kopf um 30° angehoben, bei sitzendem Patienten der Kopf um 60° nach hinten geneigt werden.
- Dann werden die Augen des Patienten beobachtet, während der äußere Gehörgang 30 Sekunden gespült wird:
- Kaltspülung: mit Wasser von 30° C.
- Warmspülung: mit Wasser von 44° C.

③ **Beurteilung:** Bei gesundem Labyrinth treten Schwindel und Nystagmus für etwa 1-3 Minuten auf. Die raschen Augenbewegungen gehen bei
- Warmspülung zur gespülten Seite,
- Kaltspülung zur Gegenseite.

6.6 Gehirn

#661 Großhirn

① **Projektion der Schädelgruben:**
- *Jochbogenebene:* Für die Beziehung zwischen Gehirn und Schädel ist eine Ebene wichtig, die die Oberränder der beiden Jochbogen (Arcus zygomatici) mit dem Oberrand des äußeren Hinterhauptvorsprungs (Protuberantia occipitalis externa) verbindet (Abb. 661a).
- Ihr Abschnitt im Bereich des Jochbogens entspricht der mittleren Schädelgrube und damit dem Unterrand des Schläfenlappens des Großhirns. Ihr Vorderende liegt fingerbreit hinter dem Stirnfortsatz des Jochbeins.
- Ihr Abschnitt vom Hinterhauptvorsprung zum äußeren Gehörgang entspricht dem

Tab. 661. Inhalt der Schädelgruben	
Fossa cranii anterior (vordere Schädelgrube)	Lobus frontalis (Stirnlappen) des Großhirns
Fossa cranii media (mittlere Schädelgrube)	Lobus temporalis (Schläfenlappen) des Großhirns
Fossa cranii posterior (hintere Schädelgrube)	Pons (Brücke) + Cerebellum (Kleinhirn) + Medulla oblongata (verlängertes Mark)

Sinus transversus und damit dem Ursprung des Kleinhirnzelts (Tentorium cerebelli), das den Hinterhauptlappen (Lobus occipitalis) des Großhirns vom Kleinhirn trennt. Allerdings liegt das Kleinhirnzelt selbst nicht in der Jochbogenebene: Wie schon der Name besagt, steigt es zeltartig zur Mitte an.
- Die vordere Schädelgrube steht nicht parallel zur Jochbogenebene, sondern ist von vorn nach hinten flach geneigt. Man kann sie durch eine Ebene kennzeichnen, die vom Oberrand der Augenbrauenwülste des Stirnbeins zum äußeren Hinterhauptvorsprung verläuft. Sie bezeichnet die Unterfläche des Stirnlappens des Großhirns.
- Hinter dem Hinterende der vorderen Schädelgrube und über der Mitte des Jochbogens findet man den Türkensattel (Sella turcica) mit der Hypophyse.

② **Projektion der Hauptfurchen des Großhirns**: Da die interindividuelle Variabilität groß ist, können die folgenden Angaben nur der groben Orientierung dienen. Exakten Aufschluß über die individuelle Gestaltung des Gehirns geben die Computertomographie (CT) und das Kernspinresonanzbild (NMR).
- Sylvius-Punkt: Die Stelle der Aufzweigung der seitlichen Hirnfurche (Sylvius-Furche, Sulcus lateralis) in ihre 3 Äste (R. anterior + ascendens + posterior) liegt etwa 2 Fingerbreit (4 cm) über der Mitte des Oberrandes des Jochbogens.
- Vom Sylvius-Punkt steigt der lange hintere Ast der seitlichen Hirnfurche nur langsam nach hinten an. Er bildet die Grenze zwischen Schläfen- und Stirn- bzw. Scheitellappen des Großhirns.

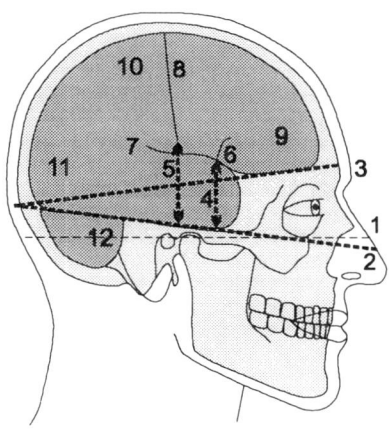

Abb. 661a. Projektion des Gehirns auf die Oberfläche des Kopfes: 1 deutsche Horizontale (#215), 2 Jochbogenebene, 3 Ebene vom Augenbrauenwulst zum Hinterhauptvorsprung, 4 + 5 Lobus temporalis, 4 Vertikale durch die Mitte des Jochbogens, 5 Vertikale durch das Hinterende des Jochbogens, 6 Sylvius-Punkt, 7 Sulcus lateralis, 8 Sulcus centralis, 9 Lobus frontalis, 10 Lobus parietalis, 11 Lobus occipitalis, 12 Cerebellum

- Die Zentralfurche (Sulcus centralis) grenzt Stirn- und Scheitellappen voneinander ab. Ihr unteres Ende liegt etwa 5 cm oberhalb des hinteren Ende des Jochbogens (knapp oberhalb des Sulcus lateralis).
- Das obere Ende der Zentralfurche findet man fingerbreit hinter der Mitte der median über den Kopf gezogenen Verbindung von Nasenwurzel und Hinterhauptvorsprung.

③ **Projektion der Ventriculi laterales** auf das Schädeldach: An den u-förmig gebogenen seitlichen Hirnkammern unterscheidet man 4 Abschnitte (Abb. 661b):
- Cornu frontale [anterius] (Vorderhorn),
- Pars centralis (Mittelteil),
- Cornu occipitale [posterius] (Hinterhorn),
- Cornu temporale [inferius] (Unterhorn).

Die Mittelteile berühren sich nahezu in ihren vorderen Viertelpunkten, wo sie über das Foramen interventriculare mit der dritten Hirnkammer (Ventriculus tertius) verbunden sind. Sie divergieren nach hinten und unten.

#662 Hirnhautarterien

Tab. 662. Herkunft der Hirnhautarterien	
Hirnhautarterie:	*Ast der:*
R. meningeus anterior	A. ophthalmica
A. meningea media	A. maxillaris
A. meningea posterior	A. pharyngea ascendens

■ **Hirnhautblutungen**:
① **Lage**:
- *Epidurale Blutung:* Sie geht in den Epiduralraum (Spatium epidurale [peridurale]), der entsteht, wenn sich die harte Hirnhaut vom Knochen des Schädeldachs löst. Die Blutung entsteht meist bei einem Schädelbruch, bei dem eine A. meningea media zerrissen wurde.
- *Subdurale Blutung:* Sie erfolgt in den Subduralraum (Spatium subdurale) zwischen harter Hirnhaut und Spinnwebenhaut. Das Blut kommt meist aus einer Großhirnvene (sog. Brückenvene), die vor ihrer Mündung in den Sinus sagittalis superior durch ein Trauma abgerissen wurde.
- *Subarachnoideale Blutung:* Das Blut ergießt sich in den Subarachnoidealraum (Spatium subarachnoideum), also in den Liquor cerebrospinalis. Es verteilt sich in diesem, während die subdurale und die epidurale Blutung örtlich beschränkt bleiben. Häufigste Ursache ist das Platzen eines zerebralen Aneurysmas (sackartige Erweiterung einer Hirnarterie, am häufigsten im vorderen Teil des Circulus arteriosus cerebri und im Anfangsabschnitt der A. cerebri media).

② **Beschwerden bei epi- und subduraler Blutung**: Kennzeichnend ist der zweiphasige Verlauf:
- Nach einem Schädeltrauma mit Bewußtlosigkeit erholt sich der Patient zunächst, verliert aber nach einigen Stunden (epidural) oder Tagen bis Wochen (subdural) erneut das Bewußtsein.

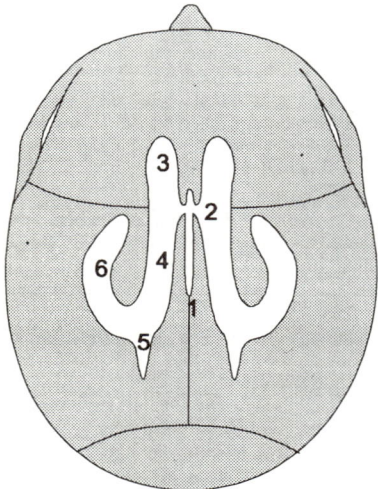

Abb. 661b. Projektion der Hirnkammern auf das Schädeldach: 1 Ventriculus tertius, 2 Foramen interventriculare, 3-6 Ventriculus lateralis, 3 Cornu frontale [anterius], 4 Pars centralis, 5 Cornu occipitale [posterius], 6 Cornu temporale [inferius]

- Die Blutungen schreiten langsam voran, weil die epidurale Blutung die harte Hirnhaut vom Knochen ablösen muß und die subdurale Blutung aus einer Vene unter geringem Druck erfolgt. Erst wenn der Bluterguß so groß ist, daß er Raumnot in der Schädelhöhle und damit Druck auf das Gehirn erzeugt, treten die Beschwerden der zweiten Phase auf.
- Das chronische subdurale Hämatom kann sich manchmal auch in psychischen Veränderungen bemerkbar machen („Opa hat sich vor 3 Monaten den Kopf angestoßen und wird jetzt wunderlich"). Nach Druckentlastung verschwinden die psychischen Veränderungen meist wieder.

③ **Beschwerden bei subarachnoidealer Blutung**: Kennzeichnend sind meist schlagartig einsetzende rasende Kopfschmerzen, begleitet von Übelkeit, Erbrechen und Nackensteife (#221). Meist geht das Bewußtsein nur kurz verloren. Die Lumbalpunktion (#223) bringt blutigen Liquor zutage. Wird die Frühphase überlebt, so drohen in den nächsten Tagen durch Blutabbauprodukte im Liquor ausgelöste Gefäßkrämpfe der basalen Hirnarterien, die zum Hirninfarkt führen können. Nachblutungen können noch nach Wochen und Monaten auftreten.

■ **Projektion der A. meningea media**: Sie ist die weitaus stärkste der 3 Hirnhautarterien (Tab. 662) und versorgt mit 2 Hauptästen (R. frontalis und R. parietalis) den größten Teil der harten Hirnhaut.
- Die A. meningea media tritt durch das Foramen spinosum in die mittlere Schädelgrube. Diese Stelle projiziert sich über die Mitte des Jochbogens auf die Oberfläche. Deshalb wird hier beim epiduralen Hämatom bevorzugt trepaniert.

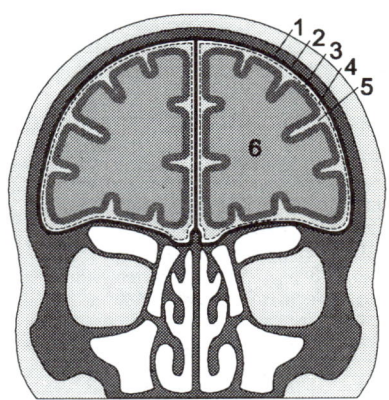
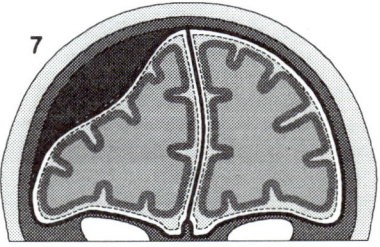
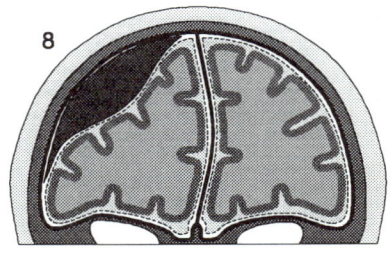
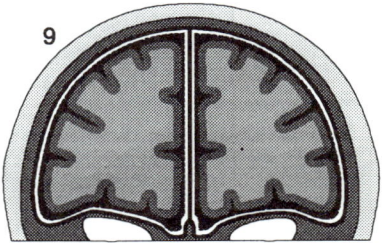

Abb. 662. Hirnhäute: 1 Schädeldach (Calvaria), 2 Dura mater cranialis [encephali], 3 Spatium subdurale, 4 Arachnoidea mater cranialis [encephali], 5 Spatium subarachnoideum, 6 Cerebrum, 7 epidurales Hämatom, 8 subdurales Hämatom, 9 subarachnoideale Blutung

- Die Projektion der beiden Hauptäste ist variabel. Deshalb werden die früher beschriebenen Schemata für die Projektion kaum noch benutzt.

#663 Hirnnerven

Die Untersuchung der einzelnen Hirnnerven wird an verschiedenen Stellen dieses Buches mehr oder weniger ausführlich behandelt (Tab. 663a). Die wichtigsten Ausfallserscheinungen sind in Tab. 663b zusammengestellt.

#664 Kleinhirn

■ **Koordination der Körperbewegungen**: An ihr sind zahlreiche Hirnbereiche beteiligt. Das Kleinhirn hat dabei eine zentrale Stellung. Es empfängt Informationen hauptsächlich vom Gleichgewichtsorgan im Innenohr und den Rezeptoren der Tiefensensibilität und verarbeitet sie in einem Regelkreis mit dem Großhirn. Die meisten der folgenden Tests werden vom Neurologen als „Kleinhirntests", vom HNO-Arzt als „Gleichgewichtsprüfung" ausgeführt.

Tab. 663a. Untersuchung der Hirnnerven (Verweis auf den Abschnitt mit ausführlicher Darstellung)

I	Nn. olfactorii	Riechprüfung (#634)
II	N. opticus	Gesichtsfeld (#646), Sehschärfe (#647), Ophthalmoskopie (#648)
III	N. oculomotorius	Pupillenreflexe (#644), Oberlidheben, fast alle Augenbewegungen (#645)
IV	N. trochlearis	Bewegen des Auges nach innen unten (#645)
V	N. trigeminus	Kieferbewegungen (#615), Sensibilität in Gesicht (#615), Nasen- (#634) und Mundhöhle (#625)
VI	N. abducens	Bewegen des Auges nach außen (Abduktion, #645)
VII	N. facialis = N. intermediofacialis	Mimik (#617), Lidschlußreflexe (#641), Tränensekretion (#642), Platysma (#712), Geschmacksprüfung im vorderen Zungenbereich (#627)
VIII	N. vestibulocochlearis	Hörweitenprüfung (#654), Stimmgabelversuche (#655), experimenteller Nystagmus (#656), Koordinationsprüfung (#664)
IX	N. glossopharyngeus	Schluckakt, Würgreflex, Geschmacksprüfung im hinteren Zungenbereich (#627)
X	N. vagus	Kehlkopfmuskeln (#742), Darmbewegungen (#412)
XI	N. accessorius	M. sternocleidomastoideus + M. trapezius (#733, #817)
XII	N. hypoglossus	Zungenbewegungen (#626)

Tab. 663b. Ausfallserscheinungen bei einseitiger vollständiger Lähmung eines Hirnnervs: Symptome auf der gelähmten Seite

I	Anosmie: Riechvermögen für reine Riechstoffe ist erloschen
II	Amaurosis: Auge ist blind
III	• Ptosis: Oberlid hängt herab • Mydriasis: Pupille ist weit • Doppelbilder höhenverschoben und gedreht: Auge ist weitgehend unbeweglich
IV	Doppelbilder höhenverschoben und gedreht: Auge ist nicht nach innen unten zu bewegen
V	• Kaumuskeln sind gelähmt • Sensibilität in Gesicht, Nasen- und Mundhöhle ist erloschen
VI	Doppelbilder auf gleicher Höhe: Auge ist nicht weit nach außen zu bewegen
VII	• Mimik erloschen: Lid- und Mundspalte können nicht geschlossen werden • Hyperakusis: überlautes Hören • Geschmacksempfindung der vorderen 2/3 der Zunge ist aufgehoben
VIII	• Surditas: Ohr ist taub • Gleichgewichtsstörung mit Fallneigung zur gelähmten Seite
IX	• Sprech- und Schluckstörungen • Gaumenzäpfchen ist nach der gesunden Seite verzogen • Geschmacksempfindung im hinteren Zungendrittel ist erloschen
X	• Rekurrenslähmung: Stimme ist heiser • Schluckstörungen
XI	Lähmung des M. trapezius: Arm kann nicht über die Horizontale gehoben werden
XII	Zungenhälfte gelähmt: Zungenspitze weicht zur gelähmten Seite ab

6.6 Gehirn

① **Blindstand** (Romberg-Test): Der Patient steht ohne Stütze mit geschlossenen Füßen und schließt die Augen. Er soll diese Stellung 2 Minuten bewahren. Der Untersucher steht hinter ihm, um ihn notfalls zu stützen, falls er schwanken sollte.
- Dem Gesunden bereitet der Blindstand auf 2 Beinen keine Schwierigkeiten.
- Der Innenohrgestörte droht in Richtung des geschädigten Gleichgewichtsorgans zu stürzen.
- Der Kleinhirngestörte schwankt ungerichtet (Standataxie).
- Zur Unterscheidung von Innenohr- und Kleinhirnschäden kann der Versuch mit gedrehtem Kopf wiederholt werden: Beim Innenohrgeschädigten ändert sich die Fallrichtung entsprechend der Drehung des Kopfes. Hatte er beim Geradeausblick eine Fallneigung nach rechts, so besteht nach Rechtsdrehung des Kopfes eine Fallneigung nach hinten. Beim Kleinhirngeschädigten ist kein Unterschied zu erkennen.
- Eine verschärfte Form des Versuchs ist der einbeinige Blindstand.

② **Blindgang**: Dem Patienten wird ein Ziel bezeichnet. Dann soll er die Augen schließen und das Ziel zu erreichen suchen. Man kann auch auf den Boden mit Kreide eine Linie zum Ziel zeichnen, um Abweichungen besser erkennen zu können (Strichgang).
- Der Gesunde erreicht das Ziel mit nur geringer Abweichung.
- Der Innenohrgestörte weicht in Richtung des geschädigten Gleichgewichtsorgans weit vom Ziel ab.
- Der Kleinhirngestörte schwankt während des Gehens ungerichtet hin und her (Gangataxie).
- Eine Verschärfung des Versuchs ist der Seiltänzergang (Fuß-vor-Fuß-Gang): Der Patient soll beim Gehen jeweils einen Fuß dicht vor den anderen setzen.
- Eine andere verschärfte Form des Versuchs ist das einbeinige Hüpfen zum Ziel. Es wird zwar in der ärztlichen Praxis nicht getestet, bereitet aber Studenten im Untersuchungskurs mehr Spaß als das zweibeinige Gehen.

③ **Tretversuch** (Unterberger-Versuch): Der Patient soll etwa 2 Minuten auf der Stelle treten und dabei die Augen geschlossen halten. Im Raum muß es ruhig sein, damit sich der Patient nicht an Geräuschquellen orientieren kann.
- Der Gesunde behält die Körperrichtung im wesentlichen bei.
- Der Innenohrgestörte dreht den Körper in Richtung des geschädigten Gleichgewichtsorgans um mehr als 40°
- Der Kleinhirngestörte dreht den Körper während des Tretens ungerichtet hin und her.
- Eine verschärfte Form des Versuchs ist das einbeinige Hüpfen am Ort. Im Seitenvergleich eignet sich dieses Hüpfen auch zum Erkennen einer einseitigen Muskelschwäche: Das kranke Bein ermüdet rascher, und der Sprung ist plumper (lauteres Aufsprunggeräusch).
- Eine andere verschärfte Form des Versuchs mit Drehung des Kopfes dient zur Prüfung der A. vertebralis (#723).

④ **Sterngang**: Der Patient soll 15-20mal mit geschlossenen Augen 6 Schritte vor und wieder zurück gehen. Bewertung wie beim Tretversuch.

⑤ **Armvorhalteversuche**: Zusätzliche Informationen kann man beim Blindstand und bei Tretversuch gewinnen, wenn man den Patienten auffordert, die Arme supiniert horizontal nach vorn zu strecken. Beim geschwächten Patienten wird der Armvorhalteversuch im Sitzen vorgenommen.
- Der Gesunde hält die Arme ohne größere Anstrengung 2 Minuten horizontal.
- Beim Innenohrgestörten weichen beide Arme in Richtung des geschädigten Gleichgewichtsorgans von der Sagittalrichtung ab (spontane Abweichreaktion). Ferner sinkt der Arm auf der Seite des geschädigten Gleichgewichtsorgans ab (spontane Armtonusreaktion).
- Beim Kleinhirngeschädigten steigt der Arm auf der erkrankten Seite manchmal an.
- Bei Muskelschwäche eines Arms sinkt dieser ab, wobei der Arm meist proniert wird.

⑥ **Beinhalteversuche:**
- In Bauchlage werden beide Unterschenkel schräg angewinkelt und sollen mit geschlossenen Augen 2 Minuten so gehalten werden, ohne sich zu berühren.
- In Rückenlage werden die leicht gespreizten Beine im Hüft- und im Kniegelenk gebeugt. Die Unterschenkel sollen mit geschlossenen Augen 2 Minuten horizontal gehalten werden (anstrengendere Version des Versuchs).
- Bewertung: sinngemäß wie bei den Armvorhalteversuchen.

⑦ **Nachahmversuche:** Der Patient liegt, sitzt oder steht mit geschlossenen Augen und streckt die Arme vor. Der Untersucher bringt einen Arm, eine Hand oder Finger des Patienten in eine bestimmte Stellung und fordert ihn auf, den anderen Arm bzw. Hand und Finger in die gleiche Stellung zu bringen. Dem Gesunden gelingt dies ohne weiteres. Der Koordinationsgestörte weicht stärker ab. Der Versuch kann im Liegen auch mit den Beinen ausgeführt werden.

⑧ **Zeigeversuche:**
- *Finger-Nasen-Versuch:* Der Patient wird aufgefordert, bei gestrecktem Arm mit dem Zeigefinger eine große 8 in die Luft zu schreiben und dann den Zeigefinger an die eigene Nase zu führen. Der Versuch wird zuerst mit offenen, dann mit geschlossenen Augen ausgeführt.
- *Finger-Finger-Versuch:* Der Versuch entspricht dem vorhergehenden, doch soll anstelle der Nase der vorgehaltene Zeigefinger des Untersuchers berührt werden.
- *Knie-Hacken-Versuch:* Der Patient liegt auf dem Rücken. Er soll mit der Ferse das Knie des anderen Beins berühren und dann mit der Ferse am Schienbein entlang nach unten gleiten. Der Versuch wird erst mit offenen, dann mit geschlossenen Augen ausgeführt. Wird der Versuch im Stehen vorgenommen, so sollte der Patient sich irgendwo festhalten können.
- *Zehen-Finger-Versuch:* Der Patient soll mit der Großzehe eine große 8 in die Luft schreiben und dann den vorgehaltenen Zeigefinger des Untersuchers berühren (erst mit offenen, dann mit geschlossenen Augen).

Bewertung:
- Der Gesunde schreibt mit den Gliedmaßen harmonisch gerundete Figuren in die Luft und trifft das Ziel, ohne zu schwanken.
- Bei Koordinationsstörungen werden die Bewegungen eckig. Mit zunehmender Annäherung an das Ziel werden beim Kleinhirngeschädigten die Schwankungen stärker (Zielzittern = Intentionstremor). Bei Störungen des extrapyramidalmotorischen Systems bleibt das Zittern gleich (Ruhetremor), und der Muskeltonus ist erhöht.
- Man beachte: Stark geschwächte Patienten haben manchmal nicht genügend Kraft, die Bewegungen harmonisch auszuführen, obwohl die Koordination ungestört ist.

⑨ **Wechselbewegungen:** Ein besonders hohes Maß an Koordination erfordern rhythmische gegensinnige Bewegungen der Extremitäten, z.B.
- „Glühbirnen einschrauben": Die beiden Hände führen gleichsinnige oder gegensinnige Umwendbewegungen aus.
- „Geldzählen": Der Daumen reibt am Zeigefinger wie beim Zählen von Münzen.
- „Klavierspielen": Die Finger klopfen in vorgegebenen Rhythmen rasch auf den Tisch.
- Auf- und Abbewegen der Zehen.
- Steppschritte auf dem Boden in vorgegebenen Rhythmen.
- Hin- und Herbewegen der Zunge.
- Derartige Bewegungsspiele können mit bestimmten Rhythmen und Kombinationen von der reinen Koordinationsprüfung bis zum Erfassen einer Art motorischen Intelligenz ausgestaltet werden.

Bewertung:
- *Eudiadochokinese:* Der Gesunde kann je nach Übung und Begabung vorgezeigte Wechselbewegungen mehr oder weniger schnell ausführen.
- *Dysdiadochokinese:* Der Koordinationsgestörte ist hierbei langsam und macht zahlreiche Fehler.

7 Hals

7.1 Bewegungsapparat und Regionen

#711 Halswirbel

① **Palpation der Querfortsätze**: Im Gegensatz zu den Brust- und Lendenwirbeln sind die Querfortsätze der Halswirbel in der seitlichen Halsgegend mehr oder weniger deutlich durch die Muskulatur hindurch zu fühlen.
• Den besonders weit lateral ausladenden Querfortsatz des Atlas (Abb. 711) findet man in der Grube zwischen dem aufsteigenden Ast des Unterkiefers und dem Warzenfortsatz. Bei Drehbewegungen des Kopfes gleitet er unter dem tastenden Finger nach vorn bzw. nach hinten.

② **Palpation der Wirbelkörper**: Die Vorderflächen der oberen Halswirbel kann man durch den Mund hindurch tasten. Diesen Versuch nehme man zu Hause vor dem Waschbecken vor, da beim Berühren der Rachenhinterwand erheblicher Brechreiz ausgelöst wird. Beim Patienten muß man daher die Rachenhinterwand anästhesieren, um ungestört tasten zu können.

③ **Bewegungsspiel**: ⇒ #211/219.

#712 Muskelrelief

■ **Inspektion**: Ordnet man die Muskeln des Halses nach ihrer Bedeutung für die Oberflächengestaltung, so bietet sich folgende Rangreihe an (Abb. 712):

① **M. sternocleidomastoideus**: Er gestaltet die Körperoberfläche wie wohl kaum ein anderer Muskel. Selbst Picasso hat in seiner kubistischen Schaffensperiode nicht auf die Gliederung des Halses durch ihn verzichtet.
• Schon in Ruhe wölbt der schräg von Brust- und Schlüsselbein zum Warzenfortsatz ziehende Muskel die Haut vor, wenn das Unterhautfettgewebe nicht zu stark ist.
• Man kann ihn noch stärker hervortreten lassen, wenn man gegen die gleichseitigen Schläfen drückt.
• Da die Kopfgelenke zusammen die Bewegungsmöglichkeiten eines Kugelgelenks haben, müssen wir 3 Achsen prüfen:
• Sagittale Achse: Er neigt den Kopf zur Seite.
• Transversale Achse: Er neigt den Kopf zurück.
• Longitudinale Achse: Er dreht den Kopf zur Gegenseite.
• Außerdem hebt er das Schlüsselbein (schwach, da der Hebelarm kurz ist).
• Zwischen den Ursprüngen am Brust- und am Schlüsselbein ist die Haut zu einer flachen Grube eingedellt (Fossa supraclavicularis minor).

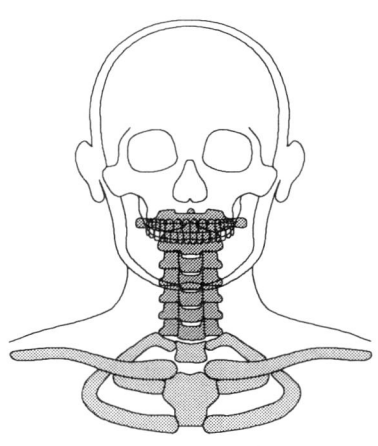

Abb. 711. Halswirbelsäule. Die ersten beiden Halswirbel liegen auf Höhe der Mundhöhle. Sie sind auf Röntgenaufnahmen durch den weit geöffneten Mund gut zu beurteilen. Ihre Vorderflächen sind durch die Rachenhinterwand zu tasten.

② **M. semispinalis capitis** (Halbdornmuskel des Kopfes): Über den Dornfortsätzen der oberen Halswirbel sinkt eine Rinne ein, neben der sich zwei mächtige Wülste vorwölben. Bei diesen handelt sich um das obere Ende der autochthonen Rückenmuskeln mit mächtiger Rückneigekraft. Die Mm. semispinales spannen sich besonders stark an, wenn man den Kopf gegen Widerstand zurückneigt (rekliniert), z.B. Kopf heben aus Bauchlage.

③ **M. trapezius**: Konturbildend ist im Halsbereich nur der vordere Rand des absteigenden Teils. Er setzt am lateralen Drittel des Schlüsselbeins an. Er tritt hervor, wenn der Patient die Schulter gegen Widerstand hebt: Der Untersucher drückt dagegen, oder der Patient trägt in der Hand eine schwere Tasche usw.

• Der Hinterrand des M. sternocleidomastoideus und der Vorderrand des Trapezmuskels konvergieren nach kranial. Manchmal grenzen die Ansätze aneinander. Kaudal bleiben sie jedoch immer getrennt. Dort sinkt zwischen ihnen eine dreieckige Grube ein: hinteres Halsdreieck (Trigonum cervicale posterius). Die Grube ist über dem Schlüsselbein am tiefsten: Fossa supraclavicularis major (entspricht dem Trigonum omoclaviculare).

④ **M. levator scapulae** (Schulterblattheber): Beim Heben der Schulter gegen Widerstand wird im mittleren bis oberen Teil des hinteren Halsdreiecks ein Muskelwulst deutlich, der einen Winkel von etwa 45° mit dem Vorderrand des M. trapezius bildet. Es ist der obere Teil des M. levator scapulae, der die Querfortsätze der oberen Halswirbel mit dem oberen Eck des Schulterblatts verbindet.

• Die flache Grube im hinteren Halsdreieck oberhalb des M. levator scapulae wird von den Mm. splenii eingenommen.

⑤ **Mm. infrahyoidei** (Unterzungenbeinmuskeln): In Ruhe ist von ihnen kaum etwas zu sehen. Bei dünnem Unterhautfettgewebe kann die oberflächliche Schicht jedoch schon beim Sprechen die Haut vorwölben:

• *M. sternohyoideus:* unmittelbar neben der Medianlinie zwischen Brustbein und Zungenbein.

• *M. omohyoideus:* vom Zungenbein zum Schulterblatt, den M. sternocleidomastoideus unterkreuzend. Beim Sprechen und Schlucken begrenzt er als kleiner Wulst die Fossa supraclavicularis major nach oben. Deshalb kann man diese auch Trigonum omoclaviculare nennen. Der M. omohyoideus verläuft nicht geradlinig vom Ursprung zum Ansatz, sondern ist unter dem M. sternocleidomastoideus an einer Zwischensehne abgeknickt. Der obere Kopf steht eher vertikal, der untere eher horizontal.

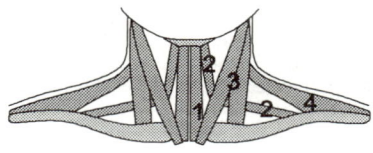

Abb. 712. Oberflächliche Halsmuskeln von vorn: 1 M. sternohyoideus, 2 M. omohyoideus, 3 M. sternocleidomastoideus, 4 M. trapezius

⑥ **Platysma**: Es ist der größte Hautmuskel des Menschen. Entsprechend der Rückbildungsneigung der Hautmuskeln beim Menschen ist das Platysma sehr variabel. Es kann als handbreite geschlossene Muskelplatte von der Brusthaut zur Gesichtshaut aufsteigen oder nur aus einigen spärlichen Muskelfaserbündeln bestehen. Es kann mehr oder weniger weit von der Körpermittellinie enden oder sich mit dem Platysma der Gegenseite in der Mittellinie durchflechten.

• Das Platysma studiert man am besten an sich selbst vor einem genügend großen Spiegel. Es spannt sich beim „Zähnefletschen" stark an, wenn man die Mundwinkel nach außen-unten zieht. Die Muskelfasern überqueren das Schlüsselbein.

• *Irrtumsmöglichkeit:* Die Muskelfasern des Platysma haben etwa die gleiche Verlaufsrichtung wie die V. jugularis externa und die

7.1 Bewegungsapparat und Regionen

Nn. supraclaviculares aus dem Halsnervengeflecht. Will man in die V. jugularis externa injizieren, z.B. bei Kindern, so wird die Prozedur recht mühsam, wenn man statt in die Vene immer wieder in Muskelfaserbündel einsticht (#724).

■ **Palpation der Mm. scaleni**: In der Fossa supraclavicularis major kann man bei tiefer Einatmung die Mm. scaleni anterior und medius und den zwischen ihnen klaffenden Spalt (hintere Skalenuslücke) tasten. Die hintere Skalenuslücke ist als Durchtrittsstelle der A. subclavia (#851) und des Armnervengeflechts (#732) ärztlich wichtig.

• *M. scalenus anterior:* Man spannt den M. sternocleidomastoideus an und umgreift seinen lateralen Rand in der Nähe des Schlüsselbeins. Man kann dabei die Haut einige Zentimeter in die Tiefe einstülpen. Der tastende Finger liegt im Raum zwischen dem M. sternocleidomastoideus und dem M. scalenus anterior. Diese Lücke (vordere Skalenuslücke) benutzt die V. subclavia (nicht zu tasten) tief hinter dem Schlüsselbein auf ihrem Weg zum Arm. Man kann nun mühelos große Teile der Vorderfläche des M. scalenus anterior abtasten.

• *M. scalenus medius:* Im oberen Halsbereich kann man den M. scalenus medius kaum vom M. scalenus anterior abgrenzen. Je weiter man jedoch nach unten kommt, desto deutlicher wird zuerst ein Spalt, dann eine Lücke. Vom M. scalenus medius ist die gesamte Seitenfläche zugänglich. Ihn trennt rückwärts eine seichte Rinne vom M. scalenus posterior.

• *Hintere Skalenuslücke:* Tastet man am Seitenrand des M. scalenus anterior nach unten in die Tiefe, so gelangt man zur ersten Rippe. Dort fühlt man meist eine Verdikkung des Rippenknochens am Ansatz des Muskels (Tuberculum musculi scaleni anterioris). Unmittelbar dahinter pulsiert die A. subclavia.

#713 Halsregionen

Für das Protokollieren der Lage von Befunden ist die Kenntnis der Regionengliederung nützlich (Abb. 713):

① **Regio cervicalis anterior** (vordere Halsgegend = Trigonum cervicale anterius (vorderes Halsdreieck): zwischen den beiden Mm. sternocleidomastoidei bis zum Unterrand des Unterkiefers. Teilregionen:

• *Trigonum submandibulare:* zwischen dem vorderen Kopf des M. digastricus und dem Unterkieferunterrand (rückwärts etwa bis zum Unterkieferwinkel reichend). Es enthält oberflächlich die Lymphknoten für die Mundhöhle und den vorderen Gesichtsbereich, die Glandula submandibularis und die A. + V. facialis.

• *Regio submentalis:* zwischen den beiden Trigona submandibularia, rückwärts bis zum Zungenbein.

• *Trigonum caroticum:* zwischen M. omohyoideus, Vorderbauch des M. digastricus und Vorderrand des M. sternocleidomastoideus. In ihm verzweigen sich die A. carotis communis und die A. carotis externa. Ferner

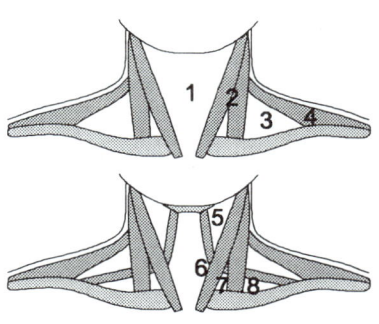

Abb. 713. Halsregionen von vorn: oben Hauptregionen, unten Teilregionen. 1 Regio cervicalis anterior, 2 Regio sternocleidomastoidea, 3 Regio cervicalis lateralis, 4 Regio cervicalis posterior, 5 Trigonum caroticum, 6 Trigonum omotracheale, 7 Fossa supraclavicularis minor, 8 Fossa supraclavicularis major = Trigonum omoclaviculare

findet man hier den N. vagus und den oberen Halssympathikus sowie den Zugang zum Hinterrachenraum.
- *Trigonum musculare [omotracheale]:* zwischen den beiden Mm. omohyoidei oben seitlich und den Vorderrändern der beiden Mm. sternocleidomastoidei unten seitlich. Hier wird wegen des Zugangs zu Schilddrüse, Nebenschilddrüsen, Kehlkopf und Luftröhre besonders häufig operiert.

② **Regio sternocleidomastoidea** (Kopfwendergegend): der vom M. sternocleidomastoideus eingenommene Bereich. Von wenigen Operationen am M. sternocleidomastoideus selbst abgesehen (z.b. beim muskulären Schiefhals), ist der M. sternocleidomastoideus dem Chirurgen häufig im Weg: Er zieht ihn nach rückwärts, wenn er die vordere Halsgegend erweitern will, um besser zur Schilddrüse oder zum Halsteil der Speiseröhre vordringen zu können. Oder er entfernt ihn mit, wenn er die Halslymphknoten radikal ausräumt (neck dissection).

③ **Regio cervicalis lateralis** (seitliche Halsgegend) = Trigonum cervicale posterius (hinteres Halsdreieck): zwischen Hinterrand des M. sternocleidomastoideus, Vorderrand des M. trapezius und Schlüsselbein. Das Armnervengeflecht ist hier zur Leitungsanästhesie gut zugänglich. Man denke dabei immer an die Nähe der Lungenspitze! Das Abtasten der seitlichen Halsgegend nach Lymphknoten (#725) sollte zu jeder ärztlichen Routineuntersuchung gehören.

④ **Regio cervicalis posterior** (hintere Halsgegend) = Regio nuchalis (Nackengegend): der vom M. trapezius eingenommene Bereich.

7.2 Blut- und Lymphbahnen

#721 A. carotis communis

① **Verlauf**: Der Patient dreht den Kopf zur Gegenseite und neigt ihn leicht zurück. Die Verlaufsrichtung der A. carotis communis und ihrer beiden Äste entspricht dann einer Verbindungslinie zwischen dem sternalen Ende des Schlüsselbeins und der Hauteinsenkung zwischen dem Ramus mandibulae und dem Warzenfortsatz (Abb. 721). Die untere Hälfte der Arterie ist bedeckt vom M. sternocleidomastoideus, die obere Hälfte ist frei.
- Die beiden Endäste liegen eng aneinander: die A. carotis externa etwas lateral und vor der interna. Die Teilungsstelle liegt etwa auf Höhe des Oberrands des Schildknorpels. Wegen der allmählichen Senkung des Kehlkopfs im Laufe des Lebens steigt die Teilung scheinbar auf, liegt also beim alten Menschen oberhalb des Schildknorpels.
- Mit fortschreitender Arteriosklerose wird aus dem gestreckten ein geschlängelter Verlauf.

② **Puls tasten**: Den Puls der A. carotis communis kann man mühelos gleichzeitig an beiden Seiten tasten, wenn man mit Daumen und Zeigefinger den Kehlkopf am Oberrand des Schildknorpels zangenartig umfaßt. Man drückt dabei die beiden Arterien mit den Fingerspitzen sanft gegen die Querfortsätze des 4. bis 5. Halswirbels.
- Die Untersuchung wird erleichtert, wenn der Patient dabei den Kopf entspannt nach rückwärts neigt. Dabei wird der M. sternocleidomastoideus nach hinten gezogen und dadurch das Trigonum caroticum nach hinten erweitert.
- In dieser Stellung kann man den Puls beinahe bis zum sternalen Schlüsselbeinende nach unten verfolgen. Den M. sternocleidomastoideus drängt man dabei zur Seite (weshalb er nicht angespannt sein darf).
- Ebenso leicht kann man den Puls bis zum Kieferwinkel nach oben fühlen. Er gehört dann allerdings nicht mehr zur A. carotis communis, sondern zur A. carotis externa (#614).

③ **Abdrücken**: Die A. carotis communis kann man zur ersten Hilfe bei einseitigen Blutungen im Kopfbereich mühelos abdrükken. Dazu umgreift man die entsprechende Halshälfte zangenartig derart, daß der Daumen vorn am Puls der Arterie und die übrigen Finger am Nacken liegen. Dann drückt man die Arterie etwa gegen den 6. Halswirbelquerfortsatz ab (also unterhalb des Kehlkopfs!).
• Vorsicht: Keinesfalls darf man dabei die Teilungsstelle (Bifurcatio carotidis) in die A. carotis externa und interna drücken (auf Höhe des Schildknorpel-Oberrandes), obwohl hier der Puls besonders leicht zu tasten ist. Es besteht die Gefahr heftiger Kreislaufreaktionen (Karotissinus-Reflex, #722). Außerdem würde hier der Kollateralkreislauf zwischen A. carotis externa und interna gestört.
• Beim Erhängen führt das Abklemmen beider Aa. carotides communes in wenigen Sekunden zur Bewußtlosigkeit.

④ **Kollateralkreislauf**: Beim Abdrücken der A. carotis communis wird der Blutstrom in ihren Ästen nicht völlig unterbunden. Die beiden Aa. carotides externae haben zahlreiche Querverbindungen über die Mittellinie.

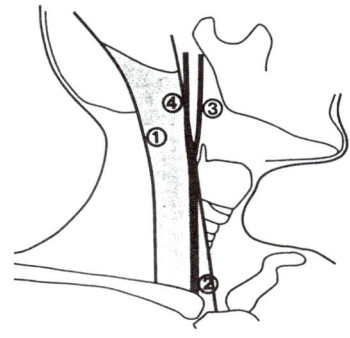

Abb. 721. Verlauf der Aa. carotides am Hals: 1 M. sternocleidomastoideus, 2 A. carotis communis, 3 A. carotis externa, 4 A. carotis interna

Bei Ausfall einer Seite strömt Blut von der Gegenseite rückläufig in die A. carotis externa und über die Teilungsstelle auch in die A. carotis interna. Dies ist aus folgendem Grund wichtig:
• Der Circulus arteriosus cerebri ist nicht immer typisch geschlossen. Bei Ausfall einer A. carotis interna kann ein Hirnbereich nicht ausreichend mit Blut versorgt werden (Folge: Hirnschlaganfall). Ein minimaler Blutstrom in der A. carotis interna kann u.U. den Patienten davor bewahren. Deshalb sollte man nie die A. carotis interna oder die Teilungsstelle der A. carotis communis blockieren!

⑤ **Durchblutungsstörung**: Behinderung der Blutströmung in der A. carotis interna, z.B. durch Veränderungen der Gefäßwand (Arteriosklerose), ist eine häufige Ursache von Durchblutungsstörungen des Gehirns („Schlaganfall"):
• Sie beginnen häufig als kurzzeitige Bewußtseinsausfälle (transiente ischämische Attacken = TIA).
• Im nächsten Stadium halten Muskelschwächen, Empfindungsstörungen, Behinderungen beim Sprechen und Schlucken, unsichere Bewegungen, Sehstörungen und/ oder Bewußtlosigkeit länger als 24 Stunden an, verschwinden aber innerhalb einer Woche (prolongiertes reversibles ischämisches neurologisches Defizit = PRIND).
• Im letzten Stadium bleiben die Beschwerden bestehen (postapoplektisches Syndrom).

#722 Karotissinus

① **Karotissinus-Reflex**: An der Teilungsstelle der A. carotis communis liegen druckempfindliche Nervenendungen (Pressorezeptoren), die normalerweise durch Blutdrucksteigerung erregt werden und dann Kreislaufreflexe auslösen:
• *Kardioinhibitorische Reaktion:* Abfall der Herzfrequenz (Erregung des Parasympathikus)
• *Vasodepressorische Reaktion:* Abfall des systemischen Blutdrucks (Gefäßerweiterung durch Hemmung des Sympathikus).

Der afferente Schenkel des Karotissinus-Reflexes verläuft im N. glossopharyngeus (IX) zu den Kreislaufzentren in der Medulla oblongata.

② **Karotissinus-Syndrom**: Bei abnorm niedriger Reizschwelle der Pressorezeptoren (hyperreaktiver Karotissinus-Reflex) kann schon ein leichter Druck auf den Karotissinus von außen, z.B. durch ein zu enges Hemd, rasche Kopfbewegung, Pressen beim Stuhlgang usw. heftige Kreislaufreaktionen mit Schwindel, Herzklopfen, sogar Bewußtlosigkeit auslösen.

③ **Karotissinus-Druckversuch**: Der Patient liegt auf dem Rücken und blickt gerade nach oben (eine Seitwendung des Kopfes kann beim überempfindlichen Patienten bereits den Reflex auslösen!). Der Untersucher tastet mit einer Hand den Puls der A. temporalis superficialis (#614) und mit der anderen den Puls im Bereich des Karotissinus (auf Höhe des Oberrandes des Schildknorpels) der gleichen Seite. Dann drückt er sanft 20 Sekunden gegen den Karotissinus, wobei der Puls in der Schläfenarterie tastbar bleiben muß. Eine Hilfsperson mißt vor und während des Druckversuchs den Blutdruck.
• *Bewertung:* Bei gesunden Versuchspersonen reagieren Herzfrequenz und Blutdruck nur gering. Einen hyperreaktiven Karotissinus-Reflex nimmt man erst dann an, wenn ein Herzstillstand (Asystolie) mindestens für 3 Sekunden besteht und der Blutdruck auf 6,7 kPa (50 mmHg) oder darunter abfällt.
• *Therapeutischer Aspekt:* Bei Anfällen von Herzjagen (Tachykardie) läßt sich manchmal durch Druck auf den Karotissinus die Herzfrequenz herabsetzen. (Noch einfacher kann man allerdings bisweilen durch einen Schluck kalten Wassers einen Vagusreflex auslösen.)

#723 A. vertebralis

■ **Verlauf**: Die A. vertebralis entspringt aus der A. subclavia und zieht in den Querfortsatzlöchern der Halswirbel (meist C6 bis C1) kopfwärts. Durch das Foramen magnum tritt sie in das Schädelinnere und vereinigt sich vor dem Rautenhirn mit der A. vertebralis der Gegenseite zur A. basilaris.
• Aus den Aa. vertebrales werden vor allem die in der hinteren Schädelgrube liegenden Hirnteile (Brücke, Kleinhirn, verlängertes Mark) versorgt.

■ **Durchblutungsminderung**: Sie führt meist erst zu Beschwerden, wenn beide Aa. vertebrales verengt oder verschlossen sind. Bei Verschluß oder Verengung einer A. vertebralis kann man Kleinhirnstörungen auslösen, wenn man die andere, gesunde A. vertebralis abklemmt.

■ **Abklemmen durch Kopfbewegungen**:
① **Kritische Verlaufsstrecke**: Pars atlantica kranial und kaudal des ersten Halswirbels (Atlas). Das Querfortsatzloch des Atlas liegt weiter lateral als das des Axis. Die in den Halswirbeln 6-2 einigermaßen gerade aufsteigende A. vertebralis wendet sich zum ersten Halswirbel seitwärts und über diesem scharf nach medial zum Foramen magnum. Zwischen Hinterhaupt und Axis laufen die großen Kopfbewegungen ab. Beim Drehen des Kopfes nach rechts wird das rechte Querfortsatzloch des Atlas nach hinten, das linke nach vorn bewegt. Entsprechend wird die A. vertebralis zwischen Axis und Atlas rechts nach hinten, links nach vorn gezogen.
• Wird nun gleichzeitig der Kopf stark nach hinten geneigt (rekliniert), so werden die Zwischenräume zwischen den Wirbeln bzw. Atlas und Hinterhaupt hinten verengt und vorn erweitert. Dabei wird offenbar die A. vertebralis stark gedehnt, gegen die innere Begrenzung des Querfortsatzlochs des Atlas gepreßt und dabei abgeklemmt.
• Bei maximaler Reklination und Rotation nach rechts wird die linke, nach links die rechte A. vertebralis abgeknickt. Sind beide Aa. vertebrales gesund, so bleibt dies ohne Folgen. Ist die A. vertebralis auf der Gegenseite undurchgängig, so treten Kleinhirnsymptome auf.

② **Hängeprobe im Liegen** (nach de Kleyn): Der Patient liegt flach auf dem Rücken, wobei der Kopf über den Rand der Lie-

ge hängt. Der Untersucher beugt den Kopf sacht nach rückwärts und dreht ihn dann bis in die Endstellung nach rechts bzw. nach links. Die Endstellung soll mindestens 30 s eingehalten werden.
- Der Gesunde empfindet die Lage lediglich als unbequem. Abnorm sind Übelkeit, Schwindel und ruckartige Augenbewegungen (Nystagmus). Treten diese sofort auf, so weisen sie auf eine Wirbelblockierung hin. Kommen sie erst nach 15 bis 30 s, so ist eine Störung der A. vertebralis wahrscheinlich.

③ **Reklinationsprobe im Sitzen:** Der Untersucher rekliniert und rotiert den Kopf des sitzenden Patienten. Sonst wie bei der Hängeprobe im Liegen.

④ **Tretversuch** (nach Unterberger): Der Patient steht mit horizontal nach vorn gehaltenen Armen (Hände supiniert) und schließt die Augen. Dann tritt er 2 min auf der Stelle, wobei die Füße jeweils den Boden verlassen müssen. Während des Tretens neigt der Patient den Kopf langsam zurück und dreht ihn dann bis in die Endstellung nach rechts bzw. links.
- Der Gesunde hält dabei mühelos das Gleichgewicht. Bei Durchblutungsstörungen der A. vertebralis beginnt der Patient zu taumeln. Der Untersucher muß daher vorsorglich hinter dem Patienten stehen, um ihn gegebenenfalls auffangen zu können.

#724 V. jugularis externa

■ **Verlauf:** Die äußere Drosselvene (V. jugularis externa) ist normalerweise die stärkste Hautvene des Halses. Sie steigt aus dem Bereich des Kieferwinkels schräg über den M. sternocleidomastoideus in die Fossa supraclavicularis major ab. In deren Tiefe vereinigt sie sich mit der inneren Drosselvene (V. jugularis interna) und der Schlüsselbeinvene (V. subclavia) im Venenwinkel zur V. brachiocephalica.

■ **Füllungszustand:** Beim flach auf dem Rücken liegenden Patienten ist die V. jugularis externa stark gefüllt. Bei nicht zu dikkem Unterhautfett zeichnet sie sich daher an der Oberfläche des Halses über dem M. sternocleidomastoideus meist deutlich ab. Beim aufgerichteten Patienten hingegen ist sie kaum zu sehen.
- Das prinzipiell gleiche Phänomen kann man bei sich selbst bequem an den Venen des Handrückens beobachten. Läßt man die Hand herabhängen, so füllen sich die Venen stark. Hebt man die Hand über die Höhe des Brustkorbs, dann entleeren sich die Venen.
- Zugrunde liegt diesem Vorgang der Druck im rechten Vorhof. Er beträgt normalerweise nur wenige mmHg bzw. cmWS (Zentimeter-Wassersäule). Bis zur Höhe dieses Drucks sind die Venen stark gefüllt. Die Venenfüllung läßt daher einen (groben) Schluß auf den Druck im rechten Vorhof und damit auf die Leistungsfähigkeit des rechten Herzens zu. Bei einer Schwäche des rechten Herzens steigt der Druck im rechten Vorhof und damit auch in den herznahen Venen an.

■ **Schätzen des zentralen Venendrucks (ZVD):**
① **Prinzip:** Bei der Blutdruckmessung mit dem Quecksilbermanometer zeigt der Höhenstand der Quecksilbersäule im Glasrohr den arteriellen Blutdruck an. Am Höhenstand der Blutsäule in der V. jugularis externa kann man ähnlich wie beim Quecksilbermanometer den venösen Blutdruck ablesen. Statt der Manschette aufzublasen, verändert man hierbei den Neigungswinkel des Halses des Patienten:
- In horizontaler Lage befindet sich die Vene etwa auf Höhe des rechten Vorhofs und ist daher voll gefüllt. Richtet man nun den Oberkörper des Patienten mit Hals und Kopf allmählich auf, so beginnt sich die Vene von oben her entsprechend zu entleeren. Man kann dann den Druck im rechten Vorhof nahezu ausmessen.
- Als Höhe des rechten Vorhofs setzt man den vorderen Drittelpunkt des sagittalen Brustkorbdurchmessers an.
- Ein vereinfachtes Verfahren geht von der Beobachtung aus, daß der rechte Vorhof unabhängig von der Aufrichtung des Oberkörpers etwa 5 cm unter dem Brustbeinwin-

kel (Angulus sterni) steht. Man mißt die Höhendifferenz zum Brustbeinwinkel, addiert 5 und erhält so den Druck im rechten Vorhof in Zentimeter-Wassersäule, den man bei Bedarf in mmHg (1 cmWS = 0,735 mmHg) oder Pascal (1 cmWS = 98 Pa) umrechnen kann.
• Der erfahrene Kliniker bevorzugt bisweilen zum Abschätzen des zentralen Venendrucks anstelle der Blutsäule in der V. jugularis externa die Pulsationen in der V. jugularis interna. Dies ist für den Anfänger schwieriger und wird daher hier nicht behandelt.

② **Vorgehen**: Der Patient liegt entspannt auf dem Rücken, bis die V. jugularis externa gut sichtbar ist. Er hebt das Kinn an und dreht den Kopf zur anderen Seite. Günstig ist eine von der Seite tangential den M. sternocleidomastoideus treffende Beleuchtung, möglichst mit Tageslicht.
• Hat die Untersuchungsliege ein verstellbares Kopfteil, so richtet man dieses zunächst um 20° auf. Bei Gesunden genügt es meist schon, um eine Obergrenze der prallen Füllung der Vene am Hals gut sichtbar zu machen. Wenn die Grenze nach einer Minute noch nicht zu erkennen ist, hebt man das Kopfende um weitere 10° bis 20° an.
• Dann bestimmt man die Höhendifferenz zum Brustbeinwinkel: Man stellt dazu ein Lineal lotrecht auf den Brustbeinwinkel und peilt mit einem genau horizontal gehaltenen Blatt Papier den Höhenstand von der Vene zum Lineal an. Die horizontale Haltung des Papiers kontrolliert eine Hilfsperson aus größerem Abstand. Noch besser ist natürlich eine Wasserwaage.
• Kontrollmessung: Bei unveränderter Lage des Patienten drückt der Untersucher sanft auf das untere Ende der V. jugularis externa unmittelbar oberhalb des Schlüsselbeins. Das Blut staut sich in die Vene zurück und füllt diese prall an. Nimmt man den Finger weg, so sinkt die Blutsäule allmählich ab. Man mißt den Höhenstand nach 30 s.

③ **Bewertung**: Beim Gesunden steht die Blutsäule in der V. jugularis externa auf beiden Seiten gleich hoch und weniger als 3 cm über dem Brustbeinwinkel. Über 4 cm ist der Höhenstand sicher pathologisch. Mögliche Ursachen sind
• **Rechtsherzinsuffizienz**,
• **Herzbeutelerguß** bzw. Herzbeutelentzündung,
• **Strömungsbehinderung** in der oberen Hohlvene, z.B. Thrombose,
• **Überfüllung** des Kreislaufs (Hypervolämie), z.B. durch zu reichliche Infusionen.

④ **Besondere Befunde**:
• Bleiben die Vv. jugulares externae auch in horizontaler Lage ungefüllt und sind örtliche Hindernisse unwahrscheinlich, so ist das Blutvolumen des Patienten herabgesetzt (Hypovolämie).
• Die Messungen mit unterschiedlichem Vorgehen und verschiedenen Neigungswinkeln müssen auf beiden Seiten etwa übereinstimmende Meßwerte geben. Seitenunterschiede weisen auf ein örtliches Strömungshindernis hin.

■ **Intravenöse Injektion**: Kommen die Venen am Unterarm oder an der Hand aus irgendwelchen Gründen für eine dringliche intravenöse Injektion nicht in Frage, so ist als Alternative in erster Linie an die V. jugularis externa zu denken. Sie ist durch Fingerdruck oberhalb des Schlüsselbeins leicht anzustauen und durch die dünne Haut des Halses gut anzustechen (Einstichrichtung herzwärts).
• Trotz der technischen Einfachheit sollte man jedoch aus psychologischen Gründen nur im Notfall auf die V. jugularis externa zurückgreifen. Eingriffe am Hals und am Kopf werden vom Patienten bedrohlicher erlebt als Eingriffe an den Gliedmaßen.
• Bei Kleinkindern muß man trotzdem häufig Hals- oder Kopfvenen für die Injektion wählen, da die Armvenen meist sehr kleinkalibrig sind. Während der fetalen Entwicklung eilen das Gehirn und damit Kopf und Hals im Wachstum voraus, während Arm und Bein verzögert wachsen (#134). Beim Säugling haben Hals und Kopf demgemäß die weitesten Hautvenen.
• Um das Anstauen der V. jugularis externa muß man sich beim Kleinkind nicht sonder-

lich bemühen: Es ängstigt sich schon bei den Vorbereitungen zur Injektion und beginnt daher aus Leibeskräften zu schreien. Dadurch steigt der Druck im Brustkorb und mit ihm der Druck in den herznahen Venen. Dementsprechend füllt sich auch die V. jugularis externa prall an.

#725 Lymphknoten

Die Halslymphknoten gehören zu den 3 wichtigen tastbaren Lymphknotenstationen. Sie werden nach den in #125 erläuterten Grundsätzen untersucht.

■ **Einzugsgebiete** (Abb. 725):
• Hals.
• Gesamter Kopf.
• Teile der Brustwand und des Rückens.
• Arm (supraklavikuläre Lymphknoten als letzte Station vor der Mündung in den Venenwinkel).
• Gelegentlich scheint auch Lymphe aus anderen Körperteilen in die Halslymphknoten zu gelangen. So ist beim Magenkrebs bisweilen ein vergrößerter Lymphknoten im linken hinteren Halsdreieck zu tasten (Virchow-Lymphknoten). Dies dürfte über die gemeinsame Mündung des Ductus thoracicus mit den Hals-, Arm- und Brustlymphstämmen in den linken Venenwinkel zu erklären sein. Bei einer Abflußbehinderung könnte Lymphe vom Bauchraum rückläufig in den Halslymphstamm und weiter in Halslymphknoten gelangen, sofern die zahlreichen Klappen in den Lymphgefäßen insuffizient sind.

■ **Palpation**:
① **Gut zugänglich** („oberflächlich"):
• Lymphknoten entlang der gesamten Grenze vom Hals zum Kopf (Nodi lymphatici occipitales, mastoidei, parotidei, submandibulares und submentales).
• Lymphknoten im hinteren Halsdreieck (Nodi lymphatici cervicales laterales superficiales und supraclaviculares).

② **Schlecht zugänglich** („tief"): Lymphknoten entlang der V. jugularis interna (Nodi lymphatici jugulares) bedeckt vom M. sternocleidomastoideus. Lediglich am Vorderrand des Muskels sind einzelne dieser Lymphknoten zu tasten. Zu ihnen gehört der besonders wichtige Nodus lymphaticus jugulodigastricus (an der Kreuzung von V. jugularis interna und M. digastricus), der die Lymphe aus der Gaumenmandel aufnimmt und daher bei der Angina catarrhalis stark anschwillt.

③ **Bedeutung**: Das Abtasten des Halses nach Lymphknoten darf bei keiner eingehenden ärztlichen Untersuchung übergangen werden.
• Hat man einen Lymphknoten gefunden, so sollte man unbedingt Form, Größe, Beschaffenheit, Verschieblichkeit und Lage genau protokollieren (#125).

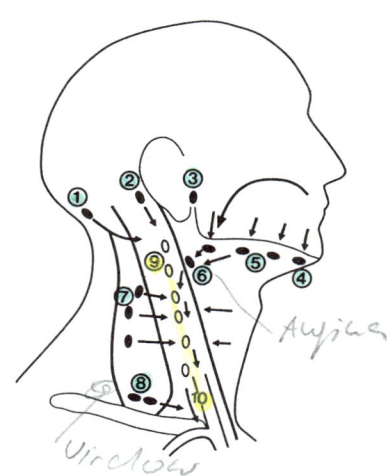

Abb. 725. Halslymphknoten: dunkel = gut zugänglich, hell = schlecht zugänglich (bedeckt vom M. sternocleidomastoideus). 1-9 Nodi lymphatici: *1* occipitales, *2* mastoidei, *3* parotidei, *4* submentales, *5* submandibulares, *6* jugulodigastricus, *7* cervicales laterales superficiales, *8* supraclaviculares, *9 jugulares*, 10 Truncus jugularis

7.3 Nerven

#731 Plexus cervicalis

■ **Hautäste**: *Rami ventr. C₁-C₄*

① **Verlauf**: Sie brechen um den Hinterrand des M. sternocleidomastoideus durch die oberflächliche Halsfaszie. Von dort ziehen (Abb. 731):
- *N. transversus colli:* horizontal nach vorn.
- *Nn. supraclaviculares:* vertikal nach unten über das Schlüsselbein.
- *N. auricularis magnus:* zum Ohr nach oben.
- *N. occipitalis minor:* dem Hinterrand des M. sternocleidomastoideus folgend zum Hinterhaupt.

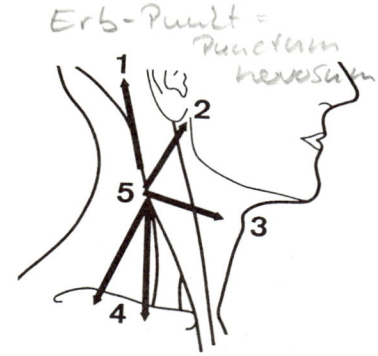

Erb-Punkt = Punctum nervosum

Abb. 731. Halsnervengeflecht: *1* N. occipitalis minor, *2* N. auricularis magnus, *3* N. transversus colli, *4* Nn. supraclaviculares, *5* Einstich für Leitungsanästhesie

② **Palpation**: Einzelne Nerven kann man tasten, wenn das Unterhautfettgewebe nicht zu mächtig ist:
- Man streiche mit einem Finger unter sanftem Druck das Schlüsselbein entlang horizontal hin und her. Dabei wird man merken, wie an einzelnen Stellen dünne Stränge das Schlüsselbein überqueren. Man kann sie bei kräftigerem Druck zur Seite rollen lassen. Das Schlüsselbein wird nur von kleineren Hautvenen und den Nn. supraclaviculares überquert. Die nicht zusammendrückbaren, sich wie stärkere Bindfäden anfühlenden Gebilde sind die Nerven.
- Die übrigen Hautäste des Halsnervengeflechts sind nicht so leicht zu tasten, weil sie keine Knochenkante überqueren. Man kann eine Art Ersatzkante schaffen, wenn man den M. sternocleidomastoideus stark anspannt. Man drückt mit einer Hand seitlich gegen den Kopf des Patienten und läßt diesen dagegen drücken. Mit der freien Hand tastet man die Mitte des M. sternocleidomastoideus ab:
- Bei guter Anspannung des Muskels und dünnem Unterhautfettgewebe findet man dann mühelos den N. transversus colli, der den M. sternocleidomastoideus annähernd horizontal überquert.
- 1-2 Fingerbreit weiter oben zieht der N. auricularis magnus schräg über die Seitenfläche des M. sternocleidomastoideus zum Ohr.
- Der N. occipitalis minor ist meist auf diese Weise nicht zu tasten, da er den M. sternocleidomastoideus gewöhnlich nicht überquert, sondern parallel zu seinem Hinterrand aufsteigt.

③ **Leitungsanästhesie**: Mit einem einzigen Einstich an der Mitte des Hinterrandes des M. sternocleidomastoideus lassen sich alle 4 Hautäste des Halsnervengeflechts ausschalten. Damit ist praktisch die gesamte Haut der vorderen und seitlichen Halsgegenden gefühllos.
- Die Nackengegend wird damit nicht betäubt, weil sie von den dorsalen Ästen der Halsnerven versorgt wird (nur die ventralen Äste von C_1 bis C_4 bilden das Halsnervengeflecht).
- Da die 4 Hautnerven nicht genau an einem Punkt, sondern über mehrere Zentimeter verteilt in die Unterhaut eintreten, schiebt man die Hohlnadel von dem einen Einstich aus unter laufender Injektion jeweils einige Zentimeter nach oben und unten.
- Die Blockade des Plexus cervicalis wird vor allem bei Schilddrüsenoperationen ausgeführt.

7.3 Nerven

■ **Palpation des N. phrenicus**: Der Zwerchfellnerv steigt auf dem M. scalenus anterior in das Mediastinum ab. Beim Abtasten des Muskels (#712) kann man (mit etwas Glück) den Nerv finden.

#732 Plexus brachialis

① **Palpation**: A. subclavia und Plexus brachialis durchqueren die hintere Skalenuslücke zwischen M. scalenus anterior und M. scalenus medius (Abb. 732). Man taste zunächst den Puls der Arterie (#815). Unmittelbar dahinter tastet man die dicken Stränge des Armnervengeflechts, die den größten Teil der Skalenuslücke ausfüllen. Wenn man längere Zeit intensiv tastet, wird man durch den allmählich aufkommenden Schmerz in der Diagnose bestärkt, daß es sich um Nerven handelt. Man kann die Nervenstämme einige Zentimeter nach lateral verfolgen, bis sie unter dem Schlüsselbein verschwinden.

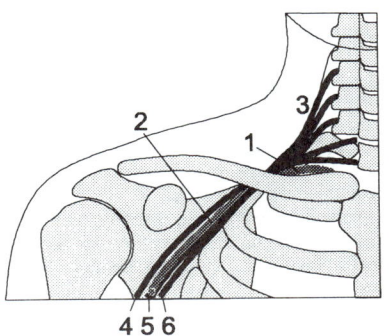

Abb. 732. Lage des Plexus brachialis zur Hauptarterie der oberen Extremität: 1 A. subclavia, 2 A. axillaris, 3 Trunci des Plexus brachialis, 4 Fasciculus lateralis, 5 Fasciculus posterior, 6 Fasciculus medialis

② **Leitungsanästhesie**: Da man das Armnervengeflecht tasten kann, sollte eine zielsichere Ausschaltung zur Leitungsbetäubung des größten Teils des Armes möglich sein:

• Man sticht die Hohlnadel etwa über der Mitte des Schlüsselbeins in Richtung auf den 3. Brustwirbeldornfortsatz (Verbindungslinie der beiden Schulterblattgräten) ein. Unter ständigem Einspritzen von Anästhetikum dringt man vor, bis man auf die erste Rippe trifft. Unter dem Druck der Injektionslösung weichen die Nerven der Nadelspitze aus und werden nicht verletzt.

• **Hauptgefahr: Pneumothorax**, wenn die Nadel medial der ersten Rippe in die Pleurakuppel oder gar in die Lungenspitze gerät. Deshalb wird meist die risikoärmere Plexusblockade in der Achselhöhle vorgezogen (#878).

• Weitere Risiken: vorübergehende Lähmung des unteren Halsganglions des Sympathikus (Stellatumblockade mit Horner-Syndrom, #644) und des Zwerchfellnervs (Phrenikusparese, bleibt meist unbemerkt).

#733 Hirnnerven und Sympathikus

① **N. vagus**: Der zehnte Hirnnerv liegt innerhalb der Gefäß-Nerven-Scheide (Vagina carotica) der großen Kopfgefäße. Sein Verlauf entspricht damit der der A. carotis communis von der Mitte zwischen Warzenfortsatz und Unterkieferast zum sternalen Ende des Schlüsselbeins (Abb. 733).

② **N. accessorius**: Der elfte Hirnnerv versorgt mit seinem Halsteil große Teile des M. sternocleidomastoideus und des M. trapezius (weitere Teile dieser Muskeln werden vom Plexus cervicalis innerviert). Er verläuft am Hals etwa in der Verbindungslinie vom Warzenfortsatz zum Acromion. Er wird vom M. sternocleidomastoideus und vom M. trapezius bedeckt, liegt aber in der Lücke zwischen den beiden (hinteres Halsdreieck) oberflächlich.

• Dort ist er bei Operationen, vor allem bei der Lymphknotenausräumung (neck dissection) gefährdet. Bei seinem Ausfall kann der Arm nicht mehr über die Horizontale gehoben werden.

③ **Truncus sympatheticus** (Grenzstrang): Der Halsteil des Sympathikus liegt hinter

dem Gefäß-Nerven-Strang im tiefen Blatt der Halsfaszie. Sein Verlauf entspricht dem des N. vagus, dem er stellenweise, nur getrennt durch die beiden Faszien (Vagina carotica + Lamina prevertebralis), anliegt. In seinen Verlauf sind 2-3 Ganglien eingeschaltet:
- *Ganglion cervicale superius* (oberes Halsganglion): etwa auf Höhe des 3.-4. Halswirbelkörpers, also etwa dem Kieferwinkel entsprechend.
- *Ganglion cervicale medium* (mittleres Halsganglion, kann fehlen): etwa auf Höhe des 6. Halswirbels, also etwa dem Ringknorpel entsprechend.
- *Ganglion cervicothoracicum [stellatum]* (das untere Halsganglion ist oft mit dem 1. Brustganglion verschmolzen): etwa auf Höhe des 1. Brustwirbels bzw. des Hinterendes der 1. Rippe, also knapp oberhalb des Schlüsselbeins.

Das Horner-Syndrom bei Schädigung des Halssympathikus ist in #644 beschrieben.

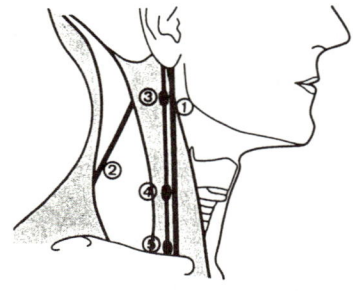

Abb. 733. Nerven am Hals: 1 N. vagus, 2 N. accessorius, 3-5 Truncus sympatheticus, 3 Ganglion cervicale superius, 4 Ganglion cervicale medium, 5 Ganglion stellatum

7.4 Eingeweide

#741 Zungenbein und Kehlkopfskelett

■ **Palpation des Zungenbeins** (Os hyoideum): Im Knick zwischen Mundboden und freiem Hals tastet man die hufeisenförmige Spange des Zungenbeins in ganzer Länge. Am besten umgreift man dazu den Hals mit Daumen und Zeigefinger. Dann kann man jeweils mit dem Daumen auf einer Seite das große Zungenbeinhorn abstützen und auf der anderen Seite mit dem Zeigefinger tasten. Andernfalls muß man zwei Hände nehmen, da sonst das nur in Muskeln und Bändern aufgehängte Zungenbein dem tastenden Finger ausweicht.
- Der in der Mitte stehende Zungenbeinkörper ist von kräftigen Muskeln besetzt und nur auf der Vorderfläche zugänglich.
- Am grazilen großen Horn kann man den Knochen oben und unten umgreifen.
- An der Grenze zwischen Körper und großem Horn ist am Oberrand das kleine Horn nur undeutlich zu fühlen.
- Vorsicht: Nicht zu fest drücken! Das große Zungenbeinhorn bricht bei einem kräftigen Würgegriff ab!

■ **Palpation der Kehlkopfknorpel**:
① **Schildknorpel** (Cartilago thyroidea): An Einzelheiten sind zu tasten:
- *Prominentia laryngea* (Adamsapfel): Sie tritt beim Mann stärker hervor als bei der Frau. Wegen des größeren Schildknorpels und des damit längeren Stimmbandes ist die Stimme des Mannes tiefer als die der Frau.
- *Incisura thyroidea superior:* vom Adamsapfel v-förmig nach oben.
- *Lamina dextra + sinistra:* Der vordere Abschnitt ist frei von Muskeln und sehr gut zugänglich. Lateral fühlt man den Vorderrand des M. sternohyoideus. Noch weiter lateral wird die Muskelschicht mit dem Ansatz bzw. Ursprung des M. sternothyroideus und M. thyrohyoideus dicker.
- Den Hinterrand der Schildknorpelplatte kann man umgreifen, wenn man den gesamten Kehlkopf aus der Mittelstellung

sacht (!) zur Seite drängt. Dann kann man auch das obere Horn (Cornu superius) abgrenzen. Den Unterrand der Schildknorpelplatte tastet man gemeinsam mit dem Ringknorpel.

② **Ringknorpel** (Cartilago cricoidea): Der kräftige Wulst der Ringknorpelspange bildet den unteren Abschluß des tastbaren Kehlkopfskeletts. Oben fühlt man den schmalen Spalt zum Unterrand des Schildknorpels. Unterhalb des Ringknorpels ist nur das Anfangsstück der Luftröhre zu tasten. Sie verliert sich bald in der Tiefe. Von der Ringknorpelplatte ist nur der seitliche Unterrand zugänglich. Die Seitenfläche wird großteils vom Schildknorpel überlagert.

■ **Höhenlage des Kehlkopfs**:
① Für die junge Frau gilt:
• Zungenbein: 4. Halswirbelkörper,
• Schildknorpel: 5. Halswirbelkörper,
• Ringknorpel: 6. Halswirbelkörper.

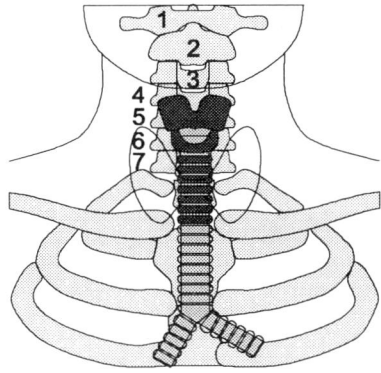

Abb. 741. *Projektion des Kehlkopfs und der Luftröhre auf die Wirbelsäule und die Körperoberfläche: 1-7 Halswirbel. Der Schildknorpel liegt etwa auf Höhe des 5. Halswirbels, der Ringknorpel auf Höhe des 6. Die oberen 7 Knorpelspangen der Luftröhre liegen meist im Hals, die folgenden hinter dem Brustbein, die Bifurkation projiziert sich auf den Angulus sterni.*

② Der Höhenstand ist abhängig von:
• *Geschlecht:* Beim Mann steht der Kehlkopf etwa ein halbes Segment tiefer als bei der Frau, also Zungenbein Zwischenwirbelscheibe C4/5, Schildknorpel C5/6, Ringknorpel C6/7.
• *Alter:* Beim Säugling steht das Kehlkopfskelett etwa ein Wirbelsegment höher als beim jungen Erwachsenen, beim Greis ein halbes Segment tiefer.
• *Bewegungen der Halswirbelsäule:* Bei Reklination wird der Abstand zwischen Zungenbein und Schildknorpel größer, bei Inklination kleiner.
• *Schlucken:* Der Kehlkopf wird um etwa ein halbes Wirbelsegment gehoben.
• *Singen:* Bei hohen Tönen steigt der Kehlkopf auf, bei tiefen ab. Die Verschiebung beträgt bis zu einem halben Wirbelsegment.

#742 Kehlkopfspiegelung

① **Historisches**: Nicht ein Arzt, sondern ein Gesangslehrer (García) warf 1855 über einen kleinen Spiegel den ersten Blick auf die Stimmbänder eines lebenden Menschen. Kurz vorher (1851) hatte Helmholtz den Augenspiegel erfunden (#648). 1857/58 wurde dann die Kehlkopfspiegelung von Türck und Czermak in die praktische Medizin eingeführt.

② **Formen**:
• *Indirekte Laryngoskopie:* Der Kehlkopf wird über einen in den Rachen gehaltenen kleinen Spiegel besichtigt (Abb. 742a + b).
• *Direkte Laryngoskopie:* Bei stark zurückgeneigtem Kopf werden Zunge und Kehldeckel (wie bei der Intubation, #743) mit einem Leuchtspatel nach vorn gedrückt. Damit wird der unmittelbare Einblick in den Kehlkopf möglich. Der Name Kehlkopfspiegelung wurde beibehalten, obwohl kein Spiegel nötig ist (wie bei den meisten „Spiegelungen" = Endoskopien).
Für die gegenseitige Untersuchung im Kurs kommt nur die indirekte Kehlkopfspiegelung in Frage. Die direkte Laryngoskopie wird wegen der Verletzungsgefahr am Modell trainiert (#743).

③ **Nötige Instrumente**:
- Kehlkopfspiegel: mittelgroßer Rundspiegel mit langem Griff.
- Stirnspiegel und Lichtquelle auf Kopfhöhe des Patienten.
- Sauberes Gazeläppchen oder Taschentuch usw. zum Festhalten der Zunge.
- Wärmequelle: um den Kehlkopfspiegel auf Körperwärme anzuwärmen, damit er nicht beschlägt.

④ **Prinzip** aller Spiegeluntersuchungen: Die Lichtstrahlen der Beleuchtungsquelle müssen den gleichen Weg nehmen wie der Blick des Untersuchers. Sie müssen gewissermaßen vom Auge des Untersuchers kommen: daher der „Trick" mit dem vor das Auge gehaltenen Hohlspiegel, in welchem ein Loch den Durchblick gestattet (ausführlicher #648).

⑤ **Vorgehen**:
- Patient und Untersucher sitzen einander gegenüber.
- Der Kehlkopfspiegel wird auf Körperwärme gebracht. Der Untersucher testet am eigenen Handrücken, ob der Spiegel nicht zu heiß ist.
- Der Patient öffnet den Mund weit und streckt die Zunge heraus. Die Zunge wird vom Untersucher (beim Rechtshänder mit der linken Hand) mit dem Tuch gefaßt und nach vorn gezogen.
- Mit der freien Hand wird der Stirnspiegel so eingestellt, daß die Rachenhinterwand aufleuchtet. Dann wird der Kehlkopfspiegel in den Rachen eingeführt (Abb. 742a + b).
- Das Zäpfchen wird mit der Rückseite des Spiegels sanft nach oben gedrückt. Der Spiegel soll die Rachenrückwand möglichst nicht berühren. Der Einblick in den Rachen wird verbessert, wenn der Patient wiederholt „a" sagt.

⑥ **Orientierung**: Was man im Spiegelbild oben sieht, liegt vorn, was man unten sieht, liegt rückwärts (also umgekehrt wie bei der direkten Kehlkopfspiegelung!).
- Will man das Blickfeld nach vorn erweitern, so neigt der Patient den Kopf leicht zurück. Der Untersucher blickt von schräg oben auf den Spiegel und steht dazu evtl. auf.
- Um das Blickfeld nach hinten zu erweitern, neigt der Patient den Kopf nach vorn. Der Untersucher blickt schräg von unten auf den Spiegel. Notfalls muß der Patient aufstehen, um einen günstigen Blickwinkel zu ermöglichen.

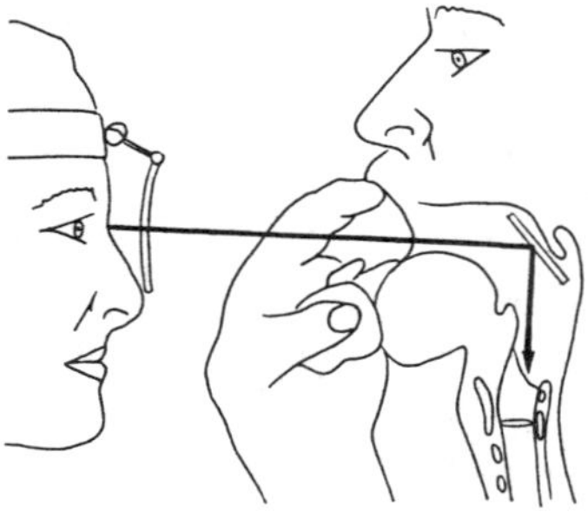

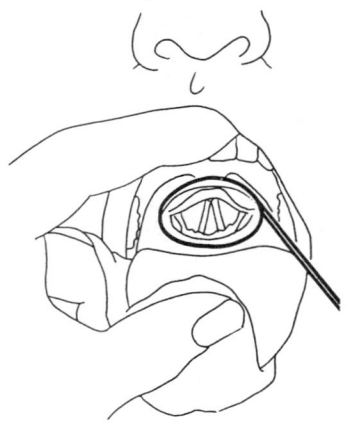

Abb. 742a. Indirekte Kehlkopfspiegelung (nach Boenninghaus)

Abb. 742b. Indirekte Kehlkopfspiegelung (nach Boenninghaus)

⑦ **Vorsicht**:
• Mundhöhle und Rachen auch scheinbar gesunder Patienten können gefährliche Krankheitserreger enthalten. Deshalb ist es nicht zulässig, mit einem Kehlkopfspiegel nacheinander mehrere Patienten zu untersuchen. Der Kehlkopfspiegel muß nach der Benützung bei einem Patienten erst sterilisiert werden, bevor er bei einem anderen Patienten verwendet werden darf.
• Beim Berühren der Rachenwand wird der Würgereflex ausgelöst. Bei sehr empfindlichen Patienten muß man die Rachenhinterwand betäuben, um in Ruhe untersuchen zu können. Im Untersuchungskurs mit gesunden Studierenden wird man in solchen Fällen die Untersuchung abbrechen, um die ärztlich nicht indizierte Anwendung von Lokalanästhetika zu vermeiden.

#743 Intubation

① **Aufgaben**: In tiefer Bewußtlosigkeit erschlaffen die Zungen- und Rachenmuskeln. In Rückenlage sinkt dann die Zunge zurück und behindert den Atemweg. Zur ersten Hilfe, z.B. bei Unfällen, wird man
• den Kopf des Bewußtlosen zurückneigen (überstrecken),
• den Unterkiefer nach vorn ziehen (sog. Esmarch-Handgriff).

Sicherer ist es, einen Endotrachealtubus über Mund oder Nase in die Luftröhre einzuführen (Intubation). Damit wird
• der Atemweg sicher freigehalten,
• die Aspiration von Erbrochenem usw. verhindert,
• die künstliche Beatmung erleichtert,
• der Totraum der Atemwege verkleinert,
• das Absaugen von Schleim aus den Atemwegen vereinfacht.

Die Intubation ist aus der modernen Medizin nicht mehr wegzudenken. Jeder Arzt sollte sie beherrschen. Wegen der Verletzungsgefahr des Patienten sollte man die Intubation am Modell immer wieder üben, um sie im Notfall schnell und sicher ausführen zu können.

② **Indikationen**:
• Narkose, besonders bei Eingriffen im Kopf-, Hals-, Brust- und Bauchbereich.
• Reanimation („Wiederbelebung").
• Erkrankungen mit respiratorischer Insuffizienz, die durch maschinelle Beatmung behandelt werden müssen.

③ **Nötige Instrumente**:
• Endotrachealtubus.
• Leuchtspatel (Laryngoskop): mit geradem oder gebogenem Spatel.
• Intubationsmodell.

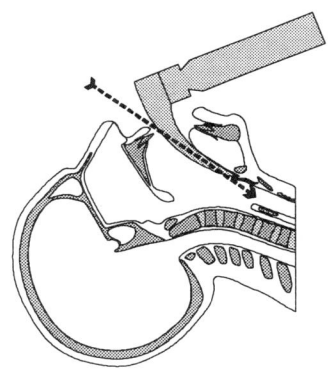

Abb. 743. Direkte Laryngoskopie und Intubation. Der Pfeil bezeichnet die Blickrichtung des Arztes. Der Endotrachealtubus wird unter direkter Sicht in die Luftröhre eingeführt.

④ **Vorgehen**:
• Kopf überstrecken (rechte Hand an der Stirn), Nackenpolster unterschieben.
• Mund des Patienten bzw. des Modells mit der rechten Hand öffnen.
• Spatel mit der linken Hand in den rechten Mundwinkel einführen, ohne Lippen oder Zunge zwischen Spatel und Zähnen einzuklemmen.
• Spatel in der Mittellinie nach rückwärts schieben, bis das Zäpfchen und anschließend der Kehldeckel sichtbar werden.

- Bei gebogenem Spatel: Die Spatelspitze vor dem Kehldeckel in die Grube zwischen Kehldeckel und Zungengrund einführen und nach vorn ziehen (der Kehldeckel wird dann über den Zug am Zungengrund aufgerichtet).
- Bei geradem Spatel: Die Spatelspitze durch eine kleine Kippbewegung auf die Hinterfläche des Kehldeckels bringen und den Kehldeckel nach vorn ziehen. Der gerade Spatel wird vor allem bei Neugeborenen und Kleinkindern verwendet, deren Epiglottis relativ lang und verformbar ist.
- Endotrachealtubus über Mund oder Nase in den Kehlkopf und weiter in die Luftröhre vorschieben, notfalls mit Magill-Zange den Tubus im Rachen leiten, damit er nicht in die Speiseröhre gerät.
- Tubus höchstens 3-4 cm in die Luftröhre vorschieben (bis Blockmanschette unter den Stimmbändern verschwunden ist).
- Lage des Tubus überprüfen: Beide Lungen müssen beatmet sein (abhören!).

⑤ **Gefahren**:
- Ausbrechen von Zähnen mit dem Spatel: Gute Intubationsmodelle geben daher ein Warnsignal, wenn der Druck auf die Zähne zu stark wird!
- Verletzung von Lippen oder Zunge durch den Spatel.
- Verletzung von Mund, Nase, Rachen und Kehlkopf durch den Tubus: Eine Reizung der Luftwege nach Intubation ist fast die Regel, klingt aber nach 2-3 Tagen ab. In schweren Fällen können Entzündungen über Wochen anhalten.
- Schädigung der Luftröhre mit nachfolgender Verengung (Trachealstenose).
- Tubus wurde zu weit vorgeschoben, so daß die Spitze in einem Hauptbronchus (meist dem rechten) liegt. Eine Lunge wird dann nicht beatmet. Die Folge ist ein Abfall der Sauerstoffsättigung des Blutes, da die Hälfte des Blutes aus den Lungen ohne Arterialisierung zum linken Herzen zurückgelangt. Der große Kreislauf wird mit Mischblut versorgt!

#744 Koniotomie und Tracheotomie

■ **Indikationen**: Bei Verlegung des Luftwegs oberhalb des Kehlkopfs oder in diesem muß ein künstlicher Zugang zu den unteren Atemwegen geschaffen werden. Gelingt es nicht, den natürlichen Weg über die Intubation frei zu bekommen, so muß man den Luftweg durch die Haut hindurch eröffnen (Abb. 744).
- Die Mehrzahl aller Tracheotomien wird heute nicht mehr wegen akuter Atemnot vorgenommen, sondern bei Patienten auf Intensivstationen, die maschinell beatmet werden. Die Tracheotomie schafft dann eine kürzere Verbindung zwischen Atemgerät und Lunge und verkleinert damit den Totraum der Atmung und senkt den Atemwegwiderstand. Gleichzeitig können die Atemwege sicher von Schleim, Blut und Eiter freigehalten werden. Erbrochenes kann nicht aspiriert werden.

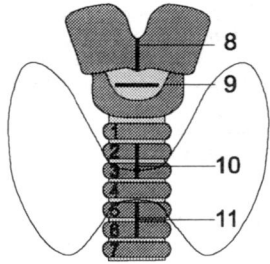

Abb. 744. Zugänge zu den unteren Luftwegen: 1-7 Trachealknorpel, 8 mediane Thyreotomie, 9 Koniotomie, 10 obere, 11 untere Tracheotomie

■ **Koniotomie**: zwischen Schildknorpel und Ringknorpel. Dabei werden die Haut und in der Tiefe der Conus elasticus quer durchgetrennt. Dieser Eingriff eignet sich wegen seiner Einfachheit besonders für Notfälle, in denen der Patient unmittelbar zu ersticken droht. Sonst überwiegen die Nachteile: Die Stimmbänder verlieren die elastische Aufhängung, und eine Atemkanüle ist schlecht einzusetzen.

■ **Tracheotomie**: Wenn die Zeit es zuläßt, ist ein Luftröhrenschnitt der Koniotomie vorzuziehen. Keinesfalls sollte man den 1. Luftröhrenknorpel durchtrennen, weil erfahrungsgemäß dann oft Engstellen in der Luftröhre nach Verschluß des Tracheostomas entstehen.

① **Formen**:
• *Obere Tracheotomie:* Längsschnitt zwischen Ringknorpel und Isthmus der Schilddrüse (2. + 3. Luftröhrenknorpel). Die Luftröhre entfernt sich vom Kehlkopf absteigend immer weiter von der Haut. Der obere Luftröhrenschnitt hat deshalb die kürzeste Strecke zur Luftröhre zurückzulegen. Dies ist jedoch kein uneingeschränkter Vorteil: Die einzusetzende Atemkanüle (gebogenes Atemrohr) hat auf der kurzen Gewebeauflage schlechten Halt.
• *Untere Tracheotomie:* zwischen Isthmus der Schilddrüse und Brustbeinhandgriff (5. + 6. Luftröhrenknorpel). Die Kanüle liegt sehr viel besser in dem 5-7 cm langen Kanal durch die Weichgewebe des Halses beim unteren Luftröhrenschnitt. Hier ist allerdings die Operation wieder schwieriger, weil man sich mit den starken unteren Schilddrüsenvenen auseinandersetzen muß.
• *Mittlere Tracheotomie:* durch den Isthmus der Schilddrüse (3. + 4. Luftröhrenknorpel). Der mittlere Luftröhrenschnitt ist ein Kompromiß.

② **Komplikationen**: Die Tracheotomie ist kein harmloser Eingriff. Man muß mit 1-2 % Todesfällen und etwa 6 % starken Blutungen rechnen. Bei etwa 5 % der Patienten verengt sich nach Verschluß des Tracheostomas die Luftröhre so stark, daß die Enge operativ beseitigt werden muß.

#745 Schilddrüse

① **Größe**: Die Schilddrüse (Glandula thyroidea) ist mit einem Gewicht von etwa 50 g beim Gesunden die größte Hormondrüse des Menschen.
• Beim Kropf (Struma) kann die Schilddrüse auf mehrere hundert Gramm anwachsen. Sie kann dann die Luftröhre und die Speiseröhre beengen und bei Über- oder Unterfunktion den gesamten Stoffwechsel beeinträchtigen.
• Dabei muß sich nicht die gesamte Drüse harmonisch vergrößern. Es können auch nur einzelne Bereiche schnell wachsen: Knotenkropf. „Heiße" Knoten bilden vermehrt Hormone. Sie sind im Szintigramm an der intensiven Speicherung radioaktiven Jods zu erkennen. „Kalte" Knoten speichern kein Jod und erzeugen daher auch keine Hormone.
• Störungen an der Schilddrüse sind in Süddeutschland häufiger als im Norden (Jodmangel des Trinkwassers).
• Die Beurteilung der Größe der Schilddrüse gehört zu jeder ärztlichen Routineuntersuchung. Allerdings bemerkt der Patient ein Wachsen der Drüse meist früher als sein Arzt: Blusen bzw. Hemden werden am Kragen zu eng.

② **Inspektion**: Die gesunde Schilddrüse ist nicht zu „sehen". Sie füllt die sonst ungenutzten Räume zwischen Luftröhre, Mm. sternocleidomastoidei und Gefäß-Nerven-

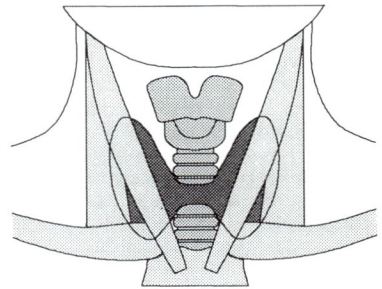

Abb. 745a. Projektion der Schilddrüse auf die Haut des Halses. Der größte Teil der Schilddrüsenlappen wird von den Mm. sternocleidomastoidei verdeckt.

Strängen. Die vergrößerte Schilddrüse drängt den M. sternocleidomastoideus zur Seite. Dessen Vorderkante läuft dann nicht mehr nahezu gerade vom Brustbein zum Warzenfortsatz, sondern wird schon kurz oberhalb des Brustbeins vorgewölbt. Eine Vergrößerung der Schilddrüse ist für den Geübten früher zu sehen als zu tasten („Blickdiagnose").

③ **Palpation**: Die Schilddrüse ist weich und wird zum größten Teil von den beiden Mm. sternocleidomastoidei bedeckt (Abb. 745a). Der Untersucher tastet die Schilddrüse leichter, wenn er hinter dem Patienten steht.
• Gut zugänglich ist nur ihr mittlerer Abschnitt (Isthmus) in der „Drosselgrube" oberhalb des Brustbeinhandgriffs. Man tastet zunächst den Ringknorpel (#741) und geht dann an der Luftröhre 1-2 Fingerbreit nach unten. Man fühlt einen queren Wulst. Er wird sehr viel deutlicher, wenn man den Patienten bittet zu schlucken. Mit dem Kehlkopf wird auch der Isthmus der Schilddrüse nach kranial gezogen. Er gleitet unter dem Finger des Untersuchers nach oben und wieder zurück. Dabei kann man den Durchmesser des Isthmus (normal etwa bleistiftdick) gut beurteilen.
• Die Seitenlappen der Schilddrüse werden mit leicht kreisenden Bewegungen der flach aufgelegten Finger bei entspannten Mm. sternocleidomastoidei zu umgrenzen versucht. Dies gelingt bei der gesunden Schilddrüse kaum. Erst wenn derbere Knoten vermehrten Widerstand bieten oder ein allgemein vergrößerter Lappen den M. sternocleidomastoideus zur Seite drängt, wird die Tastuntersuchung erfolgreich sein.

④ **Protokollierung**: Eine Vergrößerung der Schilddrüse sollte man zu quantifizieren versuchen, um einen Vergleich bei Kontrolluntersuchungen zu ermöglichen.
• Eine diffuse Größenzunahme läßt sich am einfachsten über den Halsumfang (entsprechend dem Hemdkragen) erfassen.
• Einzelne Knoten beschreibt man anschaulich als kirsch-, pflaumen-, mandarinengroß usw.

• Zum Schätzen des Gewichts stellt man sich zum Vergleich einen vertrauten Gegenstand des täglichen Lebens ähnlicher Dichte und bekanntem Gewicht vor, z.B. eine Käsepackung.

⑤ **Differentialdiagnose** des dicken Halses: Nicht jede Vermehrung des Halsumfangs ist durch einen Kropf bedingt:
• Bei der Fettsucht wird Fett auch vermehrt in die Unterhaut des Halses eingelagert (Doppelkinn).
• Bei einer Schwäche des rechten Herzens sind die Halsvenen gestaut (#724).
• Tastbare Knoten im Halsbereich können auch vergrößerte Lymphknoten sein.

⑥ **Arterien**: Die Schilddrüse ist, wie alle Hormondrüsen, ausgezeichnet mit Blutgefäßen versorgt. Auf jeder Seite wird sie von 2 großen Arterien erreicht (Abb. 745b):
• *A. thyroidea superior* aus der A. carotis externa.
• *A. thyroidea inferior* aus dem Truncus thyrocervicalis der A. subclavia.
• Die beiden Arterien anastomosieren untereinander und mit den Arterien der Gegenseite so ausgiebig, daß bei Ausfall einzelner oder mehrerer Arterien keine Durchblu-

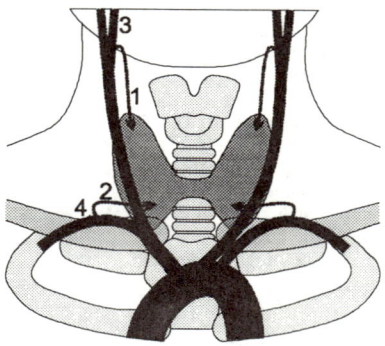

Abb. 745b. Schilddrüsenarterien: 1 A. thyroidea superior, 2 A. thyroidea inferior, 3 A. carotis externa, 4 A. subclavia

7.4 Eingeweide

tungsstörungen auftreten. Selbst nach Unterbindung aller 4 Schilddrüsenarterien bleibt meist noch ein Teil der Drüse funktionsfähig, da sich am Gefäßnetz auch noch Äste von Arterien des Kehlkopfs, der Luftröhre, der Speiseröhre und der Unterzungenbeinmuskeln beteiligen. Deshalb wurden Versuche, durch Unterbindung von Schilddrüsenarterien eine Überfunktion der Schilddrüse zu normalisieren, als erfolglos aufgegeben.
- *A. thyroidea ima:* Als Varietät kommt bei etwa 6 % der Menschen eine unpaare Schilddrüsenarterie aus dem Truncus brachiocephalicus oder direkt aus dem Aortenbogen vor.

⑦ **Venen**: Die Schilddrüsenvenen folgen nur z.T. den Arterien (Abb. 745c):
- *V. thyroidea superior:* etwa parallel zur A. thyroidea superior zur V. jugularis interna.
- *Vv. thyroideae mediae:* zur V. jugularis interna, ein Nebenweg führt zur V. subclavia parallel zur A. thyroidea inferior.
- *V. thyroidea inferior:* zur linken V. brachiocephalica (etwa parallel zur variablen A. thyroidea ima).

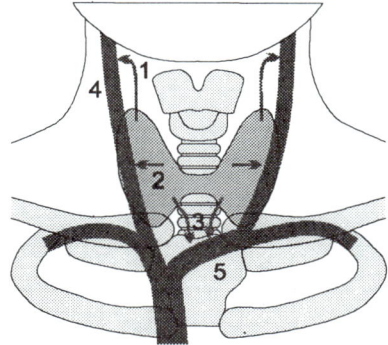

Abb. 745c. Schilddrüsenvenen: 1 V. thyroidea superior, 2 Vv. thyroideae mediae, 3 V. thyroidea inferior, 4 V. jugularis interna, 5 V. brachiocephalica

#746 Nebenschilddrüsen

① **Aufgaben**: Die 4 Nebenschilddrüsen (Epithelkörperchen, Glandulae parathyroideae) sind Hormondrüsen. Ihr Parathormon (PTH) erhöht den Calciumspiegel im Blut auf 3 Wegen:
- vermehrte Calciumresorption aus dem Darm,
- erhöhte Calciumrückresorption aus dem Primärharn in den Nierenkanälchen,
- gesteigerter Calciumabbau im Knochen infolge vermehrter Osteoklastenaktivität.

② **Funktionsstörungen**:
- *Hypoparathyreoidismus* (Parathormonmangel): Der Calciumspiegel im Blut sinkt. Es kommt zu Muskelkrämpfen (Tetanie). Häufige Ursache: versehentliche Entfernung aller Nebenschilddrüsen bei Kropfoperationen.
- *Hyperparathyreoidismus* (Parathormonüberschuß): Der Calciumspiegel im Blut steigt. Die Knochen verarmen an Calcium und werden brüchig. In den inneren Organen hingegen wird Calcium abgelagert. Der Patient wird antriebsarm. In der hyperkalzämischen Krise kommt es zu Gemüts- und Bewußtseinsstörungen und zuletzt zum Herzstillstand. Häufigste Ursache ist eine hormonbildende Geschwulst (Adenom) einer Nebenschilddrüse.

③ **Lage**: Die 4 Nebenschilddrüsen liegen normalerweise der Schilddrüse hinten an: die unteren den unteren Polen der Seitenlappen, die oberen etwa auf mittlerer Höhe (Abb. 746). Die Lage ist sehr variabel. Die Suche nach erkrankten Nebenschilddrüsen kann sehr mühsam werden. Nach einer chirurgischen Statistik findet man Geschwülste der Nebenschilddrüsen
- an den unteren Schilddrüsenpolen: 55 %,
- an den oberen Schilddrüsenpolen: 25 %,
- im Mediastinum: 10 %,
- innerhalb der Schilddrüse: 4 %,
- die restlichen 6 % entlang der A. carotis communis, im Kehlkopf, in der Speiseröhre usw.

Vorausgesetzt, daß atypisch liegende Nebenschilddrüsen nicht gehäuft an Geschwülsten erkranken, gibt diese Statistik einen Anhalt für die Verteilung auch der gesunden Nebenschilddrüsen.

④ **Projektion** auf die Haut des Halses (bei typischer Lage):
- Die beiden oberen Nebenschilddrüsen vor den Vorderrändern der beiden Mm. sternocleidomastoidei etwas unterhalb des Ringknorpels.
- Die beiden unteren Nebenschilddrüsen seitlich der Vorderränder der Mm. sternocleidomastoidei auf Höhe des Unterrandes des Isthmus der Schilddrüse.

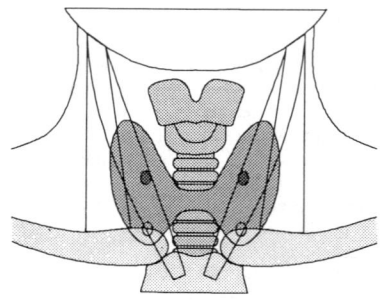

Abb. 746. Typische Lage der Nebenschilddrüsen

8 Arm

8.1 Schultergürtel und Schultergelenk

#811 Schlüsselbein

■ **Palpation**: Das Schlüsselbein (Clavicula) dient kräftigen Muskeln zum Ursprung, wird aber nicht von Muskeln umhüllt (wie die langen Extremitätenknochen). Es ist daher in ganzer Länge durch die Haut zu tasten. Bei schlanken Menschen sind seine Konturen durch die Haut zu sehen, beim Fettleibigen sind sie zumindest zu fühlen.

Beim Tasten achte man auf:
• **Extremitas sternalis** (sternales Ende): Das Schlüsselbein überragt das Brustbein um etwa 1 cm. Die Kontaktfläche mit dem Manubrium sterni ist relativ klein. Das Sternoklavikulargelenk muß daher durch kräftige Bänder gegen Verrenkungen gesichert werden. Zwischen den beiden Schlüsselbeinen sinkt die Haut zu einer etwa daumenbreiten Grube ein („Drosselgrube"). In ihrer Tiefe fühlt man unschwer die Luftröhre.
• **Extremitas acromialis** (akromiales Ende): Das Schlüsselbein überragt das angrenzende Acromion um etwa ½ cm. Da der höchste Punkt der Schulter das Schlüsselbein und nicht das Acromion ist, sollte man das Acromion nicht als „Schulterhöhe" (wie es leider häufig irreführend geschieht), sondern als „Schultereck" (weil es am weitesten lateral liegt) bezeichnen. Beim Verdacht auf Verrenkung des Akromioklavikulargelenks sollte man sich dieser natürlichen Höhendifferenz immer bewußt sein!
• **S-förmige Krümmung**: Das Schlüsselbein paßt sich der Rundung des Brustkorbs an. Es ist daher in der medialen Hälfte nach vorn, in der lateralen nach hinten konvex.
• **Dicke**: Das Schlüsselbein ist im Querschnitt etwa oval. Das äußere Ende ist flacher, das innere annähernd rund. Der größere Durchmesser liegt etwa parallel zur Körperoberfläche.

#812 Schulterblatt

■ **Aufgaben**: Das Schulterblatt (Scapula) breitet sich flach am Rücken aus, um starken Muskeln Befestigungsmöglichkeiten zu bieten. Diese sind u.a. nötig, um die Lage der Schultergelenkpfanne zu stabilisieren. Von deren Stellung hängt der Bewegungsspielraum des Arms entscheidend ab. Ausfall der Schulterblattbewegungen, z.B. bei Erkrankungen des Gleitlagers des Schulterblatts am Rumpf (früher Periarthropathia humeroscapularis genannt), engt den Bewegungsumfang des Oberarms stark ein.

■ **Palpation**: Am Schulterblatt sind zu tasten:
• **Spina scapulae** (Schulterblattgräte): Sie ist zwar Ansatz und Ursprung von Muskeln, wird aber selbst nicht von Muskeln überquert. Daher ist sie in ganzer Länge bis zum Acromion durch die Haut zu tasten. Bei diesem achte man darauf, daß es etwas tiefer steht als das angrenzende seitliche Ende des Schlüsselbeins.
• **Processus coracoideus** (Rabenschnabelfortsatz): Er ist nach vorn gerichtet und demgemäß an der vorderen Brustwand zu tasten. Man findet seine Spitze etwa 3 Fingerbreit kaudal des Schlüsselbeins und dicht vom Vorderrand des M. deltoideus als rundlichen knöchernen Widerstand in der Tiefe. Bei Bewegungen im Schultergelenk ändert er seine Lage.
• **Angulus inferior** (unterer Schulterblattwinkel): Er wird nur vom Oberrand des M. latissimus dorsi überquert. Dieser ist sehr dünn. Der Angulus inferior wölbt daher häufig die Haut etwas vor. Man sieht ihn schon, bevor man ihn tastet.
• **Margo medialis** (medialer Rand): Er wird vom M. trapezius bedeckt. Dessen aufsteigender Teil ist meist dünn. Daher ist der untere Teil des medialen Randes recht gut zugänglich. Der Querteil des Trapezmuskels ist meist dick. Deshalb ist der obere Teil des medialen Randes schlechter fühlbar.

- **Margo lateralis** (äußerer Rand): Er wird von kräftigen Muskeln überlagert: unten dem M. infraspinatus, oben dem M. supraspinatus und dem M. deltoideus. Der äußere Rand ist daher meist nur unbestimmt unter den Muskelwülsten zu fühlen. Lediglich der unterste Abschnitt ist gut zugänglich.

- **Höhenunterschied**: Normalerweise stehen die beiden Schulterblätter gleich hoch. Ein Höhenunterschied ist verdächtig auf eine seitliche Verkrümmung der Wirbelsäule und sollte zu deren Untersuchung veranlassen (#211-213). Bei gerader Wirbelsäule ist ein Höhenunterschied meist auf einseitige Belastungen, z.B. Tragen schwerer Taschen mit immer dem gleichen Arm, zurückzuführen. Selten dürfte eine echte körperliche Asymmetrie in den Muskellängen vorliegen, z.B. beim Schiefhals.

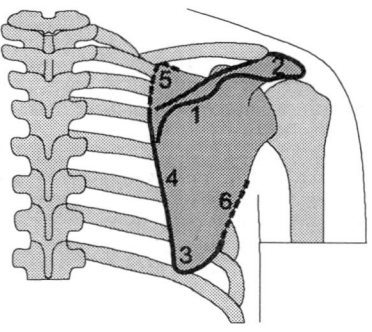

Abb. 812. Tastbare Teile des Schulterblatts: 1 Spina scapulae, 2 Acromion, 3 Angulus inferior, 4 Margo medialis, 5 Angulus superior, 6 Margo lateralis

#813 Schlüsselbeingelenke

- **Aufgaben**: Durch die Bewegungen in den Schlüsselbeingelenken wird die Schultergelenkpfanne und damit die Ausgangsbasis des Schultergelenks eingestellt. Alle großen Bewegungen des Armes sind an Bewegungen des Schulterblatts geknüpft. Dabei wird nicht zunächst der Spielraum eines Gelenks voll ausgenutzt, bis das andere betätigt wird. Vielmehr laufen alle größeren Bewegungen gleichzeitig in den Schlüsselbeingelenken und im Schultergelenk ab.

- **Bewegungen**:
- Die Schlüsselbeingelenke sind (trotz der sattelförmigen Gelenkflächen des Sternoklavikulargelenks) funktionell Kugelgelenke. Es können jedoch nicht alle Freiheitsgrade isoliert genutzt werden.
- Nullstellung ist für beide Gelenke die Stellung von Schlüsselbein und Schulterblatt bei locker herabhängendem Arm (Neutralnullmethode ⇒ #122).

① **Articulatio sternoclavicularis** (Brustbein-Schlüsselbein-Gelenk): Das Schlüsselbein kann gehoben und gesenkt sowie vor- und rückwärts bewegt werden. Als Kombination der beiden Bewegungen ist eine Kreisbewegung (Zirkumduktion) der Schulter möglich. Kreiselungen (Rotationen) erfolgen zwangsweise bei den übrigen Bewegungen. Es kann nicht isoliert gekreiselt werden.
- Man mißt das Heben und Senken der Schultern (Winkel in der Frontalebene von vorn anpeilen) sowie das Vor- und Rückführen (Winkel in der Horizontalebene bei sitzendem Patienten von oben anpeilen).

② **Articulatio acromioclavicularis** (Schultereck-Schlüsselbein-Gelenk): Das Schulterblatt wird um das akromiale Ende des Schlüsselbeins geschwenkt. Es kann sich nicht vom Brustkorb abheben. Deshalb führen alle Bewegungen des Schlüsselbeins im Sternoklavikulargelenk zwangsweise zu Bewegungen im Akromioklavikulargelenk. So wird z.B. beim Heben des Schlüsselbeins das Schulterblatt adduziert (nur im Röntgenbild zu messen).
- Man bestimmt den Winkel des medialen Schulterblattrandes mit der Körperlängsachse bzw. der Wirbelsäule. Der Einfachheit halber setzt man die Nullstellung mit dem parallel zur Wirbelsäule gehaltenen medialen Schulterblattrand an. Man bestimmt die

8.1 Schultergürtel und Schultergelenk

Protokoll 813. Bewegungsumfang der Schlüsselbeingelenke (Neutralnullmethode)		Links	Rechts	Gesunde Studenten
① Sterno-klavikular-gelenk	Heben – Senken (°)			60° – 0° – 10°
	Vorführen – Rückführen (°)			20° – 0° – 20°
② Akromio-klavikular-gelenk	Auswärtsschwenken – Einwärtsschwenken (°)			50° – 0° – 15°
	Angulus inferior – Dornfortsatzreihe * (cm)			≈15/3

* Maximaler und minimaler senkrechter Abstand

Extremstellungen bei vertikal nach oben (Auswärtsschwenken) und bei rückwärts verschränkten Armen (Einwärtsschwenken).
• Alternative Meßmethode: Anstelle des Winkels des medialen Schulterblattrandes mit der Körperlängsachse bestimmt man den senkrechten Abstand des unteren Schulterblattwinkels von der Dornfortsatzreihe.

■ **Punktion des Akromioklavikulargelenks**: Abnützungskrankheiten (Arthrosen) in diesem Gelenk sind eine häufige Ursache von Schulterschmerzen. Durch Infiltration des Gelenks mit Lokalanästhetika kann dem Patienten Erleichterung verschafft werden. Man tastet den Gelenkspalt und sticht von vorn-oben ein. (Allgemeines über Gelenkpunktion ⇒ #816.)

#814 Palpation des Schultergelenks

■ **Palpation**: Rund um das Schultergelenk (Articulatio humeri) ordnen sich kräftige Muskeln an („Rotatorenmanschette"), so daß die Gelenkkörper schlecht zu tasten sind:

① **Humerus** (Oberarmbein):
• Durch den entspannten M. deltoideus hindurch fühlt man seitlich unterhalb des Acromion die Rundung des proximalen Teils des Humerus. Bewegt man den Arm des Patienten, ohne daß dieser die Muskeln aktiv anspannt, so kann man recht gut die Form des *Tuberculum majus + minus* und die Rinne zwischen den beiden *(Sulcus intertubercularis)* unterscheiden.
• Die unteren Abschnitte des Oberarmkopfs *(Caput humeri)* sind durch die Achselhöhle hindurch zugänglich. Man tastet am besten zunächst bei sich selbst, da ein ungeschicktes Vorgehen des Untersuchers für den Patienten sehr schmerzhaft sein kann. Dazu umgreift die rechte Hand die linke vordere Achselfalte (M. pectoralis major) zangenartig, wobei der Daumen außen in der Nähe des Schlüsselbeins, die Kuppe des dritten Fingers tief in der Achselhöhle am Oberarmkopf liegen. Man beginnt bei etwa 45° Abspreizung des Oberarms. Man fühlt die Rundung des Unterrandes der überknorpelten Gelenkfläche. Hebt man nun den Oberarm immer stärker an, so wird ein immer größerer Teil der Gelenkfläche aus der Pfanne gedreht und damit tastbar.

② **Scapula** (Schulterblatt): Von der Schultergelenkpfanne *(Cavitas glenoidalis)* ist ein kleines Stück des unteren vorderen Randes zugänglich. Man muß dazu aus der vorgenannten Stellung bei abduziertem Arm mit dem in der Tiefe der Achselhöhle liegenden Mittelfinger die Lücke zwischen dem M. infraspinatus und dem M. subscapularis in der Rotatorenmanschette suchen. Man tastet dann zunächst die überknorpelte Gelenkfläche des Oberarmkopfs, dann eine Einsenkung und darauf den Pfannenrand. Man braucht etwas Geduld, bis man die richtige Stelle gefunden hat. Dann kann man auch noch ein Stück des lateralen Schulterblattrandes kaudal der Gelenkpfanne verfolgen.

■ **Stabilitätsprüfung**: Man prüft die Straffheit der Bänder, indem man „Schubladenbewegungen" versucht: Man sucht den Oberarmkopf durch Druck nach vorn und hinten sowie durch Zug nach unten zu bewegen. Bei schlaffen Bändern entsteht eine Hautdelle zwischen Oberarmkopf und Acromion (Sulkuszeichen).

■ **Luxationen**: Wegen des schützenden „Daches" durch das Acromion und das starke Lig. coraco-acromiale ist eine Verrenkung des Oberarmkopfs nach oben kaum möglich. Eine traumatische Verrenkung erfolgt daher
• meist nach vorn (≈97 %) unter den Rabenschnabelfortsatz *(Luxatio subcoracoidea)*.
• selten (≈3 %) nach unten in die Achselhöhle *(Luxatio axillaris)* oder nach hinten unter die Schulterblattgräte *(Luxatio infraspinata)*.
Der Arm ist dann zwangsweise abduziert. Die Rundung der Schulter ist verloren. Eine Delle sinkt seitlich des Acromion ein. Die Gelenkkapsel reißt meist. Nach der Einrenkung bleibt oft eine Schwäche der Kapsel zurück, die eine neuerliche Verrenkung begünstigt. Nach mehreren Verrenkungen (habituelle Luxation) ist die operative Stabilisierung des Gelenks nötig.

#815 Bewegungsumfang des Schultergelenks

■ **Achsen und Bewegungen**: Das Schultergelenk ist ein Kugelgelenk und hat demgemäß 3 Hauptachsen, um die 6 Bewegungsrichtungen möglich sind:
• sagittale Achse: Abspreizen (Abduktion) – Anziehen = Anführen (Adduktion),
• transversale Achse: Vorführen (Anteversion) – Rückführen (Retroversion),
• longitudinale Achse: Außenkreiseln (Außenrotation) – Innenkreiseln (Innenrotation).
• Die im Protokoll aufgeführte Horizontalbewegung ist eine Kombination von zwei Hauptbewegungen: Sie beginnt bei abduzierter Retroversion und endet bei adduzierter Anteversion.

■ **Probleme**:
• Schultergelenk und Schlüsselbeingelenke wirken eng zusammen (#813). Es ist nur begrenzt möglich, das Schultergelenk isoliert zu untersuchen. Dazu faßt der Untersucher den unteren Schulterblattwinkel des Patienten durch die Haut hindurch mit der Hand und hält ihn fest. Beim Abspreizen ist dies möglich, bis der Arm etwa die Horizontale erreicht hat. Dann wird die Kraft der schulterblattschwenkenden Muskeln des Patienten meist größer als die Kraft, mit der der Untersucher den Schulterblattwinkel fassen kann.

Abb. 815. Außenrotation des Arms bei 90° Abduktion. Mit dieser Bewegung prüft man eine Luxationsneigung nach vorn (vordere Instabilität). Der „Apprehensiontest" ist positiv, wenn der Patient die Muskeln ängstlich gegen eine vom Arzt versuchte Außenrotation (Verrenkungsmechanismus) anspannt. Manchmal ist auch ein Knacken oder Schnappen zu hören oder zu tasten. Dies kann der Untersucher durch Druck auf den Humeruskopf von hinten verstärken (vordere Schublade).

8.1 Schultergürtel und Schultergelenk

Protokoll 815. Bewegungsumfang des Schultergelenks (Neutralnullmethode)

① Ohne Festhalten des Schulterblatts

	Links	Rechts	Gesunde Studenten
Abspreizen – Anziehen (°)			180° – 0° – 40°
Vorführen – Rückführen (°)			180° – 0° – 40°
Horizontal nach hinten – nach vorn (°)			30° – 0° – 120°
Außen- – Innenkreiseln: a) adduziert (°)			90° – 0° – 90°
b) 90° abduziert (°)			90° – 0° – 90°

② Mit Festhalten des Schulterblatts

	Links	Rechts	Gesunde Studenten
Abspreizen – Anziehen (°)			90° – 0° – 20°
Vorführen – Rückführen (°)			90° – 0° – 30°
Horizontal nach hinten – nach vorn (°)			10° – 0° – 40°
Außen- – Innenkreiseln: a) adduziert (°)			70° – 0° – 70°
b) 90° abduziert (°)			70° – 0° – 70°

- Das Ausmaß der einzelnen Hauptbewegungen ist nicht unabhängig voneinander. Es ist im allgemeinen etwa in Mittelstellung der anderen Hauptbewegungen am größten. Deshalb prüft man z.B. die Rotation aus zwei Ausgangsstellungen: bei adduziertem und bei 90° abduziertem Arm (Abb. 815). In beiden Fällen wird im Ellbogengelenk rechtwinklig gebeugt. Dann kann der Unterarm als Zeiger für das Winkelmaß dienen.

#816 Punktion des Schultergelenks

■ **Allgemeines zu Gelenkpunktionen**:
① **Prinzipieller Unterschied zur Venenpunktion**: Beim Einstich in eine Vene zur Blutabnahme oder zur intravenösen Injektion werden bei den üblichen, mehr symbolischen Maßnahmen zur Desinfektion immer auch einige Bakterien in die Blutbahn verschleppt. Dies führt in der Regel zu keiner Infektion, weil Blut als Transportmittel auch für Abwehrzellen die Bakterien rasch eliminiert. Gelenkräume hingegen werden normalerweise nicht von Krankheitserregern erreicht und sind daher nicht mit einem schlagkräftigen Abwehrapparat ausgerüstet. Eine unsterile Gelenkpunktion führt daher mit großer Wahrscheinlichkeit zur Infektion der Gelenkhöhle.

② **Steriles Vorgehen**:
- Gelenke sollten nicht am Krankenbett, sondern nur in einem gesonderten Raum punktiert werden, in dem keine infizierten Wunden versorgt werden.
- Die Extremität des Patienten ist entkleidet. Man tastet die Punktionsstelle und markiert sie evtl. mit einem Stift.
- Die Haare im Punktionsgebiet werden abgeschnitten (wegen der Gefahr der Traumatisierung der Haut besser nicht abrasiert).
- Die Haut wird 3-4mal mit (möglichst farbigem) Desinfektionsspray und steriler Kompresse desinfiziert (Wischdesinfektion). Das Desinfektionsmittel muß genügend lange einwirken.
- Der Arzt trägt Mundschutz und sterile Handschuhe.

- Der Punktionsbereich wird mit einem sterilen Lochtuch abgedeckt.
- Spritzen und Kanülen werden von einer zweiten Person steril angereicht.

③ **Entzündungshemmende Injektionen nur bei sterilem Gelenk:** Durch intraartikuläre Injektion entzündungshemmender Medikamente (Antiphlogistika), z.B. Cortison und Abkömmlinge, kann man dem Patienten oft rasch vorübergehend die Schmerzen erleichtern. Dabei werden aber die körpereigenen antibakteriellen Abwehrkräfte im Gelenk vermindert. Cortisoninjektion in ein infiziertes Gelenk begünstigt die Infektion!

■ **Punktion des Schultergelenks:**
- *Dorsaler Zugang:* Im Sitzen oder in Bauchlage des Patienten wird der Arm leicht innenrotiert gelagert. Man tastet das hintere Eck des Acromion und sticht 2 cm medial und distal von ihm ein.
- *Ventraler Zugang:* Der Patient liegt auf dem Rücken. Der Oberarm wird leicht außenrotiert und abduziert gelagert. Der Einstich erfolgt etwa 1 cm kaudal und lateral des Processus coracoideus. Die Stichrichtung geht leicht nach medial.

#817 Rumpf-Schultergürtel-Muskeln

Tab. 817. Rumpf-Schultergürtel-Muskeln	
Nerv:	Muskel:
N. accessorius (XI) + Plexus brachialis	M. trapezius M. sternocleidomastoideus ($\Rightarrow$ #712)
N. dorsalis scapulae	M. levator scapulae M. rhomboideus minor M. rhomboideus major
N. thoracicus longus	M. serratus anterior
Nn. pectorales	M. pectoralis minor

■ **M. trapezius** (Trapezmuskel):
① **Pars descendens** (absteigender Teil): vom Hinterhauptbein und den oberen Halswirbeldornfortsätzen zum lateralen Drittel des Schlüsselbeins. Er hebt die Schulter.
- Er ist besonders gut zu sehen, wenn der Patient die Schulter gegen Widerstand nach oben zieht, z.b. indem der Untersucher die Schulter nach unten drückt oder der Patient eine schwere Tasche hebt usw.

② **Pars transversa** (querer Teil): von den unteren Hals- und den oberen Brustwirbeldornfortsätzen zum Oberrand der Spina scapulae einschließlich Acromion. Dieser stärkste Teil des Trapezmuskels zieht die Schultern zurück.
- Bei nicht zu dickem Unterhautfettgewebe sieht man bei seinem Anspannen die Haut im Bereich der Ursprungsdornfortsätze über seinem sehnigen Teil („Lindenblattsehne") eingesunken.

③ **Pars ascendens** (aufsteigender Teil): von den mittleren und unteren Brustwirbeldornfortsätzen zum medialen Ende der Spina scapulae. Er zieht den Schultergürtel nach unten. Wird das Schlüsselbein jedoch festgehalten, z.B. durch den absteigenden Teil, dann wird das Schulterblatt nach vorn geschwenkt. Dadurch wird die Schulterpfanne nach oben gedreht und so der Bewegungsspielraum des Oberarms nach oben erweitert (über 90° = Elevation des Arms).
- Der aufsteigende Teil wird am besten sichtbar, wenn der Patient den seitlich abgespreizten Arm gegen Widerstand in die Vertikale zu heben sucht (der Untersucher oder eine Hilfsperson ziehen nach unten).
- Oder der Patient soll sich mit leicht über die Horizontale nach vorn gehobenen Armen an einer Wand abstützen.
- Der aufsteigende Teil hat am Ursprung vom 12. Brustwirbeldornfortsatz und am Ansatz an der Schulterblattgräte kleine Sehnenspiegel, die sich bei dünnem Unterhautfettpolster gut an der Haut abzeichnen.

④ **Lähmung:** Bei *Akzessoriuslähmung* kann der Arm nicht mehr über die Horizontale gehoben werden. Der Trapezmuskel ist demnach für diese Bewegung entscheidend nötig. Häufigste Ursache einer Akzessoriuslähmung sind ärztliche Eingriffe am Hals, z.B. die radikale Lymphknotenausräumung (neck dissection). Das Schulterblatt ist hier-

8.1 Schultergürtel und Schultergelenk

bei nur leicht abgehoben (im Gegensatz zur Scapula alata bei Lähmung des M. serratus anterior, s.u.)

■ **M. levator scapulae** (Schulterblattheber): Beim Schulterheben gegen Widerstand (s.o.) tritt im hinteren Halsdreieck der Wulst des M. levator scapulae etwa im Winkel von 45° zum Trapezmuskel hervor. Der Ansatz des Muskels am Angulus superior des Schulterblatts ist bei den sehr häufigen Nakkenverspannungen oft druckschmerzhaft. Dann kann eine Infiltration dieses Bereichs mit Lokalanästhetikum (durch den M. trapezius hindurch) dem Patienten rasche Linderung verschaffen.

■ **M. rhomboideus minor + major** (Rautenmuskel): von den Dornfortsätzen der unteren Hals- und der oberen Brustwirbel (meist C_6-Th_4) zum medialen Rand des Schulterblatts.
• Der Muskel zieht den Schultergürtel zurück und hebt ihn an. Er schwenkt den unteren Schulterblattwinkel nach hinten bzw. medial. Er ist damit ein Gegenspieler des aufsteigenden Teils des Trapezmuskels. Dessen Muskelfasern verlaufen auch teilweise etwa rechtwinklig zu ihm.
• Der Rautenmuskel wird zum größten Teil vom Trapezmuskel überlagert. Lediglich das laterale untere Ende des Rautenmuskels in Nähe des unteren Schulterblattwinkels liegt oberflächlich. Dieser Anteil wird größer, wenn das Schulterblatt nach vorn geschwenkt wird.
• Der Rautenmuskel spannt sich stark an, wenn der Patient den gehobenen Arm gegen Widerstand senkt, z.B. indem er die Schulter des Untersuchers mit ausgestrecktem Arm herabzudrücken sucht.

■ **M. serratus anterior** (vorderer Sägemuskel): von der vorderen seitlichen Brustwand (1.-9. Rippe) zum medialen Schulterblattrand.
• Mm. rhomboidei und M. serratus anterior bilden eine durchgehende Muskelplatte, in die der mediale Schulterblattrand eingelassen ist. Der Rautenmuskel schwenkt das Schulterblatt nach hinten, der vordere Sägemuskel nach vorn. Insofern sind die beiden Gegenspieler. Sie wirken jedoch auch zusammen, indem sie den medialen Schulterblattrand an den Rumpf anpressen. Bei Lähmung eines der beiden Muskeln fällt diese Funktion aus, und das Schulterblatt steht flügelartig vom Rumpf ab (Scapula alata).
• Der größte Teil des M. serratus anterior liegt versteckt unter dem Schulterblatt bzw. den Brustmuskeln. Lediglich kaudal des Unterrandes des M. pectoralis major liegen einige Ursprungszacken oberflächlich. Sie wechseln an den Rippen mit den Ursprüngen des M. obliquus externus abdominis ab. Beim Anspannen dieser Muskeln tritt eine Zickzacklinie (Sägelinie) an der seitlichen Brustwand hervor, die zum Namen des Muskels führte.
• Den M. serratus anterior spannt man am einfachsten an, indem man den Patienten den Arm gegen Widerstand über die Horizontale heben läßt. Er wirkt dabei mit dem aufsteigenden Teil des Trapezmuskels zusammen.

■ **M. pectoralis minor** (kleiner Brustmuskel): von der Knorpel-Knochen-Grenze der 3.-5. Rippe zum Processus coracoideus. Der M. pectoralis minor ist vollständig vom M. pectoralis major bedeckt.
• Sein Seitenrand und ein kleiner Teil seiner Rückfläche sind in der vorderen Achselfalte zu tasten. Dazu stützt sich der stehende Patient mit dem gestreckten Arm auf einem Tisch derartig ab, daß ein möglichst großer Teil des Körpergewichts auf diesem Arm lastet. Durch das Abstützen wird der Schultergürtel nach oben gedrückt. Der M. pectoralis minor und die unteren Anteile des M. pectoralis major halten den Schultergürtel fest und spannen sich daher kräftig an.
• Man tastet in der vorderen Achselfalte vom Rand zur Tiefe hin 3 Bereiche: zuerst die Haut mit der Unterhaut, dann den dicken Rand des M. pectoralis major und am weitesten medial den Rand des M. pectoralis minor.

#818 Rumpf-Arm-Muskeln

Tab. 818. Rumpf-Arm-Muskeln	
Nerv:	Muskel:
N. thoracodorsalis	M. latissimus dorsi
Nn. pectorales	M. pectoralis major

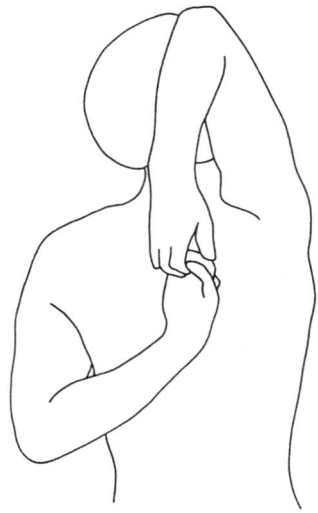

Abb. 818. Schürzengriff (links) und Nakkengriff (rechts): Für das Rückführen des Arms beim Schürzengriff ist der M. latissimus dorsi wichtig. Das Zusammenführen der Hände im Schürzen- und Nackengriff ist ein Kurztest für die Beweglichkeit der Schlüsselbein- und Schultergelenke. In Untersuchungskursen zeigte sich eine interessante Asymmetrie: Praktisch alle Studenten können die Hände am Rücken zusammenführen, wenn (wie auf der Abbildung) die linke Hand im Schürzengriff und die rechte Hand im Nackengriff geführt wird. Erstaunlicherweise gelingt dies einer ganzen Reihe von Studenten nicht, wenn die Hände vertauscht werden (geringerer Bewegungsspielraum der linken Schulter beim Rechtshänder?)

■ **M. latissimus dorsi** (breiter Rückenmuskel):

① **Ursprung und Ansatz**: Er entspringt von den Dornfortsätzen der unteren Brustwirbelsäule und der Lendenwirbelsäule (über die Fascia thoracolumbalis), dem Darmbeinkamm und den Rippen 10-12. Von diesem riesigen Ursprung aus konvergieren die Muskelfasern zu einem dafür winzigen Ansatz an der Crista tuberculi minoris. Sie verlaufen vor dem Ansatz medial (!) vom Humerusschaft.

② **Funktion**: Der M. latissimus dorsi ist an einer Vielfalt von Bewegungen beteiligt:
- im Schultergelenk: Adduktion, Retroversion (in der barocken Anatomie recht drastisch „Arschkratzmuskel" genannt), Innenrotation (!).
- in den Schlüsselbeingelenken: Senken des Schultergürtels bzw. Heben des Rumpfes, z.B. beim Hang am Reck.
- an der Wirbelsäule: Seitneigen.
- an den Wirbel-Rippen-Gelenken: Heben der Rippen.

③ **Inspektion**: Der M. latissimus dorsi liegt nahezu in ganzer Ausdehnung oberflächlich. Nur seitlich der Brustwirbelsäule wird er vom aufsteigenden Teil des M. trapezius überlagert.
- Bei maximaler Anspannung, z.B. bei Klimmzügen am Reck, tritt sein Feld sehr deutlich hervor. Der Oberrand überkreuzt annähernd horizontal den unteren Schulterblattwinkel.
- Von den Rippenursprüngen steigt er fast vertikal zum Oberarm auf. Zusammen mit dem M. teres major wirft er die hintere Achselfalte auf.

④ **Palpation**:
- Umfaßt man die hintere Achselfalte zangenartig zwischen Daumen und den übrigen Fingern, kann man den gesamten M. latissimus dorsi umgreifen und vom M. teres major abgrenzen.
- Den Vorderrand kann man leicht tasten, wenn man die Hand flach auf den Brustkorb kaudal der hinteren Achselfalte auflegt und

8.1 Schultergürtel und Schultergelenk

dann den Patienten husten läßt. Bei jedem Hustenstoß spannt sich der Vorderrand des Muskels ruckartig an (und nur dieser, weil nur die vorderen Muskelfasern von Rippen entspringen). Beim Husten wird stoßartig ausgeatmet. Dazu wird der Brustkorb zusammengepreßt. Die unteren Rippen werden dabei gehoben (Ziehharmonikabewegung!). Bei chronischen Hustenerkrankungen ist der Vorderrand des M. latissimus dorsi verdickt („Hustenmuskel").

■ **M. pectoralis major** (großer Brustmuskel):
① **Ursprung und Ansatz**: Er entspringt breitflächig an der vorderen Brustwand. Seine Muskelfasern konvergieren zum Ansatz an der Crista tuberculi majoris. Er wirft die vordere Achselfalte auf. Nach seinen Ursprüngen wird er in 3 Teile gegliedert:
• *Pars clavicularis*: von den medialen zwei Dritteln der Schlüsselbeine,
• *Pars sternocostalis*: vom Brustbein und den daran ansetzenden Rippenknorpeln,
• *Pars abdominalis*: vom vorderen Blatt der Rektusscheide.

② **Funktion**:
• im *Schultergelenk*: Anziehen, Vorführen, Innenkreiseln. Die Anteversion reicht am weitesten im Schlüsselbeinteil, sie ist gering im Bauchteil.
• in den *Schlüsselbeingelenken*: Senken des Schultergürtels durch Herabziehen des Oberarms mit dem Bauchteil. Indirekt schwenkt er das Schulterblatt nach rückwärts, wenn er den abgespreizten Arm adduziert.
• *Atemhilfsmuskel*: Bei festgestellten Armen hebt er mit seinen unteren Abschnitten den Brustkorb. Das Festhalten am Rednerpult ist zwar in erster Linie psychologisch als Suche nach Halt zu deuten, dient aber nebenbei auch dem Einsatz des M. pectoralis major bei der Einatmung. Ähnlich ist das Aufstützen des Patienten im Asthmaanfall zu verstehen. Beim Hang an den Armen ist die Ausatmung erschwert, weil durch den M. pectoralis major der Brustkorb in die Einatmungsstellung gezogen wird (Kreuzigungstod als Folge der behinderten Atmung?).

③ **Inspektion**: Der M. pectoralis major liegt in ganzer Ausdehnung oberflächlich. Man spannt ihn am stärksten an, wenn man den Arm gegen Widerstand adduzieren läßt, z.B. Hände in die Seite stützen und anpressen.
• Zwischen dem Schlüsselbeinteil und dem Brustbein-Rippen-Teil klafft manchmal ein Spalt, über dem die Haut zu einer Grube einsinkt.
• Der M. pectoralis major beeinflußt entscheidend den Gesamteindruck der vorderen Brustwand. Beim muskelstarken Mann wölbt er die Brust vor. Bei der Frau wird der mediale Teil des Unterrands des M. pectoralis major in aufrechter Körperhaltung häufig durch die nach unten hängende Brustdrüse überlagert. Lateral geht dann die Rundung der Kontur der Brust in die gerade Kontur des Unterrands des großen Brustmuskels über.

④ **Palpation**: Der Untersucher kann den Muskel nahezu völlig umgreifen, wenn er zangenartig die vordere Achselfalte faßt. Man fühlt sogar die Kreuzung der Sehnenfasern kurz vor dem Ansatz: Die vom Bauchteil kommenden setzen hinter und proximal der Fasern des Brustbein-Rippen-Teils an.

#819 Schultermuskeln

Tab. 819. Schultermuskeln	
Nerv:	Muskel:
N. axillaris	M. deltoideus
	M. teres minor
N. suprascapularis	M. supraspinatus
	M. infraspinatus
Nn. subscapulares + N. thoracodorsalis	M. subscapularis
	M. teres major

■ **M. deltoideus** (Deltamuskel):
① **Ursprung und Ansatz**: Er entspringt in 3 Teilen vom seitlichen Drittel des Schlüsselbeins, vom Acromion und von der Spina scapulae in deren ganzer Länge. Er setzt seitlich am Humerusschaft etwas oberhalb dessen Mitte an. Die 3 Teile sind manchmal durch deutliche Spalten getrennt, die sich

bei dünnem Unterhautfettgewebe auch an der Haut abzeichnen.

② **Funktion**: Die 3 Teile unterscheiden sich in den Aufgaben beträchtlich:
- *Pars clavicularis*: Vorführen, Innenkreiseln,
- *Pars acromialis*: Abspreizen,
- *Pars spinalis*: Rückführen, Außenkreiseln.
- Der Deltamuskel ist der wichtigste Abduktor des Schultergelenks. Er kann den Arm jedoch nur dann seitlich heben, wenn das Schulterblatt und damit die Schulterpfanne durch die Rumpf-Schultergürtel-Muskeln festgestellt ist (#817). Die Abduktion ist in den am weitesten lateral gelegenen Muskelfasern am größten und wird nach medial schwächer. Die medialen Randfasern des klavikulären und des spinalen Teils liegen bereits diesseits der Abduktions-Adduktions-Achse und adduzieren daher.

③ **Inspektion**:
- Der Deltamuskel bestimmt die Kontur der Schulter weniger, als man beim flüchtigen Blick auf eine anatomische Abbildung vermuten würde: Entscheidend für die Rundung der Schulter ist das Caput humeri. Dies wird bei Schulterverrenkungen deutlich. Steht der Humeruskopf nicht mehr in der Schultergelenkpfanne, so sinkt die Haut unterhalb des Acromion tief ein (Sulkuszeichen, #814). Die Rundung der Schulter ist dann verloren.
- Den Deltamuskel spannt man am stärksten an, wenn man einen schweren Gegenstand mit seitlich abgespreiztem gestreckten Arm halten läßt.
- Zwischen dem M. deltoideus und dem M. pectoralis major klafft meist ein breiterer Spalt. Durch ihn tritt die V. cephalica in die Tiefe, um in die V. axillaris einzumünden. Die Haut sinkt über ihm zur *Fossa infraclavicularis* (Mohrenheim-Grube) ein.

■ **Rotatorenmanschette**:
① **Begriff**: Für die Gruppe der kleinen Muskeln, die das Schultergelenk rundherum umgeben, hat sich der Sammelbegriff Rotatorenmanschette eingebürgert. Die Bezeichnung ist nicht sehr glücklich, da einerseits ein Teil dieser Muskeln (z.B. der M. supraspinatus) nur geringe Kreiselwirkung besitzt, andererseits die starken Innenkreisler M. pectoralis major und M. latissimus dorsi nicht mit einbezogen sind.
- Die Kenntnis der Sehnenverläufe und Muskelansätze ist für das Verständnis der Ultraschalluntersuchung des Schultergelenks entscheidend wichtig.

② **M. supraspinatus** (Obergrätenmuskel): Er wird vollständig vom Trapezmuskel und vom Deltamuskel überlagert.
- Die Sehne verläuft zwischen Acromion und Humeruskopf. Ständige Reibung und Druck zwischen den beiden Knochen („Impingement") lösen degenerative Veränderungen aus. Die Sehne wird dabei dünner und reißt leicht, ohne daß dies vom Patienten besonders registriert wird. Dieser Sehnenriß ist ein häufiger Zufallsbefund bei Menschen über 50 Jahren.
- Beim Impingement hat der Patient Schmerzen bei Abduktion zwischen 60° und 120° (painful arc).
- Die Bursa subacromialis soll an sich die Reibung mindern. Erkrankt sie mit und schwillt dabei an, so engt den Verschieberaum der Sehne zusätzlich ein. Man kann sie dann von lateral direkt unter dem Acromion punktieren.

③ **M. subscapularis** (Unterschulterblattmuskel): Er entspringt von der Rippenfläche des Schulterblatts und bildet damit die Vorderseite der Hinterwand der Achselraums. Man kann kleine Teile tasten, wenn man aus der Tiefe der Achselgrube gegen das Schulterblatt drückt.

④ **M. teres major + minor** (großer und kleiner Rundmuskel): Sie liegen in der hinteren Achselfalte medial vom M. latissimus dorsi. Man kann sie von diesem gut abgrenzen, wenn man den Arm gegen Widerstand adduzieren läßt (Patient stemmt Hand gegen die Hüfte, #818). Die tastende Hand geht nun zum unteren Schulterblattwinkel: M. teres major + minor entspringen dort, der M. latissimus dorsi hingegen zieht mit seiner

Hauptmasse kaudal vom Schulterblatt vorbei. Demgemäß ist ein Spalt zwischen den beiden Muskelgruppen zu tasten.

⑤ **M. infraspinatus** (Untergrätenmuskel): Er liegt im dreieckigen Feld zwischen M. deltoideus (oben), M. teres major + minor (seitlich) und Mm. rhomboidei + M. trapezius bzw. Innenrand des Schulterblatts (medial) oberflächlich. Bei muskelkräftigen Personen ist sein Feld an der Haut meist eingezogen, weil sich die Nachbarmuskeln stärker vorwölben. Der M. infraspinatus rotiert im Schultergelenk nach außen. Man kann sein Anspannen beim Außenkreiseln gegen Widerstand gut tasten.

8.2 Ellbogengelenk und Oberarm

#821 Knochen im Ellbogenbereich

Das Ellbogengelenk bilden Humerus, Ulna und Radius. Von allen 3 Knochen kann man wichtige Teile tasten, wenn man die Rückseite des Ellbogenbereichs faßt (Abb. 821).

① **Humerus** (Oberarmbein):
- *Epicondylus medialis:* Er tritt auf der medialen Kante des Ellbogenbereichs stark hervor. Er dient dem Ursprung der Muskeln der Beugergruppe des Unterarms. Bei gestrecktem Arm liegt er an der Spitze des Armwinkels (der Unterarm ist gegen den Oberarm um etwa 10-20° nach außen abgebogen).
- *Epicondylus lateralis:* Er ist breiter als der mediale und tritt weniger stark hervor. An ihm entspringen einige Muskeln der radialen Streckergruppe des Unterarms. In Streckstellung des Ellbogengelenks wölben sich der M. brachioradialis und der M. extensor carpi radialis longus über ihn nach außen. Hier findet man einen Druckpunkt

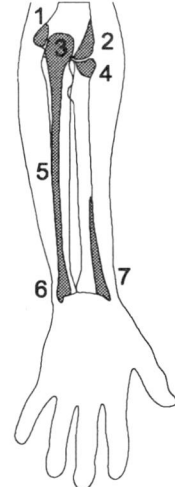

Abb. 821. Tastbare Knochenabschnitte im Ellbogenbereich und am Unterarm:
1 Epicondylus medialis,
2 Epicondylus lateralis,
3 Olecranon,
4 Caput radii,
5 Margo posterior der Ulna,
6 Caput ulnae mit Processus styloideus,
7 distaler Teil des Radius mit Processus styloideus

bei Reizzuständen („Tennisellbogen"), nicht nur nach sportlicher Betätigung, sondern z.b. auch nach vielstündiger Arbeit mit der Maus am Computer (wie der Verfasser aus eigener schmerzlicher Erfahrung weiß).

② **Ulna** (Elle):
• *Olecranon* (Ellbogen): Die Elle umgreift mit diesem mächtigen Haken die Trochlea humeri. Er bildet das rumpfseitige Ende der Hinterkante der Elle, die man in ganzer Ausdehnung durch die Haut tasten kann. Seine Spitze wird jedoch undeutlich, da hier der mächtige M. triceps brachii ansetzt.
• Das Olecranon und die beiden Epikondylen bilden bei rechtwinkliger Beugung ein gleichschenkliges Dreieck. In Streckstellung ordnen sie sich in einer Geraden an (Abb. 821). Diese Lagebeziehung ist bei Verrenkungen und Knochenbrüchen gestört.

③ **Radius** (Speiche): Das *Caput radii* (Speichenkopf) ist leicht zu tasten: Man geht am besten vom Epicondylus lateralis handwärts. Man fühlt zuerst die durch das Humeroradialgelenk bedingte Einsenkung. Dann folgt das runde Caput radii, das sich anschließend zum Collum radii (Speichenhals) verjüngt. Beim Speichenhals wird der Knochen undeutlich, da sich hier das Lig. anulare radii (Speichenringband) um ihn schmiegt.

#822 Bänder des Ellbogengelenks

① **Konstruktionsprinzip**: Die Bänder des Ellbogengelenks müssen den unterschiedlichen Bewegungsmöglichkeiten der 3 Teilgelenke Rechnung tragen:
• Articulatio humero-ulnaris: Scharniergelenk (1 Freiheitsgrad),
• Articulatio radio-ulnaris proximalis: Radgelenk (1 Freiheitsgrad),
• Articulatio humeroradialis: Drehwinkelgelenk (2 Freiheitsgrade).
Scharniergelenke werden am besten durch straffe Seitenbänder gefestigt. Das „Rad" des Radgelenks kann durch eine Schlaufe festgehalten werden. Die Bänder eines Drehwinkelgelenks sind immer ein Kompromiß (vgl. Kniegelenk): Keines der Bänder ist an der Speiche befestigt. Die Speiche muß frei sein für die Scharnierbewegung gegenüber dem Humerus und die Radbewegung gegenüber der Elle.

② **Ulnares Band**: Das *Lig. collaterale ulnare* (inneres Seitenband) strahlt vom Epicondylus medialis des Humerus fächerförmig zur Hinterkante der Elle aus (Abb. 822a). Man tastet den proximalen Rand zwischen Epicondylus und Ulna am besten bei rechtwinkliger Beugung (in Streckstellung ist es von den Muskelwülsten der Flexorengruppe überlagert).

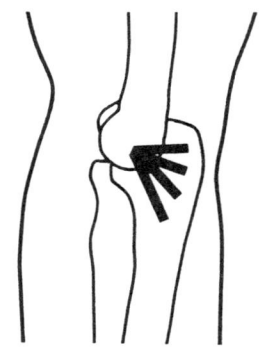

Abb. 822a. Lig. collaterale ulnare (rechter Arm von medial)

③ **Radiale Bänder**:
• *Lig. anulare radii* (Speichenringband): Es umfaßt den Speichenhals und ist vorn und hinten an der Elle befestigt. Da es dem Collum radii eng anliegt, ist es nicht getrennt von diesem zu tasten.
• *Lig. collaterale radiale* (äußeres Seitenband): Es entspringt am Epicondylus lateralis und strahlt in das Speichenringband ein. Über dieses setzt es vorn und hinten an der Elle (!) an. Seine Faserzüge sind deutlich zu fühlen, wenn man den tastenden Finger in die Einsenkung zwischen Epicondylus lateralis und Caput radii legt, am besten bei

8.2 Ellbogengelenk und Oberarm

rechtwinkliger Beugung im Ellbogengelenk (in Streckstellung ist es z.T. von den Muskelwülsten der Extensorengruppe überlagert).

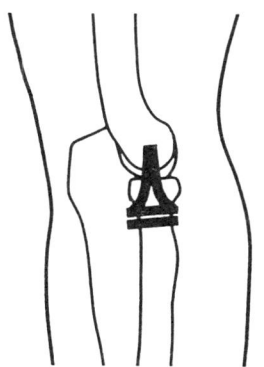

Abb. 822b. Das Lig. collaterale radiale strahlt in das Lig. anulare radii ein (rechter Arm von lateral)

④ **Subluxation des Speichenkopfes beim Kleinkind**: Bei heftigem Zug (z.B. Hochreißen des stürzenden Kindes am Arm) kann die Speiche aus der Schlaufe des Ringbandes subluxiert werden. Der Arm hängt wie gelähmt in blockierter Pronationsstellung herab. Zur sofortigen Wiedereinrenkung wird der im Ellbogengelenk gebeugte Arm stark supiniert und gestreckt. Der Speichenkopf springt meist mit einem schnappenden Geräusch in die korrekte Position zurück, und das Kind ist sogleich beschwerdefrei und wieder vergnügt. Das auch nurse ellbow oder pronation douloureuse Chassaignac genannte Krankheitsbild ist in den ersten 5 Lebensjahren sehr häufig und bedarf keiner Röntgenaufnahme zur Diagnose.

#823 Bewegungsumfang des Ellbogengelenks und der Speichen-Ellen-Gelenke

① **Bewegungsmöglichkeiten**: Das Ellbogengelenk als funktionelle Einheit verfügt über 2 Freiheitsgrade (2 Hauptachsen) mit 4 Teilbewegungen, die zu messen sind:
- *Extension – Flexion* (Strecken – Beugen),
- *Supination – Pronation* (Auswärtsdrehen – Einwärtsdrehen). Wegen der Koppelung der beiden Speichen-Ellen-Gelenke wird bei der Drehbewegung nicht nur das Ellbogengelenk, sondern auch das untere Speichen-Ellen-Gelenk geprüft.

② **Vorgehen**:
- Die *Neutralnullstellung* des Ellbogengelenks ist der gestreckte Arm mit der Hand in Mittelstellung zwischen Aus- und Einwärtsdrehen (bei an den Rumpf angelegtem Arm weist der Daumen nach vorn).
- Die *Scharnierbewegung* wird gewöhnlich in Supination der Hand geprüft. Aus der bequemen Streckstellung ist häufig ein Überstrecken von etwa 10° möglich. Das Ausmaß der Beugung hängt sehr von der Dicke der Muskeln ab. Ein mächtiger Bizeps hemmt die Bewegung früher als ein schmächtiger.
- Die *Umwendbewegung* untersucht man am bequemsten bei rechtwinkliger Beugung (dabei wird auch die Mitbewegung im Schultergelenk verhindert, #824). Gibt man dem Patienten ein Lineal oder einen ähnlichen Gegenstand in die Hand, so kann man das Bewegungsausmaß an diesem Zeiger

Protokoll 823. Bewegungsumfang des Ellbogengelenks (Neutralnullmethode)			
	Links	Rechts	Gesunde Studenten
Strecken – Beugen (°)			10° – 0° – 150°
Supination – Pronation (°)			100° – 0° – 80°

direkt ablesen (Abb. 823). In der Nullstellung weisen der Daumen bzw. das Lineal nach oben. Meist kann etwas weiter nach außen als nach innen gedreht werden. Der Gesamtspielraum beträgt beim jungen Erwachsenen häufig mehr als 180°.

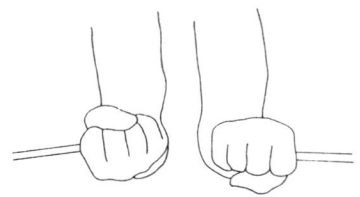

Abb. 823. *Ein Stift in der Hand dient als Zeiger beim Messen des Bewegungsumfangs der Speichen-Ellen-Gelenke: links Supination, rechts Pronation*

#824 Gesamtkreiselung des Arms

Bei gestrecktem Arm können sich die Kreiselungen im Schultergelenk und in den Speichen-Ellen-Gelenken addieren. Dadurch wird der Bewegungsspielraum der Hand beachtlich erweitert. Man prüft ähnlich wie in Abb. 823 für die Radioulnargelenke allein mit einem Lineal in der geschlossenen Faust. Im Unterschied zu #823 ist das Ellbogengelenk gestreckt. In der Nullstellung weisen der Daumen bzw. das Lineal nach oben.
• Der Bewegungsumfang hängt von der Ausgangsstellung des Schultergelenks ab. Er ist geringer in Extremstellungen, z.B. wenn man den Arm vertikal hebt oder stark zurückführt. Er ist groß bei lose herabhängendem oder horizontal nach vorn gehaltenem Arm (mit Daumen nach oben) und beträgt dann mehr als 270°.

• *Kreiseln des Arms ohne die Hand zu bewegen:* Kreiselt man im Schultergelenk nach außen und in den Speichen-Ellen-Gelenken nach innen (bzw. umgekehrt), so heben sich die Kreiselungen auf, und die Hand bleibt ruhig. Man halte sich dazu bei gestrecktem Arm mit der Hand an einem geeigneten Gegenstand fest und schwenke dann den Ellbogen nach außen und nach innen. Je nach Stellung des Schultergelenks beträgt der Bewegungsumfang bis zu 120° und mehr, ist jedoch kaum exakt zu messen.

#825 Optimale Position von Schulter- und Ellbogengelenk bei Ruhigstellung

① **Prinzip**: Wird ein Gelenk nicht bewegt, so schrumpft die Gelenkkapsel. Jede Ruhigstellung (z.B. Gipsverband) schränkt daher die Beweglichkeit eines Gelenks vorübergehend (bei Komplikationen u. U. auch dauernd) ein. Deshalb sollte man Gelenke nach Möglichkeit in einer Position eingipsen, in welcher der Patient im Alltag am wenigsten beeinträchtigt ist. Bei allen Armgelenken kommt es letztlich auf die Gebrauchsfähigkeit der Hand an. Die Hand sollte noch zum Mund geführt werden können. Für den zivilisierten Menschen ist auch die Schreibstellung der Hand besonders wichtig.

② **Schultergelenk**: Seine Bewegungen des werden durch die Schlüsselbeingelenke entscheidend erweitert:
• Dem Arm bleibt ein großer Bewegungsspielraum erhalten, wenn das Schultergelenk in etwa 45-60° Abduktion feststeht. Dann kann der Arm an den Rumpf angelegt werden, wenn das Schulterblatt zur Wirbelsäule geschwenkt wird. Der Arm kann auch noch bis zur Horizontalen gehoben werden, wenn man das Schulterblatt nach vorn schwenkt.

Protokoll 824. Gesamtkreiselung des Arms (Neutralnullmethode)			
	Links	Rechts	Gesunde Studenten
Auswärtsdrehen – Einwärtsdrehen (°)			110° – 0° – 190°

8.2 Ellbogengelenk und Oberarm

- Um die Bewegung nach vorn zu erleichtern, sollte der Oberarm um mindestens 20° antevertiert sein (Abduktionsschiene mit 20° Vorhalte).

③ **Ellbogengelenk:** Es ist möglichst in etwa rechtwinkliger Beugung und leichter Pronation (Schreibstellung der Hand) ruhig zu stellen. Mit einem in Streckstellung versteiften Arm kann der Patient zwar noch eine Tasche tragen, ist aber bei fast allen übrigen Aufgaben des Alltags (ankleiden, essen, schreiben) hilflos.

#826 Punktion des Ellbogengelenks

① **Lateraler Zugang:** Man tastet bei gebeugtem und proniertem Ellbogengelenk den Gelenkspalt zwischen Capitulum humeri und Caput radii unter leichten Umwendbewegungen der Hand und sticht von lateral ein.

② **Dorsaler Zugang:** Man punktiert bei gebeugtem Ellbogengelenk direkt kranial des Olecranon durch die Trizepssehne hindurch. Dieser Zugang eignet sich besonders zum Ablassen eines großen Gelenkergusses.

#827 Oberarmmuskeln

Tab. 827. Oberarmmuskeln	
Nerv:	Muskel:
N. musculocutaneus	M. coracobrachialis M. biceps brachii M. brachialis
N. radialis	M. triceps brachii

① Der **M. coracobrachialis** (Rabenschnabelfortsatz-Oberarm-Muskel) entspringt gemeinsam mit dem kurzen Bizepskopf vom Processus coracoideus. Diesen kann man ohne Schwierigkeit durch den Schlüsselbeinteil des M. deltoideus hindurch tasten. Die beiden Muskeln ziehen im Schultergelenk den Arm an den Rumpf und heben ihn nach vorn.

- Man kann sie gut anspannen, wenn man die Hand gegen die Hüfte stützt und kräftig gegen den Rumpf preßt. Man kann die beiden Muskeln dann auch noch unter dem ebenfalls angespannten Schlüsselbeinteil des Deltamuskels bis zum Processus coracoideus nach oben verfolgen. Wegen des anliegenden Gefäß-Nerven-Strangs ist der Druck in der Tiefe der Achselhöhle jedoch schmerzhaft.

② Der **M. biceps brachii** (zweiköpfiger Oberarmmuskel, gewöhnlich Bizeps genannt) ist gut zu umgreifen, wenn man mit der Hand zangenartig die Vorderseite des Oberarms umfaßt. Die tastenden Finger gleiten dann ganz zwanglos im Sulcus bicipitalis medialis und lateralis (innere + äußere Bizepsrinne) auf und ab.

- Noch deutlicher wird der Muskel, wenn man im Ellbogengelenk gegen Widerstand beugt (z.B. im Sitzen unter die Tischplatte greifen und den Tisch anzuheben versuchen). Im oberen Bereich ist dann die Grenze zwischen dem kurzen (medial) und dem langen Kopf zu fühlen.
- Distal vereinigen sich die beiden Köpfe und laufen in der Ellenbeuge spitz zur Bizepssehne zusammen. Die Hauptsehne setzt an der Tuberositas radii an. Die flache Nebensehne (Bizepsaponeurose) strahlt medial in die Unterarmfaszie aus. Ihre scharfe Oberkante ist beim Anspannen des Muskels in leichter Beugung mühelos zu tasten. Die Hauptsehne kann man bei etwa rechtwinkliger Beugung in entspanntem Zustand mit Daumen und Zeigefinger nahezu umgreifen.
- Der Bizeps ist wie kein anderer Muskel beim Laien Ausdruck von Körperkraft. Zum Imponiergehabe von Kraftprotzen gehört daher das demonstrative Anspannen des Bizeps.
- Die supinierende Wirkung des Bizeps ist am stärksten bei rechtwinkliger Beugung im Ellbogengelenk. Schrauben dreht man daher leichter bei gebeugtem als bei gestrecktem Arm ein (als Linkshänder aus).

③ Der **M. brachialis** (Oberarmmuskel) ist demgegenüber größtenteils verborgen. Der an sich große Muskel wird vom Bizeps bedeckt. Nur in der Ellenbeuge tritt er zwischen dem sich verjüngenden Bizeps und den Muskeln der Beuger- und der Streckergruppe des Unterarms in 2 kleinen Feldern an die Oberfläche. Im Gegensatz zum Bizeps, der auch auswärts dreht, ist er ein reiner Beuger.

④ Der **M. triceps brachii** (Armstrecker) ist der einzige Strecker des Ellbogengelenks. Seine 3 Köpfe spannen sich stark an, wenn man das gebeugte Ellbogengelenk gegen Widerstand zu strecken sucht (z.B. im Sitzen Unterarm und Hand mit der Rückseite flach auf den Tisch legen und gegen den Tisch drücken).
• Das *Caput longum* (langer Kopf) verschwindet oben zwischen M. teres major und minor.
• Das *Caput laterale* (seitlicher Kopf) schiebt sich zwischen das Caput longum und den Deltamuskel. Sein schräger Wulst verwirrt den Anfänger leicht, da die Längsrichtung des Wulstes zur Ellenbeuge und nicht zum Ellbogen weist. Die Längsrichtung des Wulstes entspricht jedoch nicht der Richtung der Muskelfasern. Der seitliche Kopf ist breiter, als die unter dem Deltamuskel hervorkommenden Muskelfasern lang sind.
• Das *Caput mediale* (medialer Kopf) liegt am weitesten distal. Er füllt den Raum zwischen dem langen Kopf einerseits und dem Bizeps und dem M. brachialis andererseits. Er reicht unmittelbar oberhalb des Ellbogens auch auf die Außenseite, ist dort aber nicht vom seitlichen Kopf durch Tasten abzugrenzen.
• Bei muskelkräftigen Menschen sinkt die Haut über der Trizepssehne zu einer flachen Mulde ein.

#828 Armumfänge

■ **Gliedmaßenumfänge allgemein:**
① **Einflußfaktoren:** Umfänge hängen ab
• vom Trainingszustand und damit der Mächtigkeit der Muskeln,
• von der Dicke des Unterhautfettgewebes,
• vom Wassergehalt des Gewebes,

• am geringsten von der Dicke der Knochen (ausgenommen die Umfänge im Gelenkbereich).

② **Ursachen:** Ein Arm oder Bein kann demgemäß „dick" sein, weil der Patient
• körperlich gearbeitet oder viel Sport betrieben hat: Muskeln werden durch regelmäßiges Training dicker.
• mehr gegessen hat, als er Energie verbraucht hat: Die überschüssige Energie wird in Form von Fettgewebe gespeichert.
• zuviel Wasser eingelagert hat: Mögliche Ursachen sind ein verzögerter venöser Rückstrom (Krampfadern, Venenklappeninsuffizienz), nachlassende Pumpleistung des Herzens (Rechtsherzinsuffizienz), Ausscheidungsschwäche der Nieren (Niereninsuffizienz), behinderter Lymphabfluß (z.B. nach dem Entfernen und Bestrahlen der Achsellymphknoten bei der Brustkrebsoperation) u.a. Alle Entzündungen gehen mit örtlichen Schwellungen einher.

③ **Differentialdiagnose durch Palpation:** Die genannten Ursachen des dicken Arms oder Beins sind, wenn sie isoliert vorliegen, leicht durch Tasten zu unterscheiden:
• Kräftige Muskeln fühlt man als prallen Widerstand von wechselnder Form, wenn der Patient die Muskeln an- und entspannt.
• Die Dicke des Fettgewebes läßt sich beurteilen, indem man Hautfalten abhebt.
• Vermehrte Flüssigkeitseinlagerung ohne Entzündung führt zu einer „teigigen" Schwellung. Drückt man mit dem Finger eine Delle ein, so verstreicht sie nach dem Wegziehen des Fingers nur langsam.
• Entzündliche Schwellungen hingegen sind prall. Die 5 klassischen Zeichen einer Entzündung sind: rubor, tumor, calor, dolor, functio laesa (Rötung, Schwellung, Wärme, Schmerz und gestörte Funktion).

■ **Meßpunkte:** Voraussetzung für einen sinnvollen Vergleich in größeren Zeitabständen ist eine eindeutige Definition der Meßmethode (Abb. 828). In der Klinik ist der Bezug auf das Gelenk beliebt, z.B. 10 und 20 cm oberhalb des Ellbogen- oder Kniegelenkspalts (#958). Im Untersuchungs-

8.2 Ellbogengelenk und Oberarm

kurs liegt bei den meist gesunden und sportlichen Studenten das Messen der Muskeln an der dicksten Stelle näher.

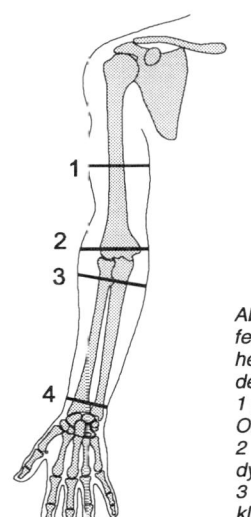

Abb. 828. Empfehlenswerte Höhen zum Messen der Armumfänge:
1 größter Umfang Oberarm,
2 über Epikondylen,
3 + 4 größter und kleinster Umfang Unterarm

■ **Bewertung**: Ein einzelner Umfangsmeßwert ist ärztlich weitgehend wertlos. Interessant ist nur der Vergleich
• von rechts und links,
• in der zeitlichen Abfolge.

■ **Seitenunterschiede**: Beim gesunden Menschen sind die Gliedmaßen auf gleichen Höhen nahezu gleich dick. Unterschiede sollte man sorgfältig analysieren:

① **Seitigkeit**: An Stellen, an denen vor allem die Muskeln den Querschnitt bestimmen, gibt es geringe Unterschiede aufgrund der Händigkeit bzw. Beinigkeit.
• Beim Rechtshänder sind die Muskeln des rechten Arms etwas dicker. Der Unterschied in der Muskelquerschnittfläche beträgt beim Trainierten etwa 5-10 %. Demgemäß ist der Umfang rechts etwa 2-4 % größer.

• Der Unterschied ist weitaus geringer, als der Laie gewöhnlich annimmt. Der linke Arm ist schließlich nicht untätig. Er muß oft das schwere Werkstück halten, das die rechte Hand mit einem leichten Werkzeug bearbeitet. Händigkeit bedeutet Geschicklichkeit, nicht Kraft.

② **Unterschiedliches Muskeltraining**: Der Arzt wird selten dem Problem gegenüberstehen, daß eine Seite sportlich übermäßig trainiert wird, z.B. bei den „asymmetrischen" Kraftsportarten, wie Speerwerfen, Kugelstoßen usw. Beim Patienten ist meist ein Gliedmaßenumfang kleiner, weil die Muskeln dieser Seite unternormal betätigt werden. Dabei sind 2 Fälle zu unterscheiden:
• *Lähmung*: Der Patient kann die Muskeln nicht anspannen, weil die Innervation gestört ist (Nervenlähmung) oder (seltener) weil die Muskeln selbst erkrankt sind (z.B. Muskelschwächekrankheit).
• *Schmerz*: Der Patient will die Muskeln nicht anspannen, weil dies Schmerzen verursacht. Die Schmerzen entstehen meist nicht im Muskel, sondern im von ihm bewegten Gelenk. Entzündungen (Arthritiden) und Abnützungskrankheiten (Arthrosen) von Gelenken verleiten den Patienten zum „Schonen" des betroffenen Gelenks. Dies führt schon nach wenigen Wochen zu meßbaren Seitenunterschieden der Gliedmaßenumfänge. Häufig ist dem Patienten dabei das Ausmaß seiner „Schonung" gar nicht klar geworden. In der ärztlichen Praxis sind chronische Gelenkerkrankungen die häufigste Ursache von Seitenunterschieden der Gliedmaßenumfänge.

③ **Einseitige Schwellung**:
• Beim jungen Erwachsenen steht die entzündliche Schwellung nach einem Unfall im Vordergrund.
• Beim älteren herrschen Venenerkrankungen vor, besonders an den Beinen. Am Arm kann es zu einer Venenentzündung (Phlebitis) z.B. nach einer unsauberen intravenösen Injektion kommen.
• Bei fast allen radikal Brustkrebsoperierten schwillt der Arm auf der operierten Seite wegen der Zerstörung der Lymphabflußwege

für 3-4 Wochen leicht an. Bei 10-20 % (bei Nachbestrahlung bis 40 %) bleibt die Schwellung über mehrere Monate bestehen, bis sich neue Lymphbahnen ausgebildet haben.

■ **Beurteilen des Krankheitsverlaufs**: Bei allen Erkrankungen, die zu einer Zu- oder Abnahme von Gliedmaßenumfängen führen, hat man ein einfaches Kriterium für die Annahme einer Besserung oder des Fortschreitens der Erkrankung, wenn man regelmäßig die entsprechenden Gliedmaßenumfänge bestimmt und vergleicht. Deshalb sollte der Arzt bei einschlägigen Krankheiten schon bei der Erstuntersuchung vor Beginn der Behandlung die Gliedmaßenumfänge messen.

② **Meßpunkte**: Gesamtlänge und Längen der einzelnen Abschnitte des Arms kann man unterschiedlich definieren, je nachdem, ob man theoretische oder praktische Aspekte in den Vordergrund stellt.
• Der freie Teil der oberen Gliedmaße beginnt am Schultergelenk mit dem Schulterkopf. Dieser ist beim Lebenden schlecht zugänglich und kommt daher für das praktische Messen nicht in Frage. Hingegen ist das Acromion leicht zu tasten und als Meßpunkt besonders geeignet.
• Der Gelenkspalt des Ellbogengelenks ist zwar für den Geübten radial leicht zu finden, bequemer ist das Meßinstrument jedoch an die Epikondylen anzulegen.
• Im Handgelenkbereich sind die Griffelfortsätze geeignete Meßpunkte.

Protokoll 828. Armumfänge (cm)		Links	Rechts
① Oberarm	Größter Umfang bei schlaffem Arm		
	Größter Umfang bei gespanntem Bizeps		
② Ellbogen	Umfang in Streckstellung		
③ Unterarm	Größter Umfang		
	Kleinster Umfang		

#829 Armlänge

① **Aufgaben von Längenmessungen**:
• Beim Kind dienen sie z.B. zum Nachweis von Wachstumsverzögerungen. Erkrankungen der Wachstumsfugen, Knochenbrüche oder hormonelle Störungen können die Ursache sein.
• Beim Erwachsenen kann ein Knochenbruch einen Gliedmaßenabschnitt verkürzen. Dies ist nicht nur ein Schönheitsfehler. Ist der Knochen verkürzt, so sind die zugehörigen Muskeln relativ zu lang und können nicht mehr optimal arbeiten. Auch führt ein Unterschied der Arm- oder Beinlänge zur asymmetrischen Belastung der Wirbelsäule.

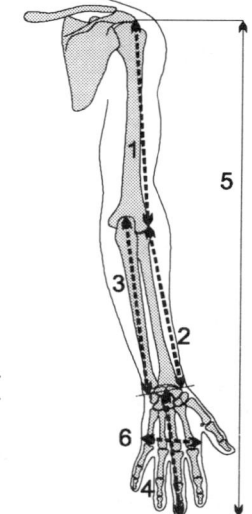

Abb. 829. Maße am Arm:
1 Oberarmlänge, 2 Unterarmlänge, 3 Ellenlänge, 4 Handlänge, 5 Armlänge, 6 Handbreite

③ **Meßstrecken**: Unter dem praktischen Gesichtspunkt werden meist folgende Maße definiert (Abb. 829):
• *Armlänge:* vom Acromion zur Spitze des Mittelfingers bei gestrecktem adduzierten

8.2 Ellbogengelenk und Oberarm

Arm (beim Abspreizen wird die Strecke kürzer!).
- *Oberarmlänge:* vom Acromion zum Epicondylus lateralis des Humerus bei adduziertem Arm.
- *Unterarmlänge:* vom Epicondylus lateralis zum Processus styloideus radii.
- *Ellenlänge:* vom Olecranon zum Processus styloideus ulnae.
- *Handlänge:* von der Verbindungslinie der Griffelfortsätze von Speiche und Elle zur Spitze des Mittelfingers.
- *Handbreite:* ohne Daumen über die Köpfe der Mittelhandknochen.

Protokoll 829. Messungen am Arm			
	Links	Rechts	Gesunde Studenten
① Strecken (cm) (Definitionen im Text)			
Armlänge			(abhängig von Körperlänge)
Oberarmlänge			
Ellenlänge			
Unterarmlänge			
Handlänge			
Handbreite			
② Relative Längen (in % der Armlänge)			
Oberarm			≈42
Unterarm			≈33
Hand			≈25
③ Indizes (%)			
Unter-Oberarm-Index [1]			≈78
Hand Breiten-Längen-Index [2]			44–47 [3]

[1] Unterarmlänge durch Oberarmlänge mal 100
[2] Handbreite durch Handlänge mal 100
[3] < 44 dolichocheir (schmalhändig)
44–47 mesocheir (mittelhändig)
> 47 brachycheir (breithändig)

8.3 Knochen und Gelenke von Unterarm und Hand

#831 Handwurzelknochen und distale Abschnitte der Unterarmknochen

■ **Palpation**: Ein Weg vom Leichteren zum Schwierigeren beginnt bei den Unterarmknochen, geht zum Erbsenbein und den ulnaren Handwurzelknochen über, tastet dann die daumenseitigen Knochen und endet bei den in der Mitte gelegenen (Abb. 831).

① **Elle** (Ulna): Die Hinterkante der Elle (Margo posterior) liegt in ganzer Ausdehnung vom Ellbogen bis zum Ellenkopf oberflächlich. Sie bildet die scharfe Grenze zwischen den „Streckern" und den „Beugern" des Unterarms und wird von keinem Muskel überquert.
- Der runde Ellenkopf (Caput ulnae) tritt an der distalen Unterarmrückseite stark hervor. Zum ulnaren Rand hin tastet man einen Einschnitt und dann den einige Millimeter distal vorspringenden Griffelfortsatz (Processus styloideus).
- Wegen der klaren Abgrenzbarkeit der beiden Enden wurde die Elle früher als Längenmaß verwendet. Die Schwierigkeit bildete dabei die individuell unterschiedliche Länge (#144).

② **Speiche** (Radius): Der Speichenschaft (Corpus radii) ist größtenteils von Muskeln umhüllt. Nur wenige Zentimeter vor dem distalen Ende wird die Speiche oberflächlich, tritt jedoch nicht so markant hervor wie der Ellenkopf. Der Griffelfortsatz der Speiche ist viel klobiger als der der Elle.
- Die Grenze zwischen den Unterarm- und den Handwurzelknochen verläuft nicht quer, sondern bogenförmig (nach distal konkav). Sie ist dorsal viel besser als palmar zu tasten, weil die Beugesehnen kräftiger und viel näher zusammengedrängt sind.

③ **Erbsenbein** (Os pisiforme): Es ist am leichtesten von allen Handwurzelknochen zu finden. Streicht man vom Kleinfinger aus-

gehend über die Hohlhand in Richtung Unterarm, so fühlt man auf Höhe der distalsten der 3-4 Beugefalten der Handgelenke einen rundlichen Knochenvorsprung. Man kann ihn zwischen Daumen und Zeigefinger mit einem Schlüsselgriff fassen.
• Beugt man die Hand palmar, so kann man den Knochen etwa ½-1 cm in Querrichtung hin und her schieben. Man prüft so die Beweglichkeit des Erbsenbeingelenks (Articulatio ossis pisiformis) zwischen Erbsenbein und Dreieckbein.
• Das Erbsenbein wird vom Ungeübten meist zu weit distal gesucht. Es liegt jedoch an der Grenze zwischen der Leistenhaut der Hohlhand und der Felderhaut der Unterarmbeugeseite.

④ **Dreieckbein** (Os triquetrum): Es liegt dorsal vom Erbsenbein und ist daher nicht zu verwechseln.

⑤ **Hakenbein** (Os hamatum): Geht man an der ulnaren Handkante von der Elle zum fünften Mittelhandknochen, so fühlt man 4 Vorwölbungen, die durch 3 Einschnitte getrennt werden: Die Vorwölbungen sind der Ellenkopf, das Dreieckbein, das Hakenbein und die Basis des Mittelhandknochens. Die Einschnitte entsprechen dem proximalen und distalen Handgelenk sowie dem Karpometakarpalgelenk.
• Das Hakenbein verdankt seinen Namen dem palmar vorspringenden Haken (Hamulus ossis hamati). Man tastet ihn etwa 2 Fingerbreit vom Erbsenbein entfernt. Der Untersucher legt dazu den Ringfinger auf die Haut über dem Erbsenbein des Patienten und stellt den Mittelfinger und den Zeigefinger unmittelbar anschließend in einer Linie in Richtung auf den Mittelfinger des Patienten auf. Dringt nun die Kuppe des Zeigefingers unter leicht kreisenden Bewegungen in die Tiefe der Hohlhand, so fühlt man bald einen knöchernen Widerstand. Häufig gibt es einen leichten Druckschmerz, und unter dem tastenden Finger springt ein Strang zur Seite. Es handelt sich um den N. ulnaris (#872).

⑥ **Großes Vieleckbein** (Trapezbein, Os trapezium): Stellt man den Daumen dem Kleinfinger gegenüber, so kann man die 3 Knochen des Daumens (Endglied, Mittelglied und Mittelhandknochen) besonders leicht abgrenzen. Dann tastet man ohne Schwierigkeit den Gelenkspalt des Daumensattelgelenks (evtl. den Daumen etwas hin und her bewegen). In Richtung Unterarm folgt nun die Rundung des großen Vieleckbeins.

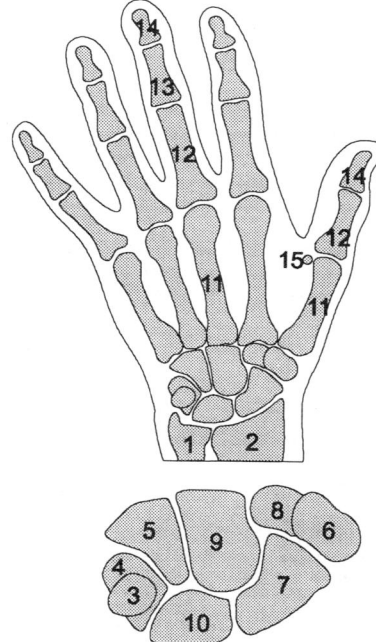

Abb. 831. Skelett der Hand. Die Ziffern 1-10 geben die empfohlene Reihenfolge für das Tasten der Handwurzelknochen und der distalen Abschnitte der Unterarmknochen an: 1 Elle, 2 Speiche, 3 Erbsenbein, 4 Dreieckbein, 5 Hakenbein, 6 großes Vieleckbein (Trapezbein), 7 Kahnbein der Hand, 8 kleines Vieleckbein, 9 Kopfbein, 10 Mondbein, 11 Mittelhandknochen, 12 Fingergrundglied, 13 Fingermittelglied, 14 Fingerendglied, 15 Sesambein

8.3 Knochen und Gelenke von Unterarm und Hand

⑦ **Kahnbein der Hand** (Os scaphoideum): Der Knochen ist in Normalnullstellung in der Tiefe der Tabatiere (zwischen den Sehnen des M. extensor pollicis longus und brevis) verborgen. Erst wenn man die Hand ulnarabduziert, wird das Kahnbein an die Oberfläche gedreht. Es ist nun zwischen dem Griffelfortsatz der Speiche und dem großen Vieleckbein zu tasten.

⑧ **Kleines Vieleckbein** (Os trapezoideum): Geht man am Handrücken zwischen Daumen und Zeigefinger unterarmwärts, so fühlt man zunächst den kräftigen Muskelwulst des M. interosseus dorsalis I. Dann trifft man auf den Spalt zwischen 2 Knochen: In Fortsetzung des Daumens liegt das große Vieleckbein, in Fortsetzung des Zeigefingers das kleine.
• Die Basis des 2. Mittelhandknochens ist gegenüber dessen Schaft stark verbreitert und könnte mit dem kleinen Vieleckbein verwechselt werden. Man muß sich also bemühen, den Gelenkspalt zwischen beiden zu finden. Proximal schließt an das kleine Vieleckbein das Kahnbein an.

⑨ **Kopfbein** (Os capitatum): Ist man in der geschilderten Reihenfolge vorgegangen, so bleiben nur noch die in der Fortsetzung des Mittelfingers liegenden beiden Handwurzelknochen übrig (wichtig zur Orientierung bei Luxationen).
• Das Kopfbein ist der größte der Handwurzelknochen und ragt zwischen Kahnbein und Dreieckbein weit nach proximal. Die Gelenklinie des distalen Handgelenks erscheint daher so eigenartig verzahnt.
• Bei Palmarflexion der Hand wölbt der Kopf des Kopfbeins häufig die Haut am Handrücken vor. Bei abwechselnder Ulnar- und Radialabduktion der Hand bewegt sich die vorspringende Rundung jeweils in der Gegenrichtung.

⑩ **Mondbein** (Os lunatum): Für das Mondbein bleibt nur noch der freie Raum zwischen dem Kopfbein und der Speiche übrig. Bei manchen Menschen tritt bei Palmarflexion statt des Kopfbeins das Mondbein stärker hervor.

#832 Hauptgelenklinien der Handwurzel

Hat man die einzelnen Handwurzelknochen getastet (#831), so ist es nicht schwer, die 3 großen Gelenklinien auf den Handrücken aufzuzeichnen.

① **Proximales Handgelenk** (Articulatio radiocarpalis): distalkonkave Projektionslinie vom Griffelfortsatz der Speiche zum Griffelfortsatz der Elle (Abb. 832). Die proximale Reihe der Handwurzelknochen bildet einen eiförmigen Gelenkkopf, der sich in der flachen Pfanne aus Speiche und Gelenkscheibe (distal der Elle) bewegt. Die von Speiche und Elle zur Handwurzel ziehenden Bänder (Lig. radiocarpale palmare + dorsale, Lig. ulnocarpale palmare) lassen 4 Hauptbewegungen zu:
• palmarflektieren – dorsalextendieren,
• ulnarabduzieren – radialabduzieren.

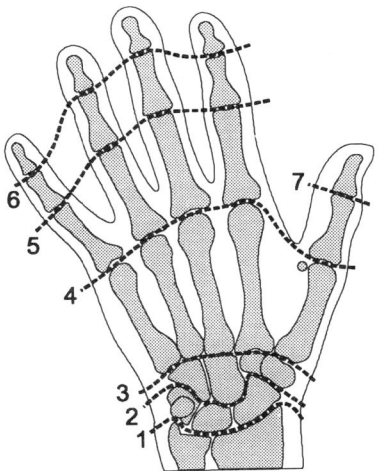

Abb. 832. Hauptgelenklinien der Hand: 1 proximales Handgelenk, , 2 distales Handgelenk, 3 Karpometakarpalgelenke, 4 Fingergrundgelenke, 5 Fingermittelgelenke, 6 Fingerendgelenke, 7 Daumenendgelenk

② **Distales Handgelenk** (Articulatio mediocarpalis): Schlangenlinie zwischen den beiden Reihen der Handwurzelknochen. Das Kopfbein springt weit in die proximale Reihe der Handwurzelknochen vor. Kräftige Bänder laufen palmar strahlenförmig auf den Kopf des Kopfbeins zu (Lig. carpi radiatum). Dorsal verbinden die Bänder jeweils Nachbarknochen (Ligg. intercarpalia dorsalia). Wegen der Verzahnung der beiden Reihen der Handwurzelknochen sind nur 2 Hauptbewegungen möglich:
• palmarflektieren – dorsalextendieren.

③ **Handwurzel-Mittelhand-Gelenke** (Articulationes carpometacarpales): sanft distalkonvexer Bogen zwischen der distalen Reihe der Handwurzelknochen und den Basen der Mittelhandknochen. An den Strahlen 2-5 werden die Gelenke von sehr straffen Bändern (Ligg. carpometacarpalia palmaria + dorsalia) überspannt. Deshalb ist die Beweglichkeit gering. Der Kleinfinger kann jedoch dem Daumen gegenübergestellt (opponiert) werden. Auch kann die Hohlhand zu einer Mulde verformt werden.

④ **Daumensattelgelenk**: Eine Sonderstellung nimmt das Handwurzel-Mittelhand-Gelenk des Daumens (Articulatio carpometacarpalis pollicis) ein. Die Gelenkflächen zwischen dem großen Vieleckbein und dem Mittelhandknochen des Daumens sind sattelförmig. Die Bänder sind sehr kräftig: Bei einer Verrenkung reißt gewöhnlich nicht das Band, sondern bricht der Ansatz aus dem Mittelhandknochen aus („Bennett-Fraktur"). Trotzdem bleibt ein erheblicher Bewegungsspielraum in 4 Hauptrichtungen:
• abduzieren – adduzieren,
• opponieren – reponieren.

#833 Bewegungsumfang der Handgelenke und des Daumensattelgelenks

■ **Grundsätze**:
• Die Nullstellung ist die in Fortsetzung der Hauptrichtung des Unterarms gehaltene Hand. Die Längsachse des Mittelfingers setzt jene der Speiche fort. Der Daumen ist an den Zeigefinger angelegt.
• Die beiden Handgelenke werden für die Beuge-Streck-Bewegung als funktionelle Einheit behandelt. Ein getrenntes Bestimmen der Bewegungsumfänge ist nur mit Hilfe des Röntgenbildes möglich. Man orientiert sich dann an der markanten Kontur des Mondbeins im queren Strahlengang.
• Zur groben Orientierung über die Beweglichkeit der Handgelenke genügen Schnelltests (Abb. 833).

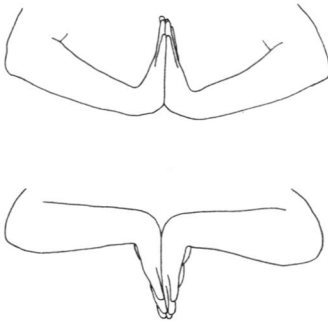

Abb. 833. *Schnelltest für die Beweglichkeit der Handgelenke: oben Dorsalextension, unten Palmarflexion*

■ **Probleme**:
• Der Daumen liegt nicht in der Reihe der übrigen Finger, sondern ist um etwa einen halben rechten Winkel aus der Querrichtung der Hand gedreht. Dies wird an den Beuge-Streck-Achsen der Fingerendgelenke besonders deutlich: Der Daumen bewegt sich dabei nicht parallel zu den übrigen Fingern, sondern um den halben rechten Winkel gedreht.
• Da die Abspreizbewegung rechtwinklig zur Beuge-Streck-Bewegung erfolgt, sollte im Daumensattelgelenk die Abduktion nicht parallel zu der der Handgelenke, sondern um 45° zur Palmarseite gedreht definiert sein.

8.3 Knochen und Gelenke von Unterarm und Hand

Protokoll 833. Bewegungsumfang der Handwurzelgelenke (Neutralnullmethode)			
① Proximales + distales Handgelenk (Articulatio radiocarpalis + mediocarpalis)			
	Links	Rechts	Gesunde Studenten
Dorsalextension – Palmarflexion (°)			70° – 0° – 70°
Radialabduktion – Ulnarabduktion (°)			20° – 0° – 40°
② Daumensattelgelenk (Articulatio carpometacarpalis pollicis)			
Abduktion – Adduktion (°)			60° – 0° – 0°
Reposition – Opposition (°)			30° – 0° – 30°

Diesen Überlegungen folgen jedoch nicht alle Autoren. Manche messen die Abduktion des Daumens in der gleichen Ebene wie die Radialabduktion der Hand. Damit werden aber Abduktion und Reposition praktisch identisch.
• Die Bewegungen im Daumensattelgelenk sind an den Richtungsänderungen des Mittelhandknochens und nicht am Grund- oder Endglied des Daumens zu bestimmen. Es ist schwierig, sie genau zu messen. Man wird sich mit recht groben Schätzungen begnügen müssen.

#834 Palpation der Mittelhand- und Fingerknochen

① **Knochen**:
• Mittelhand- und Fingerknochen sind dorsal in ganzer Länge zu tasten. Lediglich an den Fingerendgliedern wird ein Teil durch den Nagel verdeckt.
• Palmar sind die Fingerknochen durch die derben Sehnentunnel der Beugesehnen verdeckt. Zu den Mittelhandknochen kann man in der Hohlhand wegen deren Matratzenkonstruktion, der Beugesehnen und der Muskeln des Daumen- und Kleinfingerballens nicht vordringen.
• Seitlich kann man alle Fingerknochen tasten. Der Mittelhandknochen des Daumens ist radial und ulnar, der des Zeigefingers nur radial und der des Kleinfingers nur ulnar zugänglich.

② **Gelenke**:
• *Fingergrundgelenke* 2-5 (Articulationes metacarpophalangeales, in Befunden oft abgekürzt MCP): Beim Beugen treten die Köpfe der Mittelhandknochen stark hervor. Etwa 1-1½ cm distal der Rundung tastet man dorsal den Gelenkspalt des Fingergrundgelenks. Dann folgen in Richtung Fingermittelgelenk die breite Basis, der schlankere Schaft und die wieder breitere Rolle (Kopf) des Fingergrundglieds (Phalanx proximalis).
• *Fingermittelgelenke* (Articulationes interphalangeales proximales, PIP): Bei starker Beugung kann man den Einschnitt in der Rolle des Fingergrundglieds leicht fühlen. Der Gelenkspalt des Fingermittelgelenks liegt viel näher (etwa ½ cm) an der Rundung als beim Fingergrundgelenk. Es folgen dann Basis, Schaft und Rolle des Mittelglieds (Phalanx media) ähnlich wie beim Grundglied, nur etwas kleiner.
• *Fingerendgelenke* (Articulationes interphalangeales distales, DIP): Der Gelenkspalt liegt nur etwa ¼ cm distal der Rundung der Mittelgliedrolle. Das Endglied ist wegen des Nagels und der prallen Haut des Fingerballens schlecht zu beurteilen.

③ **Fingerlängen**: Sie sind vom Gelenkspalt des Fingergrundgelenks zur Fingerspitze leicht zu messen. Vermutlich wird es erst dabei auffallen, daß der Ringfinger bei der Mehrzahl der Patienten länger als der Zeigefinger ist.

Protokoll 835. Bewegungsumfang der Fingergelenke (Neutralnullmethode)

Gelenk*	Bewegung	Links	Rechts	Gesunde Studenten
MCP I	Dorsalextension – Palmarflexion (°)			0° – 0° – 50°
MCP II	Dorsalextension – Palmarflexion (°)			30° – 0° – 90°
	Abduktion – Adduktion (°)			20° – 0° – 30°
	Außenrotation – Innenrotation (°)			30° – 0° – 30°
MCP III	Dorsalextension – Palmarflexion (°)			30° – 0° – 90°
	Radialabduktion – Ulnarabduktion (°)			20° – 0° – 30°
	Außenrotation – Innenrotation (°)			30° – 0° – 30°
MCP IV	Dorsalextension – Palmarflexion (°)			30° – 0° – 90°
	Abduktion – Adduktion (°)			20° – 0° – 30°
	Außenrotation – Innenrotation (°)			30° – 0° – 30°
MCP V	Dorsalextension – Palmarflexion (°)			30° – 0° – 90°
	Abduktion – Adduktion (°)			20° – 0° – 30°
	Außenrotation – Innenrotation (°)			30° – 0° – 30°
PIP II	Dorsalextension – Palmarflexion (°)			0° – 0° – 100°
PIP III	Dorsalextension – Palmarflexion (°)			0° – 0° – 100°
PIP IV	Dorsalextension – Palmarflexion (°)			0° – 0° – 100°
PIP V	Dorsalextension – Palmarflexion (°)			0° – 0° – 100°
IP I	Dorsalextension – Palmarflexion (°)			10° – 0° – 80°
DIP II	Dorsalextension – Palmarflexion (°)			0° – 0° – 50°
DIP III	Dorsalextension – Palmarflexion (°)			0° – 0° – 50°
DIP IV	Dorsalextension – Palmarflexion (°)			0° – 0° – 50°
DIP V	Dorsalextension – Palmarflexion (°)			0° – 0° – 50°

* MCP = Metakarpophalangealgelenk (Fingergrundgelenk), PIP = proximales Interphalangealgelenk (Fingermittelgelenk), DIP = distales Interphalangealgelenk (Fingerendgelenk), MCP I = Daumensattelgelenk, IP I = Daumengrundgelenk

#835 Bewegungsumfang der Fingergelenke (Winkel)

■ **Fingergrundgelenke der Finger 2-5:** Sie sind ihrem Bau nach Kugelgelenke. Demgemäß können Bewegungen um 3 Hauptachsen ausgeführt werden:

① **Dorsalextendieren – palmarflektieren:** Die Dorsalextension in den Fingergrundgelenken wird erleichtert, wenn dabei Mittel- und Endgelenke leicht gebeugt werden (Entspannen der Beugesehnen).

② **Abduzieren – adduzieren:**
• Abspreizen und Anziehen der Finger sind definiert als vom Mittelfinger weg bzw. auf ihn zu. Für den Mittelfinger selbst ist diese Definition nicht zu gebrauchen. Er ist radial und ulnar abzuspreizen. Das Protokoll ist für ihn sinngemäß auszufüllen.
• Wegen des besonderen Verlaufs der Seitenbänder wird die Abspreizbewegung mit zunehmender Beugung gehemmt. Das Abspreizen ist daher aus der Nullstellung (Finger in der Ebene der Hand) zu prüfen.

③ **Außenrotieren – innenrotieren:**
• Die meisten Menschen können nicht spontan kreiseln, obwohl Muskeln dafür vorhanden sind: Die Mm. interossei + lumbricales strahlen auf beiden Seiten des Fingergrundglieds in die Dorsalaponeurose des Fingers. In Beugestellung des Fingergrundgelenks haben sie damit eine starke Kreiselwirkung. Wir sind lediglich nicht gewohnt, diese Muskeln einzeln zu betätigen.
• Mit etwas Konzentration wird es sicher jedem gelingen, den gebeugten Zeigefinger ein wenig zu rotieren. Dabei kann man sehr gut das Anspannen des ersten hinteren Zwischenknochenmuskels zwischen Daumen und Zeigefinger tasten. Bei entsprechendem Training müßte es möglich sein, in allen Fingergrundgelenken 2-5 aktiv zu kreiseln. Die Frage ist allerdings, wofür das gut sein sollte (reizvoll könnte das Nasenbohren mit dem rotierenden Kleinfinger sein).
• Beim Messen des Bewegungsumfangs spielt die Frage der aktiven Rotation keine Rolle, da alle Bewegungen für die Messung passiv auszuführen sind. Man hält den Finger fest und dreht die Hand um den Finger.
• Schwierigkeiten bereitet die Definition von Außen- und Innenkreiseln: Man ist geneigt, sie bei Zeige- und Ringfinger gegensinnig zu sehen. Am besten ist es, sich an der Definition der Umwendbewegung in den Speichen-Ellen-Gelenken zu orientieren: Hält man den Finger fest und dreht die Hand, so führt die Auswärtsdrehung (Supination) der Hand zu einem Einwärtskreiseln des Fingers.

■ **Übrige Fingergelenke:** Die Fingermittel- und -endgelenke sowie das Daumengrundgelenk sind reine Scharniergelenke. Um die eine Achse kann man nur beugen und strecken.

#836 Bewegungsumfang der Fingergelenke (Streckenmaße)

Der Gesunde kann mit dem Daumenendglied die Fingerspitzen 2-5 berühren. Beim

Protokoll 836. Streckenmaße bei Fingerbewegungen: kleinste Abstände (cm) zwischen Fingerspitzen II-V und			
① Daumenspitze			
	Links	Rechts	Gesunde Studenten
II			0
III			0
IV			0
V			0
② Hohlhand			
II			0
III			0
IV			0
V			0

Faustschluß liegen die Fingerspitzen 2-5 der Hohlhand an. Selbst bei gestreckten Fingergrundgelenken können die Fingerspitzen noch die Hohlhand auf Höhe der Grundgelenke berühren. Bei stärkeren Bewegungseinschränkungen ist all dieses nicht mehr möglich. In diesem Fall ist es einfacher, die kleinsten möglichen Abstände zwischen den Fingerspitzen 2-5 und dem Daumen bzw. der Hohlhand als die entsprechenden Winkel an den Gelenken zu messen.

#837 Punktion der Hand- und Fingergelenke

Allgemeines über Gelenkpunktion ⇒ #816.

① **Proximales Handgelenk:** Die Palmarseite ist wegen der zahlreichen Sehnen und der starken Blutgefäße und Nerven nicht für die Punktion geeignet. Dorsal sind 2 Zugänge möglich:
• *Dorsolateraler Zugang:* Die Hand wird leicht palmarflektiert und ulnarabduziert. Eingestochen wird unmittelbar distal des Radiusendes zwischen den Sehnen des M. extensor pollicis longus (bzw. M. extensor carpi radialis brevis) und des M. extensor indicis. Dieser Zugang eignet sich auch für die Kontrastmitteleinspritzung, um den Discus articularis im Röntgenbild sichtbar zu machen (Handgelenkarthrographie).
• *Dorsoulnarer Zugang:* Die Hand wird leicht palmarflektiert. Eingestochen wird zwischen der Sehne des M. extensor digiti minimi und der Radialseite des Processus styloideus der Ulna direkt am Ende des Caput ulnae.

② **Fingergelenke:** Da die größeren Blutgefäße und Nerven im Fingerquerschnitt (Abb. 857) etwa in den Diagonalen liegen (zwischen 1 und 2, 4 und 5, 7 und 8, 10 und 11 Uhr) punktiert man genau von der Seite (radial oder ulnar, 3 oder 9 Uhr). Dabei werden die Fingergelenke etwa 30° gebeugt.

8.4 Muskeln von Unterarm und Hand

#841 Oberflächliche Sehnen am distalen Unterarm

■ **Beugesehnen:**
• Schon bei entspannt herabhängendem Arm sieht man bei nicht zu dickem Unterhautfett im distalen Unterarmbereich unmittelbar an die Hohlhand angrenzend 1-2 Sehnen hervortreten. Sie werden noch deutlicher, wenn man die Hand gegen Widerstand beugt. Es sind dies die Sehnen des *M. flexor carpi radialis* (radial) und des *M. palmaris longus* (ulnar). Ist nur eine Sehne deutlich zu sehen, so ist es die des M. flexor carpi radialis. Dann fehlt der M. palmaris longus. Ist dieser vorhanden, so kann man die Sehne besonders stark vorspringen lassen, wenn man in Mittelstellung des Handgelenks die Spitzen von Kleinfinger und Daumen aneinander legt (Abb. 841). Bei dieser Bewegung wird die Palmaraponeurose gestrafft.
• Die Sehne des *M. flexor carpi ulnaris* setzt am Erbsenbein an. Man findet sie leicht, wenn man vom Erbsenbein ausgeht. Man kann sie dann über die gesamte distale Hälfte des Unterarms verfolgen.
• Zwischen den Sehnen des M. palmaris longus und des M. flexor carpi ulnaris kann

Abb. 841. Starkes Hervortreten der Sehne des M. palmaris longus beim Gegenüberstellen von Daumen und Kleinfinger

8.4 Muskeln von Unterarm und Hand

man bei Fingerbewegungen die Sehnen des *M. flexor digitorum superficialis* tasten.

■ **Strecksehnen:**

① **Tabatière**: Die Sehnen der Daumenstrecker umschließen an der Handwurzel eine Hauteinsenkung. Sie wird radial von den Sehnen des *M. abductor pollicis longus* und des *M. extensor pollicis brevis*, ulnar von der Sehne des *M. extensor pollicis longus* begrenzt. Besonders deutlich zu sehen ist sie, wenn man den Daumen abspreizt. Die Grube wird seit alters *Tabatière* genannt, weil man hier eine kleine Prise Schnupftabak auftragen kann (für größere Mengen empfiehlt sich die ulnar anschließende größere, wenn auch flachere Delle zwischen den Sehnen des M. extensor pollicis longus und des M. extensor digitorum).

② **Fingerstrecker:**
- Die Sehnen des *M. extensor digitorum* strahlen von der Mitte der Handwurzelrückseite fächerförmig zu den Fingern 2-5 aus.
- Zum Kleinfinger zieht zusätzlich die Sehne des *M. extensor digiti minimi*. Manchmal tastet man sogar noch eine dritte Sehne. Dann ist entweder die Sehne des Kleinfingerstreckers oder die Kleinfingersehne des Fingerstreckers zweigeteilt.
- Auch zum Zeigefinger laufen 2 Sehnen: die Zeigefingersehne des M. extensor digitorum und die Sehne des *M. extensor indicis*.
- Zwischen den einzelnen Sehnen des Fingerstreckers spannen sich z.T. sehnige Verbindungen aus (Connexus intertendineus, Plural Connexus intertendinei). Man tastet sie besonders häufig zwischen der Ringfinger- und der Kleinfingersehne auf Höhe der Mittelhandknochenköpfe. Beim Beugen in den Fingergrundgelenken gleiten sie fingerwärts, beim Strecken unterarmwärts.

③ **Ulnarer Handstrecker**: An der ulnaren Handkante fühlt man unmittelbar distal des Ellenkopfes die Sehne des *M. extensor carpi ulnaris*. Für sie gibt es einen zwar überraschenden Test: Man legt die Hand mit der Hohlhand flach auf den Tisch und tastet mit der anderen Hand die Sehne. Spreizt man nun mehrmals ruckartig den Daumen ab, so fühlt man jedesmal ein Anspannen der Sehne. Die Erklärung ist recht einfach: Der Daumen wird abgespreizt, wenn man einen Gegenstand greifen will. Dazu wird in der Regel die übrige Hand ulnarabduziert, um den Gegenstand zangenartig zu umfassen. Daumenabspreizen und gleichzeitiges ulnares Handabspreizen sind also ein eingefahrenes Bewegungsmuster.

④ **Radiale Handstrecker**: Beim Faustschluß wird die Hand rückwärtsgestreckt, damit die Fingerbeuger ihre volle Kraft entfalten können. Es spannen sich daher die Sehnen der radialen Handstrecker an.
- Die Sehne des *M. extensor carpi radialis brevis* tritt in der Grube ulnar neben der Tabatière deutlich hervor.
- Die Sehne des radial neben ihm liegenden *M. extensor carpi radialis longus* wird von der Sehne des langen Daumenstreckers verdeckt. Zieht man diese von der Seite, indem man den Daumen dem Kleinfinger gegenüberstellt (opponiert), so ist sie gut zu tasten.
- Die Sehne des *M. brachioradialis* setzt am Griffelfortsatz der Speiche an, überschreitet also nicht den Spalt des proximalen Handgelenks. Beugt man im Ellbogengelenk gegen Widerstand, so kann man die Sehne in der unteren Hälfte des Unterarms unmittelbar neben der Speiche tasten.

#842 Sehnenscheiden

① **Konstruktionsprinzip**: Sehnen müssen durch Haltebänder gezügelt werden, wenn die Gefahr besteht, daß sie sich bei bestimmten Gelenkstellungen zu weit von der Unterlage abhöben. Diese Haltebänder verlaufen überwiegend rechtwinklig zu den festgehaltenen Sehnen. Bei allen Muskelbewegungen würden die Sehnen an den Haltebändern und umgekehrt scheuern, wären nicht Vorrichtungen zur Reibungsminderung angebracht. Es sind dies die Sehnenscheiden (*Vaginae synoviales*), flüssigkeitsgefüllte Lamellensysteme, die sich teleskopartig verschieben und dabei lange Bewegungen in kurze Teilbewegungen mit geringer Reibung zerlegen.

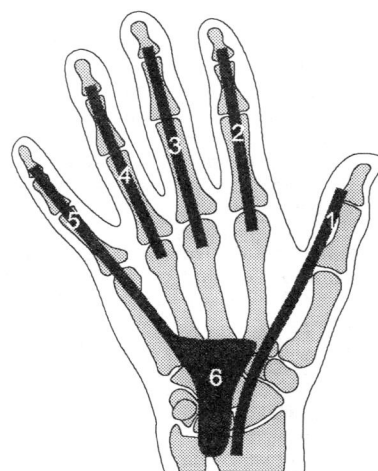

Abb. 842a. Palmare Sehnenscheiden: 1 Vagina tendinis musculi flexoris pollicis longi, 2-5 Vaginae tendinum digitorum manus, 6 Vagina communis digitorum flexorum

② **Sehnenscheiden im Karpaltunnel:**
• Das Halteband der Beugesehnen (Retinaculum flexorum) verbindet die beiden palmaren Enden der leicht U-förmig angeordneten Handwurzelknochen (ulnar Erbsenbein und Haken des Hakenbeins, radial die Vorsprünge des Kahnbeins und des großen Vieleckbeins).
• Vom Halteband und den Handwurzelknochen wird dadurch ein Ring gebildet, der den *Karpaltunnel* (Canalis carpi) umschließt. In diesem umhüllt eine große gemeinsame Sehnenscheide (Vagina communis musculorum flexorum) alle Fingerbeugersehnen. Nur die Sehnenscheide des M. flexor pollicis longus ist selbständig.
• Nicht im Karpaltunnel, sondern oberflächlich zu ihm liegt die Sehne des M. flexor carpi radialis mit ihrer Sehnenscheide.
• Der Karpaltunnel ist straff umgrenzt. Er kann sich kaum erweitern. Jede Schwellung (z.B. Sehnenscheidenentzündung) führt zum Druckanstieg und zum Zusammenpressen der Nachbarstrukturen. Besonders betroffen ist davon der N. medianus, der mit den Sehnen durch den Karpaltunnel zieht (Medianuslähmung beim *Karpaltunnelsyndrom*).

③ **Sehnenscheiden der Finger:** Straffe Faserscheiden (*Vaginae fibrosae digitorum manus*) mit Ringzügen (*Pars anularis vaginae fibrosae*) und Kreuzzügen (*Pars cruciformis vaginae fibrosae*) bilden zusammen mit den Fingerknochen und den Gelenkkapseln der Fingergelenke „osteofibröse" Sehnentunnel (Abb. 842a).
• An den Fingern 2-4 sind die Sehnenscheiden der Finger meist getrennt von der gemeinsamen Sehnenscheide im Karpaltunnel (weil die Karpometakarpalgelenke dieser Strahlen nur gering beweglich sind).
• Die Sehnenscheiden des langen Daumenbeugers und der Kleinfingerbeuger laufen vom Karpaltunnel bis zum Endglied durch (weil alle Gelenke dieser Strahlen gut beweglich sind: Opposition von Daumen und Kleinfinger).
• Eiterungen der Sehnenscheiden bleiben folglich an den Fingern 2-4 meist auf den Finger beschränkt, vom Daumen und vom Kleinfinger breiten sie sich hingegen zum Karpaltunnel aus. Dort können sie u.U. auf die Nachbarsehnenscheide überspringen und in dieser wieder fingerwärts laufen. Dies erklärt die zunächst überraschende Tatsache, daß Sehnenscheideneiterungen vom Daumen auf den Kleinfinger und umgekehrt übergreifen (*V-Phlegmone*), nicht aber auf die übrigen Finger (ausgenommen bei Varietäten der Sehnenscheiden).

④ **Dorsale Sehnenscheiden der Handwurzel:** Auf der Dorsalseite der Hand findet man Sehnenscheiden nur im Bereich der Handwurzel. Unter dem Halteband der Strecksehnen (*Retinaculum extensorum*, unmittelbar distal des Ellenkopfes) liegen alle Sehnen in Sehnenscheiden. Dieser Raum ist in 6 Fächer geteilt (Abb. 842b).

⑤ **Druckschmerz prüfen:** Eine Sehnenscheidenentzündung (Tendovaginitis) macht

8.4 Muskeln von Unterarm und Hand

sich durch Druckschmerz, Schwellung und Bewegungsbehinderung der Sehne bemerkbar.
• Die palmaren Sehnenscheiden der Finger und dorsalen Sehnenscheiden der Handwurzel liegen oberflächlich und sind gut zugänglich.
• Die gemeinsame Sehnenscheide im Karpaltunnel hingegen ist durch das straffe Retinaculum flexorum verdeckt. Lediglich an dessen proximalem Rand tritt sie im Feld zwischen den Sehnen des M. palmaris longus und des M. flexor carpi ulnaris an die Oberfläche. Wird die Hand fest zur Faust geschlossen, so wird die Flüssigkeit in der Sehnenscheide proximalwärts gepreßt und wölbt deren proximales Ende vor (was man tasten, bisweilen auch sehen kann).

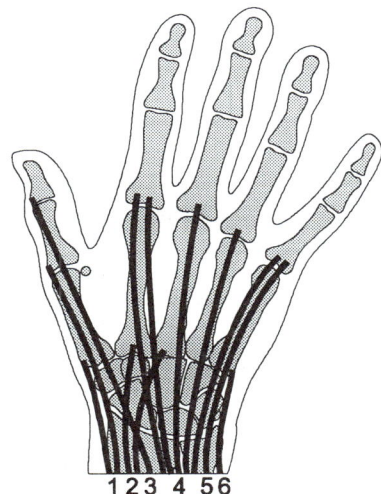

Abb. 842b. *Sehnenfächer im Bereich des Retinaculum extensorum: 1 M. abductor pollicis longus + M. extensor pollicis brevis, 2 M. extensor carpi radialis longus + brevis, 3 M. extensor pollicis longus, 4 M. extensor digitorum + M. extensor indicis, 5 M. extensor digiti minimi, 6 M. extensor carpi ulnaris*

#843 Daumenballen, Kleinfingerballen und Intermetakarpalräume

Tab. 843a. Daumenballenmuskeln

Nerv:	Muskel:
N. medianus	• M. abductor pollicis brevis • M. opponens pollicis • M. flexor pollicis brevis, Caput superficiale
N. ulnaris	• M. adductor pollicis • M. flexor pollicis brevis, Caput profundum

① **Daumenballen** (Thenar):
• Den größten Teil der Oberfläche nimmt der *M. abductor pollicis brevis* ein. Man kann den Muskelbauch gut tasten, wenn man den Daumen kräftig abspreizt (45°-Stellung zur Handfläche, er entspannt sich, wenn man reponiert!). Er wölbt sich stark vor, wenn man vom Abspreizen allmählich zur Opposition fortschreitet. Dann sinkt eine seichte Rinne zwischen dem Muskel und dem Mittelhandknochen des Daumens ein, in der man den *M. opponens pollicis* mehr erahnt als sicher fühlt. Er wird nahezu vollständig vom kleinen Daumenabspreizer überlagert.
• Den *M. adductor pollicis* tastet man in der Hautfalte zwischen Daumen und Zeigefinger, wenn man den Daumen gegen Widerstand adduziert (einen geeigneten Gegenstand zangenartig mit Daumen und Zeigefinger fassen). In dem Raum zwischen Daumen und Zeigefinger liegt auch noch der *M. interosseus dorsalis I*. Auch er ist ein kräftiger Adduktor des Daumens und spannt sich daher mit an. Die beiden Muskeln kann man in Reposition des Daumens gut abgrenzen: Die Haut sinkt zwischen den beiden Muskelbäuchen zu einer Rinne ein.

② **Kleinfingerballen** (Hypothenar): Der Muskelbauch des *M. abductor digiti minimi* ist beim Abspreizen des Kleinfingers als spindelförmiger Wulst an der ulnaren Handkante zu umgreifen. Die beiden anderen Muskeln des Kleinfingers schließen radial an. Bei Lähmung des N. ulnaris atrophiert der Kleinfingerballen.

Tab. 843b. Kleinfingerballenmuskeln	
Nerv:	Muskel:
N. ulnaris	• M. abductor digiti minimi • M. flexor digiti minimi brevis • M. opponens digiti minimi

③ **Intermetakarpalräume**: Die Räume zwischen den Mittelhandknochen füllen die *Mm. interossei palmares und dorsales*. Sie sind die Hauptbeuger der Fingergrundgelenke. Daneben strecken sie in den Fingermittel- und -endgelenken.
• Die dorsalen Zwischenknochenmuskeln spreizen die Finger, die palmaren adduzieren sie. Da die Finger nur in Streckstellung gespreizt werden können, kommt in Beugestellung die volle Kraft aller Zwischenknochenmuskeln der Beugung im Grundgelenk zugute.
• Die rückwärtigen Zwischenknochenmuskeln sind am Handrücken zwischen den Mittelhandknochen zu tasten. Man kann ihr Anspannen beim Beugen in den Fingergrundgelenken gegen Widerstand spüren.
• Sind die Mm. interossei gelähmt, so gerät die Hand durch das Überwiegen der Gegenspieler in eine Stellung wie beim Kratzen: Die Fingergrundgelenke sind gestreckt, die Fingermittel- und -endgelenke sind gebeugt („Krallenhand" bei Ulnarislähmung).

#844 Muskelfunktionsprüfung diagnostisch wichtiger Muskeln

■ **Prinzip**: Die Kraft jedes einzelnen der vielen Muskeln an Unterarm und Hand zu bestimmen, wäre eine sehr zeitaufwendige Aufgabe. Sie kann sinnvoll sein, wenn es darum geht, das genaue Ausmaß der Schäden bei Nervenerkrankungen zu ermitteln und durch gezieltes Training der erhaltenen Muskeln die Leistungsfähigkeit zu verbessern. Entsprechende Untersuchungsprogramme wurden ausgearbeitet (Kendall).
• Für die neurologische Routineuntersuchung genügt es, für jeden der großen Nerven eine typische Bewegung zu prüfen, die nur von einem Muskel ausgeführt wird.

■ **Bewegungen, die für einen Nerv kennzeichnend sind:**

① **Fingerendgelenke 2-5 beugen:**
• Bei den Fingern 2-5 beugt ausschließlich der M. flexor digitorum profundus das Endgelenk. Für die Finger 2 + 3 wird er vom N. medianus, für die Finger 4 + 5 vom N. ulnaris gesteuert.
• Der Untersucher hält das Mittelglied des jeweiligen Fingers des Patienten mit der einen Hand fest. Mit einem Finger der anderen Hand drückt er gegen die Fingerkuppe des Patienten, um gegen die Beugebewegung Widerstand zu leisten.
• Die Kraft ist am leichtesten zu dosieren, wenn der Untersucher mit dem jeweils gleichen Finger Widerstand leistet, der beim Patienten geprüft wird.

② **Daumenendgelenk beugen**: M. flexor pollicis longus, N. medianus.

③ **Daumenendgelenk strecken**: M. extensor pollicis longus, N. radialis.

Protokoll 844. Muskelkraft (Kraftgrade, Definition in #123)			
	Links	Rechts	Gesunde Studenten
① N. medianus			
Daumenendgelenk beugen			5 (100 %)
Fingerendgelenk II beugen			5 (100 %)
Fingerendgelenk III beugen			5 (100 %)
② N. ulnaris			
Fingerendgelenk IV beugen			5 (100 %)
Fingerendgelenk V beugen			5 (100 %)
Finger spreizen			5 (100 %)
③ N. radialis			
Daumenendgelenk strecken			5 (100 %)

8.4 Muskeln von Unterarm und Hand

④ **Finger spreizen**: Mm. interossei dorsales, N. ulnaris. Der Untersucher umfaßt die aneinander gelegten Finger 2-5 (Fingergrundgelenke gestreckt, da nur in dieser Stellung gespreizt werden kann!) des Patienten zangenförmig mit einer Hand und gibt bei der Spreizbewegung des Patienten allmählich nach.

■ **Bewertung**: Die Muskelkraft wird nach den in #123 ausgeführten Grundsätzen bewertet. Dies ist zweifellos sehr subjektiv, reicht aber für die ärztliche Praxis aus.

#845 Griffproben

Die beste Muskelkraft nutzt dem Patienten wenig, wenn er die Muskeln nicht zu sinnvollen Bewegungen koordinieren kann. Dabei wirken fast immer mehrere Nerven zusammen, weil gesteuerte Bewegungen auch das Mitwirken der Gegenspieler erfordern. Da die Hand als „Greiforgan" zu kennzeichnen ist, muß die Funktionsprüfung Griffproben einschließen.

■ **Griffarten**:
① **Kraftgriffe**:
- *Grobgriff:* z.B.: Halten eines Hammers (aber nicht des Reflexhammers, der nur locker gefaßt wird und aufgrund des eigenen Gewichts zum „Schlag" fallen soll!).
- *Hakengriff:* z.B. Fassen des Henkels eines Eimers.

② **Präzisionsgriffe**:
- *Feingriff:* z.B. Führen einer Nadel.
- *Schlüsselgriff.*

③ Eine sehr komplexe Bewegung ist das Fassen eines mittelgroßen Balls mit einer Hand.

■ **Untersuchungsgang**: Man gibt dem Patienten einen entsprechenden Gegenstand in die Hand. Der Arzt versucht, den Gegenstand aus der Hand des Patienten zu ziehen. Bewertet wird in 6 Stufen sinngemäß wie bei der vorhergehenden Übung:

- *Kraftgrad 5* (100 %): Der Gegenstand kann gegen starken Zug festgehalten werden.
- *Kraftgrad 4* (75 %): Der Gegenstand kann gegen mäßigen Zug festgehalten werden.
- *Kraftgrad 3* (50 %): Der Gegenstand kann gegen die Schwerkraft festgehalten werden.
- *Kraftgrad 2* (25 %): Der Gegenstand kann nicht festgehalten werden, es kommt jedoch eine deutliche Greifbewegung zustande.
- *Kraftgrad 1* (10 %): angedeutete Greifbewegung.
- *Kraftgrad 0* (0 %): keine Greifbewegung.

Protokoll 845. Griffproben (Kraftgrade, Definition in #123)			
	Links	Rechts	Gesunde Studenten
① Kraftgriffe			
Grobgriff (Hammer)			5 (100 %)
Hakengriff (Eimer)			5 (100 %)
② Präzisionsgriffe			
Feingriff (Nadel)			5 (100 %)
Schlüsselgriff (Schlüssel)			5 (100 %)
③ Ball mit einer Hand fassen			
			5 (100 %)
④ Papierstreifen festhalten			
Finger 1+2			5 (100 %)
Finger 2+3			5 (100 %)
Finger 3+4			5 (100 %)
Finger 4+5			5 (100 %)

■ **Selbstversuch**: Von der unterschiedlichen Kraft vergleichbarer Muskeln kann man sich im leicht überzeugen, wenn man ein Blatt Papier zwischen 2 Finger klemmt und es mit der anderen Hand herauszuziehen versucht. Nimmt man dabei das gleiche Fingerpaar, so kann man sehr einfach Seitenunterschiede bestimmen.

#846 Händigkeit

■ **Linkshändigkeit:**
① **Häufigkeit**: Die Mehrzahl der Menschen ist rechtshändig. Etwa 4-5 % der erwachsenen Männer und 2-3 % der erwachsenen Frauen sind Linkshänder.
• Bei den Neugeborenen ist der Anteil der Linkshänder noch größer. Die nicht so sehr ausgeprägten Fälle werden vor allem in der Schulzeit meist so weit im Gebrauch der rechten Hand geübt, daß sie nicht mehr als Linkshänder erscheinen.

② **Soziale Aspekte**: Die westliche Zivilisation begünstigt zweifellos den Rechtshänder:
• Schreibt man mit der linken Hand, so verdeckt man, was man gerade geschrieben hat.
• Die meisten Werkzeuge sind der rechten Hand angepaßt. Der Linkshänder braucht eine spezielle Linkshänderschere usw.
• Schrauben haben normalerweise Rechtsgewinde, d.h., der Rechtshänder kann sie mit der größeren Kraft der Supinatoren des rechten Arms eindrehen, während der Linkshänder die schwächeren Pronatoren benutzen muß. Der Linkshänder ist allerdings beim Herausdrehen im Vorteil.
• Viele Linkshänder bemühen sich, möglichst viel mit der rechten Hand zu arbeiten, um nicht „linkisch" zu wirken. Der Linkshändigkeit haftet immer noch das Manko an, nicht so zu sein, wie „man" zu sein hat.
• Linkshändigkeit kann in manchen Arbeitssituationen durchaus von Vorteil sein. Bei Operationen stören sich 2 nebeneinander arbeitende Kollegen weniger, wenn ein Linkshänder links, ein Rechtshänder rechts steht. Sie haben dann beide optimalen Verkehrsraum für den führenden Arm.
• Für manche Berufe ist es günstig beidhändig (ambidexter) zu sein: Der Zahnarzt kommt an manche Kavitäten besser heran, wenn er den Bohrer mit der rechten Hand führt, an andere, wenn er ihn in der linken Hand hält.

■ **Objektive Prüfung der Händigkeit:**
• Sie ist in der Arbeitsmedizin wichtig, wenn es darum geht, den Arbeitsplatz bestmöglich zu gestalten. Dabei kann man im allgemeinen der Mitarbeit des Patienten sicher sein.
• Schwieriger ist es bei Begutachtungen nach Unfällen. Die Beeinträchtigung der führenden Hand wird häufig mit einer um 10 % höheren Minderung der Erwerbsfähigkeit (MdE) angesetzt. Es genügt dann nicht, den Patienten zu fragen, mit welcher Hand er schreibe. Man muß ihn bei Tätigkeiten beobachten, bei denen der Gebrauch der Hände nicht durch Konventionen festgelegt ist.
• Ein Beispiel ist das Einführen eines Fadens in ein Nadelöhr. Die Mehrzahl der Rechtshänder hält die Nadel mit der linken Hand ganz ruhig und bemüht sich, durch aktives Bewegen der rechten Hand den von dieser gefaßten Faden in das Nadelöhr einzuführen.
• Manche Rechtshänder halten jedoch den Faden ganz ruhig in der linken Hand und stülpen das Nadelöhr mit der rechten Hand über den Faden.
• In beiden Fällen ist die dominante Hand die aktive. Man kommt aber um eine sorgfältige Beobachtung nicht herum.

8.5 Arterien

#851 A. subclavia

Die A. subclavia (Schlüsselbeinarterie) überquert auf ihrem Weg zum Arm die erste Rippe hinter dem M. scalenus anterior in der sog. (hinteren) Skalenuslücke (Abb. 851).

■ **Abdrücken**:
① **Direkter Druck**: Man umgreift mit der Hand die betreffende Halsseite des Patienten, so daß der Daumen auf dem Schlüsselbein, die übrigen Finger auf dem Nacken ruhen. Dann zieht man den Daumen hinter das Schlüsselbein zurück und fühlt etwa fingerbreit neben dem lateralen Rand des M. sternocleidomastoideus den Puls. Hat man ihn gefunden, so drückt man mit dem Daumen in die Tiefe in Richtung auf die erste Rippe.

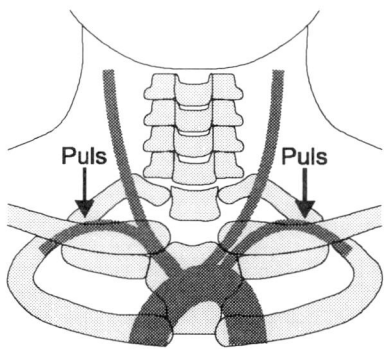

Abb. 851. Tasten des Pulses der A. subclavia (hinter dem Schlüsselbein gegen die 1. Rippe drücken)

• Vom korrekten Abdrücken überzeugt man sich am einfachsten, indem man mit der anderen Hand den Radialispuls tastet. Dieser muß bei Unterbrechung des Blutstroms in der A. subclavia verschwinden.

② **Abklemmen zwischen Schlüsselbein und erster Rippe**: Man zieht den Arm des Patienten langsam, jedoch fest nach hinten unten. Dabei werden der Schultergürtel gesenkt und die Arterie zwischen Schlüsselbein und erster Rippe eingeklemmt. Bei korrekter Ausführung muß der Radialispuls ausbleiben.

■ **Engpaßsyndrom der A. subclavia** (Skalenussyndrom):

① **Entstehung**: Bei Raumnot in der Skalenuslücke, z.B. durch eine Halsrippe, kann bei bestimmten Kopf- oder Armbewegungen die Blutströmung in der A. subclavia behindert oder sogar unterbrochen werden. Dies ist eine mögliche Ursache von unklaren Schulter- und Armschmerzen.

② **Diagnose**: Beim Verdacht auf ein Skalenussyndrom läßt man den Patienten bestimmte Bewegungen ausführen, die erfahrungsgemäß die A. subclavia einengen, und prüft den Blutstrom:
• Man tastet gleichzeitig den Radialispuls.
• Man setzt das Stethoskop über der Mitte des Schlüsselbeins auf und hört dann bei Einengung des Gefäßes Strömungsgeräusche ähnlich wie beim Blutdruckmessen.
• Man weist die turbulente Strömung mit der Doppler-Sonographie nach.

③ **Tests**:
• *Adson-Test*: Der Patient sitzt entspannt, atmet tief ein, neigt den Kopf so weit wie möglich zurück und dreht ihn zur untersuchten Seite.
• *Modifizierter Adson-Test*: Der Patient sitzt entspannt, spreizt den Arm im Schultergelenk 90° ab, beugt im Ellbogengelenk rechtwinklig, dreht den Kopf zur untersuchten Seite, atmet tief ein und hustet.

#852 A. axillaris

Die Hauptarterie der oberen Gliedmaße ändert zweimal ihren Namen. Sie beginnt als A. subclavia. Sobald sie das Schlüsselbein unterkreuzt hat, nimmt sie den Namen A. axillaris an. Vom Rand der hinteren Achselfalte ab heißt sie A. brachialis.

■ **Palpation**: Die A. axillaris ist nur in ihrem distalen Abschnitt gut zugänglich. Sie bildet dort mit den Achselvenen und den langen Nerven des Plexus brachialis den Gefäß-Nerven-Strang. Dieser läuft zwar relativ frei durch den Achselraum, doch ist die Orientierung nicht leicht.
• Am schnellsten findet man die Achselarterie vor der hinteren Achselfalte am Unterrand des M. coracobrachialis.
• Man kann auch noch weiter distal beginnen, wo die A. brachialis in ganzer Länge des Oberarms in der medialen Bizepsrinne zu tasten ist. Man arbeitet sich dann allmählich am Puls proximal bis in die Achselhöhle vor.

■ **Engpaßsyndrom der A. axillaris** („Pectoralis-minor-Syndrom"):
① **Entstehung**: In ihrer mittleren Verlaufsstrecke liegt die Achselarterie in einem engen Raum zwischen dem M. pectoralis minor vorn, dem Schulterblatt mit dem davon entspringenden M. subscapularis hinten, dem Processus coracoideus oben und dem Brustkorb unten.
• Bei herabhängendem Arm ist die Achselarterie entspannt. Beim Abspreizen des Arms wird sie zunehmend gespannt.
• Wird der Arm über die Horizontale abduziert, kann dabei die Achselarterie am Processus coracoideus abgeknickt werden. Dies führt zu Schmerzen und rascher Ermüdung bei Arbeiten mit erhobenen Armen.

② **Diagnose**: Zum Nachweis eines „Hyperabduktionssyndroms" bedient man sich folgender Tests:
• Der Patient sitzt entspannt. Der Arzt tastet den Radialispuls und hebt den gestreckten Arm seitlich bis zur Vertikalen. Bei einem ausgeprägten Hyperabduktionssyndrom verschwindet dabei der Radialispuls.
• Leichtere Formen des Syndroms diagnostiziert man mit dem Stethoskop: Man setzt es im Bereich der hinteren Achselfalte über der A. axillaris auf und hört dann bei Einengung der Gefäßlichtung ein Strömungsgeräusch wie bei der Blutdruckmessung.
• *Adams-Test*: Ausgangsstellung wie vorher, der Arm wird jedoch nur bis etwa 135° abduziert. Gleichzeitig werden der Arm nach außen und der Kopf zur Gegenseite gedreht.

#853 A. brachialis

■ **Palpation**: Die A. brachialis (Armarterie) läuft am gesamten Oberarm unbedeckt von Muskeln und ist deshalb in ganzer Länge zu tasten (Abb. 853). Erst im Bereich der Ellenbeuge wird sie von der Bizepsaponeurose (Aponeurosis musculi bicipitis brachii) überquert. Dann teilt sie sich in die A. radialis und die A. ulnaris, die beide zunächst von Muskeln bedeckt und daher nicht zu tasten sind.
• Die Armarterie liegt im Sulcus bicipitalis medialis (mediale Bizepsrinne). Leitmuskel im oberen Bereich ist der M. coracobrachialis, der mit dem kurzen Bizepskopf vom Processus coracoideus zum Oberarm zieht. Stützt man die Hände in die Hüften, so spannen sich die beiden Muskeln als Adduktoren im Schultergelenk an. An ihrem hinteren Rand findet man dann leicht den Gefäß-Nerven-Strang.
• Der Puls der Armarterie wird deutlicher, wenn man die Hand aus der Hüfte löst und nach oben dreht (Abspreizen und Außenkreiseln im Schultergelenk). Der tastende Finger muß das Gefäß gegen den Humerus drücken.

■ **Abdrücken**: Bei starken Blutungen am Unterarm oder an der Hand kann der Blutzufluß am Oberarm leicht unterbrochen werden.
• Man umfaßt dazu den Oberarm zangenartig mit der Hand und drückt die Armarterie mit dem Daumen gegen den Knochen ab.
• Auf längere Sicht ist es bequemer, den Oberarm mit einem Tuch zu umschlingen und den Knoten mit einem Stab sanft zuzudrehen, bis der Blutdurchfluß unterbrochen ist. Keinesfalls sollte man den Knoten fester als nötig anziehen, da der Druck die am Oberarm recht ungeschützt verlaufenden großen Armnerven schädigen könnte.
• Ideales Gerät zum Abbinden ist die Manschette des Blutdruckmeßgeräts. Man bläst

sie bis knapp über den systolischen Blutdruck auf. So wird ein unnötig hoher Druck am einfachsten vermieden. Außerdem wird der Druck durch die Manschette breit verteilt.

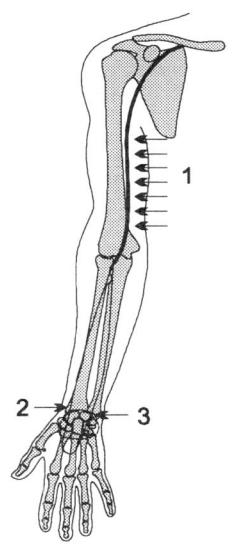

Abb. 853.
Tasten der Arterienpulse am Arm
1 A. brachialis
2 A. radialis
3 A. ulnaris

#854 Blutdruckmessung

■ **Theorie der Blutdruckmessung**: Den intraarteriellen Druck kann man auf 2 Wegen bestimmen:

① **Direkte („blutige") Messung**: Man führt einen Druckaufnehmer direkt in das Blutgefäß ein. Damit ist der Blutdruck sehr genau und kontinuierlich zu messen und die Blutdruckkurve bei Operationen oder zur Intensivüberwachung auf einem Monitor sichtbar zu machen. Außerdem können arterielle Blutproben zur Blutgasanalyse entnommen werden (wichtig bei maschinell beatmeten Patienten).
• Der Aufwand ist beträchtlich. Auch ist an Komplikationen (Blutgerinnselbildung mit Gefäßverschluß, Nachblutung) zu denken.

• Für die intraarterielle Blutdruckmessung werden bevorzugt die A. radialis und die A. femoralis kanüliert. „Reservearterien" sind die A. ulnaris und die A. brachialis.

② **Indirekte („unblutige") Messung**: Man bestimmt den Druck, der nötig ist, um das Blutgefäß durch die Haut hindurch zuzudrücken. Diese Methode ist sehr viel ungenauer als die blutige. Sie ist jedoch einfach und gefahrlos auszuführen. Sie reicht für die Praxis meist völlig aus.
• Das Prinzip wurde von dem italienischen Kinderarzt Scipione *Riva-Rocci* 1896 entwickelt. Ihm zu Ehren wird in Befunden der unblutig gemessene Blutdruck mit RR abgekürzt.
• Das Manometer ist dabei an die aufblasbare Manschette angeschlossen. Man bläst zunächst die Manschette auf, bis die Schlagader völlig verschlossen ist. Dann läßt man den Druck langsam sinken und mißt den Druck in der Manschette, wenn sich das Gefäß durch den Blutdruck gerade zu öffnen beginnt (systolischer Blutdruck) und wenn das Gefäß völlig geöffnet ist (diastolischer Blutdruck).
• Der Zwischenbereich ist gekennzeichnet durch ein über der Ellenbeuge zu hörendes Strömungsgeräusch *(Korotkow-Ton)*. Es tritt auf, solange die Blutströmung nur während der Systole möglich ist. Es fehlt, wenn die Arterie kontinuierlich verschlossen oder geöffnet ist.

■ **Praxis der Blutdruckmessung**: Die „Deutsche Liga zur Bekämpfung des hohen Blutdrucks" empfiehlt:
• Beim Anlegen der luftleeren *Manschette* ist darauf zu achten, daß der aufblasbare Gummiteil mindestens den gesamten inneren Halbumfang des Oberarms bedeckt.
• Die Manschette muß fest anliegen, ohne abzuschnüren, und soll ungefähr 2,5 cm oberhalb der Ellenbeuge enden. Die Kleidung darf oberhalb der Manschette nicht einschnüren.
• Die Messung kann am sitzenden oder liegenden Menschen erfolgen.
• Unabhängig von der Körperstellung sollen sich die Ellenbeuge und der ganz leicht im

Ellbogengelenk gebeugte Unterarm *in Herzhöhe* befinden.
• Bei der Erstuntersuchung ist an beiden Armen zu messen. Ergeben sich dabei größere Unterschiede, soll später stets an dem Arm mit dem höheren Blutdruck gemessen werden. Auch ist bei Kontrollmessungen immer der gleiche Arm zu verwenden. Bei Verdacht auf orthostatischen Blutdruckabfall sowie bei Hochdruckkranken vor und besonders während der Behandlung muß der Blutdruck stets auch im Stehen gemessen werden.
• Der Manschettendruck wird unter Tasten des Radialispulses rasch auf einen Wert aufgepumpt, der etwa 30 mmHg oberhalb desjenigen Drucks liegt, bei dem der Radialispuls verschwindet. Anschließend wird der Manschettendruck allmählich verringert und gleichzeitig die Schlagader in der Ellenbeuge abgehört.
• Beim ersten hörbaren Geräusch wird am Manometer der *systolische Blutdruck* abgelesen.
• Der *diastolische Blutdruck* wird abgelesen, wenn die Geräusche völlig verschwinden. Ausnahme: Bei Schwangeren sowie bei Kindern wird der diastolische Blutdruck bereits abgelesen, wenn die Geräusche deutlich leiser („gedämpfter") werden. Dämpfung und Verschwinden der Geräusche können zusammenfallen.
• Der Manschettendruck darf im Meßbereich des systolischen und diastolischen Blutdrucks höchstens um 2-3 mm/s vermindert werden.
• Zwischen aufeinanderfolgenden Messungen soll wenigstens eine Minute verstreichen. Dabei muß die Manschette völlig druckentlastet werden, um eine venöse Stauung zu vermeiden.
• Die Druckwerte sollen – ungeachtet der bekannten Fehlerbreite der Methode – möglichst genau abgelesen und nicht auf- oder abgerundet werden.
• Der Blutdruck kann durch vielfältige Faktoren beeinflußt werden, z.B. Erregung und Spannung, bei Kindern durch Schreien. Nur *wiederholte Messungen* an verschiedenen Tagen und zu verschiedenen Tageszeiten erlauben ein Urteil über den Blutdruck

eines Menschen (Tag-Nacht-Rhythmus des Blutdrucks: Nachts ist der Blutdruck meist deutlich niedriger als bei Tag, deshalb Uhrzeit der Blutdruckmessung notieren!). Die WHO empfiehlt mindestens 3 Messungen bei wenigstens 2 verschiedenen Gelegenheiten.
• Die abgelesenen Drücke sollen nicht im Hinblick auf unterschiedliche *Weichteildicke* korrigiert werden. Bei Oberarmumfängen von mehr als 40 cm lassen sich die oft erheblichen Fehler durch Verwendung einer besonders breiten Manschette verringern, im Einzelfall aber nicht sicher ausgleichen. In diesen Fällen benutzt man ebenso wie zur Messung am Oberschenkel eine 16-20 cm breite, 60-80 cm lange Stoffmanschette mit entsprechend größerem Gummiteil.
• Bei *Kindern* werden schmalere Manschetten (2,5 cm, 5 cm oder 8 cm breit) benutzt, wobei diejenige gewählt wird, die etwa 2/3 der Oberarmlänge bedeckt.
• *Seitendifferenzen* des Blutdrucks an den Armen (z.B. bei Arterienstenosen) sind bei Erwachsenen diagnostisch erst verwertbar, wenn sie 20 mmHg systolisch oder 15 mmHg diastolisch überschreiten.
• Im *Schock* ergibt die indirekte Messung häufig falsche (meist zu niedrige) Werte.

#855 Arterienpulse an Unterarm und Hand

■ **A. radialis:**
① **Verlauf:** Sie läuft am Unterarm am palmaren Rand des M. brachioradialis. Im proximalen Bereich des Unterarms überlappt der Rand des Muskels das Gefäß. Im distalen Teil liegt die Arterie unbedeckt. Im Handgelenkbereich wendet sie sich unter den Sehnen der Daumenstrecker hindurch zum Handrücken. Zwischen dem ersten und zweiten Mittelhandknochen tritt sie in die Hohlhand über.

② **Palpation:** Der Puls der A. radialis ist an 3 Stellen leicht zu tasten:
• *Radialispulsgrube:* Die A. radialis liegt im distalen Unterarm auf eine Strecke von 5-10 cm oberflächlich. Am leichtesten tastet

man den Puls, wo man die Arterie gegen die Speiche drücken kann. Die Radialispulsgrube wird lateral von der Speiche und medial von der Sehne des M. flexor carpi radialis begrenzt.
- *Tabatiere*: Zwischen den Sehnen des M. extensor pollicis brevis und longus kann man die A. radialis gegen das Kahnbein drücken und dabei den Puls fühlen. Dies gelingt bei opponiertem Daumen leichter als bei reponiertem.
- *Erster Intermetakarpalraum*: Aus der Tabatiere zieht die A. radialis an der Grenze zwischen großem und kleinem Vieleckbein distalwärts. Mit etwas Geduld findet man den Puls zwischen den Basen der ersten beiden Mittelhandknochen, wo das Gefäß in die Hohlhand umbiegt.

③ **Atypische Gefäßverläufe**: Tastet man in der Radialispulsgrube keinen Puls, so bedeutet dies nicht unbedingt, daß der Blutstrom in der A. radialis unterbrochen (#856) oder der Blutdruck stark abgesunken ist. Wenn auch selten, so gibt es doch abnorme Verläufe der A. radialis. So kann sich z.B. ihr Hauptstamm nicht erst in der Tabatiere, sondern schon am Unterarm auf die Rückseite begeben.
- Recht häufig hingegen (10 %) ist eine zusätzliche Arterie, die den N. medianus zur Hand begleitet *(A. mediana)*. Fehlt der M. palmaris longus, so kann man mitunter ihren Puls neben der Sehne des M. flexor carpi radialis fühlen.

■ **A. ulnaris**:
① **Verlauf**: Sie zieht aus der Ellenbeuge unter den Muskeln der Beugergruppe handwärts und wird im distalen Unterarmbereich zwischen den Sehnen des M. flexor carpi ulnaris und der Fingerbeuger oberflächlich.

② **Palpation**: Eine „Ulnarispulsgrube" entsprechend der Radialispulsgrube gibt es nicht: Obwohl beide Arterien etwa gleich oberflächlich liegen, ist die A. radialis viel leichter zu tasten, weil man sie gegen den Knochen drücken kann. Zwischen die A. ulnaris und die Elle schieben sich hingegen Muskeln, die zu wenig Widerstand bieten.

- So kann man die A. ulnaris erst im Handwurzelbereich leicht tasten, und zwar unmittelbar radial vom Erbsenbein.
- Hat man hier erst einmal den Puls gefunden, dann kann man ihn meist auch noch ein Stück auf den Unterarm zurückverfolgen.

#856 Blutströmung in A. radialis und A. ulnaris prüfen

■ **Prinzip**: Die Hand wird zum weitaus überwiegenden Teil von der A. radialis und der A. ulnaris mit Blut versorgt (es beteiligen sich ferner Äste der A. interossea poste-

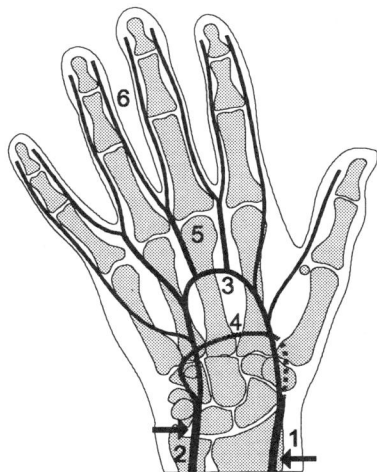

Abb. 856. Projektion der Hohlhandbogen: Der Arcus palmaris superficialis (3) verbindet etwa auf Höhe der Hautfalte zwischen Daumen und Zeigefinger die A. radialis (1) mit der A. ulnaris (2). Den Arcus palmaris profundus (4) findet man etwa fingerbreit weiter proximal am distalen Ende des Karpaltunnels. Aus dem Arcus palmaris superficialis entspringen die Aa. digitales palmares communes (5), die sich zu den Aa. digitales palmares propriae (6) teilen.

rior oder anterior sowie als Varietät eine A. mediana). Die Arterien vereinigen sich in den beiden Hohlhandbogen (Abb. 856). Wegen dieses ausgezeichneten Kollateralkreislaufs werden Durchblutungsstörungen eines der beiden Gefäße meist nicht bemerkt. Man muß das intakte Gefäß abdrükken, um die Mangeldurchblutung aufzudecken.

■ Tests:
• *Überprüfen der A. ulnaris:* Man tastet mit dem Daumen den Puls der A. radialis in der Radialispulsgrube. Dann läßt man den Patienten die Faust fest schließen. Nun drückt man mit dem Daumen die A. radialis gegen die Speiche ab. Anschließend fordert man den Patienten auf, die Faust rasch zu öffnen und die Finger zu strecken. Die zunächst bleiche Handfläche rötet sich bei intakter Blutströmung in der A. ulnaris innerhalb weniger Sekunden. Bei deren Verschluß bleibt die Blässe bestehen.
• *Überprüfen der A. radialis:* Man geht wie eben beschrieben vor, drückt jedoch statt der A. radialis die A. ulnaris (neben dem Erbsenbein) ab.
• *Irrtumsmöglichkeit:* Die Hohlhandbogen sind – wie alle Blutgefäße – variabel: Der oberflächliche Hohlhandbogen ist bei etwa der Hälfte der Menschen nicht geschlossen, der tiefe nur bei etwa 3 %. Sind beide Bogen „offen" (also A. radialis und A. ulnaris nicht verbunden), so bleibt bei obigen Tests der von der abgedrückten Arterie versorgte Handbereich blaß.

#857 **Palmare Fingerarterien**

■ **Palpation:** Die palmaren Fingerarterien (Aa. digitales palmares propriae) sind, gemessen am kleinen Versorgungsgebiet, sehr stark. Dies hängt mit der großen Oberfläche der Finger und entsprechenden Wärmeverlusten zusammen. Die Finger enthalten wenig Weichgewebe. Man kann also die Fingerarterien gegen die Fingerknochen drücken und dabei ihren Puls fühlen.
• Die Gefäß-Nerven-Straßen ziehen an den Fingern etwa in 45°-Position distalwärts.

Die palmaren Gefäße und Nerven liegen damit beidseits der Fingerbeugesehnen. Faßt man mit Daumen und Zeigefinger zangenartig die Hohlhandseite eines Fingergrundglieds, so wird man (mit etwas Geduld) den Puls finden. Am leichtesten gelingt dies meist am Mittel- oder Ringfinger. Am Zeigefinger ist die Haut derber. Auch am Daumen ist an der Grenze zu der zum Zeigefinger führenden Hautfalte der Puls oft zu fühlen.

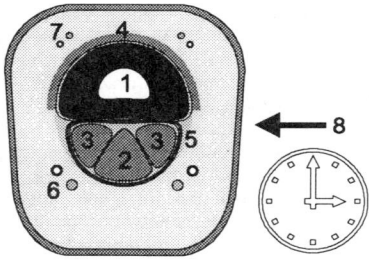

Abb. 857. Schematisierter Transversalschnitt durch ein Fingergrundglied: 1 Phalanx proximalis, 2 M. flexor digitorum profundus, 3 M. flexor digitorum superficialis, 4 Dorsalaponeurose des Fingers, 5 Vagina fibrosa mit Pars anularis + Pars cruciformis, 6 A. + N. digitalis palmaris propria/proprius, 7 A. + N. digitalis dorsalis, 8 Mitseitschnitt bei 3 bzw. 9 Uhr. bevorzugte Schnittführung, wenn man möglichst wenig Blutgefäße und Nerven gefährden will). Für die genaue Bezeichnung von Befunden an der Oberfläche von Fingern und Zehen benutzt man gern den Vergleich mit dem Zifferblatt einer Uhr.

8.6 Venen und Lymphwege

#861 Venenklappen am Unterarm

■ **Inspektion**: Man streiche auf der Haut über sichtbaren Unterarmvenen mit sanftem Druck distalwärts. Man sieht dann, wie die Vene an einzelnen Stellen knopfartig vorspringt, so als ob dem zurückmassierten Blut hier eine Barriere entgegenstünde. Die Barriere ist die Venenklappe, die den Blutstrom nur herzwärts zuläßt. Wiederholt man den Versuch bei immer anderen Venen, so könnte man eine Karte der Venenklappen anlegen.

■ **Intaktheit der Venenklappen prüfen**: Man suche zunächst einen längeren Venenabschnitt, in den keine anderen Venen einmünden, der jedoch eine Venenklappe enthält. Nun drückt man mit einem Finger das distale Ende dieses Venenabschnitts ab, streicht mit einem anderen Finger die Venen rumpfwärts aus und drückt am proximalen Ende ab. Hat man richtig abgedrückt, muß die Vene leer bleiben.
- Hebt man den distalen Finger ab, so schießt das Blut in den gesamten Venenabschnitt ein.
- Wiederholt man den Versuch und hebt den proximalen Finger ab, so läuft das Blut nur bis zur Venenklappe zurück, der distal davon gelegene Abschnitt der Vene bleibt leer.

#862 Zentralen Venendruck über die Handvenen schätzen

Bei herabhängendem Arm tritt auch ohne besondere Staumaßnahmen das Venennetz des Handrückens deutlich hervor. Hebt man den Arm über die Horizontale, so entleeren sich die Venen, und das Venennetz ist nur noch angedeutet zu sehen.
- Wiederholt man diesen Versuch sehr langsam, so kann man ziemlich genau die Höhe bestimmen, bei der sich die Handvenen entleeren.
- In aufrechter Stellung ist dies etwa auf Höhe der Schultern der Fall. Dann wird der Druck in den herznahen Venen überschritten, und das Blut fließt aufgrund der Schwerkraft zum Herzen zurück. Die Differenz zur Höhe des rechten Vorhofs (etwa dem Ansatz der rechten dritten Rippe am Brustbein entsprechend) ist folglich ein Maß für den Druck in den herznahen Venen.
- Die Höhendifferenz in cm gibt den Druck in *cm Wassersäule* an. Will man in mmHg umrechnen, so muß man durch 13,6 teilen (10 cm Wassersäule entsprechen ≈7 mmHg oder ≈1 kPa).
- *Irrtumsmöglichkeit:* Bei Behinderung des venösen Rückflusses im Arm, z.B. durch Krampfadern oder Venenentzündungen, entleeren sich die Handvenen langsamer als normal! Auch nach Wärmeanwendung ist der Abfluß verzögert.
- Senkt man die erhobene Hand, so füllt sich das Venennetz des Handrückens innerhalb weniger Sekunden. Eine verzögerte Füllung weist auf einen behinderten arteriellen Zustrom hin, z.B. bei Embolie, aber auch schon bei Kälte.

#863 Blutentnahme aus einer Unterarmvene

① **Anstauen der Venen**: Der Stauriemen wird um den Oberarm gelegt und nicht zu straff angezogen. Keinesfalls sollte der arterielle Zustrom unterbunden werden. Am sichersten geht dies mit der Manschette des Blutdruckmeßgeräts, die man auf etwa 50 mmHg aufbläst.
- Ist der Stauriemen optimal angelegt, sind weitere in der Praxis beliebte Maßnahmen (Beklopfen der Venen, den Patienten „pumpen" lassen = abwechselndes Schließen und Öffnen der Faust) überflüssig.

② **Lagern des Arms**: Für ein den Patienten schonendes und zugleich sicheres Vorgehen ist eine stabile Lage des Arms (in der Regel in Supination, damit die Ellenbeuge nach oben gekehrt ist) wichtig. Es ist auch im Interesse des Patienten, wenn der Arzt einen bequemen Zugang hat.

③ **Wahl der Einstichstelle**: Grundsätzlich sollte man dort einstechen, wo man hofft, schon beim ersten Versuch erfolgreich zu sein.
• Nach Möglichkeit sollte man dabei die Stellen von Venenklappen (#861) und die ulnare Vene der Ellenbeuge (V. basilica) wegen der unter ihr liegenden A. brachialis vermeiden.
• Streng verboten ist der Einstich in pulsierende Gefäße. Es handelt sich meist um atypisch verlaufende oberflächliche Arterien.

④ **Hautdesinfektion**: Das Einstichgebiet ist großflächig mit einem in Desinfektionsmittel getränkten Tupfer zu reinigen.
• Bei Verwendung eines Desinfektionssprays ist die Haut vorher zu säubern. Dann muß man entweder das natürliche Trocknen der Haut durch Verdunsten des Desinfektionsmittels abwarten oder die Einstichstelle mit einem sterilen Tupfer trocknen. Dabei darf der Tupfer nur innerhalb des desinfizierten Bereichs bewegt werden!
• Das Desinfektionsmittel sollte mindestens 15-30 Sekunden einwirken.

⑤ **Wahl der Kanüle**: Das Kaliber der Kanüle wird der zu entnehmenden Blutmenge angepaßt. Man wählt die engstmögliche Kanüle, damit der Schaden für die Venenwand gering bleibt.
• Sind größere Blutmengen zu entnehmen, z.B. für Transfusionen, oder sollen mehrere Spritzen aufgezogen oder soll anschließend injiziert werden, empfehlen sich Verweilkanülen aus Plastik. Auch bei diesen wählt man die engstmögliche.
• Die unterschiedlichen Kaliber sind durch verschiedene Farben gekennzeichnet, z.B. rot = 2 mm, grün = 1,2 mm, gelb = 0,6 mm.

⑥ **Einstich**: Spritze und Kanüle werden der sterilen Verpackung entnommen und stabil miteinander verbunden (sofern getrennt verpackt). Dabei darf nach Abziehen der Schutzkappe der dünne Teil der Kanüle nicht berührt werden.
• Die Spritze mit Kanüle wird nun mit der geschickteren Hand so über der Vene auf die Haut aufgesetzt, daß die Längsrichtung der Vene und der Kanüle übereinstimmen. Mit der anderen Hand wird die Haut gestrafft.
• Mit einem Ruck wird die Haut schräg durchstoßen, bis die Spitze der Kanüle in die Vene gelangt ist. Dann muß die Spritze vor dem weiteren Vorschieben gesenkt werden, damit nicht auch die gegenüberliegende Venenwand durchstochen wird.
• Plastikverweilkanülen (z.B. Braunülen®) werden ohne Spritze über eine Stahlkanüle in die Vene eingestochen. Dann wird die Stahlkanüle zurückgezogen und die Plastikkanüle in der Vene noch ein Stück vorgeschoben, bis sie sicher liegt. Die Flügel der Plastikkanüle werden mit Heftpflaster befestigt.

⑦ **Ansaugen**: Die richtige Lage der Kanüle in der Vene erkennt man daran, daß schon bei leichtem Zurückziehen des Spritzenstempels Blut in die Spritze läuft. Man zieht nur so viel Blut in die Spritze auf, wie man zur Untersuchung benötigt.

⑧ **Lösen des Stauriemens**: Bevor die Kanüle aus der Vene gezogen wird, muß der Blutstau beendet werden. Sonst blutet es aus der Vene nach, und es entsteht ein Bluterguß (Hämatom) unter der Haut.

⑨ **Herausziehen der Kanüle**: Die Einstichstelle über der noch in der Vene liegenden Kanüle wird mit einem sterilen Tupfer bedeckt. Dann wird die Kanüle zurückgezogen und der Tupfer sofort aufgepreßt. Anschließend bittet man den Patienten, den Tupfer mit seiner freien Hand noch einige Minuten an die Einstichstelle anzudrücken.

#864 Intravenöse Injektion

Das Vorgehen ist grundsätzlich das gleiche wie bei der Blutentnahme (#863). Lediglich zwischen den Schritten 8 und 9 erfolgt die Injektion. Es bestehen jedoch Besonderheiten:

■ **Unterschiede zur Blutentnahme**:
① **Distale Einstichstelle**: Sind häufige intravenöse Injektionen zu erwarten oder soll

8.6 Venen und Lymphwege

die Verweilkanüle längere Zeit liegen bleiben, sollte man möglichst weit distal punktieren: Die Schädigung der Venenwand kann zur Thrombose und damit zum Verschluß der Vene führen. Je weiter distal der Verschluß liegt, desto weniger stört er (weil mehr proximale Venen für zukünftige Injektionen offen bleiben).
- Mit einer verschlossenen proximalen Vene fallen auch offene distale ihres Einzugsgebiets für die Injektion aus.
- Unter diesem Aspekt ist auch der Einstich am Handrücken (in das Rete venosum dorsale manus) gerechtfertigt, der für den Patienten schmerzhafter als am Unterarm ist.

② **Sichere Fixation von Verweilkanülen**: Vor allem bei Infusionen ist die Kanüle mit Heftpflasterstreifen an der Haut zu befestigen. Zu leicht besteht sonst die Gefahr, daß die Kanüle aus der Vene gleitet.
- Für Infusionen ist auch der Einstich in Gelenknähe, z.B. in der Ellenbeuge, ungünstig: Unwillkürliche Bewegungen des Patienten sind nicht zu vermeiden. Dabei könnte die Kanüle aus der Vene geschoben werden. Läßt sich die Infusion in Gelenknähe nicht vermeiden, so sollte das Gelenk durch eine Schiene ruhig gestellt werden.

③ **Langsame Injektion**: Das injizierte Mittel soll im Blutstrom gut verdünnt werden, damit die Venenwand nicht geschädigt wird. Dies gilt besonders für hochkonzentrierte Lösungen. Schnell injiziert werden nur Stoffe, die kurzzeitig in hoher Konzentration im Blut erscheinen sollen, z.B. bestimmte Röntgenkontrastmittel.

■ **Mögliche Fehler**:
- *Injektion, bevor der Stauriemen gelöst wurde:* Der injizierte Stoff wird nicht durch den Blutstrom verdünnt, trifft in hoher Konzentration auf die Venenwand und kann diese schädigen.
- *Zu rasche Injektion:* Die Wirkung des Mittels kann zu vehement einsetzen.
- *Einspritzung eines nicht venenverträglichen Mittels:* Auf ordnungsgemäß beschrifteten Ampullen oder Flaschen für Injektionslösungen ist vermerkt, für welche Injektionsart das Mittel freigegeben ist (i.v., i.m., s.c.). Insofern müßte ein Irrtum ausgeschlossen sein. Die Gefahr geht von der Vertauschung von Spritzen aus.
- *Falsche Spritze:* Häufig werden im Stationszimmer ganze Tabletts von Spritzen aufgezogen und dann in den einzelnen Krankenzimmern „serviert". In diesem Fall ist es nötig, daß jede Spritze einwandfrei zu identifizieren ist, z.B. durch Aufkleber. Man kann auch die leere Ampulle mit Heftpflaster an die Spritze kleben oder die Spritze selbst mit Filzschreiber beschriften (Inhalt der Spritze + Name des Patienten).
- *Einspritzung neben statt in die Vene (paravenöse Injektion):* Es wurde versäumt, die richtige Lage der Kanüle vor der Injektion zu überprüfen (nicht angesaugt), oder die Spritze wurde während der Injektion so unglücklich bewegt, daß die Spitze der Kanüle aus der Vene glitt oder die gegenüberliegende Venenwand durchstach und nun der restliche Inhalt der Spritze neben die Vene gelangte.
- *Injektion in eine Arterie statt in eine Vene:* Besonders gefährdet sind Patienten mit atypisch verlaufenden oberflächlichen Arterien. Deshalb sei hier noch einmal vor pulsierenden Gefäßen gewarnt! In der Ellenbeuge kann man bei zu steilem Einstich die oberflächlich liegende Vene durchstoßen und in die darunter liegende A. brachialis gelangen.
- *Mangelhafte Anamnese:* Vor Überempfindlichkeitsreaktionen kann man sich nicht hundertprozentig sichern. Trotzdem ist es dem Arzt schwer anzulasten, wenn er vor der ersten Injektion den Patienten nicht nach irgendwelchen Arzneiunverträglichkeiten oder Zwischenfällen bei früheren Injektionen befragt hat.

■ **Gefahren fehlerhafter Injektionen**:
① **Kollaps** des Patienten: Wird ein gefäßerweiterndes oder zentralnervös wirksames Mittel zu rasch injiziert, kann der Blutdruck des Patienten plötzlich abfallen.

② **Blutergüsse** (Hämatome): bei mehrfachem Durchstechen der Vene. Die Unterarme und Handrücken der Patienten ungeschickter Ärzte sind grün und blau verfärbt.

③ **Venenentzündung** (Phlebitis) mit **Thrombose**: Wenn der injizierte Stoff die Venenwand stark reizte oder die Kanüle nicht keimfrei war, kann es zu vorübergehender oder bleibender Unwegsamkeit der Vene kommen.

④ **Spritzenabszeß**: meist durch bakterielle Verunreinigung. Begünstigt wird die Abszeßbildung durch Gewebenekrosen bei paravenöser Injektion und durch Blutergüsse.

⑤ **Sensibilitätsstörungen** am Unterarm: Durch die Ellenbeuge ziehen der ulnare und der radiale Unterarmhautnerv (N. cutaneus antebrachii medialis + lateralis). Bei paravenöser Injektion können sie geschädigt werden (häufigste iatrogene Nervenlähmung).

⑥ **Durchblutungsstörung** der Hand: Bei versehentlicher intraarterieller Injektion wird das Mittel nicht mit dem Blutstrom immer stärker verdünnt (laufend einmündende Venen), sondern gelangt in voller Konzentration in die Endstrombahn des Unterarms und der Hand. Die empfindlichen Arteriolen reagieren darauf häufig mit einer Verkrampfung ihrer Wandmuskeln. Die Hand wird leichenblaß.
• Erste Hilfe ist ein warmes Handbad, durch das der Gefäßkrampf meist gelöst werden kann.
• Im ungünstigsten Fall ist auch durch weitergehende Eingriffe (Stellatumblockade) die Durchblutung nicht wiederherzustellen, und die Hand muß amputiert werden.
• Beim Ansaugen vor der Injektion sollte man daher immer auf die Farbe des angesaugten Blutes achten.

⑦ **Überempfindlichkeitsreaktion**:
• In leichten Fällen kommt es zu Übelkeit, Brechreiz, Hitzewallung, begrenztem Hautausschlag, Juckreiz, Husten, Niesen, Armschmerzen, metallischem Geschmack im Mund, Stuhl- und Harndrang.
• Mittelschwere Reaktionen sind durch heftiges Erbrechen, Atemstörung, Erstikkungsanfall, Schüttelfrost, ausgedehnten Hautausschlag, Gesichtsschwellung, Kopf-, Brust- und Bauchschmerzen und Ohnmacht gekennzeichnet.
• Schwere Reaktionen können über Lungenödem, Bewußtlosigkeit, Herzrhythmusstörungen und Herzinfarkt zum Tode führen. Besonders gefährlich in dieser Hinsicht sind jodhaltige Röntgenkontrastmittel (1 leichte Reaktion auf etwa 20 Injektionen, 1 Todesfall auf etwa 50 000 Injektionen).

■ **Schlußfolgerung**: Die intravenöse Injektion ist eine verantwortungsvolle ärztliche Tätigkeit. Auch bei vieltausendfacher Erfahrung ist jeder Injektion große Aufmerksamkeit zu widmen. Selbst wenn man im Nachtdienst aus tiefem Schlaf geweckt wird, darf man nicht wie im Traum injizieren!

#865 Achselhöhle auf Lymphknoten austasten

Die Achsellymphknoten gehören zu den 3 wichtigen tastbaren Lymphknotenstationen. Sie werden nach den in #125 erläuterten Grundsätzen untersucht.

■ **Einzugsgebiet** der Achsellymphknoten ist der gesamte Arm, die vordere und seitliche Rumpfwand bis etwa zur Höhe des Nabels herab (#263) und der Rücken oberhalb der Gesäßgegend.

■ **Palpation**: Die Fingerkuppen der Finger 2-4 der flach an den Brustkorb angelegten Hand dringen unter leicht kreisenden Bewegungen immer tiefer in die Achselgrube ein.
• Dazu ist es nötig, die Haut des Patienten zu entspannen. Der Arm darf also nicht stark abgespreizt werden, sondern soll eher locker herabhängen.
• Man tastet zunächst an der Brustwand entlang nach oben, dann an der vorderen und der hinteren Achselfalte und schließlich am Oberarm. Die Achselhöhle soll also rundherum ausgetastet werden.
• Dies ist für den Patienten nicht sehr angenehm. Man sollte ihn vor der Untersuchung

darauf hinweisen, daß es etwas schmerzen könne, daß die Untersuchung aber wichtig sei. Trotz dieser Ankündigung ist mit Feingefühl vorzugehen!
• Das Austasten der Achselhöhle gehört auch zu dem Selbstuntersuchungsprogramm der Brustdrüse, das jede erwachsene Frau wenigstens einmal monatlich bei sich ausführen sollte (#238).

■ **Befund**: Das Austasten der Achselhöhle nach Lymphknoten ist eine meist recht frustrierende Übung: Bei jungen Erwachsenen sind gewöhnlich keine Achsellymphknoten zu tasten. In der ärztlichen Praxis geht es meist ebenso. Trotzdem darf das Austasten der Achselhöhle bei keiner eingehenden ärztlichen Untersuchung übergangen werden.
• Hat man einen Lymphknoten gefunden, so sollte man unbedingt Form, Größe, Beschaffenheit, Verschieblichkeit und Lage des Lymphknotens sorgfältig protokollieren (#125).

8.7 Nerven

#871 Palpation und Funktionsprüfung der großen Armnerven

Die ungestörte Funktion der Hand als Greiforgan ist im wesentlichen von 3 Nerven abhängig: N. medianus, N. ulnaris und N. radialis (alle Äste des Plexus brachialis). Sie teilen sich die motorische Innervation aller Muskeln des Unterarms und der Hand und die sensible Innervation der Finger. Die Sensibilitätsstörungen bei Ausfall der großen Armnerven werden in #874 erörtert.

Die 3 großen Armnerven kann man an Ober- und Unterarm an mehreren Stellen tasten (an der Hand #872):

■ **N. medianus** (Mittelarmnerv):
① **Verlauf**: Aus der Achselhöhle kommend liegt er in der oberen Hälfte des Oberarms gewöhnlich der A. brachialis lateral an. Im unteren Teil des Oberarms überkreuzt er die Armarterie und gelangt auf deren mediale Seite. Am gesamten Oberarm liegt er oberflächlich (zwar unter der Oberarmfaszie, aber nicht von Muskeln bedeckt).

② **Palpation**: Der N. medianus ist über die ganze Oberarmlänge zu tasten, besonders gut aber in der unteren Hälfte, wo er über die Armschlagader hinwegzieht. Führt man den tastenden Finger über dem Nerv mit leichtem Druck hin und her, so springt der Nerv jeweils zu Seite.
• Auf Höhe des Epicondylus medialis entzieht sich der Nerv weiterer Betastung, indem er in den M. pronator teres eintritt.
• Im unteren Teil des Unterarms kommt der N. medianus wieder näher an die Oberfläche. Er wird dann nur von der Sehne des M. palmaris longus bedeckt. Fehlt dieser Muskel, so liegt der N. medianus ungeschützt da und kann getastet werden. Er ist hier für eine Leitungsanästhesie besonders gut zugänglich.

③ **Ausfallserscheinungen**: Der N. medianus versorgt den größten Teil der Muskeln

der Beugergruppe des Unterarms und des Daumenballens. Bei seinem Ausfall sind der Faustschluß und die Gegenüberstellung des Daumens stark behindert. Sie sind aber nicht aufgehoben, da der N. ulnaris einen Teil der an diesen Bewegungen beteiligten Muskeln versorgt.
• Leitsymptom der Lähmung ist die „Schwurhand": Die Finger 1-3 können in den Mittel- und Endgelenken nicht mehr gebeugt werden, wohl aber die Finger 4 + 5 (über den vom N. ulnaris versorgten Anteil des tiefen Fingerbeugers). (In den Fingergrundgelenken beugen die vom N. ulnaris innervierten Mm. interossei!)

■ **N. ulnaris** (Ellennerv):
① **Verlauf**: In der Achselhöhle liegt er der A. axillaris medial an. Am Oberarm entfernt er sich allmählich immer weiter von ihr und läuft dann dorsal vom Epicondylus medialis, bevor er in die Muskeln der Beugergruppe des Unterarms eintritt.

② **Palpation**: Der N. ulnaris ist der wohl am leichtesten zu tastende stärkere Nerv, wenn man ihn im Sulcus nervi ulnaris (Ellennervrinne) zwischen dem Ellbogen und dem Epicondylus medialis aufsucht. Selbst bei Fettsüchtigen ist er hier gut zu finden. Die Leitungsbetäubung des Nervs ist an dieser Stelle einfach.
• Im unteren Drittel des Unterarms schließt sich der N. ulnaris der A. ulnaris an. Er liegt ulnar von ihr, meist vom Rand des M. flexor carpi ulnaris bedeckt. Erst an der Hand ist er wieder zu tasten (#872).

③ **Ausfallserscheinungen**: Faustschluß und Gegenüberstellen des Daumens sind ähnlich wie beim N. medianus beeinträchtigt. Am schwersten wiegt jedoch der Ausfall der Mm. interossei: Die Finger 2-5 können in den Grundgelenken nicht mehr kräftig gebeugt werden.
• Durch das Überwiegen der Strecker an diesen Gelenken gerät die Hand in eine Stellung wie beim Kratzen („Krallenhand"): Die Fingergrundgelenke sind gestreckt. Mittel- und Endgelenke sind gebeugt. Der Daumen ist abgespreizt.

■ **N. radialis** (Speichennerv):
① **Verlauf**: In der Achselhöhle liegt er hinter der A. axillaris. Er zieht dann schraubenförmig rückwärts um den Humerus und trennt dabei den lateralen und den medialen Kopf des M. triceps brachii. Zwischen dem M. brachialis und dem M. brachioradialis gelangt er in die Ellenbeuge. Dort teilt er sich in seinen oberflächlichen (sensiblen) und tiefen (motorischen) Ast.
• Der oberflächliche Ast zieht am Rand des M. brachioradialis zur Hand.
• Der tiefe Ast tritt in den M. supinator ein.

② **Palpation**: Der N. radialis ist nicht so leicht zu tasten wie der N. medianus und der N. ulnaris.
• Man findet jedoch zumindest einen Druckpunkt an der Außenseite des Oberarms zwischen den Ursprüngen des M. brachialis und des M. brachioradialis, wo der N. radialis das Septum intermusculare brachii laterale durchbohrt. Ein leichter Druckschmerz weist auch beim Gesunden darauf hin, daß man an der richtigen Stelle ist.
• An der Hand sind Hautäste des N. radialis leicht zu finden (#872).

③ **Ausfallserscheinungen**: Der N. radialis versorgt alle Strecker an Ober- und Unterarm. Ellbogengelenk und Handgelenke können nicht mehr gestreckt werden. Die einwärts gedrehte (mit dem Handrücken nach oben gehaltene) Hand fällt schlaff herab („Fallhand").
• Auch der Faustschluß ist beeinträchtigt: Gezielte Bewegungen setzen immer die Intaktheit der Antagonisten (Gegenspieler) voraus. Für den Faustschluß gilt dies in besonderem Maß: Nur wenn die Hand in den Handgelenken dorsalextendiert wird, kann die Faust fest geschlossen werden. Andernfalls reicht die Verkürzungsmöglichkeit der Fingerbeuger für einen festen Faustschluß nicht aus. Sie werden „aktiv insuffizient", da sich jeder Muskel nur etwa auf die Hälfte seiner Ruhemuskelfaserlänge zusammenziehen kann. Die Fingerbeuger haben aber 4-5 Gelenklinien zu überqueren (2 Handgelenke, 2-3 Fingergelenke): Sie beugen in den Handgelenken, wenn die Fingergelenke ge-

streckt sind, und beugen an den Fingergelenken, wenn die Handgelenke dorsalextendiert sind. Beides gleichzeitig geht nicht mit voller Kraft.

#872 Nerven an der Hand tasten

① **Handrücken**: Die Haut ist zart, und das Unterhautfettgewebe ist meist dünn. So wie man die durch die Haut durchscheinenden Venen des Handrückens leicht tasten kann, ist dies auch mit den Hautnerven möglich: Man muß sich nur Stellen aussuchen, an denen die Nerven durch darunter liegende Strukturen gegen die Haut gedrängt werden und sich damit dem tastenden Finger nicht entziehen können:

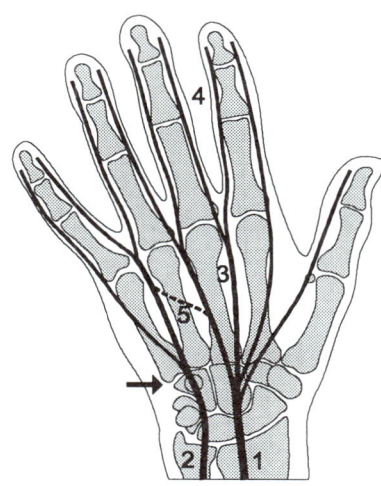

Abb. 872. Palmare Nerven. Der Pfeil bezeichnet die Stelle, an der man den N. ulnaris auf dem Haken des Hakenbeins tasten kann. 1 N. medianus, 2 N. ulnaris, 3 Nn. digitales palmares communes, 4 Nn. digitales palmares proprii, 5 R. communicans (cum nervo ulnari)

• *R. superficialis des N. radialis:* Streicht man auf der ulnaren Randsehne der Tabatiere (M. extensor pollicis longus) mit dem Finger in Längsrichtung der Sehne hin und her, so fühlt man an mehreren Stellen stecknadel- bis stopfnadeldicke Stränge die Sehne überqueren. Drückt man mit dem Finger auf die stärkeren Stränge etwas heftiger, so kann man die Stränge unter der Haut zur Seite schnellen sehen. Das Tasten wird erleichtert, wenn man den Daumen maximal abspreizt und rückstellt, weil dadurch die Sehne besonders gespannt wird und ein gutes Widerlager bildet.

• *R. dorsalis nervi ulnaris:* Seine Äste tastet man auf der Sehne des M. extensor digiti minimi. Zum Anspannen der Sehne soll der Kleinfinger maximal rückwärtsgestreckt werden.

② **Hohlhand**: Die Matratzenkonstruktion der Haut verhindert ein feineres Tasten. Lediglich an einer Stelle kann man fühlen, wie ein Nerv dem Druck des Fingers ausweicht (Abb. 872):

• *R. superficialis des N. ulnaris:* Er zieht über den Haken des Hakenbeins hinweg, dessen Wölbung man bei starkem Druck in die Tiefe etwa 2 Fingerbreit distal-radial des Erbsenbeins wahrnimmt (#831). Bei querem Hinundherbewegen des tastenden Fingers gleitet der Nerv zur Seite.

③ **Finger**:

• *Nn. digitales palmares proprii:* Sie liegen unmittelbar neben den gleichnamigen Fingerarterien (#875) und sind relativ stark, weil sie etwa ab dem Fingermittelgelenk auch die Fingerrückseite versorgen und die Fingerspitzen besonders viele Nervenendorgane enthalten. Wegen der z.T. derben Haut gelingt das Tasten nicht an allen Fingern gleich gut. Auch muß man ziemlich kräftig drücken.

• Am besten beginnt man am Ringfinger auf Höhe des Grundgliedkopfs mit Querbewegungen neben den Beugesehnen. Hat man die richtige Stelle, so springt der Nerv zur Seite, und man spürt auch bei längerem Bemühen einen leichten Schmerz.

#873 Entlastungs- und Dehnungsstellungen der großen Armnerven

■ **Entlastungsstellungen:**
① **Spontane Haltung des Kranken:** In der deutschen Sprache gibt es die Redewendung: „sich vor Schmerzen krümmen". Der Schmerzpatient versucht, die Körperstellung zu finden, in welcher die Schmerzen geringer werden.
• In der Regel sind dies Stellungen, in denen das schmerzende Organ entspannt ist. Bei Schmerzen im Bauchraum z.B. krümmen wir uns nach vorn.
• Sinngemäß gilt dies auch für Nervenentzündungen (Neuritiden): Auch hier findet der Patient durch ständiges Probieren die Haltung des Arms oder Beins, in welcher der entzündete Nerv am stärksten entspannt ist.
• Der erfahrene Arzt kann aus dieser typischen Haltung die Diagnose schon stellen, bevor er noch mit dem Patienten gesprochen hat.

② **Analyse:** Zum Verständnis der Entlastungsstellungen sollte man sich die Lage der großen Nerven zu den von ihnen überquerten Gelenken klarmachen (Abb. 873a):
• *Halswirbelsäule und Schlüsselbeingelenke:* Alle Äste des Armnervengeflechts steigen von der Halswirbelsäule zum Arm hin ab. Sie werden daher entspannt, wenn man den Kopf mit der Halswirbelsäule zur gleichen Seite neigt und den Schultergürtel hebt.
• *Schultergelenk:* Alle großen Armnerven ziehen durch die Achselhöhle, also medial der Abduktions-Adduktions-Achse. Sie werden daher entspannt, wenn der Oberarm an den Rumpf gepreßt wird.
• *Ellbogengelenk:* N. medianus und N. radialis liegen vor der Beuge-Streck-Achse, der N. ulnaris hinter ihr. Deshalb beugen Patienten mit Entzündungen des N. medianus oder N. radialis das Ellbogengelenk, Patienten mit Entzündung des N. ulnaris strecken es.
• *Handgelenke:* N. medianus und der Hauptteil des N. ulnaris liegen auf der Palmarseite, der N. radialis auf der Dorsalseite. Dementsprechend beugen Patienten mit Erkrankungen der beiden erstgenannten Nerven die Hand zur Hohlhandseite, Radialispatienten strecken sie rückwärts.
• *Fingergrundgelenke:* Die Fingernerven des N. medianus verlaufen auf der Beugeseite, die des N. radialis auf der Rückseite, die des N. ulnaris sowohl als auch. Deshalb werden die Finger zur Entspannung des N. medianus gekrümmt, zur Entspannung des N. radialis gestreckt und zur Entspannung

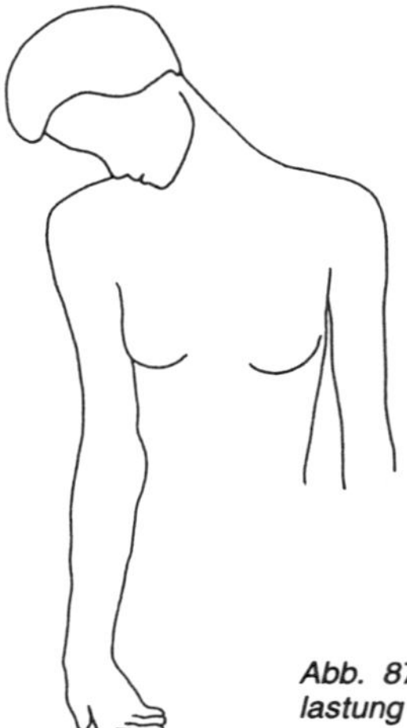

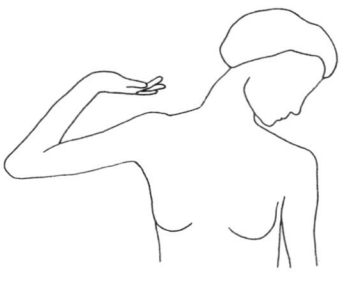

Abb. 873a. Entlastung des N. ulnaris

Abb. 873b. Dehnung des N. ulnaris

des N. ulnaris in einer Mittelstellung gehalten.
• Bei sorgfältiger Beobachtung des Patienten wird auch noch die Kreiselung des Oberarms auffallen: Der N. radialis umrundet schraubenförmig den Oberarm. Die Schraube wird durch Außenkreiseln gelockert.

■ **Dehnungsstellungen**: Die Schmerzempfindlichkeit von Nerven prüft man, indem man sie spannt. Die Dehnungsstellungen der großen Armnerven lassen sich als Gegenbewegung aus den soeben erörterten Entlastungsstellungen leicht ableiten (Abb. 873b). Bei extremer Ausführung verspürt auch der Gesunde ein leichtes Ziehen in den Nerven:
• *N. medianus*: Kopf zur Gegenseite neigen, Schultern senken, Arm abspreizen, Ellbogengelenk strecken, Hand und Finger dorsalextendieren.
• *N. ulnaris*: Kopf zur Gegenseite neigen, Schultern senken, Arm abspreizen, Ellbogengelenk beugen, Hand rückwärtsstrecken, Finger abwechselnd beugen und strecken.
• *N. radialis*: Kopf zur Gegenseite neigen, Schultern senken, Arm abspreizen, Ellbogengelenk strecken, Hand und Finger palmarflektieren, Arm im Schultergelenk innenkreiseln.

#874 Sensibilitätsstörungen

■ **Segmentale Innervation**:
① **Verständlich aus Phylogenese** (Stammesgeschichte): Beim Vierfüßer entspringen die Beine aus der unteren Leibeswand. Mit der Aufrichtung des Menschen wachsen sie beim Embryo aus der vorderen Rumpfwand aus. Sie werden daher ausschließlich von den vorderen Ästen der Rückenmarknerven versorgt.
• Streckt man die Arme horizontal nach vorn (Daumen nach oben), so entspricht dies etwa der Stellung der Vorderbeine zum Rumpf beim Vierfüßer (Abb. 874a). In dieser Stellung kann man die unmittelbare Aufeinanderfolge der in den Arm verlagerten Segmente C5 bis Th1 sehr einfach beobachten. Hier gibt es keinen Segmentsprung wie an der Brustwand.

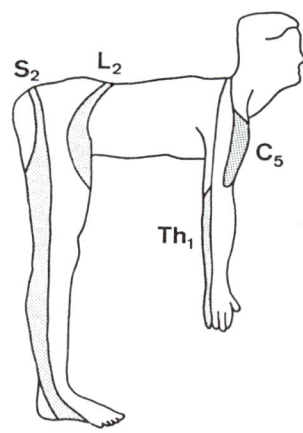

Abb. 874a. Die Anordnung der Hautsegmente ist am besten aus der Vierfüßerstellung verständlich

② **Dermatome** (Abb. 874b):
• C4: Schulter (durch die aus dem Halsnervengeflecht kommenden Nn. supraclaviculares).
• C5: Außenseite des Oberarms.
• C6: Außenseite des Unterarms, Daumen.
• C7: Zeigefinger, Mittelfinger, Ringfinger und angrenzende Teile der Hand.
• C8: Kleinfinger und angrenzende Teile der Hand.
• Th1: Innenseite des Unterarms.
• Th2: Innenseite des Oberarms (durch die aus den Nn. intercostales posteriores entspringenden Nn. intercostobrachiales).

③ **Probleme**:
• Die bestimmten Segmenten oder Nerven zuzuordnenden Hautgebiete sind bei verschiedenen Menschen nicht völlig identisch. Deshalb unterscheiden sich auch die in verschiedenen Lehrbüchern angegebenen Schemata. An der Hand macht dies Verschie-

bungen der Grenzen um etwa einen Finger aus.
- Segmentale und periphere Innervation stimmen an den Gliedmaßen nicht überein: Während am Rumpf ein Zwischenrippennerv jeweils einem Rückenmarksegment entspricht, führt die Nervengeflechtbildung zu einem Durchmischen der Segmente in den großen Gliedmaßennerven. N. radialis und N. medianus enthalten z.B. Anteile aller Segmente von C5 bis Th1.

■ **Periphere Innervation**:
① **Begriffe**: Bei der Zuordnung von Hautgebieten zu bestimmten Hautnerven sollte man 3 Begriffe auseinanderhalten:
- *Anatomisches Gebiet:* der Bereich, in welchem Äste des Nervs an der Leiche gut zu demonstrieren sind,
- *Maximalgebiet:* Bereich der äußersten Ausdehnung der feinen Zweige des Nervs. Sie reichen meist weit in die anatomischen Gebiete der Nachbarnerven. Das Maximalgebiet wird erst umgrenzbar, wenn die Nachbarnerven ausfallen und dann überraschenderweise in Teilen deren anatomischer Gebiete noch Sensibilität erhalten ist.
- *Autonomgebiet:* der Teil des anatomischen Gebiets, in das keine Zweige von Nachbarnerven reichen. Hier ist ein Nerv allein für die Hautinnervation verantwortlich.

② **Anatomische Gebiete**: Da die Verteilungsmuster der Hautnerven (Abb. 874c) der einzelnen Menschen verschieden sind, kann die folgende Kennzeichnung der Hautfelder nur zur groben Orientierung dienen:
- *N. axillaris:* etwa Hautbereich über dem Deltamuskel,
- *N. cutaneus brachii medialis und Nn. intercostobrachiales:* Achselgrube und Innenseite des Oberarms,
- *N. radialis:* Rückseite von Oberarm, Unterarm und der radialen Hälfte der Hand (Zeige- und Mittelfinger nur Grundglied),
- *N. musculocutaneus:* Radialseite des Unterarms,
- *N. cutaneus antebrachii medialis:* Ulnarseite des Unterarms,

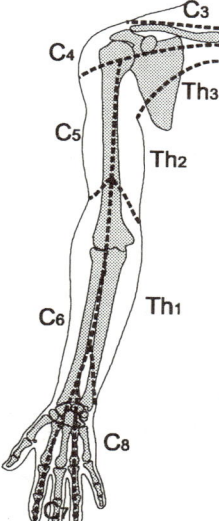

Abb. 874b. **Segmentale** Innervation des Arms. Die Segmentgrenzen sind vor allem an den Fingern sehr variabel.

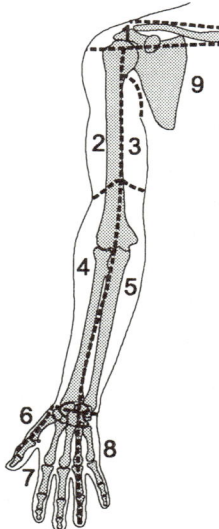

Abb. 874c. Anatomische Gebiete der Armnerven.
1 Nn. supraclaviculares,
2 N. axillaris,
3 N. cutaneus brachii medialis + Nn. intercostobrachiales,
4 N. musculocutaneus,
5 N. cutaneus antebrachii medialis,
6 N. radialis,
7 N. medianus,
8 N. ulnaris
9 Nn. intercostales

- *N. medianus:* 3½ Finger vom Daumen aus und entsprechender Anteil der Hohlhand, an Zeige-, Mittel- und Ringfinger, ab dem Fingermittelgelenk auch auf der Rückseite,.
- *N. ulnaris:* 1½ Finger palmar und 2½ dorsal an die Hautgebiete des N. medianus und N. radialis anschließend.

Dieses Schema muß man verfeinern, wenn man sinnvolle neurologische Diagnostik betreiben will:
- Die Versorgungsgebiete der einzelnen Nerven sind nicht scharf gegeneinander abgegrenzt, sondern überlappen sich weit.
- Der ulnare (N. cutaneus antebrachii medialis) und der radiale Unterarmhautnerv (N. cutaneus antebrachii lateralis aus dem N. musculocutaneus) strahlen mit ihren Endästen in die Hohlhand aus.
- Die hohlhandseitigen Fingernerven (Nn. digitales palmares proprii) sind sehr viel stärker als die rückseitigen (Nn. digitales dorsales). Etwa vom Fingermittelgelenk ab versorgen sie auch vollständig den Fingerrücken.

③ **Autonomgebiete**:
- *N. axillaris:* über dem Deltamuskel,
- *N. musculocutaneus:* kleines Gebiet in der Ellenbeuge radial der Bizepssehne,
- *N. cutaneus antebrachii medialis:* großes Gebiet an der Ulnarseite des Unterarms,
- *N. medianus:* Fingerendglieder des Zeige- und Mittelfingers (Abb. 874d),
- *N. ulnaris:* gesamter Kleinfinger.

Praktische Bedeutung der Autonomgebiete:
- *diagnostisch:* Sensible Störungen des N. medianus oder ulnaris werden vom Patienten zuerst an den Autonomgebieten bemerkt, weil Ausfälle in anderen Bereichen von den überlappenden Nerven teilweise kompensiert werden können. Die Autonomgebiete liegen zudem an den Fingerspitzen, die für die Tastempfindung besonders wichtig sind. Sensibilitätsstörungen an diesen Stellen fallen dem Patienten daher besonders frühzeitig auf.
- *chirurgisch:* Um im Bereich der Autonomgebiete schmerzfrei operieren zu können, genügt die Betäubung eines einzigen Nervs.

■ **Diagnostische Schlüsse**:
- Sensibilitätsstörungen, die Segmenten (Dermatomen) entsprechen, weisen auf Erkrankungen des Rückenmarks hin. So kann man z.B. bei Verdacht auf eine Geschwulst des Rückenmarks aus der Ausdehnung der sensiblen und motorischen Ausfälle schon sehr genau deren Lage voraussagen und eine gezielte Diagnostik (Computer- und Magnetresonanztomographie) veranlassen.
- Sensibilitätsstörungen, die den Versorgungsgebieten von Gliedmaßennerven entsprechen, weisen auf deren Erkrankung hin.
- Daneben beobachtet man in der ärztlichen Praxis auch Sensibilitätsausfälle, die nicht eindeutig zuzuordnen sind, weil nur Teile eines Segments oder eines Nervs erkrankt sind.
- Ein besonderer Fall sind Sensibilitätsstörungen, die vollständige Gliedmaßenabschnitte betreffen, z.B. die Hand quer abgegrenzt zum Unterarm. Sie sind meist psy-

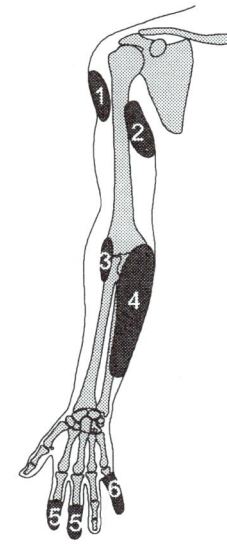

Abb. 874d. Autonomgebiete am Arm:
1 N. axillaris,
2 N. cutaneus brachii medialis,
3 N. musculocutaneus,
4 N. cutaneus antebrachii medialis,
5 N. medianus,
6 N. ulnaris

chogen: Das Unbewußte arbeitet mit einem viel einfacheren Körperschema als die Anatomie.

#875 Armreflexe

① **Bizepsreflex** ($C_5 + C_6$, N. musculocutaneus): Der sitzende Patient legt den leicht gebeugten Arm mit der Handfläche nach unten locker auf den Oberschenkel. Der Arzt tastet die Bizepshauptsehne und schlägt mit dem Reflexhammer auf den tastenden Finger. Er spürt das Anspringen der Sehne unter dem Finger und sieht die Muskelzukkung.

② **Brachioradialisreflex** ($C_5 + C_6$, N. radialis): Bei gleicher Armstellung des Patienten wie beim Bizepsreflex schlägt man nicht auf die Bizepssehne, sondern auf die Speiche in Handgelenknähe (deshalb auch Radiusperiostreflex genannt). Man beobachtet die Anspannung des M. brachioradialis. Gleichzeitig zuckt auch der Bizeps, weil er auf diese Weise ebenfalls gedehnt wird.

③ **Pronatorreflex** (C_6, N. medianus): Bei gleicher Ausgangsstellung dreht der Patient die Hand nach außen, so daß die Hohlhand schräg nach oben weist. Der Unterarm ist leicht supiniert. Der Arzt schlägt so gegen das Speichenende, daß der Arm durch den Schlag ruckartig nach außen gedreht wird. Man beobachtet das Anspannen des M. pronator teres in der Ellenbeuge und eine leichte Pronation der Hand.

④ **Trizepsreflex** ($C_7 + C_8$, N. radialis): Der sitzende Patient legt bei leicht gebeugtem Arm die Hand locker auf die Leistengegend der Gegenseite. Der Arzt schlägt mit dem Reflexhammer auf die Trizepssehne unmittelbar oberhalb des Ellbogens. Er beobachtet das Anspannen des M. triceps brachii und eine leichte Streckbewegung des Arms.
• Den seitengleichen (oder -ungleichen) Ausfall kann man bei diesem Reflex besonders gut beurteilen, wenn man den stehenden Patienten die Arme locker in die Hüften stützen läßt und dann den Reflex abwechselnd an den beiden Armen auslöst.

⑤ **Daumenreflex** (C_6-C_8, N. medianus): Bei gleicher Armhaltung des Patienten wie beim Pronatorreflex (oder voll nach außen gedreht) läßt man den Patienten zunächst mehrmals den Daumen beugen und strekken. Man verfolgt dabei das abwechselnde Einziehen und Vorwölben der Haut zwischen der Speiche und der Sehne des M. flexor carpi radialis (#843) am distalen Unterarm. Dann schlägt man mit dem Reflexhammer auf den Bereich der stärksten Hautbewegung. Man beobachtet eine kurze Beugung des Daumenendglieds.

⑥ **Fingerbeugerreflex** (Trömner-Reflex) (C_7-Th_1, N. medianus + N. ulnaris): Der Arzt faßt mit einer Hand die locker supiniert in leichter Beugung der Finger gehaltene Hand des Patienten. Dann schlägt er mit den Fingerkuppen der anderen Hand schnell gegen die Fingerkuppen des Patienten. Er achtet auf die Beugebewegung der Finger.
• Der Reflex kann auch isoliert an einzelnen Fingern geprüft werden: Der Patient proniert die Hand und schließt locker die Faust. Der Arzt zieht jeweils einen Finger des Patienten aus der Faust und hält ihn zwischen Daumen und Zeigefinger fest. Dann führt er mit der anderen Hand einen kurzen Schlag gegen die Fingerkuppe dieses Fingers.
• Die Beugebewegung im Endgelenk wird an den Fingern 2 + 3 vom N. medianus, an den Fingern 4 + 5 vom N. ulnaris gesteuert.
• Als *Knipsreflex* bezeichnet man den Fingerbeugerreflex, wenn er auf folgende Weise geprüft wird: Der Arzt faßt ein Fingerendglied des Patienten kräftig zwischen Daumen und Mittelfinger (oder Zeigefinger), beugt es und zieht dann plötzlich den Daumen weg. Dabei wird das Endglied gestreckt und damit der tiefe Fingerbeuger gedehnt. Er reagiert darauf mit seiner Anspannung.
• Der Fingerbeugerreflex kann auf beiden Seiten fehlen, ohne daß dies pathologisch ist. Kann man ihn nur auf einer Seite auslösen, so spricht dies für eine Reflexsteigerung dieser Seite.

Die Bewertung der Reflexe mit 0 bis +++ erfolgt nach dem in #124 beschriebenen Schema.

Protokoll 875. Armreflexe. Bewertung: 0, (+), +, ++, +++			
	Links	Rechts	Gesunde Studenten
Bizepssehnenreflex			+
Brachioradialisreflex			+
Pronatorreflex			+
Trizepssehnenreflex			+
Daumenreflex			+
Fingerbeugerreflex II			+
Fingerbeugerreflex III			+
Fingerbeugerreflex IV			+
Fingerbeugerreflex V			+

#876 Stereognosie

■ Begriffe:
• Unter *Stereognosie* versteht man die Fähigkeit, einen Gegenstand allein aufgrund von Betasten erkennen zu können. Die Stereognosie ist eine Großhirnleistung (Scheitellappen), die eine intakte Stereoästhesie in der Peripherie voraussetzt.
• Die *Stereoästhesie* ist eine komplexe Qualität der Sensibilität, an der sowohl die epikritische als auch die Tiefensensibilität beteiligt sind.

■ Münztest:
① **Testablauf**: Der Patient schließt die Augen. Der Untersucher reicht ihm einzeln verschiedene gültige Münzen. Der Patient soll die Münzen identifizieren. Die beiden Hände werden getrennt geprüft.

• Die Münzen dürfen nicht nach steigendem oder fallendem Wert geordnet, sondern müssen gemischt und mit Wiederholungen angeboten werden. Auch dürfen nicht mehrere Münzen gleichzeitig gereicht werden, weil sie der Patient sonst beim Aneinanderlegen leicht nach der Größe sortieren kann.
• Die Münzen sollten abwechselnd in die rechte und in die linke Hand gelegt werden. Wird der Test zuerst nur mit der einen und danach mit der anderen Hand ausgeführt, so kann die zweite Hand ein besseres Ergebnis aufgrund des Übungseffekts bieten.
• Besteht die Gefahr, daß der Patient mogelt, so läßt man ihn die Hände hinter den Rücken nehmen, damit sie aus dem Blickfeld sind.
• Protokoll: Man führt eine Strichliste für richtige und falsche Zuordnungen getrennt für die beiden Hände.

② **Schwierigkeitsstufen**:
• *Leichtere Version:* Der Untersucher berichtigt jede falsche Antwort des Patienten sofort.
• *Schwierigere Version:* Der Patient erhält keine Rückkoppelung. Der Untersucher protokolliert ohne Kommentar.

③ **Bewertung**: Gesunde intelligente Personen erkennen die meisten Münzen richtig. Verwechselt werden häufiger die Münzen ähnlicher Größe, z.B. das 10- und das 50-Pfennig-Stück. Die beiden Hände sind etwa gleichwertig in der Leistung.

④ **Pathologischer Ausfall**:
• Eine Hand schneidet wesentlich besser als die andere ab: Die Stereohypästhesie der schwächeren Hand beruht meist auf einer peripheren Sensibilitätsstörung.
• Mit beiden Händen können die Münzen nicht erkannt werden: Ursachen könnten mangelnde Erfahrung im Umgang mit Münzen (z.B. Kinder, Ausländer), mangelnde Intelligenz, beidseitige Sensibilitätsstörung oder eine Stereoagnosie (taktile Agnosie, bei Störungen des Scheitellappens) sein.
• Man wird dann einen einfacheren Stereognosietest vornehmen, z.B. größere Gegenstände des Alltags (Schlüssel, Besteck usw.)

reichen. Erst wenn auch diese nicht erkannt werden und keine periphere Sensibilitätsstörung nachzuweisen ist, wird man eine Stereoagnosie annehmen.

#877 Cold-pressure-Test für Sympathikus

① **Prinzip**: Der Sympathikus innerviert die Gefäßwandmuskeln. Ein intensiver Kältereiz wird mit einer Gefäßverengung und einem Blutdruckanstieg beantwortet.

② **Vorgehen**: Der Patient liegt auf der Untersuchungsliege. Nachdem er zur Ruhe gekommen ist, wird über 5 Minuten wiederholt der Blutdruck gemessen. Anschließend wird eine Hand für 60 Sekunden in Eiswasser getaucht. Dann wird wieder der Blutdruck über 10 Minuten wiederholt gemessen.

③ **Beurteilung**: Bei intaktem Sympathikus steigt der systolische Blutdruck um 15-20 mmHg und der diastolische um 10-15 mmHg. Ein fehlender Blutdruckanstieg weist auf eine Sympathikusstörung hin.

#878 Leitungsanästhesie des Plexus brachialis

Stämme und Faszikel des Plexus brachialis liegen von der (hinteren) Skalenuslücke bis zur Achselhöhle eng beisammen und sind daher mit einem einzigen Einstich zu blockieren:

① **Supraklavikuläre Plexusanästhesie** (nach Kulenkampff): Die Kanüle wird über der Mitte des Schlüsselbeins mit Zielrichtung auf die 1. Rippe eingestochen. Wegen der hohen Gefahr der Verletzung der Lungenspitze mit anschließendem Pneumothorax sollte diese Methode dem Fachanästhesisten vorbehalten bleiben.

② **Interskalenusblock** (Winnie-Block): Der Plexus brachialis ist in der (hinteren) Skalenuslücke meist direkt zu tasten (#732). Die Kanüle wird in Richtung Querfortsatz des 6. Halswirbels in der Skalenuslücke vorgeschoben. Insofern müßte der Plexus sicher zu treffen sein. Bei zu tiefem Einstich kann die Kanüle jedoch in den Wirbelkanal gelangen und die Injektion eine hohe Periduraloder gar eine totale Spinalanästhesie auslösen. Deshalb sollte man auch diese Methode dem Fachanästhesisten überlassen.

③ **Axillarisblock**: Der Arm des auf dem Rücken liegenden Patienten wird abduziert und außenrotiert. Dann wird die A. axillaris so hoch wie möglich in der Achselhöhle getastet und mit Zeige- und Mittelfinger gegen den Humerus fixiert. Die Kanüle wird unmittelbar neben der Arterie in Richtung der Gefäß-Nerven-Scheide nach proximal vorgeschoben. Parästhesien und unwillkürliche Muskelzuckungen beweisen die korrekte Lage der Kanüle. Wichtigste Komplikation ist die versehentliche Injektion von Lokalanästhetikum in die Arterie oder Vene.

#879 Leitungsanästhesien an Unterarm und Hand

- Die Blockade des N. ulnaris erfolgt am bequemsten neben dem Ellbogen im Sulcus nervi ulnaris oder an der Handwurzel radial neben dem Erbsenbein (Abb. 872).
- Der N. medianus liegt im distalen Unterarmbereich ulnar der Sehne des M. flexor carpi radialis oberflächlich und kann hier leicht ausgeschaltet werden.

9 Bein

9.1 Hüftgelenk und Gesäßgegend

#911 Stellung des Hüftgelenks

■ **Palpation der am Hüftgelenk beteiligten Knochen**: Das Hüftgelenk (Articulatio coxae) ist rundherum von mächtigen Muskeln bedeckt. Deshalb sind Hüftpfanne (Acetabulum) und Hüftkopf (Caput femoris) nicht zu tasten. Man muß sich zur Beurteilung der Gelenkstellung mit recht weit vom Gelenk entfernten Abschnitten der beteiligten Knochen begnügen:

① **Darmbeinkamm** (Crista iliaca) mit vorderem oberen Darmbeinstachel (Spina iliaca anterior superior, ⇒ #242).

② **Trochanter major** (großer Rollhügel): Er ist der einzige Teil der oberen Femurhälfte, den man gut durch die Haut tasten kann. Man muß nur die breiteste Stelle der unteren Körperhälfte aufsuchen. Auf beiden Seiten wölbt sich dann der große Rollhügel vor.
• Der große Rollhügel wird von einem Verstärkungszug der Fascia lata überquert. In diesen *Tractus iliotibialis* strahlen der M. tensor fasciae latae und der M. gluteus maximus ein. Ein großer Teil der Rundung des großen Rollhügels ist trotzdem sehr gut zu tasten. An seiner Spitze setzen der M. gluteus medius und minimus an und verdecken diese.
• Wenn im folgenden von „Trochanterspitze" die Rede ist, so ist der am weitesten kranial gelegene Teil des großen Rollhügels gemeint, der noch gut zu tasten ist.

■ **Beurteilen des Trochanterstands**: Als einzigem tastbaren hüftgelenknahen Knochenpunkt des Femur kommt dem Trochanter major besondere diagnostische Bedeutung zu. Man beurteilt seine Lage zu anderen tastbaren Knochenpunkten:

① *Abstand der Trochanterspitze vom Darmbeinkamm:* Sie ist beim Gesunden seitengleich (aber auch bei manchen doppelseitigen Erkrankungen!).

② *Roser-Nélaton-Linie:* Die Verbindungslinie vom Sitzbeinhöcker (Tuber ischiadicum) zum vorderen oberen Darmbeinstachel läuft normalerweise bei halber Beugung im Hüftgelenk über die Trochanterspitze. Bei Trochanterhochstand schneidet sie das Femur distal.

③ *Shoemaker-Linie:* Die Verbindungslinie von der Trochanterspitze zum vorderen oberen Darmbeinstachel (Abb. 911) setzt sich auf der Bauchwand normalerweise oberhalb des Nabels fort. Bei Trochanterhochstand schneidet sie die Körpermittellinie unterhalb des Nabels.

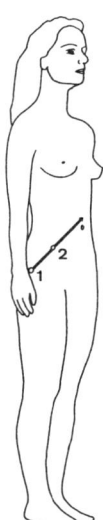

Abb. 911. Die Shoemaker-Linie kreuzt beim Gesunden die Medianlinie oberhalb des Nabels:
1 Trochanter major, 2 Spina iliaca anterior superior

④ *Bryant-Dreieck:* Beim rechtwinkligen Dreieck aus
- einer Horizontalen durch den vorderen oberen Darmbeinstachel,
- einer Vertikalen durch die Trochanterspitze,
- der Verbindungslinie von vorderem oberen Darmbeinstachel und Trochanterspitze

sind die beiden Katheten normalerweise gleich lang (gleichschenkliges Dreieck). Bei Trochanterhochstand ist die vertikale Kathete verkürzt.

⑤ *Hautfalten am Oberschenkel:* Das reife Neugeborene hat ein dickes Fettpolster in der Unterhaut. An den Gliedmaßen schneiden einige Furchen tief ein. Am Oberschenkel sind es gewöhnlich 1-3. Sie sind häufig symmetrisch an den beiden Beinen. Eine Asymmetrie kann einen ersten Verdacht auf eine Hüftdysplasie wecken.

So klar definiert die Hilfslinien auch erscheinen mögen, die praktische Arbeit zeigt schnell die Schwierigkeiten: Die Körperoberfläche ist nicht eben, sondern kompliziert gekrümmt. Je nachdem wie man den Bogen über die Krümmung zieht, wird z.B. die Shoemaker-Linie näher oder weiter entfernt vom Nabel verlaufen!

■ **Bedeutung**:
- Beim Erwachsenen können die angegebenen Hilfslinien auf einen abnormen Schenkelhalswinkel, auf eine nicht erfolgreich behandelte angeborene Hüftgelenkverrenkung und nach Unfällen auf einen Schenkelhalsbruch oder eine Verrenkung hinweisen.
- Beim Jugendlichen kommt die Abscherung des Hüftkopfs bei Lockerung der Wachstumsfuge hinzu.
- Beim Neugeborenen mit Hüftdysplasie ist das Pfannendach schlecht ausgebildet. Der Hüftkopf findet kein angemessenes Widerlager und gleitet über den Pfannenrand nach oben. Mit ihm bewegt sich auch der große Rollhügel nach kranial.
- Der große Rollhügel ist ferner ein wichtiger Meßpunkt bei der Bestimmung der Beinlänge (#929), bei der Beckenmessung (#244) und bei der Ermittlung von Konstitutionsindizes.

#912 Bedeutung der Bänder für die Zwangsstellung bei Hüftgelenkverrenkung

■ **Anordnung der Bänder**: Die Nullstellung des Hüftgelenks liegt schon nahe dem Endpunkt der Streckbewegung. Der Spielraum für die Beugebewegung ist groß. Die Bänder hemmen das Strecken und geben das Beugen frei. Sie laufen also nicht strahlig von der Umgebung der Hüftpfanne zum Schenkelhals, sondern schraubig verdreht:
- Beim rechten Hüftgelenk handelt es sich (von der Seite betrachtet) um eine Rechtsschraube (Drehung im Uhrzeigersinn).
- Beim linken Hüftgelenk handelt es sich (von der Seite betrachtet) um eine Linksschraube (Drehung gegen den Uhrzeigersinn).

Die Verstärkungsbänder des Hüftgelenks entspringen von den 3 Teilknochen des Hüftbeins, die die Hüftpfanne bilden. Dementsprechend unterscheidet man 3 Bänder:
- Lig. iliofemorale,
- Lig. pubofemorale,
- Lig. ischiofemorale.

Die 3 Bänder werden durch die Ringzone (Zona orbicularis) um den Schenkelhals ergänzt.

■ **Beinhaltung bei Luxation**: Das Lig. iliofemorale ist das stärkste Band des Körpers. Es reißt so gut wie nie. Bei Überbeanspruchung bricht eher sein Ursprung am Darmbein aus, als daß es selbst reißt. Bei Verrenkung des Hüftgelenks bleibt es in der Regel intakt und bestimmt damit die federnde Zwangsstellung des Oberschenkels:
- Bei der Verrenkung des Hüftkopfs nach hinten (häufigster Fall, z.B. bei Verkehrsunfällen mit Anprall des Knies an das Armaturenbrett des Autos) ist das Bein stark adduziert und nach innen gekreiselt.
- Bei der Verrenkung des Hüftkopfs nach vorn ist der Oberschenkel abduziert und nach außen gekreiselt.

9.1 Hüftgelenk

- Bei der Verrenkung einer Totalendoprothese der Hüfte liegt das Bein meist in einer außenrotierten + adduzierten Zwangshaltung und erscheint deutlich verkürzt.
- Der erfahrene Unfallchirurg kann schon aus der zwanghaften Beinhaltung die Diagnose stellen.

#913 Bewegungsumfang des Hüftgelenks

■ **Achsen**: Das Hüftgelenk ist ein Kugelgelenk. Deshalb hat man Bewegungen um 3 Hauptachsen zu prüfen:
- *Transversalachse:* beugen – strecken (flektieren – extendieren),
- *Sagittalachse:* abspreizen – anführen = anziehen (abduzieren – adduzieren),
- *Längsachse:* außenkreiseln – innenkreiseln (außenrotieren – innenrotieren).

■ **Untersuchungstechnik**: Bei mehrachsigen Gelenken sind die Bewegungen um die einzelnen Achsen nicht unabhängig voneinander. Meist ist der größte Bewegungsumfang um eine Achse in Mittelstellung der Bewegung um die anderen Achsen zu erzielen. Für das Hüftgelenk ist diese Überlegung besonders wichtig, weil die Nullstellung schon nahezu die Endstellung in Richtung Strecken darstellt. Deshalb prüft man das Spreizen und das Kreiseln aus 2 Ausgangsstellungen der Beugung: 0° (liegend) und 90° (sitzend).

① **Flexion – Extension**:
- Die Bewegungen des Hüftgelenks werden durch Beckenbewegungen erweitert. So wird die Beugung größer, wenn das Becken weniger steil steht (indem die Lendenlordose abgeflacht wird).
- Um die Mitbewegung des Beckens zu mindern, drückt der Untersucher den linken Oberschenkel nach unten, wenn der Patient (in Rückenlage) den rechten Oberschenkel hebt. Dann bleibt die Mitbewegung des Beckens auf den Betrag der Streckmöglichkeit im Hüftgelenk beschränkt.
- Umgekehrt kann eine eingeschränkte Streckung (Beugekontraktur) durch Hyperlordosierung der Lendenwirbelsäule verschleiert werden. Deshalb soll beim Prüfen der Streckbewegung in Rückenlage die andere Hüfte passiv maximal gebeugt und damit die Lendenlordose ausgeglichen werden (Thomas-Handgriff).
- Man kann viel weniger weit strecken als abspreizen. Deshalb wird der Patient beim Strecken aus Bauchlage das Becken auf der zu prüfenden Seite anheben (in der Wirbelsäule kreiseln) und damit in eine Mischbewegung aus Strecken und Abspreizen geraten. Dies muß der Untersucher verhindern, indem er die Gesäßgegend der untersuchten Seite des Patienten nach unten drückt.

② **Abduktion – Adduktion**:
- Beim Abspreizen erkennt man Mitbewegungen des Beckens am einfachsten an der veränderten Lage der Verbindungslinie der beiden vorderen oberen Darmbeinstachel. Man schaltet sie beim Messen aus, indem

Protokoll 913. Bewegungsumfang des Hüftgelenks (Neutralnullmethode)			
	Links	Rechts	Gesunde Studenten
Strecken – Beugen (°)			10° – 0° – 130°
Abspreizen - Anziehen Rückenlage (°)			40° – 0° – 30°
Abspreizen - Anziehen sitzend (°)			40° – 0° – 30°
Außen- – Innenkreiseln Bauchlage (°)			50° – 0° – 40°
Außen- – Innenkreiseln sitzend (°)			50° – 0° – 40°

man den Winkel des abgespreizten Beins nicht zur Körpermittelebene, sondern zu einer Senkrechten zur Verbindungslinie der Darmbeinstachel bestimmt.
• Beim Adduzieren stört das andere Bein. Dann wird gewöhnlich das zu untersuchende Bein über das andere geführt. Dies ist eigentlich nicht ganz korrekt, weil dabei die Nullstellung der Beugung verlassen wird. Korrekter wäre es, das andere Bein anzuheben und damit aus dem Verkehrsraum des zu untersuchenden Beins zu bringen.

③ **Außenrotation – Innenrotation**: Außen- und Innenkreiseln sind beim gestreckten Bein definiert als Bewegung der Fußspitze nach außen bzw. innen.
• Um Mitbewegungen in den Fußgelenken auszuschalten, prüft man das Kreiseln bei gebeugtem Kniegelenk und benutzt dabei gleichzeitig den Unterschenkel als Zeiger für die Bewegung.
• Beim Kreiseln in 0° Beugung liegt der Patient auf dem Bauch mit aneinander gelegten Oberschenkeln. Dann wird jeweils ein Bein im Kniegelenk gebeugt und der Unterschenkel vom Untersucher nach außen und nach innen geführt. Häufig verwechselt der Ungeübte dann Außen- und Innenkreiseln: Denn wenn der Unterschenkel nach innen geführt wird, kreiselt man im Hüftgelenk nach außen und umgekehrt.
• Es gibt keine Bedenken, beim Außenkreiseln im Sitzen den Unterschenkel des zu untersuchenden Beins vor dem anderen Knie vorbeizuführen, weil diese Ausgleichsbewegung nur den „Zeiger" im Kniegelenk, nicht jedoch das Hüftgelenk betrifft.
• Beim Prüfen der Kreiselungen spreizt der Patient meist zunehmend die Beine. Der Untersucher hat daher darauf zu achten, daß die Oberschenkel immer in Kontakt bleiben.
• Bei Erkrankungen des Hüftgelenks ist die Innenrotation meist besonders früh eingeschränkt. Beim Beugen des Hüftgelenks weicht dann der Patient zunehmend in die Außenrotation aus (Drehmann-Zeichen).

④ **Hauptproblem aller Winkelmessungen** ist letztlich das korrekte Anlegen des Winkelmessers. Die freihändig nach Augenmaß gehaltene Horizontale bzw. Vertikale ist recht unsicher. Häufig kann man sich an „objektiven" Horizontalen (z.B. Untersuchungsliege) orientieren.

#914 Punktion des Hüftgelenks

Allgemeines über Gelenkpunktion ⇒ #816.

① **Ventraler Zugang** (am meisten genutzt): Der Patient liegt auf dem Rücken mit gestreckten Beinen. Man tastet das Leistenband und den Puls der A. femoralis (#941). Eingestochen wird mit überlanger Kanüle senkrecht zur Oberfläche 2 cm lateral des Pulses und kaudal des Leistenbandes.

② **Lateraler Zugang**: Das Bein liegt etwas abduziert und innenrotiert (wegen der Femurtorsion!). Man tastet die Spitze des Trochanter major. Eingestochen wird mit langer Kanüle rechtwinklig zur Längsachse des Beins direkt kranial der Trochanterspitze. Die Kanüle wird genau von lateral nach medial vorgeschoben.

#915 Gesäßmuskeln

Tab. 915. Gesäßmuskeln	
Nerv:	Muskel:
N. gluteus superior	M. gluteus medius M. gluteus minimus M. tensor fasciae latae
N. gluteus inferior	M. gluteus maximus

Mit der Aufrichtung des Menschen in den labilen zweibeinigen Stand haben die Gesäßmuskeln zentrale Bedeutung für das Erhalten des Gleichgewichts gewonnen:

① **M. gluteus maximus**: Die mächtige Entfaltung des großen Gesäßmuskels, des stärksten Streckers im Hüftgelenk, ist eines der besonderen Kennzeichen des menschlichen Körperbaus. Zusammen mit einem dicken Fettpolster bestimmt er die Rundung der menschlichen Gesäßgegend. Der Unterrand

9.1 Hüftgelenk

des großen Gesäßmuskels entspricht nicht der Gesäßfurche, sondern kreuzt sie.
- Die Gesäßfurche ist eine Stauchungsfurche der Haut beim Strecken. Sie wird begünstigt durch Querzüge der Gesäßfaszie. Dieser sog. *Sitzhalfter* hilft mit, daß beim Hinsetzen der große Gesäßmuskel zur Seite gleitet und nicht vom Sitzbeinhöcker gedrückt wird (andernfalls drohten Durchblutungsstörungen im Muskel).

② **M. gluteus medius + minimus**: Auch der mittlere und der kleine Gesäßmuskel sind nicht „mittelmäßig" oder gar „klein". Sie gehören zu den kräftigsten Muskeln des menschlichen Körpers. Sie spreizen das Bein im Hüftgelenk ab.
- Diese Bewegung ist für das normale Gehen unerläßlich: Beim Gehen wird abwechselnd ein Bein belastet (Standbein), während das andere durchschwingt (Spielbein). Das Spielbein braucht Spielraum, damit es nicht am Boden schleift. Dieser wird dadurch gewonnen, daß das Becken (und damit das Hüftgelenk) auf der Spielbeinseite angehoben wird.
- Diese Bewegung kann nicht aktiv auf der Spielbeinseite bewirkt werden (weil man sich nicht selbst gegen die Schwerkraft aus dem Sumpf ziehen kann). Sie muß vielmehr auf der Standbeinseite ablaufen, indem das Becken vom Oberschenkel abgespreizt wird. Das Anspannen der Hüftabspreizer auf der Standbeinseite führt zum Heben bzw. Halten des Beckens auf der Spielbeinseite.

③ **Trendelenburg-Zeichen**: Bei einer Lähmung des mittleren und kleinen Gesäßmuskels kann das Becken nicht mehr im Gleichgewicht gehalten werden. Beim einbeinigen Stehen auf der kranken Seite sinkt die gesunde (!) Gesäßhälfte ab. Beim Gehen schleift das gesunde Bein am Boden. Der Patient versucht dies zu verhindern, indem er den Oberkörper nach der kranken Seite neigt und auf diese Weise das Becken hebt.
- *„Watschelgang"*: Bei doppelseitiger Schwäche der Hüftabspreizer wird beim Gehen der Oberkörper abwechselnd nach rechts und links bewegt . Dieses Phänomen kann man auch bei Gesunden bei starker Ermüdung der Hüftabspreizer, z.B. nach einer durchgetanzten Nacht, beobachten.

④ **Kontrapost**: Im Stehen kann man entweder beide Beine gleichmäßig belasten oder das Körpergewicht überwiegend auf ein Bein verlagern und das andere entlasten. Bei der lockeren einbeinigen Haltung werden auch die Hüftabspreizer auf der Standbeinseite entspannt. Folglich sinkt das Becken auf der Spielbeinseite ab, wie beim Trendelenburg-Zeichen (Abb. 915).
- Über dem schräg stehenden Becken muß sich die Wirbelsäule dann seitlich verkrümmen: zunächst zur Spielbeinseite konvex, dann eine Gegenschwingung zur Standbeinseite (#213).
- Diese Stellung des Körpers („Kontrapost") finden wir bei vielen Werken der bildenden Kunst schon in der Blütezeit der antiken Plastik. Ein anmutig geschwungener Körper wirkt „menschlicher" als die manchmal recht steifen symmetrischen Gottesbilder der frühen Kulturen und unseres Mittelalters (die freilich oft eine größere Erhabenheit ausstrahlen).

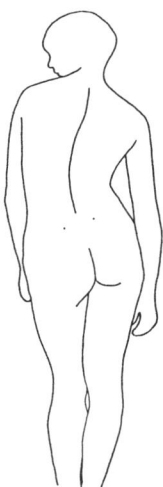

Abb. 915. Kontrapost

#916 Kraft der Hüftmuskeln prüfen

Die **Teststellung** ist so zu wählen, daß der Muskel gegen die Schwerkraft arbeitet (⇒ #123):
① **Großer Gesäßmuskel**: Der Patient liegt auf dem Bauch. Das Knie des zu untersuchenden Beins ist gebeugt, um die Streckwirkung der ischiokruralen Muskeln herabzusetzen. Der Patient hebt das Bein rückwärts. Der Untersucher drückt im unteren Oberschenkelbereich dagegen.
• Andere Stellung: Der Patient steht vor einem Tisch, legt den Oberkörper auf den Tisch und hebt ein Bein rückwärts an.

② **Hüftabspreizer** (mittlerer und kleiner Gesäßmuskel): Der Patient liegt beim Untersuchen der rechten Seite auf der linken Seite. Er spreizt den Oberschenkel nach oben ab. Der Untersucher drückt im Kniebereich dagegen.

③ **Hüftbeuger** (M. iliopsoas, M. tensor fasciae latae, M. rectus femoris): Der Patient hebt in Rückenlage ein Bein. Der Untersucher drückt im Kniebereich dagegen. Im Gegensatz zum Bauchmuskeltest (#253) wird jeweils nur ein Bein gehoben!

④ **Hüftadduktoren**: Der Patient liegt auf der zu untersuchenden Seite. Das abgespreizte andere Bein wird vom Untersucher gehalten. Dann hebt der Patient das unten liegende Bein an. Der Untersucher drückt im Kniebereich dagegen.

Protokoll 916. Muskelkraft der Hüftmuskeln (Kraftgrade 0-5 ⇒ #123)			
	Links	Rechts	Gesunde Studenten
M. gluteus maximus			5 (100 %)
Hüftabspreizer			5 (100 %)
Hüftbeuger			5 (100 %)
Hüftadduktoren			5 (100 %)

#917 Nervenaustrittstellen der Gesäßgegend

■ **Tiefe Nerven**:
① **Herkunft**: Die Gesäßmuskeln sind Extremitätenmuskeln und werden daher von ventralen Ästen der Spinalnerven (Plexus sacralis) innerviert. Die Nerven kommen also nicht aus den hinteren Kreuzbeinlöchern zur Gesäßgegend, sondern treten aus den vorderen Kreuzbeinlöchern in das kleine Becken ein und verlassen dieses durch das Foramen ischiadicum majus. Den größten Teil des Foramens nimmt der M. piriformis ein (Abb. 917a). Zwischen dem Muskel und dem Rand des großen Sitzbeinlochs bleibt oben und unten je eine Lücke offen, die von Gefäßen und Nerven durchsetzt wird:
• *suprapiriforme Abteilung des Foramen ischiadicum majus*: A. glutealis superior mit den gleichnamigen Begleitvenen und N. gluteus superior.
• *infrapiriforme Abteilung des Foramen ischiadicum majus*: A. glutealis inferior mit den gleichnamigen Begleitvenen, N. gluteus inferior, N. cutaneus femoralis posterior und N. ischiadicus. Diese Lücke benutzen auch die A. + V. pudenda interna und der N. pu-

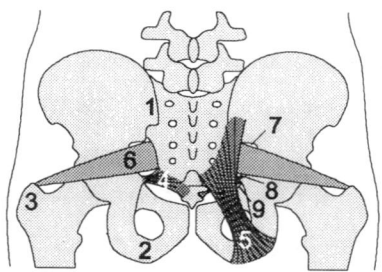

Abb. 917a. Gefäß- und Nervenkanäle der Gesäßgegend: 1 Spina iliaca posterior superior, 2 Tuber ischiadicum, 3 Trochanter major, 4 Lig. sacrospinale, 5 Lig. sacrotuberale, 6 M. piriformis, 7 suprapiriforme Lücke, 8 infrapiriforme Lücke, 9 Foramen ischiadicum minus

9.1 Hüftgelenk

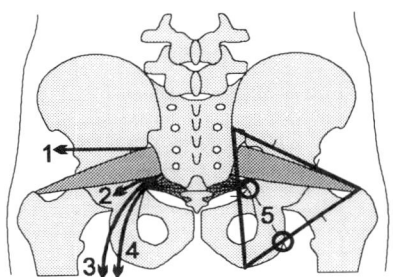

Abb. 917b. Starke Nerven der Gesäßgegend: 1 N. gluteus superior, 2 N. gluteus inferior, 3 N. ischiadicus, 4 N. cutaneus femoris posterior, 5 Druckpunkte des N. ischiadicus

dendus, die dann durch das Foramen ischiadicum minus zum Beckenboden weiterziehen.

② **Verlauf der großen Nerven**:
- *N. gluteus superior:* von der suprapiriformen Lücke etwa horizontal nach vorn bis zum M. tensor fasciae latae.
- *N. ischiadicus:* von der infrapiriformen Lücke im Bogen nach außen-unten.

③ **Projektion der Austrittsstellen** auf die Gesäßhaut: Zur Orientierung benutzt man ein Dreieck mit den Eckpunkten (Abb. 917b):
- Spina iliaca posterior superior,
- Spitze des Trochanter major,
- Tuber ischiadicum.
- Die *suprapiriforme Lücke* findet man im Bereich des medialen Drittelpunktes der Verbindungslinie von Spina iliaca posterior superior und Spitze des Trochanter major.
- Die *infrapiriforme Lücke* liegt im Bereich des Halbierungspunktes der Verbindungslinie von Spina iliaca posterior superior und Sitzbeinhöcker. Dabei darf man nicht über die Haut hinweg messen: Wegen der manchmal sehr starken Unterhautfettschicht würde der Halbierungspunkt zu weit nach unten gelangen. Man tastet die beiden Knochenpunkte und wählt dann die projektivische Mitte zwischen beiden.

- Ein *Druckpunkt des N. ischiadicus* liegt am medialen Drittelpunkt der Verbindungslinie von Sitzbeinhöcker und Trochanterspitze.

■ **Hautnerven**: Sie kommen nicht aus der Tiefe der Gesäßgegend zur Oberfläche, sondern treten über deren Ränder in die Region ein (Abb. 917c):
- *Rr. clunium superiores:* Diese dorsalen Äste der Nn. lumbales gelangen über die Crista iliaca in den oberen Teil der Gesäßgegend.
- *Rr. clunium mediales:* Sie sind dorsale Äste der Nn. sacrales und kommen aus den hinteren Kreuzbeinlöchern zu den angrenzenden Teilen der Gesäßgegend.
- *Rr. clunium inferiores:* Sie zweigen vom N. cutaneus femoris posterior ab und biegen um den Unterrand des großen Gesäßmuskels in die Gesäßgegend ein.
- *R. cutaneus lateralis des N. iliohypogastricus:* Er überquert in der Nähe des vorderen oberen Darmbeinstachels den Darmbeinkamm und versorgt den Hautbereich über dem M. tensor fasciae latae.

Man beachte:
- Die Nn. glutei sind rein motorisch, die Rr. clunium rein sensibel. Bei einer Spritzenschädigung der Nn. glutei kommt es daher

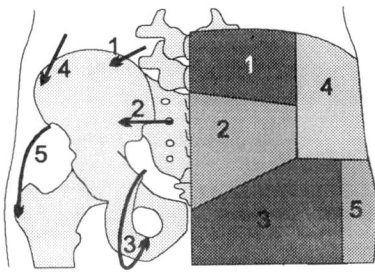

Abb. 917c. Hautinnervation der Gesäßgegend: 1 Rr. clunium superiores, 2 Rr. clunium mediales, 3 Rr. clunium inferiores, 4 R. cutaneus lateralis des N. iliohypogastricus, 5 N. cutaneus femoris lateralis

nur zu Muskellähmungen, nicht zu Sensibilitätsstörungen. Diese sind allerdings möglich, wenn der N. ischiadicus oder der N. cutaneus femoris posterior getroffen werden.
• Bei nicht zu dickem Fettpolster kann man einzelne Stränge des R. cutaneus lateralis und der Rr. clunium superiores tasten, wenn man auf dem Darmbeinkamm in Längsrichtung hin und her streicht.

#918 Intragluteale Injektion

■ **Risiken**: Die Gesäßgegend ist die beliebteste Gegend für intramuskuläre Injektionen. Leider denken nur wenige Ärzte an die Gefahren, die eine unsachgemäße Einspritzung für die dort liegenden großen Gefäße und Nerven mit sich bringt:
• Die Injektion in eine Arterie statt in das Muskelgewebe kann einen Gefäßkrampf auslösen und die Arterie für Stunden verschließen. Dann stirbt unter Umständen das von der Arterie versorgte Gewebe ab. Das tote Gewebe wird vom Körper abgestoßen. An das mitunter mehrwöchige Krankenlager erinnert später eine tiefe Narbe.
• Die Injektion in die Umgebung eines Nervs kann diesen vorübergehend oder dauernd schädigen. Bei Störung des N. gluteus superior fallen die Hüftabspreizer aus (Trendelenburg-Zeichen, #915). Wird der Bereich des N. ischiadicus getroffen, so kann das Bein vom Knie ab gelähmt sein.
• Verglichen damit sind die „Spritzenabszesse" eher harmlos: Sie kommen zustande, wenn Eiterbakterien in den Stichkanal verschleppt werden. Begünstigt werden sie durch Gewebeschädigungen, wie sie z.B. nach genügend tiefer Injektion häufig sind. Der Anfänger neigt dazu, die Dicke der Unterhautfettschicht in der Gesäßgegend zu unterschätzen. Spritzt er dann ein für den Muskel bestimmtes Arzneimittel in das Fettgewebe, so kann dies dort zu Gewebeschäden führen. Totes Gewebe ist ein guter Nährboden für Bakterien.

■ **Empfohlene Injektionsorte**: Angesichts der Gefahren für Blutgefäße und Nerven muß man eine Stelle der Gesäßgegend für die Injektion wählen, die frei von größeren Blutgefäßen und Nerven ist:

① **Äußerer oberer Quadrant**: Man denke sich die Gesäßgegend durch ein Achsenkreuz in 4 gleich große Viertel zerlegt. In den beiden inneren Vierteln liegen die großen Blutgefäße und Nerven. Daher kommen diese für eine Injektion nicht in Frage. Das äußere untere Viertel wird zum Teil vom großen Rollhügel eingenommen und scheidet deswegen aus. Somit bleibt nur das äußere obere Viertel übrig.
• Die Problematik dieser Methode liegt in der richtigen Lage des Achsenkreuzes. Die Gesäßgegend reicht bis zum Vorderrand des M. tensor fasciae latae, also bis zum vorderen oberen Darmbeinstachel nach vorn. Die Vertikale muß also etwa durch die Mitte des Darmbeinkamms verlaufen.
• *Gefahr*: Erfahrungsgemäß wird das Achsenkreuz zu weit medial angelegt, weil man die projektivische Mitte der von hinten gesehenen Gesäßgegend wählt, ohne die Rundung zu berücksichtigen. Sticht man dann noch nahe beim Nullpunkt des Achsenkreuzes ein, gelangt man in die Nähe des N. ischiadicus.

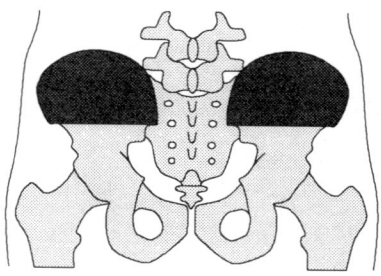

Abb. 918a. Injektionsfeld nach von Lanz u. Wachsmuth

② **Oberes Injektionsfeld** nach von Lanz u. Wachsmuth: Es liegt zwischen dem Darmbeinkamm und der Verbindungslinie der oberen Darmbeinstachel (Spina iliaca anterior und posterior superior, Abb. 918a).

- *Vorteil*: Es ist weit vom N. ischiadicus entfernt und hält einen ausreichenden Abstand von der A. glutealis superior und dem N. gluteus superior.
- *Nachteil*: Die Muskelschicht ist in diesem Bereich wesentlich dünner als weiter unten. Es ist nicht leicht, die optimale Einstichtiefe zu finden. Sticht man zu tief, so trifft man auf die sehr schmerzempfindliche Knochenhaut oder dringt gar in den Knochen ein. Sticht man zu zaghaft, so geht die Injektion in das Fettgewebe statt in den Muskel. Man muß also sehr sorgfältig die Dicke der Fettschicht abschätzen, um die Nadel sicher in den Muskel zu bringen.

③ **Vorderes Injektionsfeld** nach von Hochstetter: Das dreieckige Feld liegt zwischen dem vorderen oberen Darmbeinstachel, dem Darmbeinhöcker (Tuberculum iliacum, #242) und der Spitze des großen Rollhügels.
- Man kann sich das Injektionsfeld mit einem einfachen Handgriff veranschaulichen: Bei Injektion auf der rechten Seite des Patienten legt der Arzt seine linke Hand mit der Hohlhand auf den großen Rollhügel, geht mit der Zeigefingerkuppe an den vorderen oberen Darmbeinstachel und spreizt den Mittelfinger so weit wie möglich ab. Injiziert wird in den Spalt zwischen Zeigefinger und Mittelfinger (Abb. 918b).

Vorteile:
- Die Muskelschicht ist in diesem Feld besonders dick, weil hier der mittlere und der kleine Gesäßmuskel übereinander liegen. Man darf also tief einstechen.
- Die Injektion ist auch in Rückenlage des Patienten möglich.
- Der bettlägerige Patient drückt tagsüber, wenn er meist auf dem Rücken liegt, nicht auf die Injektionsstelle und hat daher weniger Beschwerden damit.
- Das Injektionsfeld ist weit von den Durchtrittsstellen der großen Gefäße und Nerven entfernt. Es zieht nur der Ast des N. gluteus superior zum M. tensor fasciae latae durch das Gebiet. Sollte er zufällig getroffen und geschädigt werden, so dürfte dies von den meisten Patienten überhaupt nicht bemerkt werden. Lediglich bei Hochleistungssportlern muß man an diese Gefahr denken. Man wird dann auf das obere Injektionsfeld ausweichen.

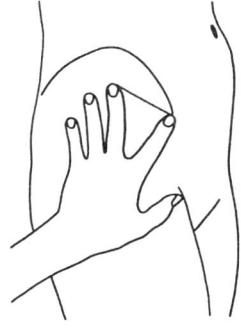

Abb. 918b. Ventrogluteale Injektion nach von Hochstetter

■ **Vorgehen**:
- Als erstes *prüfen, ob eine intramuskuläre Injektion wirklich nötig ist:* Es wird viel zu viel injiziert. Die meisten Arzneimittel können von Patienten auch über den Verdauungstrakt eingenommen werden. Wenn schon die parenterale Gabe (parenteral = unter Umgehung des Darms) unerläßlich ist, sollte man zuerst an die intravenöse Injektion denken (#864). Bei ihr wird das Arzneimittel rasch im Blutstrom verdünnt, während es bei der intramuskulären Injektion in voller Konzentration auf das Gewebe trifft. Die intravenöse Injektion ermöglicht auch beliebige Mengen, während man intramuskulär möglichst nicht mehr als 1 ml geben sollte. Nachteil der intravenösen Injektion ist allerdings manchmal der sehr rasche Eintritt der Wirkung und leider auch der Nebenwirkungen (z.B. Blutdruckabfall bei starken Schmerzmitteln).
- Spritze steril aufziehen, lange, nicht zu dünne Kanüle wählen.
- Injektionsstelle genau festlegen, dabei möglichst das vordere Injektionsfeld wählen.
- Haut *desinfizieren* und warten, bis das Desinfektionsmittel verdunstet ist.

- Mit Schwung *rechtwinklig zur Haut einstechen*, so daß die Nadelspitze möglichst sofort bis zum Zielpunkt vordringt. Da die Schmerzpunkte an der Gesäßgegend weit auseinander liegen (Raumschwelle, #143), ist bei richtiger Technik der Einstich für den Patienten in der Regel nicht oder kaum schmerzhaft. Lenkt man den Patienten durch ein Gespräch ab, so kann der Einstich völlig unbemerkt bleiben.
- Mit dem Spritzenstempel *ansaugen* („aspirieren"). Gelangt Blut in die Spritze, so liegt die Nadelspitze in einem Blutgefäß und man muß die Lage der Nadelspitze ändern (z.B. etwas zurückziehen) und erneut ansaugen.
- *Langsam injizieren:* Man injiziert schließlich nicht in einen Hohlraum. Deshalb muß man dem Gewebe Zeit lassen, um auseinander zu weichen, andernfalls kommt es zu Zerreißungen.
- *Nadel schnell zurückziehen.* Einstichstelle mit Heftpflaster abdecken, um Verschmutzen des Stichkanals zu verhindern. Bei häufigen Injektionen muß man allerdings die mögliche Reizwirkung des Heftpflasters auf die Haut bedenken und Klebstoffreste der alten Heftpflaster jeweils sorgfältig entfernen.

9.2 Oberschenkel und Kniegelenk

#921 Form der Beine bei gestreckten Kniegelenken

■ **Traglinie des Beins**: Eine gängige Definition für die Längsachse des Beines in der Projektion von vorn (Abb. 921) ist die Verbindungslinie von
- Mitte des Hüftkopfes (bzw. Projektion auf Mitte des Leistenbandes = Mitte der Strecke zwischen vorderem oberen Darmbeinstachel und Tuberculum pubicum),
- Mitte der Kniescheibe,
- Mitte der Knöchelgabel.

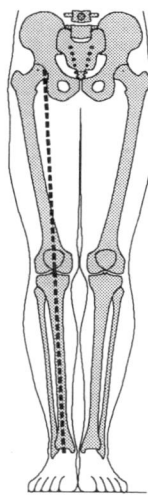

Abb. 921. Beim geraden Bein liegen die Mitte des Caput femoris, der Patella und der Knöchelgabel in einer Geraden (Traglinie des Beins)

Da die Oberschenkel breiter sind als die Unterschenkel und Füße, steht die Längsachse des Beins beim Stand mit geschlossenen Füßen nicht vertikal, sondern leicht schräg. Am Oberschenkel entspricht die Längsachse des Beins nicht der Femurschaftachse. Diese ist wegen des Schenkelhalses noch stärker nach außen geneigt als die Längsachse. Da bei der Frau das knö-

9.2 Oberschenkel und Kniegelenk

cherne Becken im Durchschnitt breiter ist als beim Mann, weicht die Femurschaftachse bei der Frau im allgemeinen stärker von der Vertikalen ab als beim Mann.

Beim geraden Bein liegen die drei genannten Punkte auf einer Geraden. Liegt die Mitte der Kniescheibe nicht in der Verbindungslinie der beiden anderen Punkte, so spricht man von
* *O-Bein* (Genu varum), wenn die Kniescheibe lateral liegt,
* *X-Bein* (Genu valgum), wenn die Kniescheibe medial liegt.

■ **Kurztest**: Man läßt den Patienten mit geschlossenen Füßen „stramm" stehen. Bei geraden Beinen berühren sich sowohl die medialen Epikondylen der Oberschenkel als auch die Innenknöchel. Das Ausmaß von O- oder X-Bein kann man dann als Abstand der Knie bzw. der Knöchel angeben.

#922 Palpation der Knochen im Kniebereich

① **Patella**:
* Die gesamte *Vorderfläche* und alle Ränder der Kniescheibe sind bequem zugänglich (Abb. 922). Manchmal ist die nach unten gerichtete Spitze (Apex patellae) vom Lig. patellae verdeckt.
* Von der *Hinterfläche* (Facies articularis) können das laterale und das mediale Drittel abgetastet werden, wenn man bei gestrecktem Knie und entspanntem M. quadriceps femoris die Kniescheibe aus ihrer Führungsrinne im Femur nach lateral und nach medial zur Seite verschiebt.

② **Gelenkspalt**: Er liegt etwa 0-1 cm distal des Unterrandes der Kniescheibe und ist bei gebeugtem Knie unschwer in den Gruben beidseits des Lig. patellae zu fühlen.

③ **Femur**:
* *Condylus medialis + lateralis:* Mit zunehmender Beugung werden immer größere Abschnitte der überknorpelten Gelenkflächen zugänglich.

* *Facies patellaris:* Die Kniescheibe hält wegen des Lig. patellae einen konstanten Abstand zum Schienbein, während der Gelenkkörper des Oberschenkels an ihr vorbeigleitet. Bei starker Beugung gelangt die Kniescheibe zwischen den beiden Gelenkknorren vor die Fossa intercondylaris. Die überknorpelte Facies patellaris liegt dann nahezu vollständig proximal der Kniescheibe und kann durch die Quadrizepssehne hindurch getastet werden. Man fühlt die Führungsrinne für die Kniescheibe und das stärkere Hervorragen der lateralen Fläche.
* *Epicondylus medialis + lateralis:* die am weitesten nach medial und nach lateral vorspringenden Knochenpunkte mit den Ursprüngen der Seitenbänder. Am Oberrand des Epicondylus medialis fühlt man den Ansatz (Tuberculum adductorium) des M. adductor magnus.

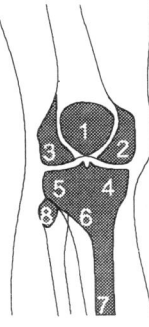

Abb. 922. Im Kniebereich tastbare Knochen: 1 Patella, 2 Condylus medialis (femoris), 3 Condylus lateralis (femoris), 4 Condylus medialis (tibiae), 5 Condylus lateralis (tibiae), 6 Tuberositas tibiae, 7 Margo anterior + Facies medialis (tibiae), 8 Caput fibulae

④ **Tibia**:
* *Condylus medialis + lateralis:* Man kann nur ihre Ränder vorn und seitlich, nicht dagegen die Gelenkflächen (im Gegensatz zum Femur) abtasten.
* *Margo anterior, Facies medialis und Margo medialis* liegen in ganzer Länge ungepolstert durch Muskeln unter der Haut. Die Knochenhaut ist dicht sensibel innerviert. Schläge gegen das Schienbein sind daher sehr schmerzhaft. Ein heftiger Fußtritt gegen einen Angreifer kann diesen für einige Zeit außer Gefecht setzen. Ärztlich wich-

tiger ist die Tatsache, daß Haut über Knochen meist schlechter durchblutet ist als über Muskeln. Bei Krampfadern und Venenentzündungen am Bein treten die gefürchteten Unterschenkelgeschwüre (Ulcera cruris) bevorzugt über der Innenfläche des Schienbeins auf. Diese „offenen Beine" schließen sich außerordentlich schlecht und quälen den Patienten über Monate und Jahre.
• *Tuberositas tibiae:* Der Schienbeinhöcker bildet das verbreiterte obere Ende der vorderen Schienbeinkante, an dem das Lig. patellae ansetzt.

⑤ **Fibula:**
• *Caput fibulae:* Man mache sich klar, daß der Wadenbeinkopf nicht genau lateral vom Schienbein, sondern etwas nach rückwärts verschoben steht.
• *Collum fibulae:* Der Wadenbeinhals unterhalb des Wadenbeinkopfes wird vom N. fibularis communis umrundet (#951). Der anschließende Schaft des Wadenbeins ist rundherum von Muskeln besetzt und daher nicht zu tasten.

#923 Bewegungsumfang des Kniegelenks

Man untersucht am bequemsten in Rückenlage des Patienten:

① **Strecken:** Der Patient liegt entspannt mit in Hüft- und Kniegelenk gestreckten Beinen. Der Untersucher hebt die Ferse des zu untersuchenden Beines an. Das Gewicht des nunmehr durchhängenden Beines zwingt das Kniegelenk in maximale Streckstellung.

Durch Druck auf das Knie von oben kann sich der Untersucher vom hart federnden Widerstand überzeugen.
• Eine Hilfsperson liest den Winkel ab. *Bezugspunkte* sind am Knie der Epicondylus lateralis, proximal die Hauteinsenkung über dem Trochanter major, distal der Außenknöchel.
• Steht keine Hilfsperson bereit, so kann der Untersucher die den Fuß anhebende Hand freimachen, indem er den Fuß des Patienten auf einen Stapel Bücher usw. ablegt.

② **Beugen:** Der Patient zieht das Bein zum Rumpf (beugt im Hüftgelenk auf etwa 90°) und entspannt die Muskeln wieder. Der Untersuchende faßt mit einer Hand den Unterschenkel knapp oberhalb der Knöchel, mit der anderen stützt er das Knie von vorn ab. Dann preßt er den Unterschenkel gegen den Oberschenkel.
• Das Endgefühl ist diesmal weich: Die Beugebewegung wird beim Gesunden nicht durch Bänder, sondern durch den Anschlag der Weichteile der Waden an die Weichteile des Oberschenkels begrenzt. Bezugspunkte für die Messung sind die gleichen wie vorher.
• Will man bei einer Beugehemmung den fortschreitenden Behandlungserfolg möglichst einfach protokollieren, so bietet sich anstelle der Neutralnullmethode das Messen des *minimalen Fersen-Gesäß-Abstands* beim Patienten an (1 cm entspricht etwa 1,5°).

③ **Kreiseln:** Drehbewegungen sind am gesunden Knie nur in Beugestellung möglich (Bänderspannung in Streckstellung!). Untersucht wird üblicherweise in rechtwinkliger Beugung des Kniegelenks. Des

Protokoll 923. Bewegungsumfang des Kniegelenks (Neutralnullmethode)			
	Links	Rechts	Gesunde Studenten
Strecken – Beugen (°)			0° – 0° – 150°
Außenkreiseln – Innenkreiseln * (°)			40° – 0° – 10°

* bei 90° Beugung

bequemeren Zugangs wegen beugt der Patient das Hüftgelenk auf 60 bis 90°.
• Der Untersucher faßt mit einer Hand den Vorfuß des Patienten und bringt ihn in maximale Dorsalextension. Dadurch wird das Sprungbein in der Knöchelgabel eingekeilt. Seitbewegungen des Fußes werden damit minimiert. Der Fuß dient nunmehr als Zeiger für das Ausmaß der Drehbewegungen.
• Als *Nullstellung* sind die „geschlossenen" Füße (Medialseiten aneinander gelegt) definiert. Dies ist eigentlich unphysiologisch, weil die Fußspitzen im bequemen Stand etwa 25° nach außen gedreht sind. Wegen dieser unphysiologischen Nullstellung erscheint die Innenrotation (etwa 10°) wesentlich schwächer als die Außenrotation (etwa 40°). Ginge man von der physiologischen Stellung aus, wäre die Kreiselung nach innen stärker als die nach außen.
• Die Kreiselung läßt sich auch gut in Bauchlage des Patienten (Hüftgelenk gestreckt, Kniegelenke rechtwinklig gebeugt) oder bei auf dem Tisch sitzenden Patienten mit über die Tischkante hängenden Unterschenkeln (der Untersucher sitzt auf einem Hocker vor dem Patienten) prüfen.

#924 Menisken

■ **Meniscus medialis**:
① **Größere Anfälligkeit**: Der Innenmeniskus ist medial breitflächig mit dem Innenband verwachsen. Damit kann er Belastungen schlechter ausweichen und gerät vor allem bei Valgusstreß und Außenrotation unter starke Scherkräfte. Dementsprechend reißt er häufiger als der Außenmeniskus.

② **Palpation**: Der Vorderrand des Innenmeniskus ist bei leichter Innenkreiselung des Unterschenkels im Gelenkspalt medial des Lig. patellae zu tasten.
• Am besten beginnt man bei Außenkreiselung des Unterschenkels. Der Innenmeniskus wird dabei vom medialen Kondylus des Oberschenkels zurückgezogen. Im Gelenkspalt tastet man eine tiefe Einsenkung. Dreht man jetzt den Unterschenkel nach innen, so wird der Innenmeniskus vorgeschoben. Man fühlt, wie sich die Einsenkung zwischen den Kondylen von Oberschenkel und Schienbein füllt.
• Besonders deutlich wird dies bei rasch wechselndem Außen- und Innenkreiseln des Unterschenkels. Bei akut geschädigtem Meniskus sind hierbei Schmerzen auszulösen.

■ **Meniskuszeichen**: Durch Stauchung, Druck oder Scherbewegungen kann man verschiedene Anteile der Menisken stärker belasten und im Falle einer Schädigung (Meniskusriß) Schmerzen, gelegentlich auch ein Schnappen oder Klicken auslösen. Aus der Vielzahl der beschriebenen Tests einige Beispiele:
• *Druckschmerz direkt am Gelenkspalt* beim Tasten des Innenmeniskus (s.o.).
• *Steinmann-I-Zeichen* (Konjetzny-Steinmann-Symptom): Bei forcierter Rotation des gebeugten Knies nach innen und außen treten Schmerzen im inneren oder äußeren Gelenkspalt auf.
• *Steinmann-II-Zeichen:* Der Druckschmerz am Innenmeniskus wandert beim Beugen des Knies nach hinten.
• *Hyperextensionstest:* Die vorderen Meniskusanteile werden bei voller Kniestreckung vermehrt belastet und schmerzen bei Schädigung.
• *Apley-Test:* Der Patient liegt auf dem Bauch. Der Untersucher fixiert den Oberschenkel des im Kniegelenk rechtwinklig gebeugten zu untersuchenden Beins mit seinem Knie. Er faßt den Fuß mit beiden Händen und kreiselt das Kniegelenk zunächst locker, dann unter kräftigem Zug nach distal (distraction test) und schließlich unter axialem Druck (grinding test, engl. grind = mahlen, schleifen). Schmerzen beim Zug sprechen für einen Bandschaden, Schmerzen beim Druck für einen Meniskusschaden.
• Weitere Tests im folgenden Abschnitt.

#925 Bänder des Kniegelenks

■ **Instabilität**: Das gesunde Kniegelenk ist stabil: Außer Beugen, Strecken und Kreiseln sind keine weiteren Bewegungen möglich. Bei Schlaffheit oder Riß von Bändern wird

das Kniegelenk instabil. Dann werden „Aufklappbewegungen" nach medial oder lateral sowie schubladenartige Bewegungen des Schienbeins gegen den Oberschenkel möglich. Bei der orthopädischen Untersuchung werden diese systematisch geprüft.
• Nach meiner Erfahrung findet man in Untersuchungskursen fast immer einige Studierende, die nach Sportunfällen Instabilitäten am Kniegelenk aufweisen.

■ **Außenband** (Lig. collaterale fibulare):
① **Palpation**: Es ist von allen Bändern des menschlichen Körpers am leichtesten zu tasten. Eine günstige Stellung des Patienten hierfür ist die „4": Um das rechte Außenband zu spannen, läßt man die rechte Ferse auf den linken Oberschenkel legen. Das linke Bein bildet dann den Längsstrich, der rechte Unterschenkel den Querstrich, der rechte Oberschenkel den Schrägstrich der „4" (Abb. 925). Das Außenband springt zwischen Wadenbeinkopf und lateralem Epicondylus als etwa strohhalm- bis bleistiftdicker Strang vor.
• Beim Tasten des linken Außenbandes ist die Stellung eine „umgekehrte 4".
• Bei gestrecktem Kniegelenk könnte man bei flüchtigem Hinfassen das Außenband mit der Bizepssehne oder dem Tractus iliotibialis verwechseln (#927).

② **Adduktionsprüfung** (Varustest): Eine Adduktion ist bei einem Schaden des Außenbandes möglich.
• Der Untersucher steht auf der rechten Seite des Patienten, wenn er das linke Knie prüft. Der Patient spreizt die Beine in den Hüftgelenken leicht auseinander. Der Untersucher stützt mit der linken Hand den linken Oberschenkel ab und versucht, mit der rechten Hand den linken Unterschenkel zu adduzieren.
• Die Adduktion wird auch geprüft, wenn man im Schneidersitz das Knie gegen die Unterlage drückt (Payr-Test).
• Bei einem nicht zu alten Außenbandriß treten dabei Schmerzen auf der Außenseite des Knies auf.
• Schmerzen auf der Innenseite weisen auf einen Innenmeniskusschaden hin, da beim Adduktionsversuch der Meniscus medialis zusammengepreßt wird (Böhler-Test).

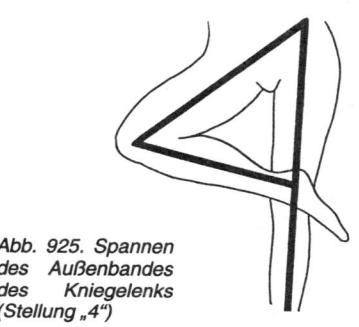

Abb. 925. Spannen des Außenbandes des Kniegelenks (Stellung „4")

■ **Innenband** (Lig. collaterale tibiale):
① **Palpation**: Im Gegensatz zum Außenband ist das Innenband nur undeutlich zu fühlen. Dies liegt daran, daß es der Gelenkkapsel unmittelbar aufliegt, während das Außenband abgehoben ist. Man kann die Breite des Innenbandes einigermaßen abschätzen, wenn man den Gelenkspalt von vorn nach medial und von hinten nach medial verfolgt. Das Innenband entspricht dem Bereich, in welchem der Gelenkspalt nicht so deutlich wahrzunehmen ist. Bei sehr sorgfältigem Tasten fühlt man die vordere und die hintere Begrenzung des Innenbandes als Stufen. Das Innenband ist etwa 2-3 cm breit.

② **Abduktionsprüfung** (Valgustest): Eine Abduktion ist möglich bei Schlaffheit oder Riß des Innenbandes.
• Der Patient liegt auf dem Rücken mit gestreckten Beinen. Der Untersucher tritt zur Untersuchung des rechten Knies auf die rechte Seite des Patienten. Er stützt mit der linken Hand den Oberschenkel ab und versucht, mit der rechten Hand den Unterschenkel zu abduzieren.
• Zur Untersuchung des linken Beins geht der Untersucher auf die linke Seite des Patienten.

- Der Untersucher kann auch den Fuß des Patienten in seiner Achsel einklemmen und mit seiner freien Hand am distalen Oberschenkel gegendrücken.
- Schmerzen auf der Außenseite weisen auf einen Außenmeniskusschaden hin, da beim Abduktionsversuch der Meniscus lateralis zusammengepreßt wird (Böhler-Test).

■ **Kreuzbänder** (Ligg. cruciata):
① **Verlauf**: Das vordere Kreuzband verläuft von außen-hinten-oben nach innen-vorn-unten. Es entspricht in etwa der Verlaufsrichtung des Leistenbandes. Das hintere Kreuzband liegt medial und kreuzförmig zu ihm.
- Die in der Tiefe zwischen den Femurkondylen verborgenen Kreuzbänder sind nicht zu tasten.
- Veranschaulichung der Funktion: Für das rechte Kniegelenk bringe man den rechten Unterarm in die Verlaufsrichtung des vorderen Kreuzbandes und entsprechend den linken Unterarm in die des hinteren. Man drehe nun die Unterarme entsprechend der Außen- und Innenkreiselung des Unterschenkels. Man wird merken, daß sich die Kreuzbänder bei der Innenkreiselung umeinander wickeln (diese also hemmen), hingegen die Außenkreiselung freigeben.

② **Schubladentests**: Bei Schlaffheit oder Riß von Kreuzbändern läßt sich das Schienbein bei gebeugtem Kniegelenk schubladenartig gegen den Oberschenkel nach vorn und hinten schieben.
- Der Patient liegt auf einer Liege und zieht ein Bein an (beugt in Hüft- und Kniegelenk). Der Untersucher setzt sich so auf den Rand der Liege, daß er dabei den Vorfuß des Patienten mit seinem Oberschenkel fixiert. Dann umfaßt er den Unterschenkel des Patienten mit beiden Händen derartig, daß seine Daumen beidseits des Lig. patellae auf dem Gelenkspalt ruhen. Dann zieht er kräftig nach vorn und drückt anschließend nach hinten. Dabei tastet er mit beiden Daumen eine etwaige Verschiebung des Schienbeins.
- Die Tibia ist nach vorn verschieblich („vordere Schublade") bei Schlaffheit oder Riß des vorderen Kreuzbandes, nach hinten („hintere Schublade") bei Schlaffheit oder Riß des hinteren Kreuzbandes.
- *„Rotationsschublade"*: Das Schubladenphänomen wird gewöhnlich außer bei 0°-Drehung des Unterschenkel auch bei 15° Innen- bzw. Außenrotation geprüft. Diese Tests weisen zusätzlich auf Schäden der Gelenkkapsel und der Kapselbänder hin.
- *„Aktive Schublade"*: Der Patient liegt wie oben beschrieben mit angewinkeltem Knie auf dem Rücken. Der Unterschenkel wird jedoch nicht vom Untersucher bewegt, sondern der Patient wird aufgefordert, mit dem Fuß auf die Unterlage zu drücken. Dabei spannt sich der M. quadriceps femoris an und zieht über das Lig. patellae den Schienbeinkopf nach vorn, wenn die Bänder dies zulassen.
- *Lachmann-Test*: Prüfen der „Schublade" bei nur leichter Beugung (20-30°). Der Untersucher faßt Oberschenkel und Unterschenkel kniegelenknah mit je einer Hand und versucht sie gegeneinander nach vorn und hinten zu verschieben. Dieser Test kommt der natürlichen Belastung des Knies beim Gehen (bei dem der Patient durch die Schmerzen besonders beeinträchtigt ist) am nächsten und ist daher besonders aussagekräftig.
- Alle Schubladentests setzen voraus, daß der Patient die Kniemuskulatur entspannt. Dies ist bei akutem Band- oder Meniskusschaden wegen der schmerzbedingten Muskelanspannung oft nicht leicht zu erreichen.

Bewertung:
- schwaches Schubladenphänomen „+": Verschiebung 3-5 mm,
- mittleres Schubladenphänomen „++": Verschiebung 6-10 mm,
- starkes Schubladenphänomen „+++": Verschiebung über 10 mm.

#926 Punktion des Kniegelenks

■ **Kniegelenkerguß**:
① **„Tanzende Patella"**: Durch eine Flüssigkeitsansammlung im Gelenkraum wird die Kniescheibe aus ihrer Führungsrinne am Femur gehoben. Sie verliert dann den seitli-

chen Halt. Sie vibriert, wenn man sie anstößt. Dadurch kann man einen Gelenkerguß leicht von einer Schwellung vor dem Gelenk (z.b. Schleimbeutelentzündung) unterscheiden.
• Bei Gelenkergüssen verstreichen die Einziehungen beidseits der Patella und deren Konturen selbst.

② **Bursa suprapatellaris immer mitbetroffen**: Die oberhalb der Kniescheibe gelegene Bursa ist kein selbständiger Schleimbeutel, sondern ein Reservebereich der Gelenkkapsel für die starke Beugung des Kniegelenks. Bei gestrecktem Kniegelenk reicht sie etwa 5 cm über den Oberrand der Kniescheibe (Basis patellae) nach oben.
• Flüssigkeitsansammlungen im Gelenk (Ergüsse, Blutungen) erstrecken sich immer auch auf die Bursa suprapatellaris. Da zwischen den Gelenkkörpern wenig Platz bleibt, ist sogar der Hauptteil größerer Ergüsse in ihr anzutreffen.

③ **Notwendigkeit der Punktion**: Größere Ergüsse können durch Druck der Flüssigkeit und die freigesetzten Enzyme den Gelenkknorpel erheblich schädigen. Da Gelenkknorpel schlecht regeneriert, ist eine frühzeitige Punktion geboten. Das Punktat läßt auch Schlüsse auf die Entstehung des Ergusses (Trauma, Arthritis, Arthrose) zu. Ein blutiger Erguß weist z.B. auf eine Kniebinnenläsion hin und erfordert weitergehende Diagnostik.

■ **Punktion** (Allgemeines über Gelenkpunktionen ⇒ #816):

① **Punktion kranial-lateral der Patella**: Beim Kniegelenkerguß liegt es wegen der Füllung der Bursa suprapatellaris nahe, den Gelenkraum unmittelbar oberhalb der Kniescheibe zu punktieren.
• Der Patient liegt auf dem Rücken. Das Knie ist gestreckt. Man tastet den Kranialrand der Patella und sticht lateral davon in Richtung auf die Bursa suprapatellaris ein. Dabei sollte man die Dicke der Kniescheibe nicht unterschätzen, weil man sonst an deren Lateralrand mit der Nadelspitze hängen bleibt.
• Die Kanüle ist ausreichend dick zu wählen, da man mit geronnenem blutigen Erguß oder eingedickter Synovialflüssigkeit (z.B. bei Gicht) rechnen muß.
• Gewinnt man bei prallem Knie nur wenig Flüssigkeit, so muß man an einen gekammerten Erguß denken. Dann wird die Kanüle in verschiedenen Richtungen unter Aspiration vorgeschoben, ohne erneut einzustechen (unnötige Infektionsgefahr).
• Kratzen der Kanüle an Periost und Gelenkkapsel ist für den Patienten sehr schmerzhaft und sollte vermieden werden.
• Nach der Punktion wird ein leichter Kompressionsverband angelegt, um ein Nachlaufen des Ergusses zu verhindern.

② **Punktion medial des Lig. patellae**: Bei unzureichender Flüssigkeitsfüllung der Bursa suprapatellaris kommt auch die Punktion auf Höhe des Gelenkspalts infrage, vor allem für intraartikuläre Injektionen.
• Der Patient sitzt so hoch, daß der Unterschenkel frei nach unten baumelt. Man tastet den vorderen Gelenkspalt medial des Lig. patellae und sticht unmittelbar neben dem Band ein. Die Injektion darf keinesfalls in das Band erfolgen, weil z.B. Cortison das Band schädigen könnte.

#927 Oberflächliche Sehnen, Muskelfunktion

Tab. 927. Oberschenkelmuskeln	
Nerv:	Muskel:
N. femoralis	M. iliopsoas
	M. sartorius
	M. quadriceps femoris
	(M. pectineus)
N. obturatorius	M. adductor longus
	M. adductor brevis
	M. adductor magnus
	M. gracilis
	(M. pectineus)
N. ischiadicus	M. semitendinosus
	M. semimembranosus
	M. biceps femoris

9.2 Oberschenkel und Kniegelenk

① **M. sartorius**: Man spannt ihn (im Sitzen oder Stehen, nicht so gut im Liegen) an, indem man im Hüftgelenk leicht beugt und abspreizt, kräftig nach außen kreiselt und das vom Boden abgehobene Bein in der Schwebe hält. Dann zeichnet sich der in seiner ganzen Länge gleichmäßig etwa 3 cm breite, schräg über den Oberschenkel laufende Muskel vom vorderen oberen Darmbeinstachel bis zum inneren oberen Ende des Schienbeins ab.
• Die Ursprungssehne des Schneidermuskels wölbt die Haut unmittelbar unterhalb der Spina iliaca anterior superior vor.

② **Adduktoren**: Sie nehmen das dreieckige Feld zwischen dem Schneidermuskel und dem Hinterrand des M. gracilis ein (Trigonum femorale).
• Der Patient steht mit weit gegrätschten Beinen. Die Adduktoren spannen sich an, um eine Überspreizung zu verhindern.
• Andere Positionen: Der Patient liegt auf dem Rücken und spreizt die im Hüftgelenk rechtwinklig gebeugten Beine. Das Gewicht der Beine reicht meist für eine starke Anspannung der Adduktoren aus. Notfalls drückt der Untersucher die Beine auseinander.
• Meist springen am oberen inneren Ende des Oberschenkels 2 Sehnen kielartig vor: Die vordere Sehne gehört zum *M. adductor longus*. Dahinter folgt die Sehne des *M. gracilis*. Zwischen beiden sinkt die Haut bei nicht zu dickem Unterhautfettpolster zu einer flachen Rinne ein. Bei gestrecktem Kniegelenk tritt die Sehne des schlanken Muskels, bei gebeugtem Knie die des M. adductor longus stärker hervor.
• Die übrigen Adduktoren tastet man als einen eher rundlichen Wulst.

③ **M. quadriceps femoris**: Hebt man im Stehen oder in Rückenlage das im Kniegelenk gestreckte Bein, dann muß der Muskel gegen die Schwerkraft arbeiten. Das Gewicht des Beins genügt meist schon, um die 3 oberflächlich liegenden Köpfe des Kniestreckers deutlich hervortreten zu lassen (notfalls muß der Untersucher den gehobenen Oberschenkel nach unten drücken, um die Anspannung des Muskels zu verstärken):
• In der Mitte liegt das Feld des M. rectus femoris. Medial von ihm reicht der M. vastus medialis bis nahe an die Kniescheibe nach unten. Der M. vastus lateralis endet hingegen schon 2-3 Fingerbreit weiter oben. Er dehnt sich dafür weit zur Seite aus.
• Einige Zentimeter unterhalb des vorderen oberen Darmbeinstachels zwischen den Ursprüngen des M. sartorius und des M. tensor fasciae latae springt die Ursprungssehne des M. rectus femoris vor.
• Die mächtige Ansatzsehne spannt sich unmittelbar proximal der Kniescheibe an.
• Distal der Kniescheibe setzt sich die Quadrizepssehne als Lig. patellae fort. Die Kniescheibe ist als Sesambein in die Sehne eingelassen.
• Beim Rückneigen im Knien muß der M. quadriceps femoris den Körper im Gleichgewicht halten (Abb. 927a).

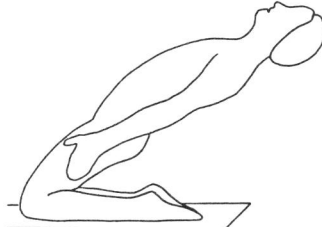

Abb. 927a. Beim Rückneigen im Knien bremst der M. quadriceps femoris die Bewegung des Körpers nach hinten

④ **Ischiokrurale Muskeln**:
• Die Sehne des *M. biceps femoris* bildet die laterale proximale Begrenzung der Kniekehlenraute. Sie tritt besonders stark hervor, wenn der Patient auf dem Bauch liegt und das Knie gegen Widerstand beugt. Die Bizepssehne endet am Wadenbeinkopf.
• Die Sehnen des *M. semitendinosus* und des *M. semimembranosus* bilden die mediale proximale Begrenzung der Kniekehlenraute. Sie spannen sich gemeinsam mit der Bizepssehne beim Beugen des Knies gegen Wider-

stand an. Die rundliche Semitendinosussehne liegt oberflächlich. Unter und medial von ihr fühlt man die breitere Sehne des M. semimembranosus.
• Beim Vorneigen im Knien müssen die Sitzbein-Unterschenkel-Muskeln den Sturz nach vorn verhindern (Abb. 927b).

nach außen zu kreiseln, so spannen sich auf der Außenseite des Knies 2 Sehnen an: hinten die Bizepssehne (zum Wadenbeinkopf), davor der Tractus iliotibialis (wie der Name besagt zum Schienbein). Zwischen den beiden Sehnen sinkt die Haut zu einer tiefen Kuhle ein. Der Tractus iliotibialis ist breiter als die Bizepssehne. Sein Hinterrand ist schärfer begrenzt als sein Vorderrand.
• Im Stehen liegen die beiden Sehnen näher aneinander und sind schlechter zu trennen. Hebt man jedoch das im Kniegelenk gestreckte Bein an, so springt das distale Ende des Tractus iliotibialis lateral und etwas oberhalb der Kniescheibe deutlich vor.

#928 Beinumfänge

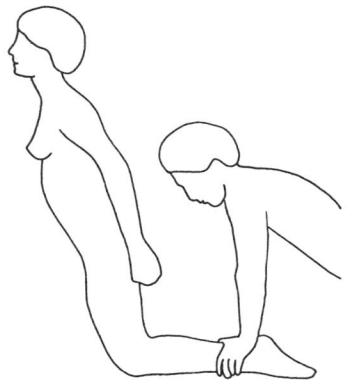

Abb. 927b. Beim Vorneigen im Knien bremsen die ischiokruralen Muskeln die Bewegung des Körpers nach vorn

• Bei sitzender Tätigkeit verkürzen sich die ischiokruralen Muskeln bald, wenn man nicht regelmäßiges „Stretching" durchführt. Deshalb können auch junge Menschen sich oft nicht mit völlig gestreckten Beinen vorneigen oder empfinden Schmerzen in der Kniekehle bei Heben des gestreckten Beins in Rückenlage. Dies sollte man nicht mit einem Dehnungsschmerz des N. ischiadicus (#953) verwechseln!

⑤ **Tractus iliotibialis**: Der Verstärkungszug der Fascia lata vom Darmbeinkamm bis zum Schienbein überspringt das Hüft- und das Kniegelenk. Durch ihn werden die beiden oben einstrahlenden Muskeln (M. gluteus maximus und M. tensor fasciae latae) zweigelenkig.
• Versucht man im Sitzen bei rechtwinklig gebeugtem Kniegelenk gegen Widerstand

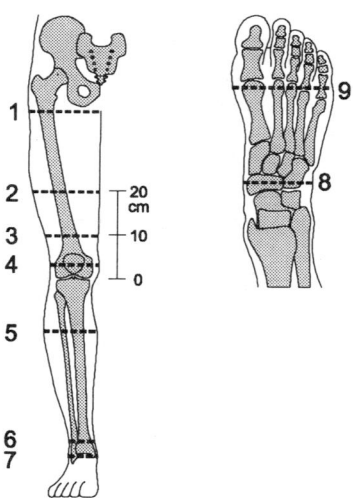

Abb. 928. Empfehlenswerte Höhen für die Umfangsmessung am Bein: 1 oberes Ende, 2 20 cm oberhalb des Kniegelenkspalts, 3 10 cm oberhalb des Kniegelenkspalts, 4 Kniescheibenmitte, 5 dickste Stelle des Unterschenkels, 6 dünnste Stelle des Unterschenkels, 7 Knöchelgabel, 8 Rist über Kahnbein, 9 Vorfußballen

9.2 Oberschenkel und Kniegelenk

Die Einflußfaktoren auf Gliedmaßenumfänge, die Ursachen von Seitenunterschieden und ihre Erkennung sowie die Bedeutung der Umfangsmessung für die Verlaufsbeurteilung von Krankheiten wurden beim Arm (#828) eingehend beschrieben.

Hier sei lediglich daran erinnert, daß beim Bein die Umfangsmessung (Abb. 928) noch wichtiger als beim Arm ist, weil
• wegen der höheren statischen Belastung Abnützungserkrankungen der Gelenke (Arthrosen) am Bein weitaus häufiger sind als am Arm und die Mehrzahl der älteren Menschen befallen.
• der hohe hydrostatische Druck den Blutrückstrom aus den Beinen behindert und daher vom Fuß aufsteigende Schwellungen (Knöchelödeme) bei der Rechtsherzschwäche und bei Venenklappeninsuffizienz verbreitet sind. In diesem Fall sind vergleichende Messungen morgens und abends besonders interessant.
• Irrtumsmöglichkeit: Auch bei sonst Gesunden können die Füße anschwellen, wenn sie ungewohnten Anstrengungen (z.B. längere Wanderungen ohne vorheriges Training) ausgesetzt sind.

#929 Längenmessungen am Bein

■ **Bedeutung**: Sind die Beine nicht gleich lang, steht das Becken schräg. Damit hat die Lendenwirbelsäule eine schräge Ausgangsbasis. Diese wiederum führt zu seitlichen Verkrümmungen der Wirbelsäule (#213) mit vorzeitigem Verschleiß (und Beschwerden für den Rest des Lebens). Die Beurteilung der Beinlänge ist daher praktisch wichtig.

■ **Gesamtlänge**:
① Meßstrecken: Die „wahre" Beinlänge ist nicht zu messen, weil man das obere Ende des Beins, den Hüftkopf, nicht exakt tasten kann. Als Ersatz bieten sich an (Abb. 929):
• *Kristahöhe:* vom Boden zum höchsten Punkt des Darmbeinkamms (Crista iliaca).
• *Spinahöhe:* zum vorderen oberen Darmbeinstachel (Spina iliaca anterior superior).
• *Trochanterhöhe:* zum Oberrand des großen Rollhügels (Trochanter major).
• Eine mittlere Länge der beiden Beine wurde als Symphysenhöhe in #134 bestimmt (Abb. 134b).

② **Probleme**: Kristahöhe und Spinahöhe sind größer als die wahre Beinlänge zum

Protokoll 928. Beinumfänge (cm)		Links	Rechts
① Oberschenkel	Proximales Ende		
	20 cm oberhalb Kniegelenkspalt		
	10 cm oberhalb Kniegelenkspalt		
② Knie	Höhe Kniescheibenmitte		
③ Unterschenkel	Größter Umfang		
	Kleinster Umfang		
	Knöchelhöhe		
④ Fuß	Rist über Kahnbein		
	Vorfußballen		

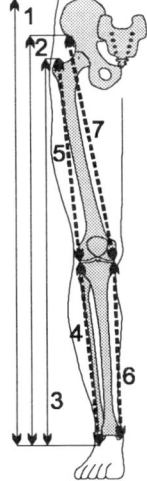

Abb. 929. Längenmessungen am Bein:
1 Außenknöchel – Darmbeinkamm,
2 Außenknöchel – vorderer oberer Darmbeinstachel,
3 Außenknöchel – großer Rollhügel,
4 Außenknöchel – Kniegelenkspalt,
5 Kniegelenkspalt – großer Rollhügel,
6 Innenknöchel – Kniegelenkspalt,
7 Kniegelenkspalt – vorderer oberer Darmbeinstachel

Hüftkopf, die Trochanterhöhe ist kleiner. Deshalb wurde z.B. vorgeschlagen, die Beinlänge als Spinahöhe minus 4 cm zu definieren.
• Ein weiterer Unsicherheitsfaktor ist die Fußhöhe, die in die Beinlänge eingeht. Der belastete Fuß wird länger und dafür niedriger. Folglich unterscheiden sich die im Stehen und im Liegen bestimmten Beinlängen (#134). Deshalb empfehlen manche Autoren, den Fuß beim Messen der Beinlänge ganz wegzulassen und erst von den Knöcheln ab zu messen.
• Man darf also niemals eine Beinlänge angeben, ohne zu definieren, wie man sie bestimmt hat.

■ **Abschnittlängen:**
① **Bedeutung:** Bei einem größeren Längenunterschied der Beine wird man im Hinblick auf die Spätfolgen immer prüfen, ob eine Längenausgleichsoperation in Frage kommt. Dazu muß man wissen, ob ein Bein in allen Abschnitten kürzer ist als das andere (z.B. nach einer frühkindlichen Nervenlähmung) oder ob nur ein Abschnitt betroffen ist (z.B. nach Erkrankung einer Wachstumsfuge).

② **Meßstrecken:**
• Beim Oberschenkel ergeben sich bezüglich des proximalen Endes die gleichen Probleme wie beim Messen des ganzen Beins.
• Aber auch beim Unterschenkel gibt es 2 Maße, weil der Außenknöchel weiter nach unten ragt als der Innenknöchel.

③ **Kurztest:** Ein grober Vergleich der Längen von Ober- und Unterschenkel ist einfach möglich. Der Patient liegt auf dem Rücken:
• Er beugt beide Beine im Hüftgelenk rechtwinklig und im Kniegelenk maximal. Bei gleich langen Oberschenkeln stehen die Kniescheiben (als höchste Punkte in dieser Stellung) auf gleicher Höhe (evtl. Wasserwaage auflegen). Irrtumsmöglichkeit: Der Patient rotiert das Becken.
• Der Patient mindert die Beugung im Hüftgelenk, bis beide Füße nebeneinander voll auf dem Boden ruhen (bei weiterhin stark gebeugten Kniegelenken). Bei gleich langen Unterschenkeln stehen die Kniescheiben auf gleicher Höhe. Irrtumsmöglichkeit: ungleiche Fußhöhen, z.B. durch einen einseitigen Plattfuß.

Protokoll 929. Längenmessungen am Bein		
	Links	Rechts
① Beinhöhen (cm) (Definitionen im Text)		
Kristahöhe		
Spinahöhe		
Trochanterhöhe		
② Abschnittlängen (cm)		
Spitze Außenknöchel – Crista iliaca (höchster Punkt)		
Spitze Außenknöchel – Spina iliaca anterior superior		
Spitze Außenknöchel – Trochanter major (Spitze)		
Spitze Außenknöchel – lateraler Kniegelenkspalt		
Lateraler Kniegelenkspalt – Trochanter major (Spitze)		
Spitze Innenknöchel – medialer Kniegelenkspalt		
Medialer Kniegelenkspalt – Spina iliaca anterior superior		

9.3 Unterschenkel und Fuß

#931 Palpation von Knöchelgabel und Fußknochen

Im Grunde kann man an jeder beliebigen Stelle des Fußes mit dem Tasten beginnen und beliebig weitergehen. Die im folgenden beschriebene Reihenfolge hat sich in den Untersuchungskursen bewährt (Abb. 931a):

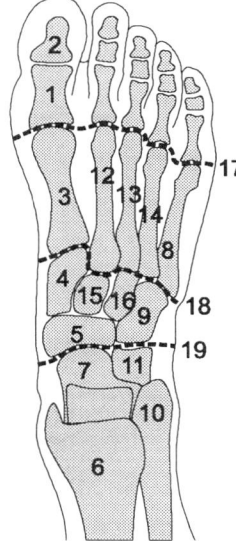

Abb. 931a. Fußskelett von oben: Die Ziffern 1-16 bezeichnen die empfohlene Reihenfolge für das Tasten der Fußknochen. 1 Großzehengrundglied, 2 Großzehenendglied, 3 erster Mittelfußknochen, 4 inneres Keilbein, 5 Kahnbein, 6 Schienbein, 7 Sprungbein, 8 fünfter Mittelfußknochen, 9 Würfelbein, 10 Wadenbein, 11 Fersenbein, 12-14 2.-4. Mittelfußknochen, 15 mittleres Keilbein, 16 äußeres Keilbein, 17 Zehengrundgelenke, 18 Fußwurzel-Mittelfuß-Gelenke („Lisfranc"), 19 queres Fußwurzelgelenk („Chopart")

■ **Innerer Fußrand:**

① **Os metatarsi I:** Der stärkste Vorsprung am Innenrand des Vorfußes ist durch den Kopf (Caput metatarsale) des 1. Mittelfußknochens bedingt.
• Bewegt man die Großzehe auf und ab, so tastet man 1-2 cm distal den Spalt des Großzehengrundgelenks. Er ist bei starker Beugung am Zehenrücken besonders gut zu fühlen.
• Von hier gehe man nun in Richtung auf den Innenknöchel am Knochen entlang. Er verjüngt sich zum Schaft (Corpus metatarsale) und verdickt sich wieder am proximalen Ende (Basis metatarsalis).

② **Os cuneiforme mediale:** Der Spalt des ersten Fußwurzel-Mittelfuß-Gelenks ist am Innenrand des Fußes eindeutig zu tasten und kann von hier auf den Fußrücken verfolgt werden.
• Auf die Rundung des medialen Keilbeins folgt ein zweiter, häufig nicht so tiefer Einschnitt, das Gelenk zwischen medialem Keilbein und Kahnbein (Articulatio cuneonavicularis).

③ **Os naviculare:** Das Kahnbein tritt mit dem Ansatz des M. tibialis posterior (Tuberositas ossis navicularis) etwas stärker hervor als das Keilbein. Es liegt etwa in der Mitte zwischen dem Großzehengrundgelenk und dem Fersenbeinhöcker.

④ **Malleolus medialis:** Der Innenknöchel, das verdickte untere Ende der Medialfläche der Tibia, ist in ganzer Ausdehnung mühelos zugänglich.

⑤ **Talus:**
• Der Sprungbeinkopf (Caput tali) ist durch die vordere Kammer des unteren Sprunggelenks vom Kahnbein getrennt. Je nach Stellung dieses Gelenks ist er mehr oder weniger ausgedehnt am inneren Fußrand zu fühlen.
• Bei auswärts gedrehtem Fuß liegen etwa 3 Fingerbreit an der Oberfläche (Kopf + Hals des Sprungbeins).
• Bei einwärts gedrehtem Fuß sinkt eine fingerbreite Grube zwischen Kahnbein und Innenknöchel über dem Sprungbeinkopf ein.

- Unterhalb des Innenknöchels tastet man den Körper des Sprungbeins (Corpus tali). Er endet hinten mit dem Processus posterior tali, dessen Tuberculum mediale einen markanten Endpunkt beim Tasten in Richtung auf die Achillessehne bildet.

⑥ **Calcaneus**: Man kehre zunächst zum Sprungbeinkopf zurück und umgreife seine Rundung bei auswärts gedrehtem Fuß. Man fühlt dann etwas hinter und unterhalb des Kopfes einen Knochenvorsprung, der vom Sprungbeinkopf durch einen deutlichen Spalt getrennt ist. Es handelt sich um das Sustentaculum tali des Fersenbeins.

- Man findet es auch, wenn man von der Mitte des Innenknöchels senkrecht zur Fußsohle nach unten geht: Zuerst kommt der Sprungbeinkörper, dann als letztes Knochenstück vor den auf Höhe der Längswölbung mächtigen Weichteilen der Fußsohle das Sustentaculum tali.
- Weitere Teile der Innenseite des Fersenbeins und der Fersenbeinhöcker (Tuber calcanei) sind dann in Richtung auf die Ferse ohne Mühe zu tasten.

■ **Äußerer Fußrand**:
① **Os metatarsi V**: Der 5. Mittelfußknochen ist am leichtesten von allen Mittelfußknochen zu begrenzen, weil beide Enden am äußeren Fußrand stark vorspringen: vorn das Caput metatarsale, hinten die Tuberositas ossis metatarsalis quinti (die Ansatzstelle des M. peroneus brevis).

- Vorn tastet man beim Auf- und Abbewegen der Kleinzehe den Gelenkspalt des Kleinzehengrundgelenks etwa 1 cm distal der stärksten Vorwölbung des Caput metatarsale V.

② **Os cuboideum**: Fersenwärts vom 5. Mittelfußknochen sinkt der äußere Fußrand ein: Das Würfelbein setzt mehr die Richtung des 4. Mittelfußknochens fort, und der 5. ist nur am Rand angelagert. Hat man sich darauf eingestellt, so bietet das Würfelbein keine Schwierigkeiten. Der Gelenkspalt des Fersenbein-Würfelbein-Gelenks ist eindeutig zu bestimmen.

③ **Malleolus lateralis**: Der Außenknöchel (Wadenbeinknöchel) ist schlanker und ragt deutlich weiter nach unten als der Innenknöchel.

④ **Calcaneus**: Die ganze Außenseite des Fersenbeins ist bis zum Fersenbeinhöcker gut zu tasten.

⑤ **Talus**: Das Sprungbein nimmt den Raum zwischen Außenknöchel und Fersenbein ein. Die Grenze zwischen Fersenbein und Sprungbein wird deutlicher, wenn man den Fuß abwechselnd aus- und einwärts dreht.
- Dann wird auch der Processus lateralis tali etwas vor und unterhalb des Außenknöchels gut abgrenzbar.
- Das Tuberculum laterale des hinteren Sprungbeinfortsatzes tritt auf der Außenseite weniger stark hervor als das mediale auf der Innenseite.

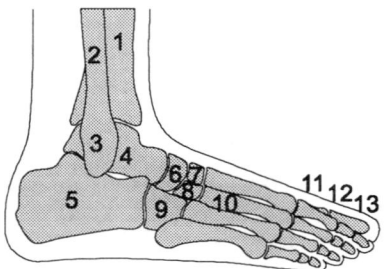

Abb. 931b. Fußskelett von lateral: 1 Tibia, 2 Fibula, 3 Malleolus lateralis, 4 Talus, 5 Calcaneus, 6 Os naviculare, 7 Os cuneiforme intermedium, 8 Os cuneiforme laterale, 9 Os cuboideum, 10 Ossa metatarsi, 11 Phalanx proximalis, 12 Phalanx media, 13 Phalanx distalis

■ **Fußrücken**:
① **Ossa metatarsi II-IV**: Die vorderen Grenzen der Mittelfußknochen 2-4 sind anhand der Zehengrundgelenke bei Zehenbewegungen leicht zu bestimmen.

- Hingegen muß man bei den proximalen Grenzen an den Fußwurzel-Mittelfuß-Gelenken sich sehr viel mehr Mühe geben. Diese liegen nicht in einer Reihe: Der 2. Mittelfußknochen reicht weiter nach proximal als der 1. und 3. Mit etwas Geduld lassen sich jedoch alle Fußwurzel-Mittelfuß-Gelenke am Fußrücken tasten.
- Mißt man die Längen der 5 Mittelfußknochen anhand von Hautmarkierungen aus, müßte sich bei Mitteleuropäern folgende Reihe nach fallender Größe ergeben: 2 – 3 – 4 – 5 – 1. Der 1. Mittelfußknochen ist der kürzeste, aber der dickste.

② **Os cuneiforme intermedium + laterale**: Die 3 Keilbeine füllen den Raum zwischen den Basen der Mittelfußknochen 1-3 und dem Kahnbein. Das mittlere Keilbein ist kürzer als die anderen, weil der 2. Mittelfußknochen weiter nach proximal reicht als der erste und der dritte.

③ **Os naviculare**: Die Grenze des Kahnbeins zum Sprungbein ist am Fußrücken schlecht zugänglich, weil die Sehnen der Strecker über sie hinwegziehen.

■ **Hauptgelenklinien**: Hat man alle Fußknochen getastet, kann man leicht die Hauptgelenklinien markieren (Abb. 931c);
- *Oberes Sprunggelenk:* unter der Knöchelgabel.
- *Unteres Sprunggelenk:* zwischen Sprungbein und Fersenbein und zwischen Sprungbein und Kahnbein.
- *Queres Fußwurzelgelenk* (Chopart-Gelenk, Articulatio tarsi transversa): zwischen Fersenbein und Würfelbein und zwischen Sprungbein und Kahnbein (die vordere Kammer des unteren Sprunggelenks ist auch Teil des queren Fußwurzelgelenks).
- *Fußwurzel-Mittelfuß-Gelenke* (Lisfranc-Gelenk, Articulationes tarsometatarsales, in Befunden oft abgekürzt TM): zwischen den Keilbeinen und dem Würfelbein proximal und den Mittelfußknochen distal.
- *Zehengrundgelenke* (Articulationes metatarsophangeales, MTP): zwischen den Köpfen der Mittelfußknochen und den Zehengrundgliedern.
- *Zehenmittel- und -endgelenke* (Articulationes interphalangeales pedis, PIP + DIP): zwischen den Zehengliedern.

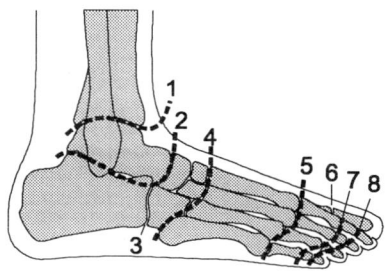

Abb. 931c. Hauptgelenklinien des Fußes: 1 oberes Sprunggelenk, 2 unteres Sprunggelenk, 3 queres Fußwurzelgelenk, 4 Fußwurzel-Mittelfuß-Gelenke, 5 Zehengrundgelenke, 6 Großzehenendgelenk, 7 Zehenmittelgelenke, 8 Zehenendgelenke

#932 **Bewegungsumfang der Sprunggelenke**

■ **Oberes Sprunggelenk** (Articulatio talocruralis): Es wird von der Knöchelgabel und der Sprungbeinrolle (Trochlea tali) gebildet.

① **Hauptbewegungen**: Das obere Sprunggelenk ist zunächst ein Scharniergelenk mit 2 Bewegungsrichtungen:
- fußaufwärts strecken (Dorsalextension = Dorsalflexion),
- fußsohlenwärts beugen (Plantarflexion).

② **Nebenbewegungen**: Sie sind abhängig von der Ausgangsstellung: Die Sprungbeinrolle ist vorn breiter als hinten. Ist der Fußrücken gehoben, so ist die Sprungbeinrolle fest in der Knöchelgabel verkeilt. Mit zunehmender Beugung zur Fußsohle wird die Sprungbeinrolle zwischen der Knöchelgabel immer schmäler. Damit werden Seitbewegungen des Vorfußes möglich:

- abspreizen (Abduktion): Fußspitze nach außen,
- anziehen (Adduktion): Fußspitze nach innen.

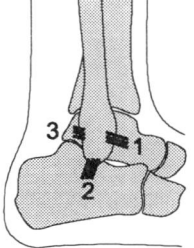

Abb. 932a. Bänder des Wadenbeinknöchels:
1 Lig. talofibulare anterius (das am häufigsten reißende Band des Fußes!),
2 Lig. calcaneofibulare,
3 Lig. talofibulare posterius

■ **Unteres Sprunggelenk:**
① **Teilgelenke:** Es hat 2 durch das Lig. talocalcaneum interosseum getrennte Gelenkkammern:
- Vorderes Teilgelenk *(Articulatio talocalcaneonavicularis):* zwischen Sprungbeinkopf, vorderer + mittlerer Gelenkfläche des Fersenbeins, Kahnbein und dem überknorpelten Pfannenband.
- Hinteres Teilgelenk *(Articulatio subtalaris)*: zwischen den hinteren Gelenkflächen von Sprungbein und Fersenbein.

② **Achse:** Das vordere Teilgelenk ist nach der Art der Gelenkflächen ein Kugelgelenk, das hintere Teilgelenk ein Scharniergelenk. Bei der zwangsweisen Koppelung zweier Gelenke ist immer die Zahl der Freiheitsgrade des schwächer beweglichen Gelenks maßgebend. Deshalb bleibt für das untere Sprunggelenk nur eine Achse übrig. Diese läuft schräg durch die Fußwurzel: Sie tritt auf der Innenseite des Sprungbeinhalses ein und auf der Außenseite des Fersenbeinhöckers aus.

③ **Bewegungen:** Um die eine Achse sind 2 Bewegungsrichtungen möglich:
- *Einwärtsdrehen* (Supination, Inversion): Senken des Vorfußes mit Anheben des Innenrandes. Die Fußspitze weist nach innen. Der Fersenbeinhöcker wird nach innen verkantet.
- *Auswärtsdrehen* (Pronation, Eversion): Heben des Vorfußes mit Senken des Innenrandes. Die Fußspitze weist nach außen. Der Fersenbeinhöcker wird nach außen verkantet.
- Manche Autoren verwenden die Begriffe Inversion und Eversion nur für die Bewegung des Fersenbeins gegenüber dem Unterschenkel und Supination und Pronation nur für den Vorfuß. Die Trennung der beiden Teilbewegungen hat an sich Sinn, weil in die Bewegung des Vorfußes außer den Bewegungen der beiden Sprunggelenke auch noch die kleineren Bewegungen in den übrigen Fußgelenken eingehen.

■ **Praktische Bewegungsmessung:** Wegen der schwierigen Abgrenzung der Bewegungen in den beiden Sprunggelenken, den übrigen Fußwurzelgelenken und den Fußwurzel-Mittelfuß-Gelenken bestimmt man 4 Bewegungen (mit je 2 Bewegungsrichtungen), an denen jeweils mehrere Gelenke beteiligt sind:

① **Rückwärtsstrecken – Fußsohlenwärtsbeugen** (Dorsalextension – Plantarflexion):
- Man hält den Unterschenkel fest und bewegt den Vorfuß auf und ab.
- Man kann auch umgekehrt den Fuß feststellen und den Unterschenkel darüber bewegen (Abb. 932b). Bei jüngeren Menschen werden dabei größere Bewegungsumfänge gemessen als nach der erstgenannten Methode, weil meist ausgedehnte Mitbewegungen in den Nebengelenken zustande kommen. Junge Frauen können manchmal den Unterschenkel weit zurücklehnen und dabei den Fuß hohlfußartig krümmen. Man muß also darauf achten, daß der äußere Fußrand am Boden bleibt!

② **Drehen des Fersenbeins gegen den Unterschenkel:** Man hält den Unterschenkel fest und verkantet das Fersenbein. Die Bewegung kommt hauptsächlich im unteren Sprunggelenk (zusätzliche Nebenbewegung aus dem oberen Sprunggelenk in Mittelstellung) zustande. Man mißt den Winkel der

9.3 Unterschenkel und Fuß

Fersenbeinhöcker-Längsachse mit dem Unterschenkel.

③ **Drehen des Vorfußes gegen das Fersenbein**: Man hält den Fersenbeinhöcker fest und dreht den Vorfuß um seine Längsachse. Diese Bewegung erfolgt in den Gelenken vor dem Fersenbein (also nicht in den Sprunggelenken!).

④ **Drehen des Vorfußes gegenüber dem Unterschenkel**: Diese Bewegung ist die Summe der beiden vorhergehenden Bewegungen. Bei direktem Messen (Unterschenkel festhalten und Vorfuß drehen) sollte das Meßergebnis der Summe der Ergebnisse der beiden vorhergehenden Teilmessungen entsprechen.

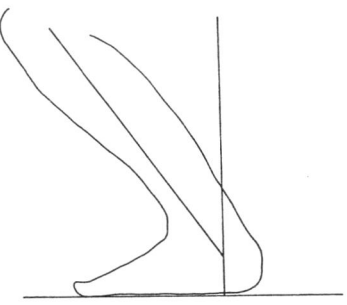

Abb. 932b. Dorsalextension im oberen Sprunggelenk als Bewegung des Unterschenkels über dem feststehenden Fuß

#933 Bewegungsumfang der Zehengrundgelenke und des Großzehenendgelenks

Von den Zehengelenken werden üblicherweise nur die Bewegungsumfänge der Grundgelenke und bei der Großzehe auch des Endgelenks gemessen. Angesichts der sehr kurzen Mittel- und Endglieder der übrigen Zehen wäre ein Anlegen des Winkelmessers schwierig und unsicher. Zudem beeinträchtigen Bewegungseinschränkungen an den Mittel- und Endgelenken der Zehen 2-5 den Patienten nicht sehr.

① Das **Großzehengrundgelenk** ist ein Kugelgelenk, dessen Kreiselmöglichkeiten allerdings kaum genutzt werden. Wir prüfen daher nur Bewegungen um 2 Achsen:
- Rückwärtsstrecken – Fußsohlenwärtsbeugen (Dorsalextension – Plantarflexion).
- Abspreizen – Anziehen (Abduktion – Adduktion, Varusstellung – Valgusstellung): Die Neutralnullstellung ist Fortsetzung der Richtung des 1. Mittelfußknochens, wie man sie bei barfuß gehenden Menschen, kaum aber bei Mitteleuropäern antrifft. Bei diesen wird die Großzehe schon in der Kindheit durch die Schuhe zunehmend in eine Valgusstellung gezwungen. Wegen des individuell wechselnden Ausmaßes derselben (extrem beim Spreizfuß), ist diese Stellung nicht als Bezugsachse geeignet.

② Auch die **Zehengrundgelenke** 2-5 sind dem Bau nach Kugelgelenke. Bei ihnen interessieren ärztlich jedoch nur die Beuge-Streck-Bewegungen. Beim Messen beachte man, daß die Zehen in Ruhe wegen der

Protokoll 932. Bewegungsumfang der Sprunggelenke + Nebengelenke (Neutralnullmethode)				
		Links	Rechts	Gesunde Studenten
Dorsalextension – Plantarflexion (°)				30° – 0° – 50°
Auswärtsdrehen – Einwärtsdrehen (°)	Fersenbein gegen Unterschenkel			20° – 0° – 20°
	Vorfuß gegen Fersenbein			20° – 0° – 40°
	Vorfuß gegen Unterschenkel			40° – 0° – 60°

Protokoll 933. Bewegungsumfang der Zehengelenke (Neutralnullmethode) (°)				
		Links	Rechts	Gesunde Studenten
① Dorsalextension – Plantarflexion (Rückwärtsstrecken – Fußsohlenwärtsbeugen)	MTP I *			70° – 0° – 40°
	MTP II			80° – 0° – 30°
	MTP III			80° – 0° – 30°
	MTP IV			80° – 0° – 30°
	MTP V			80° – 0° – 30°
	IP I			30° – 0° – 60°
② Abduktion – Adduktion (Varus – Valgus) MTP I				10° – 0° – 40°

* MTP = Metatarsophalangealgelenk (Zehengrundgelenk)
IP I = Interphalangealgelenk I (Großzehenendgelenk)

Raumnot im Schuh bereits etwas rückwärtsgestreckt sind, die Nullstellung aber als Parallele zum Boden verstanden wird.

③ Das **Großzehenendgelenk** ist ein Scharniergelenk. Wir prüfen daher nur Rückwärtsstrecken – Fußsohlenwärtsbeugen (Dorsalextension – Plantarflexion).

#934 Punktion des oberen Sprunggelenks

① **Ventromedialer Zugang**: Der Fuß steht leicht plantarflektiert. Man tastet den Gelenkspalt zwischen der Sehne des M. tibialis anterior und dem Malleolus medialis (dazu wird der Fuß abwechselnd etwas plantar- und dorsal bewegt). Eingestochen wird unmittelbar medial der Sehne mit leicht ansteigender Stichrichtung.

② **Ventrolateraler Zugang**: Man tastet den Gelenkspalt zwischen der Sehne des M. extensor digitorum (bzw. des M. peroneus tertius, falls vorhanden) und dem Malleolus lateralis. Um die Sehne anzuspannen, soll der Patient den Fuß aktiv dorsalextendieren. Einstich lateral der Sehne.

#935 Fußform und Fußabdruck

■ **Fußform**: Sie wird entscheidend durch die Längswölbung und die Querwölbung bestimmt. Unter Belastung sinken die Wölbungen etwas ein, und der Fuß wird länger und breiter.

• Die Umgestaltung des Greiffußes der meisten Primaten zum Standfuß des Menschen scheint noch nicht völlig ausgereift. Der Fuß gehört daher zu den besonders anfälligen Teilen des Bewegungsapparats. Kaum ein Mensch hat im höheren Alter noch gesunde Füße. In Untersuchungskursen findet man bei Studierenden immer reichliches Anschauungsgut für Fußfehlformen. Aber selbst viele Neugeborene kommen schon mit Fußfehlformen auf die Welt, weil die Raumnot in der Gebärmutter u.U. die Füße in eine abnorme Stellung zwingt (daneben spielen genetische Faktoren eine bedeutende Rolle).

■ **Inspektion des Fußes**: Man achte auf:
① **Veränderungen der Fußwölbungen**:
• *Plattfuß* (Pes planus): Die Längswölbung ist vermindert (Senkfuß) bis nahezu aufgehoben. Der Sprungbeinkopf tritt zwischen dem Fersenbein und dem Kahnbein nach unten. Der Vorfuß wird dadurch nach außen abgebogen. Die Federung bei Belastung des

9.3 Unterschenkel und Fuß

Fußes ist stark eingeschränkt. Der Gang wird unelastisch.
- *Hohlfuß* (Pes excavatus): Die Längswölbung ist vermehrt. Der Fuß kann nicht über den äußeren Fußrand abgerollt werden. Der Fuß klappt beim Gehen von der hinteren zur vorderen Unterstützungsfläche um.
- *Spreizfuß* (Pes transversus): Die Querwölbung ist eingebrochen. Die Köpfe der Mittelfußknochen bilden nicht mehr einen Bogen, sondern liegen auf gleicher Höhe. Der Vorfuß wird dadurch breiter. An sich müßten dann auch die Zehen stärker divergieren. Dies lassen die Schuhe nicht zu.
- Beim Spreizfuß wird die Großzehe vom Schuh in Richtung auf die 2. Zehe umgebogen *(Hallux valgus)*. Dabei wird die Sehne des M. extensor hallucis longus nach lateral subluxiert und verstärkt nun durch ihren Zug die Valgusstellung. Der Kopf des 1. Mittelfußknochens tritt am medialen Fußrand stark hervor.
- Kennzeichnend für den Spreizfuß ist eine Schwiele unter den Köpfen des 2. + 3. Mittelfußknochens: Die hier sonst unbelastete Haut wird nach unten gedrückt und scheuert am Schuh. Bei ungewohnten langen Märschen kann es zu Ermüdungsbrüchen des 2. + 3. Mittelfußknochens kommen (Marschfraktur).
- *Hammerzehen:* Folgen der Bewegungsarmut im Schuh sind die Rückbildung der kleinen Fußmuskeln und die Verkürzung der langen Beuge- und Strecksehnen. Die mittleren Zehen werden im Grundgelenk überstreckt und im Mittelgelenk stark gebeugt. Über den hervortretenden Köpfen der Zehengrundglieder scheuert der Schuh an der Haut. Es bilden sich „Hühneraugen" (Clavi).

② **Fixierte extreme Fußstellungen**: Die Ruhestellung des Fußes ist in eine der 4 Hauptbewegungsrichtungen der Sprunggelenke verschoben. Wichtigste Ursache ist die Schwäche von Muskeln (#952).
- *Spitzfuß* (Pes equinus = „Pferdefuß"): Plantarflexionsstellung. Der Fuß wird nur mit der Fußspitze aufgesetzt.
- *Hackenfuß* (Pes calcaneus): Dorsalextensionsstellung. Der Fuß wird nur mit der Ferse aufgesetzt.

- *Knickfuß* (Pes valgus): Pronationsstellung. Die Ferse ist nach außen abgeknickt (Valgusstellung = X-Stellung der Fersen zu den Unterschenkeln).
- *Klumpfuß* (Pes varus): Supinationsstellung. Die Ferse ist nach innen abgeknickt (Varusstellung = O-Stellung der Fersen zu den Unterschenkeln). Die Hauptlast ruht auf dem äußeren Fußrand. Der Klumpfuß kommt hauptsächlich in der Kombination mit Spitzfuß und Sichelfuß vor, s.u.
- *Sichelfuß* (Pes adductus): Die Mittelfußknochen sind sichelförmig nach innen abgebogen.

③ **Kombinationen**: Besonders häufig sind:
- *Plattknickfuß* (Pes planovalgus).
- *Angeborener Klumpfuß* (Pes equinovarus adductus congenitus).

■ **Fußabdruck** (Podogramm): Man fette die Fußsohle leicht ein (mit Hautcreme, Babyöl, Abschminke oder was gerade verfügbar) und stelle dann den Fuß auf ein Blatt Papier. Das Papier saugt das Fett an, und man erhält ein Abbild der belasteten Teile des Fußes (Abb. 935):

Abb. 935. Normaler Fußabdruck

- *Gesunder Fuß*: Der innere Fußrand ist ausgespart. Von der Ferse zieht eine schmale Brücke am äußeren Fußrand zur breiten Belastung im Bereich der Köpfe der Mittelfußknochen. Getrennt davon sind 5 Tupfen unter den Zehenkuppen.
- *Plattfuß*: Die Aussparung am inneren Fußrand fehlt. Bei ausgeprägtem Plattfuß ist der Vorfuß nach außen abgespreizt.
- *Hohlfuß*: Die Verbindung zwischen Ferse und Vorfuß fehlt.
- *Spreizfuß*: Der Vorfuß ist verbreitert. Der Abdruck der Großzehe ist nach lateral verschoben. Der Kopf des 1. Mittelfußknochens tritt stark hervor.
- *Hackenfuß*: Nur die Ferse wird abgedrückt.
- *Spitzfuß*: Nur der Vorfuß und die Zehen erscheinen im Fußabdruck.
- *Knickfuß*: Der innere Fußrand ist stärker belastet, daher ist die Aussparung vermindert (wie beim beginnenden Plattfuß).
- *Klumpfuß*: Der äußere Fußrand ist stärker belastet. Die Aussparung ist schmäler, aber länger.

#936 Sehnen im Knöchelbereich, Muskelfunktion

Tab. 936. Unterschenkelmuskeln	
Nerv:	Muskel:
N. fibularis profundus	① Strecker: • M. tibialis anterior • M. extensor hallucis longus • M. extensor digitorum longus • M. peroneus [fibularis] tertius
N. fibularis superficialis	② Wadenbeinmuskeln: • M. peroneus [fibularis] longus • M. peroneus [fibularis] brevis
N. tibialis	③ Tiefe Beuger: • M. tibialis posterior • M. flexor digitorum longus • M. flexor hallucis longus ④ Oberflächliche Beuger: • M. triceps surae (M. gastrocnemius + M. soleus)

■ **Sehnen**: Die Sehnen fast aller Unterschenkelmuskeln sind auf Knöchelhöhe zu tasten. Man lasse sie einzeln anspannen und prüfe damit die Muskelfunktion:

① **Extensoren**: Vor den beiden Knöcheln liegen die Sehnen der Strecker (von innen nach außen):
- *M. tibialis anterior:* inneren Fußrand vorn heben,
- *M. extensor hallucis longus:* Großzehe rückwärtsstrecken,
- *M. extensor digitorum longus:* Zehen 2-5 rückwärtsstrecken,
- *M. peroneus [fibularis] tertius:* Wenn vorhanden, spannt sich seine Sehne beim Heben des äußeren Fußrandes in Richtung zum 5. Mittelfußknochen an (Abb. 936).

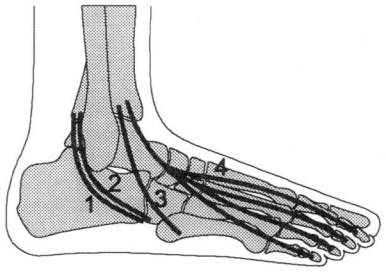

Abb. 936. Tastbare Sehnen an der Außenseite des Fußes: 1 M. peroneus [fibularis] longus, 2 M. peroneus [fibularis] brevis, 3 M. peroneus [fibularis] tertius, 4 M. extensor digitorum longus

② **Peronei**: Hinter dem Außenknöchel liegen die Sehnen der beiden Wadenbeinmuskeln eng beisammen. Unterhalb des Knöchels trennen sie sich. Zum Anspannen hebt man den äußeren Fußrand (Auswärtsdrehen = Pronation):
- *M. peroneus [fibularis] brevis:* schräg nach vorn zur verdickten Basis des 5. Mittelfußknochens (Tuberositas ossis metatarsalis quinti),
- *M. peroneus [fibularis] longus:* steiler abwärts zum Würfelbein. In der Fußsohle läuft die Sehne nicht tastbar zum inneren Fußrand und bildet so mit der Sehne des M.

9.3 Unterschenkel und Fuß

tibialis anterior den sog. „Steigbügel" (der die Querwölbung sichern hilft).

③ **Tiefe Flexoren:** Hinter dem Innenknöchel liegen die Sehnen der tiefen Beuger. Sie sind ungleich gut zu sehen:
* *M. tibialis posterior:* Man hebe den inneren Fußrand einschließlich Fersenbein an. Die Sehne wölbt dann unter der Spitze des Innenknöchels die Haut schräg nach vornunten vor. Gemeinsam mit dem M. tibialis anterior hebt sie die Längswölbung an und wirkt so dem Senkfuß entgegen (Antiplanuswirkung).
* *M. flexor digitorum longus:* Seine Sehne liegt unmittelbar hinter der des hinteren Schienbeinmuskels und ist auch bei abwechselndem Beugen und Strecken der Zehen nur schwer abzugrenzen. Oberhalb des Innenknöchels überkreuzt sie die Sehne des hinteren Schienbeinmuskels.
* *M. flexor hallucis longus:* Die Sehne liegt weiter hinten als die der beiden vorgenannten Muskeln. Man kann ihr Bewegungsspiel hinter dem Sustentaculum tali des Fersenbeins fühlen. Die Sehne hebt das Sustentaculum tali an und hat damit eine Antivalguswirkung.

④ **Oberflächlichen Flexoren:** Sie setzen mit der mächtigen Achillessehne am Fersenbeinhöcker an. Diese spannt sich beim Zehenstand stark an.

■ **Sehnenscheiden** mindern die Reibung. Man findet sie immer dort, wo Sehnen von Haltebändern festgehalten werden. Haltebänder sind für die Sehnen der 3 erstgenannten Muskelgruppen nötig, damit sich die Sehnen nicht abheben (Strecker) oder vor die Knöchel springen (Wadenbeinmuskeln, Beuger):
* Retinaculum musculorum extensorum superius + inferius,
* Retinaculum musculorum peroneorum superius + inferius,
* Retinaculum musculorum flexorum.

Folglich sind alle Sehnen im Knöchelbereich, ausgenommen die Achillessehne, in Sehnenscheiden gehüllt.

#937 Anspannen der Muskeln bei Zehenbewegungen

An den Zehenbewegungen beteiligen sich:
① **Muskeln des Unterschenkels:** langer Zehen- und Großzehenstrecker, langer Zehen- und Großzehenbeuger (#936).

② **Muskeln des Fußrückens:**
* *M. extensor hallucis brevis:* Bei abwechselnden Beuge- und Streckbewegungen kann man sein Anspannen unmittelbar seitlich der Sehne des langen Großzehenstreckers über dem Kahnbein und dem mittleren Keilbein tasten und auch an der Hautbewegung sehen.
* *M. extensor digitorum brevis:* Seine 4 flacheren Muskelbäuche reichen weiter zehenwärts als der des kurzen Großzehenstreckers. Ihr Anspannen ist unter den Sehnen des langen Zehenstreckers nicht sehr deutlich zu fühlen.

③ **Muskeln der Fußsohle:** Am besten sind die Muskeln der Fußränder zugänglich, während die Muskeln der mittleren Fußsohle schlecht abzugrenzen sind:

Tab. 937. Fußmuskeln	
Nerv:	Muskel:
N. fibularis profundus	• M. extensor hallucis brevis • M. extensor digitorum brevis
N. plantaris medialis	• M. flexor digitorum brevis • M. abductor hallucis • M. flexor hallucis brevis, Caput mediale • Mm. lumbricales I, (II)
N. plantaris lateralis	• M. quadratus plantae • M. flexor hallucis brevis, Caput laterale • M. abductor digiti minimi • M. adductor hallucis • M. flexor digiti minimi • M. opponens digiti minimi • Mm. interossei dorsales • Mm. interossei plantares • Mm. lumbricales (II), III. IV

- *M. abductor hallucis:* Er bedingt die Rundung der hinteren Hälfte des inneren Fußrandes und verspannt den Bogen der Längswölbung des Fußes.
- *M. flexor hallucis brevis:* Er polstert den inneren Fußrand im Bereich des 1. Mittelfußknochens. Er tritt bei starkem Rückwärtsstrecken der Großzehe deutlich hervor, weil er bei dieser Bewegung gedehnt wird.
- *M. abductor digiti minimi:* Er läuft am gesamten äußeren Fußrand entlang. Sein Anspannen fühlt man beim Spreizen der Zehen (die Kleinzehe kann meist nicht isoliert abgespreizt werden).
- *M. flexor digitorum brevis:* Sein Muskelspiel tastet man am besten in der Mitte der Längswölbung des Fußes bei Beugen der Zehen 2-5 gegen Widerstand. An seinem Innenrand tritt die Sehne des langen Großzehenbeugers beim Rückwärtsstrecken der Großzehe (Dehnung!) deutlich hervor.
- Die übrigen Muskeln sind kaum durch Tasten abzugrenzen. Man kann sich lediglich durch eine Funktionsprüfung von ihrer Intaktheit überzeugen. So sind z.B. die *Mm. interossei* und die *Mm. lumbricales* die wichtigsten Beuger der Zehengrundgelenke 2-5. Will man sie am eigenen rechten Fuß überprüfen, so legt man die Fingerspitzen 2-5 der linken Hand an die Plantarseite der Zehengrundglieder und läßt die Zehen gegen die Finger drücken. Dabei sollen die Mittel- und Endglieder der Zehen frei sein, weil sonst der lange und der kurze Zehenbeuger eingesetzt werden.

9.4 Blutgefäße und Lymphwege

#941 Arterienpulse am Bein

■ **Durchblutungsstörungen der Beine:** Sie sind (besonders bei Rauchern) häufig. Wird die Arterie allmählich enger, so treten Schmerzen bei Muskelarbeit auf, wenn die Lichtung auf etwa die Hälfte bis 2/3 eingeengt ist. Bei 90prozentiger Einengung bestehen die Schmerzen auch schon in Ruhe. Bei der arteriellen Verschlußkrankheit (oft abgekürzt AVK) der Beine unterscheidet man nach der Lage der obersten Engstelle
- *Unterschenkeltyp:* Die Schmerzen sind hauptsächlich im Fuß.
- *Oberschenkeltyp:* Es schmerzt vor allem der Unterschenkel.
- *Beckentyp:* Das Schmerzmaximum liegt im Oberschenkel.

■ **Arterienpulse:** Kann man an einer Arterie einen kräftigen Puls tasten, so ist eine Gefäßenge proximal dieser Stelle wenig wahrscheinlich (sie müßte dann schon durch einen starken Kollateralkreislauf voll kompensiert sein). Entsprechend den 3 Typen der Durchblutungsstörung sollte man die Arterienpulse jeweils an den Grenzen der 3 Regionen tasten (Abb. 941):
- zwischen Becken und Oberschenkel an der A. femoralis unterhalb des Leistenbandes,
- zwischen Oberschenkel und Unterschenkel an der A. poplitea,
- zwischen Unterschenkel und Fuß an der A. dorsalis pedis am Fußrücken bzw. der A. tibialis posterior hinter dem Schienbeinknöchel.

① **A. femoralis:** Der Puls ist 1-2 cm distal der Mitte des Leistenbandes (Mitte der Verbindungslinie von Spina iliaca anterior superior zum Tuberculum pubicum) ganz leicht zu fühlen. Hier läßt sich auch die Arterie gegen das in der Tiefe liegende Hüftbein abdrücken. Diese Stelle ist auch ein beliebter Punktionsort:

- zum Entnehmen arterieller Blutproben für die Blutgasanalyse, z.B. bei maschinell beatmeten Patienten.
- zur kontinuierlichen intraarteriellen Blutdruckmessung, vor allem bei Patienten auf Intensivstationen.
- zum Einführen eines Katheters, der über die Aorta in andere Arterien und bis in das Herz (Linksherzkatheter) vorgeschoben werden kann (sog. Seldinger-Technik). Auf diesem Weg lassen sich fast alle größeren Arterien nach Kontrastmitteleinspritzung im Röntgenbild sichtbar machen (besonders wichtig die Darstellung der Koronararterien = Koronarographie). Verengte Arterien können mit einem Ballonkatheter aufgedehnt werden (z.B. PTCA = perkutane transluminale koronare Angioplastie).

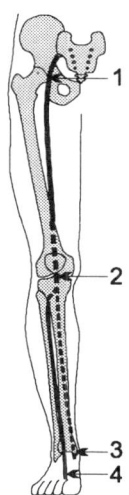

Abb. 941. Tasten der Arterienpulse am Bein: 1 A. femoralis, 2 A. poplitea, 3 A. tibialis posterior, 4 A. dorsalis pedis

② **A. poplitea**: Der Puls ist nur bei gebeugtem Knie zu tasten. Beim Strecken wird der Fettkörper der Kniekehle rückwärts herausgepreßt und dadurch die Kniekehlenfaszie gespannt. Die Arterie liegt ganz tief an der Gelenkkapsel. Man muß also die Haut tief eindrücken. Der Patient soll dabei die Muskeln der Kniekehle völlig entspannen.

Das sichere Tasten des Kniekehlenpulses erfordert längeres Üben.
- Man tastet zunächst in Rückenlage des Patienten mit angezogenem Bein. Der Untersucher umfaßt das Knie mit einer Hand so, daß der Daumen vorn, die übrigen Finger in der Kniekehle liegen. Dann dringt er mit den Fingern 2-4 in die Tiefe.
- Gelingt es in Rückenlage des Patienten nicht, so versuche man es in Bauchlage. Die Kniemuskeln sind dann meist besser zu entspannen, und man kann mit mehr Kraft in der Tiefe tasten. Das Knie des Patienten wird vom Untersucher gebeugt, um eine aktive Spannung der Muskeln zu vermeiden.

③ **A. tibialis posterior**: Ihren Puls fühlt man ganz leicht etwa fingerbreit schräg unterhalb und hinter dem Innenknöchel. Sie zieht dort über Sprung- und Fersenbein hinweg und kann daher dem tastenden Finger nicht in die Tiefe ausweichen. Bei „geschwollenen Füßen" (Knöchelödemen) kann man allerdings manchmal die Schwellung nicht genügend weit eindrücken, um bis an den Puls zu gelangen.

④ **A. dorsalis pedis**: Der Endast der A. tibialis anterior verläuft in der Rinne zwischen dem 1. und 2. Mittelfußknochen. Er wird von der Sehne des M. extensor hallucis longus überkreuzt. Man tastet den Puls am proximalen Fußrücken daher medial, am mittleren und distalen Fußrücken lateral dieser Sehne. Wie bei der Kniekehlenarterie bedarf es einiger Übung, bis man die Fußrückenarterie zuverlässig ermitteln kann.

#942 Lagerungsprobe nach Ratschow

Hebt man die Beine, so wird der venöse Abfluß erleichtert. Man merkt dies an der Entleerung der im Stehen oder Sitzen gestauten Fußrückenvenen. Der Fuß wird allmählich blasser, besonders wenn man den Blutbedarf durch Arbeit der Fußmuskeln erhöht. Setzt man sich dann rasch auf, so rötet sich der Fuß beim Gesunden rasch wieder, und die Hautvenen treten wieder hervor.

Ratschow hat diesen Versuch bei seiner sog. Lagerungsprobe standardisiert:
- Der Patient legt sich auf den Rücken und hebt die leicht gespreizten Beine im Winkel von 45°. Dies ist anstrengender als rechtwinkliges (vertikales) Heben (#253). Reicht die Kraft der Bauchmuskeln nicht aus, so kann man zur Erleichterung die Beine auch rechtwinklig heben lassen.
- Der Patient führt nun mit den Fußspitzen 1-2 Minuten lang leicht kreisende Bewegungen aus. Der Untersucher beobachtet die Füße sorgfältig und notiert die Zeit bis zum deutlichen Abblassen. Zeitungleichheit der beiden Füße spricht für eine Durchblutungsstörung des früher blaß werdenden Beins.
- Dann soll sich der Patient rasch aufsetzen und die Beine locker nach unten hängen lassen. Beim Gesunden röten sich die Füße innerhalb von 5 Sekunden. Die Fußrückenvenen sind bei ihm spätestens nach 12 Sekunden wieder gefüllt. Eine schwere Durchblutungsstörung liegt vor, wenn sich ein Fuß erst nach mehr als 30 Sekunden wieder rötet.

#943 Hautvenen, Krampfadern, Venenklappen

■ **Hautvenen des Beins**: 2 große Venen (mit zahlreichen Seitenästen) leiten am Bein das Blut aus Haut und Unterhaut ab. Beide gehen aus dem Venennetz des Fußrückens (Rete venosum dorsale pedis) hervor:

① **V. saphena magna** (große Rosenvene): Sie entsteht am medialen Fußrand und steigt vor dem Innenknöchel und immer weiter auf der Medialseite des Beins bis kurz vor dem Leistenband auf. Dort durchbricht sie die Fascia lata im Hiatus saphenus und mündet in die V. femoralis ein. Vor der Mündung nimmt sie noch einige kleinere Hautvenen auf, die sternförmig auf den Hiatus saphenus zulaufen (manchmal münden diese auch direkt in die Oberschenkelvene):

- *Vv. pudendae externae:* von den äußeren Geschlechtsorganen,
- *V. epigastrica superficialis:* vom Unterbauch,
- *V. circumflexa iliaca superficialis:* etwa vom vorderen oberen Darmbeinstachel kommend.

② **V. saphena parva** (kleine Rosenvene): Sie entsteht am äußeren Fußrand und steigt hinter dem Außenknöchel und weiter auf der Rückseite des Unterschenkels bis zur Kniekehle auf. Dort tritt sie in die Tiefe und mündet in die V. poplitea ein. Vorher gibt sie noch einen oberflächlichen Verbindungsast (V. saphena accessoria) von wechselnder Stärke zur großen Rosenvene ab.

■ **Bedeutung der Venenklappen**: Sie sind entscheidend wichtig für den venösen Rückfluß zum Herzen. Sie gliedern die Blutsäule in kleine Abschnitte, aus denen das Blut jeweils nur herzwärts weiterfließen kann. Dann können äußere auf die Venen wirkende Kräfte das Blut jeweils um ein Segment anheben und statt des großen hydrostatischen Drucks viele kleine Drücke überwinden.
- Die tiefen Venen werden z.B. durch Muskelarbeit beim Gehen in den engen Muskelkammern rhythmisch zusammengepreßt („Muskelpumpe"). Ähnlich wirken die „Fußsohlenpumpe" bei jedem Auftreten, der Arterienpuls usw. Die Hautvenen haben hingegen nur die Elastizität der Haut als äußere Hilfe.
- Die Venenklappen sind sehr einfach gebaut: Es handelt sich um dünne Membranen, die derart in die Lichtung der Vene ragen, daß sie sich bei herzwärts gerichtetem Blutstrom der Venenwand anlegen, bei einer Stromumkehr aber aufblähen und die Lichtung verschließen.
- Leider gibt die Venenwand im Laufe des Lebens oder bei andauernder Stauung (z.B. in der Spätschwangerschaft) allmählich nach. Die Lichtung der Vene wird größer. Die Klappensegel wachsen nicht mit. Ist eine kritische Weite der Vene überschritten, so reicht die Länge der Klappensegel nicht

mehr aus, um den Blutrückfluß zu verhindern.
- Bei Insuffizienz einer Venenklappe lastet eine doppelt so hohe Blutsäule über der tiefer gelegenen Nachbarklappe, so daß auch diese bald überlastet wird. Die Venenklappeninsuffizienz breitet sich also rasch aus, wenn sie erst einmal begonnen hat. Dann staut sich das Blut in den Venen an, und die Hautvenen treten stark hervor (Krampfadern = Varizen).
- Der verzögerte Blutabfluß behindert einen geregelten arteriellen Zufluß. Es drohen Ernährungsstörungen des Gewebes und die schon erwähnten (#922) Beingeschwüre (Ulcera cruris).

■ **Perforansvenen**: Zwischen der V. saphena magna und den tiefen Venen bestehen zahlreiche Verbindungen. Sie sind vor allem in 3 Gruppen angeordnet, die meist nach ihren Beschreibern benannt werden:
- *Cockett-Venen:* in der unteren Hälfte des Unterschenkels,
- *Boyd-Venen:* auf Kniehöhe,
- *Dodd-Venen:* in der unteren Hälfte des Oberschenkels.
- In den Perforansvenen sind die Klappen so angeordnet, daß der Blutstrom nur von außen nach innen möglich ist. Werden diese Klappen undicht, dann strömt Blut von der Tiefe an die Oberfläche und belastet das Hautvenensystem zusätzlich. Blut pendelt dann zwischen oberflächlichen und tiefen Venen hin und her, ohne herzwärts weiterzukommen. Der Patient bekommt im Stehen rasch Schmerzen in den Unterschenkeln und muß die Beine hochlegen, damit das Blut wieder abfließen kann.
- Hilfreich ist es dann, die Beine von außen zusammenzupressen, um eine stärkere Füllung der Hautvenen zu verhindern (Stützstrümpfe, Verbände). Als letztes Mittel kann man die großen Hautvenen operativ entfernen (Venenstripping), sofern die tiefen Venen intakt sind.

■ **Tests zur Prüfung der Venenklappen**:
① **Brodie-Trendelenburg-Test**: Der Patient liegt auf dem Rücken und hebt die Beine, bis die Hautvenen entleert erscheinen (evtl. streicht der Arzt die Beine rumpfwärts aus). Dann wird unterhalb der Mündung der V. saphena magna am oberen Oberschenkel (oder der V. saphena parva am Unterschenkel) eine Staubinde angelegt. Diese darf nur die Venen, nicht aber die Arterien abklemmen. Dann läßt man den Patienten aufstehen.
- Bei intakten Klappen in den Perforansvenen dauert es etwa 30 Sekunden, bis sich die Hautvenen wieder deutlich zu füllen beginnen.
- Bei undichten Klappen schießt das Blut schon früher ein.
- Löst man die Staubinde und füllt sich die Vene von oben, so ist die Klappe an der Mündung undicht.

② **Perthes-Gehtest**: Bei gefüllten Hautvenen wird beim stehenden Patienten eine Staubinde unterhalb des Knies angelegt. Dann wird der Patient gebeten, einige Zeit auf und ab zu gehen. Bei intakten Klappen in den Perforansvenen entleeren sich die Hautvenen über die Muskelpumpe der Wadenmuskeln. Bei undichten Klappen bleiben die Hautvenen gefüllt.

#944 Leistenlymphknoten

■ **Bedeutung der Palpation**: Das Abtasten der Gegend distal des Leistenbandes hat hohe praktische Bedeutung, weil die Leistenlymphknoten die regionären Lymphknoten für das Bein, die untere Bauchwand sowie die äußeren und einen Teil der inneren Geschlechtsorgane sind. Sie sind daher bei vielen Erkrankungen mitbefallen.
- Beim Gebärmutterkörperkrebs und beim Hodenkrebs treten hier gewöhnlich die ersten Tochtergeschwülste (Metastasen) auf. Dann wäre es für die Planung der Behandlung sehr wichtig zu wissen, ob ein tastbarer Lymphknoten schon seit vielen Jahren verhärtet (= harmlos) ist oder erst in letzter Zeit hart wurde (verdächtig auf Metastase).
- Das Abtasten der Leistenlymphknoten darf daher bei keiner eingehenden ärztlichen Untersuchung übergangen werden. Auch beim jungen Erwachsenen sind meist mehre-

re Leistenlymphknoten verhärtet. Deshalb kann man sich an ihnen besonders gut im Tasten von Lymphknoten und an deren Beschreibung üben.

• Im Befundprotokoll sind für jeden tastbaren Lymphknoten unbedingt Form, Größe, Beschaffenheit, Verschieblichkeit und Lage genau zu beschreiben (#125) und möglichst eine Lageskizze anzulegen.

■ **Gliederung nach Lage**: Die Leistenlymphknoten liegen in 3 Gruppen beisammen:

• *Längszug der oberflächlichen Gruppe* (Nodi lymphatici inguinales superficiales inferiores): Sie liegen um die V. saphena magna, kurz bevor diese die Fascia lata am Hiatus saphenus durchbricht und in die V. femoralis einmündet. Einzugsgebiet: gesamtes Bein.

• *Schrägzug der oberflächlichen Gruppe* (Nodi lymphatici inguinales superficiales superomediales + superolaterales): Sie liegen oberflächlich zur Fascia lata 1-3 Fingerbreit unterhalb des Leistenbandes etwa parallel zu diesem. Einzugsgebiete: Bauchwand bis etwa Nabelhöhe, Gesäßgegend, äußere Geschlechtsorgane, Aftergegend, Gebärmutterkörper (über Lymphgefäße im Lig. teres uteri).

• *Tiefe Leistenlymphknoten* (Nodi lymphatici inguinales profundi): Sie liegen unter der Fascia lata um die Oberschenkelvene und setzen sich durch die Lacuna vasorum unter dem Leistenband in die Nodi lymphatici iliaci externi fort. Ein Lymphknoten in der Lacuna vasorum wird gewöhnlich Rosenmüller- oder Cloquet-Lymphknoten genannt. Einzugsgebiet: oberflächliche Leistenlymphknoten.

9.5 Nerven

#951 Große Nerven am Bein

Die Innervation der Beinmuskeln distal der Gesäßgegend (#917) teilen sich nur 3 Nerven:
• *N. femoralis*: Hüftbeuger und Kniestrekker,
• *N. obturatorius*: Adduktoren,
• *N. ischiadicus*: ischiokrurale Muskeln und alle Muskeln unterhalb des Kniegelenks.

■ **Verläufe**:

① Der **N. femoralis** tritt unter dem Leistenband in den Oberschenkel ein. Er liegt unter der Fascia lata auf dem M. iliopsoas und ist gewöhnlich nicht zu tasten. Man kann trotzdem seinen Verlauf sehr genau bezeichnen, wenn man vom Puls der A. femoralis ausgeht: Der Nerv befindet sich unmittelbar lateral davon. Schon wenige Zentimeter distal des Leistenbandes fächert er sich zu zahlreichen Muskel- und Hautästen auf.

• Ein langer Ast *(N. saphenus)* begleitet die A. + V. femoralis in den Adduktorenkanal (Canalis adductorius), durchbricht dann aber dessen Vorderwand (den Sehnenzug vom M. adductor magnus zum M. vastus medialis) und schließt sich der V. saphena magna zum Unterschenkel und zur Innenseite des Fußes an.

• Im Kniebereich kann man seinen *R. infrapatellaris* auf dem Epicondylus medialis des Femur tasten: einen etwa bleistiftminendicken Strang, der den Epicondylus schräg von hinten-oben nach vorn-unten überquert und unter dem kräftig drückenden Finger zur Seite gleitet.

② Der **N. obturatorius** gelangt durch den Canalis obturatorius in den Oberschenkel und zweigt sich dann zwischen den Adduktoren auf. Seine Projektion auf die Haut entspricht etwa dem Verlauf des M. gracilis. Sein Hautast durchbricht an dessen Vorderrand etwa in der Mitte des Oberschenkels die Fascia lata. Sein Hautgebiet erstreckt sich von hier bis etwa zum Knie.

- Die Kenntnis dieses Hautgebietes ist diagnostisch wichtig: An der Beckenwand zieht der N. obturatorius am Eierstock vorbei. Bei Erkrankungen des Eierstocks kann er gereizt werden. Bei nicht örtlich zu erklärenden Schmerzen im Hautgebiet des N. obturatorius sollte man bei Frauen immer an Erkrankungen des Eierstocks denken!

③ Der **N. ischiadicus** ist der stärkste und längste Nerv des Körpers. Er tritt am medialen Drittelpunkt einer Verbindungslinie vom Sitzbeinhöcker zum großen Rollhügel in den Oberschenkel ein (#917). Von da zieht er, bedeckt von den ischiokruralen Muskeln, gerade zur Mitte der Kniekehle weiter. Auf unterschiedlicher Höhe teilt er sich in seine beiden Hauptäste ④ + ⑤ auf:

④ Der **N. tibialis** setzt den geraden Verlauf zum Fuß fort (Zielpunkt für die Projektion: Mitte der Verbindungslinie von Innenknöchel und Fersenbeinhöcker).

⑤ Der **N. fibularis communis** zweigt in der oberen Spitze der Kniekehlenraute vom N. tibialis ab und folgt dann dem Innenrand des M. biceps femoris. Je mehr sich dieser Muskel zu seiner Ansatzsehne verjüngt, desto ungeschützter liegt der Nerv hinter ihm.
- *Palpation:* Spannt man die Bizepssehne bei gebeugtem Kniegelenk kräftig an (z.B. indem man mit der Ferse dieses Beins gegen einen Widerstand nach rückwärts drückt), so kann man den Nerv unmittelbar hinter der Sehne leicht tasten. Er fühlt sich fast wie eine zweite Sehne an. Er endet jedoch nicht am Wadenbeinkopf (Caput fibulae) wie die Bizepssehne, sondern umrundet den Wadenbeinhals (Collum fibulae), bevor er sich in den *N. fibularis superficialis + profundus* aufzweigt.
- *Gefährdung:* Am Wadenbeinhals ist der Nerv besonders exponiert. Ein typischer Unfall ist das Anfahren eines Fußgängers durch ein Auto beim Überqueren der Straße. Die Stoßstangen der Pkw liegen etwa auf Höhe des Wadenbeinhalses. Beim seitlichen Aufprall wird der N. fibularis communis zwischen Stoßstange und Knochen zerquetscht. Der Nerv ist aber auch durch den unaufmerksamen Arzt gefährdet: Er kann einen Druckschaden erleiden, wenn ein Gipsverband nicht entsprechend gepolstert ist oder wenn das Bein beim bewußtlosen Patienten (Narkose!) unzweckmäßig gelagert ist.

■ **Druckpunkte**: Die Druckschmerzhaftigkeit prüft man an folgenden Stellen:
- *N. femoralis:* unterhalb des Leistenbandes unmittelbar lateral vom Puls der A. femoralis.
- *N. ischiadicus:* in der Gesäßgegend etwa in der Mitte der Verbindungslinie von Sitzbeinhöcker und hinterem oberen Darmbeinstachel (#917)
- *N. fibularis communis:* am Wadenbeinhals (Abb. 951).

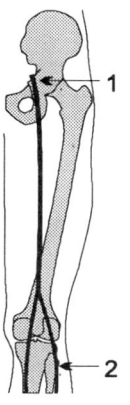

Abb. 951. Nervendruckpunkte:
1 N. ischiadicus,
2 N. fibularis communis

#952 Motorische Ausfälle

① **N. femoralis**: Das Knie kann nicht mehr aktiv gestreckt werden. Das Beugen im Hüftgelenk ist schwer beeinträchtigt, aber nicht völlig aufgehoben. Ausgedehnte Sensibilitätsstörung an der Vorderseite des Oberschenkels und über der Schienbeininnenfläche.

② **N. obturatorius**: Wegen des Ausfalls der Adduktoren überwiegen die Hüftabspreizer. Der Gang wird breitbeinig („Seemannsgang"). Das kranke Bein kann nicht mehr aktiv über das gesunde geschlagen werden. Die Haltung des Beckens wird unsicher, weil das Gegenspiel von Abspreizen und Anziehen gestört ist. Kleine gefühllose Zone an der unteren Innenseite des Oberschenkels.

③ **N. ischiadicus**: Das Kniegelenk kann nicht mehr aktiv gebeugt und gekreiselt werden. Das Bein ist unterhalb des Knies gelähmt. Ausgedehnte Sensibilitätsstörungen an der Außenseite des Unterschenkels und des Fußes sowie an der Fußsohle.
Lähmungstypen bei Ausfall der Hauptäste:
- *N. tibialis:* Pes calcaneus. Bei Ausfall aller wichtigen Beuger (vor allem der Muskeln der Achillessehne) haben die Strecker nur noch die schwächeren Wadenbeinmuskeln als Gegenspieler. Der Fuß gerät zunehmend in Dorsalextension. Auch die Zehen sind wegen der Lähmung aller Zehenbeuger rückwärtsgestreckt.
- *N. fibularis profundus:* Pes equinus. Wegen des Ausfalls aller Strecker verharrt der Fuß in extremer Plantarflexion. Auch die Zehen sind wegen der Lähmung aller Zehenstrecker stark gebeugt.
- *N. fibularis superficialis:* Pes varus. Die Wadenbeinmuskeln sind die stärksten Auswärtsdreher (Pronatoren). Bei ihrer Lähmung überwiegen die Einwärtsdreher (oberflächliche und tiefe Beuger). Der innere Fußrand wird hochgezogen (Supination, Inversion) und der Fuß daher mit dem äußeren Rand aufgesetzt.
- *N. fibularis communis:* Pes equinovarus = die Kombination der beiden vorher genannten Lähmungstypen.

#953 Entlastungs- und Dehnungsstellungen der großen Beinnerven

■ **Entlastungsstellungen**: Sie werden vom Patienten bei Nervenentzündungen spontan eingenommen (#873):
- *N. femoralis:* Beugen im Hüftgelenk + Strecken im Kniegelenk.
- *N. obturatorius:* Adduktion + Außenrotation im Hüftgelenk.
- *N. ischiadicus:* Strecken im Hüftgelenk + Beugen im Kniegelenk.
- *N. tibialis:* Strecken im Hüftgelenk + Beugen im Kniegelenk + Plantarflexion und Supination in den Sprunggelenken + Plantarflexion der Zehen.
- *N. fibularis communis:* Strecken im Hüftgelenk + Beugen im Kniegelenk + Dorsalextension und Pronation in den Sprunggelenken + Dorsalextension der Zehen.

■ **Dehnungsstellungen**: Sie sind die Gegenbewegungen zu den Entlastungsstellungen. Man prüft sie bei Verdacht auf Nervenentzündungen oder um diese auszuschließen:

① **N. femoralis**: Strecken im Hüftgelenk + Beugen im Kniegelenk. Der Patient liegt auf dem Bauch. Der Arzt hebt mit der einen Hand den Oberschenkel des Patienten an und beugt mit der anderen Hand das Knie maximal.

② **N. obturatorius**: Abduktion + Innenrotation im Hüftgelenk. Der Patient liegt auf dem Bauch. Der Arzt spreizt das Bein des Patienten ab, beugt es dann im Kniegelenk und benutzt den Unterschenkel als Hebel für die Innenrotation (führt den Fuß nach außen!).

③ **N. ischiadicus**: Beugen im Hüftgelenk + Strecken im Kniegelenk. Der Patient liegt auf dem Rücken. Der Arzt hebt das im Kniegelenk gestreckte Bein des Patienten an.
- *Lasègue-Zeichen:* Während beim Gesunden das Bein fast bis zur rechtwinkligen Beugung im Hüftgelenk schmerzfrei gehoben werden kann, gibt der Patient mit Reizung des N. ischiadicus oder der Rückenmarkshäute (#221) mitunter schon Schmerzen im Bein bei leichter Beugung an.
- *Bragard-Zeichen:* Die Dehnung kann verstärkt werden, wenn man den Fuß des Patienten maximal dorsalextendiert (N. tibialis) bzw. plantarflektiert (N. fibularis communis).

#954 Sensibilitätsstörungen

Allgemeine Probleme der segmentalen und peripheren Innervation sind bereits beim Rumpf (#264) und beim Arm (#874) erörtert worden.

■ **Segmentale Innervation**: Das Bein wird (wie der Arm) von vorderen Ästen der Rückenmarknerven versorgt. Sie durchflechten sich im Plexus lumbosacralis. Auch hier gibt es einen Segmentsprung: Die Segmente L4 bis S1 sind völlig in das Bein hinausverlagert (Abb. 954a). Die Anordnung der Segmente ist am besten aus der Vierfüßerstellung verständlich (Abb. 874a).
- L1: Umgebung des Leistenbandes,
- L2: vorderer oberer Oberschenkelbereich,
- L3: vorderer unterer Oberschenkelbereich mit Knie,
- L4: vorderer medialer Unterschenkelbereich,
- L5: Zehen 1 + 2 mit angrenzenden Teilen des Fußrückens und der Fußsohle,
- S1: Zehen 3-5 mit angrenzenden Teilen des Fußrückens und der Fußsohle,
- S2: Hinterseite von Unter- und Oberschenkel bis zur Gesäßgegend,
- S3: etwa innerer unterer Quadrant der Gesäßgegend.

■ **Periphere Innervation**:
① **Anatomische Gebiete**: Da die Verteilungsmuster der Hautnerven (Abb. 954b) der einzelnen Menschen verschieden sind, kann die folgende Kennzeichnung der Hautfelder nur zur groben Orientierung dienen (Gesäßgegend ⇒ #917):
- *N. genitofemoralis:* ein etwa handbreiter Streifen unterhalb des Leistenbandes.
- *N. femoralis:* daran anschließend die Vorderseite des Oberschenkels und (über den N. saphenus) weiter bis zum medialen Fußrand. Am Unterschenkel bildet die vordere Grenze etwa die vordere Schienbeinkante. Die hintere Grenze entspricht etwa der hinteren Mittellinie des Unterschenkels.
- *N. cutaneus femoris lateralis:* Außenseite des Oberschenkels.
- *N. cutaneus femoris posterior:* Hinterfläche des Oberschenkels und Kniekehle.
- *N. obturatorius:* untere Medialseite des Oberschenkels.
- *N. ischiadicus:* Lateralseite des Unterschenkels und gesamter Fuß (ohne hintere 2/3 des medialen Fußrandes). Die Zuordnung zu den einzelnen Hauptästen ist nicht einfach, weil sich ein Verbindungsast (R. communicans fibularis) des N. fibularis communis mit dem N. cutaneus surae medialis des N. tibialis zum *N. suralis* vereinigt. Dieser versorgt den äußeren Fußrand.
- Der *N. fibularis profundus* hat ein Hautgebiet zwischen Großzehe und zweiter Zehe.
- Den Fußrücken innerviert der *N. fibularis superficialis.*
- Die Fußsohle versorgen Äste des *N. tibialis.*
- Es bleibt die Unterschenkelaußenseite für den *N. cutaneus surae lateralis* aus dem N. fibularis communis.

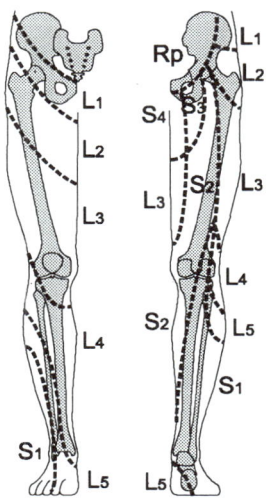

Abb. 954a. Segmentale Innervation des Beins. Die in Lehrbüchern der klinischen Neurologie angegebenen Schemata variieren erheblich. Es ist daher mit einer großen interindividuellen Variabilität zu rechnen. Das Bild kann daher nur zur groben Orientierung dienen. Rp = Rr. posteriores der Lumbal- und Sakralnerven.

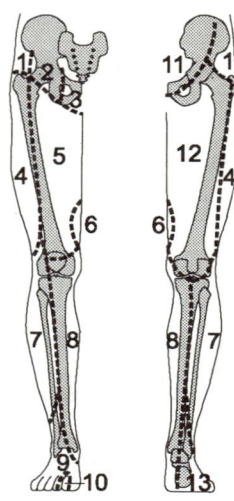

Abb. 954b. Hautgebiete der Nerven am Bein: 1 N. iliohypogastricus, 2. N. genitofemoralis, 3 N. ilio-inguinalis, 4 N. cutaneus femoris lateralis, 5 N. femoralis, 6 N. obturatorius, 7 N. cutaneus surae lateralis, 8 N. saphenus, 9 N. fibularis superficialis, 10 N. fibularis profundus, 11 Rr. clunium superiores + mediales, 12 N. cutaneus femoris posterior, 13 N. suralis

② **Autonomgebiete**:
- *N. femoralis:* etwa handbreiter Streifen von der Vorderseite des Oberschenkels zur Medialseite des Unterschenkels.
- *N. cutaneus femoris lateralis:* etwa handgroßes Feld auf der oberen Außenseite des Oberschenkels.
- *N. cutaneus femoris posterior:* etwa handbreites Feld auf der Hinterfläche des Oberschenkels von der Gesäßgegend bis nahe zur Kniekehle.
- *N. obturatorius:* kleiner Bereich an der unteren Medialseite des Oberschenkels.
- *N. tibialis:* Fußsohle.
- *N. fibularis superficialis:* kleines Hautgebiet am Fußrücken.

#955 Reflexe am Bein

■ **Normale Reflexe**:
① **Quadrizepsreflex** (Patellarsehnenreflex, häufig abgekürzt PSR, L_2-L_4, N. femoralis): Das Lig. patellae ist das Endstück der Ansatzsehne des M. quadriceps femoris. Die Kniescheibe ist als Sesambein in die Sehne eingeschaltet. Durch einen Schlag auf das Lig. patellae wird der Muskel ruckartig gedehnt und damit die Muskelkontraktion ausgelöst. Der gleiche Mechanismus wird wirksam, wenn man von oben auf die Oberkante der Kniescheibe klopft oder auf die Sehne oberhalb der Kniescheibe schlägt, doch ist dies für den Patienten weniger angenehm. Da das Bein eine Streckbewegung ausführt, muß es frei nach vorn schwingen können. Bewährte Teststellungen:
- Der auf einem Stuhl sitzende Patient schlägt das zu untersuchende Bein über das andere (Abb. 955).

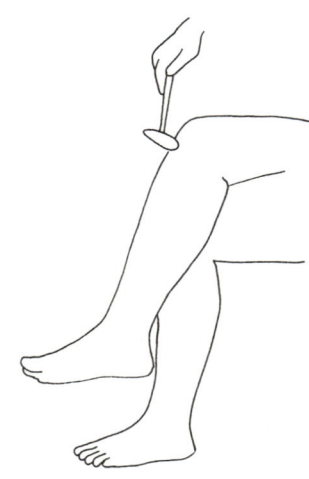

Abb. 955. Prüfen des Quadrizepsreflexes (PSR)

- Der Seitenvergleich wird erleichtert, wenn beide Beine auf gleicher Höhe sind und frei schwingen können. Im Untersuchungskurs

9.5 Nerven

setzt sich der Patient am besten auf einen Tisch und läßt die Unterschenkel über die Tischkante nach unten baumeln.
• Bei auf dem Rücken liegendem Patienten faßt der Arzt mit einem Arm unter den Beinen des Patienten durch und hebt beide Kniekehlen an.
• Bei schwergewichtigen Patienten muß man sich auf das Anheben eines Beins beschränken. Der Untersucher stützt dann den hebenden Arm auf dem anderen Knie des Patienten ab.

② **Achillessehnenreflex** (Triceps-surae-Reflex, meist abgekürzt ASR, $S_1 + S_2$, N. tibialis): Ein Schlag auf die Achillessehne wird mit einer Plantarflexion des Fußes beantwortet. Günstige Teststellungen:
• Der Patient kniet auf einem Stuhl und hält sich an der Lehne fest. Er läßt die Füße locker über den Rand des Stuhles hängen. In dieser Stellung ist der Seitenvergleich besonders einfach.
• In Bauchlage rutscht der Patient auf der Untersuchungsliege soweit nach unten, bis die Füße über den Rand der Liege hängen.
• In Rückenlage des Patienten spreizt der Arzt ein Bein des Patienten ab und dreht es nach außen, bis die Achillessehne zugänglich wird. Evtl. wird dieses Bein bei gebeugtem Kniegelenk über das andere Bein des Patienten geschlagen. Die Fuß muß in jedem Fall so liegen, daß die Plantarflexion nicht behindert wird.
• In Rückenlage des Patienten steht der Arzt zur Untersuchung des rechten Beins auf der rechten Seite der Liege mit Blick zum Fußende. Er faßt den Vorfuß des Patienten mit der linken Hand, hebt ihn an und klemmt das gebeugte Knie des Patienten mit seinem Ellbogen an seinen Brustkorb. Mit der rechten Hand führt er dann den Reflexhammer von unten gegen die Achillessehne.

Patellar- und Achillessehnenreflex sind bei jedem gesunden Patienten auszulösen. Gelingt es nicht sofort, so versuche man es mit der Reflexbahnung, z.B. durch den Jendrassik-Handgriff (#124). Auch ist es günstig, den Patienten durch ein Gespräch abzulenken (zu gespannte Aufmerksamkeit des Patienten hemmt die Reflexe). Sind mehrere Anläufe vergeblich geblieben, so sollte man eine Pause einlegen und den Patienten sich entspannen lassen.

③ **Weitere Sehnenreflexe**: Nicht ganz so sicher wie die beiden vorgenannten Reflexe sind die übrigen Sehnenreflexe am Bein auszulösen:
• *Adduktorenreflex* (L_2-L_4, N. obturatorius): Bei leicht gespreizten Beinen schlägt man mit dem Reflexhammer gegen den Epicondylus medialis des Femur oder etwas proximal davon auf die Sehne des M. adductor magnus. Das Bein wird leicht adduziert.
• *Semitendinosus- und Semimembranosusreflex* (S_1, N. ischiadicus): Der Patient liegt auf dem Bauch. Die Knie sind leicht gebeugt. Man schlägt auf die Sehnen der Muskeln am inneren Rand der Kniekehlenraute und beobachtet ihre Zuckung.
• *Biceps-femoris-Reflex* ($S_1 + S_2$, N. ischiadicus): wie vorher, jedoch Schlag auf die Bizepssehne oberhalb des Wadenbeinkopfs.
• *Extensorenreflex* ($L_5 + S_1$, N. fibularis profundus): Schlag auf den Fußrücken im Bereich des 1. oder 2. Mittelfußknochens führt zu einer Anspannung der Strecker.
• *Tibialis-posterior-Reflex* (L_5, N. tibialis): Schlag auf die ober- und unterhalb des Malleolus medialis gut tastbare Sehne löst eine leichte Plantarflexion und Einwärtsbewegung des Fußes aus.
• *Zehenbeugerreflex* (Rossolimo-Reflex, L_5-S_2, N. tibialis): Der Reflex entspricht dem Fingerbeugerreflex an der Hand (#875). Der Untersucher schlägt mit seinen Fingerkuppen gegen die Plantarseite der Zehenendglieder des Patienten und beobachtet die Zehenbeugung.

④ **Hautreflexe der Fußsohle**: Die Haut der Fußsohle ist sehr berührungsempfindlich (kitzeln!). Dies ist wichtig beim Barfußgehen (der Fortbewegungsart des Menschen über Zehntausende von Jahren): Der Fuß muß sich den Unebenheiten des Bodens anpassen und notfalls anklammern und andererseits Gefahren ausweichen können. Dementsprechend werden 2 Arten von Reflexen an der Fußsohle ausgelöst:

- *Fußsohlenhautreflex* (Plantarreflex, L5-S2, N. tibialis): Man streicht mit einem Holzstäbchen (notfalls mit dem Stiel des Reflexhammers) auf der Fußsohle von der Ferse über den lateralen Fußrand zum Kleinzehenballen und von dort quer zum Großzehenballen. Der Patient beugt daraufhin die Zehen. Der Reflex kann auch bei Gesunden beidseitig fehlen („stumme Sohle"). Einseitiges Fehlen hingegen gilt als pathologisch.
- *Fluchtreflex:* Auf einen plötzlichen Schmerzreiz zieht der Patient den ganzen Fuß hoch. Der Fluchtreflex wird gelegentlich bei ungeschicktem Prüfen des Fußsohlenhautreflexes ausgelöst, sonst aber nicht routinemäßig vom Arzt untersucht.

(Fächerphänomen). Diese Reaktionen sind Teile eines angeborenen Bewegungsmusters („Beugesynergie"), das von der Willkürmotorik gehemmt und bei deren Ausfall wieder aktiviert wird. Im ersten Lebensjahr sind diese Reaktionen noch physiologisch. Sie können manchmal auch auf andere Weise ausgelöst werden:
- *Oppenheim-Reflex:* kräftiges Streichen der Haut mit den Fingerknöcheln über der Schienbeinkante fußwärts.
- *Gordon-Reflex:* Kneten der Waden.

Diese Reflexe werden auch unter dem Begriff „Pyramidenzeichen" zusammengefaßt.

Die Bewertung der Reflexe mit 0 bis +++ erfolgt nach dem in #124 beschriebenen Schema.

Protokoll 955. Reflexe am Bein. Bewertung: 0, (+), +, ++, +++			
	Links	Rechts	Gesunde Studenten
Quadrizepsreflex (PSR)			+
Adduktorenreflex			+
Semitendinosusreflex			+
Biceps-femoris-Reflex			+
Extensorenreflex			+
Achillessehnenreflex (ASR)			+
Zehenbeugerreflex			+
Fußsohlenhautreflex			+
Fluchtreflex			+
Pyramidenzeichen			-

■ **Abnorme Reaktionen** beim Prüfen des Fußsohlenhautreflexes bei Patienten mit Störung der Pyramidenbahnen:
- *Babinski-Reflex:* Die Großzehe wird nicht fußsohlenseitig, sondern rückwärts bewegt. Manchmal werden die Zehen gespreizt

#957 Leitungsanästhesien am Bein

Da mit der Spinal- oder Periduralanästhesie die Sensibilität der Beine relativ leicht und risikoarm ausgeschaltet werden kann, spielen Plexusblockaden beim Bein eine geringere Rolle als beim Arm (bei dem spinale Anästhesien mit dem Risiko der Atemlähmung verbunden sind). Am häufigsten wird folgender Eingriff ausgeführt:

■ **Inguinale Blockade des Plexus lumbalis** (3-in-1-Block): Dabei werden die 3 Hauptnerven des Plexus lumbalis für das Bein (N. femoralis, N. obturatorius und N. cutaneus femoris lateralis) mit einem Einstich anästhesiert. Die Kanüle wird 1-2 Fingerbreit distal des Leistenbandes unmittelbar lateral des Pulses der A. femoralis eingestochen und nach kranial vorgeschoben. Parästhesien im Hautgebiet des N. femoralis und Zuckungen des M. quadriceps femoris zeigen die richtige Lage der Kanüle an. Die Hüllgewebe des N. femoralis dienen als Führungsschiene für das Lokalanästhetikum zum Plexus lumbalis. Der 3-in-1-Block eignet sich besonders zur postoperativen Schmerztherapie nach Eingriffen am Knie.

Sachverzeichnis

3-in-1-Block 328

A
Abdomen akutes 87
Abmagerungskur 24
Abschminke 5
Abwehrlordose 142
Abweichreaktion 215
Acetabulum 289
Acetongeruch 181
Achillessehnenreflex 327
Achselarterie 270
Achselhöhle
- Lymphknoten 278
- Palpation 67
Achsellinie 62
Achsellymphknoten 66; 85
- Palpation 278
Acromion 238
Adamsapfel 228
Adams-Test 270
Addison-Krankheit 33
Adduktoren 305
Adduktorenreflex 327
Adenotomie 207
Aderhaut 202
Aditus ad antrum 210
Adnexe Palpation 148
Adnexitis 87
Adson-Test 269
After Inspektion 139
- Psychologie 138
- Schließmuskeln 138
- Schwellgewebe 138
Aftergegend 135
Afterheber 136
Afterkanal 138; 139; 158
- Grenzlinien 138
- Oberfläche 138
- Palpation 158
- Stockwerke 138
Afteröffnung 139
Afterreflex 140; 158
Afterschließmuskel
äußerer 135; 158
Afterverschluß 138
Agnosie taktile 287
Akromiale 26
Akromioklavikulargelenk 238
- Punktion 239

akutes Abdomen 87
Akzessoriuslähmung 242
Ala major 162
Albinismus 32
Albino 202
Alkoholgeruch 181
Altersfalten 173
Alveolarfortsatz 163
Amaurosis 214
Ampulla tubae uterinae 141
Analreflex 140
Anamnese 111
Anastomosen
- kavokavale 130
- portokavale 129
Anatomie am Lebenden 1
Aneurysma zerebrales 212
Angulus inferior 238
- infrasternalis 61
- iridocornealis 190; 191; 200
- Ludovici 57
- oculi medialis 189
- sterni 57
- subpubicus 70
Anhidrosis 192
Anisokorie 192
Anomaloskop 199
Anorexia nervosa 29
Anosmie 185; 214
Anteflexio 147
Anteversio 147; 149
Anthropometer 20
Antihelix 204
Antiplanuswirkung 317
Antivalguswirkung 317
Anulus femoralis 79
- inguinalis profundus 79
- - superficialis 79
Aorta Projektion 99; 128
Aortenbogen Projektion 99
Aortenklappe
- Auskultationsstelle 103
- Projektion 99
Aortenschlitz 128
Apertura
- pelvis superior 131
- piriformis [nasalis anterior] 162

- thoracis inferior 61
Apex patellae 299
Apley-Test 301
Aponeurosis musculi bicipitis brachii 270
Appendektomie 117
Appendicitis 87
- Diagnose 117
Appendix vermiformis 116; 119
Arachnoidea mater cranialis [encephali] 213
- - spinalis 51
Arachnoiditis 54
Arcus
- aortae Projektion 99
- palatoglossus 181
- palatopharyngeus 181
- palmaris profundus 273
- - superficialis 273
- pubis 70
Areola mammae 65
Arm 237
- Arterien 269
- - Pulse tasten 271
- dicker 252
- Gesamtkreiselung 250
- Innervation
- - periphere 284
- - segmentale 283
- Länge 254
- Maße 254
- Meßpunkte 254
- Nerven
- - Dehnungsstellungen 283
- - Entlastungsstellungen 282
- - Funktionsprüfung 279
- - Hautgebiete 284
- - Palpation 279
- - Reflexe 286
- - Schwellung 253
- - Umfänge 252; 253
- - Seitenunterschiede 253
- - Venen 275
Armarterie 270
Armlänge 26
- relative 28

Armnervengeflecht Palpation 227
Armstrecker 252
Armtonusreaktion 215
Armvorhalteversuche 215
Armwinkel 31
Arteria (Arteriae)
- angularis 166
- axillaris 227
- - Engpaßsyndrom 270
- - Palpation 269
- basilaris 222
- brachialis
- - Abdrücken 270
- - Palpation 270
- - Puls 271
- carotis
- - communis 99; **220**; 221
- - - Abdrücken 221
- - - Puls 220
- - externa 166; 221; 234
- - - Puls 220
- - interna 221
- - - Durchblutungsstörung 221
- - - Kollateralkreislauf 221
- centralis retinae 202
- circumflexa iliaca superficialis 84
- coronaria dextra Projektion 100
- - sinistra Projektion 100
- digitales palmares
- - - communes 273
- - - propriae 273; 274
- dorsalis pedis 319
- - - Puls 319
- ductus deferentis 156
- epigastrica
- - inferior 79; 84
- - superficialis 84
- - superior 84
- facialis Puls 166
- femoralis 128; 131
- - abdrücken 318
- - Puls 79; 318; 319
- - Punktion 318
- hyaloidea 191

- iliaca
  - - communis *128*; 131
  - - externa *128*; *131*; *133*
  - - interna *128*; *133*
  - intercostales posteriores 83
  - lumbales 83
  - mediana 274
  - meningea media 212
  - - - Projektion 213
  - - posterior 212
  - mesenterica
  - - inferior *128*
  - - superior *128*
  - - occipitalis *166*; 167
  - poplitea Puls *319*
  - pudenda externa *137*
  - - interna *137*
  - radialis atypische 273
  - - Blutströmung prüfen 273
  - - Palpation 272
  - - Puls *271*
  - renales *128*
  - subclavia *99*; 219; *227*; *234*
  - - Abdrücken 269
  - - Abklemmen *269*
  - - Engpaßsyndrom 269
  - - Puls *269*
  - subcostalis 83
  - temporalis superficialis
  - - - Endäste 167
  - - - Puls *166*; 222
  - testicularis 156
  - thoracica interna *84*
  - thyroidea inferior *234*
  - - superior *234*
  - tibialis posterior *319*
  - - - Puls 319
  - transversa faciei *166*, 167
  - ulnaris Blutströmung prüfen 273
  - - Palpation 273
  - - Puls *271*
  - vertebralis **222**
  - - Abklemmen 222
  - - Durchblutungsminderung 222
  - zygomatico-orbitalis *166*; 167

Arterienpulse Bein 318; *319*
- Kopf 166

Arteriitis temporalis 167

Articulatio
(Articulationes)
- acromioclavicularis 238
- carpometacarpales 258
- carpometacarpalis pollicis 259
- cuneonavicularis 309
- humeri 239
- humeroradialis 248
- humero-ulnaris 248
- incudomallearis *206*
- incudostapedialis *206*
- interphalangeales
  - - distales 259
  - - pedis 311
  - - proximales 259
- mediocarpalis 258
- metacarpophalangeales 259
- metatarsophalangeales 311
- ossis pisiformis 256
- radiocarpalis 257
- radio-ulnaris proximalis 248
- sacrococcygea 68
- sacro-iliacae 73
- sternoclavicularis 238
- subtalaris 312
- talocalcaneonavicularis 312
- talocruralis 311
- tarsi transversa 311
- tarsometatarsales 311

Artikulation prüfen 177

Arzneimittelüberempfindlichkeit 32

Aspergillus niger 179

aspirieren 35

ASR 327

Astigmatismus 190

Aszites Druckwellen 114
- Umlagerungsphänomen 112

Atelektase 90

Atemgeräusch
- abgeschwächtes 94
- alveoläres 94
- bronchiales 93
- verstärktes 94
- vesikuläres 94

Atemlähmung bei Spinalanästhesie 54

Atemleistung 95

Atemmuskeln 64

Atemstoß 95

Atlas Palpation 217

Atrioventrikularknoten 105

Atrium dextrum *108*
- sinistrum *108*

Attacken transiente ischämische 221

Auenbrugger 16

Auge 186
- abgedecktes 172
- aufgerissenes 172
- Horizontalschnitt *190*
- schließen 171
- verhängtes 172
- zukneifen 171

Augenbewegungen rhythmische 173

Augenfarbe 191

Augenhaut äußere *190*
- innere *190*
- mittlere *190*

Augenhintergrund Inspektion 202

Augeninnendruck 191
- erhöhter 200

Augenlid Inspektion 186
- Knötchen 186
- Schwellungen 186
- Verfärbungen 186

Augenlinse 190
- Trübungen 190

Augenmuskeln äußere Funktionsprüfung 194

Augenmuskelnerven Lähmungen 195

Augenspiegel 199

Augenspiegelung **199**

Augenwinkel 189

Auricula 204

Auskultation
- Herz 102
- Historisches 17
- Lunge 93

Außenknöchel *307*; 310

Außenmeniskus 301

Auswurf 97

Auswurffraktion 102

Autonomgebiete 284
- Arm *285*
- Bedeutung 285
- Bein *326*

AVK 318

AV-Knoten Projektion *105*

Axillarisblock 288

Axis bulbi *190*

B

Babinski-Reflex 328

Backenzähne 176

Balanitis 151

Barbotage 54

Bartholin-Drüse 143

Basedow-Krankheit 187

Basis metatarsalis 309
- stapedis *206*

Bauch
- Auskultation 112
- dicker 115
- Inspektion 112
- Palpation 113
- Perkussion 112

Bauchaorta *114*
- Hauptäste 128
- Projektion *128*
- Puls 128

Bauchatmung 63

Bauchdeckenreflexe 87

Bauchfellreizung 113

Bauchhautnarben 80

Bauchhautreflexe 86

Bauchhoden 154

Bauchmuskel(n)
- äußerer schräger 75
- Funktionsprüfung *77*, 78
- gerader 74
- - Funktionsprüfung 77
- Krämpfe 113
- Tests 78

Bauchorgane 111
- Höhenlage 111
- Untersuchungsgang 111

Bauchraum
- Schmerzen 87
- Stockwerke 76
- Totenstille 112
- Transversalebenen 75

Bauchspeicheldrüse
- Projektion 124; *125*
- Untersuchung 125

Bauchwand 74
- Befunddokumentation 75
- Gegenden *76*
- Hautschnitte *81*
- Lymphbahnen 85
- Oberflächenrelief 74
- Quadranten *77*
- Reflexe 86
- Regionen *76*
- Venen 85

Sachverzeichnis

- – Strömungsrichtung 130
- Bauchwassersucht 114
- Bauhin-Klappe 116
- BDR 87
- Bechterew-Krankheit 172
- Becken weibliches Medianschnitt *141*
- Beckenarterien Projektion *131*
- **Beckenausgang**
- – Breite Schnelltest 73
- – Durchmesser 71; *73*
- – Geschlechtsunterschiede 29
- – Maße *73*
- **Beckenboden**
- – Gliederung 135
- – Muskeln *136*
- Beckenbreite *30*; 72
- – Geschlechtsunterschiede 30
- Beckendurchmesser 72
- Beckeneingang 71
- – Maße 72
- – Projektion *131*
- Beckengürtel 68
- Beckenmessung 71
- Beckenorgane 131
- Beckenschiefstand 40; *41*
- – Ausgleich 41
- Beckenvenen 132
- Beckenzirkel 6
- **Bein** 289
- – Abschnittlängen 308
- – – Kurztest 308
- – Arterienpulse 318
- – dickes 252
- – Durchblutungsstörungen 318
- – Form 298
- – gerades *298*
- – Geschwüre 321
- – Hautvenen 320
- – Innervation periphere 325
- – Länge *26*, 307, *307*
- – Längenunterschied 40
- – Leitungsanästhesien 328
- – Meßstrecken 307
- – Nerven Dehnungsstellungen 324
- – – Entlastungsstellungen 324
- – – Hautgebiete *326*
- – offenes 300

- – Reflexe 326
- – Schwellung 253
- – Sensibilitätsstörungen 324
- – Traglinie 298
- – Umfänge 306, *306*
- Beinhaltetest *78*
- Beinhalteversuche 216
- Beinwinkel 30
- Bell-Phänomen 187
- Bennett-Fraktur 258
- Berühren feines 13
- Beschneidung 151; 152
- Betrunkene 181
- Beugesynergie 328
- Beweglichkeit aktive *10*
- – passive *10*
- Beweglichkeitsprüfung Schnelltest *11*
- Bewegungen Messen 9
- BHR 86
- Biceps-femoris-Reflex 327
- Bifurcatio
- – aortae *128*; *131*
- – carotidis 221
- Bilirubinspiegel 33
- Bindehaut Bau 188
- – Entzündung 188
- Bindehautreflex 188
- Bindehautsack Inspektion 188
- Bizeps 251
- Bizepsaponeurose 251; 270
- Bizepsreflex 286
- Bizepsrinne 251; 270
- Blähung 115
- Bläschen *34*
- Blässe 32
- Blattpapillen 178
- Blaugelbschwäche 199
- Blausucht 33
- Blick gerader 172
- – schräger 172
- Blickbewegungen 194
- – Ausdrucksbedeutung 172
- – suchende 173
- Blickrichtung Ausdrucksbedeutung 172
- Blickrichtungsnystagmus 194; 210
- Blinddarm Lage 116
- Blindgang 215
- Blindstand 215
- Blinzeln 171

- **Blutdruck**
- – diastolischer 271
- – Messung
- – – direkte 271
- – – indirekte 271
- – – Praxis 271
- – – Theorie 271
- – Seitendifferenzen 272
- – systolischer 271
- Blutentnahme 275
- Blutgasuntersuchung 96
- Blutung epidurale 212
- – subarachnoideale 212; 213, *213*
- – subdurale 212
- – subperiostale 162
- BMI 22
- Bockshaare 204
- body mass index 22
- Bogengänge Projektion *209*
- Böhler-Test 302; 303
- Borborygmi 112
- Boyd-Venen 321
- Brachioradialisreflex 286
- Bragard-Handgriff 51
- Bragard-Zeichen 324
- Bräunung 33
- Broca-Formel 21
- Brodie-Trendelenburg-Test 321
- Bronchen Projektion *92*
- Bronchoskopie 97
- Bruchpforten 79
- Brückenvene 212
- Brudzinski-Zeichen 51
- Brummen 94
- Brustatmung 63
- **Brustbein** *59*
- – Handgriff 57
- – Löcher 58
- – Palpation 57
- – Perforation 59
- – Punktionsstelle 58
- Brustbeinhandgriff *59*
- Brustbeinkörper *59*
- Brustbein-Schlüsselbein-Gelenk 238
- Brustbeinwinkel 57
- **Brustdrüse** Form 65
- – Inspektion 65
- – Mann 66
- – Palpation 67
- – Quadranten 65
- – Selbstuntersuchung 66
- – Unterrand 65
- Brustdurchmesser 63

- **Brustfell**
- – Reibegeräusche 94
- – Erguß 95
- – Spiegelung 97
- **Brustkorb** Abstand vom Darmbeinkamm 64
- – Asymmetrie 63
- – Atemexkursionen 64
- – Entwicklungsstörungen 63
- – Transversalschnitt *65*
- Brustkorböffnung untere 61
- Brustkrebs *66*
- Brustkyphose 37
- Brustmuskel großer 245
- – kleiner 243
- Brustorgane 89
- Brustumfang 63
- Brustwand 57
- – Befunddokumentation 61
- Brustwandableitungen *106*
- Brustwarze **66**
- – Erektionsreflex 66
- – Innervation *86*
- Bryant-Dreieck 290
- Buckel 42
- bukkal 176
- Bulbokavernosusreflex 140
- Bulbus vestibuli 143
- Bursa subacromialis 246
- – suprapatellaris 304

C

- Caecum 116; *119*
- Calcaneus 310
- Calices renales 126
- Calvaria *213*
- Camera anterior *190*
- – posterior *190*
- Canaliculi lacrimales 189
- **Canalis** analis 138; *158*
- – carpi 264
- – cervicis uteri *141*
- – femoralis 79
- – inguinalis 79
- – mandibulae 177
- – obturatorius 79
- – sacralis 68
- **Caput** epididymidis 156
- – femoris 289; *298*
- – fibulae *299*; 300; 323
- – humeri Palpation 239
- – mallei *206*

- mandibulae 163
- Medusae 85
- metatarsale 309
- pancreatis 125
- radii 247; 248
- succedaneum 162
- tali 309
- ulnae 247; 255

Carina urethralis vaginae 146
Carotinoidspiegel 33
Cartilago cricoidea Palpation 229
- thyroidea Palpation 228

Caruncula sublingualis 179; 180
Carunculae hymenales 143
Cauda epididymidis 156
- equina 52
- pancreatis 125
Cavitas cranii 182
- glenoidalis 239
- oris propria 182
- peritonealis 132; 141; 147; 153
- pleuralis 65; 108
- uteri 141

Centrum tendineum perinei 136
Cerebellum 211
Cerebrum 213
Cerumen 205
Cervix uteri 141; 147
Chalazion 187
Chassaignac 249
Cheilognathopalatoschisis 175
Cheilognathoschisis 175
Cheiloschisis 175
Chilaiditi-Syndrom 122
Chirurgie minimal invasive 81
Chlamydia trachomatis 200
Choanen 184
Cholecystitis 87, 123
Chopart-Gelenk 309, 311
Chorda tympani 169; 179
-- Lähmung 170
Choroidea 190; 202
Clavicula Palpation 237
Clitoris 143
Cloquet-Lymphknoten 322
Cockett-Venen 321

Cold-pressure-Test 288
Collum fibulae 300; 323
- glandis 151
- radii 248
Colon ascendens 119
- descendens 119
- sigmoideum 119; 133
- transversum 119
Columna rugarum 144; 146
Columnae anales 138; 139; 158
Commissura labiorum
-- anterior 142
-- posterior 142
Computer-Olfaktometrie 185
Concha auricularis 204
Condylus
- lateralis (femoris) 299
- lateralis (tibiae) 299
- medialis (femoris) 299
- medialis (tibiae) 299
Conjugata externa 72
- vera 71; 146
Conjunctivitis 188
Connexus intertendineus 263
Corium 32; 35
Comea 189; 190
Cornu coccygeum 68
- frontale [anterius] 212
- occipitale [posterius] 212
- temporale [inferius] 212
Corona glandis 151
Corpus (Corpora)
- cavernosum
-- clitoridis 143
-- penis 152
- ciliare 190
- clitoridis 143
- epididymidis 156
- mandibulae 163
- metatarsale 309
- pancreatis 125
- radii 255
- spongiosum penis 152
- sterni 58
- tali 310
- uteri 141; 147
- vitreum 190
Costae 60
Cowper-Drüsen 152
Crista iliaca 68; 289; 307
- sacralis mediana 68

crown-heel length 28
crown-rump length 28
Crura penis 152
Cutis 32
CX 100

D

Daktylion 27
Damenbart 82
Damm 142
Dammgegend
- Blutgefäße 137
- Gliederung 135
- Leitungsbahnen 136
- Lymphbahnen 137
- Nerven 137
- Palpation 135
- Reflexe 140
- Versorgungsstraßen 137
Dämpfung 90
Darmbeinhöcker 69; 76
Darmbeinkamm 68; 289; 307
- Inspektion 68
- Palpation 68
- Punktion 69
Darmbeinstachel
- hinterer oberer 69
- vorderer oberer 68; 289; 307
Darmbeinstachelweite 72
Darmbewegungen 112
Darmgeräusche 112
Darmlähmung 112
Darwin-Höcker 204
Dauerkatheter 154
Daumenballen **265**
Daumenballenmuskeln 265
Daumenendgelenk 257
- Muskelfunktionsprüfung 266
Daumenreflex 286
Daumensattelgelenk 258
- Bewegungsumfang 258
Dehnungsstellungen Nerven Arm 283
-- Bein 324
Deltamuskel **245**
Dens (Dentes)
- caninus 176
- incisivi 176
- molares 176
- premolares 176
Dermatome Arm 283

Dermis 32; 35
Descensus uteri 144
Deuteranomalie 198
Deuteranopie 198
deutsche Horizontale 211
Dextropositio 148
Diabetes mellitus Augenhintergrund 203
Diaphanoskopie 155
- Nasennebenhöhlen 185
Diaphragma
- pelvis 135; 138
- urogenitale 136
Dickdarm
- Drehung embryonale 118
--- abnorme 118
- Head-Zone 87
- Perkussion 119
- Projektion 119
DIP 259; 311
Discus nervi optici 190; 202
distal 176
Distalbiß 177
Distantia cristarum 72
- spinarum 72
- trochanterum 72
distraction test 301
Dodd-Venen 321
Döderlein-Bakterien 149
Doppelbilder 195; 214
Doppelkinn 234
Dornfortsätze
- Abstände 39
- beziffern 38
- fehlende 39
- geteilte 39
- Klopfschmerz 39
- Rüttelschmerz 40
- Schmerzprüfung 39
- tasten 38
Dorsalextension 312; 313
Dorsum linguae 178
- penis 151
Douglas-Raum 141; 149
Drehnystagmus 209
Drehversuch 210
Dreieckbein 256
Drosselgrube 57; 234; 237
Drosselvene äußere 223
Druck intraokularer 191
Druckwellen 114
Ductus choledochus 123
- cysticus 123

- deferens *153*; *155*
  - – Palpation 156
- ejaculatorius *155*
- hepaticus *123*
- nasolacrimalis 189
- para-urethrales 143
- parotideus *180*
  - – Palpation 175
- semicircularis
  - – anterior 209
  - – lateralis *209*
  - – posterior 209
- submandibularis 179
Dünndarm Head-Zone *87*
Duodenum *125*
- Projektion 116
Dura mater cranialis [encephali] *213*
  - – spinalis *51*
Durasack Aufhängung 50
- Dehnung 50
- Ende kaudales *53*
Durchblutungsstörung Hand 278
Durchleuchten Nasennebenhöhlen 185
Durchschnittsgewicht 22
Dürer 25
Dysdiadochokinese 216

E

Ebene transpylorische *75*; 76
Eckzahn 176
Edinger-Westphal-Kern 192
Effloreszenzen 34
Eichel 151
Eichelentzündung 151
Eichelhals 151
Eichelkranz 151
Eierstock
- Druckschmerz 148
- Palpation 148
- Projektion *133*
- Zysten 148
Eileiter 134
- Palpation 148
Eileiterschwangerschaft 119
Einatmungsmuskeln 64
Eingeweidebrüche 79
Eingeweidevenen 129
Einthoven *105*
Eisenspeicherkrankheit 33
ejection fraction 102

EKG Brustwandableitungen *106*
- Extremitätenableitungen *105*
Ektropion 186; 189
Ektropionieren 188
Elastizitätstest 31
Ellbogen 248
Ellbogengelenk
- Bänder 248
- Bewegungsumfang 249
- Knochen 247
- Punktion 251
- Ruhigstellung 251
Elle 248; *256*
- Palpation 255
Ellenkopf 255
Ellenlänge *254*
Ellennerv 280
Ellennervrinne 280
Endokarditis 104
Endoskopie 199
Endotrachealtubus 231
Enophthalmus 192
Entenschnabelspiegel 144
Entfernungssehen 196
Entlastungsstellungen Nerven Arm 282
  - – Bein 324
Entropion 186
Epicondylus lateralis *247*
- medialis *247*
Epidermis *32*; *35*
Epididymis *153*; *155*
- Palpation 156
Epiduralanästhesie 55
Epiduralraum 55; 212
Epigastrium 76
Epithelkörperchen 235
Eponychium 36
Erbsenbein *256*
- Palpation 255
Erbsenbeingelenk 256
Erektionsangst 152
Erhängen 221
Erregungsleitungssystem Projektion *105*
Eudiadochokinese 216
Eversion 312
Excavatio disci 202
- recto-uterina *141*; 149
- vesico-uterina *141*
Exophthalmus 172; 187
Extensoren Fuß Sehnen 316

Extensorenreflex 327
Extrauteringravidität 119
Extremitas
- acromialis 237
- sternalis 237
Extremitätenableitungen *105*

F

Fächerphänomen 328
Facies
- inferior linguae 179
- urethralis 151
Fadenpapillen 178
Fallhand 280
Farbsinn Prüfen 199
Farbsinnstörungen 198
Farbtheorie 198
Farbtüchtigkeit 198
Fasciculus lateralis *227*
- medialis *227*
- posterior *227*
Faunsbart 39
Faustregel 98
Fazialiskern 170
Fazialislähmung 169; 172
- infranukleäre 170
- periphere 170
- supranukleäre 170
- zentrale 170
Fehlhaltung 37
- skoliotische 40
Feingriff 267
Felderhaut 31
Femur Palpation 299
Femurschaftachse 298
Fernvisus 196
Ferse Valgusstellung 315
- Varusstellung 315
Fersenbein *309*; 312
Fersenbeinhöcker 310
Fersenfallversuch 40
Fersen-Gesäß-Abstand minimaler 300
Fettsucht 115
Fetus 134
Fibula *310*
- Palpation 300
Finger
- Arterien Palpation 274
- Länge 259
- Nerven Palpation 281
Fingerbeugerreflex 286
Finger-Boden-Abstand *42*; 45; 46
Fingerbreit 7

Fingerbreite 7
Fingerendgelenke *257*
- Muskelfunktionsprüfung 266
- Palpation 259
Fingerendglied *256*
Finger-Finger-Versuch 216
Fingergelenke Bewegungsumfang 261
- Punktion 262
- Streckenmaße 261
Fingergrundgelenke *257*
- Bewegungsumfang 261
- Palpation 259
Fingergrundglied *256*; 259
Fingerknochen Palpation 259
Fingermittelgelenke *257*
- Palpation 259
Fingermittelglied *256*
Fingernägel 36
Finger-Nasen-Versuch 216
Fingerspitzenhöhe 27
Fingerstrecker 263
Finger-Zehen-Abstand 44
Flachrücken 37
Flankenatmung 63
Flankengegend 76
flèche cervicale 37
- lombaire 37
Fleck 34
- blinder 195
Flexio *147*
Flexoren Fuß 316
Flexura coli dextra *119*
- sinistra *119*
- duodenojejunalis 116
Fluchtreflex 328
Flüstersprache 207
Foetor ex ore 180
Fontanelle 161
foot 7
Foramen
- infraorbitale 163; 168
- interventriculare *212*
- ischiadicum
  - – majus *71*; *294*
  - – minus *71*; *294*
- mentale 163; 168
- stylomastoideum 169
- supraorbitale 163
- venae cavae 128
Fordyce-Flecken 175

Fornix conjunctivae 188
- vaginae 146
Fossa cranii anterior 211
-- media 211
-- posterior 211
- infraclavicularis 246
- inguinalis lateralis 79
-- medialis 79
- ischio-analis 136; *138*
- navicularis 151
- ovarica 133
- supraclavicularis major 218; *219*
-- minor *219*
- supravesicalis 79
- tonsillaris 181
Fovea centralis 202
Fransenfalte 179
Fremdreflexe 14
Frenulum clitoridis 143
- labiorum pudendi 143
- linguae 179
- preputii 151
Fruchtwasser 134
Fundus 202
- uteri 134; *141*
Funiculus spermaticus 156
Fuß (Füße) Abdruck *315*
- Form 314
- geschlossene 301
- geschwollene 319
- Hauptgelenklinien *311*
- Höhe 308
- Inspektion 314
- Knochen *309, 310*
- Sehnen *316*
- Sehnenscheiden 317
- Wölbungen 314
Fußrand
- äußerer Palpation 310
- innerer Palpation 309
Fußrücken Muskeln 317
- Palpation 310
Fußrückenarterie 319
Fußsohle Hautreflexe 327
- Muskeln 317
Fußsohlenpumpe 320
Fuß-vor-Fuß-Gang 215
Fußwurzelgelenk queres *309, 311*
Fußwurzel-Mittelfuß-Gelenke *309; 311*

G

Galea aponeurotica 161
Gallenblase

- Druckschmerz 123
- Entzündung 123
- Head-Zone *87;* 123
- Palpation 123
- Projektion *123*
Gallenblasengang 123
Gallenwege Projektion *123*
Gangataxie 215
Ganglion
- cervicale medium 228
-- superius 192; 228
- cervicothoracicum [stellatum] 228, *228*
- ciliare 192
Gaster 115
Gaumen Inspektion 181
- Palpation 181
Gaumenbogen 181
Gaumenmandel *181*
- Inspektion 182
- Lymphknoten 225
Gaumenmandelgrube 182
Gaumensegel 181; 184
Gaumensegelmuskeln Funktionsprüfung 181
Gaumenspalte 175
Gaumenwulst 181
Gaumenzäpfchen 181
Gebärkanal Engstellen 71
Gebärmutter
- Beweglichkeit 148
- Größe 147
- Konsistenz 147
- Krebs Vorsorgeuntersuchung 145
- Lage 147
- Oberfläche 148
- Palpation 146; *147*
-- rektale *149*
-- rektovaginale *148*
- Projektion *133*
- Rückbildung im Wochenbett *135*
- schwangere Projektion *134*
Gebärmutterhals 147
Gebärmutterkörper 147
Gebiet anatomisches 284
Gebiß Inspektion 176
Gefäßgeräusche 112
Gegenleiste 204
Gehirn Projektion *211*
Gehörgang äußerer 204
-- Inspektion 205

-- Spülung 205
Gehörknöchelchen Projektion *206*
Gekröserisse 120
Gekrösewurzeln Projektion *120*
Gelbsehen 199
Gelbsucht 33
Gelenke Untersuchung 9
Gelenkgeräusche 18
Gelenkpunktion Allgemeines 241
Genu valgum 299
- varum 299
Geräusche 18
Gerstenkorn 187
Gesäßgegend
- Gefäßkanäle *294*
- Hautinnervation 295, *295*
- Nerven 294; *295*
- Nervenaustrittstellen *294*
Gesäßmuskel großer **292;** *294*
Gesäßmuskeln 292
Geschlechtsorgane
- männliche 151; *155*
-- Untersuchung Psychologie 152
- weibliche *141*
Geschlechtsunterschiede im Körperbau 29
Geschmacksbahn 179
Geschmacksknospen 179
Geschmacksprüfung 179
Geschmacksqualitäten 179
Geschmacksstoffe 180
Geschwür *34*
Gesicht Spaltbildungen 175
Gesichtsausdruck Fehlinterpretation 171
Gesichtsfeld Ausfälle 196
- Prüfung 195
Gesichtsschädel
- Frontalschnitt *182*
- Knochenbrüche 163
- Palpation 163
Gesichtsspalte 175
Gesichtswülste embryonale 175
Gewichtsabnahme 23
Gibbus 42
Giemen 94

Glandula (Glandulae)
- areolares 65
- bulbo-urethrales 152
- ciliaris 187
- labiales 174
- lacrimalis 189
- mammaria 66
- parathyroideae 235
- parotidea 169; *180*
- seminales 159
- sublingualis 179; *180*
- submandibularis *180*
-- auspressen 180
- suprarenales 126
- tarsalis 187
- thyroidea 233
- vestibularis major 143
--- Palpation *144*
Glans clitoridis 143
- penis 151
Glaskörper 190
Glaskörperarterie 191
Glaukom 200; 203
Glaukomanfall 200
Gleichgewichtsprüfung 214
Gleichgewichtsstörung 214
Gliedhaut 151
Gliedmaßen Umfänge 252
Gliednaht 151
Gliedrücken 151
Gliedschwellkörper 151
Glocke 18
Glotzauge 187
Gnathion 26
Gnathoschisis 175
Gordon-Reflex 328
Grenzstrang **227**
Griffarten 267
Griffelfortsatz 255
Griffproben 267
grinding test 301
Grobgriff 267
Großhirn Projektion *211*
Großzehenendgelenk *311*
- Bewegungsumfang 314
Großzehenendglied *309*
Großzehengrundgelenk Bewegungsumfang 313
Großzehengrundglied *309*
Grünschwäche 198
Gürtelrose 86

Sachverzeichnis

Gynäkomastie 66

H
Haarzunge schwarze 179
Hackenfuß 315; 316
Hagelkorn 187
Hakenbein 256
Hakengriff 267
Hallux valgus 315
Hals dicker 234
- Eingeweide 228
- Ganglien 228
- Lordose 37
- Lymphknoten 225
- Muskeln oberflächliche 218
- Muskelrelief 217
- Nerven 226; 228
- Regionen 219
- Umfang 234
Halsdreieck
- hinteres 218; 220
- vorderes 219
Halsgegend hintere 220
- seitliche 220
- vordere 219
Halsnervengeflecht 226
Halsrippen 60
Halswirbel Palpation: 217
Halswirbelsäule 217
Halteleistungstest 37
Haltung 37
Haltungsschwäche 37
Hämatom epidurales 213
- subdurales 213
Hammerfalte 206
Hammerstreifen 205; 206
Hammervorsprung 205; 206
Hammerzehe 315
Hämochromatose 33
Hämorrhoiden 139; 158
- Stadien 139
Hämozytopoese 58
Hamulus ossis hamati 256
Hand dominante 268
- Gelenklinien 257
- Muskelfunktionsprüfung 266
- Nerven Palpation 281
- Skelett Palpation 256
Handbreite 7; 254
Handgelenk
Bewegungsumfang 258
- distales 257; 258
- proximales 257

-- Punktion 262
- Schnelltest für Beweglichkeit 258
Händigkeit 253; **268**
- Prüfung 268
Handlänge 254
Handstrecker 263
Handwurzelknochen Palpation 255
Handwurzel-Mittelhand-Gelenke 258
Hängebrust 65
Hängematte 136
Hängeprobe 222
Harnblase
- Entzündung 149
- Fistel suprapubische 133
- Head-Zone 87
- Perkussion 132
- Punktion 132; 133
Harnleiter Engen 127
- Head-Zone 87
- Projektion 127
Harnleitersteine 87
Hamphlegmone 154
Harnröhre
- Entzündung 143
- männliche **152**
-- Abschnitte 152
-- Katheterisieren 153
-- Krümmung 152
- weibliche 149
-- Katheterisieren 150
Harnröhrenmund äußerer 143; 151
Harnröhrenschließmuskel 152
Harnröhrenschwellkörper 151
Harnröhrenwulst 146
Harnsteine 127
Hamverhaltung 133
Hasenscharte 175
Hauptbronchus Projektion 92
Hauptgallengang 123
Hauptproportionen 25
Haut Desinfektion 276
- Elastizität 31
- Farbe 32
- Flüssigkeitsgehalt 31
- Injektionen 35
- Schichten 32
Hautkolorit 32
Hautnerven Kopf 167
Hautreflexe Fußsohle 327

Head-Zonen 87
Helix 204
Helmholtz 199
Hemianopsie
- bitemporale 196
- homonyme 196
Hemiplegie 13
Hepatitis 123
Hernia femoralis 79
- inguinalis 155
-- directa 79
-- indirecta 79
Hernie supravesikale 79
Herpes zoster 86
Herz Auskultation 102
- Eckpunkte 97
- Erregungsleitungssystem Projektion 105
- Größe 98
- Head-Zone 87
- Infarkt 87
- LAO-Position 107
- Linkstyp 105
- Perkussion 101
- Projektion 97; 98
- RAO-Position 107
- Rechtstyp 105
- Schrägansicht 107
- Venenkreuz 101
- Ventilebene 98
- Ventilstörungen 104
- Ventrikel Projektion 98
- vergrößertes 102
- Vorhof Projektion 98
Herzachse 98; 105
- Projektion 99
Herzbeuteltamponade bei Sternalpunktion 59
Herzdämpfung
- absolute 101
- relative 101
Herzgeräusche 102
Herzjagen 222
Herzklappen Auskultationsstellen 103
Herzklappenfehler 104
Herzkranzarterien Projektion 100
Herzmassage äußere **107**; 108
Herzspitzenstoß **102**
Herztöne 102
Hiatus aorticus 128
- oesophageus 109
- sacralis 55; 68

Hilfsatemuskeln 64
Hilum splenicum 124
Hinterhauptbein 161
Hinterhauptvorsprung 161
Hirneinklemmung 54
Hirnhautarterien Herkunft 212
Hirnhautblutungen 212
Hirnhautentzündung 51
Hirnhäute 213
Hirnkammern Projektion 212
Hirnnerven Untersuchung 214
His-Bündel Projektion 105
Hoden Abstieg 154
- Arterien 156
- Größe 155
- Lage atypische 154
- Lymphgefäße 156
- Nerven 156
- Palpation 155
- Temperaturregulation 154
- Venen 156
Hodenheber 156
Hodenheberreflex 140
Hodensack Inhalt atypischer 154
- Inspektion 154
- Kontraktion 154
- Palpation 154
Hodensackzunge 178
Hodenvene 155
Hohlfuß 315; 316
Hohlhandbogen Projektion 273
Hohlvene untere 114; 128
-- Äste 129
-- Projektion 129
Hohlwarze 66
Holzstethoskop 18
Hordeolum 187
Horizontale deutsche 211
Horner-Syndrom **192**
Hornhaut Inspektion 190
Hornhautreflex 188
Hornschicht 32
Hörprüfung 207
Horton-Syndrom 167
Hörweitenprüfung 207
Hüftabspreizer 294
Hüftadduktoren 294
Hüftbeuger 294

Hüftbreite 72
Hüftdysplasie 290
Hüftgelenk Achsen 291
- Bänder 290
- Bewegungsumfang 291
- Luxation 290
- Punktion 292
- Stellung 289
- Untersuchungstechnik 291
- Verrenkung
-- angeborene 290
-- Bänder 290
-- Beinhaltung 290
Hüftkopf 289
Hüftmuskeln Kraft prüfen 294
Hüftpfanne 289
Hühnerbrust 63
Humerus Palpation 239; 247
Humor aquosus 189
Hustenmuskel 245
Hydrocele 80; 155
Hymen 143; 146
Hyperabduktionssyndrom 270
Hyperacidität 181
Hyperakusis 170; 214
Hyperästhesie Bauchhaut 117
Hypermobilität 43
Hyperparathyreoidismus 235
Hyperresonanz 90
Hypertension portale 129
Hypervolämie 224
Hypochondrium 76
Hypogastrium 76
Hypoglossuslähmung 179
Hyponychium 36
Hypoparathyreoidismus 235
Hyposmie 185
Hypothenar 265
Hypovolämie 224

I
Idealgewicht 22
Ikterus 33
- hepatischer 33
- posthepatischer 33
- prähepatischer 33
Ileus paralytischer 112
Iliosakralgelenke 73

Impingement 246
inch 7
Incisura frontalis 163
- supraorbitalis 163; 168
- thyroidea superior 228
Incus 206
infrapiriforme Lücke 294
Infundibulum tubae uterinae 141
Infusion 277
Inion 161
Injektion allgemein 35
- Indikationen 35
- intradermale 36
- intragluteale **296**
-- Injektionsfeld 296, 296; 297
-- Risiken 296
- intrakutane 35
-- Technik 36
- intravenöse **276**
-- Fehler 277
-- Gefahren 277
-- Hals 224
- paravenöse 277
- subkutane 35
-- Technik 35
- ventrogluteale 297
- Wege 35
Inklination 42
Innenknöchel 307; 309
Innenmeniskus 301
Innenohrgestörte 215
Innenohrschwerhörigkeit 208
Innervation
- periphere Arm 284
-- Bein 325
- segmentale
-- Arm 283; 284
-- Bein 325
Inspektion 8
Instrumentarium 5
Intentionstremor 216
Intermetakarpalräume 266
Interphalangealgelenk 260
Intersectiones tendineae 74
Interskalenusblock 288
Interspinalebene 75; 76
Intertuberkularebene 75; 76
Intrauterinpessar 145
Intubation 231
- Gefahren 232

- Indikationen 231
Inversion 312
Iris 190; **191**
- Stellung 191
- Struktur 191
Irisdiagnostik 191
Iritis 191
Ischias 52
Ischiokrurale Muskeln 305; 306
ISG 73
Isthmus faucium 181
- tubae uterinae 141
- uteri 141
IUD 145

J
Jendrassik-Handgriff 15; 327
Jochbein 163
- Bruch 163
Jochbogen 211
Jochbogenebene 211
Jodmangel 233
Jungfernhäutchen 143; 146
Jungfrau Untersuchung 146

K
Kahnbein Fuß 309
- Hand 256; 257
Kammerschenkel
. Projektion 105
Kammerwasser 189; 191
Kammerwinkel 191; 200
Kantenbiß 176
Kanüle Kaliber 276
Kardioinhibitorische Reaktion 221
Karies 181
Karotikikterus 33
Karotissinus **221**
- Druckversuch 222
Karotissinus-Reflex 221
- hyperreaktiver 222
Karotissinus-Syndrom 222
Karpaltunnel **264**
Karpaltunnelsyndrom 264
Karpometakarpalgelenke 257
Katheterisieren Frau 150
- Mann 153
Kaumuskeln 165
- Palpation 165
Kehlkopf Höhenlage 229

- Projektion 229
Kehlkopfknorpel Palpation 228
Kehlkopfspiegel 230
Kehlkopfspiegelung
- Historisches 229
- indirekte 229; 230
Keilbein äußeres 309
- inneres 309
- mittleres 309
Keimdrüsen Head-Zone 87
Keimschicht 32
Kerne prätektale 192
Kernig-Zeichen 51
Kiefergelenk
Bewegungsumfang 164
- Einrenkung 165
- Luxation 165
- Muskeln 165
- Palpation 165
Kieferhöhle
- Diaphanoskopie 186
- Projektion 185
Kieferspalte 175
Kielbrust 63
Kinn-Brustbein-Abstand 43; 45
Kinnhöhe 26
Kitzler 143
Kitzlereichel 143
Kitzlerkörper 143
Kitzlerschwellkörper 143
Kitzlervorhaut 142
Kitzlerzügel 143
Klafter 27
Klappeninsuffizienz 104
Klappenstenose 104
Kleinfingerballen 265
Kleinfingerballenmuskeln 266
Kleinhirn **214**
Kleinhirngestörte 215
Kleinhirntests 214
Kleinhirnzelt 211
Klopfschall
- gedämpfter 17
- hypersonorer 90
- sonorer 17
- tympanitischer 17; 112
- verkürzter 17
Klumpfuß 315; 316
Knickfuß 315; 316
Knie Palpation 299
Kniebeugen 65
Knie-Ellbogen-Lage 139; 157

Kniegelenk
- Abduktionsprüfung 302
- Adduktionsprüfung 302
- Außenband
-- Palpation 302
-- spannen *302*
- Bänder 301
- Bewegungsumfang 300
- Erguß 303
- Gelenkspalt Palpation 299
- Hyperextensionstest 301
- Innenband Palpation 302
- Instabilität 301
- Kreuzbänder 303
- Punktion 303
- Schubladentests 303
- Valgustest 302
- Varustest 302

Kniegelenkspalt *307*
Knie-Hacken-Versuch 216
Kniescheibe Palpation 299
Kniestrecker 305
Knipsreflex 286
Knöchelgabel *298*
Knochenleitung 208
Knochenmark rotes 58
Knochenmarkpunktion allgemein 58
Knötchen *34*
Knoten 34
Knotenkropf 233
Koloskop 160
Kolposkopie 146
Koniotomie 232
Konjetzny-Steinmann-Symptom 301
Konjunktivalreflex 188
Konstitutionstyp 22
Kontrapost *293*
Kontrollmessungen 7
Koordinatensystem
- metrisches 61
- natürliches 61

Koordination der Körperbewegungen 214
Kopf 161
- Arterien *166*
- Hautinnervation 167
- Muskeln Innervation 167

Kopfbein *256*; 257
Kopfbiß 176
Kopfgelenke
- Rotation 49
- Rückneigen 46
- Seitneigung 47
- Vorneigen 44

Kopfgeschwulst 162
Kopfhöhe *26*
Kopfschwarte Bau 161
- Beweglichkeit prüfen 162

Kopfwendergegend 220
Kornealreflex 188
Körnerkrankheit ägyptische 200
koronal 176
Koronararterien Projektion *100*
Koronarographie 319
Korotkow-Ton 271
Körperform geschlechtsspezifische 29
Körpergewicht 21
Körperlänge
- Einflußfaktoren 20
- Geschlechtsunterschiede 29
- Messen 20
-- im Liegen 21

Körpermasse 21
- Beurteilen 21
- Einflüsse 22
- Tagesschwankungen 22

Körpermassenindex 22
Körperoberfläche Berechnung 24
Körperproportionen :
Körperstamm Gesamtdrehung 49
Kraftgradskala 12
Kraftgriffe 267
Kragen spanischer 152
Krallenhand 266; 280
Krallennagel 36
Krampfadern 321
Kranznaht *161*
Kratzauskultation 113; 122
Kremasterreflex 140
Kreuzbänder 303
Kreuzbein 68
Kreuzbein-Darmbein-Gelenk 73
- Dehnungsschmerz 74
- Druckschmerz 73

Kreuzbeinkamm 68
Kreuzbeinkanal 55; 68
Kreuzbein-Sitzbeinhöcker-Band 71
Kreuzbein-Steißbein-Gelenk 68
Kreuzigungstod 245
Kreuzungsphänomen 203
Krise hyperkalzämische 235
Kristahöhe 27; 307
Kropf 233
Kupferdrahtarterien 203
Kurzsichtigkeit 172
Küssen 170
Kyphose 37

L
Labia
- majora pudendi 142
- minora pudendi 142
- oris 174

labial 176
Labiodontie 176
Lachen 173
Lachmann-Test 303
Lactobacillus acidophilus 149
Lacus lacrimalis 189
Laennec 17
Lagern des Patienten zur Tastuntersuchung 113
- der Patientin zur gynäkologischen Untersuchung 141

Lagerungsprobe Ratschow 319
Lambdanaht *161*
Lamina cribrosa sclerae 202
Längen relative 27
Längenmessungen Aufgaben 254
Langmagen *115*
Längswölbung 314
Lanz-Punkt *117*
Laparoskopie 81
Laparotomie *81*
Lappenbronchen Projektion *92*
Lappengrenzen Projektion 92
Laryngoskop 231
Laryngoskopie
- direkte 229; *231*
- indirekte 229

Lasègue-Zeichen 51; 324
Lateralflexion 46
- Muskelfunktionsprüfung 56

LCA *100*
Le Fort *163*
Leber 114
- Atemverschieblichkeit 121
- Entzündung 123
- Form abnorme 122
- Head-Zone *87*
- Klopfschall 121
- Klopfschmerz 123
- Kratzauskultation 122
- Lappen *121*
- Palpation 122
- Perkussion 121
- Projektion *121*
- Zirrhose 129

Leberdämpfung *101*
Lebergegend 76
Lebergrenze obere 121
- untere 121

Leberschall 17
Lederhaut Farbe 189
Leistenband *79*
Leistenbruch 155
- direkter 79
- indirekter *79*

Leistengegend 76; **78**
Leistenhaut 31
Leistenhoden 154
Leistenkanal **78**; *79*
Leistenlymphknoten *85*
- Bedeutung 321
- Gliederung 322
- Palpation 321

Leistenring äußerer *79*
- innerer *79*
- Palpation 80

Leistenschnitt *81*
Leitsegmente 38
Leitungsanästhesie
- Bein 328
- Nervus alveolaris inferior 177
- Plexus brachialis 288

Lendenarterien 83
Lendenlordose 37
Lendenraute 69
- Asymmetrie 69

Lendenrippe 60
Lendenwulst 40
Lens 190
Leuchtspatel 231
Levator-Tor *136*
- Palpation 146

Lichtreaktion direkte 192

- konsensuelle 192
Lidbindehaut 188
Lidkanten
- Schwellungen 187
- Stellung 186
Lidplatten 187
Lidschlag Häufigkeit 187
Lidschluß 171
Lidschlußreflexe 187
Lidspalte Ausdrucksbedeutung 172
- enge 172
- weite 172; 187
Lien 124
Ligamentum (Ligamenta)
- anococcygeum 136
- anulare radii 248; 249
- - stapediale 206
- calcaneofibulare 312
- carpi radiatum 258
- carpometacarpalia 258
- collaterale fibulare 302
- - radiale 249
- - tibiale 302
- - ulnare 248
- coraco-acromiale 240
- cruciata 303
- fundiforme penis 70
- iliofemorale 290
- inguinale 79; 128; 131
- intercarpalia 258
- interfoveolare 79
- ischiofemorale 290
- ovarii proprium 141
- patellae 304; 305; 326
- pubofemorale 290
- radiocarpale 257
- sacrospinale 71; 159; 294
- sacrotuberale 71; 159; 294
- suspensoria mammae 65
- suspensorium penis 70
- talocalcaneum interosseum 312
- talofibulare
- - anterius 312
- - posterius 312
- teres uteri 141
- ulnocarpale 257
- umbilicale medianum 79
Lindenblattsehne 242
Linea alba 75
- anocutanea 139
- anorectalis 139

- axillaris anterior 62
- - media 62
- - posterior 62
- mamillaris 62
- mediana anterior 61
- - posterior 62
- medioclavicularis 62
- mucocutanea 139
- parasternalis 62
- paravertebralis 62
- scapularis 62
- sternalis 61
lingual 176
Linkshändigkeit **268**
- Häufigkeit 268
- soziale Aspekte 268
Linksherzkatheter 319
Lippen 174
Lippendrüsen tasten 174
Lippen-Kiefer-Spalte 175
Lippenrot 174
Lippenschluß Ausdrucksbedeutung 173
Lippenspalte 175
Liquor amnii 134
- cerebrospinalis 53
Liquorraum 51
- Ausdehnung 52
- Ende kaudales 53
- Punktion 53
Lisfranc-Gelenk 309, 311
Lobulus auriculares 204
Lobus caudatus 121
- frontalis 211
- hepatis dexter 121
- - sinister 121
- occipitalis 211
- quadratus 121
- temporalis 211
Lochbrille 187; 198
Lokalanästhetikum 54
Lordose 37
Lordosetiefe Messen 37
Loslaßschmerz 114; 117
Louis-Winkel 57
Lücke infrapiriforme 295
- suprapiriforme 295
Luftleitung 208
Luftröhre Projektion 92; 229
Lumbalpunktion 52; 53
- Einstichrichtung 51
- Risiken 53
Lunge Atemverschieblichkeit 91
- Auskultation 93
- Blähung 90

- Emphysem 90
- Entzündung 93
- Lappen 93
- Perkussion
- - abgrenzende 90
- - vergleichende 89
- Röntgenuntersuchung 96
- Segmente 93
- Segmentgrenzen 93
- Sonographie 96
Lungengrenzen 90
- Hochstand 90
Lungenschall 17
- sonorer 89
Lunula 36
Luxatio axillaris 240
- infraspinata 240
- subcoracoidea 240
Luxation habituelle 240
Lymphknoten Hals 225
- - Palpation 225
- Palpation 15
- Verschieblichkeit 15

M
Mackenzie-Zonen 87
Macula 34; 190; 196; **202**
Magen 114
- Geschwür 87
- Head-Zone 87
- Perkussion 115
- Posthornform 115
- Projektion 115
Magenblase 115
Magengrube 76
Magenpförtner 116
Mahlbewegung 164; 165
Mahlzähne 176
Makrostomie 175
Maldescensus testiculi 154
Malleolus lateralis 310
- medialis 309
Mamillarlinie 62
Mamma 65 :
Mammakarzinom 66
Mandibula 162; 163
Manubrium mallei 206
- stemi 57
Masseterreflex 168
Maßstäbe natürliche 7
Mastdarm 138; 158
- Krebs 159
- Palpation 158
- Projektion 133
- Querfalten 159; 160

- Spiegelung 159
Matthiaß 37
Maxilla 162; 163
Maximalgebiet 284
McBurney-Punkt 117
- Schwangere 134
MCP 259
Meatus nasi inferior 182
- - medius 182
- - superior 182
Medianlinie 61; 62
Medianuslähmung 264
Mediastinoskopie 97
Medien lichtbrechende 189
Medioklavikularlinie 61
Medulla ossium rubra 58
Medusenhaupt 85
Mehrgebärende 145
Meibom-Drüse 187
Melanom 191
Melanotropin 33
Meloschisis 175
Membran 18
Membrana tympani 204
Meningitis 51
- Diagnose 51
Meningocele 39
Meniscus lateralis 303
- medialis **301**
Menisken **301**
- Palpation 301
Meniskusriß 301
Meniskuszeichen 301
Mennell-Zeichen 74
Menstruationsalter 134
mesial 176
Mesialbiß 177
Mesocolon sigmoideum Wurzel 120
- transversum Wurzel 120
Mesogastrium 76
Messen exaktes 6
Metakarpophalangealgelenk 260
Meteorismus 115
MIC 81
Michaelis-Raute 69
Milchdrüse 66
Milchgänge 66
Milchgebiß 176
Milz 114; 125
- Infarkt 87
- Palpation 124
- Perkussion 124
- Projektion 124

Sachverzeichnis

- Ruptur 124
-- iatrogene 114
Milzdämpfung 124
Milzvene 129
Mimische Muskeln *171*
Miosis 191; 192
Miotika 191
Mitralklappe
- Auskultationsstelle *103*
- Projektion *99*
Mittelarmnerv 279
Mittelbauch 76
Mittelfußknochen *309*
Mittelhandknochen *256*
- Palpation 259
Mittelohreiterung 205
Mittelohrschwerhörigkeit 208
Mittelschatten *97*
Mohrenheim-Grube 246
Moll-Drüse 187
Mondbein *256*; 257
Möndchen 36
Montgomery-Drüsen 65
MTP 311
Multipara 145
Mund
- offenstehender 173
- öffnen 170
- schließen 170
- verbreitert 175
Mundboden Palpation 180
Mundgeruch 180
Mundhöhle 174
Mundwasser 179
Mundwinkel Ausdrucksbedeutung 173
- entzündete 174
- herabhängende 173
Münztest 287
Murphy-Zeichen 123
Musculus (Musculi)
- abductor
-- digiti minimi 265; 318
-- hallucis 317
-- pollicis brevis 265
--- longus 263; *265*
- adductor longus 305
-- pollicis 265
- biceps brachii **251**
-- femoris 305
- brachialis 251
- brachioradialis 263; 286
- bulbospongiosus *136*
- coccygeus 135

- constrictor pharyngis inferior *109*
- coracobrachialis **251**
- corrugator supercilii *171*
- cremaster 140; 156
- deltoideus **245**
- depressor anguli oris *171*
-- labii inferioris *171*
- digastricus 169; 219
- dilator pupillae 191; 200
- epicranius 161; 169; *171*
- extensor carpi radialis brevis 263; *265*
---- longus 263; *265*
--- ulnaris 263; *265*
-- digiti minimi 263; *265*
-- digitorum 263; *265*
--- brevis 317
--- longus *316*
-- hallucis brevis 317
--- longus 316
-- indicis 265
-- pollicis
--- brevis 263; *265*
--- longus 263
- flexor carpi radialis 262
--- ulnaris 262
-- digitorum brevis 318
--- longus 317
--- superficialis 263
-- hallucis brevis 317
--- longus 317
- gluteus maximus **292**
-- medius **293**
-- minimus **293**
- gracilis 305
- ileococcygeus *136*
- iliopsoas 118; 294
- infrahyoidei 218
- infraspinatus 247
- interossei 318
-- dorsales 266
-- palmares 266
- interosseus dorsalis I 265
- ischiocavernosus *136*
- latissimus dorsi 64; **244**
--- Palpation 244
- levator anguli oris *171*
-- ani *136*; *138*; 146; *158*
-- labii superioris *171*

---- alaeque nasi *171*
-- palpebrae superioris 187
-- scapulae **218**; **243**
- lumbricales 318
- masseter *165*
- mentalis *171*
- nasalis *171*
- obliquus externus abdominis 75
-- inferior 194
-- superior 194
- obturator internus 118; *138*
- omohyoideus *218*
- opponens pollicis 265
- orbicularis oculi *171*; 172
-- oris 170; *171*
- palmaris longus Sehne 262
- pectoralis
-- major 65; **245**
--- Inspektion 245
--- Palpation 245
-- minor **243**
- peroneus [fibularis]
-- brevis *316*
-- longus *316*
-- tertius *316*
- piriformis **294**
- procerus *171*
- pronator teres 286
- psoas major *125*; *127*
- pterygoideus
-- lateralis 165
-- medialis 165; 168
- pubococcygeus *136*
- quadriceps femoris **305**; 326
- rectus abdominis 74
-- femoris 294; 305
-- inferior 194
-- lateralis 194
-- medialis 194
-- superior 194
- rhomboideus
-- major 243
-- minor 243
- risorius *171*
- sartorius 305
- scalenus anterior Palpation 219
-- medius Palpation 219
- semimembranosus 305

- semispinalis capitis 218
- semitendinosus 305
- serratus anterior 243
- sphincter ani externus *136*; *138*; 140; *158*
--- internus *158*
-- pupillae 191; 200
-- urethrae 152
- splenii 218
- sternocleidomastoideus **217**; *218*; 220; *221*; *233*
- sternohyoideus *218*
- stylohyoideus 169
- subscapularis 246
- supraspinatus 246
-- Sehnenriß 246
- tarsalis 187
- temporalis *165*; 168
- tensor fasciae latae 294
- teres major 246
-- minor 246
- tibialis anterior 316
-- posterior 317
- transversus perinei
--- profundus *136*
--- superficialis *136*
- trapezius **218**; **242**
- triceps brachii 252; 286
- vastus lateralis 305
-- medialis 305
- zygomaticus major *171*
Muskeleck 75
Muskeleigenreflexe 14
Muskel(n)
- ischiokrurale 305
- Funktionsprüfung 12
-- Hand 266
- Kraft Seitenunterschiede 13
- mimische *171*
- Untersuchung 11
Muskelpumpe 320
Muttermund 145
Mydriaka 192
Mydriasis 191; 214
Myelocele 39

N

Nabel 74
- Innervation *86*
Nabelfalte mediale 79
Nabelgegend 76
Nachahmversuche 216
Nackengegend 220

Nackengriff *244*
Nackensteife 51
Nagel 36
- Flecken 36
- Querrillen 36
- Wachstum 36
Nagelbett 36
Nagelhäutchen 36
Nagelplatte 36
Nagelwall 36
Naheinstellungsreaktion 193
Nahvisus 198
Nasenbein 163
- Bruch 163
Nasenflügelatmen 65; 171
Nasenhöhle
- Gliederung 182
- Luftdurchgängigkeit prüfen 182
- Spiegeltest 183
Nasenlöcher erweitern 171
Nasenmuscheln 183
Nasenscheidewand 183
Nasenschleimhaut 183
Nasen-Schulter-Abstand 48
Nasensekret 183
Nasenspekulum 183
Nasenspiegel 183
Nasenspiegelung
- hintere 184
- vordere 183
Nasenvorhof 183
Nasenwülste 175
Nebelsehen 200
Nebengeräusche
- feuchte 94
- trockene 94
Nebenhoden Palpation 156
Nebenhodenkopf 156
Nebenhodenkörper 156
Nebenhodenschwanz 156
Nebenhöhlenentzündung 185
Nebennieren 126
- Projektion *127*
Nebenschilddrüsen 236
- Adenom 235
- Aufgaben 235
- Funktionsstörungen 235
- Geschwülste 235

- Lage 235
- Projektion 236
neck dissection 220; 242
Nerven afferente 13
- efferente 13
- Lähmung iatrogene 278
- Untersuchung 13
Nervenschwerhörigkeit 208
Nervus (Nervi)
- abducens 167
-- Lähmung 195, 214
- accessorius 227; *228*; 242
-- Ausfall 214
- alveolares superiores 178
- alveolaris inferior 177
--- Leitungsanästhesie 177
- auricularis
-- magnus *167*; *226*
--- Palpation 226
-- posterior 169; 170
- axillaris 245; *284*; *285*
- buccalis 177
- cutaneus antebrachii
--- lateralis 278
--- medialis 278 *284*; *285*
-- brachii medialis *284*; *285*
-- femoris lateralis *295*; 325; *326*
---- Autonomgebiet *326*
---- Leitungsanästhesie 328
--- posterior *295*; 325; *326*
---- Autonomgebiet *326*
-- surae
--- lateralis 325; *326*
--- medialis 325
- digitales palmares
--- communes *281*
--- proprii *281*
- dorsalis scapulae 242
- facialis *167*; **169**
-- Äste *169*
-- Kurztest 170
-- Lähmung 169, 214
-- Verlaufsstrecken 169
- femoralis 304; **322**; 325; *326*

-- Ausfall 323
-- Autonomgebiet *326*
-- Dehnung 324
-- Druckpunkt 323
-- Entlastung 324
-- Leitungsanästhesie 328
- fibularis communis **323**
--- Ausfall 324
--- Druckpunkt *323*
--- Entlastung 324
--- Gefährdung 323
--- Palpation 323
-- profundus 316; 317; 325; *326*
--- Ausfall 324
-- superficialis 316; 325; *326*
--- Ausfall 324
--- Autonomgebiet *326*
- genitofemoralis 80; *137*; 325; *326*
- glossopharyngeus *167*; 179
-- Ausfall 214
- gluteus
-- inferior 292; *295*
-- superior 292; *295*
- hypoglossus *167*
-- Lähmung 179, 214
- iliohypogastricus *295*; *326*
- ilio-inguinalis 80; *137*; *326*
- infraorbitalis 168
- intercostales *284*
- intercostalis 86
- intercostobrachiales *284*
- intermediofacialis 214
- ischiadicus *295*; 304; **323**; 325; *327*
-- Ausfall 324
-- Dehnung 50; 324
-- Druckpunkt *295*, *323*
-- Entlastung 324
-- Reizzustand 52
- lingualis 177
- mandibularis *167*
- maxillaris *167*
- medianus 265; *281*; *284*; *285*; 286
-- Ausfall 279
-- Dehnung 283
-- Entspannung 282
-- Leitungsanästhesie 288

-- Palpation 279
- mentalis 168
- musculocutaneus 251; *284*; *285*; 286
- obturatorius 304; **322**; 325; *326*; 327
-- Ausfall 323
-- Autonomgebiet *326*
-- Dehnung 324
-- Entlastung 324
-- Leitungsanästhesie 328
- occipitalis major *167*
-- minor *167*; *226*
- oculomotorius *167*; 192
-- Lähmung 195, 214
- olfactorii Ausfall 214
- ophthalmicus *167*
- opticus 203
-- Ausfall 214
- pectorales 242; 244
- phrenicus 123
-- Palpation 227
- plantaris
-- llateralis 317
-- medialis 317
- pudendus *137*; 140
- radialis 251; *284*; 286
-- Ausfall 280
-- Dehnung 283
-- Entspannung 282
-- Palpation 280
- saphenus 322; *326*
- stapedius 169; 170
- subscapulares 245
- supraclaviculares *226*; *284*
-- Palpation 226
- supraorbitalis 168, *168*
- suprascapularis 245
- suralis 325; *326*
- thoracicus longus 242
- thoracodorsalis 244; 245
- tibialis 316; **323**; 327
-- Ausfall 324
-- Autonomgebiet *326*
-- Entlastung 324
- transversus colli *226*
--- Palpation 226
- trigeminus **168**
-- Ausfall 214
-- Druckpunkte 168
- trochlearis 167
-- Lähmung 195, 214
- ulnaris 256; 265; *284*; *285*

Sachverzeichnis

– – Ausfall 280
– – Dehnung *282*; 283
– – Entlastung *282*
– – Leitungsanästhesie 288
– – Palpation 280, *281*
– vagus *167*; 179; 227; *228*
– – Ausfall 214
– vestibulocochlearis Ausfall 214
Netzhautgefäße 203
– Inspektion 202
Neunerregel 25
– Kind 25
Neutralbiß 177
Neutralnullmethode Protokollierung 10
Neutralnullstellung *10*
Niere *114*
– Größe 125
– Head-Zone *87*
– Klopfschmerz 126
– Palpation 126
– Projektion *125*
Nierenbecken 126
– Projektion *127*
Nierenbucht 127
Ninhydrintest 34
Nodi lymphatici
– – cervicales laterales superficiales *225*
– – inguinales
– – – profundi 322
– – – superficiales *137*; 156; *322*
– – jugulares *225*
– – mastoidei 225
– – occipitales 225
– – parotidei 225
– – submandibulares 225
– – submentales *225*
– – supraclaviculares *225*
Nodus 34
– atrioventricularis 105
– lymphaticus jugulodigastricus *225*
– sinu-atrialis 105
Normalgewicht 21
Notfalten 173
Nucleus oculomotorius accessorius 192
– solitarius 179
Nulldiät 23
Nullipara 142; 145
nurse ellbow 249

Nystagmus 173; 195; **209**
– optokinetischer 210
– postrotatorischer 210
– rotatorischer 210
– thermischer 210
– vestibulärer 210

O

O-Bein 299
Oberarmbein 239; 247
Oberarmkopf Palpation 239
Oberarmlänge *254*
Oberarmmuskel 251
– zweiköpfiger 251
Oberarmmuskeln 251
Oberbauch 76
– Transversalschnitt *114*
Oberflächensensibilität 13
Obergrätenmuskel 246
Oberkiefer 163
Oberkieferwülste 175
Oberlid Umstülpen 188
Oberlippenspalte 175
Oberschenkel Hautfalten Neugeborenes 290
Oberschenkelmuskeln 304
Obesitas 115
Obturatoriushernie 79
Obturator-Zeichen 118
Oesophagus 65; *108*
– Engstellen *109*
– Projektion *109*
– Verlauf *109*
Ohr 204
– abstehendes 204
– bewegen 162
Ohrenspiegelung 204
Ohrhöhlung 204
Ohrläppchen 204
Ohrleiste 204
Ohrmuschel 204
Ohr-Scheitel-Linie 168
Ohrschmalz entfernen 205
Ohr-Schulter-Abstand 47
Ohrspeicheldrüse 169
Ohrspeichelgang Palpation 175
Ohrtrichter 204
Ohrtrompete 207
– Durchgängigkeit prüfen 207
– Verschluß 207

Okklusion 176
Okulomotoriuslähmung 172; 173; 193
Olecranon *247*; 248
Olfaktometrie 185
Olfaktoriusreizstoffe 184
Onychogryposis 36
Onychorrhexis 36
Ophthalmoskop 199
Ophthalmoskopie 199
Opisthotonus 51
Oppenheim-Reflex 328
Optikusatrophie 203
Orbita *162*; *182*
Orchis *153*; *155*
Os (Ossa)
– capitatum 257
– coccygis 68
– cuboideum 310
– cuneiforme
– – intermedium *310*; 311
– – laterale *310*; 311
– – mediale 309
– frontale *162*; 163
– hamatum 256
– hyoideum 228
– ischii 70
– lunatum 257
– metatarsi 309, *310*
– nasale *162*; 163
– naviculare 309; *310*; 311
– occipitale *162*
– parietale *162*
– pisiforme 255
– pubis 70
– sphenoidale *162*
– temporale *162*
– trapezium 256
– trapezoideum 257
– triquetrum 256
– zygomaticum *162*; 163
Ösophagusmund *109*
Osteogenesis imperfecta 189
Ostium pharyngeum tubae auditoriae 184
– urethrae externum *143*; 151
– uteri *141*; 145
– vaginae *143*; 144
Otitis media 205
Otoskop 205
Otoskopie 204
Ott-Maß *43*
Ovarium *141*

– Projektion *133*

P

painful arc 246
palatinal 176
Palatoschisis 175
Palatum durum 181
– molle 181
Palmarflexion *258*
Palpation 8
– Adnexe 148
– Bauch 113
– bimanuelle Gebärmutter 146
– Dammgegend 135
– Hoden 155
– Leber 122
– Lymphknoten 15
– Niere 126
– Samenstrang 156
– Scheide 146
– Schwellkörper 152
– Technik 9
Pancreas Projektion 124
Pankreaskopf 124
Pankreaskörper 125
Pankreasschwanz 125
Pankreatitis 87
Pap 145
Papanicolaou 145
Papilla
– duodeni major *123*
– mammaria 66
– renalis 126
Papula 34
Paralyse 13
Paraphimose 152
Paraproctium 159
Pararektallinie 62; 74
Pararektalschnitt *81*
Parasternallinie 67
Parasympathikolytika 192
Parasympathikomimetika 191
Parathormon 235
– Mangel 235
– Überschuß 235
Paravertebrallinie *62*
Parazentese 205
Parese 13
Paries labyrinthicus 210
Pars
– abdominalis aortae *128*
– anularis vaginae fibrosae 264
– ascendens aortae 99
– atlantica 222

- centralis 212
- cruciformis vaginae fibrosae 264
- descendens aortae 65; 99; 108
- flaccida 206
- membranacea 152
- prostatica 152
- spongiosa 152
- tensa 206
Patella 298; 299
- Palpation 299
- tanzende 303
Patellarsehnenreflex 326
Paukenhöhle Druckausgleich 207
Payr-Test 302
Pectoralis-minor-Syndrom 270
Pectus carinatum 63
- excavatum 63
- gallinaceum 63
Pelvis renalis 126
Penis Erektion 151
- Größe 152
- Haut 151
- Inspektion 151
- Venen 151
Peniskrebs 151
Perforansvenen 321
Pericardium 65; 108
Periduralanästhesie 55
- sakrale 55
Periduralraum 55
Perineum 142
Peritoneum
- parietale Reizung 113
- viscerale Reizung 113
Perkussion
- Bauchraum 112
- Harnblase 132
- Herz 101
- Historisches 16
- Klangqualitäten 17
- Leber 121
- Lunge 89
- Milz 124
- Technik 16
Perthes-Gehtest 321
Pes adductus 315
- calcaneus 315; 324
- equinovarus 324
- equinus 315; 324
- excavatus 315
- planovalgus 315
- planus 314
- transversus 315

- valgus 315
- varus 315; 324
Pfannenstiel-Schnitt 81
Pfeifen 94
Pfeilnaht 161
Pfortader
- Projektion 129
- Stromgebiet 129
- Verlauf 129
Pfortaderhochdruck 129
Phalanx distalis 310
- media 259; 310
- proximalis 259; 310
Philtrum 175
Phimose 151
Phlebitis 278
Phrenikusparese 227
Pigmentepithel 202
Pigmentfleck 34
Pigmentierung 32
PIP 259; 311
Plantarflexion 312
Plantarreflex 328
Planum interspinale 76
- intertuberculare 76
- subcostale 75
- supracristale 76
- transpyloricum 75
Plattfuß 314; 316
Plattknickfuß 315
Platysma 171; **218**
Plazenta 134
Plegie 13
Plessimeterfinger 16
Pleura parietalis 65
Pleuraerguß 90; **95**; 122
Pleuragrenzen 91
Pleurapunktion **96**
Pleuraschwarte 90
Pleuritis 87; 94
Pleuroskopie 97
Plexorfinger 16
Plexus
- brachialis 227
-- Leitungsanästhesie 227; 288
-- Palpation 227
-- Trunci 227
- cervicalis **226**
-- Leitungsanästhesie 226
-- Palpation 226
- coccygeus 137
- dentalis superior 178
- intraparotideus 169
- lumbalis Blockade 328
- lumbosacralis 325

- pampiniformis 155; 156
Plexusanästhesie supraklavikuläre 288
Plica (Plicae)
- fimbriata 179
- mallearis anterior 206
-- posterior 206
- palatinae transversae 181
- recto-uterina 149
- semilunares coli 160
- sublingualis 179
- umbilicalis lateralis 79
-- medialis 79
-- mediana 79
Podogramm 315
Polyzythämie 32
ponderal index 22
Portio 145
- Abstrich 145
- Besichtigen 145
- supravaginalis cervicis 141
- vaginalis cervicis 141; 145
Portokavale Anastomosen 129
Porus acusticus externus 204
Positio 148
Posthitis 151
Potentiale evozierte 185
Präzisionsgriffe 267
Preputium 151
- clitoridis 142
PRIND 221
Processus coracoideus Palpation 237
- muscularis 163
- styloideus 247; 255
- vaginalis 79
- xiphoideus 57
Prominentia laryngea 228
- mallearis 205
Promontorium 71; 146
Pronation 250; 312
- douloureuse 249
Pronatorreflex 286
Proportionen
- abnorme 28
- Änderung mit Alter 26
- Historisches 25
- im Liegen 28
- Meßpunkte 26
- Meßstrecken 26
- Neugeborenes 25

Prostata 132; 153; 155
- Größe 159
- Hyperplasie 152, 159
- Krebs 159
- Palpation 159
- Steine 159
Protanomalie 198
Protanopie 198
Protuberantia occipitalis externa 161
Psalidodontie 176
Psoas-Zeichen 117
PSR 326
PTH 235
Ptosis 172; 187; 192; 214
Pubes 142
Pudendusanästhesie 137
Pulmonalklappe
- Auskultationsstelle 103
- Projektion 99
Puls
- Arteria femoralis 131
- Bauchaorta 128; 131
Pumpenschwengelprobe 74
Puncta lacrimalia 189
Pupille 190; **191**
- erweitern 200
- Erweiterung reflektorische 193
- Inspektion 192
- Muskeln 191
- Pharmakologie 191; 200
Pupillenreflex **192**; 200
- psychosensorischer 193
Pupillenstarre 193
Pustula 34
Pyelitis 87
Pylorus 116
Pyramidenbruch 163
Pyramidenzeichen 328

Q

Quaddel 34
Quadrizepsreflex 326
- Prüfen 326
Querfaltensäule 144; 146
Querfortsätze Palpation 217
Querwölbung 314
Quételet-Index 22

R

Rabenschnabelfortsatz 237

Sachverzeichnis

Rachenmandel *181*; 184
Rachenmandeln
  vergrößerte 207
Rachitis 63; 69
Radialispulsgrube 272
Radioulnargelenke 250
Radius *247*
– Palpation 248; 255
Radix mesenterii *120*
– posterior *51*
Ramus (Rami)
– circumflexus Projektion *100*
– clunium inferiores *295*
– – mediales *295*; *326*
– – superiores *295*; *326*
– dorsalis nervi ulnaris 281
– genitalis 80
– inferior ossis pubis 70
– infrapatellaris 322
– intercostales anteriores 83
– interventricularis anterior Projektion *100*
– mandibulae 163
– marginalis mandibulae *169*
– meningeus anterior 212
– ossis ischii 70; *71*
– superficialis des Nervus radialis 281
Raphe penis 151
– scroti *155*
Rasselgeräusche 94
Ratschow Lagerungsprobe 319
Raumschwelle 33
Rautenmuskel 243
RCA Projektion *100*
Recessus pharyngeus 184
Rechtshänder 253
Rectum *119*; *132*; *141*; *147*; *153*; *158*
– Projektion *133*
Refertilisierung 157
Reflex(e)
– Arm 286
– Bahnung 15
– Bein 326
– Einflußfaktoren 14
– Protokollierung 14
– Prüfung 14
– vestibulookulärer 210
– ziliospinaler 193

Reflexhammer 5; **14**
Regenbogenhaut 190; **191**
Regio analis *135*
– cervicalis anterior *219*
– – lateralis *219*; 220
– – posterior *219*; 220
– epigastrica 76
– hypochondriaca 76
– inguinalis 76; **78**
– lateralis 76
– nuchalis 220
– perinealis *135*
– pubica 76
– sternocleidomastoidea *219*; 220
– submentalis 219
– umbilicalis 76
– urogenitalis *135*
Reibegeräusche 94; 112
Reithosenanästhesie 55
Reklination 45
– Muskelfunktionsprüfung 56
Reklinationsprobe 223
Rektoskopie 159
Rektusscheide 75
Rekurrenslähmung 214
REM-Phasen 152
Rete venosum dorsale pedis 320
Retina *190*
Retinaculum
– extensorum 264
– – Sehnenfächer *265*
– flexorum 264
– musculorum extensorum 317
– – flexorum 317
– – peroneorum 317
Retroflexio *147*
Retroversio *147*; 149
Rhachischisis 39
Rhinitis 185
Rhinoscopia anterior 183
– posterior 184
Richtungsbegriffe Zähne *176*
Riechprüfung 184
Riechstoffe 184
Riedel-Lappen 122
Riesenzellarteriitis 167
Rima palpebrarum 187
– pudendi 143
Rindenblindheit 194
Ringknorpel 229
– Projektion *229*

Ringknorpelspange 229
Rinne-Versuch 208
Rippen Nummerieren 60
– Varietäten 60
Rippenbogengegend 76
Rippenbogenrandschnitt *81*
Rippenbogenwinkel 61
Rippenbuckel 40; 42
RIVA Projektion *100*
Riva-Rocci 271
Rohrer-Index 22
Rollhügel großer 289; *307*
Romberg-Test 215
Rosenmüller-Lymphknoten 322
Rosenvene große 320
– kleine 320
Roser-Nélaton-Linie 289
Rossolimo-Reflex 327
Rotationsschublade 303
Rotatorenmanschette **246**
Rotschwäche 198
Rötung 32
Rovsing-Zeichen 117
Rücken hohlrunder 37
Rückenmark
– Aszensus 52
– Ende kaudales 52, *53*
– Lage in Wirbelsäule 52
– Segmente 52
Rückenmarkhäute 50; *51*
– Entspannungsstellung 51
– Entzündung 51
Rückenmuskel breiter 244
Rückneigen
– Bauchlage *46*
– Muskelfunktionsprüfung 56
– Stehen *45*
Rückneigewinkel 45
Ruhetremor 216
Rumpf-Arm-Muskeln 244
Rumpfbreitenindex 29
Rumpflänge *26*
Rumpf-Schultergürtel-Muskeln 242
Rumpfwand 37
– Arterien 83; *84*
– Atemexkursionen 63
– Befunddokumentation 61
– Head-Zonen *87*
– Hilfslinien *61*; *62*

– Innervation *86*
– Länge 64
– Lymphabfluß *85*
– Venen 84
Rundmuskel 246
Rundrücken 37
Rüttelschmerz 40
R-Zacke 105

S

Saccus
– conjunctivalis 188
– lacrimalis 189
Sägelinie 243
Sägemuskel vorderer 243
Salpinx 134; *141*
Samenblasen Palpation 159
Samenleiter
– Palpation 156
– Unterbinden 156
Samenstrang Hüllen 156
– Palpation 156
Scapula 237; *239*
– alata 243
Schädel *161*; *162*
Schädeldach 161; *213*
– Schwellung 162
Schädelgruben Projektion 211
Schädelnähte
– Entwicklung 161
– Palpation 161
Schallabflußtheorie 209
Schallaufnehmer 18
Schallempfindungs-schwerhörigkeit 208
Schalleitung 208
Schalleitungsschwer-hörigkeit 208
Schambehaarung
– männliche *82*
– Stadien 81
– weibliche *82*
Schambein 70
Schambeinast 70
Schambeinfuge 70
Schambeinhöcker 70
Schambeinwinkel 70
Schamgefühl 4
Schamgegend 135
– Inspektion 142
Schamhaare Ausfall 82
Schamhaargegend 76
Schamlippen 142
– Spreizen *142*
Schamlippenzügel 143

Sachverzeichnis

Schamspalte 143
Scheide Inspektion 144
- Palpation *146*
- Spiegeluntersuchung 144
Scheidenflora 149
Scheidengewölbe 146
Scheidenmund 143; 144
Scheidenschleimhaut 145
- Besichtigen 145
Scheidenspiegel 144
- Einführen 145
Scheidenvorhof 143
Scheidenvorhofdrüse 143
Scheitelbein *161*
Scheitel-Fersen-Länge 28
Scheitelhöhe 20
Scheitel-Steiß-Länge 28
Schenkelbrüche *79*
Schenkelkanal *79*
Schenkelring *79*
Schenkelschall 17
Scherenbiß 164; 176
Scheuklappengesichtsfeld 196
Schiefhals 220
Schielen 172
Schienbein *309*
- Palpation 299
Schienbeinhöcker 300
Schienbeinkante 300
Schilddrüse Arterien 234
- Größe 233
- Inspektion 233
- Isthmus 234
- Knoten 233
- Palpation 234
- Projektion *233*
- Überfunktion 187
- Venen *235*
Schildknorpel
- Palpation 228
- Projektion *229*
Schlaganfall 221
Schlauchstethoskop 18
Schlemm-Kanal 191; 200
Schlittenbewegung 164; 165
Schluckstörungen 214
Schlundenge 181
Schlußbißstellung 176
Schlüsselbein Palpation 237
Schlüsselbeinarterie 269
Schlüsselbeingelenke
- Aufgaben 238

- Bewegungen 238
Schlüsselgriff 267
Schmerz übertragener 87
Schmerzreize 13
Schminkstifte 5
Schneckengang 210
Schneeblindheit 199
Schneidezähne 176
Schnelltest Beweglichkeitsprüfung *11*
Schnupfen 185
Schober-Maß *43*
Schonatmung 91
Schublade aktive 303
- hintere 303
- vordere 303
Schubladenphänomen 303
Schubladentests 303
Schuherhöhung 41
Schuhherz 102
Schulter-Arm-Syndrom 60
Schulterblatt *238*; 239
- Aufgaben 237
- Höhenunterschied 238
- Palpation 237
Schulterblattgräte 237
Schulterblattheber 218; 243
Schulterbreite *30*
- Geschlechtsunterschiede 30
Schultereck 237
Schultereck-Schlüsselbein-Gelenk 238
Schultergelenk
- Achsen 240
- Außenrotation *240*
- Bewegungsumfang 240
- Luxationen 240
- Palpation 239
- Punktion 241; 242
- Ruhigstellung 250
- Schublade 240
- Stabilitätsprüfung 240
Schultergelenkpfanne Palpation 239
Schultergürtel 237
Schulterhöhe 27; 237
Schultermuskeln 245
Schuppen *34*
Schuppennaht 161
Schürzengriff 244
Schüttelvertäubung 208
Schutzreflex 188

Schwangere
  Gewichtszunahme 134
Schwangerschaft 134
Schwangerschaftsmonat 134
Schweißsekretion 33; 192
Schwellkörper Palpation 143, 152
Schwerhörigkeit 206; **208**
- Haupttypen 208
Schwertfortsatz 57; *59*
Schwurhand 280
Sclera *190*
Scrotum *155*
- Inspektion 154
Seemannsgang 323
Segmentsprung *86*
Sehleistung 198
Sehnen Knöchelbereich 316
Sehnenhaube 161
Sehnenhaubenmuskeln 162
Sehnenscheiden
- Entzündung 264
- Finger 264
- Fuß 317
- Handwurzel dorsale 264
- Karpaltunnel 264
- Konstruktionsprinzip 263
- palmare *264*
Sehnenzentrum Damm 136
Sehnerv 203
Sehnervpapille Farbe 202
- Inspektion 202
Sehprobentafel *196*
Sehschärfe 196
Seiltänzergang 215
Seitenstrang *181*
Seitigkeit 253
Seitneigen *47*
- Muskelfunktionsprüfung 56
Seitneigewinkel 47
Seldinger-Technik 319
Sella turcica 211
Semimembranosusreflex 327
Semitendinosusreflex 327
Senkfuß 314
Sensibilitätsstörungen 13
- Arm 283

- Bein 324
- diagnostische Schlüsse 285
Septum intersinuale frontale *185*
- interventriculare *108*
Shoemaker-Linie *289*
Sichelfuß 315
Sichelzellanämie 33
Sigmadivertikulitis 87
Silberdrahtarterien 203
Sinistropositio 148
Sinus anales 138; *139*
- ethmoidales *182*
- frontalis *182*; *185*
- maxillaris *182*; *185*
- venosus sclerae 191; 200
Sinusitis 185
Sinusknoten Projektion *105*
Sitzbein 70; *71*; *138*
Sitzbeinast 70
Sitzbeinhöcker 70; 135; 289
Sitzbeinloch großes 71
Sitzbeinstachel 71
Sitzbein-Unterschenkel-Muskeln 306
Sitzhalfter 71; 293
Skalenuslücke 219; 227; 288
Skalenussyndrom 269
Skapularlinie *62*
Skene-Gänge 143
Skoliose **40**
Skotom 196
Smegma 151
Sohle stumme 328
Spaltbildungen Gesicht 175
Spaltlampe 190; 200
Spanne *7*
Spannweite *27*
Spatium
- epidurale *51*; 212
- peridurale *51*; 212
- subarachnoideum *51*; 212; *213*
- subdurale *51*; 212; *213*
Speiche *256*
- Palpation 248; 255
Speicheldrüsen *180*
Speichen-Ellen-Gelenke *250*
- Bewegungsumfang 249

Sachverzeichnis

Speichenhals 248
Speichenkopf 248
- Subluxation 249
Speichennerv 280
Speichenringband 248
Speichenschaft 255
Speiseröhre
- Engstellen 109
- Head-Zone 87
- Projektion 109
Speiseröhrenmund 109
Spekulum 144
Spiegeltest 183
Spielbein 293
Spina bifida 39
- iliaca anterior superior 68; 289; 307
- - posterior superior 68; 294
- ischiadica 71; 159
- nasalis anterior 163
- scapulae 237; 238
Spinahöhe 307
Spinalanästhesie
- hyperbare 54
- isobare 54
- Risiken 54
Spinnwebenhaut Entzündung 54
Spirale 145
Spirometrie 95
Spitzfuß 315; 316
Splen 124
Splenomegalie 124
Spondylarthritis ankylopoetica 172
Spondylolisthesis 39
Sprechstörungen 214
Spreizfuß 315; 316
Spritzenabszesse 296
Spritzenabszeß 278
Sprungbein 309
Sprungbeinkopf 309
Sprungbeinrolle 311
Sprunggelenk
- oberes 311
- - Bewegungsumfang 311
- - Dorsalextension 313
- - Punktion 314
- unteres 311
- - Achse 312
- - Bewegungsumfang 312
- - Teilgelenke 312
Sputumuntersuchung 97
SSL 28

Stabsichtigkeit 190
Stammlänge 26
- im Sitzen 27
- relative 28
Standataxie 215
Standbein 293
Star grüner 200
Stauungspapille **203**
Steigbügel 316
Steigbügelmuskel 170
Steinmann-II-Zeichen 301
Steinmann-I-Zeichen 301
Steinschnittlage 139; 157
Steißbein 68
- Beweglichkeit 68
- Palpation 159
Steißmuskel 135
Steißnervengeflecht 137
Stellatumblockade 227
Stereoagnosie 287
Stereoästhesie 287
Stereognosie 287
Stereognosietest 287
Sterilisation Mann 156
Sternalhöhe 26
Sternallinie 61
Sternalpunktion 58; 59
- Gefahren 59
- Kleinkind 59
- Todesfälle 59
Sterngang 215
Sternoklavikulargelenk 238
Sternum Palpation 57
Stethoskop 5; **18**
Stimmfremitus 94
Stimmgabelversuche 208
Stirn Horizontalfalten 173
- runzeln 171
- Vertikalfalten 173
Stimbein 161; 163
Stimfalten Ausdrucksbedeutung 173
Stirnhöhle
- Diaphanoskopie 185
- Projektion 185
Stirnspiegel 183; 204
Stirnwulst 175
Stomatitis angularis 174
Streckenmaße 9
Streichholztest 95
Stria mallearis 205
Strichgang 215
Strömungsgeräusch 271
Struma 233
Stützstrümpfe 321

Subarachnoidealraum 212
Subduralraum 212
Subkostalebene 75; 76
Sulcus
- bicipitalis lateralis 251
- - medialis 251; 270
- centralis 211
- intertubercularis 239
- lateralis 211
- nervi ulnaris 280
Sulkuszeichen 240; 246
Supination 250; 312
Suprakristalebene 75; 76
suprapiriforme Lücke 294
Suprasternale 26
Surditas 214
Sustentaculum tali 310
Sutura coronalis 161
- lambdoidea 161
- sagittalis 161
- squamosa 161
Suturen 161
Swinging-light-Test 193
Sylvius-Furche 211
Sylvius-Punkt 211
Sympathikolytika 191
Sympathikomimetika 192
Sympathikus Cold-pressure-Test 288
- Ganglien 228
- Lähmung 172
- - bei Spinalanästhesie 54
Symphysenhöhe 26
Symphysion 26
Symphysis
- manubriosternalis 57
- pubica 70; 132; 141; 147; 153
Synchondrosis xiphisternalis 57; 75
Syndrom postapoplektisches 221

T

Tabatiere 263
- Puls 273
Tachykardie 222
Taillendreiecke Asymmetrie 40
Talus 309; 310
Tarsus inferior 187
- superior 187
Tätowierung 34
Tela subcutanea 32; 35
Tendovaginitis 264

Tennisellbogen 248
Tentorium cerebelli 211
Testis 153; 155
Tetanie 235
Thenar **265**
Thoraxröntgenbild Mittelschatten 97
Thoraxstarre inspiratorische 90
Thyreotomie mediane 232
TIA 221
Tibia 310
- Palpation 299
Tibialis-posterior-Reflex 327
Tiefensensibilität 14
TM 311
Tonsilla lingualis 178
- palatina Inspektion 182
Topologie 13
Torbogen 136
Torus palatinus 181
- tubarius 184
Toynbee-Versuch 207
Trachealknorpel 232
Tracheotomie 232
- Indikationen 232
- Komplikationen 233
- mittlere 233
- obere 233
- untere 233
Trachom 200
Tractus iliotibialis 289; **306**
Tragi 204
Traglinie 298
Tragus 204
Tränendrüse 189
Tränenflüssigkeit 189
Tränen-Nasen-Gang 189
Tränenpunkte 189
Tränenröhrchen 189
Tränensack 189
Tränensee 189
Tränenwege 189
- Durchgängigkeit Prüfen 189
transpylorische Ebene 75
Transrektalschnitt 81
Transversalebenen 75; 76
Transversalschnitt Oberbauch 114
Trapezbein 256
Trapezmuskel **242**
- Lähmung 242

Trendelenburg-Zeichen 293
Treppensteigen 65
Tretversuch 215; 223
Triceps-surae-Reflex 327
Trichromasie 198
Trichterbrust 63
Trigeminusdruckpunkte 168
Trigeminusneuralgie 168
Trigeminusreizstoffe 184
Trigonum caroticum *219*
– cervicale anterius **219**
– – posterius 218, 220
– femorale 305
– fibrosum dextrum *105*
– musculare 220
– omoclaviculare 218; *219*
– omotracheale *219*
– submandibulare 219
Trikuspidalklappe
– Auskultationsstelle *103*
– Projektion *99*
Tritanomalie 199
Tritanopie 199
Trizepsreflex 286
Trochanter major *289*; *294*; 307
– – Palpation 289
Trochanterhöhe 27; 307
Trochanterspitze 289
Trochanterstand beurteilen 289
Trochlea tali 311
Trommelfell 204; *206*
– Durchstechen 205
– eingezogenes 206
– Flecken 206
– gerötetes 206
– Inspektion 205
– Löcher 206
– Quadranten *206*
Trommelfellnabel 205; *206*
Trommelschlegelfinger 36
Trömner-Reflex 286
Tropfenherz 102
Truncus
– brachiocephalicus *99*
– coeliacus *128*
– jugularis *225*
– pulmonalis Projektion *99*
– sympatheticus **227**; *228*

Tuba
– auditoria [auditiva] 207
– uterina *141*
– – Projektion *133*
Tubenmandel *181*
Tuber calcanei 310
– ischiadicum 70; *71*; 159; 289; *294*
– maxillae 163
Tuberculum
– adductorium 299
– articulare 165
– auriculare 204
– iliacum *68*
– majus 239
– minus 239
– musculi scaleni anterioris 219
– pubicum 70
Tuberositas ossis metatarsalis quinti 310
– – navicularis 309
– tibiae *299*; 300
Tunica conjunctiva 188
– fibrosa bulbi *190*
– interna bulbi *190*
– vasculosa bulbi *190*
Türkensattel 211

U

Überbeweglichkeit 43
Überbiß 176
Überempfindlichkeitsreaktion 278
Übergewicht 23
Uhrglasnagel 36
Ucera cruris 300; *321*
Ulcus 34
Ulna *247*
– Palpation 248; *255*
Umbilicus 74
Umbo membranae tympani 205
Umlagerungsphänomen 112
Unguis 36
Unterarm
– Beugesehnen 262
– Knochen *247*
– Länge *254*
– Sehnen oberflächliche 262
– Strecksehnen 263
Unterbauch 76
Unterberger-Versuch 215
Untergewicht 23
Untergrätenmuskel 247

Unterkiefer 163
– Bruch 163
– Leitungsanästhesie 177
Unterkieferkopf 163
– Palpation 165
Unterkieferwülste 175
Unterscheidungsvermögen kritisches 13
Unterschenkelgeschwüre 300
Unterschenkelmuskeln 316
Unterschulterblattmuskel 246
Untersuchung
– gegenseitige 2
– gynäkologische 141
– – Psychologie 142
– Reihenfolge 111
– rektale Frau 148
– – Mann 157
– rektovaginale 148
Untersuchungskurs anatomischer 1
Untersuchungsmethoden
– Allgemeines 8
– klassische 1
Untersuchungsstuhl gynäkologischer 141
Unterzungenbeinmuskeln 218
Uranoschisis 175
Ureter 127
Urethra feminina 149
– masculina 152; *155*
Urethritis 143
Urtica 34
Uterus *141*; *147*
– Projektion *133*
– schwangerer Projektion *134*
Uvula palatina 181

V

Vagina(e) *141*; *147*
– communis digitorum flexorum *264*
– fibrosae digitorum manus 264
– musculi recti abdominis 75
– synoviales 263
– tendinis musculi flexoris longi *264*
– tendinum digitorum manus *264*

Valsalva-Versuch 207
Valva ileocaecalis 116
Valvula fossae navicularis 151
Varikocele 155
Varizen 321
Vasektomie 156
Vasodepressorische Reaktion 221
Velotraktion 184
Velum palatinum 181
Vena (Venae)
– basilica 276
– brachiocephalica *101*; *235*
– cava inferior *65*; *101*; *108*; 128; *131*; 132
– – – Projektion *129*
– – superior *101*
– circumflexa iliaca superficialis 85; 320
– epigastrica superficialis 85; 320
– facialis 166
– femoralis *129*; *131*
– gastrica sinistra 130
– iliaca communis *129*; *131*, 132
– – externa *129*, 132
– – interna *129*; *131*
– jugularis
– – externa 219; **223**
– – – Füllungszustand *223*
– – – Injektion 224
– – interna *101*; *235*
– mesenterica
– – inferior *129*
– – superior *129*
– oesophageales 130
– para-umbilicales 85; 130
– portae hepatis **129**
– pudenda interna *137*
– pudendae externae *137*; 320
– pulmonales *101*
– rectales mediae 130
– rectalis superior 130
– saphena
– – accessoria 320
– – magna 320
– – parva 320
– splenica *129*
– subclavia *101*; 219
– sublingualis 179
– testicularis 156

Sachverzeichnis

- thoracicae internae 85
- thoraco-epigastricae 84
- thyroidea inferior *235*
- – superior *235*
- thyroideae mediae *235*

Venen Anstauen 275
- Punktion 276

Venenbruch 155
Venendruck zentraler Schätzen 223; 275
Venenentzündung 278
Venenklappen
- Bedeutung 320
- Inspektion 275
- prüfen 275
- Tests 321

Venenkreuz 100; *101*
Venenstripping 321
Venenwinkel 223
Ventilebene Projektion 98; *99*
Ventriculus 115
- dexter *108*
- lateralis *212*
- sinister *108*
- tertius *212*

Verfahren bildgebende 19
Versagensangst 152
Verschlußkrankheit arterielle 318
Versio *147*
Vertäubung 207
Vertebrallinie 62
Verweilkanülen 276
Vesica biliaris [fellea] *123*
- urinaria 132; *141*; *147*; *153*; *155*

Vesicula 34
- seminalis *153*; *155*, 159

Vestibulum oris *182*
- vaginae 143

Vibrationsempfindung 14
Vibrissae 183
Vieleckbein *256*; 257
Vierfüßerstellung *283*
Virchow-Lymphknoten 225

Visus
- cum correctione 198
- naturalis 198

Vitalkapazität 95
Vitiligo 32
Vorbiß 176
Vorhaut 151
Vorhautbändchen 151
Vorhautenge 151
Vorhautentzündung 151
Vorhautschmiere 151
Vorhofschwellkörper 143
Vorneigen *42*
Vorneigewinkel 44
Vorneigung 44
Vorsorgeuntersuchung Gebärmutterkrebs 145
V-Phlegmone 264

W

Wadenbein *309*
Wadenbeinhals 300; 323
Wadenbeinknöchel 310
- Bänder *312*

Wadenbeinkopf 300; 323
Wägen 21
Wallpapillen 178
Wangen Inspektion 175
Wangenbiß 175
Wangenschleimhaut Flecken 175
Wangenspalte 175
Warzenhof 65
Warzenhofdrüsen 65
Wasserbruch 80; 155
Watschelgang 293
Weber-Versuch 208
Wechselbewegungen 216
Wechselschnitt *81*
Weißfleckenkrankheit 32
Wilson 106
Wimperndrüse 187
Winkelblockglaukom 191
Winkelmaße 9
Winnie-Block 288
Wirbelgleiten 39
Wirbelkanal 50
Wirbelkörper Palpation 217
Wirbelsäule 37
- Bewegungseinschränkungen 42
- Bewegungsumfänge Neutralnullmethode 49

- Drehwinkel 48
- Knickbildung 42
- Muskelfunktionsprüfung 55
- Rotation 48
- Rückneigen 45
- Seitneigen 46
- Verkrümmungen
- – Ausmessen 40
- – experimentelle *41*
- – seitliche **40**
- – Ursache 40
- Vorneigen *42*; 44

Wirbelzahl atypische 39
Wöchnerin 134
Wolfsrachen 175
Wucherungen adenoide 184
Würfelbein *309*
Würgreflex 184
Wurmfortsatz 116
- Druckpunkte 117
- Entzündung 117
- Lage abnorme 118
- Schmerzlokalisation atypische 118
- Schwangere 134

X

Xanthelasmen 186
X-Bein 299
Xiphosternalebene *75*; 76

Y

yard 7

Z

Zähne Innervation 177
- Inspektion 176
- Richtungsbegriffe 176
- Schmerzausschaltung 177

Zähnefletschen 218
Zahnfäulnis 181
Zahnformel 176
Zahnnerven 177
Zahnstatus 176
Zangenbiß 164; 176
Zehen Bewegungen Muskeln 317
Zehenbeugerreflex 327
Zehenendgelenke *311*

Zehen-Finger-Versuch 216
Zehengrundgelenke *311*
Zehenmittelgelenke *311*
Zehennägel 36
Zeigeversuche 216
Zentralfurche 212
Ziegenbock 204
Zielzittern 216
Zirkumzision 151
Zona orbicularis 290
Zunge Beläge 178
- Bewegungsspiel prüfen 179
- Inspektion 178
- Lähmung 179
- Oberflächenstruktur 178
- Palpation 180
- Verfärbung 179

Zungenbändchen 179
Zungenbein Palpation 228
Zungenbeinhorn 228
Zungengrund 178
Zungengrundmandel 178
Zungenmandel *181*
Zungenrücken Inspektion 178
Zungenunterseite Inspektion 179
ZVD 223
Zweipunktdiskrimination 33
Zwerchfell Head-Zone *87*
Zwerchfellnerv Palpation 227
Zwerchfelltiefstand 121
Zwischenknochenmuskeln 266
Zwischenrippenarterien 83
Zwischenrippenmuskeln 64
Zwischenrippennerv 86
Zwölffingerdarm Projektion *116*
Zwölffingerdarmgeschwür 87
Zyanose 33
Zystitis 149
Zystoskop 154

Beirat

Silke Bester
Studium der Medizin seit 1993
an der Universität Freiburg.
1995 Austauschsemester
an der Universität Innsbruck.
Ab 1996 Studium
an der Technischen Universität München.

Tobias Merk
Studium der Medizin seit 1994 an der
Universität Ulm.

Christian Plattner
Studium der Medizin seit 1994 an der
Universität Regensburg. Ab 1996 an der
Universität Würzburg.
Zur Zeit Promotion in Virologie.

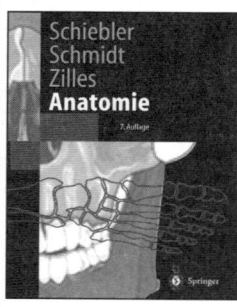

T.H. Schiebler, W. Schmidt, K. Zilles (Hrsg.)

Anatomie

Zytologie, Histologie, Entwicklungsgeschichte, makroskopische und mikroskopische Anatomie des Menschen

7., korr. Aufl. 1997. XV, 892 S. 579 Abb., 119 Tab. Geb.
DM 128,-; öS 934,40; sFr 113,-
ISBN 3-540-61856-2

Der SCHIEBLER ist *das* Nachschlagewerk, wenn eine kompakte Übersicht über die gesamte Anatomie gefragt ist. Er stellt das moderne Wissen für Studium und Praxis zur Verfügung.

Dieses Buch bietet Ihnen eine aktuelle Übersicht über die gesamte Anatomie, wobei alle Teilgebiete der Anatomie behandelt werden.

G. Wennemuth

Anatomie für die mündliche Prüfung

Fragen und Antworten

1997. XIII, 190 S. 1 Abb., 3 Tab. (MEDialog) Brosch.
DM 26,-; öS 189,80; sFr 23,50
ISBN 3-540-61977-1

Die Reihe *MEDialog* wurde zur effizienten Vorbereitung auf die mündliche Prüfung im Physikum konzipiert. Etwa 180 Fragen decken sämtliche Inhalte des Gegenstandskatalogs im Fach Anatomie ab. Jeder Antwort ist eine Seite gewidmet. Wo immer möglich, wird dabei auf die klinische Relevanz des betreffenden Sachverhalts eingegangen. *MEDialog* eignet sich nicht nur zum „Solo-Lernen", sondern auch für die Lerngruppe.

■ ■ ■ ■ ■ ■ ■ ■ ■ ■

Preisänderungen vorbehalten.

Springer-Verlag, Postfach 31 13 40, D-10643 Berlin, Fax 0 30 / 827 87 - 3 01/4 48 e-mail: orders@springer.de

R.F. Schmidt, G. Thews (Hrsg.)

Physiologie des Menschen

27., korr. und aktualisierte Aufl. 1997. Etwa 890 S.
620 Abb., 100 Tab. Geb.
DM 148,-; öS 1080,40; sFr 130,50
ISBN 3-540-63030-9

Der SCHMIDT/THEWS ist eine Institution. Als Standardwerk der Physiologie hat er Generationen von Medizinern während ihrer gesamten Laufbahn zuverlässig begleitet. Auch in der 27. Auflage erreicht dieses Werk dank seiner hochqualifizierten Herausgeber und Autoren den höchsten Standard an inhaltlicher Exzellenz und Aktualität. Seine ausgefeilte Didaktik, die in ein ansprechendes Layout eingebettete Fülle farbiger Abbildungen und die edle Ausstattung setzen Maßstäbe. So ist und bleibt der SCHMIDT/THEWS ein Lehrbuch das *man hat*, weil man es eben haben möchte.

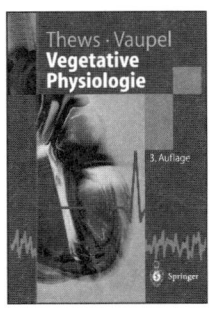

G. Thews, P. Vaupel

Vegetative Physiologie

3., völlig überarb. u. erg. Aufl. 1997. XVII, 590 S. 200 farb. Abb., 55 Tab. Brosch.
DM 42,-; öS 306,60; sFr 37,50
ISBN 3-540-60403-0

Knapp und klar wird in diesem Lehrbuch die Physiologie der vegetativen Funktionen des Menschen behandelt, die in der Regel ohne Einschaltung des Bewußtseins ablaufen. Dabei werden sowohl die Organfunktionen als auch die Regulation im Dienste des Gesamtorganismus dargestellt. Zahlreiche Hinweise auf Funktionsstörungen dienen außerdem der Einführung in die Pathophysiologie. Das moderne Konzept, mit farbig unterlegten Lernkästen, Kapitelübersichten und strafferer Gliederung sowie die farbigen, informativen Abbildungen ermöglichen Studierenden der Medizin leichtes Verstehen und Behalten der Inhalte.

Preisänderungen vorbehalten.

Springer-Verlag, Postfach 31 13 40, D-10643 Berlin, Fax 0 30 / 827 87 - 3 01 / 4 48 e-mail: orders@springer.de   d&p.BA.62622.SF

Springer und Umwelt

Als internationaler wissenschaftlicher Verlag sind wir uns unserer besonderen Verpflichtung der Umwelt gegenüber bewußt und beziehen umweltorientierte Grundsätze in Unternehmensentscheidungen mit ein. Von unseren Geschäftspartnern (Druckereien, Papierfabriken, Verpackungsherstellern usw.) verlangen wir, daß sie sowohl beim Herstellungsprozess selbst als auch beim Einsatz der zur Verwendung kommenden Materialien ökologische Gesichtspunkte berücksichtigen.
Das für dieses Buch verwendete Papier ist aus chlorfrei bzw. chlorarm hergestelltem Zellstoff gefertigt und im pH-Wert neutral.

 Springer

Druck: Weihert-Druck GmbH, Darmstadt
Bindearbeiten: Weihert-Druck GmbH, Darmstadt